机 械 制 图

张 琳 杨月英 主 编
於 辉 宋 琦
张效伟 滕绍光 副主编

中国建材工业出版社

图书在版编目（CIP）数据

机械制图/张琳，杨月英主编．—北京：中国建材工业出版社，2008.8（2009.8 重印）
ISBN 978-7-80227-438-9

Ⅰ．机…　Ⅱ．①张…②杨…　Ⅲ．机械制图
Ⅳ．TH126

中国版本图书馆 CIP 数据核字（2008）第 116508 号

内 容 简 介

全书共分为十二章，书后增加了有关标准的附录。其主要内容有：制图基本知识；投影法和点、直线、平面的投影；立体的投影；组合体的视图与尺寸标注；轴测图；机件的常用表达方法；标准件和常用件；零件图；装配图；建筑施工图；结构施工图；路桥工程图。

本书是根据教育部制定的高等学校工科本科“画法几何及工程制图课程教学基本要求”，在充分总结了同类院校机械制图课程教学改革成果的基础上编写而成的。在教材中兼顾了理论学习和实际技能培养两方面的要求，使学生在学习制图基本知识、进行制图基本训练的同时，得到科学思维方法的培养以及空间思维能力和创新能力的开发与提高。

本书可作为普通高等学校本科机械类、近机类、机械交通类相关的各专业的教材，也可作为工程技术人员的培训教材和参考技术资料。与本书配套的《机械制图习题集》也同时出版。

机械制图
张　琳　杨月英　主　编
於　辉　宋　琦　张效伟　滕绍光　副主编

出版发行：中国建材工业出版社
地　　址：北京市西城区车公庄大街 6 号
邮　　编：100044
经　　销：全国各地新华书店
印　　刷：北京鑫正大印刷有限公司
开　　本：787mm×1092mm　1/16
印　　张：21.5
字　　数：529 千字
版　　次：2008 年 8 月第 1 版
印　　次：2009 年 8 月第 2 次
书　　号：ISBN 978-7-80227-438-9
定　　价：**35.00 元**

本社网址：www.jccbs.com.cn
本书如出现印装质量问题，由我社发行部负责调换。联系电话：（010）88386906

前　言

本书是根据教育部制定的高等学校工科本科“画法几何及工程制图课程教学基本要求”，在充分总结了同类院校机械制图课程教学改革成果的基础上编写而成的。在教材中兼顾了理论学习和实践技能培养两方面的要求，使学生在学习制图基本知识、进行制图基本训练的同时，得到科学思维方法的培养以及空间思维能力和创新能力的开发与提高。

《机械制图》作为一门重要的专业技术基础课，为机械类、汽车类和工业工程等专业的学生提供制图知识和技能两方面的训练。

全书共分为十二章，书后增加了附录，并列出了与本书有关的参考文献。

本书的主要内容有：制图的基本知识；投影法和点、直线、平面的投影；立体的投影；组合体的视图与尺寸标注；轴测图；机件的常用表达方法；标准件和常用件；零件图；装配图；建筑施工图；结构施工图；路桥工程图。编写内容做到了由浅入深、由简及繁，并使之环环相扣，具有较强的系统性。

本书的特点主要有以下几个方面：

1. 在注重学生使用手工仪器工具绘图、徒手画草图等绘图能力培养的同时，注意培养学生分析和解决工程实际绘图问题的能力和创造能力。

2. 文中叙述力求简洁明了，重要的作图大多都选择了分步图的形式，对基本概念、投影规律以及较为复杂的投影图，都绘制了空间示意图。

3. 全书贯穿了最新的技术制图与机械制图国家标准及有关的其他标准。

4. 本书为了加强“平台”作用，在内容上以机械图为主的基础上，同时增加了建筑施工图、结构施工图、路桥工程图等内容，这样可以满足既学习机械图又能学习土建图等专业的需求，这也是本书的最大特色。

本书可作为普通高等学校本科机械类、近机类、机械交通类相关的各专业的教材，也可作为工程技术人员的培训教材和参考技术资料。与本书配套的有张琳、莫正波主编的《机械制图习题集》。

本书由青岛理工大学张琳、杨月英担任主编，青岛理工大学於辉、宋琦、张效伟、滕绍光担任副主编。本书由张琳统稿。参加编写和整理工作的还有青岛理工大学马晓丽、刘平、李日春、高丽燕、张学秀、魏兆连，另外还有姜洁平及王珊、纪玉环等。

在编写过程中，作者吸收和借鉴了国内外同行的一些先进经验和成果，也得到了中国建材工业出版社的热情帮助，在此表示衷心感谢！

由于水平有限，书中难免会有不足之处，敬请广大同仁和读者批评指正。

编者

2008年5月

目　录

绪论 …… 1

第一章　制图的基本知识 …… 2

第一节　国家标准《技术制图》和《机械制图》 …… 2
第二节　绘图工具及仪器的使用方法 …… 12
第三节　几何作图 …… 14
第四节　绘制平面图形 …… 18

第二章　投影法和点、直线、平面的投影 …… 26

第一节　投影法 …… 26
第二节　点的投影 …… 32
第三节　直线的投影 …… 37
第四节　平面的投影 …… 45
第五节　直线与平面、平面与平面相对位置 …… 51

第三章　立体的投影 …… 65

第一节　平面立体的投影 …… 65
第二节　曲面立体的投影 …… 68
第三节　平面与平面立体相交 …… 75
第四节　平面与曲面立体相交 …… 78
第五节　两平面立体相交 …… 86
第六节　平面立体和曲面立体相交 …… 88
第七节　两曲面立体相交 …… 89

第四章　组合体的视图与尺寸标注 …… 98

第一节　三视图的形成及其特性 …… 98
第二节　画组合体的视图 …… 100
第三节　读组合体视图 …… 106
第四节　组合体的尺寸标注 …… 113

第五章　轴测图 …… 122

第一节　轴测图基本知识 …… 122

第二节　正等轴测图…………………………………………………………………………………… 124
第三节　斜二轴测图…………………………………………………………………………………… 129
第四节　剖切轴测图…………………………………………………………………………………… 133

第六章　机件的常用表达方法 ……………………………………………………………………… 135

第一节　视图……………………………………………………………………………………………… 135
第二节　剖视图…………………………………………………………………………………………… 140
第三节　断面图…………………………………………………………………………………………… 151
第四节　局部放大图、简化画法和其他规定画法………………………………………………… 154
第五节　第三角画法简介……………………………………………………………………………… 160

第七章　标准件和常用件 ……………………………………………………………………………… 164

第一节　螺纹……………………………………………………………………………………………… 164
第二节　螺纹紧固件…………………………………………………………………………………… 171
第三节　键联结和销连接……………………………………………………………………………… 178
第四节　齿轮……………………………………………………………………………………………… 182
第五节　滚动轴承……………………………………………………………………………………… 186
第六节　弹簧……………………………………………………………………………………………… 188

第八章　零件图 ………………………………………………………………………………………… 191

第一节　零件图的作用与内容………………………………………………………………………… 191
第二节　零件表达方案的选择与尺寸标注………………………………………………………… 192
第三节　零件的结构工艺性简介……………………………………………………………………… 200
第四节　零件图的技术要求…………………………………………………………………………… 205
第五节　读零件图……………………………………………………………………………………… 220

第九章　装配图 ………………………………………………………………………………………… 227

第一节　装配图的内容………………………………………………………………………………… 227
第二节　装配图的表达方法…………………………………………………………………………… 228
第三节　装配图中的尺寸和技术要求……………………………………………………………… 230
第四节　装配图中的零、部件序号和明细栏……………………………………………………… 230
第五节　装配结构简介………………………………………………………………………………… 232
第六节　画装配图的方法和步骤……………………………………………………………………… 234
第七节　读装配图及由装配图拆画零件图………………………………………………………… 237

第十章　建筑施工图 …………………………………………………………………………………… 242

第一节　建筑制图基本知识…………………………………………………………………………… 242
第二节　总平面图……………………………………………………………………………………… 251
第三节　建筑平面图…………………………………………………………………………………… 254

第四节　建筑立面图……265
第五节　建筑剖面图……269

第十一章　结构施工图……272

第一节　概述……272
第二节　钢筋混凝土结构图……273
第三节　钢结构图……284

第十二章　路桥工程图……292

第一节　道路路线工程图……292
第二节　桥梁工程图……300

附录……305

参考文献……334

绪论

一、课程的研究对象和学习目的

“机械制图”是一门研究图示、图解空间几何问题和绘制与阅读机械图样的课程。

根据投影原理、标准或有关规定，表示工程对象并有必要的技术说明的图称为图样。随着生产和科学技术的发展，图样在工程技术上的作用显得尤为重要。设计人员通过它表达自己的设计思想，制造人员根据它加工制造，使用人员利用它进行合理使用。因此，图样被认为是“工程界的语言”。它是设计、制造、使用部门的一项重要技术资料，是发展和交流科学技术的有力工具。

本课程的研究对象是：

1. 在平面上表示空间形体的图示法；

2. 空间几何问题的图解法；

3. 绘制和阅读机械图样的方法；

4. 计算机绘图技术。

学习本课程的主要目的是培养学生具有绘图、读图和图解空间几何问题的能力；培养和发展学生的空间想像力以及分析问题与解决问题的能力；培养学生具有计算机绘图及设计的能力。

二、课程的学习方法

1. 本课程是实践性很强的技术基础课，在学习中除了掌握理论知识外，还必须密切联系实际，更多地注意在具体作图时如何运用这些理论。只有通过一定数量的画图、读图练习，反复实践，才能掌握本课程的基本原理和基本方法。

2. 在学习中，必须经常注意空间几何关系的分析以及空间几何元素与其投影之间的相互关系。只有“从空间到平面，再从平面到空间”，进行反复研究和思考，才是学好本课程的有效方法。

3. 认真听课，及时复习，独立完成作业；同时，注意正确使用绘图仪器，不断提高绘图技能和绘图速度。

4. 画图时要确立对生产负责的观点，严格遵守《技术制图》和《机械制图》国家标准中的有关规定，认真细致，一丝不苟。

第一章 制图的基本知识

第一节 国家标准《技术制图》和《机械制图》

国家标准《机械制图》是我国颁布的一项重要技术指标，它统一规定了生产和设计部门所共同遵守的画图规则，每个工程技术人员在绘制工程图样时必须严格遵守这些规定。

一、图纸幅面与格式(GB/T 14689—1993)

1. 图纸幅面

绘制技术图样时，应优先选用表 1-1 所规定的基本幅面。必要时，允许选用规定的加长幅面，这些幅面的尺寸是由基本幅面的短边成整倍数的增加得出，如表 1-2、表 1-3 和图 1-1 所示。

表 1-1 图纸幅面尺寸 mm

幅面代号		A0	A1	A2	A3	A4
幅面尺寸（$B \times L$）		841×1189	594×841	420×594	297×420	210×297
周边尺寸	e	20		10		
	c	10			5	
	a	25				

表 1-2 加长幅面尺寸（第二选择） mm

幅面代号	A3×3	A3×4	A4×3	A4×4	A4×5
幅面尺寸	420×891	420×1189	297×630	297×841	297×1051

表 1-3 加长幅面尺寸（第三选择） mm

幅面代号	尺寸（$B \times L$）	幅面代号	尺寸（$B \times L$）
A0×2	1189×1682	A3×5	420×1486
A0×3	1189×2523	A3×6	420×1783
A1×3	841×1783	A3×7	420×2080
A1×4	841×2378	A4×6	297×1261
A2×3	594×1261	A4×7	297×1471
A2×4	594×1682	A4×8	297×1682
A2×5	594×2102	A4×9	297×1892

2. 图框格式及方向符号

图纸既可横放也可竖放。画图前先用粗实线画出边框线，尺寸在表 1-1 中可查到。格式分为留有装订边和不留装订边两种，分别见 1-2 图。同一产品的图样，只能采用一种格式。

为了使图样复制与缩微摄影时定位方便，各号图纸均应在图纸各边的中点处分别画出对中符号。对中符号用粗实线绘制，长度从图纸边界伸入图框内 5mm。同时，为明确绘图与看图时图纸的方向，应在图纸下边的对中符号处画一个方向符号，如图 1-3 所示。

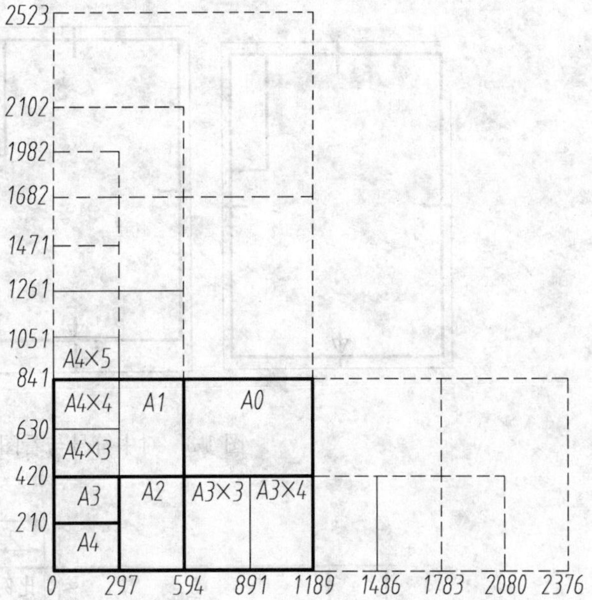

图 1-1　图纸幅面及加长幅面

图纸上必须有标题栏。一般情况下，标题栏画在图纸的右下角，紧贴下边框线和右边框线。如需要也允许标题栏如图 1-3 所示，但此时必须加方向符号以表明绘图和看图方向。标题栏主要内容如图 1-4 所示。国家标准对标题栏内容并没有硬性规定，企业可以根据情况添加其他需要的内容。

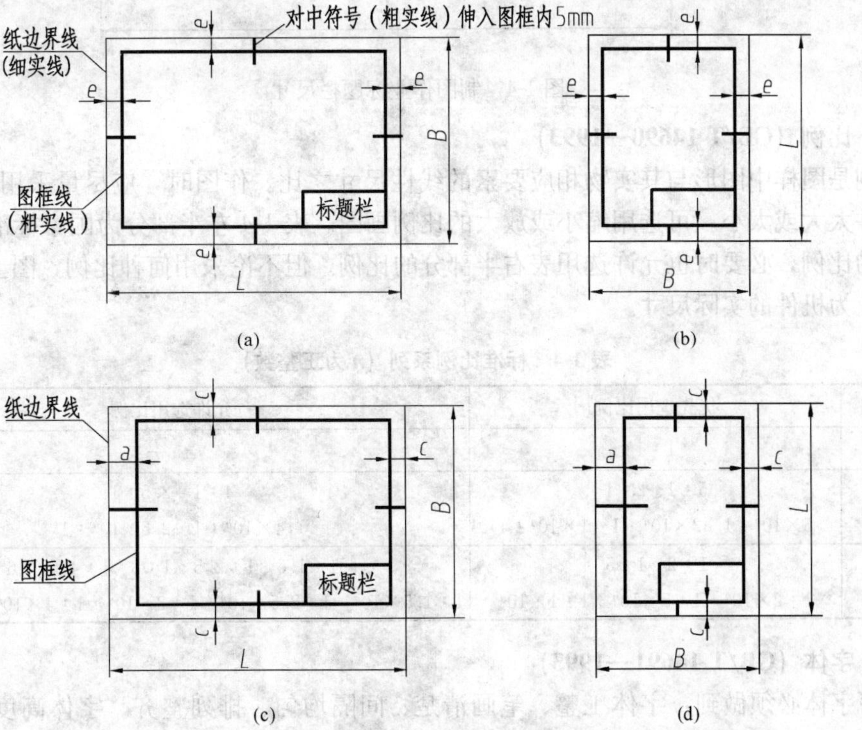

图 1-2　图框格式

(a)（b）不留有装订边图样的图框格式；(c)（d）留有装订边图样的图框格式

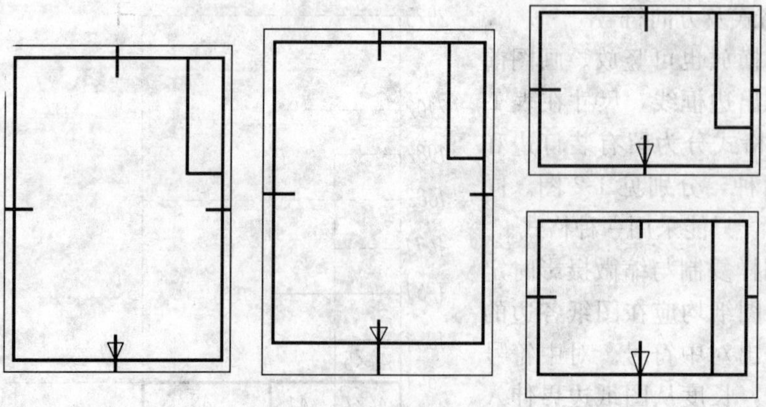

图 1-3　对中符号与看图方向符号

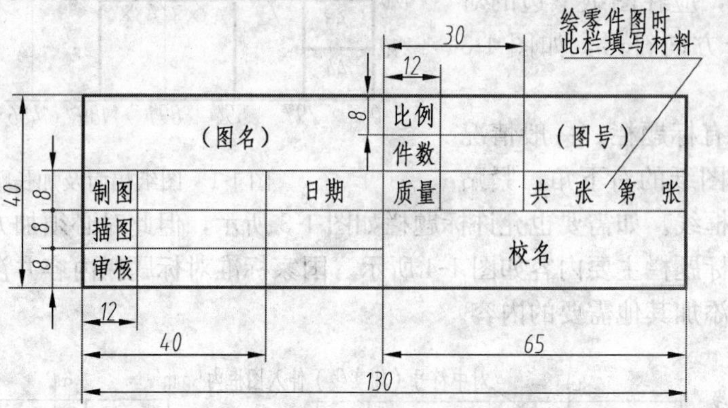

图 1-4　制图作业标题栏尺寸

二、比例（GB/T 14690—1993）

比例是图样中图形与其实物相应要素的线性尺寸之比。作图时，应尽量采用原值比例。如果机件太大或太小，可选用缩小或放大的比例画图。表 1-4 左半部分为国家标准中推荐优先选用的比例，必要时也允许选用表右半部分的比例。但不论采用何种比例，图上所注的尺寸数值应为机件的实际尺寸。

表 1-4　标准比例系列（*n* 为正整数）

种　类	优先选用比例	允许选用比例
原值比例	1∶1	
放大比例	5∶1　2∶1 5×10^n∶1　2×10^n∶1　1×10^n∶1	4∶1　2.5∶1 4×10^n∶1　2.5×10^n∶1
缩小比例	1∶2　1∶5 1∶2×10^n　1∶5×10^n　1∶1×10^n	1∶1.5　1∶2.5　1∶3　1∶4　1∶6 1∶1.5×10^n　1∶2.5×10^n　1∶3×10^n　1∶4×10^n　1∶6×10^n

三、字体（GB/T 14691—1993）

书写字体必须做到：字体工整、笔画清楚、间隔均匀、排列整齐。字体高度（用 h 表示）的公称尺寸系列为：1.8mm，2.5mm，3.5mm，5mm，7mm，10mm，14mm，20mm。如果要书写更大的字，其字体高度应按$\sqrt{2}$的比例递增。字体高度代表字体的号数，图样中的字体可分为汉字、字母和数字。表 1-5 为字体与图幅的关系。

表 1-5　字体与图幅的关系

图　幅	A0	A1	A2	A3	A4
汉　字	7	7	5	5	5
字母与数字	5	5	3.5	3.5	3.5

1. 汉字

汉字应写成长仿宋体，并应采用国家正式公布的简化字。汉字的高度 h 应不小于 3.5mm，其字宽一般为 $h/\sqrt{2}$。书写长仿宋体字的要点为：横平竖直、注意起落、结构匀称、填满方格。长仿宋体字的示例如下：

10 号字

字体工整笔画清楚间隔均匀排列整齐

7 号字

横平竖直注意起落结构匀称填满方格

5 号字

技术制图机械电子汽车航空船舶土木建筑矿山井坑港口纺织服装

3.5 号字

螺纹齿轮端子接线飞行指导驾驶舱位挖填施工引水通风闸阀坝棉麻化纤

2. 字母及数字

字母和数字分为 A 型和 B 型。A 型字体的笔画宽度为字高的 1/14；B 型字体的笔画宽度为字高的 1/10。在同一图样上，只允许选用一种字型。一般采用 A 型斜体字，斜体字的字头向右倾斜，与水平线成 75°。以下列字为例，A 型斜体字母、数字和 A 型直体拉丁字母：

拉丁字母大写斜体：

ABCDEFGHIJKLMNOPQRSTUVWXYZ

拉丁字母小写斜体：

abcdefghijklmnopqrstuvwxyz

罗马数字斜体：

I II III IV V VI VII VIII IX X

阿拉伯数字斜体：

0123456789

拉丁字母大写直体：

ABCDEFGHIJKLMNOPQRSTUVWXYZ

拉丁字母小写直体：

abcdefghijklmnopqrstuvwxyz

3. 字母组合应用示例

（1）用作指数、分数、极限偏差、注脚等的字母及数字，一般采用小一号字体，其应用示例如下：

10^3 S^{-1} D_1 Td $\phi20^{+0.010}_{-0.023}$ $70^{\circ+1^\circ}_{-2^\circ}$ $\frac{3}{5}$。

（2）图样中的数学符号、计量单位符号，以及其他符号、代号应符合国家标准有关法令和标准的规定。量的符号是斜体，单位符号是直体，如 m/kg，其中 m 为表示质量的符号，应用斜体，而 kg 表示质量的单位符号，应是直体。例如：

l/mm m/kg 460r/min 380kPa

（3）其他应用示例如下：

10Js5(±0.003);M24-6h;

$\phi25\frac{H6}{m5}$；$\frac{II}{2:1}$；$\frac{A\curvearrowright}{5:1}$；$\overset{6.3}{\nabla}$。

四、图线(GB/T 17450—1998)

图线是图中所采用各种形式的线，国家标准规定图线的基本线型有 15 种，所有线型的图线宽度(b)应按图样的类型、大小和复杂程度在数系：0.13mm，0.18mm，0.25mm，0.35mm，0.5mm，0.7mm，1mm，1.4mm，2mm 中选取，此数系的公式为$\sqrt{2}$。

机械图样通常采用表 1-6 列出的 8 种图线；按线宽分为粗线和细线两种，宽度比为 2∶1。在本课程作业中，粗实线宽度(b)一般以 0.7～1mm 为宜。

表 1-6 基本线型

图线名称	图线形式	图线宽度	应用举例
粗实线		b	可见轮廓线，可见过渡线
细实线		约 $b/2$	尺寸线，尺寸界线，剖面线，重合断面的轮廓线，引出线
虚线		约 $b/2$	不可见轮廓线，不可见过渡线
波浪线		约 $b/2$	断裂处的边界线
双折线		约 $b/2$	断裂处的边界线，视图和剖视图的分界线
细点画线		约 $b/2$	轴线，对称中心线
粗点画线		b	有特殊要求的线和表面的表示线
双点画线		约 $b/2$	相邻辅助零件的轮廓线，极限位置的轮廓线，假想投影轮廓线，中断线

注：虚线中的“画”和“短间隔”，点画线和双点画线中的“长画”、“点”和“短间隔”的长度，国标中有明确规定。

图 1-5 是常用图线的用途示例。

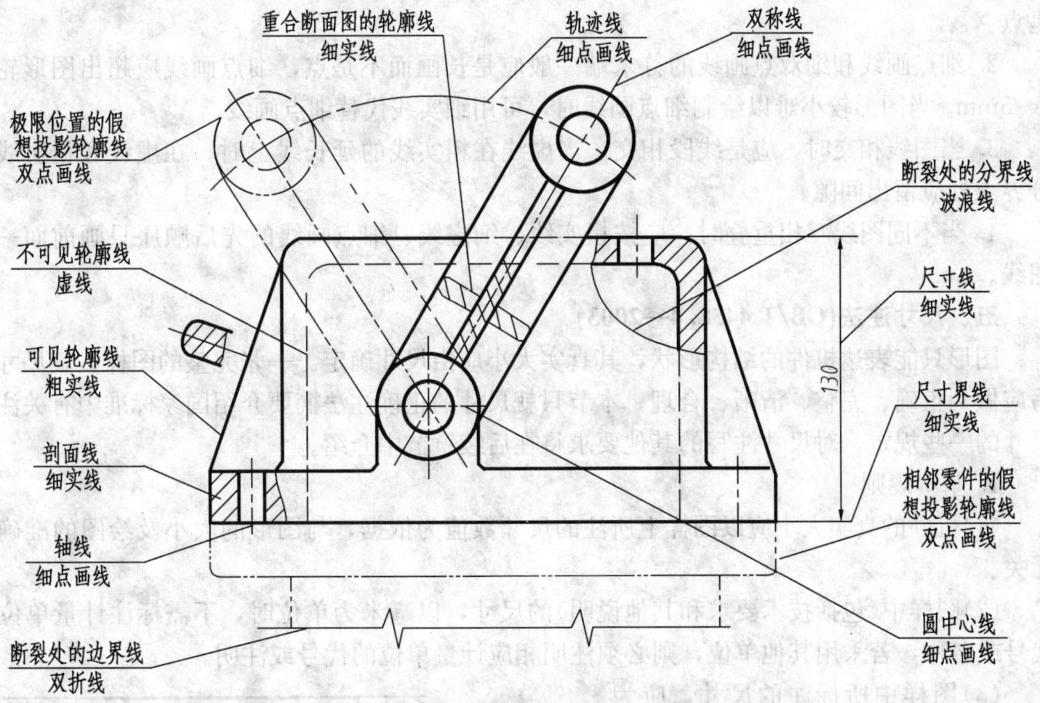

图 1-5　图线及其应用

画图线时，应注意以下几个问题(图 1-6)：

1. 同一图样中，同类图线的宽度应一致。同一条虚线、点画线和双点画线中的短画、

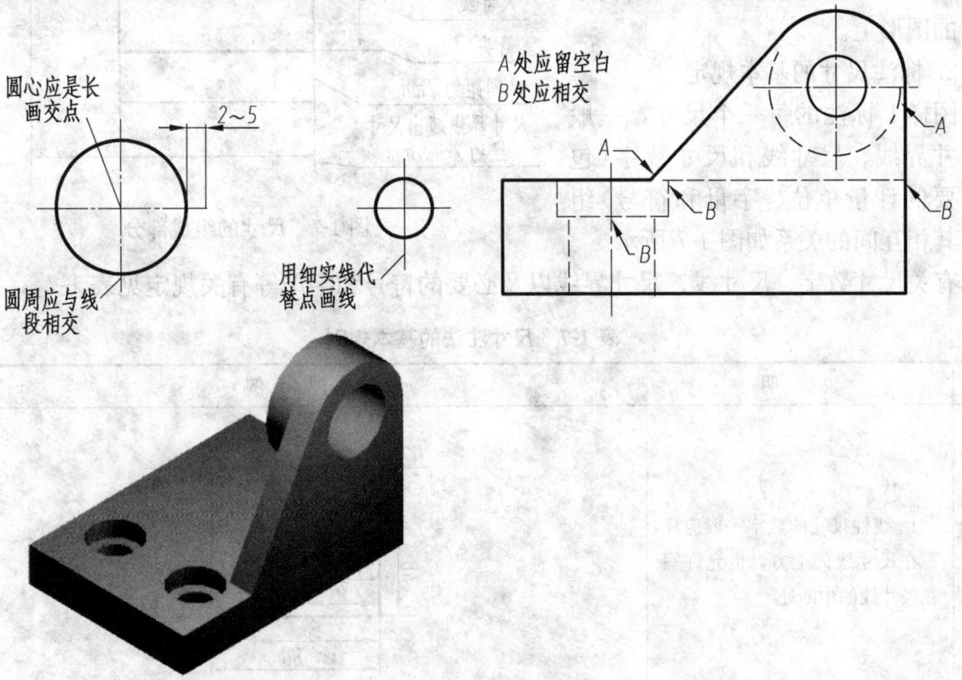

图 1-6　图线画法注意事项

短间隔、长画和点的长度应各自大致相等。点画线和双点画线的首尾两端应是长画而不是点。

2. 细点画线和细双点画线的首末端一般应是长画而不是点，细点画线应超出图形轮廓2～5mm。当图形较小难以绘制细点画线时，可用细实线代替细点画线。

3. 当图线相交时，应是线段相交。当虚线在粗实线的延长线上时，在虚线和粗实线的分界点处应留出间隙。

4. 当不同图线互相重叠时，应按粗实线、细虚线、细点画线的先后顺序只画前面一种图线。

五、尺寸注法(GB/T 4458.4—2003)

图形只能表达机件的结构形状，其真实大小应由尺寸确定。一张完整的图样，其尺寸注写应做到正确、完整、清晰、合理。本节只就尺寸的正确注法摘要介绍国家标准中有关注写尺寸的一些规定，对尺寸注写的其他要求将在后续章节中介绍。

1. 基本规则

(1)机件的真实大小应以图样上所注的尺寸数值为依据，与图形的大小及绘图的准确度无关。

(2)图样中(包括技术要求和其他说明)的尺寸，以毫米为单位时，不需标注计量单位的代号或名称，若采用其他单位，则必须注明相应计量单位的代号或注明。

(3)图样中所标注的尺寸，应为该图样所示机件的最后完工尺寸，否则应另加说明。

(4)图机件的每一尺寸，一般只标注一次，并应标注在反映该结构最清晰的图形上。

2. 标注尺寸的基本规定

图样上标注的每一个尺寸，一般由尺寸界线、尺寸线和尺寸数字(包括必要的计量单位、字母和符号)组成，其相互间的关系如图1-7所示。

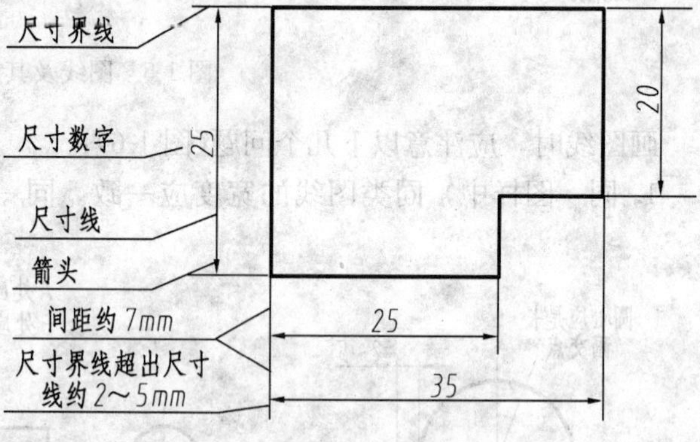

图1-7 尺寸的组成部分

有关尺寸数字、尺寸线、尺寸界线以及必要的符号和字母等有关规定见表1-7。

表1-7 尺寸注法的基本规则

项目	说 明	图 例
尺寸数字	1. 线性尺寸的数字一般应注写在尺寸线的上方，也允许写在尺寸线的中断处	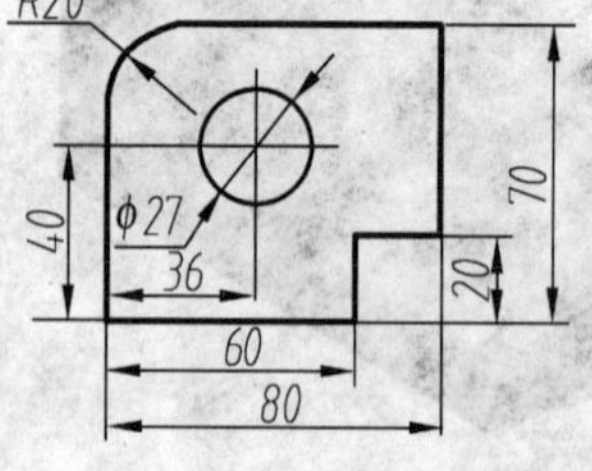

续表

项目	说　　明	图　　例
尺寸数字	2. 线性尺寸数字的方向，一般按 a 图所示方向注写。并尽可能避免在图示 30°范围内标注尺寸。当无法避免时，允许按 b 图标注	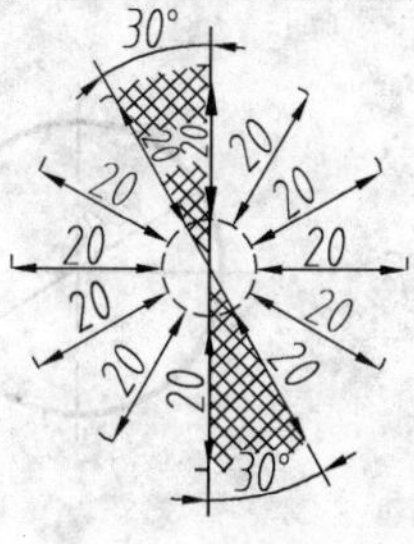 (a)  (b)
	3. 尺寸数字不可被任何图线所通过，否则必须将该图线断开	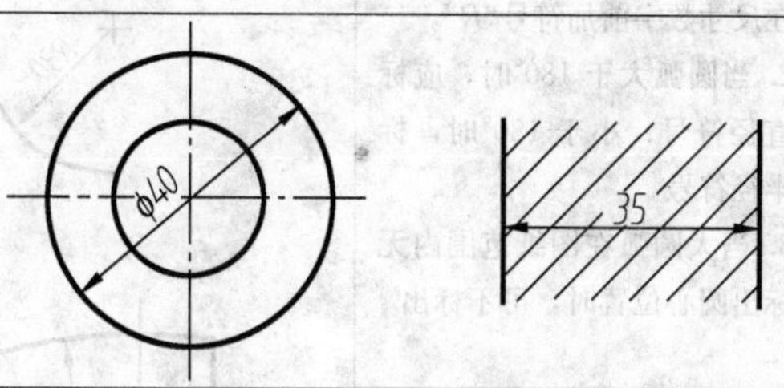
尺寸线	1. 尺寸线用细实线绘制，不能用其他图线代替，一般也不能与其他图线重合或画在其延长线上。 2. 标注线性尺寸时，尺寸线必须与所标注的线段平行	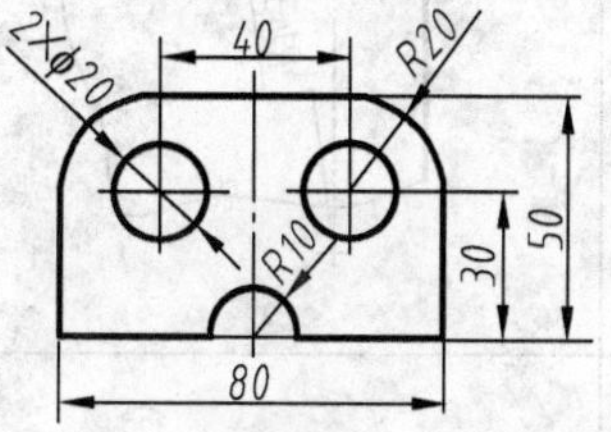 正确 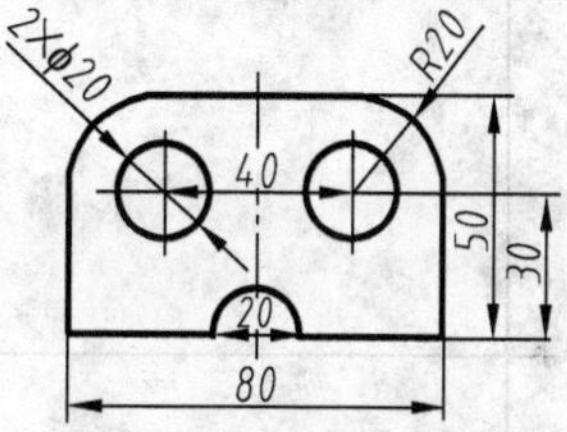 错误
尺寸终端	1. 箭头：适用于各种类型的图样。 2. 斜线：当尺寸线的终端采用斜线形式时，尺寸线与尺寸界线必须相互垂直。 3. 一张图样中只能采用一种尺寸线终端的形式，不能混用	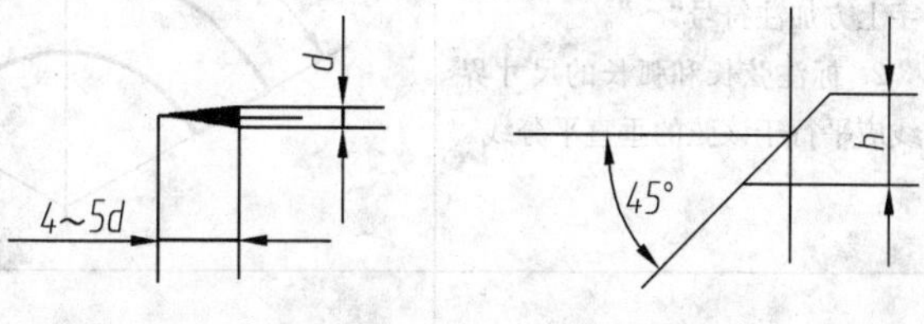
尺寸界线	1. 尺寸界线用细实线绘制，并应由图形的轮廓线、轴线和对称中心线处引出。 2. 也可利用轮廓线、轴线和对称中心线作尺寸界线	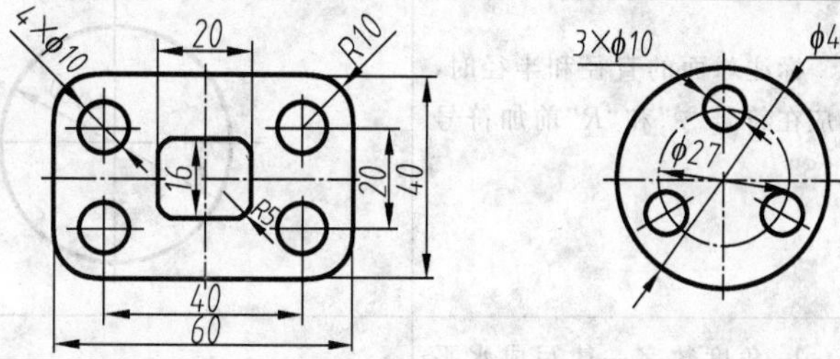
	3. 尺寸界线一般应与尺寸线垂直，当尺寸界线过于接近轮廓线时允许倾斜画出。 4. 在光滑过渡处标注尺寸时，必须用细实线将轮廓线延长，从它们的交点处引出尺寸界线	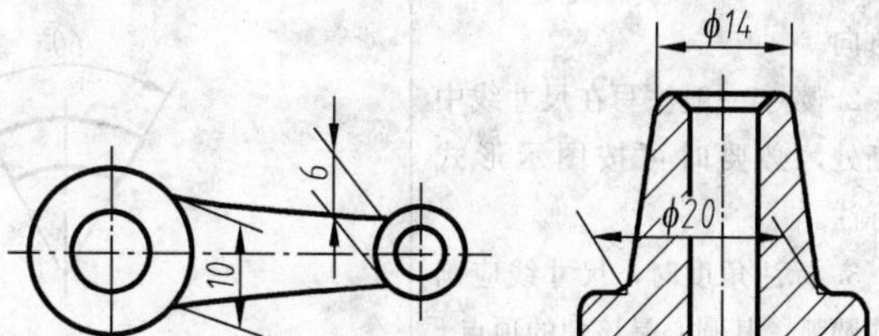

续表

项目	说明	图例
直径与半径的注法	1. 标注直径时，应在尺寸数字前加符号“φ”。标注半径时，应在尺寸数字前加符号“*R*”。 2. 当圆弧大于 180°时，应标注直径符号；小于 180°时，标注半径符号。 3. 当大圆弧在图纸范围内无法标出圆心位置时，可不标出	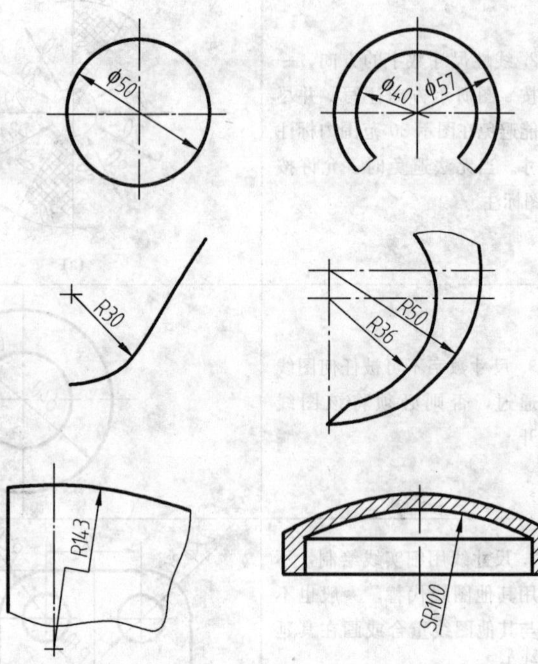
弧长及弦长	1. 标注弧长时，应在尺寸数字上方加注符号“⌒”。 2. 标注弦长和弧长的尺寸界线应平行于该弦的垂直平分线	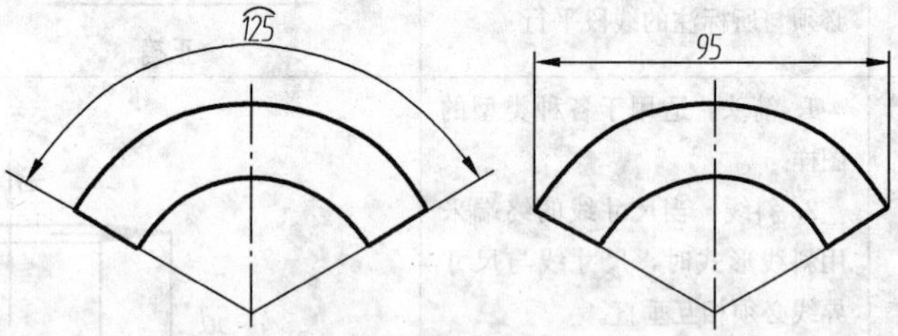
球的注法	标注球面的直径和半径时，应在符号“φ”和“*R*”前加符号“*S*”	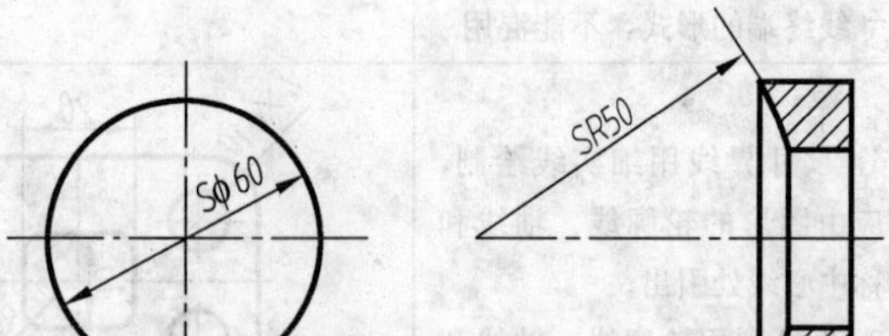
角度的注法	1. 角度数字一律写成水平方向。 2. 数字一般注写在尺寸线中断处，必要时可按图示形式标注。 3. 标注角度时，尺寸线应画成圆弧，其圆心是该角的顶点	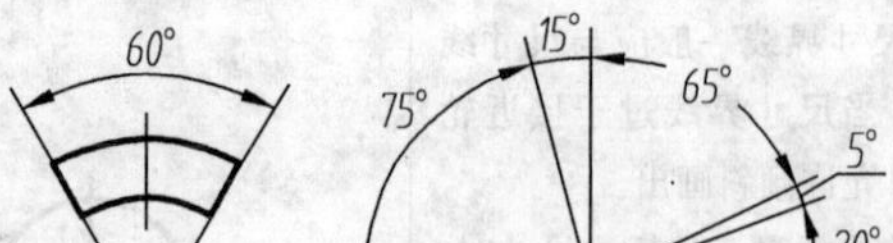

续表

项目	说　明	图　例
狭小部位的注法	在没有足够的位置画箭头或注写数字时，可按图示形式标注	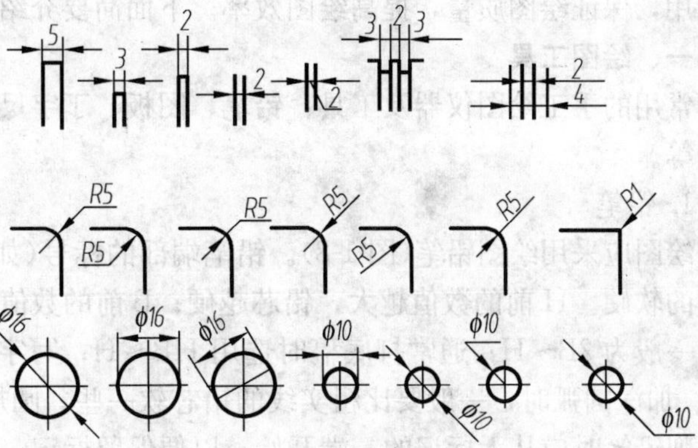
锥度和斜度	1. 标注斜度和锥度时，应在数字前加注斜度和锥度符号。 2. 符号方向应与锥度和斜度方向一致	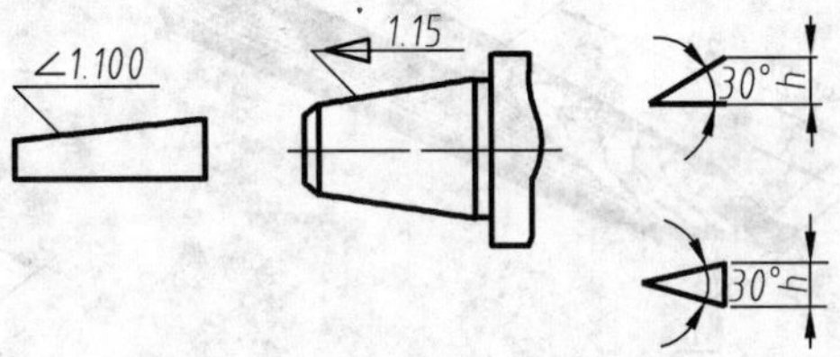
对称图形	1. 当图形具有对称中心线时，分布在对称中心线两边的结构要素，仅标注其中的一组要素尺寸。 2. 当对称机件的图形只画出一半或大于一半时，尺寸线应超过对称中心线或断裂处的边界线，此时仅在尺寸线一端画出箭头	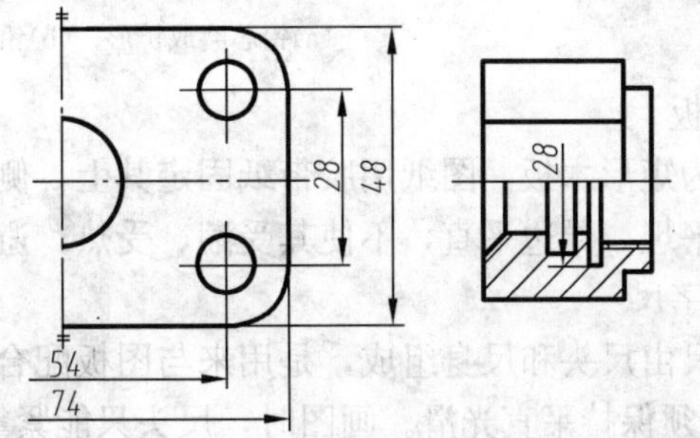
正方形结构	标注断面为正方形结构的尺寸时，可在正方形边长尺寸数字前加注符号“□”或用“B×B”注出	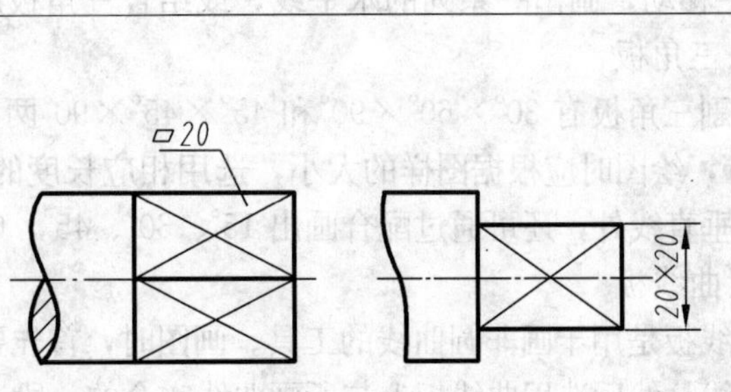

第二节　绘图工具及仪器的使用方法

绘图时不仅需要一套绘图工具和仪器，而且还应正确地使用和维护，这样才能发挥它们的作用，保证绘图质量，提高绘图效率。下面简要介绍几种常用的绘图工具。

一、绘图工具

常用的手工绘图仪器及工具：铅笔、图板、丁字尺、三角板、比例尺、圆规、分规、曲线板等。

1. 铅笔

绘图应采用绘图铅笔(图 1-8)。铅笔端部的标号(如 2B、B、HB、H、2H 等)用来表明铅芯的软硬。H 前的数值越大，铅芯越硬；B 前的数值越大，铅芯越软。常用的绘图铅笔其硬度一般为 2B～H；通常打底稿时选用 HB～H；写字时选用 HB；加深粗实线时选用 HB～B；加深圆弧时，一般要比粗实线的铅芯软一些，圆规用铅芯可选 B～2B。

削铅笔时应从无标记的一端开始，以便保留标记，识别铅芯硬度。画粗实线时，铅芯磨成铲形，其余线型的铅芯磨成圆锥形。

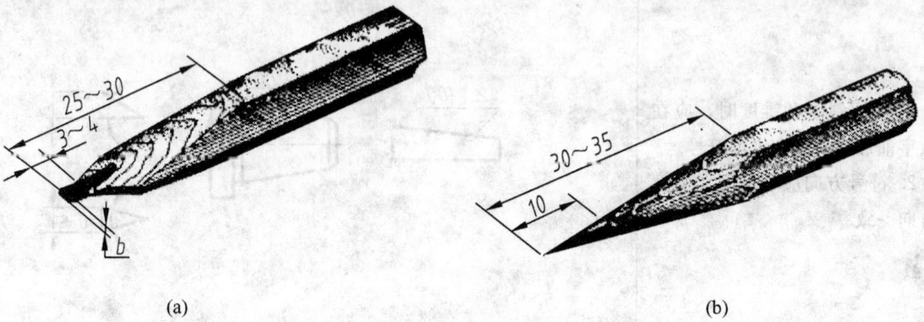

图 1-8　绘图铅笔

(a)铅芯磨成铲形；(b)铅芯磨成圆锥形

2. 图板

图板为矩形木板，图纸用胶带纸固定其上，侧面为引导丁字尺移动的导边。使用时必须保持板面平坦，导边平直，不使其受潮、受热，避免磕碰(图 1-9)。

3. 丁字尺

丁字尺由尺头和尺身组成，是用来与图板配合画水平线的工具，尺身的工作边(有刻度的一边)必须保持平直光滑。画图时，尺头只能紧靠在图板的左边(不能靠在右边、上边或下边)上下移动，画出一系列的水平线，或结合三角板画出一系列的垂直线，如图 1-9 所示。

4. 三角板

一副三角板有 30°×60°×90°和 45°×45°×90°两块。三角板的长度有多种规格如 25cm、30cm 等，绘图时应根据图样的大小，选用相应长度的三角板。三角板除了结合丁字尺画出一系列的垂直线外，还可通过配合画出 15°、30°、45°、60°、75°等角度的斜线，如图 1-10 所示。

5. 曲线板

曲线板是用于画非圆曲线的工具。画图时，首先要定出曲线上足够数量的点，徒手将各点连成曲线，然后选用曲线板上与所画曲线吻合的一段，沿着曲线板边缘将该段曲线画出，最后依次连续画出其他各段。注意前后两段应有一小段重合，曲线才显得圆滑，如图 1-11 所示。

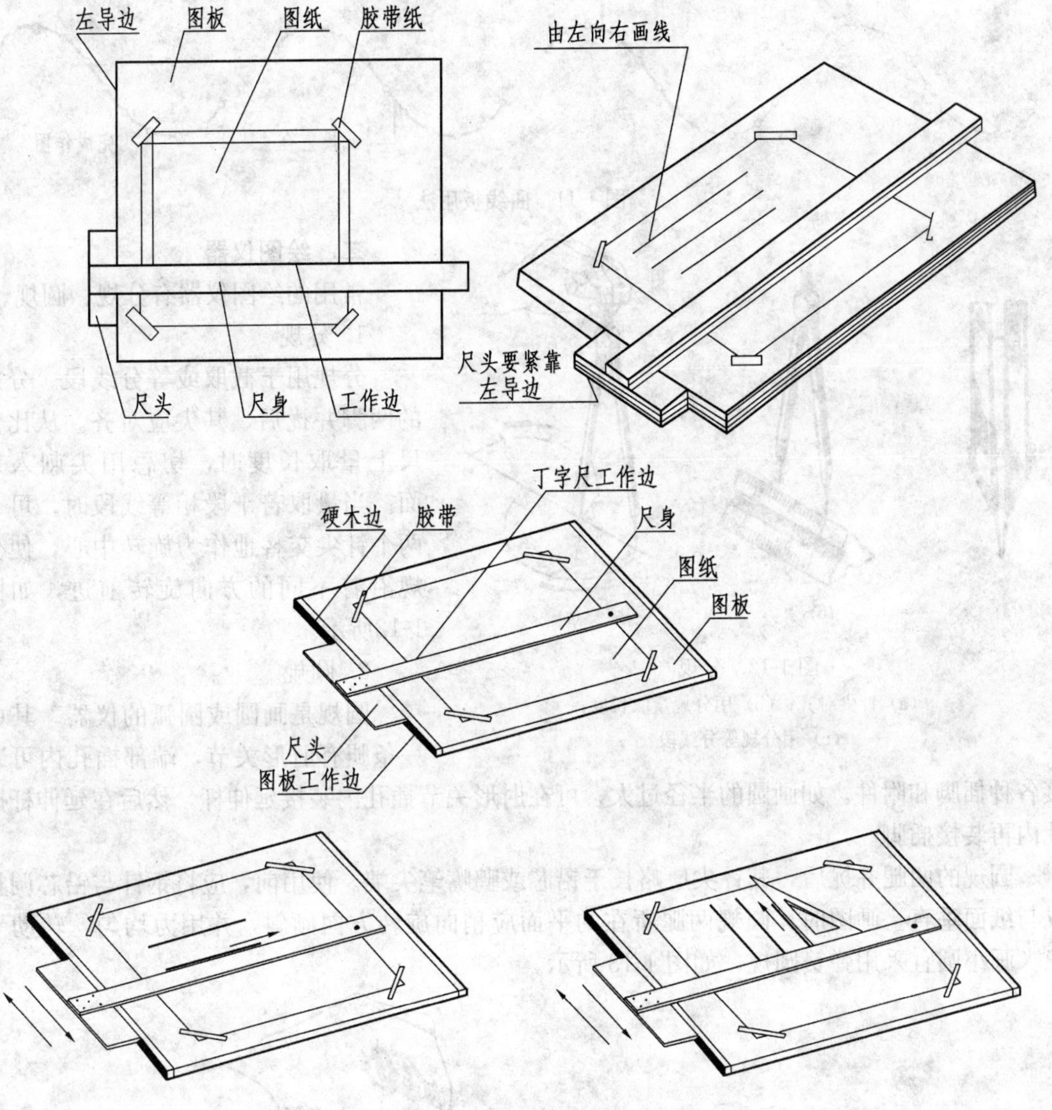

图 1-9　图板和丁字尺的使用

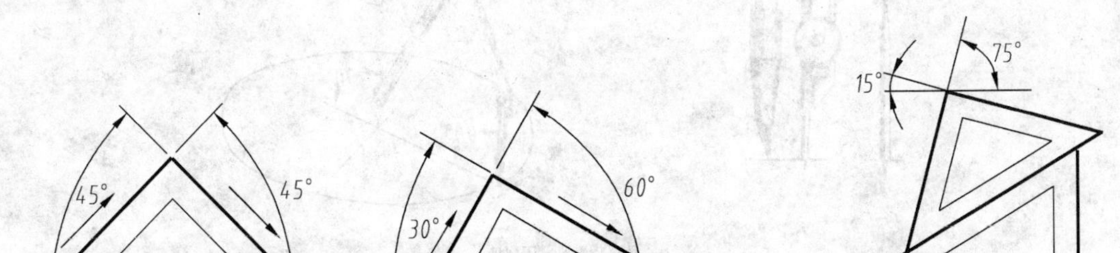

图 1-10　画 15°、30°、45°、60°、75°的斜线

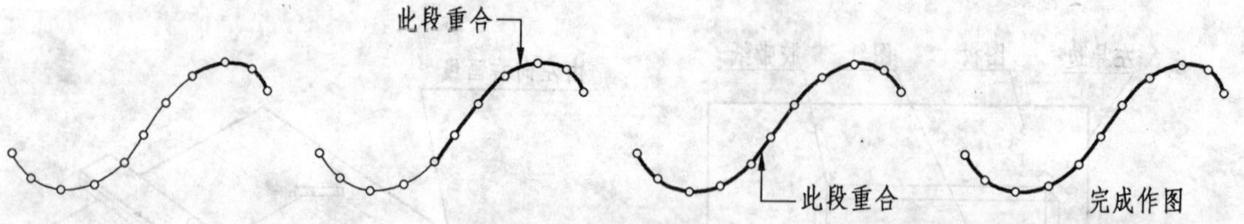

图 1-11　曲线板用法

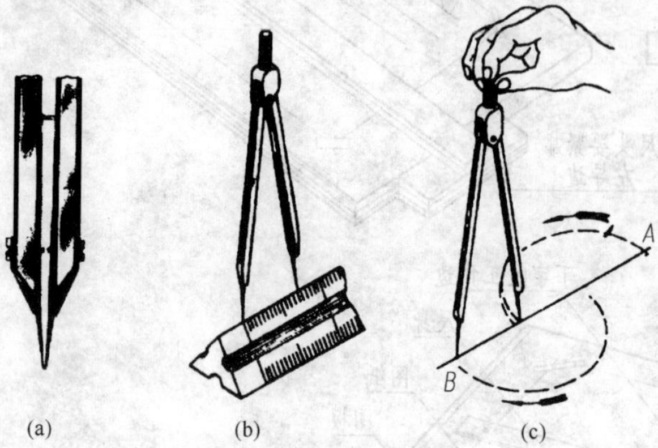

图 1-12　分规
(a) 针尖对齐；(b) 用分规量取长度；
(c) 用分规等分线段

二、绘图仪器

常用的绘图仪器有分规、圆规。

1. 分规

分规用于截取或等分线段。分规的两脚并拢后，其尖应对齐。从比例尺上量取长度时，切忌用尖刺入尺面。当量取若干段相等线段时，可令两个针尖交替地作为旋转中心，使分规沿着不同的方向旋转前进，如图1-12所示。

2. 圆规

圆规是画圆或圆弧的仪器。其中一条腿有肘形关节，端部插孔内可装接各种插脚和附件。如画圆的半径过大，可在肘形关节插孔内装接延伸杆，然后在延伸杆插孔内再装接插脚。

圆规的两腿并拢后，其针尖应略长于铅芯或鸭嘴笔尖端。使用前，应将钢针与铅芯调整成与纸面垂直。画图时，圆规两腿所在的平面应稍向旋转方向倾斜，并用力均匀，转动平稳。画小圆宜采用弹簧圆规，如图 1-13 所示。

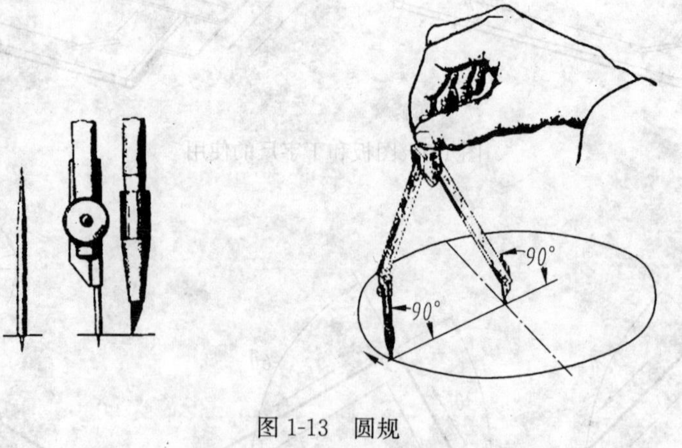

图 1-13　圆规

第三节　几何作图

绘制机械图样时，无论零件的结构多么复杂，其形状总是由若干几何图形组成的，只有熟练地掌握各种几何图形的作图原理和方法，才能更快更好地手工绘制机械图样。下面介绍几种基本的几何作图。

一、正多边形的画法

1. 等分直线段

若已知直线 AB，要将其 n 等分，作图步骤如图 1-14 所示。

(1) 过 A 点作任意线 AM，以适当长度为单位，在 AM 上量取 n 个单位，得 1，2，…，K 点。

(2) 连接 KB，作 KB 的平行线与 AB 相交，即可将 AB 分为 n 等分。

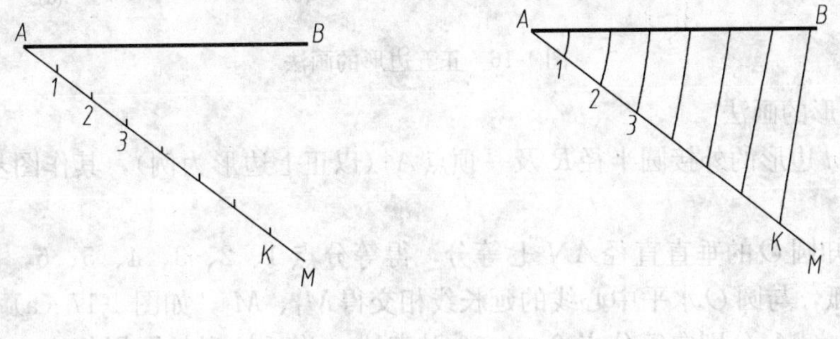

图 1-14　等分直线段

2. 正六边形的画法

若已知正六边形的外接圆直径为 D，一顶点为 A，其画法如图 1-15 所示，其中 (a)、(b) 所示是根据正六边形外角为 60°进行作图的，(c) 为结果。

(a) 过两点 A、B 用 60°三角板直接画出六边形的四条边，再用丁字尺连接 1、2 和 3、4，即得正六边形；

(b) 当给出六边形内接圆直径时，可用 60°三角板直接作出该圆得外接正六边形；

(c) 用外接圆半径六等分圆弧，以两点 A、B 为圆心，原圆半径为半径，画弧交于 1、2、3、4 即得圆周六等份，连接各点为六边形。

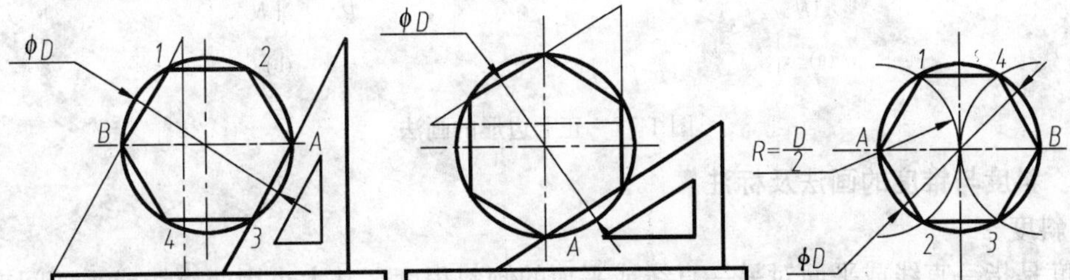

图 1-15　正六边形的画法

3. 正五边形的画法

若已知正五边形的外接圆半径 R 及一顶点 A，其作图步骤如图 1-16 所示。

(1) 求 OB 中点 M：以 B 为圆心，以 OB 长为半径作弧得 P、Q 两点，连接 P、Q 与 OB 相交得 M；

(2) 求正五边形边长 AN：以 M 为圆心，MA 为半径，作弧与 OB 延长线交于 N；

(3) 求五边形的其余四点：以 A 为起点，AN 为边长等分圆弧，并连接各等分点即可。

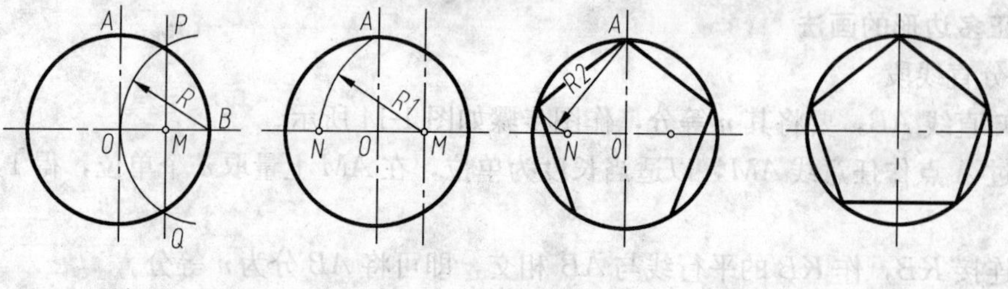

(a)　(b)　(c)　(d)

图 1-16　正五边形的画法

4. 正 n 边形的画法

若已知正 n 边形的外接圆半径 R 及一顶点 A（以正七边形为例），其作图步骤如图 1-17 所示。

(1) 将已知圆 O 的垂直直径 AN 七等分，得等分点 1、2、3、4、5、6，以 A 为圆心，AN 为半径作弧，与圆 O 水平中心线的延长线相交得 M_1、M_2，如图 1-17 (a) 所示。

(2) 过 M_1、M_2 分别向等分点 2、4、6 引直线，并延长到与圆周相交，得 B、C、D、G、F、E，由 A 点开始，顺次连接 A、B、C、D、E、F、G、A，即为所求，如图 1-17 (b) 所示。

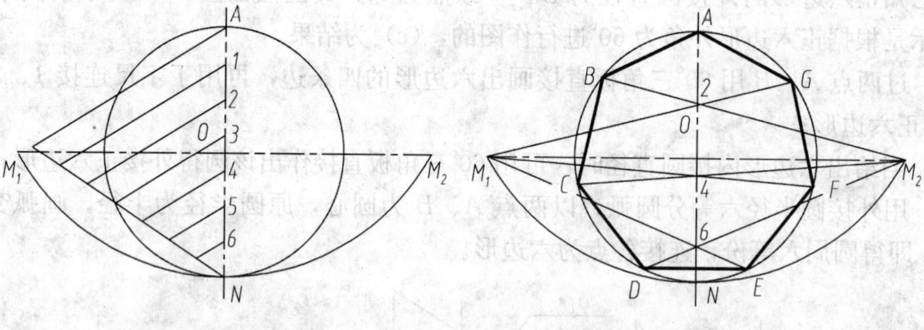

(a)　(b)

图 1-17　正七边形的画法

二、斜度与锥度的画法及标注

1. 斜度

斜度是指一直线或平面对另一直线或平面的倾斜程度，其大小用两直线或平面间夹角的正切来度量，在图样中以 1∶n 的形式标注。图 1-18 为斜度是 1∶5 的画法及标注。标注时斜度符号的倾斜方向应与斜度方向一致。

2. 锥度

锥度是指正圆锥底圆直径与其高度或圆锥台两底圆直径之差与其高度之比。在图样中以 1∶n 的形式标注。图 1-19 是锥度为 1∶5 的画法及标注。画锥度时，一般先将锥度转化为斜度，如锥度为 1∶5，则斜度为 1∶10。锥度符号的方向应与锥度方向一致。

三、椭圆的画法

椭圆的画法很多，下面介绍根据椭圆长、短轴画椭圆的两种方法（设椭圆的长轴为 $2a$，短轴为 $2b$，长轴方向为 AB，短轴方向为 CD）。

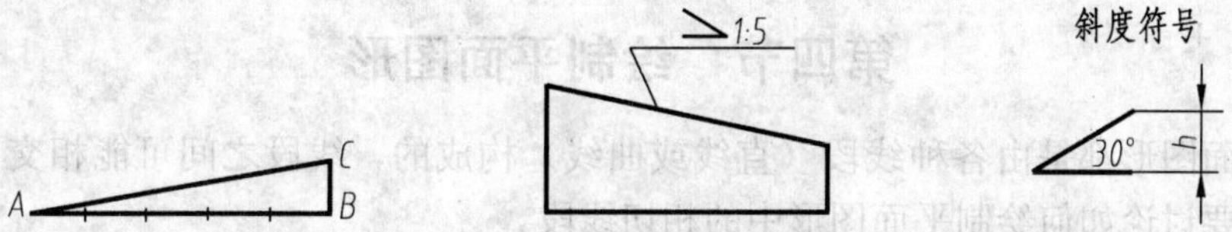

图 1-18　斜度画法及标注

注：h 为尺寸数字字高

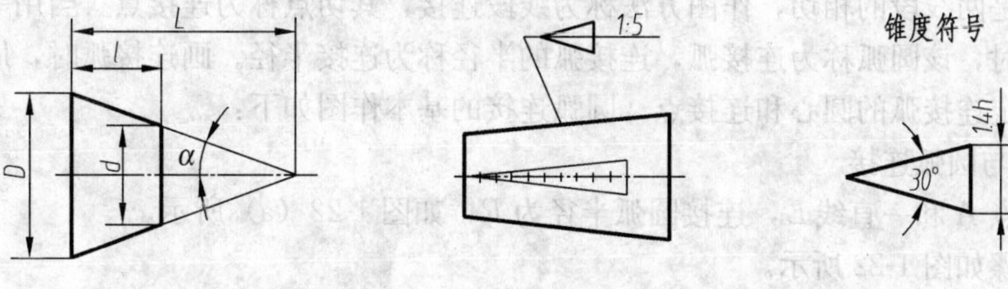

图 1-19　锥度画法及标注

注：h 为尺寸数字字高

1. 同心圆法画椭圆（图 1-20）

(1) 以 O 为圆心，分别以 a、b 为半径作同心圆；

(2) 过圆心 O 任意作一直线，与大圆交于 M 点，与小圆交于 N 点。过 M 点作短轴的平行线 MK，过点 N 作长轴的平行线 NK，两直线的交点 K 即为椭圆上一点；

(3) 用上述方法，可以求出椭圆上一系列点，然后用曲线板光滑地连接各点即得椭圆（图 1-20）。

2. 四心圆法画椭圆（图 1-21）

(1) 连接长、短轴的端点 A、C，以 O 为圆心，以 a 为半径作弧 AE；

(2) 以短轴端点 C 为圆心，以长半轴和短半轴之差 CE 为半径作弧，使与 AC 相交得点 F；

(3) 作 AF 的中垂线，与长轴交于点 1，与短轴交于点 2，并作出点 1、2 对于中心 O 的对称点 3、4；

(4) 分别以点 2、4 为圆心，以 $C2$（或 $D4$）为半径作弧；以点 1、3 为圆心，以 $A1$（或 $B3$）为半径作弧，即得近似椭圆（图 1-21）。

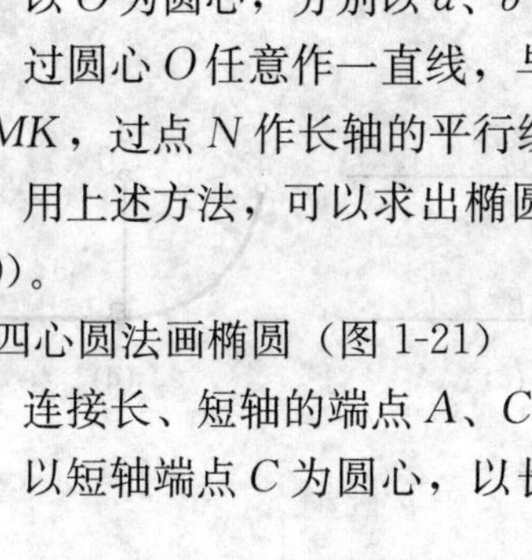

图 1-20　同心圆法画椭圆

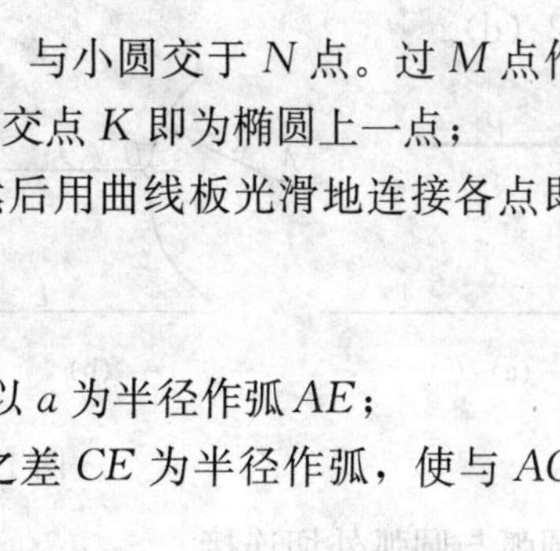

图 1-21　四心圆法画椭圆

第四节 绘制平面图形

任何平面图形都是由各种线段（直线或曲线）构成的，线段之间可能相交、等距或平行。本节主要讨论如何绘制平面图形中的相切线段。

一、平面图形的线段连接

绘制平面图形时，经常会遇到从一线段光滑地过渡到另一线段的情况，这种光滑地过渡，实际上是两线段的相切，作图方法称为线段连接，其切点称为连接点。当用一圆弧连接两已知线段时，该圆弧称为连接弧，连接弧的半径称为连接半径。画连接弧时，应解决两个问题：即确定连接弧的圆心和连接点。圆弧连接的基本作图如下：

1. 直线与圆弧连接

已知一点 A 和一直线 L，连接圆弧半径为 R，如图 1-22（a）所示。

作图步骤如图 1-22 所示。

（1）以 A 为圆心，R 为半径画弧。作与直线 L 距离为 R 的平行线 L_1，与所作圆弧交于 O 点，见图 1-22（b）。

（2）过 O 作直线 L 的垂线，垂足为 B，见图 1-22（c）。

（3）以 O 为圆心，R 为半径画弧，使圆弧通过 A、B 两点，擦去多余部分，即为所求，见图 1-22（d）。

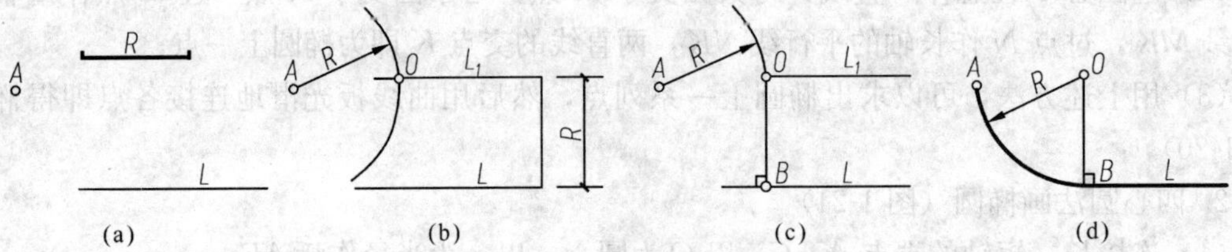

图 1-22 圆弧与直线连接

2. 圆弧与圆弧外切连接

已知一点 A 和一半径为 R_1 的圆弧，连接圆弧半径为 R，如图 1-23（a）所示。

作图步骤如图 1-23 所示。

（1）分别以 A、O_1 为圆心，以 R、$R+R_1$ 为半径画弧，相交于 O 点，连接 O_1、O，交已知圆弧于 B 点，如图 1-23（b）所示。

（2）以 O 为圆心，R 为半径画弧，使圆弧通过 A、B 点，擦去多余部分，完成作图，如图 1-23（c）所示。

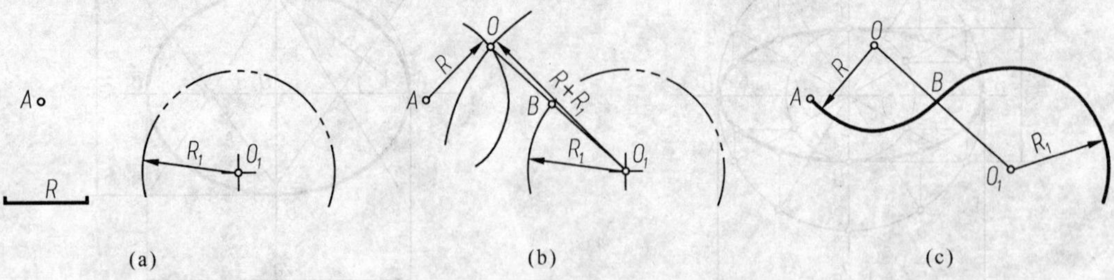

图 1-23 圆弧与圆弧外切连接

3. 圆弧和直线与圆弧连接

已知一直线 L 和一半径为 R_1 的圆弧，连接圆弧半径为 R，如图 1-24（a）所示。

作图步骤如图 1-24 所示。

（1）作与直线 L 距离为 R 的平行线 L_1，以 O_1 为圆心，$R+R_1$ 为半径画弧，交 L_1 于 O 点，过 O 作直线 L 的垂线，垂足为 A。连接 OO_1，交已知圆弧于 B 点，如图 1-24（b）所示。

（2）以 O 为圆心，R 为半径画弧，使圆弧通过 A、B 点，擦去多余部分，完成作图，如图 1-24（c）所示。

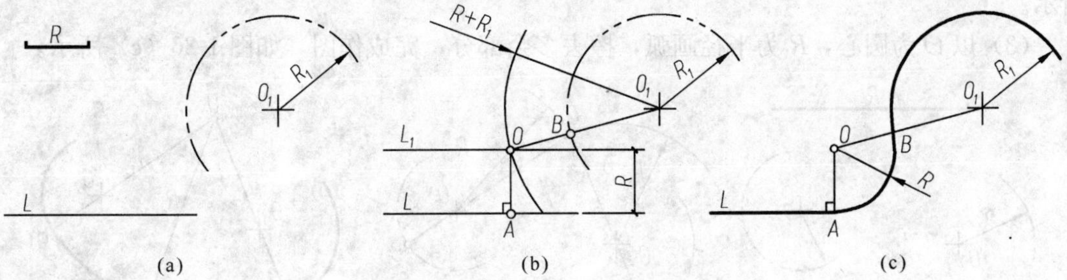

图 1-24　圆弧和直线与圆弧连接

4. 圆弧与圆弧外切连接

已知半径分别为 R_1、R_2 的两圆弧，连接圆弧半径为 R，如图 1-25（a）所示。

作图步骤如图 1-25 所示。

（1）分别以 O_1、O_2 为圆心，以 $R+R_1$、$R+R_2$ 为半径画弧，两段圆弧相交于 O 点，如图 1-25（b）所示。

（2）连接 OO_1，交圆弧 O_1 于 A 点；连接 OO_2，交圆弧 O_2 于 B 点，如图 1-25（c）所示。

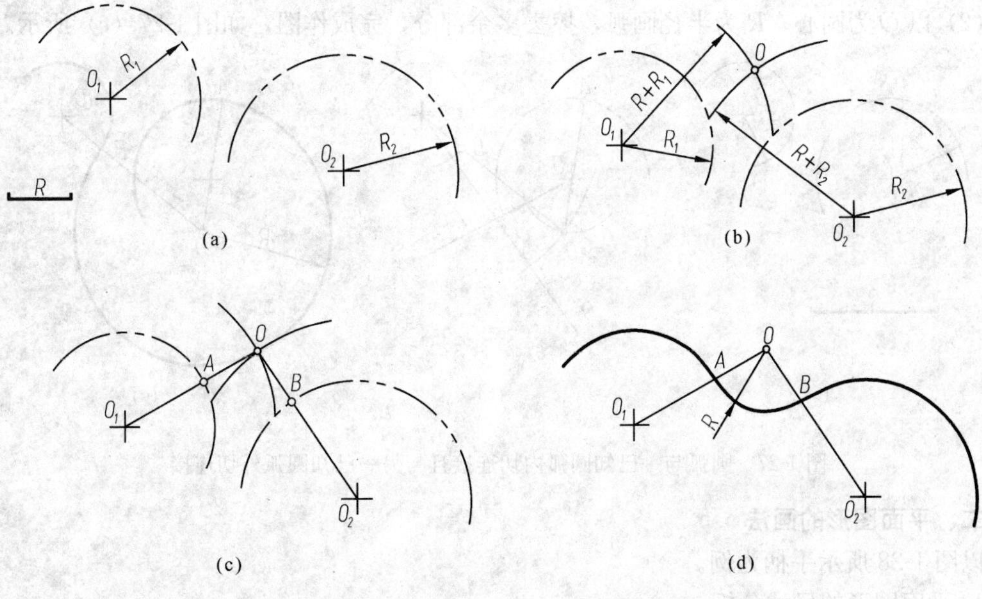

图 1-25　圆弧与圆弧外切连接

（3）以 O 为圆心，R 为半径画弧，擦去多余部分，完成作图，如图 1-25（d）所示。

5. 圆弧与两圆弧内切连接

已知半径分别为 R_1、R_2 的两圆弧，连接圆弧半径为 R，如图 1-26（a）所示。

作图步骤如图 1-26 所示。

（1）分别以 O_1、O_2 为圆心，以 $R-R_1$、$R-R_2$ 为半径画弧，相交于 O 点，如图 1-26（b）所示。

（2）连接 OO_1，交圆弧 O_1 于 A 点；连接 OO_2，交圆弧 O_2 于 B 点，如图 1-26（b）所示。

（3）以 O 为圆心，R 为半径画弧，擦去多余部分，完成作图，如图 1-26（c）所示。

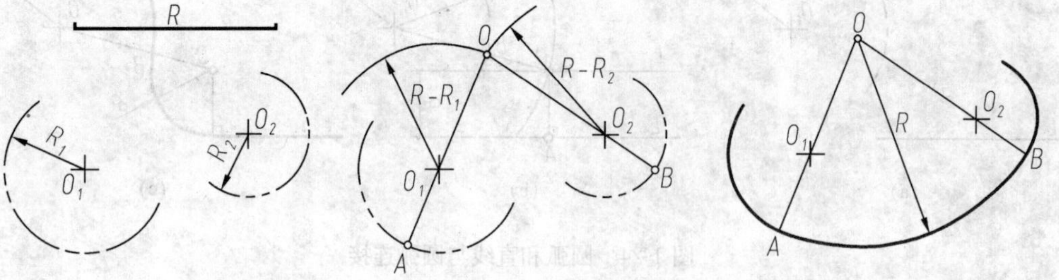

图 1-26　圆弧与两圆弧内切连接

6. 圆弧与一已知圆弧内切连接且与另一圆弧外切连接

已知半径分别为 R_1、R_2 的两圆弧，连接圆弧半径为 R，如图 1-27（a）所示。

作图步骤如图 1-27 所示。

（1）分别以 O_1、O_2 为圆心，以 $R-R_1$、$R+R_2$ 为半径画弧，相交于 O 点；连接 OO_1，交圆弧 O_1 于 A 点，连接 OO_2，交圆弧 O_2 于 B 点，如图 1-27（b）所示。

（2）以 O 为圆心，R 为半径画弧，擦去多余部分，完成作图，如图 1-27（c）所示。

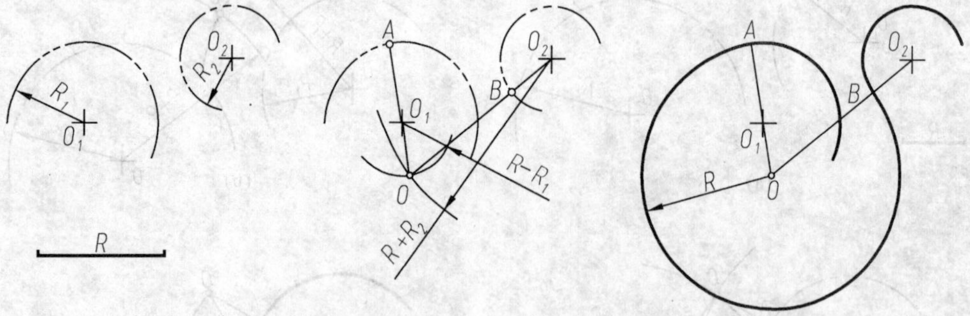

图 1-27　圆弧与一已知圆弧内切连接且与另一已知圆弧外切连接

二、平面图形的画法

以图 1-28 所示手柄为例。

1. 平面图形的尺寸分析

（1）定形尺寸

确定平面图形中几何要素大小的尺寸称为定形尺寸。例如直线的长短、圆的直径（或半径）等。

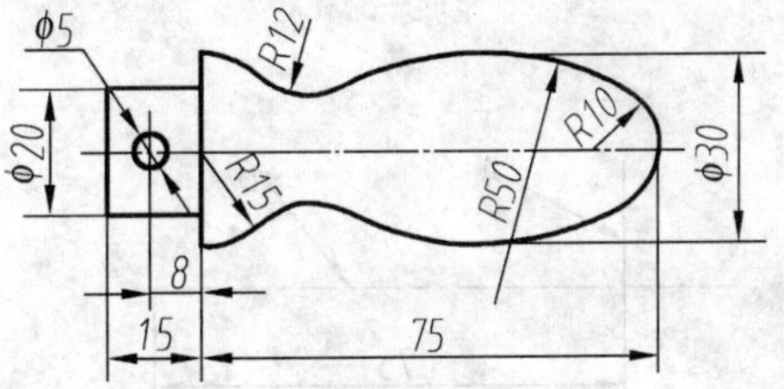

图 1-28　手柄

（2）定位尺寸

确定几何元素位置的尺寸称为定位尺寸。如圆心和直线相对于坐标系的位置等。

（3）尺寸基准

标注定位尺寸的起点称为尺寸基准。对平面图形而言，有上下和左右两个方向的尺寸基准，相当于 X、Y 轴，通常以图形的对称线、较大圆的中心线、较长的直线作为尺寸基准。

2. 平面图形的线段分析

根据所标注的尺寸，平面图形中线段（直线和圆弧）可以分为已知线段、中间线段和连接线段三类。现以图 1-28 所示的各线段为例分析如下：

（1）已知线段

有足够的定形尺寸和定位尺寸，不依靠与其他线段相切的作图，就能直接按所注尺寸画出的线段，称为已知线段。已知线段可直接画出。

（2）中间线段

缺少一个定位尺寸，必须依靠一端与另一线段相切而画出的线段，称为中间线段。。如图 1-28 中 $R50$ 的圆弧，其圆心的 X 方向的定位尺寸未知，需要利用与 $R10$ 圆弧的连接关系（内切），才能求出它的圆心和连接点。

（3）连接线段

缺少两个定位尺寸，因而要依靠与另两线段相切，才能画出的线段，称为连接线段。如图中 $R12$ 的圆弧。连接圆弧缺少圆心的定位尺寸，故需要利用与其相邻两直线的相切关系才能确定圆心位置，如 $R12$ 圆弧必须利用与 $R50$ 和 $R15$ 两圆弧的外切关系才能画出。

3. 平面图形的作图步骤

绘制平面图形的作图步骤是：先画基准线；再按已知线段、中间线段、连接线段的顺序依次画出各线段；最后检查全图，按各种图线的要求加深，并标注尺寸。

手柄的作图步骤如图 1-29 所示：

（1）画基准线 A、B，如图 1-29（a）所示。

（2）画已知线段（直线和圆弧），如图 1-29（b）所示。

（3）画中间弧。作平行且相距基准线 B 均为 15 的两平行线Ⅱ、Ⅲ，如图 1-29（c）所示；然后作Ⅰ、Ⅳ分别平行于Ⅲ、Ⅱ，且相距均为 50，如图 1-29（d）所示；按内切几何条件分别求出中间弧 $R50$ 的圆心 O_1、O_2，连 OO_1、OO_2，如图 1-29（e）所示；求出切点 T_1、T_2，如图 1-29（e）所示；画出两段中间弧 $R50$，如图 1-29（f）所示。

（4）画连接弧。按外切几何条件分别求出连接弧 $R12$ 的圆心 O_3、O_4，连 O_5O_3、O_5O_4、O_2O_3、O_1O_4，求出切点 T_3、T_4、T_5、T_6，画出两段连接弧 $R12$，完成底稿，如图 1-29（g）所示。

（5）检查，加深图线，并标注尺寸，如图 1-29（h）所示。

三、平面图形的尺寸标注

标注平面图形的尺寸，应遵守国家标准的有关规定，并做到不遗漏、不重复。以手柄为

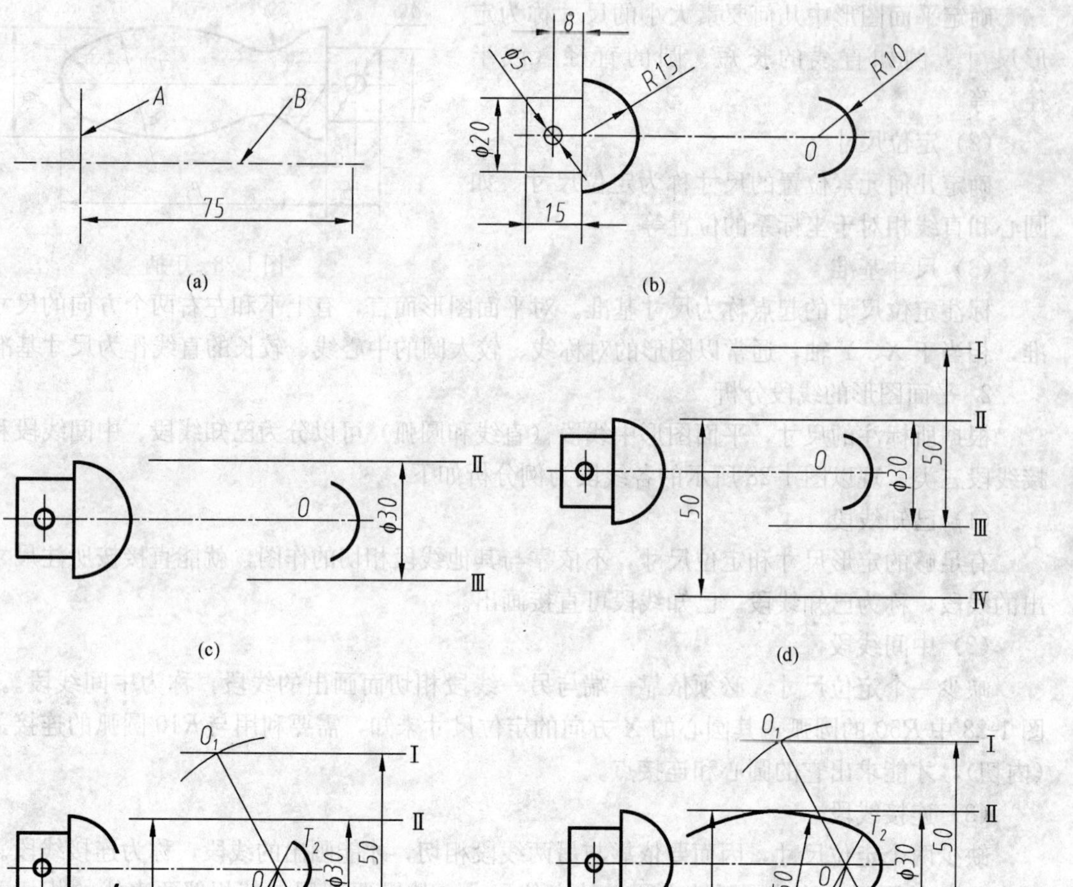

图 1-29　手柄作图步骤

例，平面图形尺寸标注的步骤是：

（1）分析图形各线段的关系，确定已知线段、中间线段和连接线段。

（2）标注出已知线段的定形尺寸和两个定位尺寸。

（3）标注出中间线段的定形尺寸和一个定位尺寸。

（4）标注出连接线段尺寸，即标注出连接线段的定形尺寸。

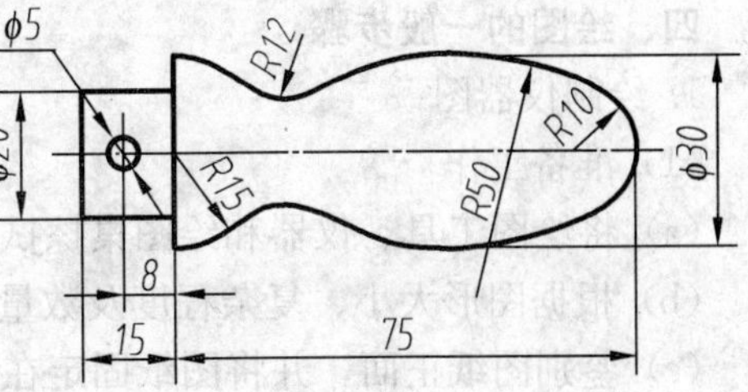

图 1-30　手柄的尺寸标注

当若干线段处于光滑连接（相切）关系时，确定每条线段的性质应遵循的规律是：在两个已知线段间，可有任意条中间线段，但必须有，也只能有一条连接线段。

常见平面图形的尺寸标注示例如表 1-8 所示。

表 1-8　常见平面图形的尺寸标注

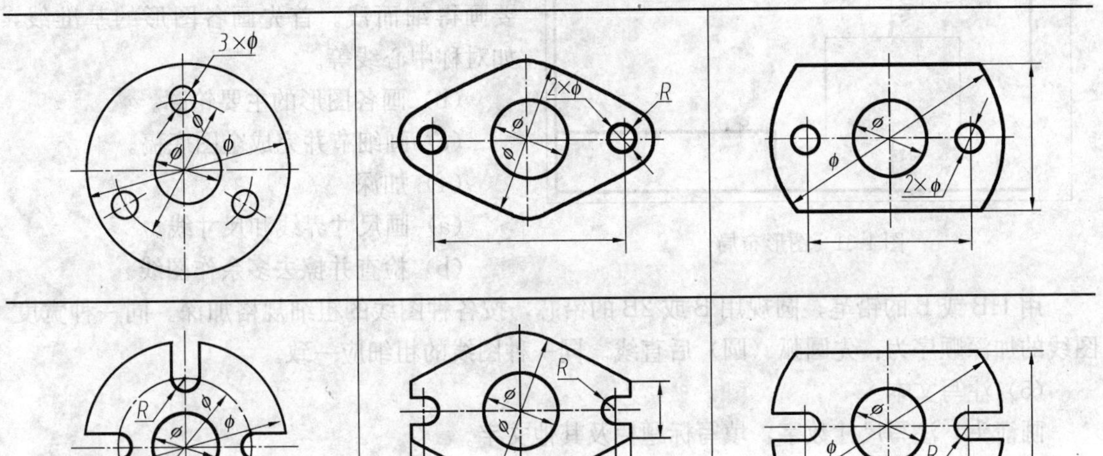

四、绘图的一般步骤

1. 绘制仪器图

（1）准备工作

（a）将绘图工具、仪器和绘图桌擦拭干净，削好铅笔和铅芯。

（b）根据图形大小、复杂程度及数量选取标准比例和图幅。

（c）鉴别图纸正面，并将图纸固定在图板左下方适当位置。

（2）布局

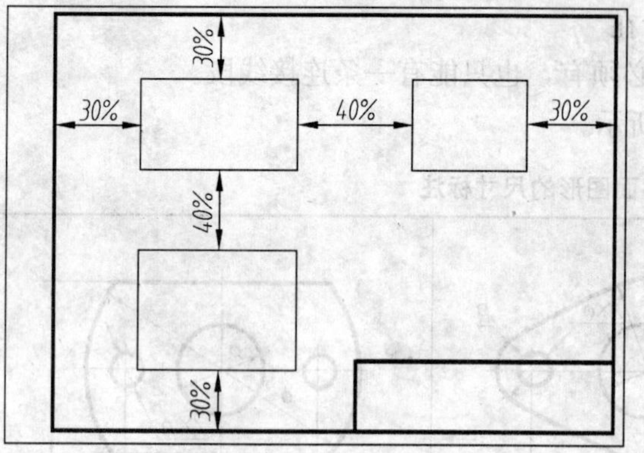

图 1-31 图形布局

三个图形之间的间隔一般采用 3∶4∶3 布局法，如图 1-31 所示。

（3）画底稿

（a）用 2H 或 H 的铅笔画底稿，图线要画得细而浅。首先画各图形的基准线，如对称中心线等。

（b）画各图形的主要轮廓。

（c）画细节并完成全图底稿。

（4）加深

（a）画尺寸界线和尺寸线。

（b）检查并擦去多余作图线。

用 HB 或 B 的铅笔，圆规用 B 或 2B 的铅芯，按各种图线的粗细规格加深。同一种宽度图线的加深顺序为：先圆弧（圆）后直线。同一种图线的粗细应一致。

（5）注写文本

画箭头，注写尺寸数字，填写标题栏及其他文字。

（6）整理图纸

校核全图，取下图纸，沿图幅边框裁边。

2. 绘制草图

草图是一种以目测估计图形与实物的比例，用徒手绘制的图形。绘制草图时，不需精确地按物体各部分的尺寸，也没有比例规定，只要求物体各部分比例协调。绘制草图时应做到：图线分明、字体工整、比例匀称、图面整洁。

绘制草图一般用 HB 铅笔，铅芯削成圆锥形。徒手绘制几种图线的方法如下：

（1）徒手画直线

画直线时，执笔要稳，眼睛要注意终点。画较短线时，只运动手腕；画长线时运动手臂。画水平线时，将图纸放成稍向左倾斜，从左向右画；画垂直线时自上而下运笔；画倾斜线时，可适当将图纸转到绘图顺手的位置，如图 1-32 所示。

（2）徒手画圆及圆弧

画圆时，应定出圆心的位置，过圆心画中心线。画小圆时，可在对称中心线上取四个点，过四点画圆，如图 1-33（a）所示。画大圆时，可过圆心增画两条 45°的辅助斜线，在斜线上再定四点，过八点画圆，如图 1-33（b）所示。

画圆弧、椭圆等曲线时，同样用目测定出曲线上若干点，光滑连接即可，如图 1-34 所示。

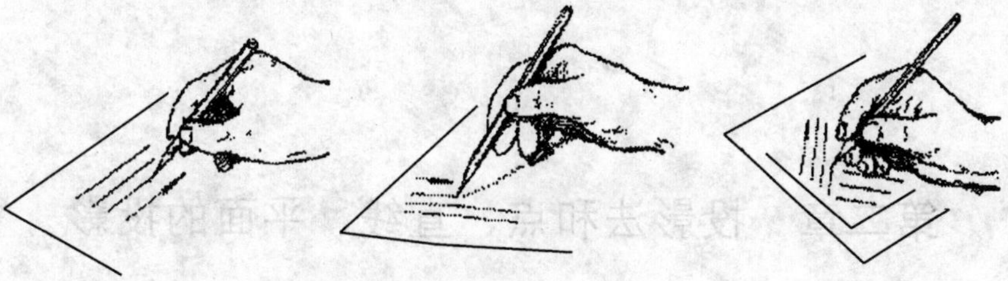

图 1-32　徒手画直线

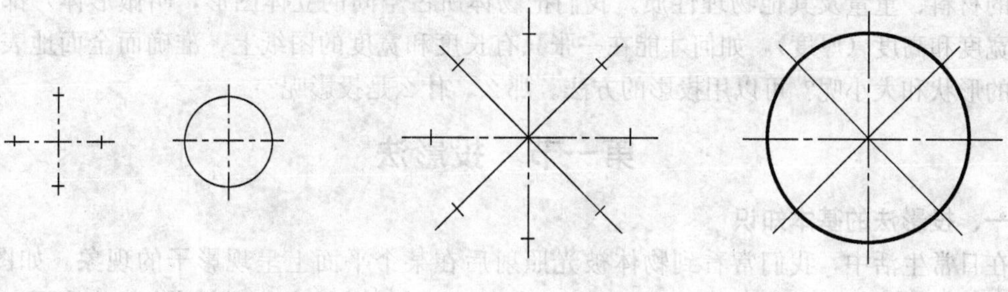

(a)　　(b)

图 1-33　徒手画圆

(a) 画小圆；(b) 画大圆

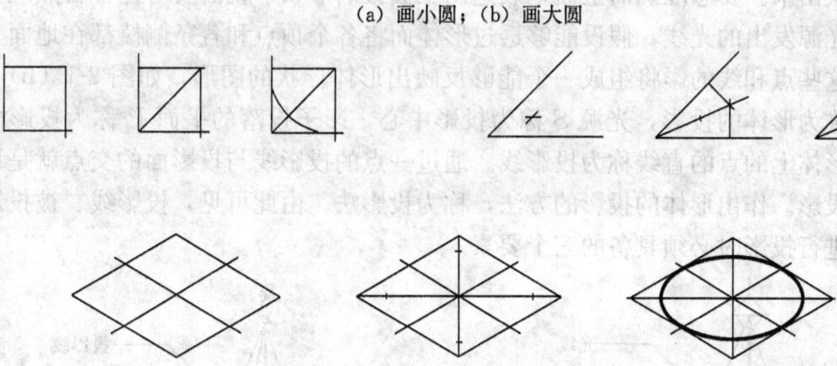

图 1-34　徒手画圆弧及椭圆

第二章　投影法和点、直线、平面的投影

我们生活在一个三维空间里，一切形体（只研究物体所占空间的形状和大小，而不涉及物体的材料、重量及其他物理性质。我们把物体所占空间的立体图形，叫做形体）都有长度、宽度和高度（厚度），如何才能在一张只有长度和宽度的图纸上，准确而全面地表达出形体的形状和大小呢？可以用投影的方法。那么，什么是投影呢？

第一节　投影法

一、投影法的基本知识

在日常生活中，我们常看到物体被光照射后在某个平面上呈现影子的现象。如图 2-1（a）所示，取一个三棱锥，放在灯光和地面之间，这个三棱锥在地面上就会产生影子，但是这个影子只是一个灰黑的三角形，它只反映了三棱锥底面的外形轮廓，至于三棱锥三个侧面的轮廓均未反映出来。要想准确而全面地表达出三棱锥的形状，就需要对这种自然现象加以科学地抽象：光源发出的光线，假设能够透过形体而将各个顶点和各条侧棱都在地面上投下它们的影子，这些点和线的影将组成一个能够反映出形体形状的图形，如图 2-1（b）所示。这个图形通常称为形体的投影，光源 S 称为投影中心，影子投落的平面 P 称为投影面。连接投影中心与形体上的点的直线称为投影线。通过一点的投影线与投影面的交点就是该点在该投影面上的投影。作出形体的投影的方法，称为投影法。由此可见，投影线、被投影的物体和投影面是进行投影时必须具备的三个要素。

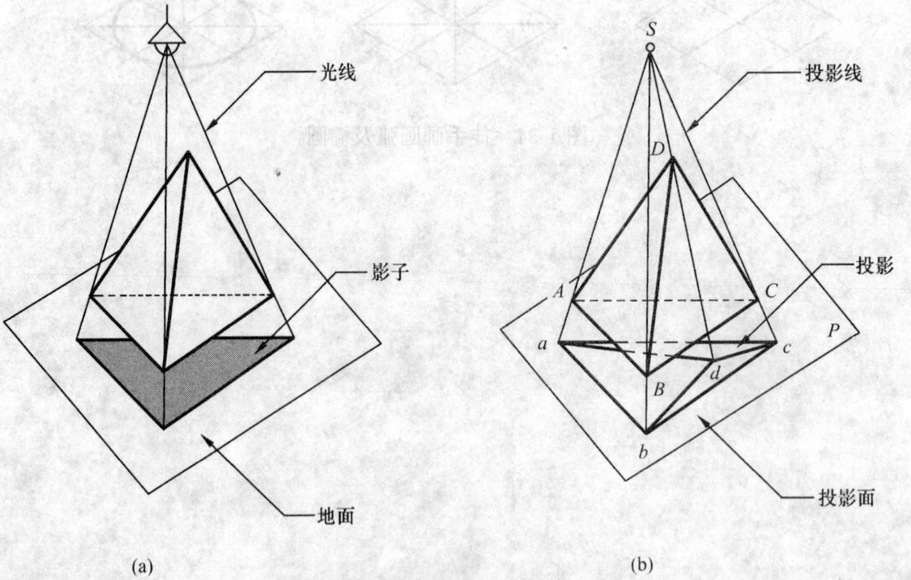

图 2-1　三棱锥的影子和投影

（a）影子；（b）投影

二、投影法分类

投影法可分为中心投影法和平行投影法两大类。

1. 中心投影法

当投影中心距离投影面为有限远时，所有的投影线都汇交于一点，这种投影法称为中心投影法，如图 2-1（b）所示，用这种方法所得的投影称为中心投影。

2. 平行投影法

当投影中心距离投影面为无限远时，所有的投影线可看作互相平行，这种投影法称为平行投影法（图 2-2)。根据投影线与投影面的倾角不同，平行投影法又分为斜投影法和正投影法两种。

（1）斜投影法：当投影线倾斜于投影面时，称为斜投影法，如图 2-2（a）所示，用这种方法所得的投影称为斜投影。

（2）正投影法：当投影线垂直于投影面时，称为正投影法，如图 2-2（b）所示。用这种方法所得的投影称为正投影。

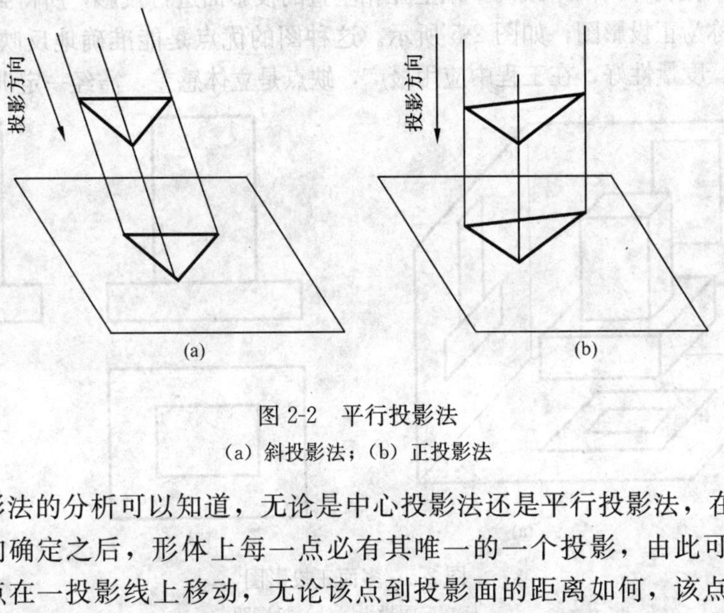

图 2-2　平行投影法

（a）斜投影法；（b）正投影法

通过对投影法的分析可以知道，无论是中心投影法还是平行投影法，在投影面和投影中心或投影方向确定之后，形体上每一点必有其唯一的一个投影，由此可建立起一一对应的关系；一点在一投影线上移动，无论该点到投影面的距离如何，该点在投影面上的位置不变。

三、工程中常用的几种投影图

表达工程物体时，由于表达目的和被表达对象特性的不同，往往需要采用不同的投影图。常用的投影图有四种：

1. 透视投影图

透视投影图简称为透视图，它是按中心投影法绘制的，如图 2-3 所示。这种图的优点是形象逼真，立体感强，其图样常用作建筑设计方案的比较、展览，如图 2-3（b）所示。缺点是绘图较繁琐，度量性差。

2. 轴测投影图

轴测投影图简称为轴测图，它是按平行投影法绘制的，如图 2-4 所示。这种图的优点是立体感较强，缺点是度量性不够理想，作图较麻烦，工程中常用作辅助图样。

(a)　　　　(b)

图 2-3　透视投影图

（a）按中心投影法绘制；（b）建筑设计方案举例

图 2-4　轴测投影图

3. 多面正投影图

用正投影法把物体向两个或两个以上互相垂直的投影面进行投影，所得到的图样称为多面正投影图，简称为正投影图，如图 2-5 所示。这种图的优点是能准确地反映物体的形状和大小，作图方便、度量性好，在工程中应用最广，缺点是立体感差，需经一定训练才能看懂。

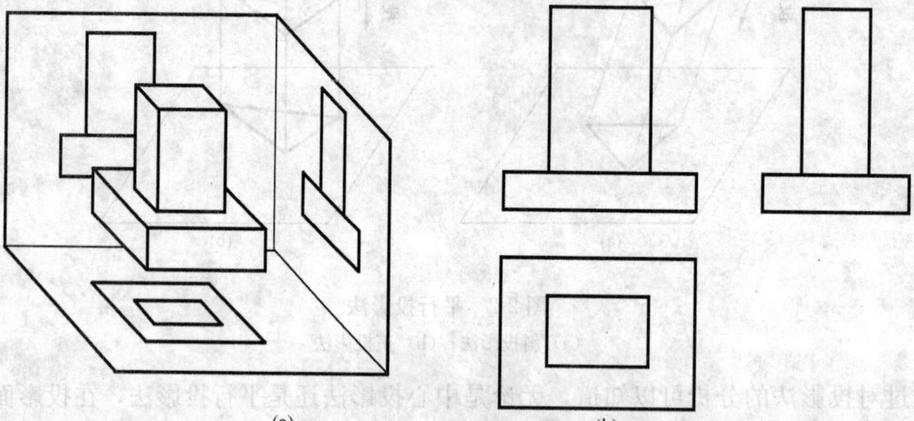

(a)　　　　(b)

图 2-5　多面正投影图

（a）三面投影；（b）投影图

4. 标高投影图

标高投影图是一种带有数字标记的单面正投影图，如图 2-6 所示。标高投影图常用来表

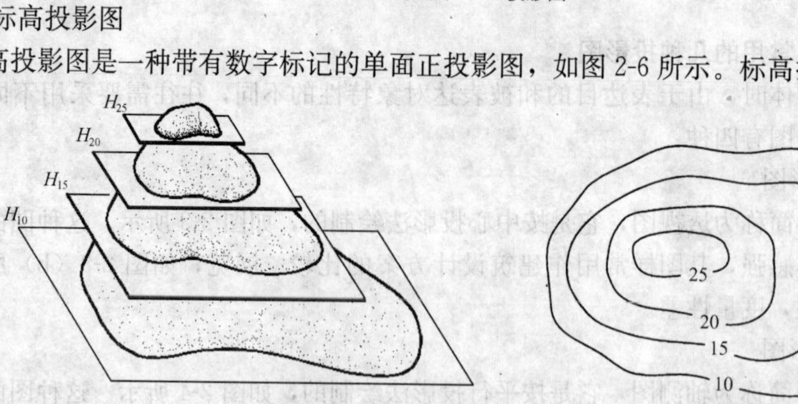

图 2-6　标高投影图

达地面的形状。作图时用间隔相等的水平面截割地形面，其交线即为等高线，将不同高程的等高线投影在水平的投影面上，并标出各等高线的高程，即为标高投影图，从而表达出该处的地形情况。

大多数工程图是采用正投影法绘制的。正投影法是本课程研究的主要对象，以下各章所指的投影，如无特殊说明均指正投影。

四、平行投影的特性

在机械制图中，最常使用的投影法是平行投影，平行投影一般有以下几个特性：

1. 实形性

当直线线段或平面图形平行于投影面时，其投影反映实长或实形，如图 2-7（a）、图 2-7（b）所示。

2. 积聚性

当直线或平面平行于投影线时（在正投影中垂直于投影面），其投影积聚为一点或一直线，如图 2-7（c）、图 2-7（d）所示。

3. 类似性

当直线或平面倾斜于投影面而又不平行于投影线时，其投影小于实长或不反映实形，但与原形类似，如图 2-7（e）、图 2-7（f）所示。

4. 平行性

互相平行的两直线在同一投影面上的投影保持平行，如图 2-7（g）所示，$AB /\!/ CD$，则 $ab /\!/ cd$。

5. 从属性

若点在直线上，则点的投影必在直线的投影上，如图 2-7（e）中，C 点在 AB 上，C 点的投影 c 必在 AB 的投影 ab 上。

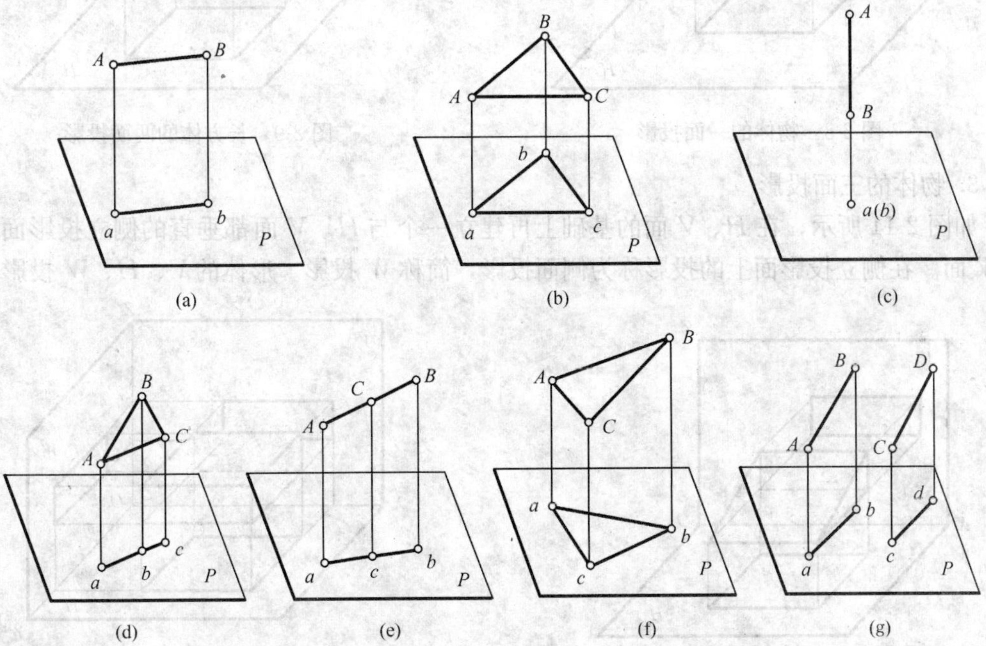

图 2-7　正投影的特性

6. 定比性

直线上一点所分直线段的长度之比等于它们的投影长度之比；两平行线段的长度之比等于它们没有积聚性的投影长度之比，如图 2-7（e）中，$AC : CB = ac : cb$，图 2-7（g）中 $AB : CD = ab : cd$。

五、物体的三面投影图

1. 物体的一面投影

如图 2-8 所示，在长方体的下面放一个水平投影面 H，简称 H 面。在水平投影面上的投影称为水平投影，简称 H 投影。从图中可看出，长方体的 H 投影只反映长方体的长度和宽度，不能反映其高度，因此不能反映其形状。由此，我们可以得出结论，物体的一面投影不能确定物体的形状。

2. 物体的两面投影

如图 2-9 所示，在水平投影面 H 的基础上，建立一个与其垂直的正立投影面，简称 V 面。在正立投影面上的投影称为正面投影，简称 V 投影。从图中可看出，H 投影反映长方体的上、下底面实形，V 投影反映长方体前、后侧面的实形，而长方体的左、右侧面并未反映出来。如图 2-10 所示的三棱柱的 H 投影和 V 投影与长方体的 H 投影和 V 投影完全相同，因此，根据两面投影无法确定所表达的形体是长方体还是三棱柱，或者是其他形状的物体。因此，我们可得出结论：物体的两面投影有时也不能唯一确定物体的形状。

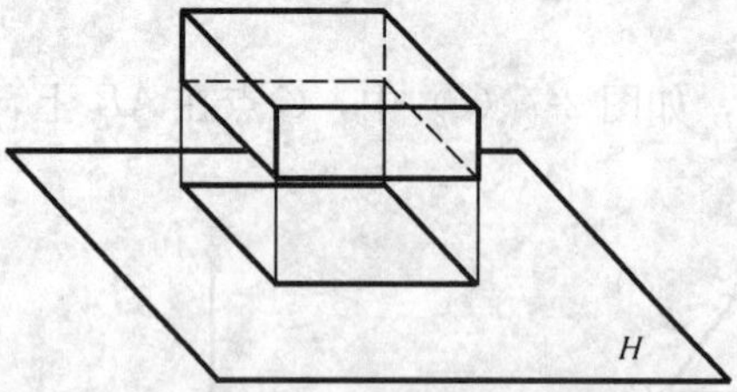

图 2-8　物体的一面投影

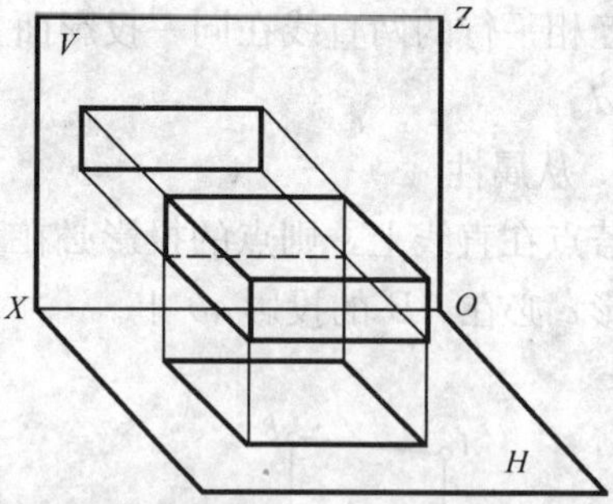

图 2-9　长方体的两面投影

3. 物体的三面投影

如图 2-11 所示，在 H、V 面的基础上再建立一个与 H、V 面都垂直的侧立投影面，简称 W 面。在侧立投影面上的投影称为侧面投影，简称 W 投影。形体的 V、H、W 投影所确

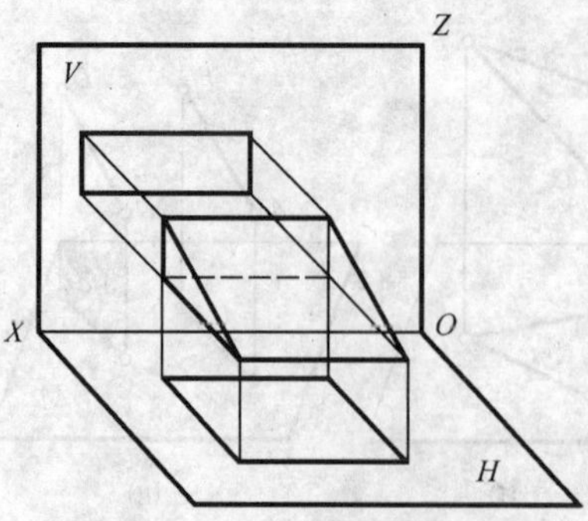

图 2-10　三棱柱的两面投影

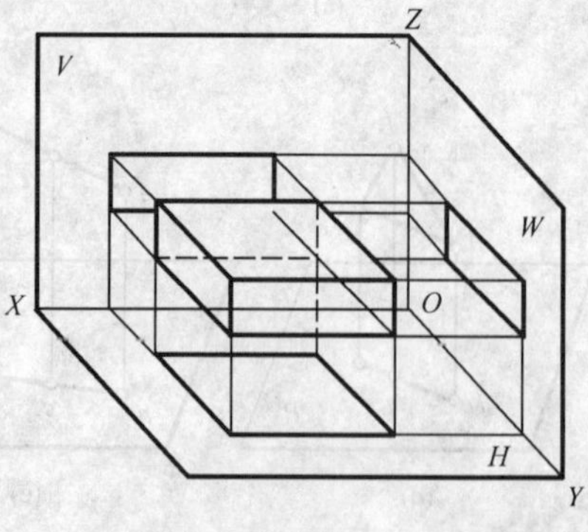

图 2-11　物体的三面投影

定的形状是唯一的。因此，我们可得出结论：通常情况下，物体的三面投影可以唯一确定物体的形状。

V面、H面和W面共同组成一个三面投影体系，三个投影面两两相交的交线OX、OY和OZ称为投影轴，三个投影轴的交点O称为原点。

4. 投影面的展开

为使三个投影面处于同一个图纸平面上，我们需要把三个投影面展开。如图2-12（a）所示，规定V面固定不动，H面绕OX轴向下旋转90°，W面绕OZ轴向右旋转90°，从而都与V面处在同一平面上。这时OY轴分为两条，一条随H面转到与OZ轴在同一铅直线上，标注为OY_H；另一条随W面转到与OX轴在同一水平线上，标注为OY_W，如图2-12（b）所示。正面投影（V投影）、水平投影（H投影）和侧面投影（W投影）组成的投影图，称为三面投影图。

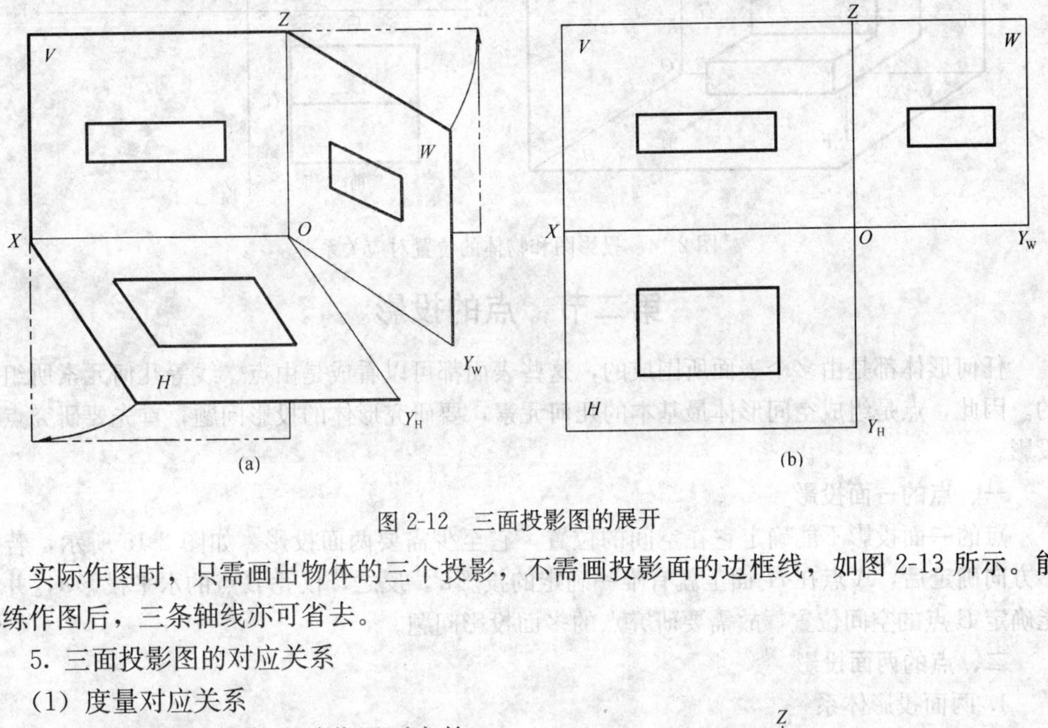

图2-12　三面投影图的展开

实际作图时，只需画出物体的三个投影，不需画投影面的边框线，如图2-13所示。能熟练作图后，三条轴线亦可省去。

5. 三面投影图的对应关系

（1）度量对应关系

三面投影图是在物体安放位置不变的情况下，从三个不同方向投影所得到的，它们共同表达同一物体，因此它们之间存在着紧密的关系，如图2-13所示：V、H两面投影都反映物体的长度，因此画图时，正面投影和水平投影要左右对齐；V、W两面投影都反映物体的高度，因此画图时，正面投影和侧面投影要上下平齐；H、W两面投影都反映物体的宽度，因此水平投影和侧面投影要宽度相等。总结起来，三面投影图的度量对应关系就

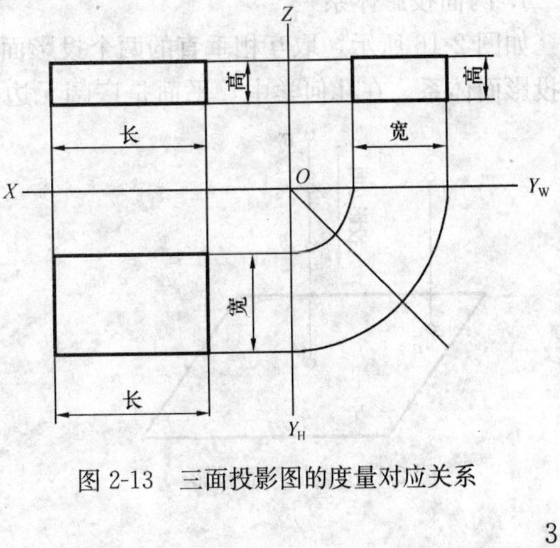

图2-13　三面投影图的度量对应关系

是：长对正、高平齐、宽相等，这种关系称为三面投影图的投影规律，简称三等规律。应该指出：三等规律不仅适用于物体总的轮廓，也适用于物体的局部。

(2) 位置对应关系

从图 2-14 中可以看出：物体的三面投影图与物体之间的位置对应关系为：

正面投影反映物体的上、下、左、右的位置；

水平投影反映物体的前、后、左、右的位置；

侧面投影反映物体的上、下、前、后的位置。

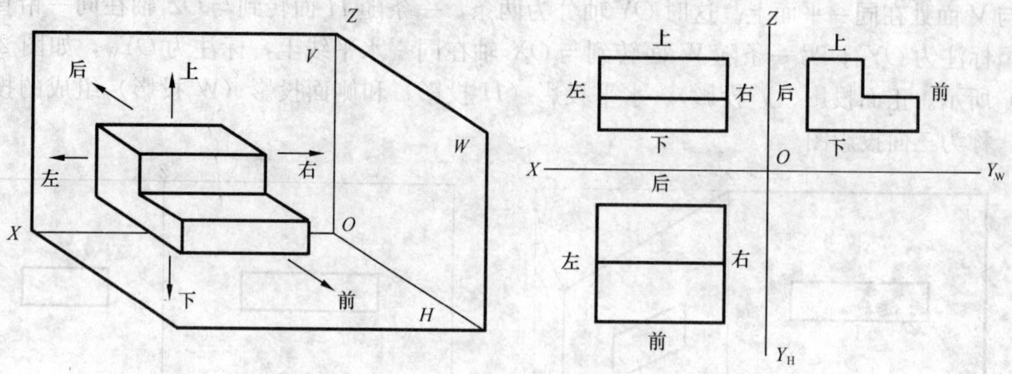

图 2-14　投影图和物体的位置对应关系

第二节　点的投影

任何形体都是由多个表面所围成的，这些表面都可以看成是由点、线等几何元素所组成的。因此，点是组成空间形体最基本的几何元素，要研究形体的投影问题，首先要研究点的投影。

一、点的一面投影

点的一面投影不能确定它在空间的位置，它至少需要两面投影。如图 2-15 所示，若投影方向确定后，A 点在 H 面上就有唯一确定的投影 a，反之，仅凭 B 点的水平投影 b，并不能确定 B 点的空间位置，故需要研究点的多面投影问题。

二、点的两面投影

1. 两面投影体系

如图 2-16 所示，取互相垂直的两个投影面 H 和 V，两者的交线为 OX 轴，该体系称为两投影面体系。在几何学中，平面是广阔无边的。使 V 面向下延伸，H 面向后延伸，则将

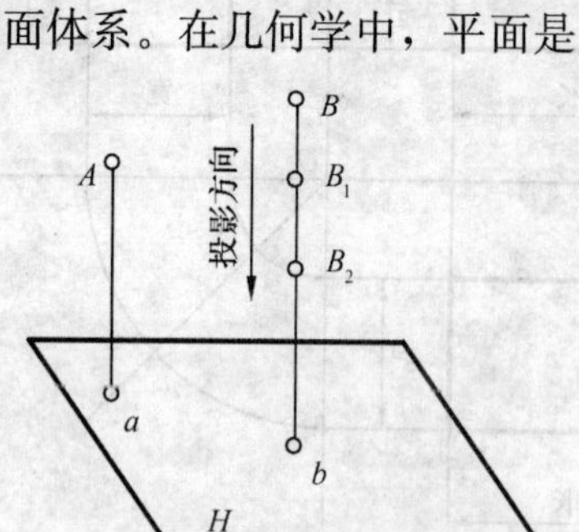

图 2-15　点的一面投影

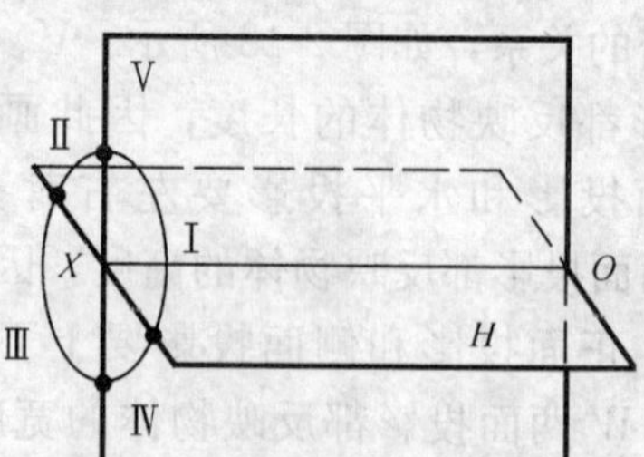

图 2-16　两面投影体系

空间划分为四个部分，称四个分角。在V之前H之上的称为第Ⅰ分角；V之后H之上的称为第Ⅱ分角；V之后H之下的称为第Ⅲ分角；V之前H之下的称为第Ⅳ分角。我国制图标准规定，画投影图时物体处于第Ⅰ分角，所得的投影称为第Ⅰ分角投影。

2. 点的两面投影及其投影规律

如图2-17（a）所示，空间点A在第Ⅰ分角内，由A点向H面作垂线，垂线与H面的交点称为A点在H面上的投影，用a表示，由A点向V面作垂线，垂线与V面的交点称为A点在V面上的投影，用a'表示。规定空间点用大写字母标记，如A、B、C……，H面投影用相应的小写字母标记，如a、b、c……，V面投影用相应的小写字母加一撇标记，如a'、b'、c'……。由A点的两个投影a'和a便可唯一确定空间点的位置。

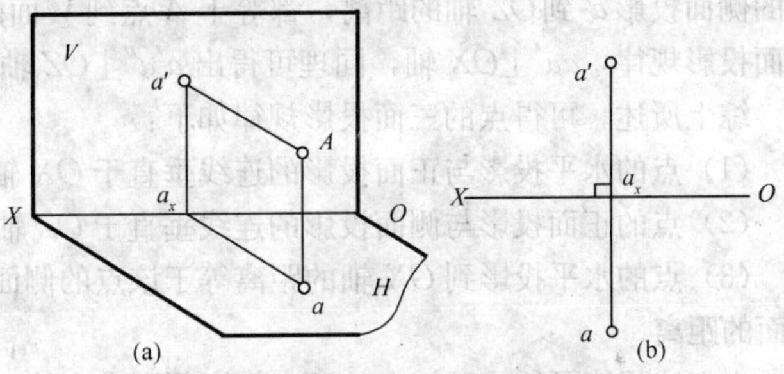

图2-17　点的两面投影及其投影规律

（a）空间状况；（b）投影图

由图2-17（a）可看出，由Aa'和Aa可以确定一个平面Aaa_xa'，且Aaa_xa'为一矩形，故得：$aa_x=Aa'$（A点到V面的距离），$a'a_x=Aa$（A点到H面的距离）。

同时，还可以看出：因$Aa\perp H$面，$Aa'\perp V$面，故平面$Aaa_xa'\perp H$面，$Aaa_xa'\perp V$面，则$OX\perp a'a_x$，$OX\perp aa_x$。当两投影面体系按展开规律展开后，aa_x与OX轴的垂直关系不变，故$a'a_xa$为一垂直于OX轴的直线，见图2-17（b）。

综上所述，可得点的两面投影规律如下：

（1）点的正面投影与水平投影的连线垂直于OX轴；

（2）点的正面投影到OX轴的距离等于该点到H面的距离，点的水平投影到OX轴的距离等于该点到V面的距离。

三、点的三面投影

1. 求点的三面投影

如图2-18（a）所示，将空间点A放在如前所述的三投影面体系中，由A点分别向H、V、W面作垂线Aa、Aa'、Aa''，垂足a、a'、a''（读作a两撇）分别称为A点的水平投影、正面投影、侧面投影。将三面投影体系按投影面展开规律展开，便得到A点的三面投影图，

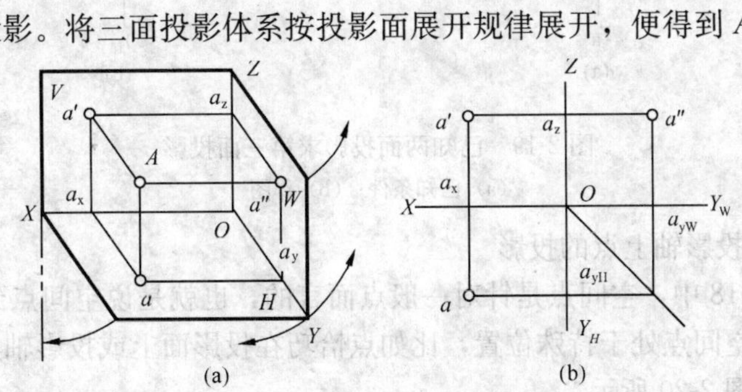

图2-18　点的三面投影

（a）空间状况；（b）投影图

因为投影面的大小不受限制，所以通常不必画出投影面的边框，如图 2-18（b）所示。

2. 点的三面投影规律

从图 2-18（a）可看出：$aa_x = Aa' = a''a_z$，即 A 点的水平投影 a 到 OX 轴的距离等于 A 点的侧面投影 a'' 到 OZ 轴的距离，都等于 A 点到 V 面的距离。在图 2-18（b）中，根据点的两面投影规律，$aa' \perp OX$ 轴，同理可得出 $a'a'' \perp OZ$ 轴。

综上所述，可得点的三面投影规律如下：

（1）点的水平投影与正面投影的连线垂直于 OX 轴；

（2）点的正面投影与侧面投影的连线垂直于 OZ 轴；

（3）点的水平投影到 OX 轴的距离等于该点的侧面投影到 OZ 轴的距离，都反映该点到 V 面的距离。

由上述规律可知，已知点的两个投影便可求出第三个投影。

【例 2-1】 见图 2-19（a），已知点 A、B 的两面投影，求作第三面投影。

根据“长对正、高平齐、宽相等”的三面投影关系，可以利用已知的两面投影求出第三面投影。

【解】 作图步骤为：

（1）在图面右下角的空白地方，过原点 O 画一条 45°的斜线作为宽相等的辅助作图线。

（2）过 A 点的水平投影 a 向右画一条水平线，与 45°斜线相交后，再向上画铅垂线，与过 A 点的正面投影 a' 所作的水平线相交于一点，此点即为 A 点的侧面投影 a''。

（3）求 B 点的水平投影时，需过 b'' 向下作铅垂线，与 45°斜线相交后，再向左画水平线，与过 b' 所作的铅垂线相交于一点，此点即为 B 点的水平面投影 b。作图过程如图 2-19（b）所示。

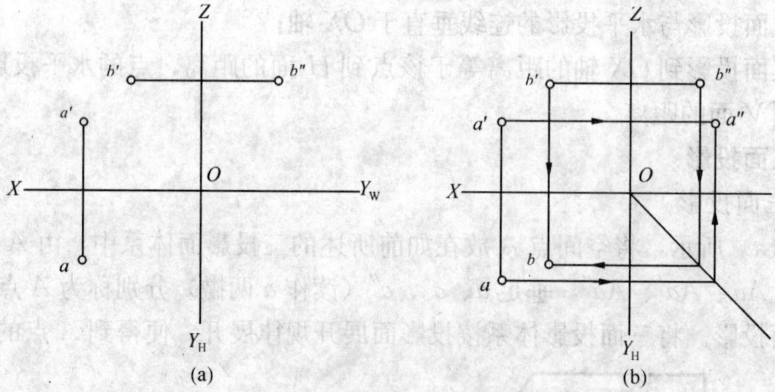

图 2-19　已知两面投影求第三面投影

（a）已知条件；（b）作图

3. 投影面上或投影轴上点的投影

在图 2-17 和 2-18 中，空间点是针对一般点而言的，也就是说空间点到三个投影面都有一定的距离。如果空间点处于特殊位置，比如点恰巧在投影面上或投影轴上，这些点的投影规律又如何呢？如图 2-20 所示：

（1）若点在投影面上，则点在该投影面上的投影与空间点重合，另两个投影均在投影轴上，如图中的点 A 和点 B；

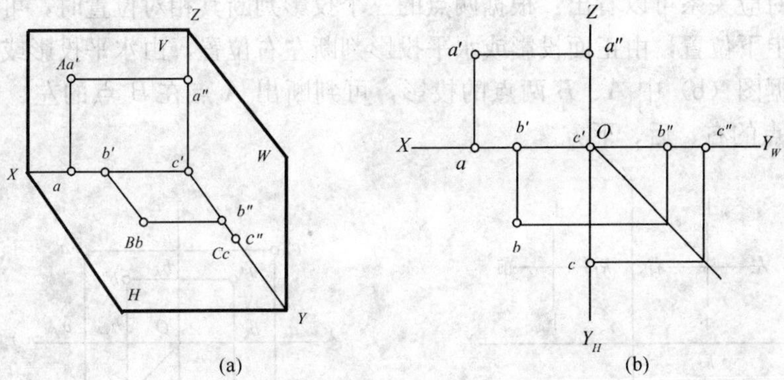

图 2-20　投影面、投影轴上的点的投影

(a) 空间状况；(b) 投影图

(2) 若点在投影轴上，则点的两个投影与空间点重合，另一个投影在投影轴原点，如图中的点 C。

4. 点的投影与坐标

空间点的位置除了用投影表示以外，还可以用坐标来表示。

我们可以把投影面当作坐标面，把投影轴当作坐标轴，把投影原点当作坐标原点，则点到三个投影面的距离便可用点的三个坐标来表示，如图 2-21 所示，点的投影与坐标的关系如下：

A 点到 H 面的距离 $Aa=Oa_z=a'a_x=a''a_y=z$ 坐标。

A 点到 V 面的距离 $Aa'=Oa_y=aa_x=a''a_z=y$ 坐标。

A 点到 W 面的距离 $Aa''=Oa_x=a'a_z=aa_y=x$ 坐标。

由此可见，已知点的三面投影就能确定该点的三个坐标；反之，已知点的三个坐标，就能确定该点的三面投影或空间点的位置。

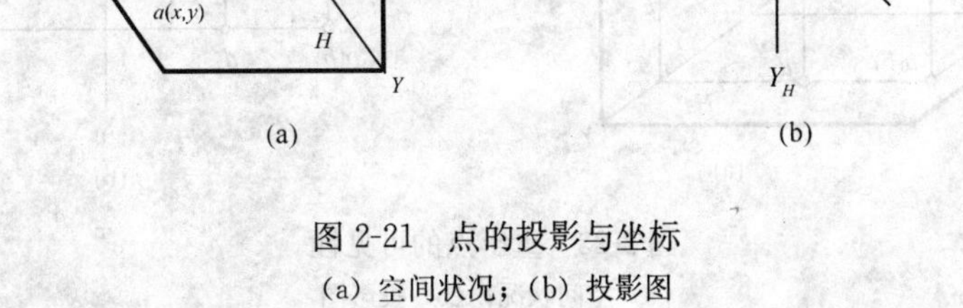

图 2-21　点的投影与坐标

(a) 空间状况；(b) 投影图

四、两点的相对位置与重影点

1. 两点的相对位置

根据两点的投影，可判断两点的相对位置。如图 2-22 所示：从图 (a) 表示的上下、左

右、前后位置对应关系可以看出：根据两点的三个投影判断其相对位置时，可由正面投影或侧面投影判断上下位置，由正面投影或水平投影判断左右位置，由水平投影或侧面投影判断前后位置。根据图（b）中 A、B 两点的投影，可判断出 A 点在 B 点的左、前、上方；反之，B 点在 A 点的右、后、下方。

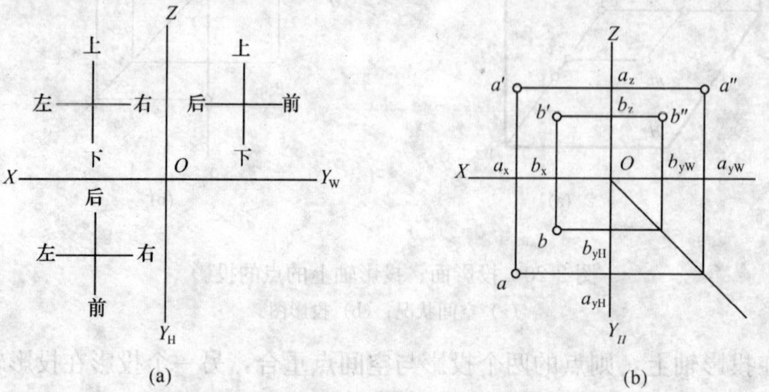

图 2-22　两点的相对位置

2. 重影点及可见性的判断

当空间两点位于某一投影面的同一条投影线上时，此两点在该投影面上的投影重合，这两点称为对该投影面的重影点。

如图 2-23（a）所示，A、C 两点处于对 V 面的同一条投影线上，它们的 V 面投影 a'、c'重合，A、C 就称为对 V 面的重影点。同理，A、B 两点处于对 H 面的同一条投影线上，两点的 H 面投影 a、b 重合，A、B 就称为对 H 面的重影点。同理，A、D 称为对 W 面的重影点。

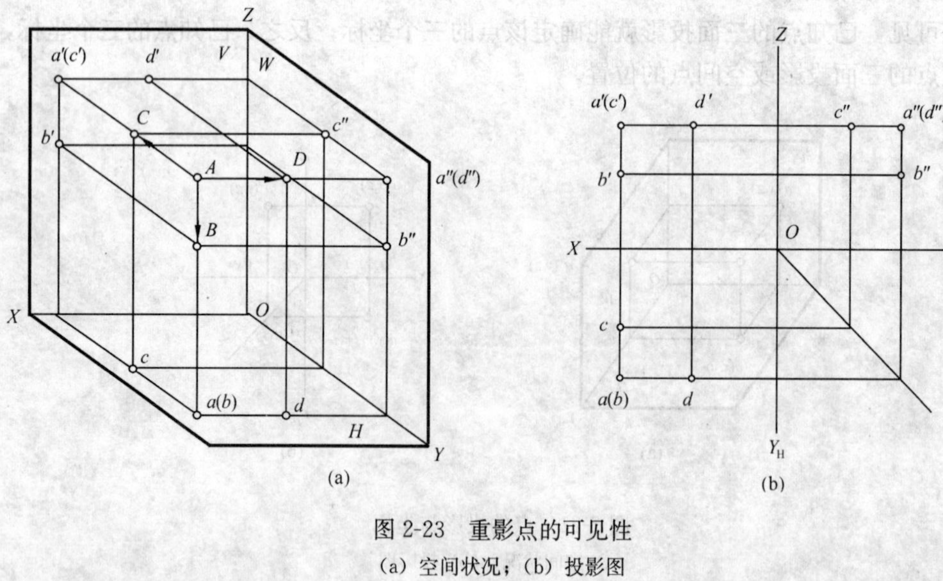

图 2-23　重影点的可见性

（a）空间状况；（b）投影图

当空间两点在某一投影面上的投影重合时，其中必有一点遮挡另一点，这就存在着可见性的问题。如图 2-23（b）所示，A 点和 C 点在 V 面上的投影重合为 a'（c'），A 点在前遮挡 C 点，其正面投影 a'是可见的，而 C 点的正面投影（c'）不可见，加括号表示（称前遮后，即前可见后不可见）。同时，A 点在上遮挡 B 点，a 为可见，(b) 为不可见（称上遮下，即上可见下不可见）。同理，也有左遮右的重影状况（左可见右不可见），如 A 点遮住 D 点。

第三节　直线的投影

一、直线的投影特性

直线由两点确定，要作直线的投影，实质就是作出线上两点的投影，也就是说，它的投影由直线上两点的同面投影的连线来确定，如图 2-24 所示。直线的投影一般情况下仍为直线，特殊情况下积聚为点。

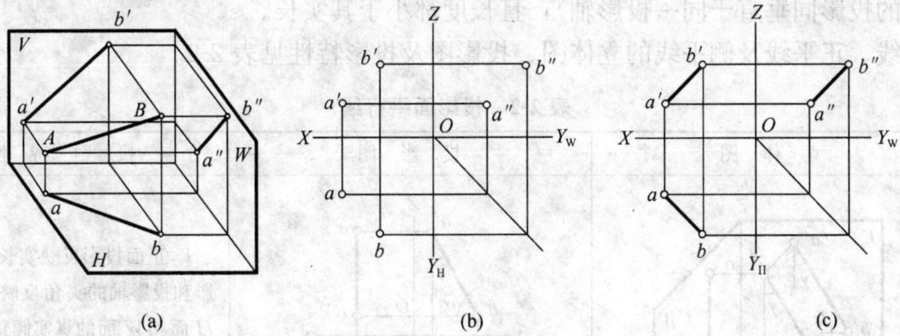

图 2-24　直线的投影

二、各类直线的投影特性

直线的投影特性是由其对投影面的相对位置决定的，按直线对投影面的相对位置，直线分为：

(1) 投影面平行线：平行于某一投影面的直线。

(2) 投影面垂直线：垂直于某一投影面的直线。

(3) 一般位置直线：对三个投影面均倾斜的直线。

直线的分类见表 2-1。

直线与投影面之间的夹角称为倾角。在三投影面体系中，直线对 H、V、W 面的倾角分别用 α、β、γ 表示。

表 2-1　直 线 的 分 类

<table>
<tr><th colspan="3">直 线 的 分 类</th><th>投影特性</th></tr>
<tr><td rowspan="6">特殊位置直线</td><td rowspan="3">投影面平行线</td><td>正平线（平行于 V 面）</td><td rowspan="3">平行于一个投影面，与另外两个投影面倾斜</td></tr>
<tr><td>水平线（平行于 H 面）</td></tr>
<tr><td>侧平线（平行于 W 面）</td></tr>
<tr><td rowspan="3">投影面垂直线</td><td>正垂线（垂直于 V 面）</td><td rowspan="3">垂直于一个投影面，与另外两个投影面平行</td></tr>
<tr><td>铅垂线（垂直于 H 面）</td></tr>
<tr><td>侧垂线（垂直于 W 面）</td></tr>
<tr><td>一般位置直线</td><td colspan="2">一般位置直线</td><td>与三个投影面都倾斜</td></tr>
</table>

1. 投影面的平行线

(1) 空间位置

只平行于一个投影面，且与其他两投影面都倾斜的直线，称为投影面平行线。平行于 H 面，且与 V、W 面倾斜的直线称为水平线；平行于 V 面且与 H、W 面倾斜的直线称为正平线；平行于 W 面，与 H、V 面倾斜的直线称为侧平线。

(2) 投影特性

投影面平行线在它所平行的投影面上的投影反映实长，并反映与另外两投影面的夹角；在其他两投影面上的投影分别平行于该直线所平行的那个投影面的两条投影轴（或在其他两投影面上的投影同垂直于同一投影轴），且长度都小于其实长。

水平线、正平线及侧平线的立体图、投影图及投影特性见表 2-2。

表 2-2　投影面平行线

名称	立　体　图	投　影　图	投　影　特　性
正平线	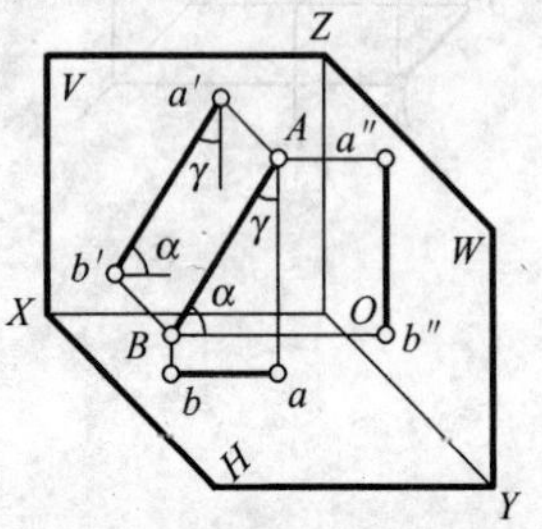	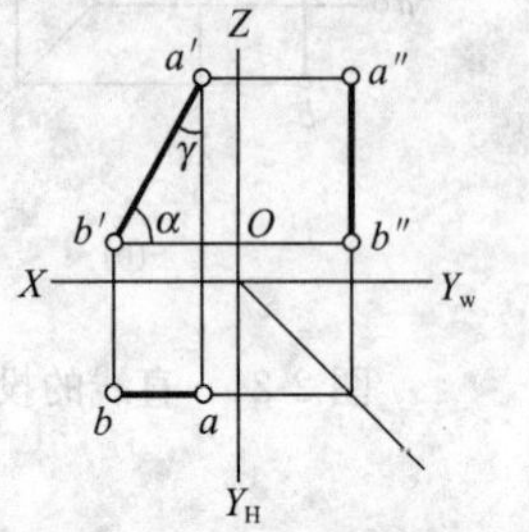	1. 正面投影反映实长，正面投影和投影轴的夹角反映了直线对 H 面和 W 面的真实倾角； 2. 水平投影平行于 OX 轴； 3. 侧面投影平行于 OZ 轴。
水平线	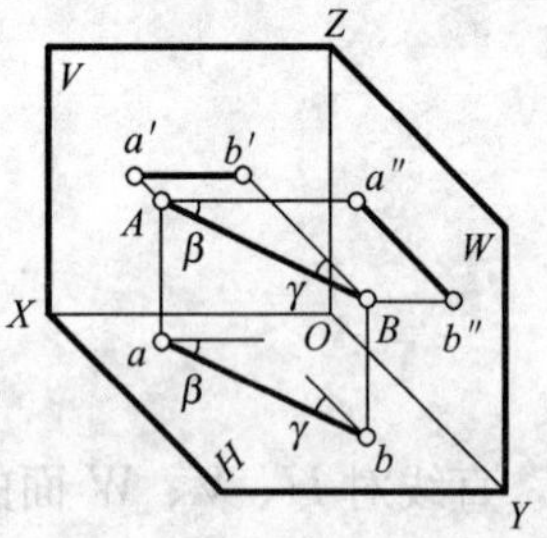	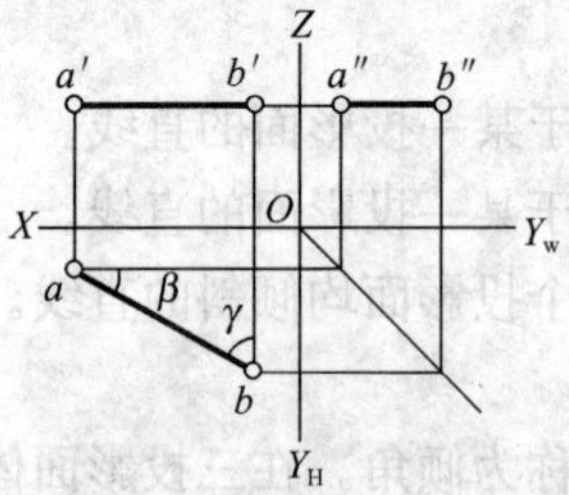	1. 水平投影反映实长，水平投影和投影轴的夹角反映了直线对 V 面和 W 面的真实倾角； 2. 正面投影平行于 OX 轴； 3. 侧面投影平行于 OY_W 轴。
侧平线	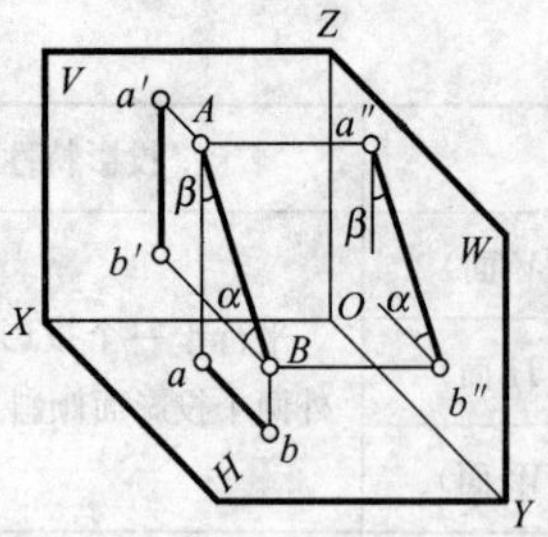	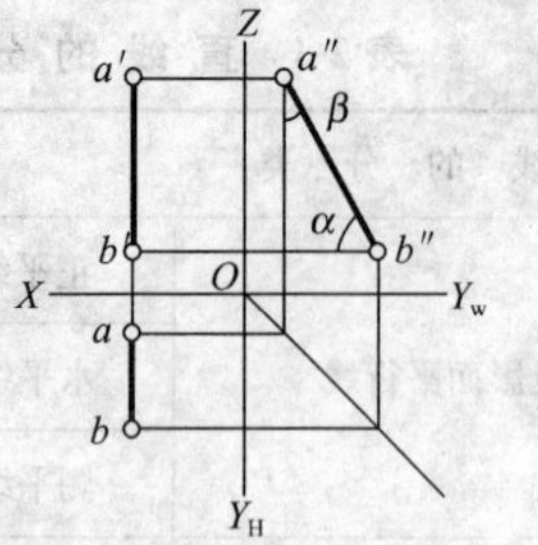	1. 侧面投影反映实长，侧面投影和投影轴的夹角反映了直线对 H 面和 V 面的真实倾角。 2. 正面投影平行于 OZ 轴； 3. 水平投影平行于 OY_H 轴。

2. 投影面垂直线

(1) 空间位置

垂直于某一个投影面的直线，称为投影面垂直线。垂直于 V 面的直线称为正垂线；垂直于 H 面的直线称为铅垂线；垂直于 W 面的直线称为侧垂线。

（2）投影特性

投影面垂直线在其所垂直的投影面上的投影积聚成一点；在其他两个投影面上的投影分别垂直于该直线所垂直的那个投影面的两条投影轴（或其他两投影都平行于同一投影轴），并且都反映线段的实长。

正垂线、铅垂线、侧垂线的立体图、投影图及投影特性见表 2-3。

表 2-3　投影面垂直线

<table>
<tr><th>名称</th><th>立体图</th><th>投影图</th><th>投影特性</th></tr>
<tr><td>正垂线</td><td>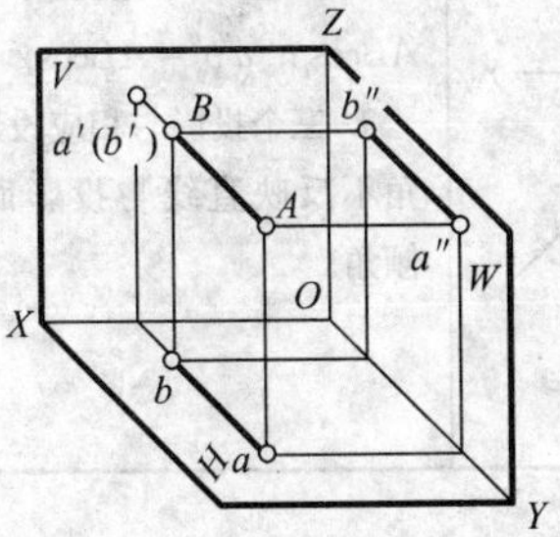
</td><td>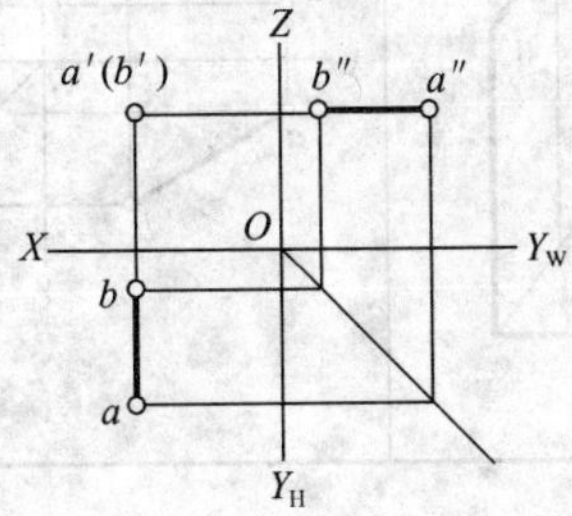
</td><td>1. 正面投影积聚为一点；
2. 水平投影和侧面投影平行于相应的投影轴，且反映实长。</td></tr>
<tr><td>铅垂线</td><td>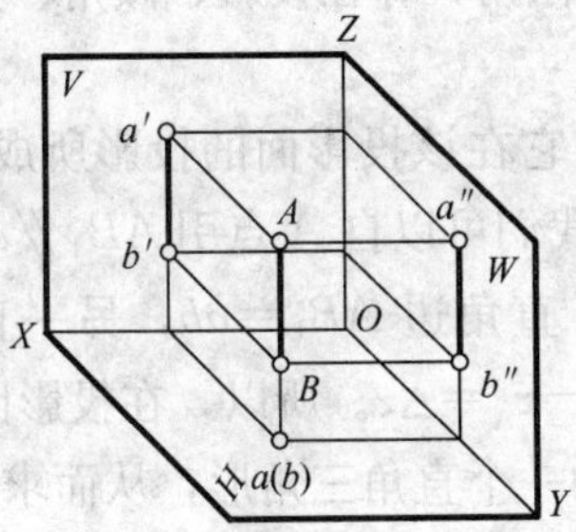
</td><td>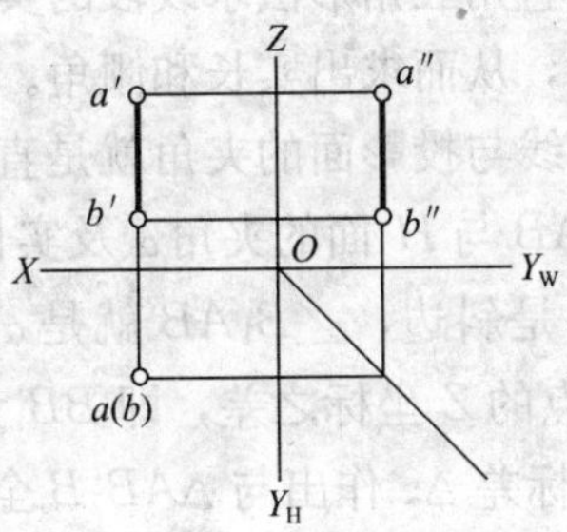
</td><td>1. 水平投影积聚为一点；
2. 正面投影和侧面投影平行于 OZ 轴，且反映实长。</td></tr>
<tr><td>侧垂线</td><td>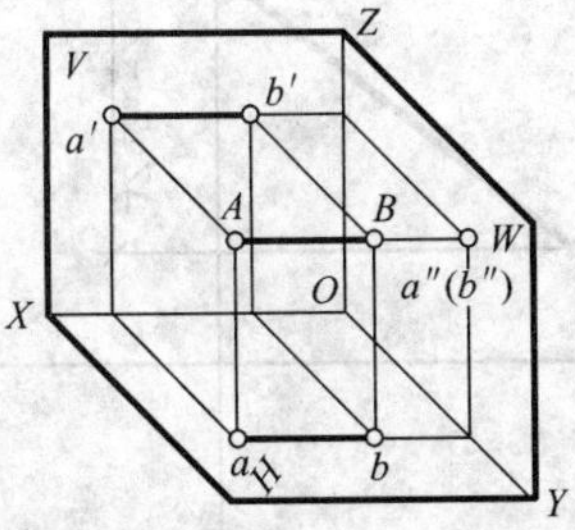
</td><td>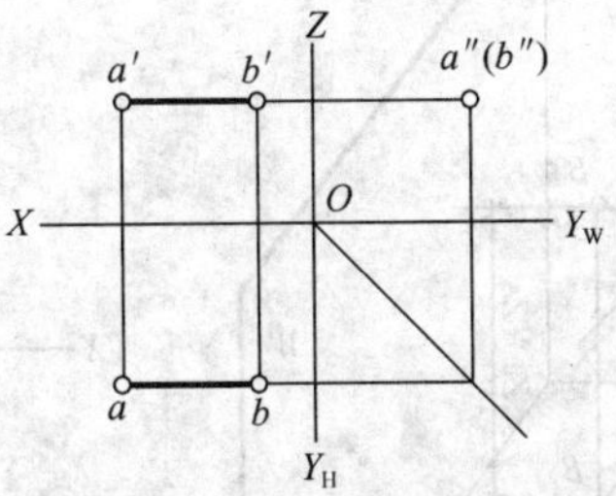
</td><td>1. 侧面投影积聚为一点；
2. 水平投影和正面投影平行于 OX 轴，且反映实长。</td></tr>
</table>

3. 一般位置直线

（1）空间位置

一般位置直线对三个投影面都处于倾斜位置，它与 H、V、W 面的倾角 α、β、γ 均不等于 0°或 90°。

（2）投影特性

一般位置直线的三个投影均倾斜于投影轴，均不反映实长；三个投影与投影轴的夹角均不反映直线与投影面的夹角。

一般位置直线的立体图、投影图及投影特性见表 2-4。

表 2-4　一般位置直线

名称	立体图	投影图	投影特性
一般位置直线	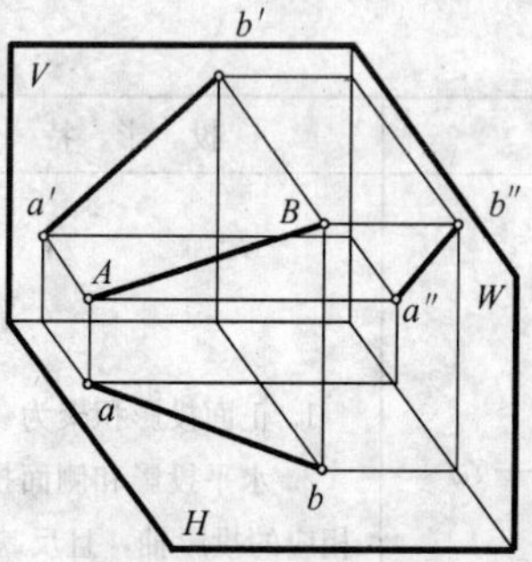	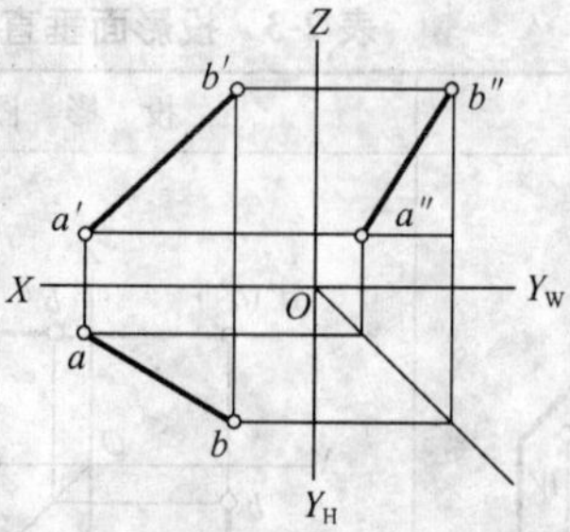	1. 三个投影都是倾斜线段，且都小于该直线段的实长。 2. $ab=AB\cos\alpha$；$a'b'=AB\cos\beta$；$a''b''=AB\cos\gamma$ 3. 三个投影与相应投影轴的夹角不反映直线与投影面的真实倾角。

三、直角三角形法求一般位置直线的实长及倾角

我们在投影图中可以采用直角三角形法求线段的实长和倾角，即在投影、倾角、实长三者之间建立起直角三角形关系，从而求出实长和倾角。

根据几何学原理可知：直线与投影面的夹角就是直线与它在该投影面的投影所成的角。如图 2-25 所示；要求做直线 AB 与 H 面的夹角 α 及实长，我们可以自 A 点引 $AB_1 /\!/ ab$，得直角三角形 AB_1B，其中 AB 是斜边，$\angle B_1AB$ 就是 α 角，直角边 $AB_1=ab$，另一直角边 BB_1 等于 B 点的 Z 坐标与 A 点的 Z 坐标之差，即 $BB_1=z_B-z_A=\Delta z$。所以，在投影图中就可根据线段的 H 投影 ab 及坐标差 Δz 作出与 ΔAB_1B 全等的一个直角三角形，从而求出 AB

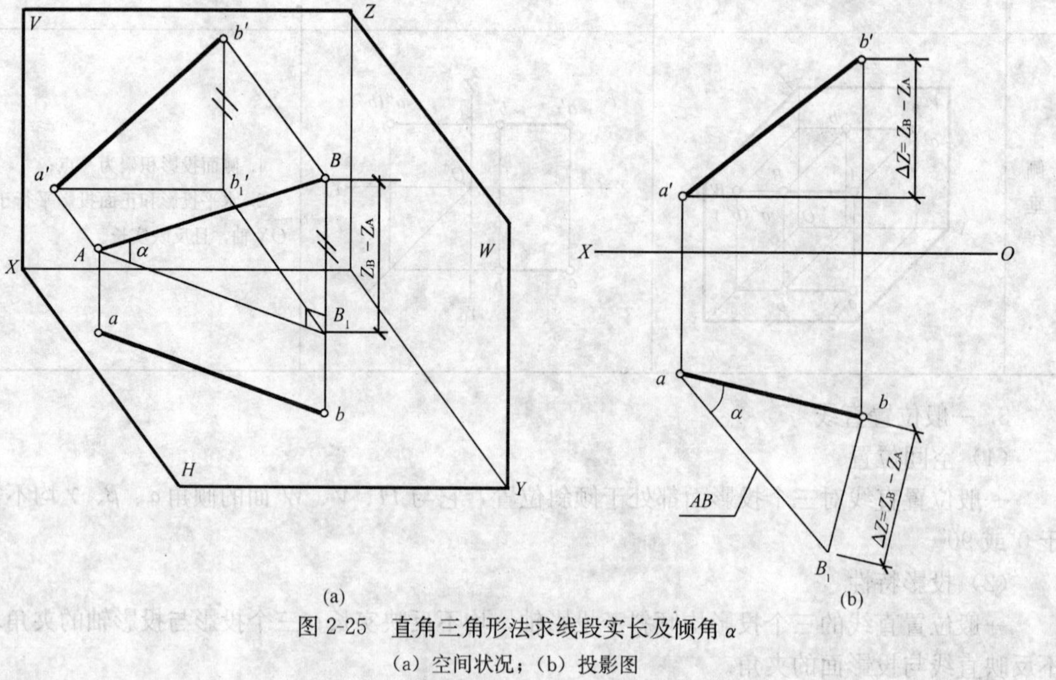

图 2-25　直角三角形法求线段实长及倾角 α

（a）空间状况；（b）投影图

与 H 面的夹角 α 及 AB 线段的实长，如图 2-25（b）所示。

由此，我们总结出 AB 的投影、倾角与实长之间的直角三角形边角关系见表 2-5。

表 2-5　线段 AB 的各种直角三角形边角关系

倾角	α	β	γ
直角三角形边角关系	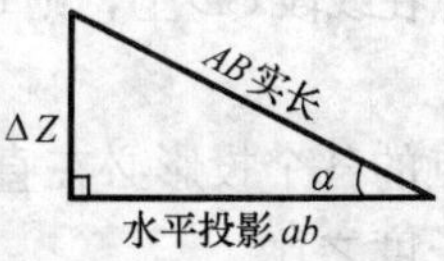	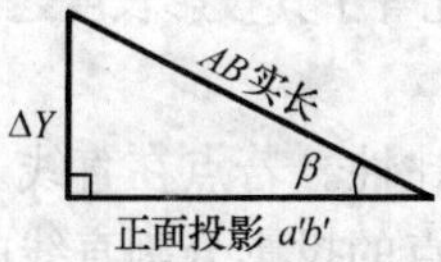	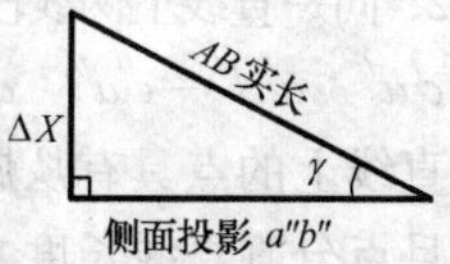
	Δz=A、B 两点的 Z 坐标差	Δy=A、B 两点的 Y 坐标差	Δx=A、B 两点的 X 坐标差

从表 2-5 可以看出，构成各直角三角形共有的四个要素，即：(1) 某投影的长度（直角边）；(2) 坐标差（直角边）；(3) 实长（斜边）；(4) 对投影面的倾角（投影与实长的夹角）。在这四个要素中，只要知道其中任意两个要素，就可求出其他两个要素。我们还能够知道：不论用哪个直角三角形，所作出的直角三角形的斜边一定是线段的实长，斜边与投影的夹角就是该线段与相应的投影面的倾角。

利用直角三角形关系图解关于直线段投影、倾角、实长问题的方法称为直角三角形法。在图解过程中，若不影响图形清晰时，直角三角形可直接画在投影图上，也可画在图纸的任何空白地方。

【例 2-2】　如图 2-26（a）所示，已知直线 AB 的水平投影 ab 和 A 点的正面投影 a'，并知 AB 对 H 面的倾角 $\alpha=30°$，B 点高于 A 点，求 AB 的正面投影 $a'b'$。

【解】　在构成直角三角形四个要素中，已知其中两要素，即水平投影 ab 及倾角 $\alpha=30°$，可直接作出直角三角形，从而求出 b'。

作图步骤如下：

(1) 在图纸的空白地方，见图 2-26（c），以 ab 为一直角边，过 a 作 30°的斜线，此斜线与过 b 点的垂线交于 B_0 点，bB_0 即为另一直角边 Δz。

(2) 利用 bB_0 即可确定 b'，见图 2-26（b）。

此题也可将直角三角形直接画在投影图上，以便节约时间与图纸，见图 2-26（b）。

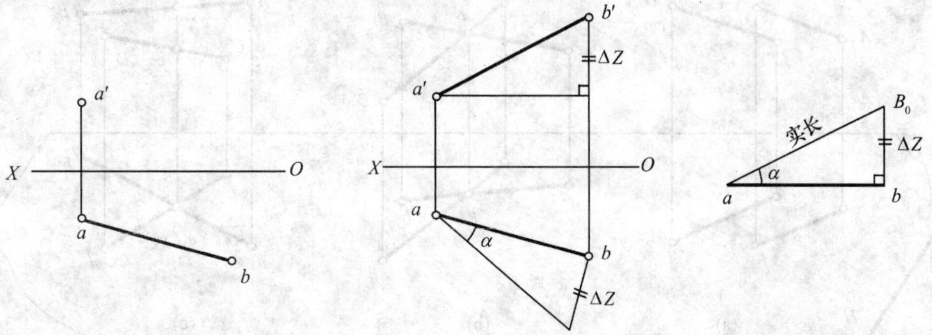

图 2-26　利用直角三角形法求 $a'b'$

（a）已知条件；（b）作图（一）；（c）作图（二）

四、点在直线上的投影

点与直线的相对位置有两种情况：点在直线上和点在直线外。

直线 CD 上的任意点 A 有以下投影特性（图 2-27）：

1. 点在直线上，则点的各个投影必定在直线的同面投影上。A 点的投影 a、a'、a''分别在 cd、$c'd'$、$c''d''$上。

2. 同一直线上两线段长度之比等于其投影长度之比。A 点在线段 CD 上，则 $CA:AD=ca:ad=c'a':a'd'=c''a'':a''d''$。

直线上的点具有从属性和定比性。若点在直线上，则点的各个投影必在直线的同面投影上，且点分割直线长度之比等于点的投影分割直线的投影长度之比。

要判断点是否属于直线，对于一般位置直线只要观察两个投影即可确定。但对于投影面平行线，则应察看直线所平行的那个投影面上的投影，或根据定比性来判断。

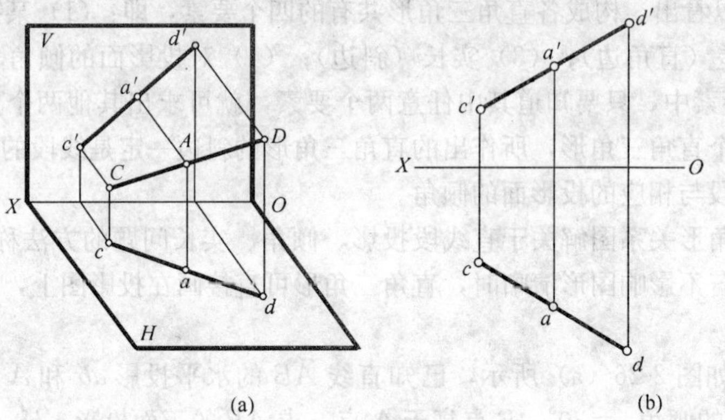

图 2-27 点在直线上

五、两直线的相对位置

两直线间的相对位置关系有以下几种情况：平行、相交、交叉（垂直是相交或交叉的特殊情况），如图 2-28 所示的是三种相对位置的两直线在水平面上的投影情况，表 2-6 所示的是不同相对位置时的投影图和投影关系。

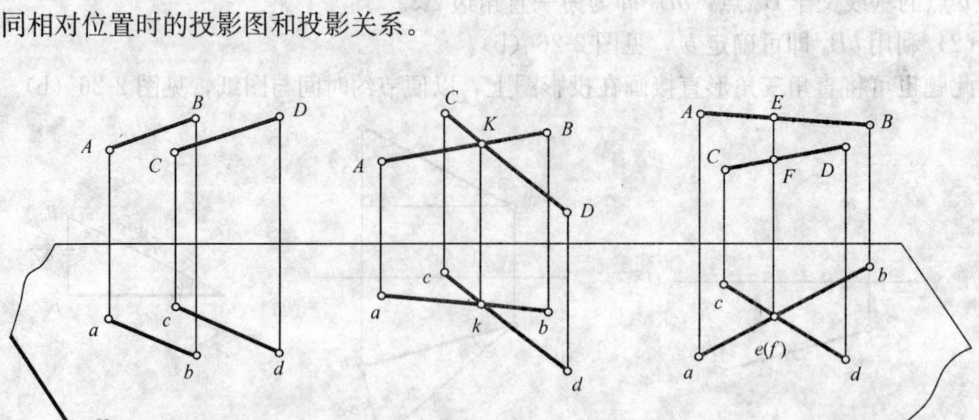

图 2-28 两直线的相对位置

(a) 平行；(b) 相交；(c) 交叉

表 2-6　两直线的相对位置

相对位置	投　影　图	投影关系
平行	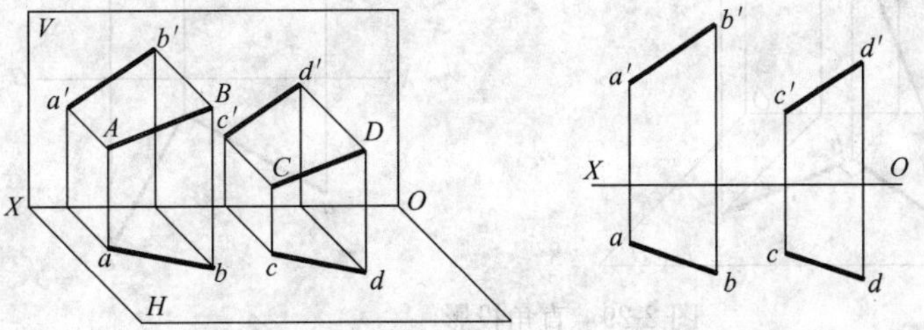	各同面投影均互相平行。反之，若两直线的各同面投影相互平行，则两直线在空间也一定平行。
相交	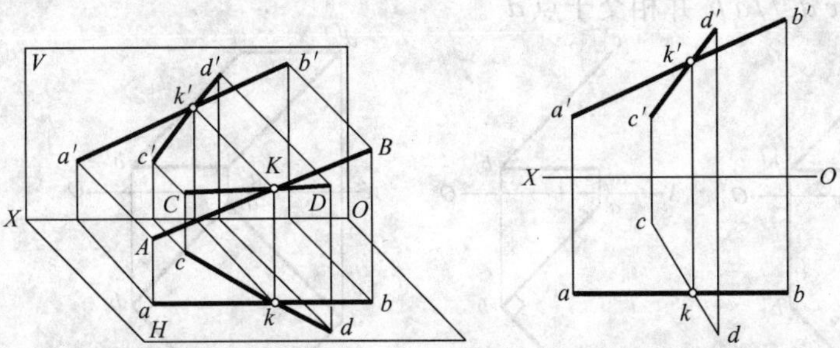	各同面投影必相交，且各投影的交点符合投影规律。
交叉	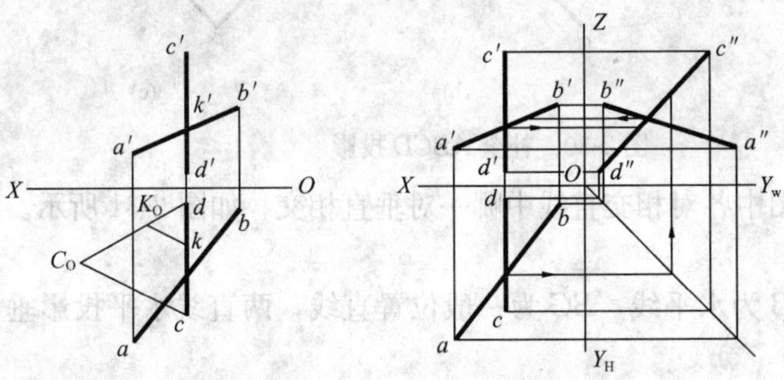	投影不具有两直线平行或相交的投影特性。重影点的可见性要根据它们另外的两投影来判别。

六、直角的投影

空间两正交直线，如果两直线均平行于某一投影面，则在该投影面上的投影反映直角；如果正交的两直线与投影面均不平行，则在该投影面上的投影不反映直角；如果正交的两直线中有一条直角边平行于某一投影面，则在该投影面上的投影为直角。直角的这一投影特性称为直角投影定理，此定理的逆定理成立，如图 2-29 所示。

【例 2-3】 已知长方形 *ABCD* 中，*AB* 为水平线，试补全 *ABCD* 的水平投影和正面投影［图 2-30(a)］。

【解】 分析：长方形 *ABCD* 均为直角，*AB* 为水平线，*AB* 垂至于 *BC*，利用直角投影定理可以求出 *bc*，再利用平行关系补全 *ABCD* 的水平投影和正面投影。

作图过程：

(1) 在水平投影中过点 *b* 作直线垂直于 *bc*，并利用点的投影得到 *a*，如图 2-30 (b) 所示；

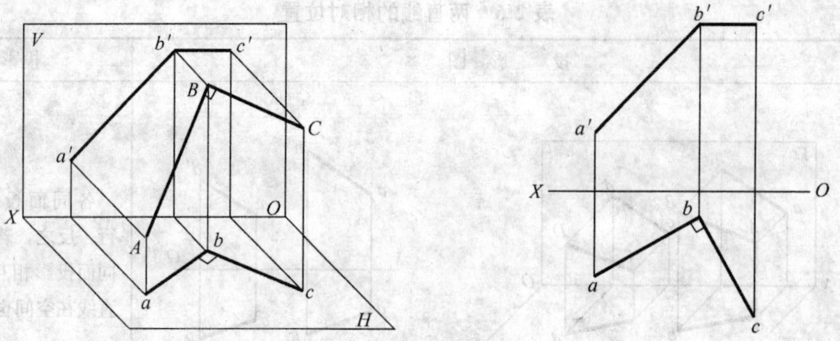

图 2-29　直角投影

(2) 作 $ad//bc$，$cd//ab$ 并相交于点 d；

(3) 作 $a'd'//b'c'$，$c'd'//a'b'$ 并相交于点 d'。

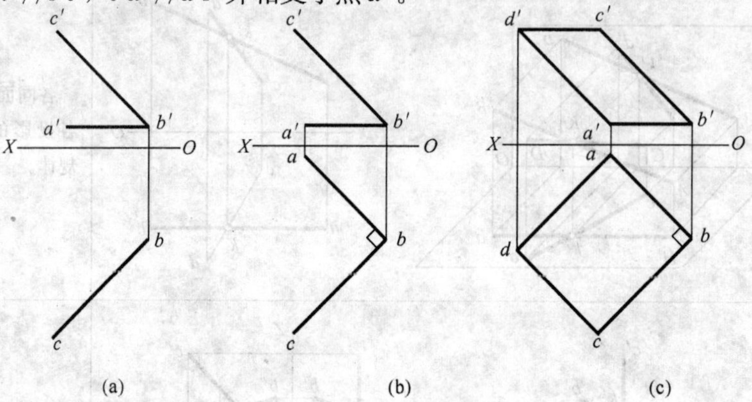

图 2-30　补全 $ABCD$ 投影

【例 2-4】 试判断下图中各对相交直线中哪一对垂直相交，如图 2-31 所示。

【解】 分析：

(1) 图 2-31 (a)。AB 为水平线，BC 为一般位置直线，两直线水平投影垂直，故两直线相互垂直；

(2) 图 2-31 (b)。两直线两面投影垂直，AB 和 BC 为一般位置直线，不反映夹角实形，故两直线不相互垂直；

(3) 图 2-31 (c)。AB 为侧平线，BC 为侧垂线，故两直线相互垂直；

(4) 图 2-31 (d)。AB 为水平线，BC 为侧平线，两直线不相互垂直。

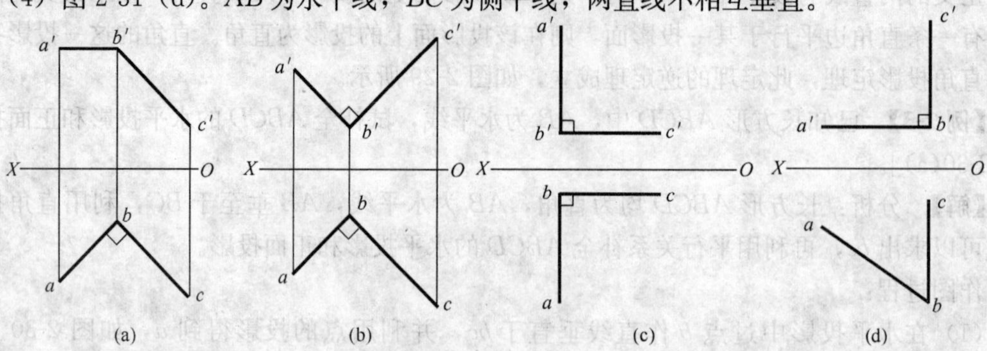

图 2-31　判断相交直线是否垂直

第四节 平面的投影

一、平面的表示法

1. 几何元素表示法

通常用一组几何元素的投影来表示空间一个平面。几何元素的形式，如图 2-32 所示，常见的有如下的几种：

（1）不在一直线上的三点；

（2）一直线和直线外的一点；

（3）相交两直线；

（4）平行两直线；

（5）任意平面图形。

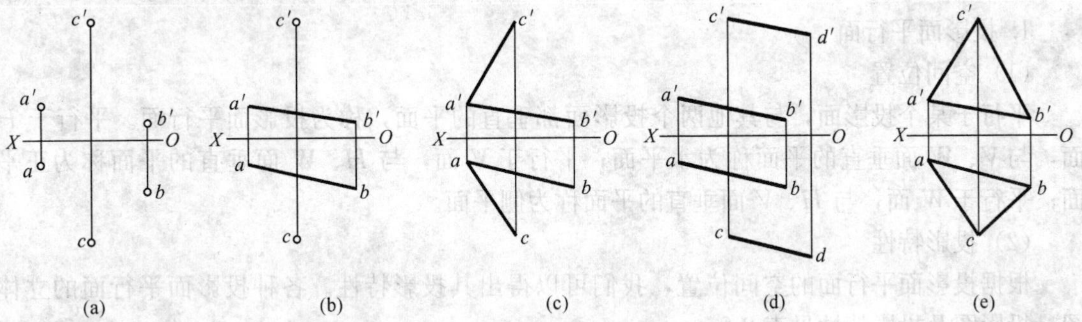

图 2-32 平面的表示法

2. 迹线表示法

平面与投影面的交线称为平面的迹线。通常把用迹线表示的平面称为迹线平面。平面 P 与投影面 V、H、W 的迹线分别用 P_V、P_H、P_W 表示，如图 2-33 所示。两迹线相交的交点 P_X、P_Y、P_Z 称为迹线集合点，它们分别位于 OX、OY、OZ 轴上。在实际应用中，特殊位置平面通常用平面的一条具有积聚性的迹线来表示。

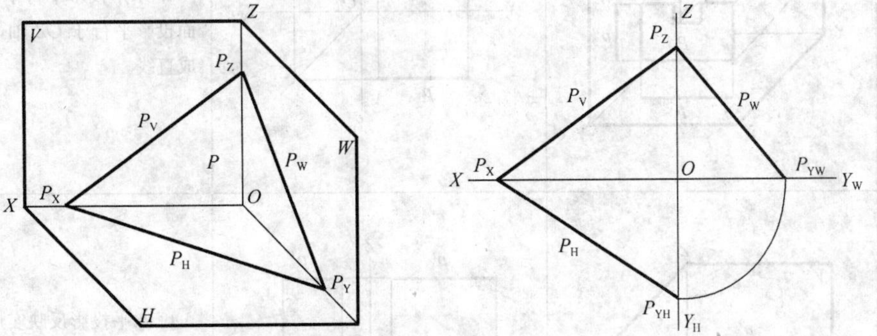

图 2-33 平面的迹线表示法

二、各种位置平面的投影特性

根据平面与投影面相对位置的不同，平面可分为投影面平行面、投影面垂直面、一般位置平面。其中投影面平行面和投影面垂直面统称特殊位置平面，见表 2-7。

表 2-7　平面的分类

种　类	平面的分类		与投影面的相对位置
特殊位置平面	投影面平行面	正平面（平行于 V 面）	平行于一个投影面，与另外两个投影面垂直
		水平面（平行于 H 面）	
		侧平面（平行于 W 面）	
	投影面垂直面	正垂面（垂直于 V 面）	垂直于一个投影面，与另外两个投影面倾斜
		铅垂面（垂直于 H 面）	
		侧垂面（垂直于 W 面）	
一般位置平面	一般位置平面		与三个投影面都倾斜

1. 投影面平行面

(1) 空间位置

平行于某个投影面，与其他两个投影面都垂直的平面，称为投影面平行面。平行于 H 面，与 V、W 面垂直的平面称为水平面；平行于 V 面，与 H、W 面垂直的平面称为正平面；平行于 W 面，与 H、V 面垂直的平面称为侧平面。

(2) 投影特性

根据投影面平行面的空间位置，我们可以得出其投影特性。各种投影面平行面的立体图、投影图及投影特性见表 2-8。

表 2-8　投影面平行面的投影特性

种　类	立　体　图	投　影　图	投　影　特　性
正平面	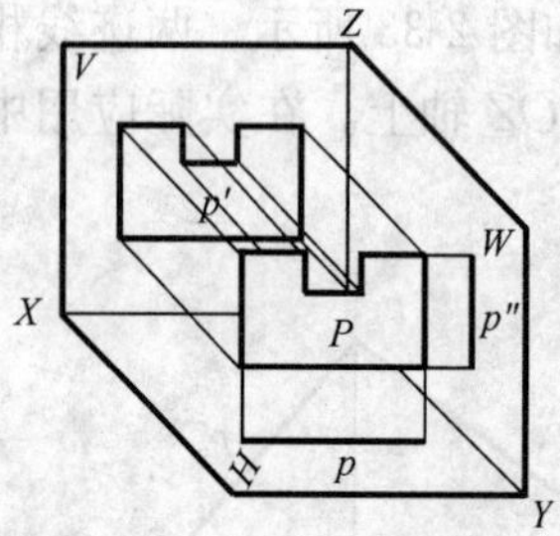	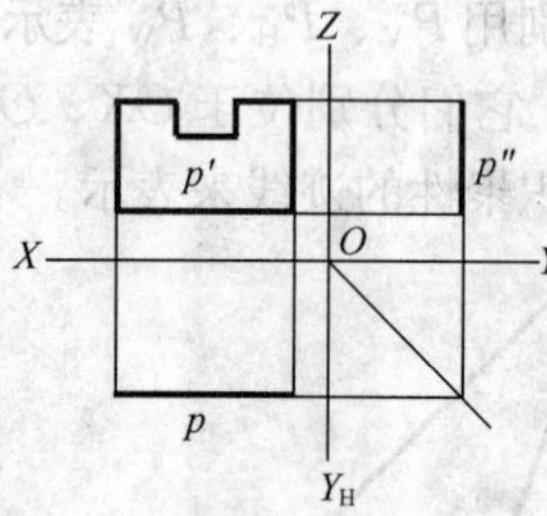	1. 正面投影反映实形。 2. 水平投影平行于 OX 轴，侧面投影平行于 OZ 轴，分别积聚成直线。
水平面	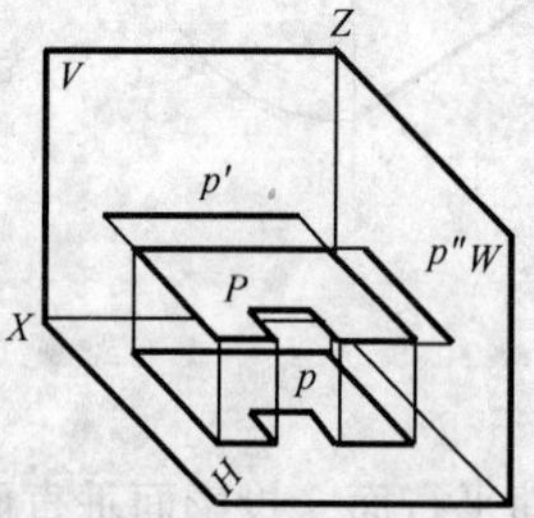	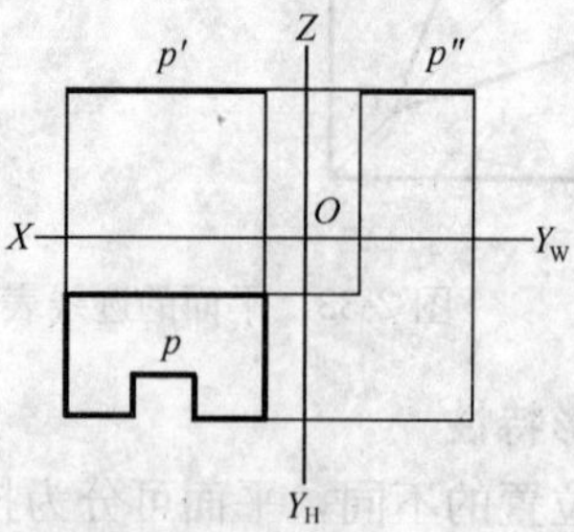	1. 水平投影反映实形。 2. 正面投影平行于 OX 轴，侧面投影平行于 OY_W 轴，分别积聚成直线。

续表

种 类	立 体 图	投 影 图	投 影 特 性
侧平面	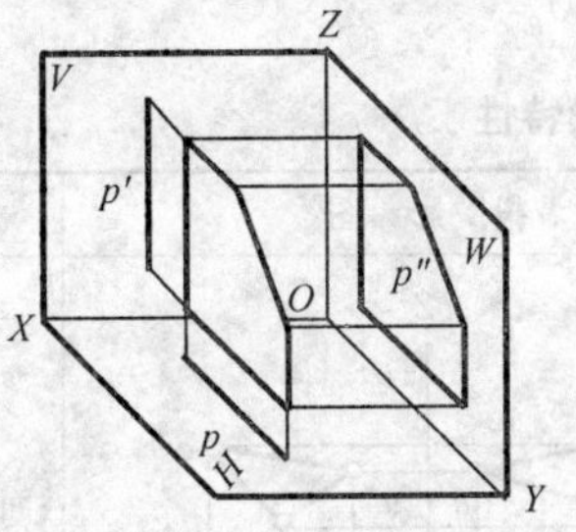	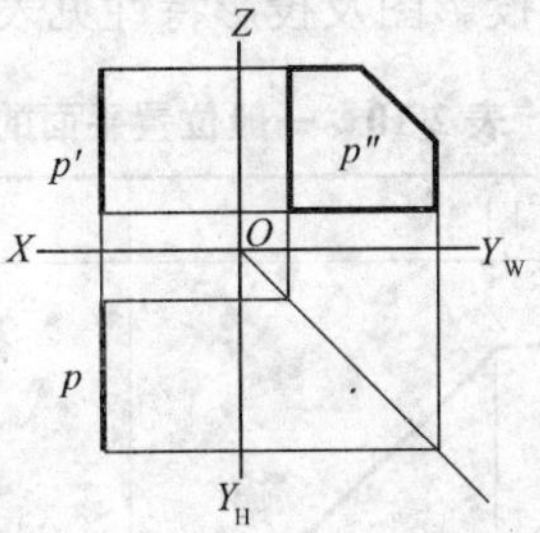	1. 侧面投影反映实形。 2. 正面投影平行于 OZ 轴，水平投影平行于 OY_H 轴，分别积聚成直线。

2. 投影面垂直面

(1) 空间位置

垂直于某一个投影面，与其他两个投影面都倾斜的平面，称为投影面垂直面。垂直于 H 面，与 V、W 面倾斜的平面称为铅垂面；垂直于 V 面，与 H、W 面倾斜的平面称为正垂面；垂直于 W 面，与 H、V 面倾斜的平面称为侧垂面。

(2) 投影特性

各种投影面垂直面的立体图、投影图及投影特性见表 2-9。

表 2-9　投影面垂直面的投影特性

种 类	立 体 图	投 影 图	投 影 特 性
正垂面	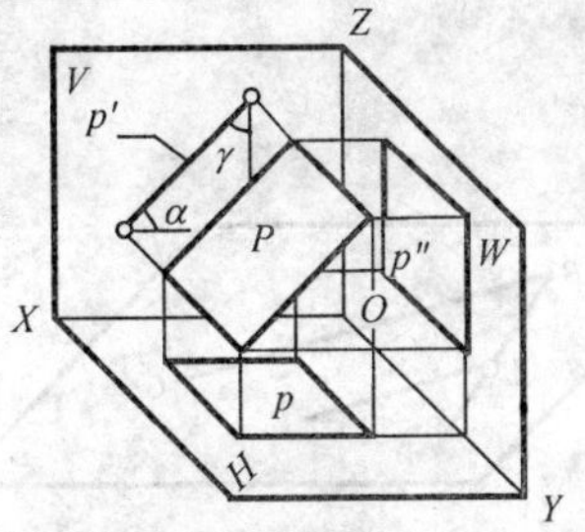	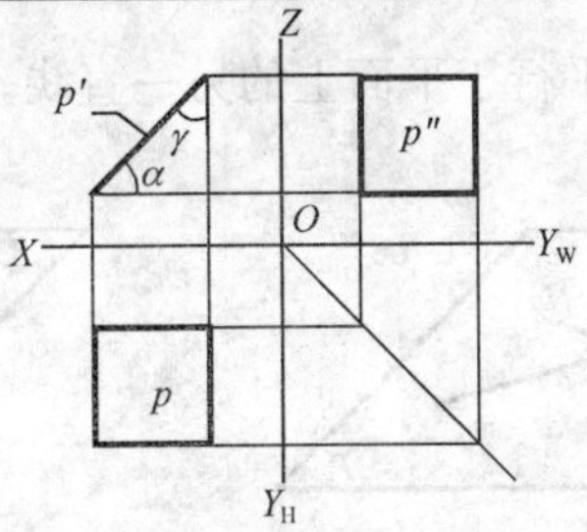	1. 正面投影积聚成一直线，并反映与 H、W 面的倾角 α、γ； 2. 其他两投影为面积缩小的类似形。
铅垂面	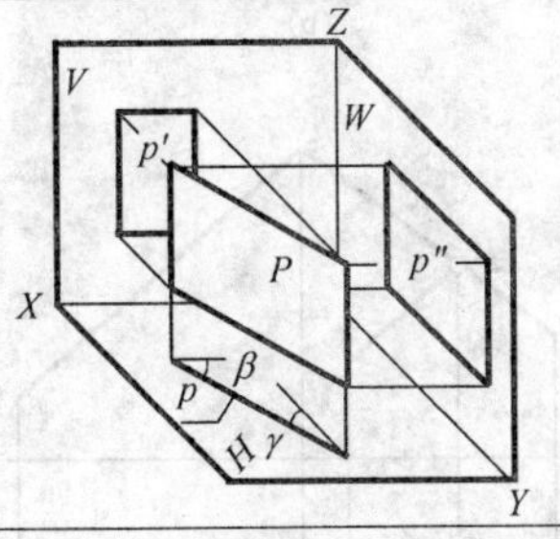	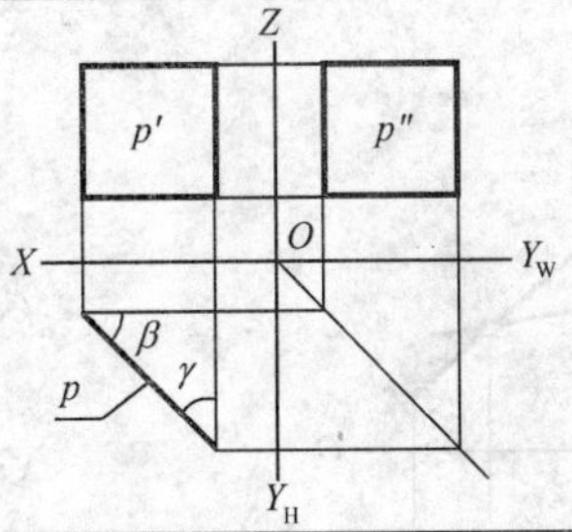	1. 水平面投影积聚成一直线，并反映与 V、W 面的倾角 β、γ； 2. 其他两投影为面积缩小的类似形。
侧垂面	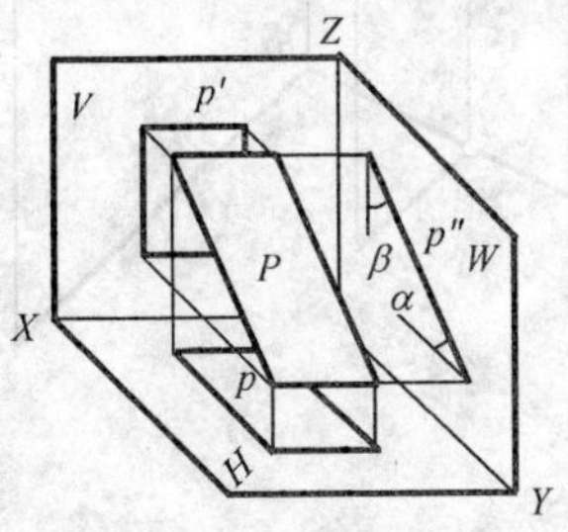	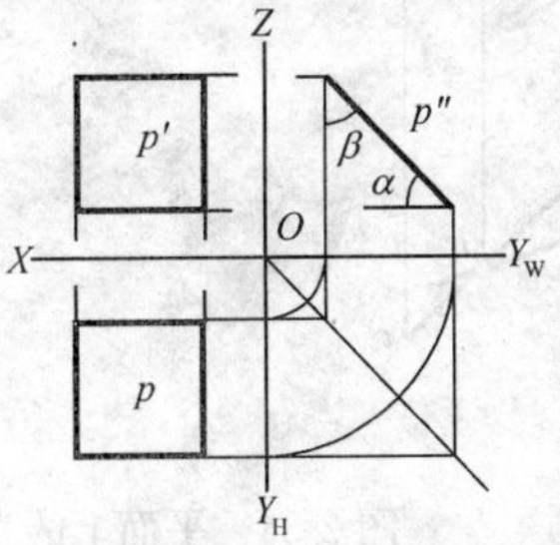	1. 侧面投影积聚成一直线，并反映与 H、V 面的倾角 α、β； 2. 其他两投影为面积缩小的类似形。

3. 一般位置平面

对三个投影面均处于倾斜位置的平面称为一般位置平面。

一般位置平面的立体图、投影图及投影特性见表 2-10。

表 2-10　一般位置平面的投影特性

种　类	立　体　图	投　影　图	投影特性
一般位置平面	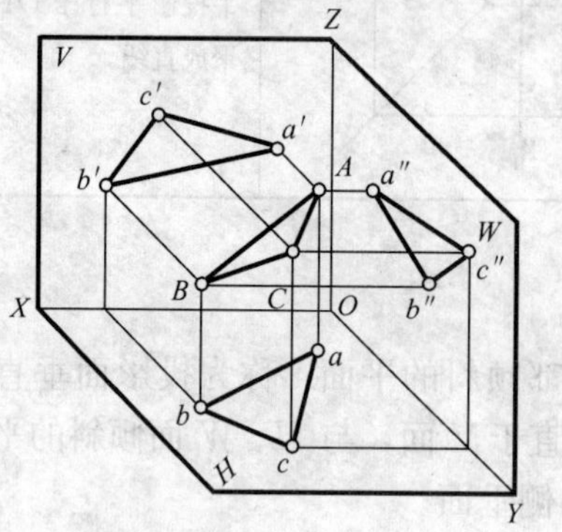	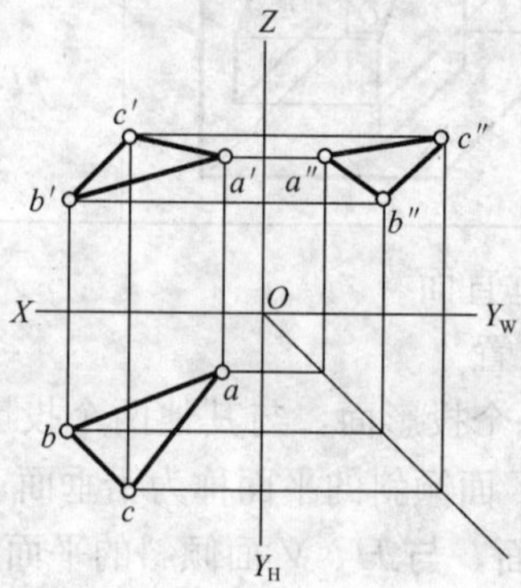	一般位置平面对三个投影面都是倾斜的，因此，三个投影都是小于实形的类似形。

三、平面上的直线和点

1. 平面上的直线

根据立体几何定理可知，直线在平面上的几何条件是：

（1）通过平面上的两点；

（2）通过平面上一点并平行于平面上的另一直线。

如图 2-34 所示。

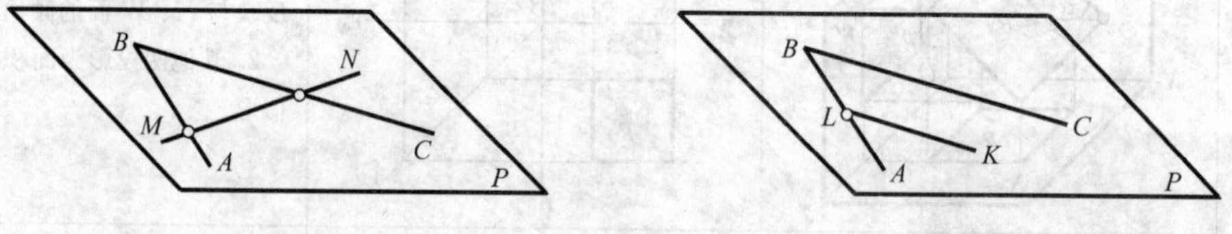

(a)　　(b)

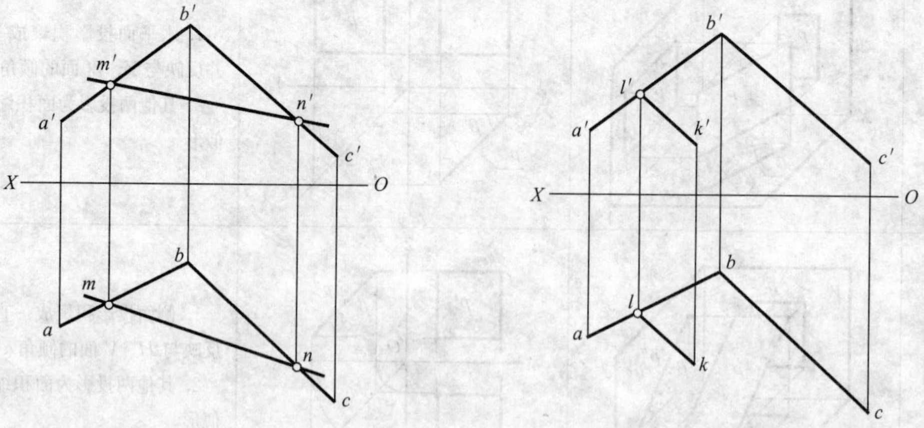

(c)　　(d)

图 2-34　平面上的直线

【例 2-5】 如图 2-35（a）所示，已知四边形 $ABCD$ 为平面图形，试补全正面投影。

【解】分析：补全 $ABCD$ 正面投影即求 D 的正面投影 d'，因此需要找出一条直线，该直线属于 $ABCD$，同时 D 点又在其上。

作图过程：

（1）连接 bd 与 ac，交于 e 点；

（2）连接 $a'c'$，求出 E 点的正投影 e'；

（3）连接 $b'e'$ 并延长，求出 D 点的正投影 d'；

（4）连接 $a'd'$，$d'c'$，完成作图，如图 2-35（b）所示。

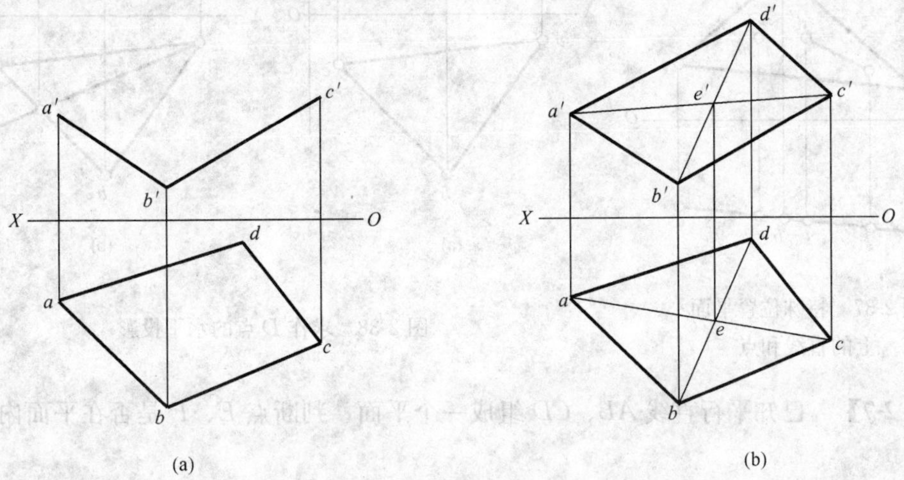

图 2-35　补全正面投影

2. 平面上的点

根据立体几何定理可知，点在平面上的几何条件是：点在平面内的一条直线上。因此，要在平面上取点必须先在平面上取线，然后再在此线上取点，即：点在线上，线在面上，那么点一定在面上，如图 2-36 所示。

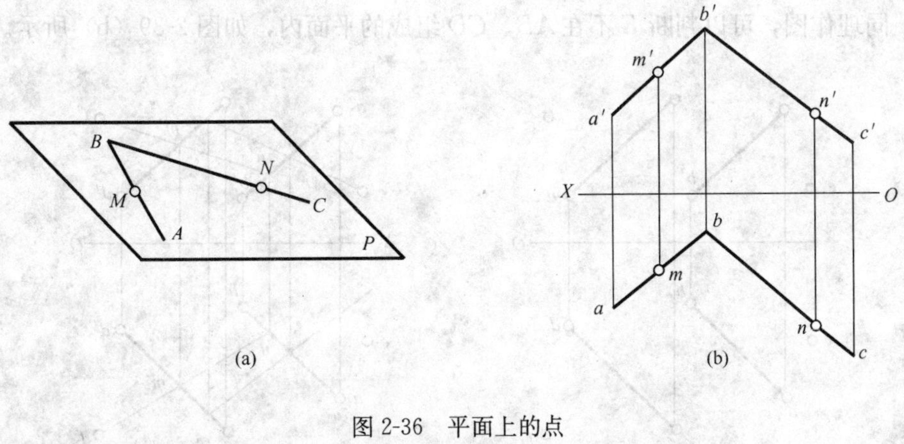

图 2-36　平面上的点

3. 特殊位置平面上的直线和点

因为特殊位置平面在它所垂直的投影面上的投影积聚成直线，所以特殊位置平面上的点、直线和平面图形，在该平面所垂直的投影面上的投影，都位于这个平面的有积聚性的同面投影或迹线上，如图 2-37 所示。

【例 2-6】已知点 D 在$\triangle ABC$平面上，求作其水平投影 d［图 2-38（a）］。

【解】分析：由于点 D 在$\triangle ABC$上，所以它必定在$\triangle ABC$内的一条直线上。

作图过程：如图 2-38（b）所示。

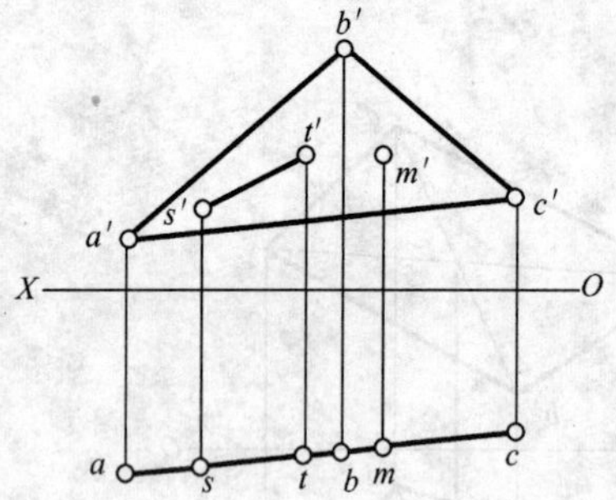

图 2-37　特殊位置平面上的直线和点

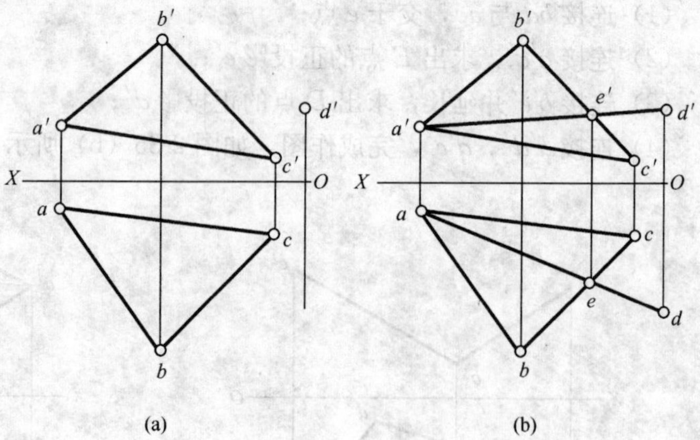

图 2-38　求作 D 点的水平投影

【例 2-7】　已知平行直线 AB、CD 组成一个平面，判断点 E、F 是否在平面内［图 2-39（a）］。

【解】　分析：点在平面内的条件是：点在该平面内的一条线上。因此，在平面内作点，一般情况必须先在平面内作一辅助直线，然后再判断点是否在平面内。

作图过程：

（1）过点 f'作直线 $f'n'$，交 $c'd'$和 $a'b'$于 m'，n'点；

（2）作 m'，n'的水平投影 m，n，可以判断直线 MN 在平面内；

（3）因为 F 在直线 MN 上，可以判断 F 在 AB、CD 组成的平面内；

（4）同理作图，可以判断 E 不在 AB、CD 组成的平面内，如图 2-39（b）所示。

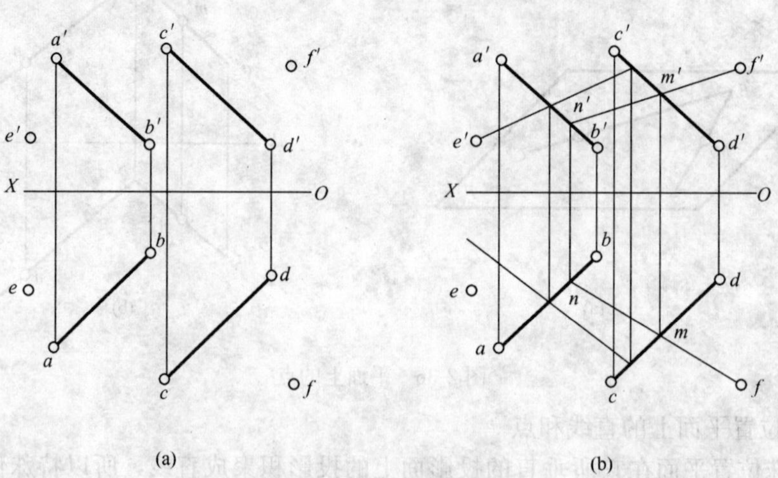

图 2-39　判断点 E、F 是否在平面内

四、平面内特殊位置直线

平面内的投影面平行线。平面内平行于投影面的直线称为平面内的投影面平行线。由于平面内的直线可分别平行于 H、V 和 W 面，因此，平面内的投影面平行线分为：平面内的水平线、平面内的正平线和平面内的侧平线。

平面内的投影面平行线除具有投影面平行线的投影性质外，还与所在平面保持从属关系。因此，在平面内作平行线时，应先作出平行于投影轴的投影，然后再按线与面的从属关系作出其他投影。

【例 2-8】 如图 2-40 所示，△ABC 为一般位置平面，试在此平面上作一条正平线及一条水平线。

【解】 过△ABC 上的已知点 C（c'，c）作正平线 CE。因正平线的水平投影平行于 OX 轴，所以过 c 作 ce // OX 轴，与 ba 交于点 e，由 e 作出 e'，连接 $c'e'$ 即得 CE 的正面投影。同理在△ABC 内作水平线 BD，由水平线的投影特性，过 b' 作 $b'd'$ // OX 轴，交 $a'c'$ 于 d'，由 d' 求出 d，连接 bd 即得 BD 的水平投影 bd。

【例 2-9】 如图 2-41 所示，已知平面 ABC 的两面投影，在其上取一点 K，使点 K 在 H 面之上 10mm，V 面之前 15mm。

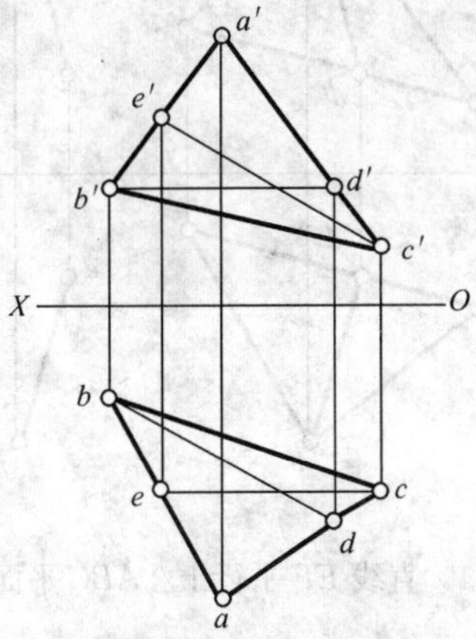

图 2-40 作平面内的投影面平行线

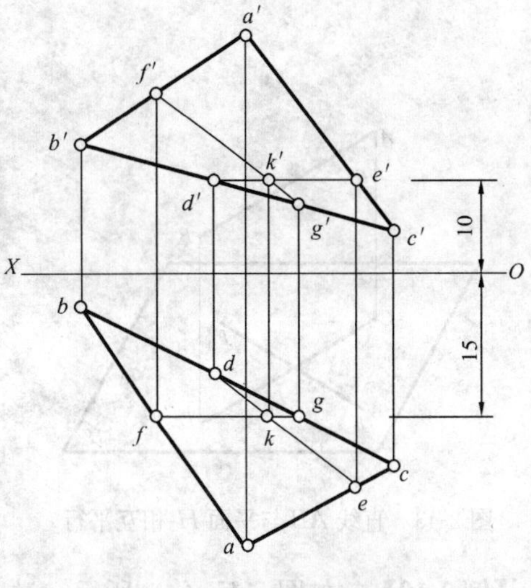

图 2-41 在平面上求一定点 K

【解】 平面上距 H 面为 10mm 的点的轨迹是平面内的水平线，即 DE 直线；平面内距 V 面为 15mm 的点的轨迹为平面内的正平线，即 FG 直线。直线 DE 与 FG 的交点，即为所求点 K，作图过程如图 2-41 所示。

第五节 直线与平面、平面与平面相对位置

直线与平面、平面与平面的相对位置，有平行、相交和垂直三种情况（实际只有两种，垂直是相交的特例）。

一、直线与平面、平面与平面平行

1. 直线与平面平行

直线与平面平行的几何条件：如果平面外一直线与平面内的某一直线平行，则直线与该

平面互相平行，反之亦然。

（1）直线与特殊位置平面平行

直线与投影面垂直面平行，则直线的投影平行于平面积聚的同面投影；反之亦然。

如图 2-42 所示，$\triangle ABC$ 为铅垂面，其水平投影 abc 积聚成一直线。由于直线 $DE /\!/ \triangle ABC$，故 $de /\!/ abc$。

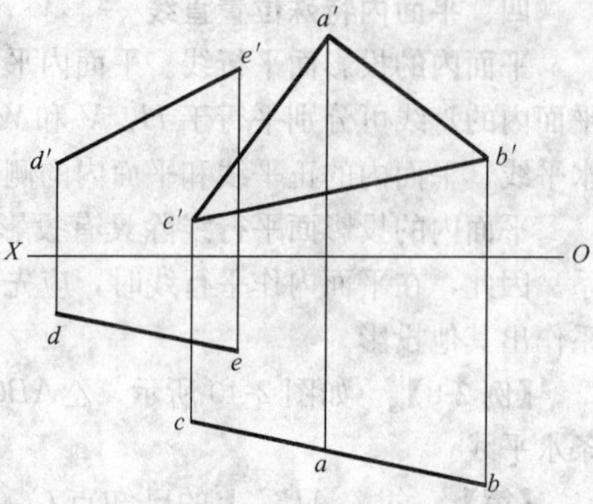

图 2-42　直线与投影面垂直面平行

（2）直线与一般位置平面平行

如图 2-43 所示，直线 AB 平行于平面 H 内的直线 CD，所以直线 AB 与平面 H 相互平行。据此，我们便可以在投影图上判别直线与平面是否平行，并解决有关直线与平面平行的作图问题。

如图 2-44 所示，由于 $ef /\!/ bd$，$e'f' /\!/ b'd'$，即 $EF /\!/ BD$，且 BD 是$\triangle ABC$ 平面内的一直线，所以直线 EF 平行于 ABC 平面。

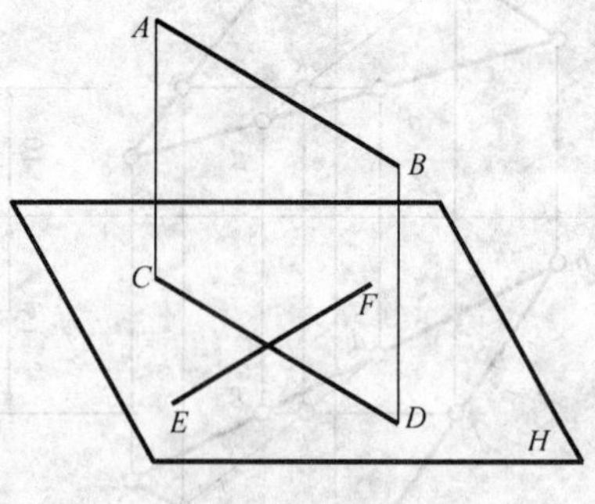

图 2-43　直线 AB 与平面 H 相互平行

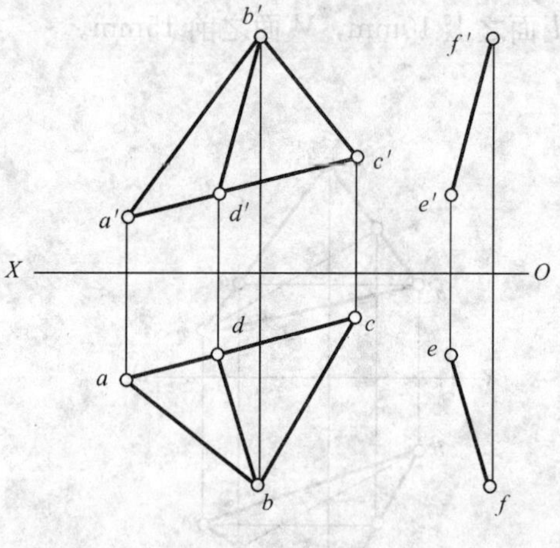

图 2-44　直线 EF 平行于$\triangle ABC$ 平面

【例 2-10】　如图 2-45（a）所示，过点 M 作正平线 MN 平行于$\triangle ABC$ 平面。

【解】　根据直线与平面平行的几何条件，先在$\triangle ABC$ 平面内作出一条正平线，然后再过点 M 作面内正平线的平行线即可。

作图步骤如图 2-45（b）所示：

（1）在$\triangle ABC$ 中作一条正平线 CD（cd，$c'd'$）；

（2）过 m 作 $mn /\!/ cd$，过 m' 作 $m'n' /\!/ c'd'$，直线 MN 即为所求。

【例 2-11】　过点 K 作一铅垂面（用迹线表示），使之平行于直线 AB，见图 2-46（a）。

【解】　分析：由于铅垂面的 H 投影为一直线，所以作铅垂面平行于直线 AB，则 P_H 必平行于 ab。

作图过程：

（1）过 k 作 $P_H /\!/ ab$，与 X 轴交于 P_X 点。

（2）过 P_X 点作 $P_V \perp OX$ 轴，则 P 平面即为所求，如图 2-46（b）所示。

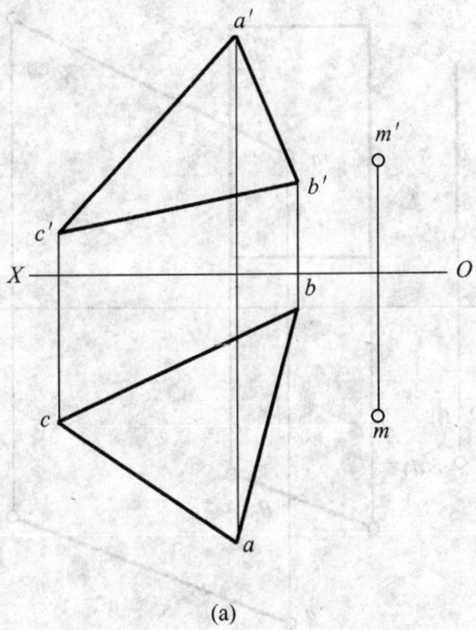

图 2-45　过点作正平线平行于平面

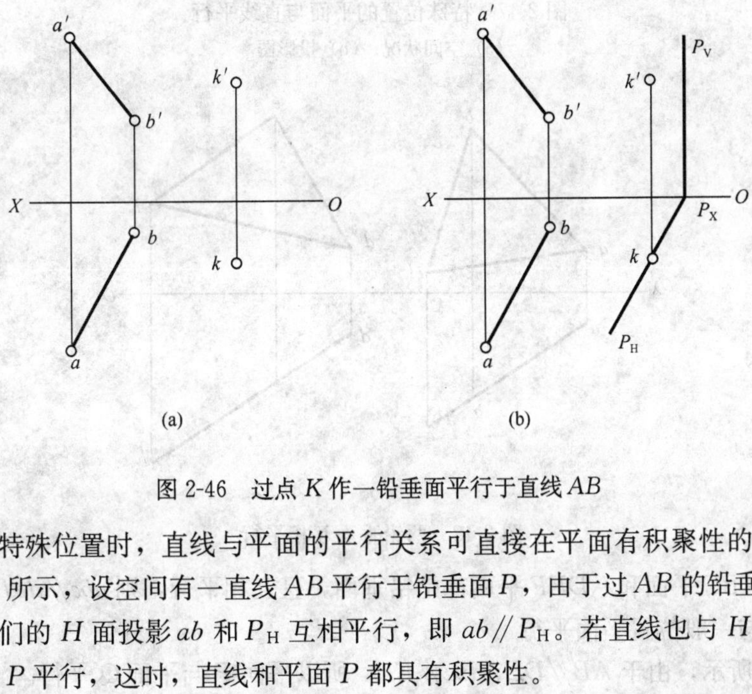

图 2-46　过点 K 作一铅垂面平行于直线 AB

当平面为特殊位置时，直线与平面的平行关系可直接在平面有积聚性的投影中反映出来。如图 2-47 所示，设空间有一直线 AB 平行于铅垂面 P，由于过 AB 的铅垂投射面与平面 P 平行，故它们的 H 面投影 ab 和 P_H 互相平行，即 $ab /\!/ P_H$。若直线也与 H 面垂直，则直线肯定与平面 P 平行，这时，直线和平面 P 都具有积聚性。

由此可推导出，当平面垂直于投影面时，直线与平面平行的投影特性为：在平面有积聚性的投影面上，直线的投影与平面的积聚投影平行，或者直线的投影也有积聚性。

2. 平面与平面平行

根据初等几何可知：两平面平行，其几何条件为：若一平面内的两相交直线分别平行于另一平面内的两相交直线，则这两平面相互平行。

(1) 平面与特殊位置平面平行

当平行两平面均为投影面垂直面时，它们有积聚性的同面投影必平行，反之亦然。如图

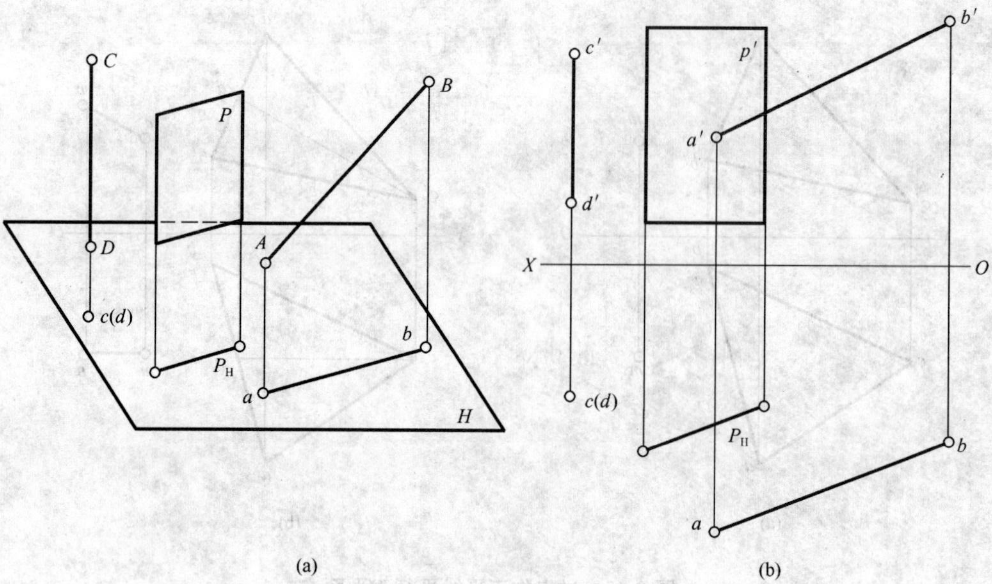

图 2-47　特殊位置的平面与直线平行

(a) 空间状况；(b) 投影图

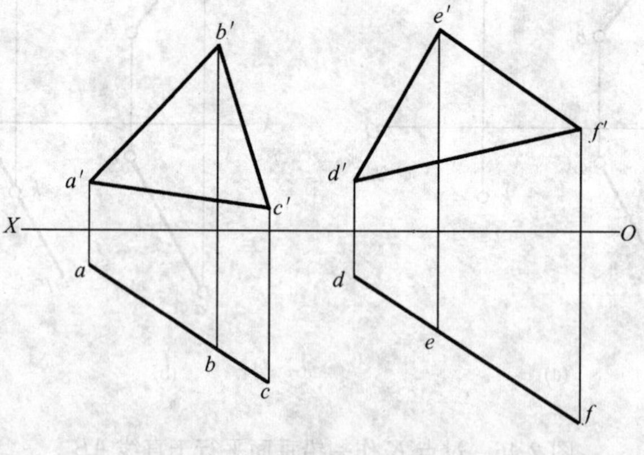

图 2-48　两铅垂面互相平行

2-48 所示，△ABC 平面和△DEF 平面都是铅垂面，且互相平行，则 $abc /\!/ def$。

(2) 平面与一般位置平面平行

如图 2-49 所示，由于 $AB /\!/ DE$，$BC /\!/ EF$，所以平面 P 与平面 Q 平行。

【例 2-12】　过点 D 作一平面，使之与平面△ABC 平行，如图 2-50 (a) 所示。

【解】　分析：根据两平面平行的几何条件作图求解，过点 D 作两条直线分别平行于△ABC 平面中的两条边，则这两条相交直线确定的平面即为所求。

作图步骤：

(1) 过 d' 作 $d'e' /\!/ a'b'$，$d'f' /\!/ a'c'$；

(2) 过 d 作 $de /\!/ ab$，$df /\!/ ac$，则两相交直线 DE、DF 确定的平面与△ABC 平面平行。如图 2-50 (b) 所示。

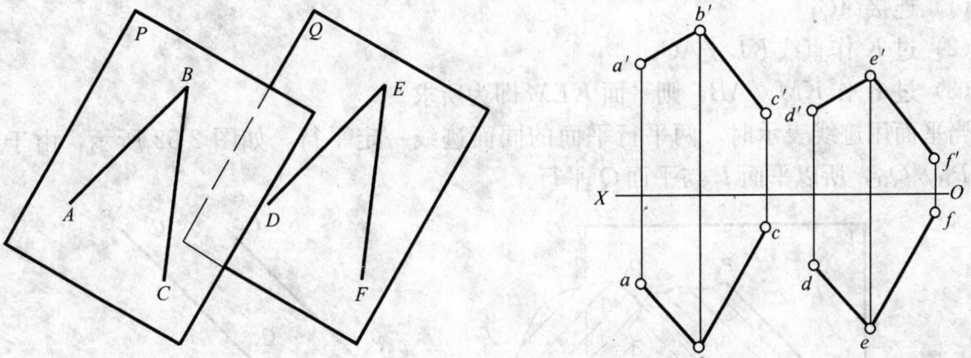

图 2-49　平面 P 与平面 Q 平行

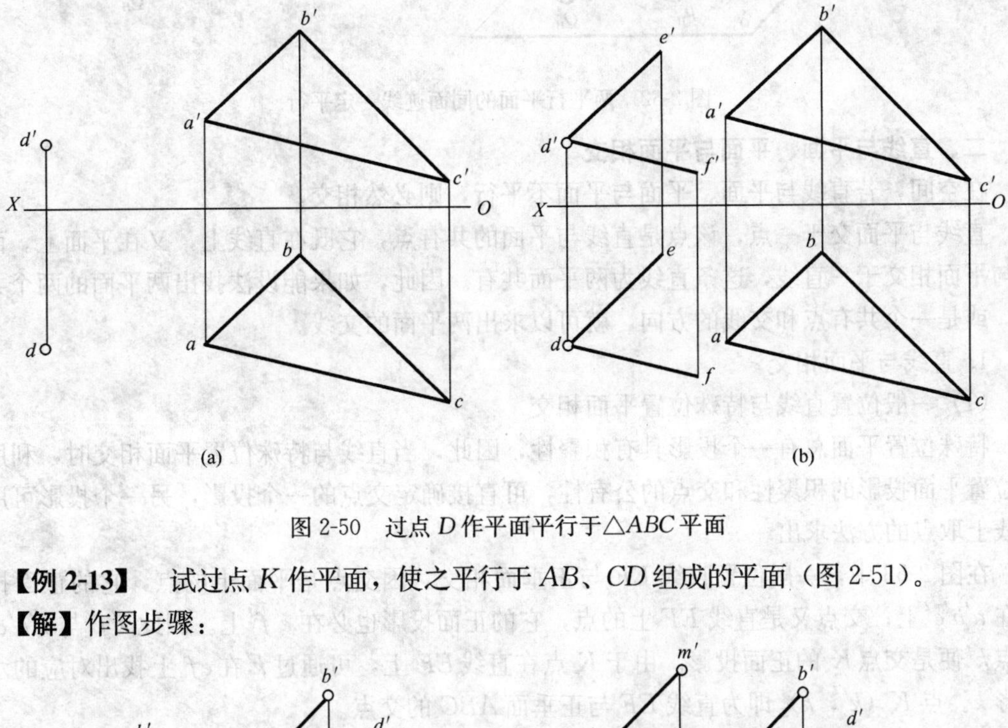

图 2-50　过点 D 作平面平行于△ABC 平面

【例 2-13】　试过点 K 作平面，使之平行于 AB、CD 组成的平面（图 2-51）。

【解】 作图步骤：

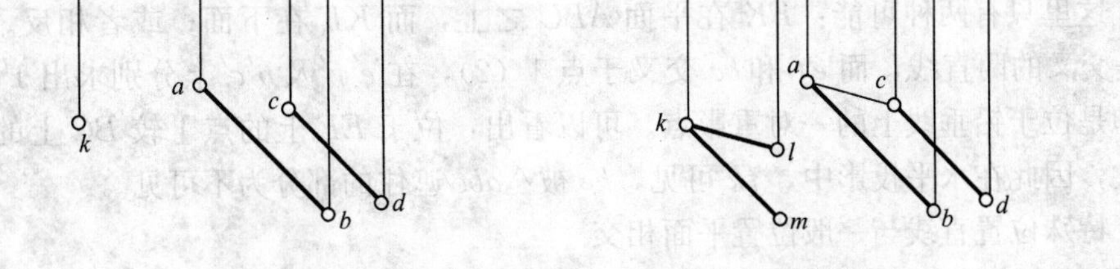

图 2-51　过点 K 作平面平行于 AB、CD 组成的平面

(1) 连接 AC；

(2) 过 K 作直线 $KL /\!/ AC$；

(3) 过 K 作 $KM /\!/ AB$，则平面 KLM 即为所求。

当平面用迹线表示时，两平行平面的同面迹线一定平行，如图 2-52 所示，由于 $P_V /\!/ Q_V$，$P_H /\!/ Q_H$，所以平面 P 与平面 Q 平行。

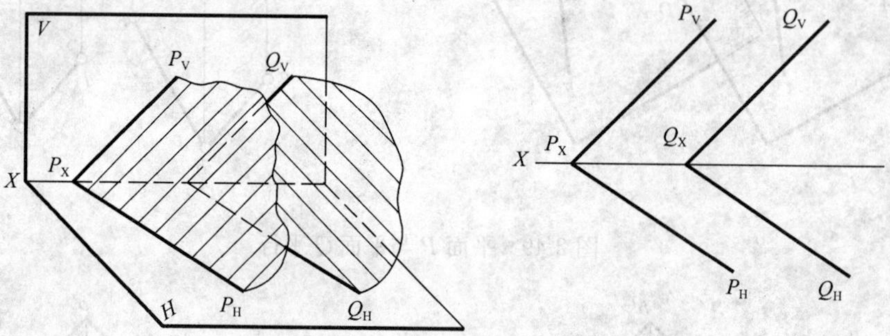

图 2-52 两平行平面的同面迹线一定平行

二、直线与平面、平面与平面相交

在空间，若直线与平面、平面与平面不平行，则必然相交。

直线与平面交于一点，该点是直线与平面的共有点，它既在直线上，又在平面上。而平面与平面相交于一直线，这条直线为两平面共有。因此，如果能设法找出两平面的两个共有点，或是一个共有点和交线的方向，就可以求出两平面的交线。

1. 直线与平面相交

(1) 一般位置直线与特殊位置平面相交

特殊位置平面总有一个投影具有积聚性，因此，当直线与特殊位置平面相交时，利用特殊位置平面投影的积聚性和交点的公有性，可直接确定交点的一个投影，另一个投影可用在直线上取点的方法求出。

在图 2-53 中，一般位置直线 EF 与正垂面相交，因交点是平面上的点，它的正面投影必在 $a'b'c'$ 上；交点又是直线 EF 上的点，它的正面投影也必在 $e'f'$ 上。因此 $e'f'$ 与 $a'b'c'$ 的交点 k' 便是交点 K 的正面投影。由于 K 点在直线 EF 上，可通过 k' 在 ef 上找出对应的水平投影 k。点 K (k', k) 即为直线 EF 与正垂面 ABC 的交点。

为了加强图形的清晰性，图中常用粗实线和虚线分别表示直线可见与不可见部分的投影。其可见性则利用重影点加以判别。

在图 2-53 (b) 中，因平面的正面投影有积聚性，故不必判断其可见性。在水平投影中，显然 ef 和 $\triangle abc$ 相重合的部分才产生可见性的问题，并且点 k 是可见与不可见部分的分界点。这里只有两种可能：FK 在平面 ABC 之上，而 KE 在下面；或者相反。图中 BC 和 EF 是交叉的两直线，而 ef 和 bc 交叉于点 1 (2)，在 $e'f'$ 及 $b'c'$ 上分别求出 $1'$ 和 $2'$，点 Ⅰ、Ⅱ 即是位于铅垂线上的一对重影点。可以看出：位于 EF 上的点 Ⅰ 较 BC 上的点 Ⅱ 的 z 坐标值大，因此在水平投影中，fk 可见，ke 被 $\triangle abc$ 遮住的部分为不可见。

(2) 特殊位置直线与一般位置平面相交

在图 2-54 (a) 中，铅垂线 AB 与一般位置平面 $\triangle CDE$ 相交，设 $\triangle CDE$ 平面与铅垂线

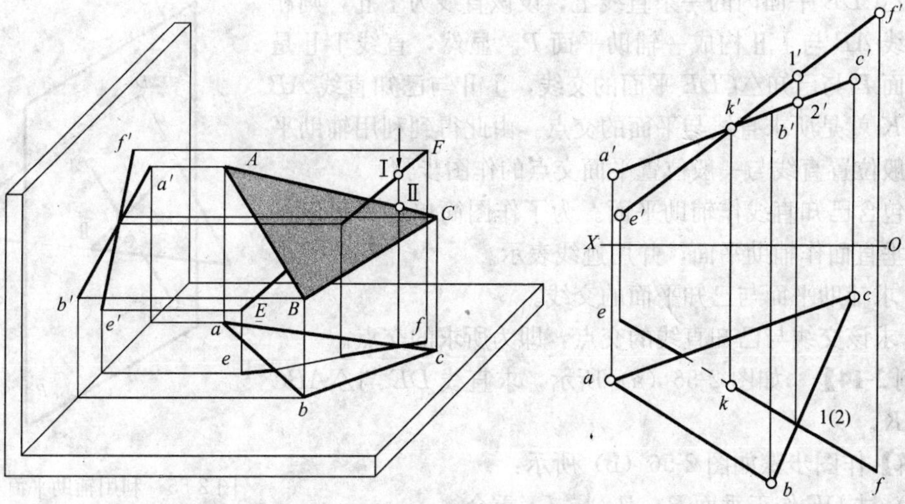

(a) (b)

图 2-53　直线与平面相交

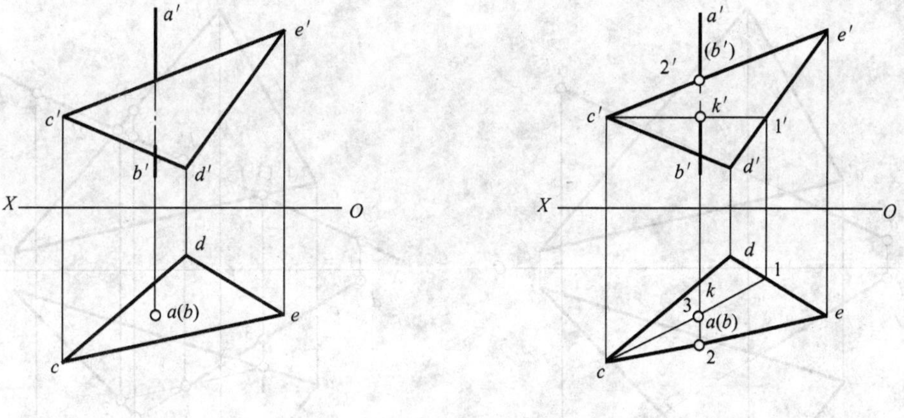

(a) (b)

图 2-54　投影面垂直线和一般位置平面相交

AB 的交点为 K。K 点属于铅垂线 AB，则 K 点的水平投影 k 与 AB 积聚的水平投影 $a(b)$ 重合；K 点同时属于△CDE 平面，利用平面上求点的方法，在△CDE 平面上作辅助直线 CⅠ求出 K 点的正面投影 k'。

由于直线的水平投影具有积聚性，故水平投影无须判别可见性。正面投影有重影区域，在△$c'd'e'$的范围内，以交点 K 为界，直线 AB 一侧可见，另一侧不可见。直线 AB 的正面投影的可见性可利用对 V 面的一对重影点如Ⅲ（AB 上的点）和Ⅱ（CE 上的点）的水平投影 3 和 2 的 Y 坐标来判断。由于 $Y_2 > Y_3$，所以 $3'$不可见，$k'3'$也不可见，$k'3'$画成细虚线，$a'b'$的其余部分可见，画成粗实线，如图 2-54（b）所示。

（3）一般位置直线与一般位置平面相交

一般位置直线和一般位置平面的投影均无积聚性，求其交点需借助辅助平面。如图2-55所示，直线 AB 与△CDE 平面相交，其交点为 K。由于交点 K 属于△CDE 平面，故点 K

一定在△*CDE* 平面内的一条直线上，设该直线为ⅠⅡ，则相交两直线 *AB* 与ⅠⅡ构成一辅助平面 *P*。显然，直线ⅠⅡ是辅助平面 *P* 与已知△*CDE* 平面的交线，ⅠⅡ与已知直线 *AB* 的交点 *K* 就是所求直线与平面的交点。由此得到利用辅助平面求一般位置直线与一般位置平面交点的作图步骤：

①包含已知直线作辅助平面。为了作图简单，一般以投影面的垂直面作辅助平面，并用迹线表示。

② 求辅助平面与已知平面的交线。

③ 求该交线与已知直线的交点，即为所求的交点。

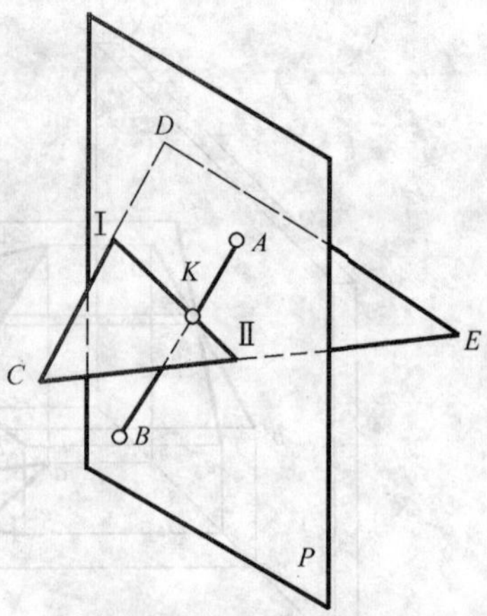

图 2-55　利用辅助平面求交点

【例 2-14】　如图 2-56（a）所示，求直线 *DE* 与△*ABC* 的交点 *K*。

【解】 作图步骤如图 2-56（b）所示：

（1）过 *DE* 作正垂面 *P*，P_V 与 $d'e'$重合；

（2）求正垂面 *P* 与△*ABC* 的交线ⅠⅡ（12，$1'2'$）。P_V 与 $a'c'$的交点为 $1'$、与 $b'c'$的交点为 $2'$，然后在 *ac*、*bc* 上投影得到 1、2；

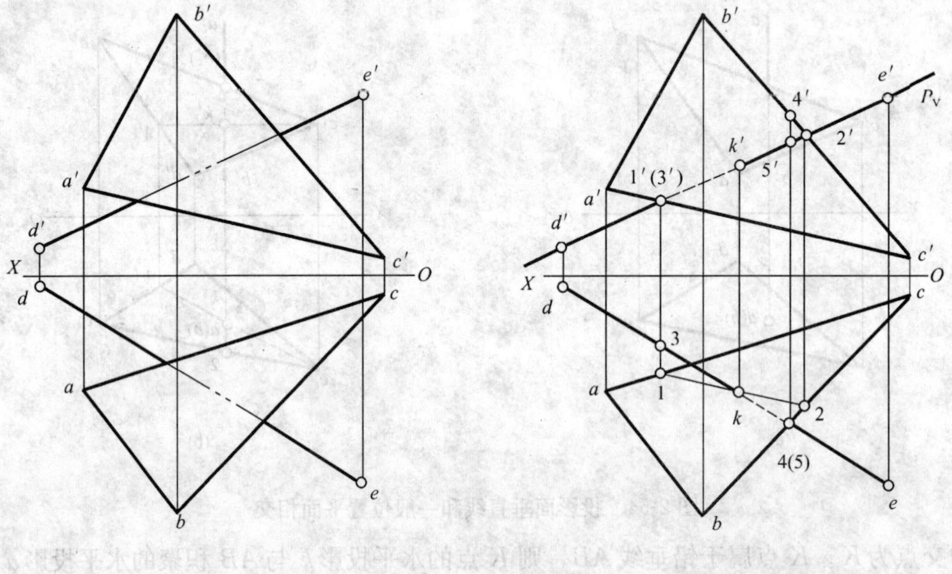

图 2-56　求一般位置直线与一般位置平面的交点

（3）求交线ⅠⅡ与直线 *DE* 的交点 *K*。12 与 *de* 的交点为 *K* 点的水平投影 *k*，然后在 $1'2'$上投影得到 k'，*K* 即为直线 *DE* 与△*ABC* 平面的交点；

（4）判别可见性

直线和平面在正面投影、水平投影上都有重影区域，需判别直线的可见性。

正面投影的可见性选择 *AC* 和 *DE* 的重影点Ⅰ、Ⅲ，其正面投影为 $1'$（$3'$），$1'$可见，1 在 *ac* 上；$3'$不可见，3 在 *de* 上，故 $k'3'$不可见，画成细虚线，$d'e'$的其他部分可见，画成粗实线。

水平投影的可见性选择 BC 和 DE 的重影点Ⅳ、Ⅴ，其水平投影为 4（5），4 可见，$4'$ 在 $b'c'$ 上，5 不可见，$5'$ 在 $d'e'$ 上，故 $k5$ 不可见，画成细虚线，de 的其他部分可见，画成粗实线。

2. 平面与平面相交

（1）平面与特殊位置平面相交

特殊位置平面总有一个投影具有积聚性，因此，当平面与特殊位置平面相交时，利用特殊位置平面投影的积聚性和交线的公有性，交线的一个投影可直接确定，另一个投影可用在平面上取点的方法求出。

（a）当相交两平面均为特殊位置平面时，一般都可根据具有积聚性的投影分析出交线的位置和方向。作图时，主要是确定交线投影的长度。如图 2-57（a）所示，正垂面▱$DEFG$ 与正垂面△ABC 相交，由于它们的正面投影均有积聚性，且交于点 k'（l'），所以该点必为交线的正面投影，并可断定交线必为正垂线，其水平投影为 kl，交线的投影长度应在两平面的重影范围之内。图 2-57（b）所示的虚线表示平面上不可见轮廓线的投影。

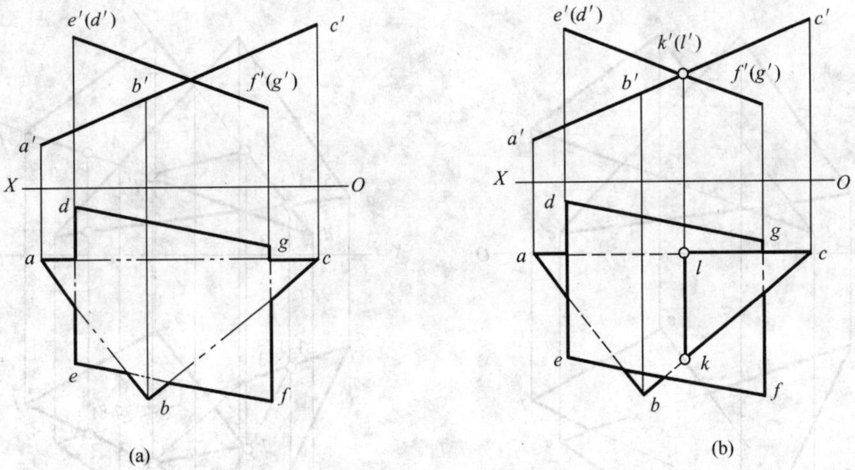

图 2-57　两个正垂面相交

（b）当相交两平面之一为一般位置平面时，可选该平面内任意两条直线与特殊位置平面相交，求出两个交点，即可确定交线的位置和方向。图 2-58（a）表示一般位置平面△EFG 与铅垂面▱$ABCD$ 相交。因为平面▱$ABCD$ 的水平投影有积聚性，所以可直接求出△EFG 的两边 EG 和 FG 与平面▱$ABCD$ 的交点 K（k，k'）和 L（l，l'）。连接 KL 即为两平面的交线，如图 2-58（b）所示。

（2）两一般位置平面相交

因为两一般位置平面的投影（或迹线）均无积聚性，所以它们相交时，不能直接确定交线的投影，而要通过辅助作图才能求得。

利用“直线与一般位置平面求交点”的方法求两平面的交线。由于某一平面上的直线对另一平面的交点必为两平面的共有点，即交线上的一点，所以只要求出两个交点并连接其同面投影，即得两平面交线投影。

【例 2-15】　如图 2-59（a）所示，求两个一般位置平面△ABC 和△DEF 的交线 KL。

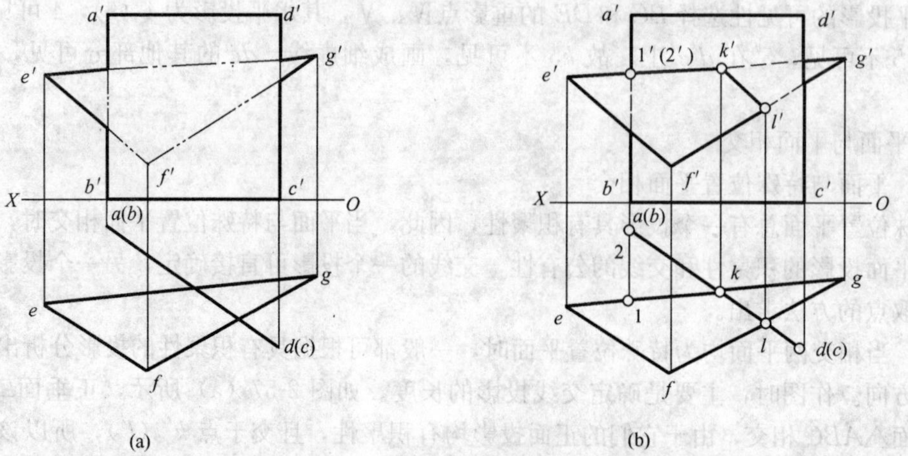

图 2-58　铅垂面与一般位置平面相交

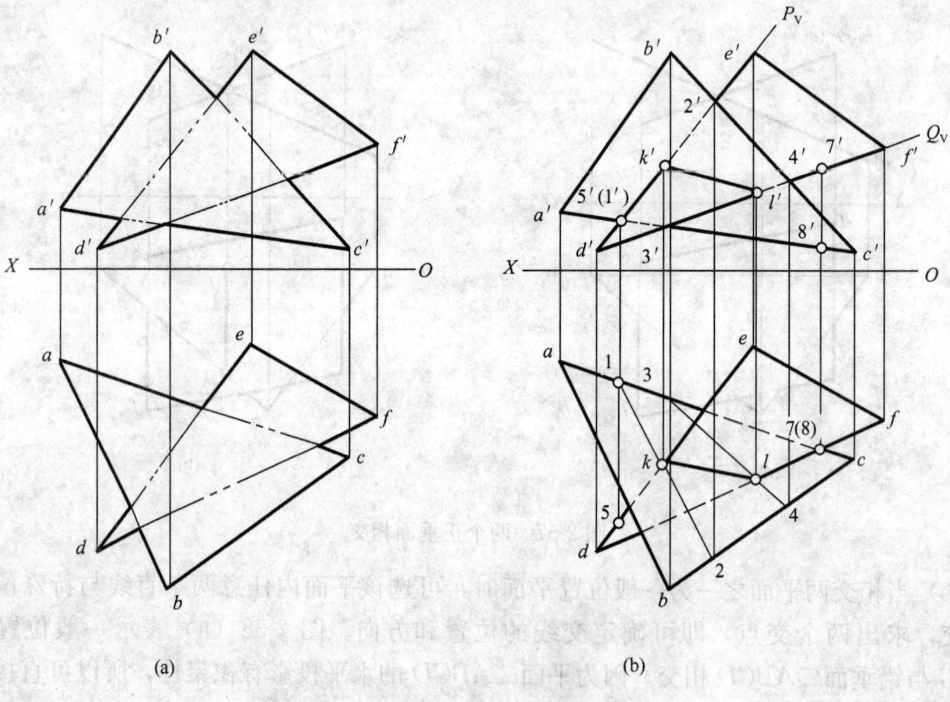

图 2-59　求两个一般位置平面的交线

【解】　可以将△*DEF* 的两条边 *DE*、*DF* 作为两条一般位置直线分别与△*ABC* 平面相交，利用辅助平面法分别过直线 *DE*、*DF* 作正垂面 *P*、*Q*，然后，求出交点 *K*、*L*，连接 *KL* 即得到两平面交线。

作图步骤如图 2-59（b）所示：

（1）过 $d'e'$ 作 P_V，过 $d'f'$ 作 Q_V；

（2）P_V 与 $a'c'$ 的交点为 1′、与 $b'c'$ 的交点为 2′，然后在 *ac*、*bc* 上投影得到 1、2，ⅠⅡ（12，1′2′）为 *P* 与△*ABC* 的交线。Q_V 与 $a'c'$ 的交点为 3′、与 $b'c'$ 的交点为 4′，然后在 *ac*、*bc* 上投影得到 3、4，ⅢⅣ（34，3′4′）为 *Q* 与△*ABC* 平面的交线；

(3) 12 与 de 的交点为 K 点的水平投影 k，然后在 $1'2'$ 上投影得到 k'，K 为交线ⅠⅡ与直线 DE 的交点，即为直线 DE 与△ABC 平面的交点。34 与 df 的交点为 L 点的水平投影 l，然后在 $1'2'$ 上投影得到 l'，L 为交线ⅢⅣ与直线 DF 的交点，即为直线 DF 与△ABC 平面的交点；

(4) 连接 KL，KL 即为平面△ABC 和△DEF 的交线；

(5) 判别可见性。两平面在正面投影、水平投影上都有重影区域，需分别判别两者的可见性。正面投影的可见性选择 AC 和 DE 的重影点Ⅴ、Ⅰ，其正面投影为 $5'$（$1'$），$5'$可见，5 在 de 上，$1'$不可见，1 在 ac 上，故 $k'5'$可见，即△$d'e'f'$在交线 $k'l'$ 的左侧可见，画成粗实线，在交线 $k'l'$ 的右侧重影区域不可见，画成细虚线。△$a'b'c'$ 的可见性正好相反。水平投影的可见性选择 AC 和 DF 的重影点Ⅶ、Ⅷ，其水平投影为 7（8），7 可见，$7'$在 $d'f'$ 上，8 不可见，$8'$在 $a'c'$ 上，故 $l7$ 可见，即△def 在交线 kl 的右侧可见，画成粗实线，在交线 kl 的左侧重影区域不可见，画成细虚线。△abc 的可见性正好相反。

三、直线与平面、平面与平面垂直

1. 直线与平面垂直

(1) 一般位置直线与平面垂直

几何条件：如果一直线垂直于平面内的两条相交直线，则此直线垂直于该平面。反之，如果一直线垂直于一平面，则此直线垂直于该平面上的一切直线。

投影：若一直线的水平投影垂直于平面上水平线的水平投影，直线的正面投影垂直于平面上正平线的正面投影，则该直线必垂直于此平面。反之，若一直线垂直于一个平面，则它的水平投影一定垂直于平面上水平线的水平投影，它的正面投影一定垂直于平面上正平线的正面投影，它的侧面投影一定垂直于平面上侧平线的侧面投影。

如图 2-60 所示，AB 和 AC 分别是△ABC 平面上的水平线和正平线，$ad \perp ab$，$a'd' \perp a'c'$，则直线 AD 垂直于平面△ABC。

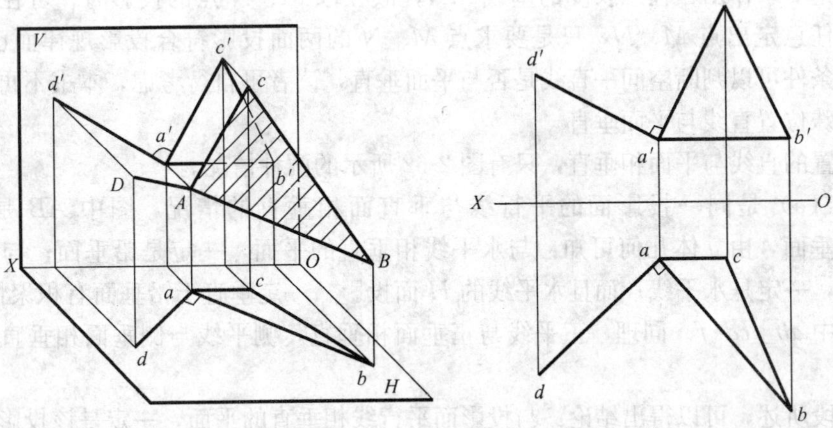

(a)　　　　　　　　(b)

图 2-60　直线 AD 与△ABC 平面垂直

【例 2-16】 如图 2-61（a）所示，已知空间一点 M 和平面 $ABCD$ 的两面投影，试过 M 点作平面 $ABCD$ 的垂线 MN（MN 可为任意长度）。

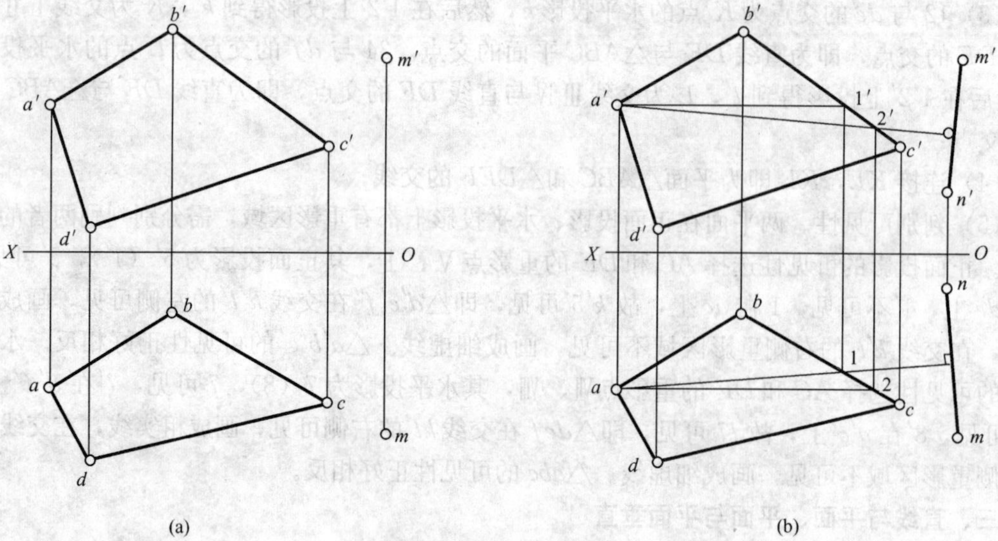

图 2-61 一般位置的直线与平面垂直

(a) 已知条件；(b) 作图过程

【解】 作图过程如图 2-61（b）所示：

过 a' 作 $a'1'$ // OX 轴，与 $b'c'$ 交得 $1'$，过 $1'$ 作 OX 轴的垂线，与 bc 交得 1，连接 $a1$ 并延长，过 m 作 $a1$ 的垂线。

过 a 作 $a2$ // OX 轴，交 bc 得 2，过 2 作 OX 轴垂线，交 $b'c'$ 得 $2'$。

连 $a'2'$ 并延长 $a'2'$，过 m' 作 $a'2'$ 的垂线 $m'n'$。

过 n' 作 OX 轴的垂线，得 n 点，将 $m'n'$ 和 mn 画成粗实线。$m'n'$、mn 即为所求垂线 MN 的投影。

本题只是要求作出一任意长度的垂线 MN，故在取 M、N 点的投影时，可在两面投影中的垂线上任意定出点 M、N，只是要求点 M、N 的两面投影符合投影规律而已。反之，利用该几何条件可以判断空间一直线是否与平面垂直，读者可自行考虑，本书不再赘述。

（2）特殊位置直线与平面垂直

特殊位置的直线与平面相垂直，只有图 2-62 所示的两种情况。

图 2-62（a）是同一投影面的平行线与垂直面相垂直的情况，图中 AB 是水平线，$CDEF$ 是铅垂面，由立体几何可知：与水平线相垂直的平面，一定是铅垂面；与铅垂面相垂直的直线，一定是水平线；而且水平线的 H 面投影，一定垂直于铅垂面有积聚性的 H 面投影，即图中 $ab \perp cdef$。同理，正平线与正垂面相垂直，侧平线与侧垂面相垂直，也都属于这种情况。

综合上段所述，可以得出结论：与投影面平行线相垂直的平面，一定是该投影面的垂直面；与投影面垂直面相垂直的直线，一定是该投影面的平行线；投影面平行线在所平行的投影面上的投影，必垂直于该投影面垂直面的有积聚性的同面投影。

图 2-62（b）是同一投影面的垂直线与平行面相垂直的情况，图中 AB 是铅垂线，$CDEF$ 是水平面，由立体几何可知：与铅垂线相垂直的平面，一定是水平面；与水平面相垂直的直线，一定是铅垂线；而且铅垂线的 V 面投影，一定垂直于水平面有积聚性的 V 面

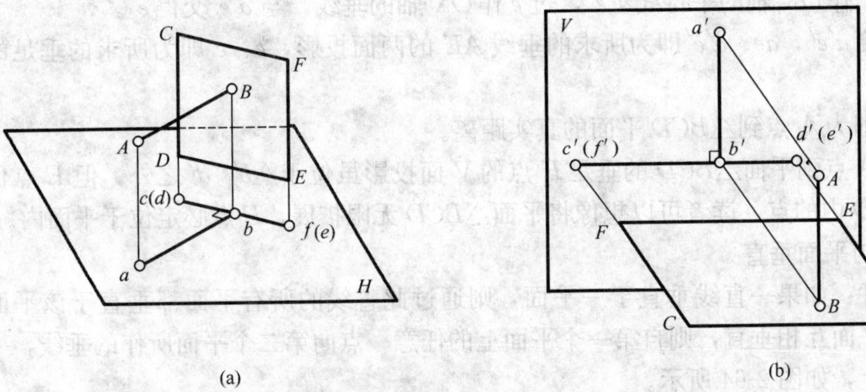

图 2-62　特殊位置的直线与平面垂直的投影特性

(a) 同一投影面的平行线与垂直面相垂直；(b) 同一投影面的垂直线与平行面相垂直

投影，即图中 $a'b' \perp c'd'e'f'$。同理，正垂线与正平面相垂直，侧垂线与侧平面相垂直，也都属于这种情况。

综合上段所述，可以得出结论：与投影面垂直线相垂直的平面，一定是该投影面的平行面；与投影面平行面相垂直的直线，一定是该投影面的垂直线；投影面垂直线的投影必定与平面的有积聚性的同面投影相垂直。

【例 2-17】　如图 2-63（a）所示，求作 A 点到△BCD 平面的垂线 AE 和垂足 E，并确定 A 点与△BCD 平面间的真实距离。

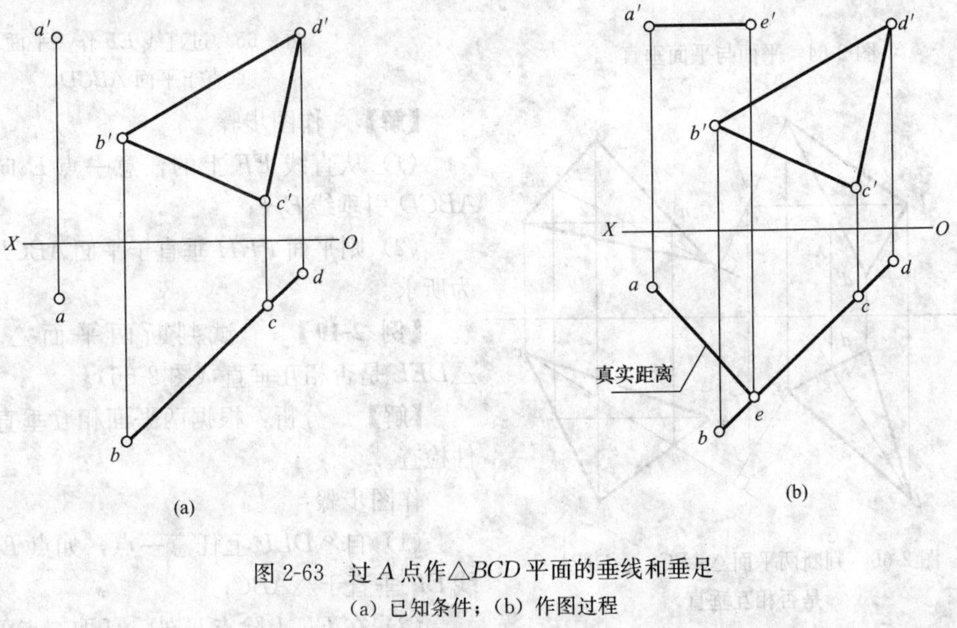

图 2-63　过 A 点作△BCD 平面的垂线和垂足

(a) 已知条件；(b) 作图过程

【解】　因为△BCD 平面是铅垂面，所以 AE 一定是水平线，且 $ae \perp bcd$，垂足 E 的 H 面投影 e 就是 ae 与 bcd 的交点，由 e、ae 即可作出 e'、$a'e'$，又因为 AE 为水平线，所以 ae 即为所求的真实距离。作图过程如图 2-63（b）所示。

（1）过 a 作 $ae \perp bcd$，交 bcd 于点 e。

(2) 过 a' 作 OX 轴的平行线 $a'e'$，过 e 作 OX 轴的垂线，与 $a'e'$ 交得 e'。

(3) 连接 $a'e'$，ae、$a'e'$ 即为所求的垂线 AE 的两面投影，e、e' 即为所求的垂足的两面投影。

(4) ae 即为 A 点到△BCD 平面的真实距离。

本题中 A 点到平面△BCD 的垂足 E 点的 V 面投影虽位于△$b'c'd'$ 之外，但 E 点仍是位于平面△BCD 内的点，读者可以想像将平面△BCD 无限扩展，E 点必定位于平面内。

2. 平面与平面垂直

几何条件：如果一直线垂直于一平面，则通过此直线的所有平面都垂直于该平面。反之，如果两平面互相垂直，则自第一个平面上的任意一点向第二个平面所作的垂线，一定在第一个平面上，如图 2-64 所示。

【例 2-18】 试过直线 EF 作一平面垂直于平面 $ABCD$，如图 2-65 所示。

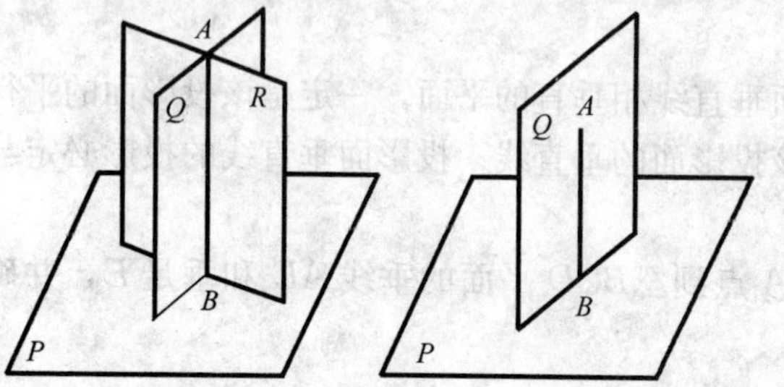

图 2-64 平面与平面垂直

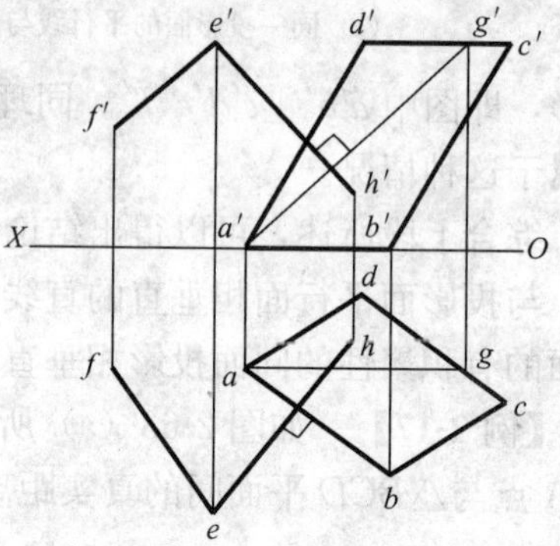

图 2-65 过直线 EF 作一平面垂直于平面 $ABCD$

【解】 作图步骤

(1) 从直线 EF 上的任意一点 E 向平面 $ABCD$ 引垂线 EH；

(2) 则平面 FEH 垂直于平面 $ABCD$，即为所求。

【例 2-19】 试判断两平面△ABC、△DEL 是否相互垂直（图 2-66）。

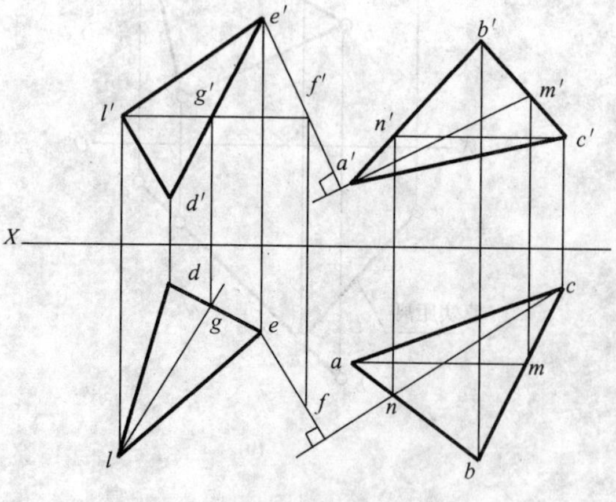

图 2-66 判断两平面△ABC、△DEL 是否相互垂直

【解】 分析：根据两平面相互垂直的条件检查。

作图步骤：

(1) 自△DEL 上任意一点，如点 E 作直线 EF 垂直于△ABC；

(2) 在 EF 上除点 E 外，任取一点 F，检查 F 点是否在平面△DEL 上。由图 2-66 可以看出，点 F 不在平面△DEL 上，所以两平面不垂直。

第三章　立体的投影

立体是由其表面所围成的实体。表面都是平面的立体称为平面立体，表面是曲面或曲面与平面的立体称为曲面立体。

第一节　平面立体的投影

平面立体是由若干个平面围成的多面体。立体表面上面与面的交线称为棱线，棱线与棱线的交点称为顶点。平面立体的投影就是作出组成立体表面的各平面和棱线的投影。可见的棱线画成粗实线，看不见的棱线画成虚线；当粗实线与虚线重合时，画粗实线。

平面立体主要有棱柱、棱锥等。

一、棱柱

1. 棱柱的投影

以图 3-1 所示的正六棱柱为例：

正六棱柱是由两个端面和六个侧棱面围成的。两个端面为正六边形、六个侧面为矩形，六条棱线相互平行。当正六棱柱如图 3-1 铅垂放置时，它的上顶面和下底面为水平面，前棱面和后棱面为正平面，其余四个棱面为铅垂面。上顶面和下底面的水平投影反映实形，正面投影和侧面投影积聚为直线，但这两条直线的长度是不一样的，正面投影反映正六边形的对角距离，侧面投影反映正六边形的对边距离；前后棱面的正面投影反映实形，水平和侧面投

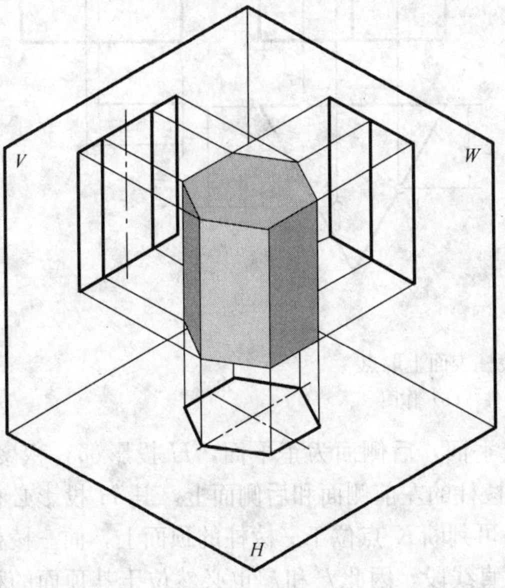

(a)

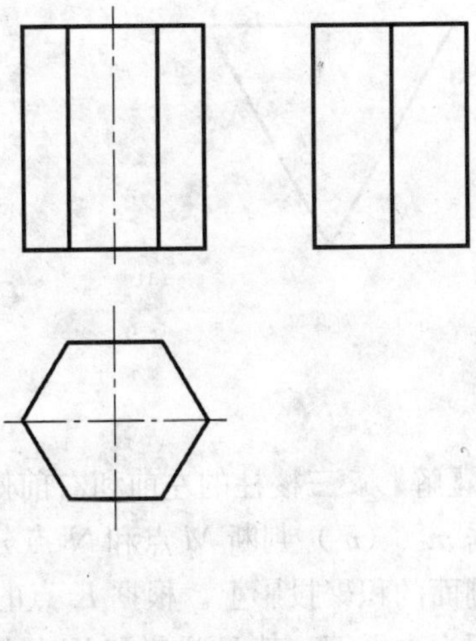

(b)

图 3-1　正六棱柱的投影

(a) 空间示意；(b) 投影图

影积聚为直线；其余四个棱面的水平投影积聚为直线，正面和侧面投影为类似形。

其中棱线和顶点的投影，读者可自行分析。

从本章开始，在画图时不再画出投影轴。作图时，只要各点的正面投影与水平投影在铅垂方向对应起来（长对正），正面投影与侧面投影在水平方向对应起来（高平齐），任意两点的水平投影和侧面投影的 Y 坐标之差保证相等（宽相等），就可以了。

画图 3-1 中六棱柱的投影，可以先画中心线定位，然后画出水平投影的正六边形，再根据投影规律画出其余两个投影。

2. 棱柱表面上取点

在平面立体表面上取点，实质上就是在平面上取点，可利用前述在平面上取点的方法求解。解题时应首先确定所给点（或线）在哪个表面上，再根据表面所处的空间位置利用投影的积聚性或辅助线作图。对于表面上的点和线，还要考虑它们的可见性，判别可见与否的原则是：如果点、线所在表面的投影可见，那么点、线的同面投影可见，即只有位于可见表面上的点、线才是可见的，否则不可见。

组成棱柱的各表面都是平面，当棱柱表面处于特殊位置时，可以利用积聚性作图。

【例 3-1】 如图 3-2（a）所示，已知正三棱柱表面上点 M、N 的 V 面投影 m'、(n') 及 K 点的 H 面投影 k，求 M、N、K 点的其余两投影。

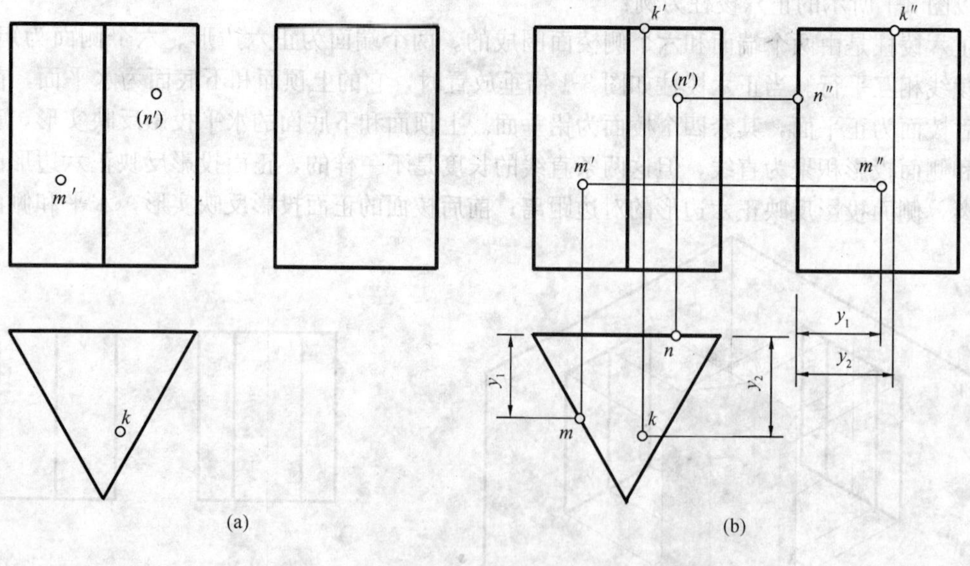

图 3-2　三棱柱表面上取点

（a）已知条件；（b）作图

【解】 三棱柱的左前和右前侧面均为铅垂面，后侧面为正平面，H 投影都有积聚性，根据 m'、(n') 判断 M 点和 N 点分别位于三棱柱的左前侧面和后侧面上，其 H 投影必在该两侧面的积聚投影上。根据 K 点的 H 投影 k 可判断 K 点位于三棱柱的顶面上，而三棱柱的顶面为水平面，其 V 投影和 W 投影均积聚为直线段，因此 k' 和 k'' 也必然位于其顶面的积聚投影上。作图过程如图 3-2（b）所示：

（1）分别过 m'、(n') 向下引垂线，交积聚投影于 m、n 点。

（2）根据已知点的两面投影求第三投影的方法（二补三）求出 m''、n''。

(3) 过 K 点的 H 投影 k 向上引垂线，交顶面的积聚投影于 k'。

(4) 根据 k、k'（二补三）求出 k''。

(5) 判别可见性：因 M 点在左前侧面，则 m''可见；而 N 点的 H 投影、W 投影及 K 点的 V 投影、W 投影均在积聚投影上，所以均可见。

二、棱锥

1. 棱锥的投影

现以图 3-3 所示的正三棱锥为例：

该正三棱锥由一个底面和三个侧面组成，底面及侧面均为三角形，三条棱线交于一个顶点。当三棱锥如图 3-3 所示位置放置时，它的底面为水平面，侧面△SAC 为侧垂面，△SAB 和△SBC 面均为一般位置平面。

画图 3-3 所示三棱锥的投影，可先画出底面正三角形△ABC 的三面投影：H 投影反映实形，V、W 投影均积聚为直线段，注意，画图要符合投影规律，V 面直线段反映正三角形的边长，而 W 面投影直线段反映正三角形的高。然后画出顶点 S 的三面投影，将顶点 S 和底面△ABC 的三个顶点 A、B、C 的同面投影两两连线，即得三条棱线的投影，三条棱线围成三个侧面，完成三棱锥的投影。

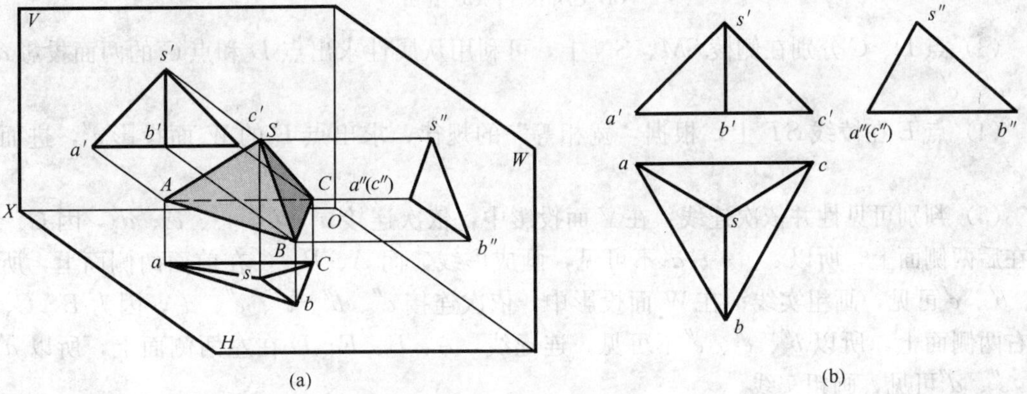

图 3-3 三棱锥的投影

（a）空间示意；（b）投影图

2. 棱锥表面上取点

【例 3-2】 如图 3-4（a）所示，已知正四棱锥表面上折线 $ABCED$ 的 H 面投影 $abced$，求四棱锥的 W 面投影及折线 $ABCED$ 的其余两投影。

【解】 正四棱锥的四个侧面均为三角形平面，三个投影均没有积聚性，底面为水平面，H 投影反映实形，在其余两个投影面上的投影积聚为直线，由于该四棱锥左右、前后对称，故其 W 面投影的形状与 V 面投影完全一样。折线 $ABCED$ 共有 4 段，分别位于四个侧面上，只要求出了 A、B、C、E、D 五个点的投影，判别可见性后进行连线即可求出折线的投影。作图过程如图 3-4（b）所示：

(1) 连接 sa 并延长至 mr，且与 mr 相交于点 1，过点 1 向上作垂线与四棱锥底面在 V 面上的积聚投影相交与 $1'$，连接 $s'1'$，然后过点 a 向上作垂线，与 $s'1'$相交得 a'，根据 a、a'（二补三）求出 a''。

(2) 由于 AB 平行于 MR，所以可利用平行性求出点 B 的两面投影 b'、b''。

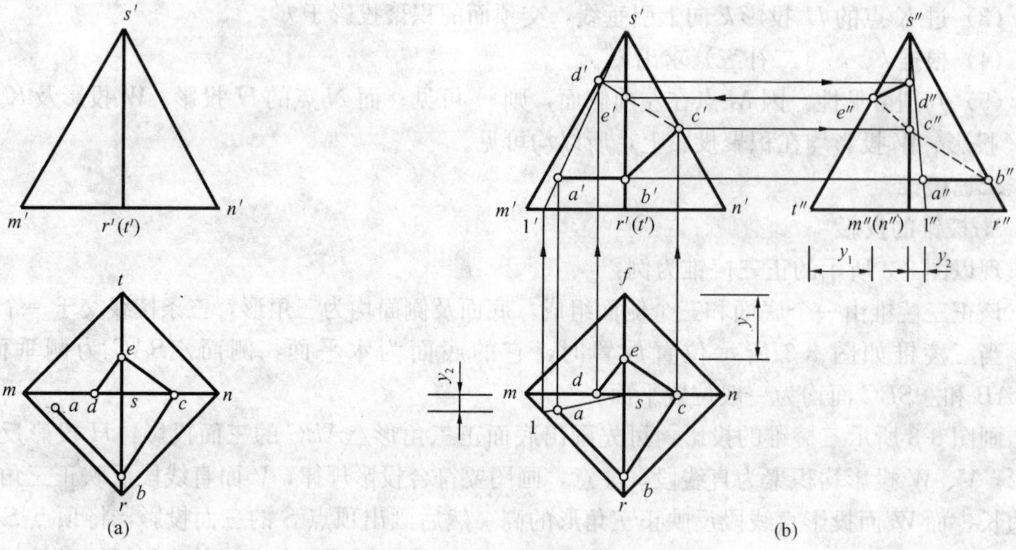

图 3-4　四棱锥表面上取点

（a）已知条件；（b）作图

（3）点 D、C 分别在侧棱 SM、SN 上，可利用从属性求出点 D 和点 C 的两面投影 d''、d'、c''、c'。

（4）点 E 在棱线 ST 上，根据“宽相等”的规律，求出点 E 的 W 面投影 e''，进而求出 e'。

（5）判别可见性并依次连线：在 V 面投影中，依次连接 a'、b'、c'、e'、d'，因 C、E、D 在后两侧面上，所以 c'、e'、d' 不可见，画成虚线，而 A、B、C 在前面两侧面上，所以 a'、b'、c' 可见，画粗实线；在 W 面投影中，依次连接 a''、b''、c''、e''、d''，因为 B、C、E 在右两侧面上，所以 b''、c''、e'' 不可见，连虚线，A、B、E、D 在左两侧面上，所以 a''、b''、e''、d'' 可见，画粗实线。

第二节　曲面立体的投影

常见的曲面立体是回转体，主要有圆柱体、圆锥体、圆球体等。

在投影面上表示回转体就是把组成回转体的曲面或曲面与平面表示出来，然后判别其可见性。曲面上可见与不可见的分界线称为回转面对该投影面的转向轮廓线。在画曲面立体的投影时，除了画出轮廓线和尖点外，还要画出曲面投影的转向轮廓线。因为转向轮廓线是对某一投影面而言的，所以它们的其他投影不应画出。

曲面立体表面上取点、线，与在平面上取点、线的原理一样，应本着“点在线上，线在面上”的原则。此时的“线”可能是直线，也可能是纬圆。在曲面立体表面上取线（直线、曲线），应先取该曲面上能确定此线的一系列的点，求出它们的投影，然后判别可见性并将其连接。

一、圆柱体

如图 3-5 所示，圆柱体由圆柱面、顶面、底面围成。圆柱面是由直线绕与其平行的轴线旋转一周形成的。因此，圆柱也可看做是由无数条相互平行且长度相等的素线所围成的。

1. 圆柱体的投影

图 3-5 中，圆柱轴线垂直于 H 面，底面、顶面为水平面，底面、顶面的水平投影反映圆的实形，其他投影积聚为直线段，直线段的长度等于圆柱直径。

圆柱面上所有素线都是铅垂线，圆柱面的水平投影积聚成一个圆，与顶面和底面的水平投影重合。圆柱正面投影的左右两侧是圆柱面的正面投影转向轮廓线 $a'a_1'$ 和 $b'b_1'$，它们分别是圆柱面上最左、最右素线 AA_1 和 BB_1 的正面投影；AA_1 和 BB_1 的侧面投影 $a''a_1''$ 和 $b''b_1''$ 与轴线的侧面投影重合，不需要画出；同样，圆柱侧面投影的前后两侧是圆柱面的侧面投影转向轮廓线 $c''c_1''$ 和 $d''d_1''$，它们分别是圆柱面上最前、最后素线 CC_1 和 DD_1 的侧面投影；CC_1 和 DD_1 的正面投影 $c'c_1'$ 和 $d'd_1'$ 与轴线的正面投影重合，不需要画出。

画圆柱体投影图时，一般先用点画线画出圆柱体的轴线、中心线，然后画出顶面、底面圆的三面投影，最后画转向轮廓线的三面投影。完成作图后，圆柱体的一个投影为圆，另外两个投影为矩形，如图 3-5（b）所示。

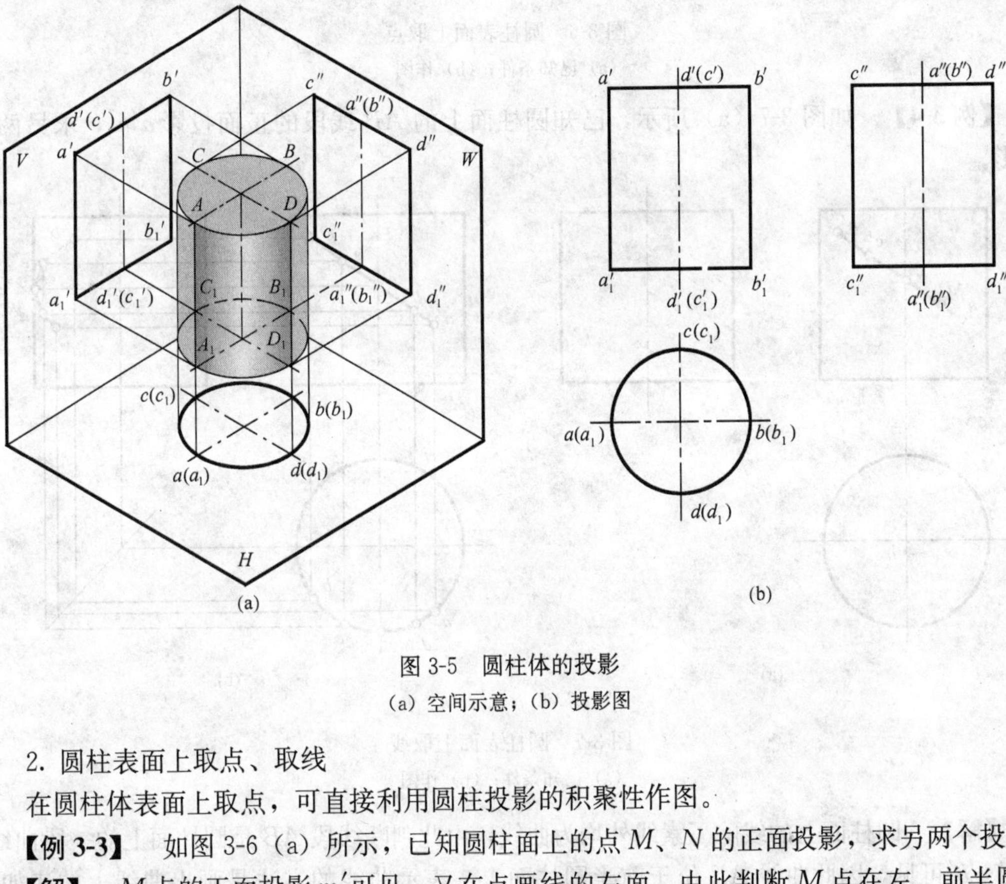

图 3-5　圆柱体的投影

（a）空间示意；（b）投影图

2. 圆柱表面上取点、取线

在圆柱体表面上取点，可直接利用圆柱投影的积聚性作图。

【例 3-3】　如图 3-6（a）所示，已知圆柱面上的点 M、N 的正面投影，求另两个投影。

【解】　M 点的正面投影 m' 可见，又在点画线的左面，由此判断 M 点在左、前半圆柱面上，侧面投影可见。N 点的正面投影（n'）不可见，又在点画线的右面，由此判断 N 点在右、后半圆柱面上，侧面投影不可见。作图过程如图 3-6（b）所示：

（1）求 m、m''。过 m' 向下作垂线，与圆柱的水平投影圆有两个交点，根据判断 M 点位于左前半圆柱面上，所以取前面的交点为 m，根据 y_1 坐标求出 m''；m'' 可见。

（2）求 n、n''。作法与 M 点相同，（n''）不可见。

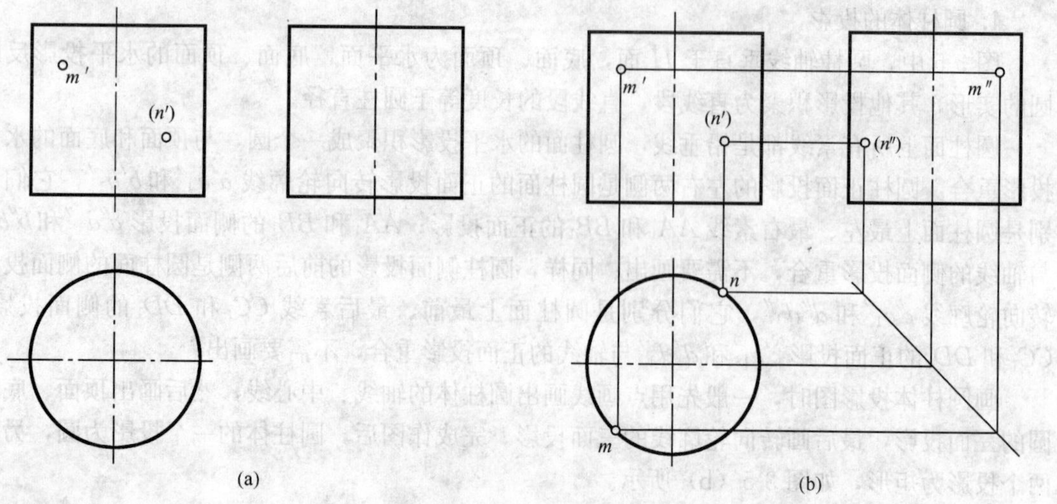

图 3-6　圆柱表面上取点

（a）已知条件；（b）作图

【例 3-4】　如图 3-7（a）所示，已知圆柱面上的 AB 线段的正面投影 $a'b'$，求另两个投影。

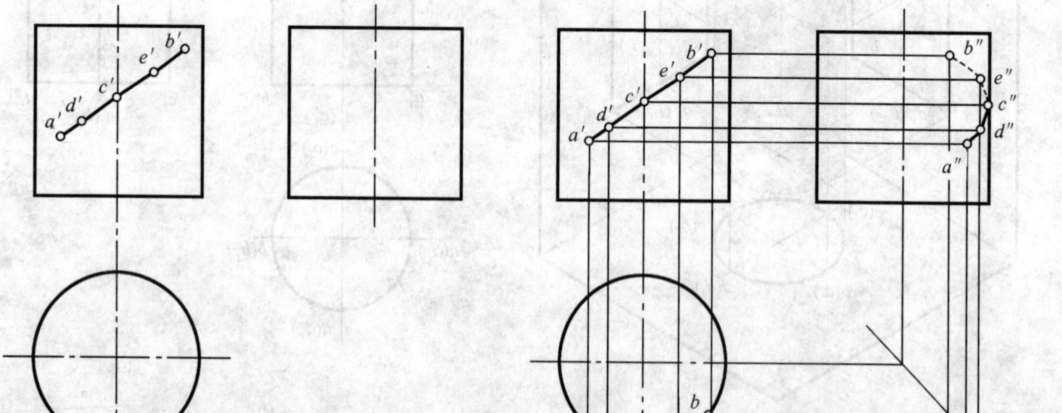

图 3-7　圆柱表面上取线

（a）已知条件；（b）作图

【解】　圆柱面上的线除了素线外均为曲线，由此判断线段 AB 是圆柱面上的一段曲线。又因 $a'b'$ 可见，因此曲线 AB 位于前半圆柱面上。表示曲线的方法是画出曲线上的诸如端点、转向轮廓线上的点、分界点等特殊位置点以及适当数量的一般位置点，把它们光滑连接即可。作图过程如图 3-7（b）所示：

（1）求端点 A、B 的投影：利用积聚性求出 H 投影 a、b，再根据宽相等求出 a''、b''；

（2）求侧视转向轮廓线上的点 C 的投影 c、c''；

（3）求适当数量的中间点：在 $a'b'$ 上取 d'、e'，然后求出 H 投影 d、e 和 W 投影 d''、e''；

（4）判别可见性并连线：C 点为侧面投影可见与不可见分界点，曲线的侧面投影 $c''e''b''$ 不可见，画虚线。$a''d''c''$ 可见，画实线。AB 线段的 H 投影是一段圆弧。

二、圆锥体

圆锥体由圆锥面和底面围合而成。圆锥面可看做一直母线绕与其相交（夹角不为 90°）的轴线旋转而成，母线上的任意一点旋转一周形成一个纬圆。因此，圆锥面可看做是由无数条交于顶点的素线所围成，也可看做是由无数个平行于底面的纬圆所组成。

1. 圆锥体的投影

如图 3-8 所示，当圆锥轴线垂直于 H 面时，其底面为水平面，H 投影反映底面圆的实形，其他两投影均积聚为直线段。

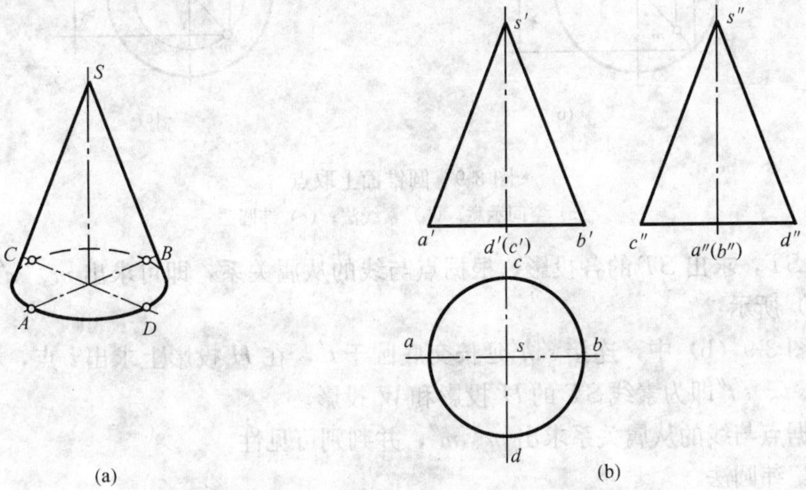

图 3-8　圆锥体的投影

（a）空间示意；（b）投影图

圆锥的正面投影左右两侧是圆锥面的正面投影转向轮廓线 $s'a'$ 和 $s'b'$，它们分别是圆锥面上最左、最右素线 SA 和 SB 的正面投影；SA 和 SB 的侧面投影 $s''a''$ 和 $s''b''$ 与轴线的侧面投影重合，不需要画出；同样，圆锥的侧面投影前后两侧是圆锥面的侧面投影转向轮廓线 $s''c''$ 和 $s''d''$，它们分别为圆锥面上最前、最后素线 SC 和 SD 的侧面投影；SC 和 SD 的正面投影 $s'c'$ 和 $s'd'$ 与轴线的正面投影重合，不需要画出。

画圆锥投影图时，一般先用点画线画出圆锥体各投影轴线、中心线，然后画出底面圆和锥顶 S 的三面投影，最后画出各转向轮廓线的投影。

圆锥面三面投影的特征为一个圆对应两个三角形，三个投影都没有积聚性。

2. 圆锥体表面上取点、取线

由于圆锥面的三个投影都没有积聚性，求表面上的点时，需采用辅助线法。为了作图方便，在曲面上作的辅助线应尽可能是直线（素线）或平行于投影面的圆（纬圆）。因此，在圆锥面上取点的方法有两种：素线法和纬圆法。

【例 3-5】　如图 3-9 所示，已知圆锥面上点 M 的正面投影 m'，求 m、m''。

【解】方法一：素线法

如图 3-9（a）所示，M 点在圆锥面上，一定在圆锥面的一条素线上，故过锥顶 S 和点

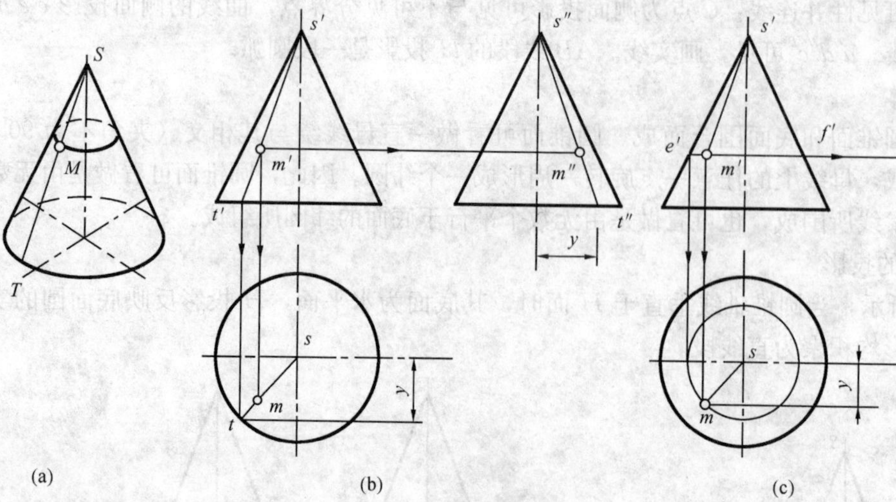

图 3-9　圆锥面上取点

(a) 空间示意；(b) 素线法；(c) 纬圆法

M 作一素线 ST，求出 ST 的各投影，根据点与线的从属关系，即可求出 m、m''。作图过程如图 3-9（b）所示：

（1）在图 3-9（b）中，连接 $s'm'$ 延长交底圆于 t'，在 H 投影上求出 t 点，根据 t、t' 求出 t''，连接 st、$s''t''$ 即为素线 ST 的 H 投影和 W 投影。

（2）根据点与线的从属关系求出 m、m''，并判别可见性。

方法二：纬圆法

过点 M 作一平行于圆锥底面的纬圆。该纬圆的水平投影为圆，正面投影、侧面投影为一直线。M 点的投影一定在该圆的投影上。作图过程如图 3-9（c）所示：

（1）在图 3-9（c）中，过 m' 作与圆锥轴线垂直的线 $e'f'$，它的 H 投影为一直径等于 $e'f'$、圆心为 S 的圆，m 点必在此圆周上。

（2）由 m'、m 求出 m''，判别可知，m'' 可见。

【例 3-6】　如图 3-10（a）所示，已知圆锥面上的曲线 CD 的水平面投影，求 CD 的另外两个投影。

【解】　求圆锥面上线段的投影的方法是求出线段上端点、轮廓线上的点、分界点等特殊位置点及适当数量的一般点，判别可见性后依次光滑连接各点的同面投影即可。作图过程如图 3-10（b）所示：

（1）补画圆锥面的 W 投影。

（2）求端点：CD 两点均为一般点，可利用纬圆法或素线法求出其 V 面投影和 W 面投影。(图 3-10 中采用的纬圆法)。

（3）求特殊点：CD 与圆锥的最前、最右素线相交，设交点为Ⅰ和Ⅳ，根据Ⅰ点的 H 投影 1 和投影对应关系，很容易利用 y 坐标之差在 W 投影中求出 $1''$，然后求出其 V 投影 $1'$；Ⅳ点由其 H 投影 4 先求出 $4'$，再根据投影规律求出 $4''$。对圆锥来说，点离锥顶越近，就越高。因此在线条上离锥顶最近的点就是最高点；所以我们在 H 投影中过 s 作 cd 的垂线，垂足为 3，那么Ⅲ点就应该是最高点，图中利用素线法求出 $3'$ 和 $3''$。

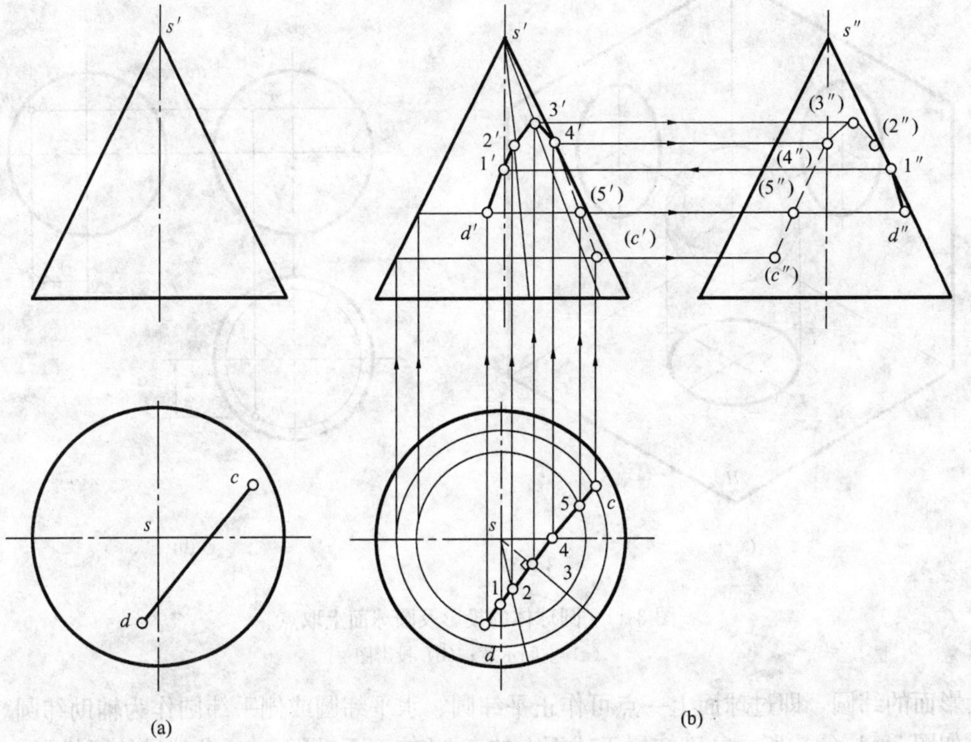

图 3-10　圆锥面上取线

(a) 已知条件；(b) 作图

(4) 求一般点：为保证作图准确，还需要取一定数量的一般点，图中取了Ⅱ、Ⅴ两个一般点。在曲线的 H 投影中点较稀疏的地方（如 4 和 c 之间），标出一般点的 H 面投影 5，然后用纬圆法或素线法求出其另外两个投影。

(5) 连线：依次光滑连接这些点的同面投影，在连接时，注意可见性的判断，不可见的画成虚线，如 V 面投影 $4'$、$5'$、c' 和 W 投影中的 $1''$、$2''$、$3''$、$4''$、$5''$、c''。

三、圆球体

圆球体是由圆球面围合而成，圆球面可看做是由半圆绕其直径旋转一周而形成的。

1. 圆球体的投影

如图 3-11 所示，圆球的三个投影均为大小相等的圆，其直径等于圆球的直径。正面投影的圆是前后半球的分界圆，也是球面上最大的正平圆；水平投影的圆是上下半球的分界圆，也是球面上最大的水平圆；侧面投影的圆是左右半球的分界圆，也是球面上最大的侧平圆。三投影图中的三个圆分别是球面对 V 面、H 面、W 面的转向轮廓线。

画圆球投影图时，一般先确定球心位置，并用点画线画出它们的对称中心线，然后分别画出球面上对三个投影面的转向轮廓线圆的投影。

2. 圆球面上取点、取线

球面的三个投影均无积聚性。为作图方便，球面上取点常用纬圆法。圆球面是比较特殊的回转面，过圆球表面上一点，可作属于球面上的无数个纬圆。为作图方便，通常选用平行

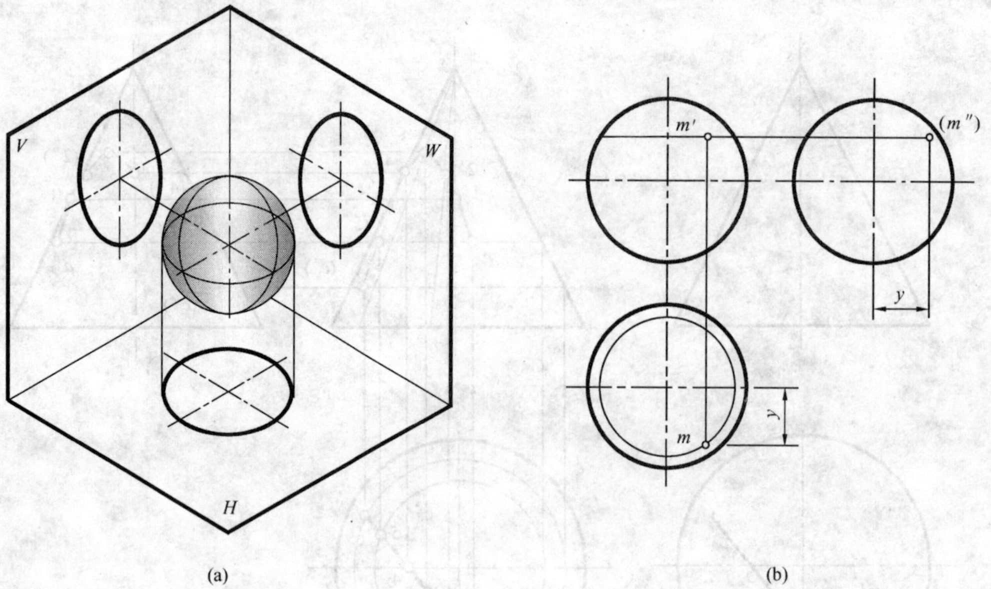

图 3-11　圆球体的投影及圆球面上取点

(a) 空间示意；(b) 投影图

于投影面的纬圆，即过球面上一点可作正平纬圆、水平纬圆或侧平纬圆作为辅助纬圆。

如图 3-11（b）所示，已知属于球面上的点 M 的正面投影 m'，求其另外两投影。

根据 m' 的位置和可见性，可判断 M 点在上半球的右前部，因此 M 点的水平投影 m 可见，侧面投影 m'' 不可见。作图时可过 m' 作一水平纬圆，作出水平纬圆的 H、W 投影，从而求出 m、m''。当然，也可采用过 m' 作正平纬圆或侧平纬圆来解决，这里不再详述。

【例 3-7】　如图 3-12（a）所示，已知圆球面上的线段 $CBAFE$ 和 CDE 的正面投影，画

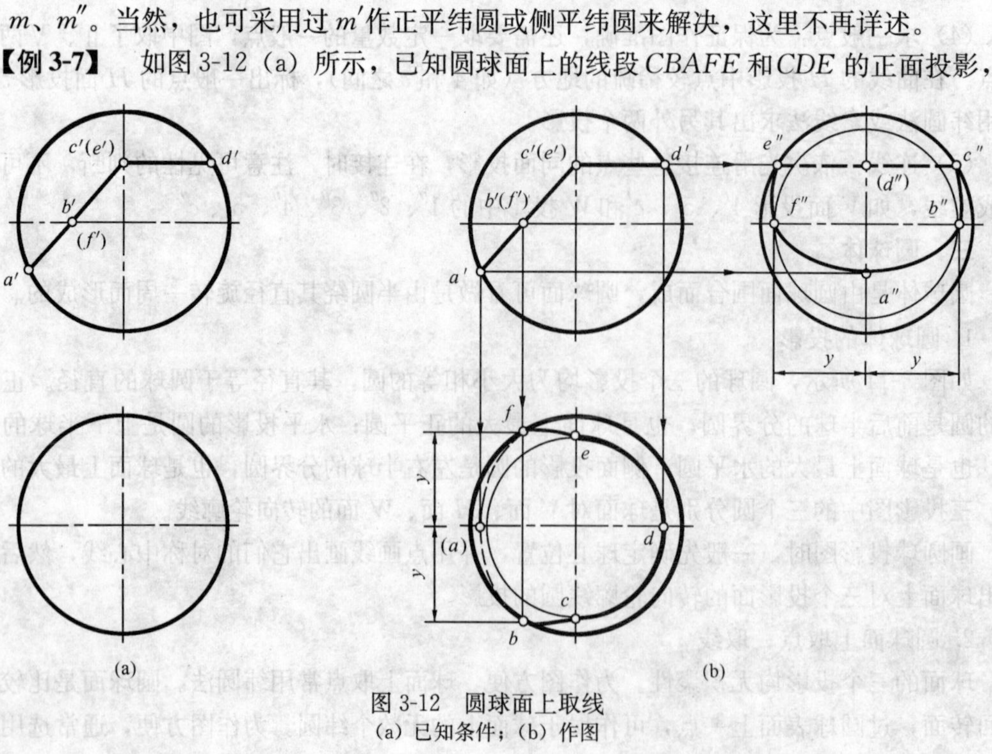

图 3-12　圆球面上取线

(a) 已知条件；(b) 作图

出圆球的 W 投影，并求出曲线 $CBAFE$ 和 CDE 的其余两投影。

【解】 根据圆球体的投影特点，可补画圆球体的 W 投影，是一个与 H、V 面投影直径相等的圆。圆球表面上线段由两部分组成，CDE 为圆球表面上平行于 H 投影面的曲线，显然它是一半圆，因此它在 H 投影面上的投影反映实形，在 W 投影面上的投影积聚为直线段；$CBAFE$ 为圆球表面上的曲线，实际上它是一个正垂圆的一部分，它的水平投影和侧面投影是椭圆的一部分，作图时通过 C、B、A、F、E 五个点来进行求作。例如，由 a' 可见，A 点位于最大正平圆上，且在圆球左下部分，其水平投影应在横向点画线上，且不可见，其侧面投影应在竖向点画线上，可见；其余点类似，作图过程和最后结果如图 3-12（b）所示，不再赘述。

第三节 平面与平面立体相交

在工程中经常会遇到一些平面与立体相交的问题。我们将与立体相交的平面称为截平面；截平面与立体表面的交线称为截交线；由截交线所围成的平面图形称为截面（断面），如图 3-13 所示。

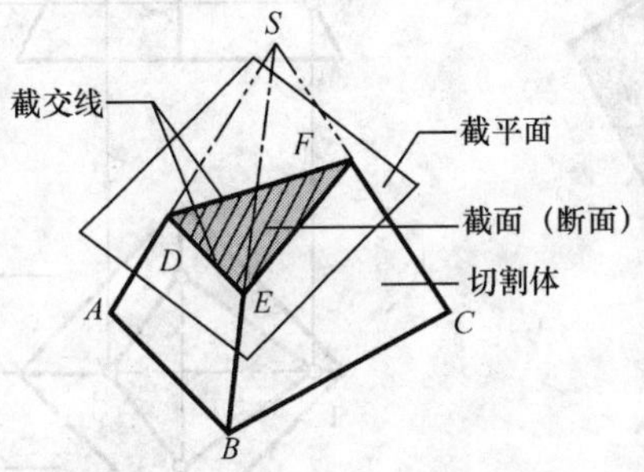

图 3-13 平面与立体表面相交

一、截交线的基本性质

由于截平面的位置与立体形状的不同，所得截交线的形状也不同，但任何截交线都具有以下基本性质：

（1）封闭性。立体是由它的表面所围合而成的完整体，所以立体表面上的截交线总是封闭的平面图形。

（2）共有性（双重性）。截交线既属于截平面，又属于立体的表面，所以截交线是截平面与立体表面的共有线。组成截交线的每一个点，都是立体表面与截平面的共有点。所以，求截交线，实质上就是求截平面与立体表面共有点的问题。

二、平面与平面立体相交

1. 截交线的形状分析

平面截割平面体所得的截交线，是由直线段组成的封闭的平面多边形。平面多边形的每一个顶点是平面体的棱线与截平面的交点，每一条边是平面体的表面与截平面的交线。

2. 求截交线的方法

通过对平面体截交线的形状分析，可得出求截交线的方法。求截交线的方法通常有两种：

（1）交点法——求出平面体的棱线与截平面的交点，再把同一面上的点相连。

（2）交线法——直接求平面体的表面与截平面的交线。

3. 求截交线的步骤

（1）分析截平面的位置和立体的形状，以及它们与投影面的相对位置，确定截交线的形状，找出截交线的积聚投影；

（2）求棱线与截平面的交点；

（3）连接各交点。过一个点只能连两条线，且必须是同一表面上的两点才能相连；

（4）如果有多个截平面还应求出截平面的交线；

（5）判别可见性。可见表面上的交线才可见，否则不可见。不可见的交线用虚线表示；

（6）整理图形。

【例 3-8】 如图 3-14 所示，求四棱锥被正垂面 P 截割后，截交线的投影。

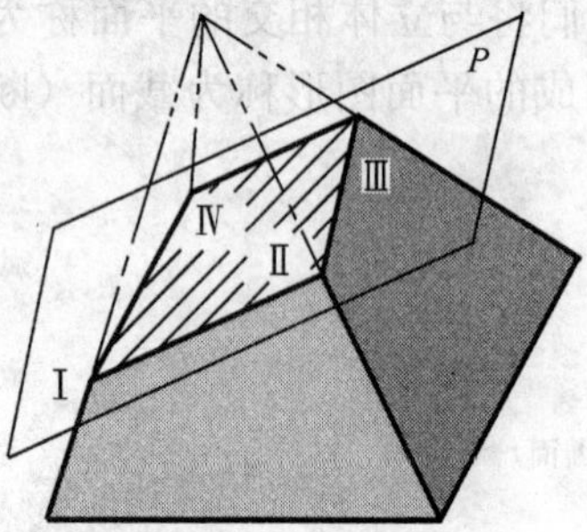

(a)

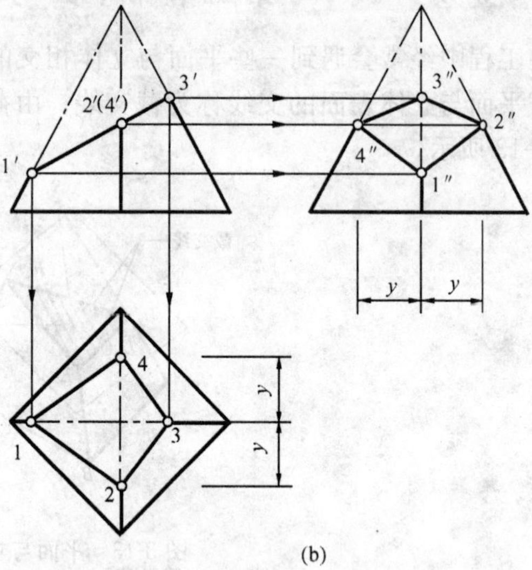

(b)

图 3-14 平面截割四棱锥

(a) 空间示意；(b) 投影图

【解】 由图 3-14（a）可见，截平面 P 与四棱锥的四个侧面都相交，所以截交线为四边形，四边形的四个顶点是四棱锥的四条棱线与截平面的交点。由于截平面 P 为正垂面，故截交线的 V 面投影积聚为直线，可直接确定，然后再由 V 投影求出 H 和 W 投影。作图过程如图 3-14（b）所示：

（1）根据截交线投影的积聚性，在 V 面投影中直接求出截平面 P 与四棱锥四条棱线交点的 V 面投影 $1'$、$2'$、$3'$、$4'$。

（2）根据从属性，在四棱锥各条棱线的 H、W 投影上，求出交点的相应投影 1、2、3、4 和 $1''$、$2''$、$3''$、$4''$。

（3）将各点的同面投影依次相连（注意只有同一侧面上的两点才能相连），即得截交线的各投影。由于四棱锥去掉了被截平面切去的部分，所以截交线的三个投影均为可见。

【例 3-9】 见图 3-15（a），已知正五棱柱及其上缺口的 V 投影，补全 H 和 W 投影。

【解】 从给出的 V 面投影可知，五棱柱的缺口是由正垂面 P 和侧平面 Q 截割而形成的。正垂面 P 截切五棱柱的四个侧面且与侧平面 Q 相交，截交线应为五边形；侧平面 Q 截

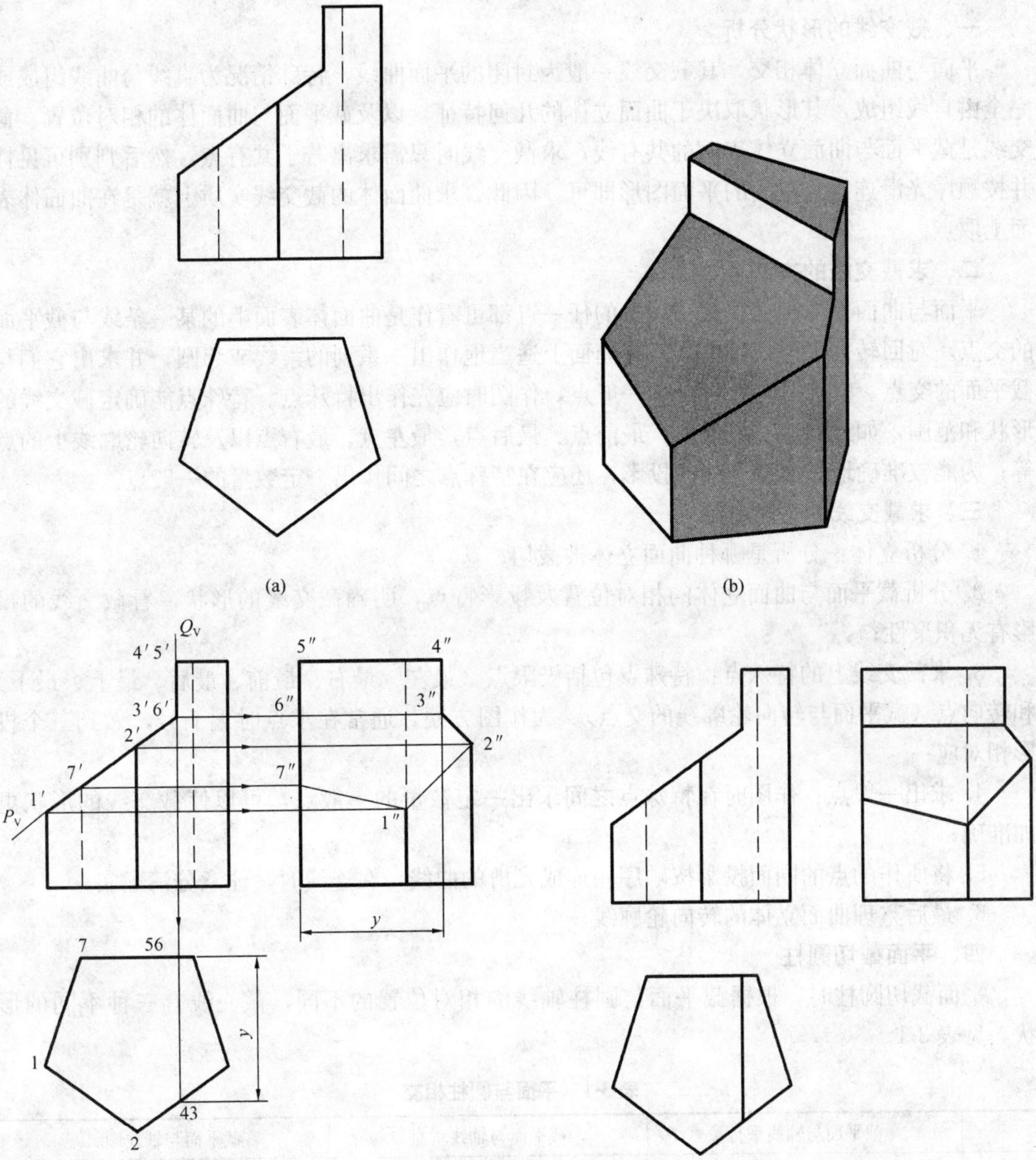

图 3-15　求缺口四棱锥的投影

(a) 已知；(b) 立体；(c) 作图过程；(d) 作图结果

切五棱柱的右前、右后棱面且与正垂面 P 相交，截交线应为矩形；画图时只要分别求出这两个截平面与五棱柱的截交线，以及 P、Q 两平面的交线即可。具体作图过程如图 3-15 (b)、(c)，作图结果见图 3-15 (d)，不再详述。

第四节　平面与曲面立体相交

一、截交线的形状分析

平面与曲面立体相交，其截交线一般为封闭的平面曲线，特殊情况为直线与曲线组成或完全由直线组成，其形状取决于曲面立体的几何特征，以及截平面与曲面体的相对位置。截交线是截平面与曲面立体表面的共有线，求截交线时只需求出若干共有点，然后判别可见性并按顺序光滑连接成封闭的平面图形即可。因此，求曲面体的截交线实质上就是在曲面体表面上取点。

二、求截交线的方法

平面与曲面立体相交，截交线上的任一点都可看作是曲面体表面上的某一条线与截平面的交点。对回转体来说，我们一般在曲面上适当地作出一系列的素线或纬圆，并求出它们与截平面的交点。交点分为特殊点和一般点，作图时应先作出特殊点。特殊点能确定截交线的形状和范围，如最高点、最低点，最前点、最后点，最左点、最右点以及转向轮廓线上的点等；为能较准确地作出截交线的投影，还应在特殊点之间作出一定数量的一般点。

三、求截交线的一般步骤

1. 分析立体：分析是哪种曲面立体被截切；

2. 分析截平面与曲面立体的相对位置及投影特点，明确截交线的形状，看截交线的投影有无积聚性；

3. 求截交线上的特殊点：特殊点包括极限点（最左、最右、最前、最后、最上、最下）和转向点（截平面与转向轮廓线的交点）。为作图方便，通常在求点时编上号，做到三个投影相对应；

4. 求出一般点：作图时在特殊点之间求出一定数量的一般点，可以使截交线的形状更加准确；

5. 将所作的点的同面投影按顺序相连成光滑的曲线，在连线时，注意分清虚实；

6. 最后整理曲面立体的转向轮廓线。

四、平面截切圆柱

平面截切圆柱时，根据截平面与圆柱轴线的相对位置的不同，截交线有三种不同的形状，见表 3-1。

表 3-1　平面与圆柱相交

	截平面与轴线平行	截平面与轴线垂直	截平面与轴线倾斜
立体图	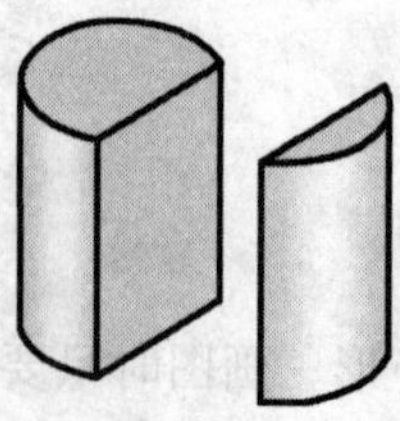	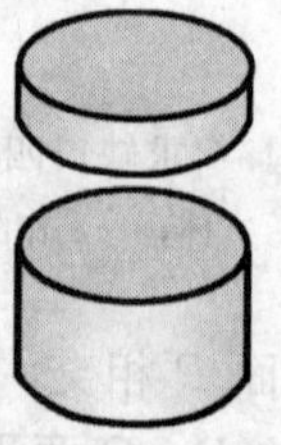	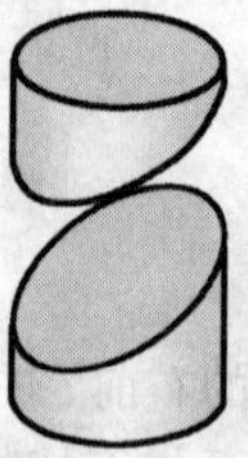

续表

	截平面与轴线平行	截平面与轴线垂直	截平面与轴线倾斜
投影图	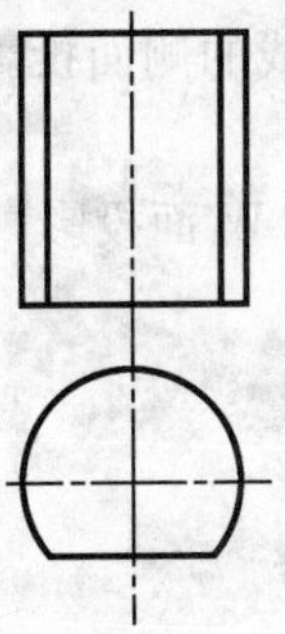	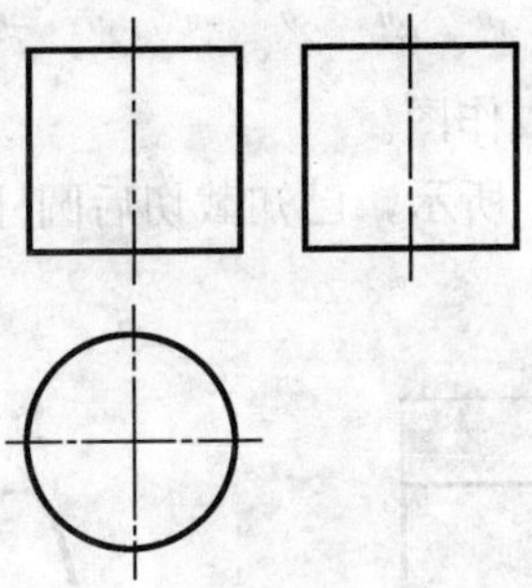	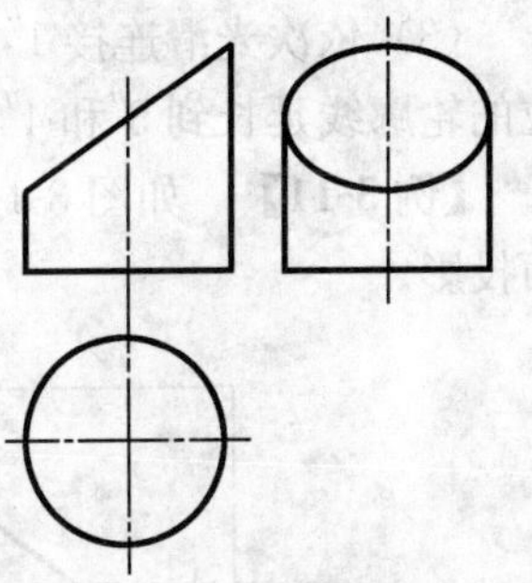
	截交线为矩形	截交线为圆	截交线为椭圆

【例 3-10】 如图 3-16 所示，求正垂面 P 截切圆柱所得的截交线的投影。

【解】 正垂面 P 倾斜于圆柱轴线，截交线的形状为椭圆。平面 P 垂直于 V 面，所以截交线的 V 面投影和平面 P 的 V 面投影重合，积聚为一段直线。由于圆柱面的水平投影具有积聚性，所以截交线的水平投影也有积聚性，与圆柱面 H 面投影的圆周重合。截交线的侧面投影仍是一个椭圆，需作图求出。作图过程如下：

(1) 求特殊点。要确定椭圆的形状，需找出椭圆的长轴和短轴。椭圆短轴为ⅠⅡ，长轴为ⅢⅣ，其 V 面投影分别为 $1'2'$、$3'$（$4'$）。Ⅰ、Ⅱ、Ⅲ、Ⅳ分别为椭圆投影的最低点、最高点、最前点、最后点，由 V 投影 $1'$、$2'$、$3'$、$4'$可直接求出 H 投影 1、2、3、4 和 W 投影 $1''$、$2''$、$3''$、$4''$；

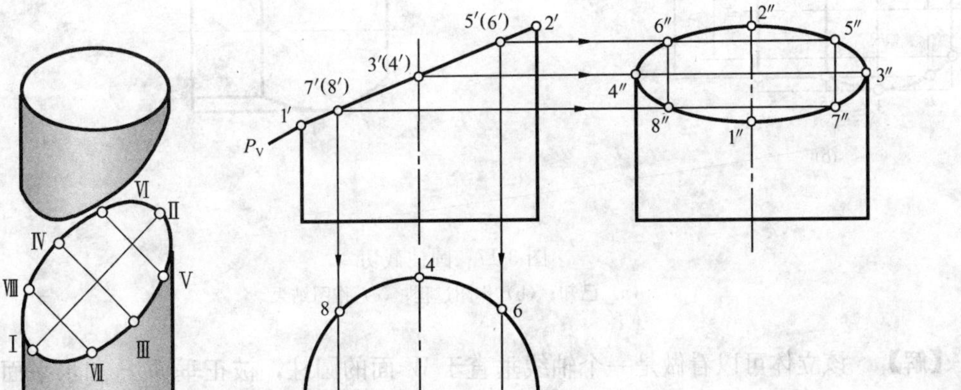

图 3-16　平面截切圆柱

（2）求一般点。为作图方便，在 V 面投影上对称的取 5′（6′）、7′（8′）点，H 面投影 5、6、7、8 一定在圆柱面的积聚投影上，由 H、V 面投影再求出其 W 面投影 5″、6″、7″、8″。取点的多少一般可根据作图准确程度的要求而定；

（3）依次光滑连接 1″、8″、4″、6″、2″、5″、3″、7″、1″即得截交线的侧面投影，将不到位的轮廓线延长到 3″和 4″，完成作图。

【例 3-11】 如图 3-17（a）所示，已知截切后圆柱的 V 面投影和 W 面投影，补画其 H 面投影。

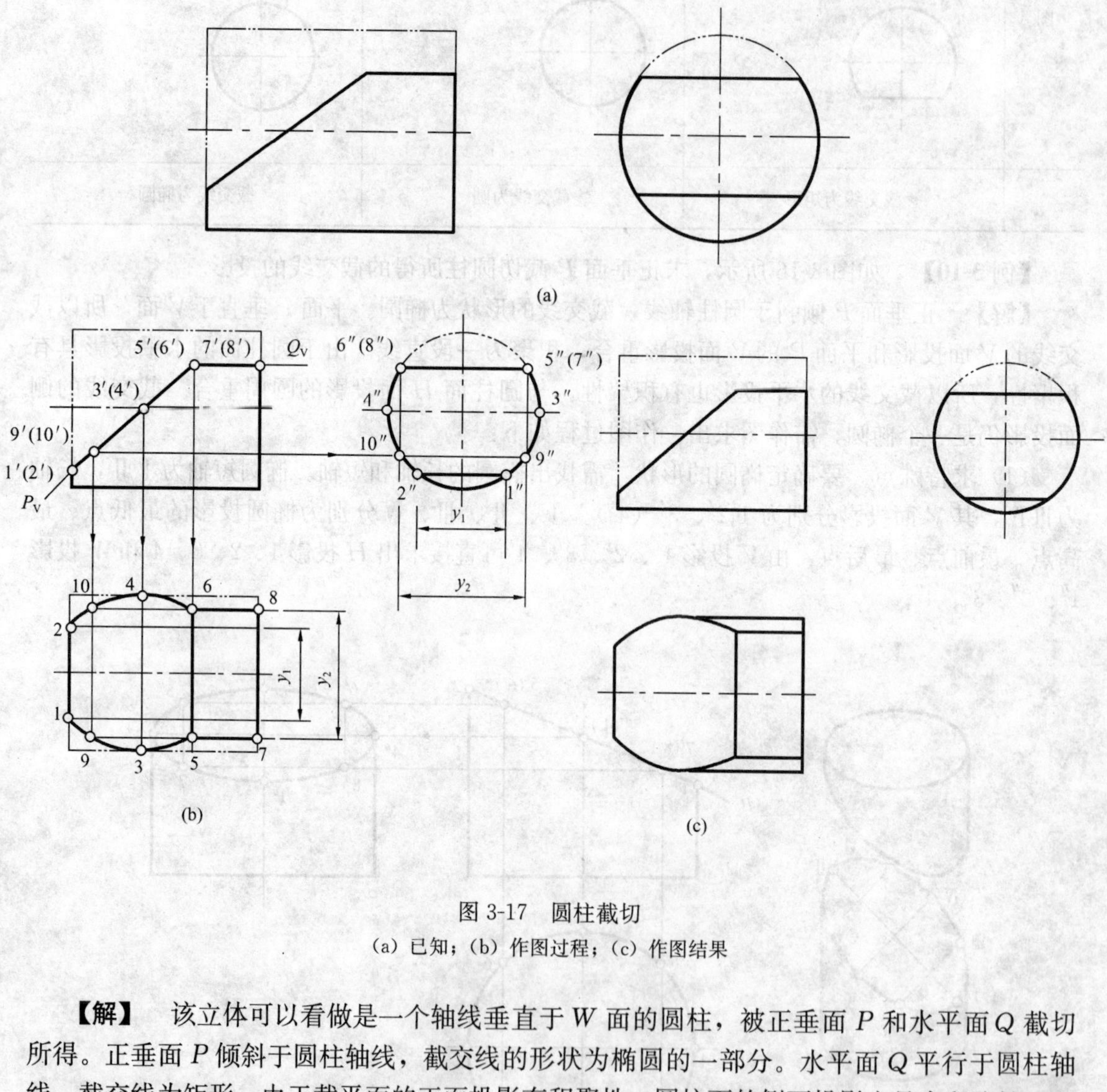

图 3-17　圆柱截切

（a）已知；（b）作图过程；（c）作图结果

【解】 该立体可以看做是一个轴线垂直于 W 面的圆柱，被正垂面 P 和水平面 Q 截切所得。正垂面 P 倾斜于圆柱轴线，截交线的形状为椭圆的一部分。水平面 Q 平行于圆柱轴线，截交线为矩形。由于截平面的正面投影有积聚性，圆柱面的侧面投影也具有积聚性，所以截交线的正面、侧面投影都有积聚性。作图过程如下：

（1）作出圆柱的 H 面投影，求正垂面 P 截切的特殊点。在 V 面投影中，标出平面 P 截切圆柱的特殊点 1′（2′）、3′（4′）、5′（6′），根据积聚性找出它们的侧面投影 1″、2″、3″、4″、5″、6″；根据投影规律求出 1、2、3、4、5、6。

（2）求一般点。为使作图更加准确，又不失一般性，在 $1'$（$2'$）与 $3'$（$4'$）之间取一对一般点 $9'$（$10'$），为作图方便，本例取的 $9'$（$10'$）与 $5'$（$6'$）对应的 W 投影对称，并求出它们的 H 投影 9、10。

（3）求水平面 Q 与圆柱的截交线。截交线为矩形，该矩形两个顶点的 V 面投影应为 $5'$（$6'$），另外两个顶点的 V 面投影应为 $7'$（$8'$），根据圆柱面 W 投影的积聚性求出 7、8。

（4）顺次连接 1、9、3、5 和 2、10、4、6 成两段椭圆弧，5、7 和 6、8 连成直线；注意两截平面的交线 5、6 不能遗漏；它们的 H 投影都是可见的，连成粗实线。

（5）整理圆柱的转向轮廓线，3、4 左边的最前最后素线已经被截切，H 投影不应再画出。

【例 3-12】 如图 3-18 所示，已知顶部开有长方槽的圆柱体 V 面投影和 H 投影，补画其 W 投影。

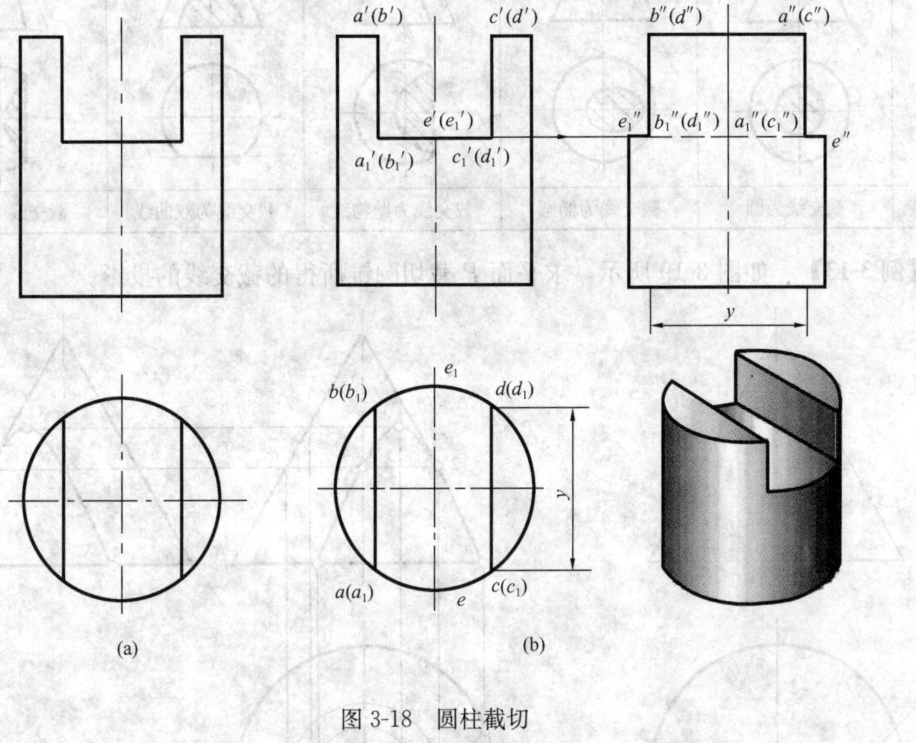

图 3-18 圆柱截切

（a）已知；（b）作图过程与结果

【解】 该立体是圆柱被左右对称的两个侧平面和一个水平面所截切，侧平面平行于圆柱轴线，截得两个矩形，水平面垂直于圆柱轴线，截交线为圆的一部分。

设两个侧平面截得的四条素线分别为 AA_1、BB_1、CC_1、DD_1，我们补画出圆柱的 W 投影，而圆柱的 H 投影具有积聚性，根据投影规律，求出各点的 W 投影，连线，整理轮廓，作图结果如图 3-18（b）所示。

五、平面截切圆锥

平面截切圆锥时，根据截平面与圆锥相对位置的不同，截交线有五种不同的情况，见表 3-2。

表 3-2　平面与圆锥相交

	截平面垂直于轴线	截平面倾斜于轴线	截平面平行于一条素线	截平面平行于轴线（平行于二条素线）	截平面通过锥顶
立体图	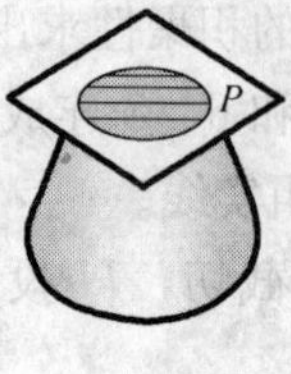	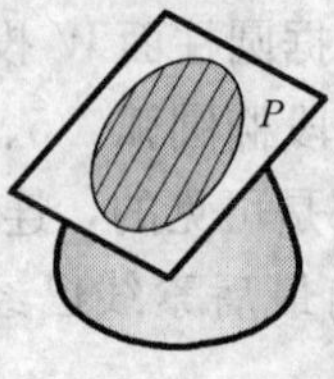	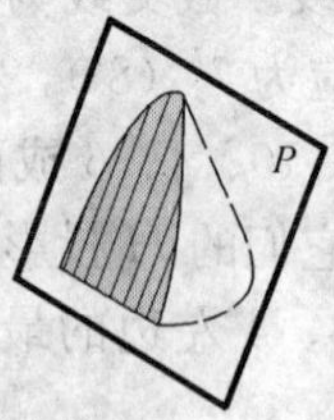	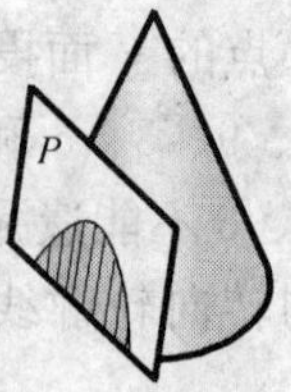	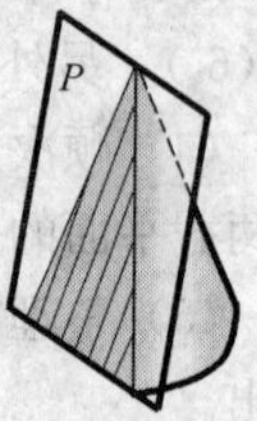
投影图	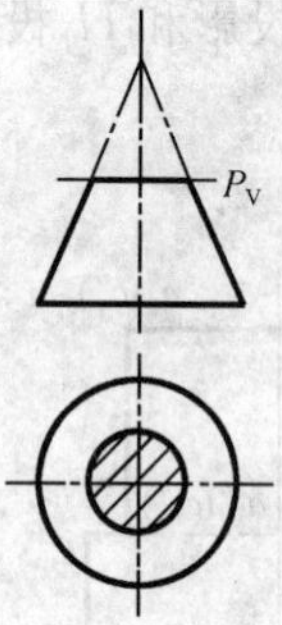	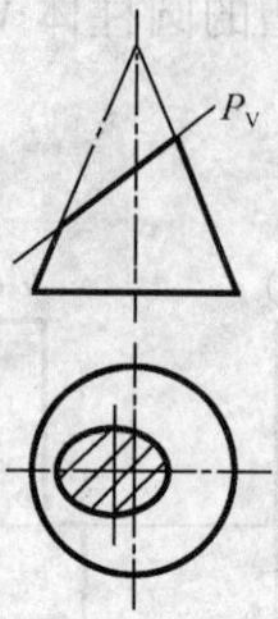	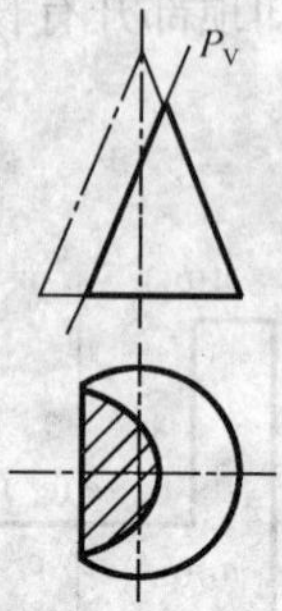	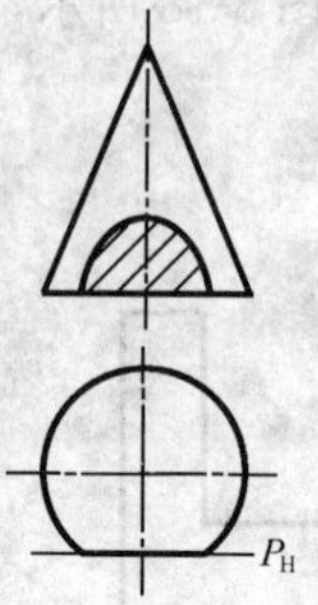	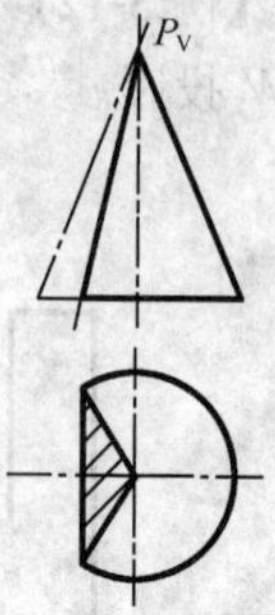
	截交线为圆	截交线为椭圆	截交线为抛物线	截交线为双曲线	截交线为两素线

【例 3-13】　如图 3-19 所示，求平面 P 截切圆锥所得的截交线的投影。

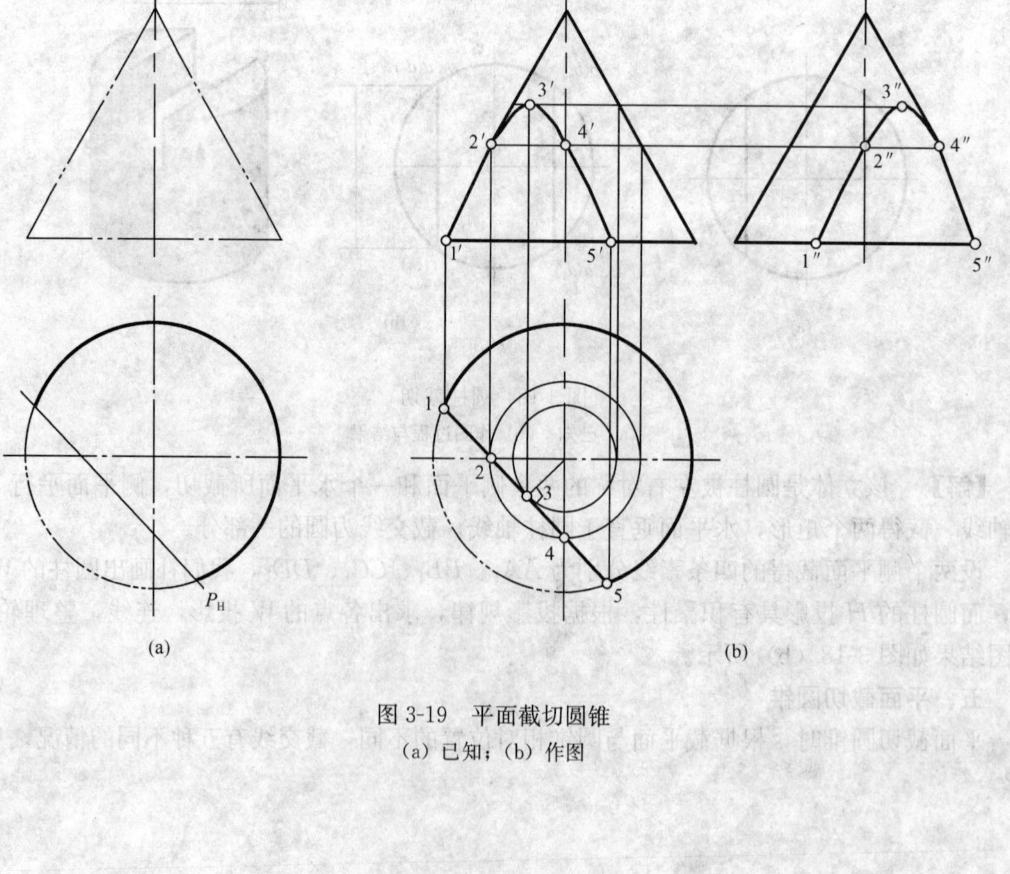

图 3-19　平面截切圆锥

(a) 已知；(b) 作图

【解】 由图 3-19 可看出，截平面 P 为平行于圆锥轴线的铅垂面，截切圆锥所得的截交线为双曲线，双曲线的 H 投影与铅垂面 P 的 H 面积聚投影重合，为一直线段，双曲线的 V 和 W 投影均不反映实形。作图过程如下：

(1) 求特殊点。确定双曲线形状的点是双曲线的顶点和端点，图 3-19 (b) 中点Ⅰ和Ⅴ为双曲线的端点，位于圆锥底面圆周上；点Ⅲ为双曲线的顶点（最高点）；点Ⅱ和Ⅳ为圆锥面转向轮廓线上的点。这些点均可用辅助素线法或纬圆法求出其余两个投影。

(2) 求一般点。根据需要可以再找出几个一般位置的点，用以准确完成双曲线的投影图，本例由于五个特殊点求出后，足以画出双曲线，因此没有再找一般点。

(3) 依次光滑连接 $1'$、$2'$、$3'$、$4'$、$5'$和 $1''$、$2''$、$3''$、$4''$、$5''$，即得截交线的 V 面投影和 W 面投影。

【例 3-14】 如图 3-20 所示，求圆锥被平面 PQR 截切后的 H 投影和 W 投影。

【解】 由图 3-20 可看出，正垂面 P 过圆锥锥顶，截交线应为两条素线的一部分，截平面 Q 为垂直于圆柱轴线的水平面，截交线为水平圆的一部分，截平面 R 为正垂面，其截交线应为椭圆的一部分。作图过程如下：

(1) 补画圆锥的 W 投影，求平面 Q 的截交线。平面 Q 截切该圆锥得一水平纬圆，其水平投影为圆，根据投影规律很容易作出来。由于圆锥被三个平面所截切，平面 Q 的截交线的 H 投影只是图中 46 和 57 之间的一部分，W 投影积聚为一条线。

(2) 求平面 P 的截交线。P 面截切圆锥得到两条素线，这两条素线的一个端点为圆锥顶点 S，另外两个端点的 V 面投影是 $6'$、$7'$，由 $6'$、$7'$作垂线，与 H 投影中 Q 面所截水平圆的交点即 6、7，然后求出 $6''$、$7''$。

(3) 求平面 R 的截交线。平面 R 截切圆锥后得到椭圆的一部分，这一段椭圆弧的 V 面投影积聚为一条线，其两个端点的 V 面投影就是 $4'$和 $5'$，同时这两个点也在 Q 面水平圆上，据此求出 4、5 和 $4''$、$5''$。求出该椭圆的最低点的 H 投影 1 和 W 投影 $1''$，再用纬圆法或素线法求出一对一般点Ⅱ、Ⅲ的各个投影（图中采用纬圆法）。

(4) 依次光滑连接 4、2、1、3、5 和 $4''$、$2''$、$1''$、$3''$、$5''$，注意不要忘了连接截平面之间的交线 45、$4''5''$和 67、$6''7''$，其中 67 要连成虚线。平面 Q 截切到了圆锥的最前、最后素线，因此 W 投影中，Q 面的积聚线要画到最前最后素线。整理轮廓线后，作图结果如图 3-20 (c)所示。

六、平面截切圆球

平面与球面相交，不管截平面的位置如何，其截交线均为圆。而截交线的投影可分为三种情况，见表 3-3。

(1) 当截平面平行于投影面时，截交线在该投影面上的投影反映圆的实形，其余投影积聚为直线。

(2) 当截平面垂直于投影面时，截交线在该投影面上具有积聚性，其他两投影为椭圆。

(3) 截平面为一般位置时，截交线的三个投影都是椭圆。

【例 3-15】 如图 3-21 所示，求正垂面截切圆球所得截交线的投影。

正垂面 P 截切圆球所得截交线为圆，因为截平面垂直于 V 面，所以截交线的 V 面投影积聚为直线，H 面投影和 W 面投影均为椭圆。作图过程如下：

(1) 求特殊点：椭圆短轴的端点为Ⅰ、Ⅱ，并且Ⅰ、Ⅱ分别为最低点、最高点，均在球

图 3-20 平面截切圆锥

(a) 已知；(b) 作图过程；(c) 作图结果

的轮廓线上。根据 V 面投影 1′、2′可定出 H、W 面投影 1、2 和 1″、2″。取 1′2′的中点 3′（4′）（作 1′2′线段的垂直平分线，求出中点），用纬圆法求出 34 和 3″4″，34 和 3″4″分别为 H、W 投影椭圆的长轴，Ⅲ点和Ⅳ点是截交线上的最前点、最后点。另外，P 平面与球面水平投影转向轮廓线相交于 5′（6′）点，可直接求出 H 投影 5、6，并由此求出其 W 投影 5″、6″。P 平面与球面侧面投影转向轮廓线相交于 7′（8′），可直接求出 W 投影 7″、8″，并由此求出其 H 投影 7、8。

表 3-3　平面与球相交

截平面位置	与 V 面平行	与 H 面平行	与 V 面垂直
立体图	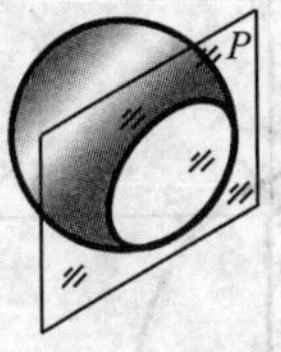	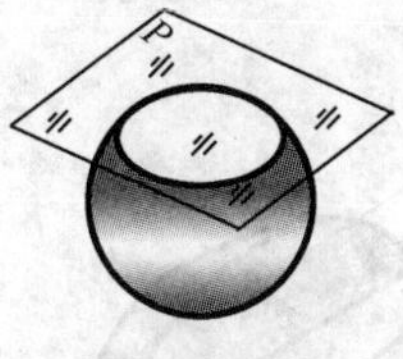	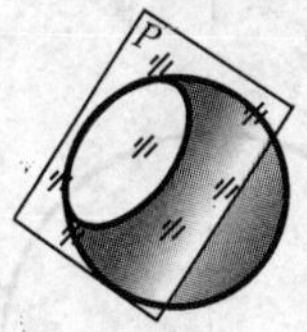
投影图	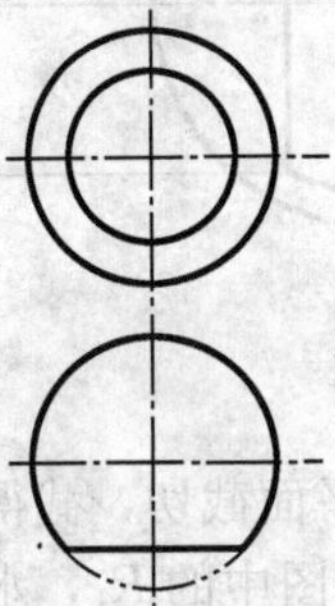	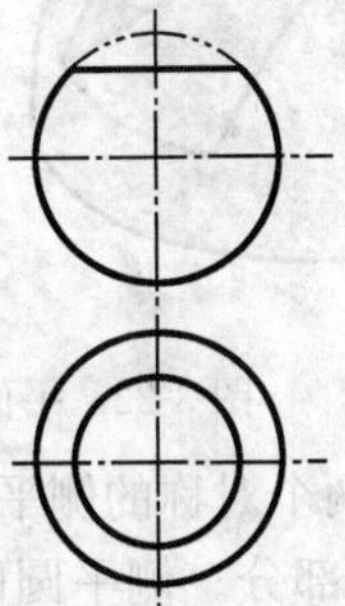	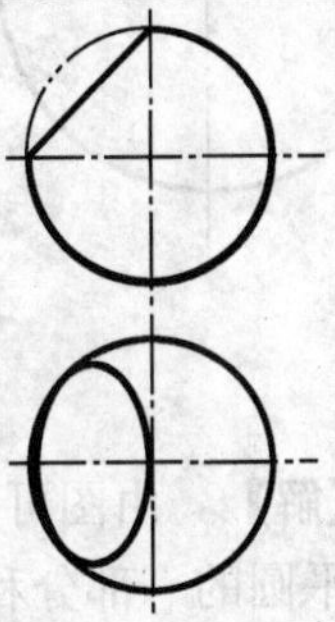

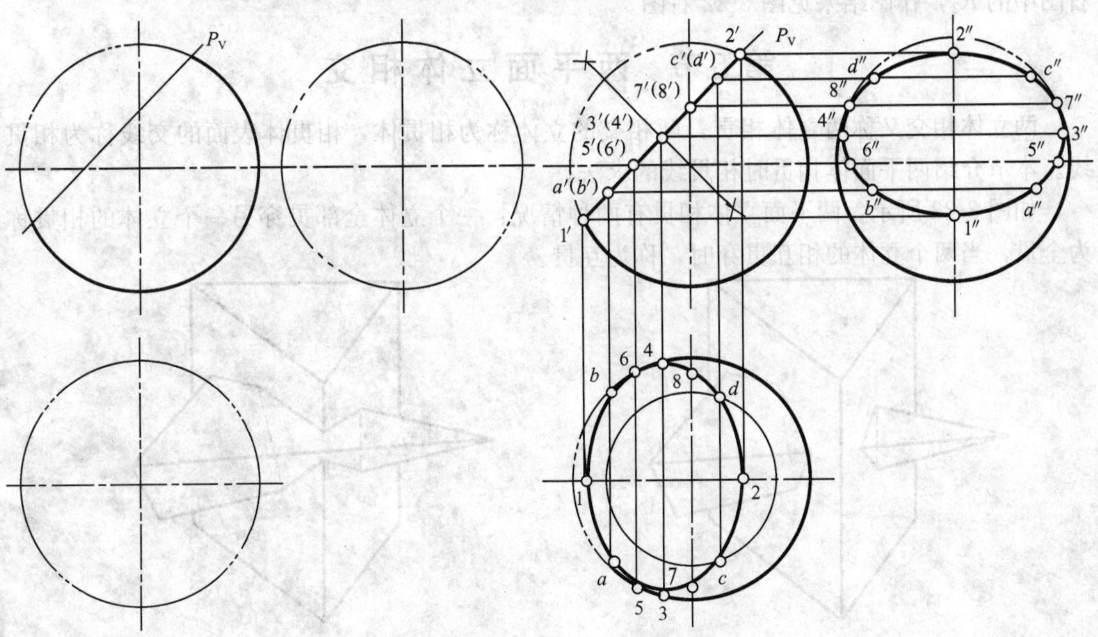

(a)　　(b)

图 3-21　平面截切圆球

（a）已知；（b）作图

（2）求一般点：可在截交线的 V 投影 $1'2'$ 上插入适当数量的一般点（如图中 $ABCD$ 点），用纬圆法求出其他两投影（在此不再详细作图，读者可自行试作）。

（3）光滑连接各点的 H 投影和 W 投影，即得截交线的投影。

【例 3-16】 如图 3-22 所示，求半球被截切后所得截交线的投影。

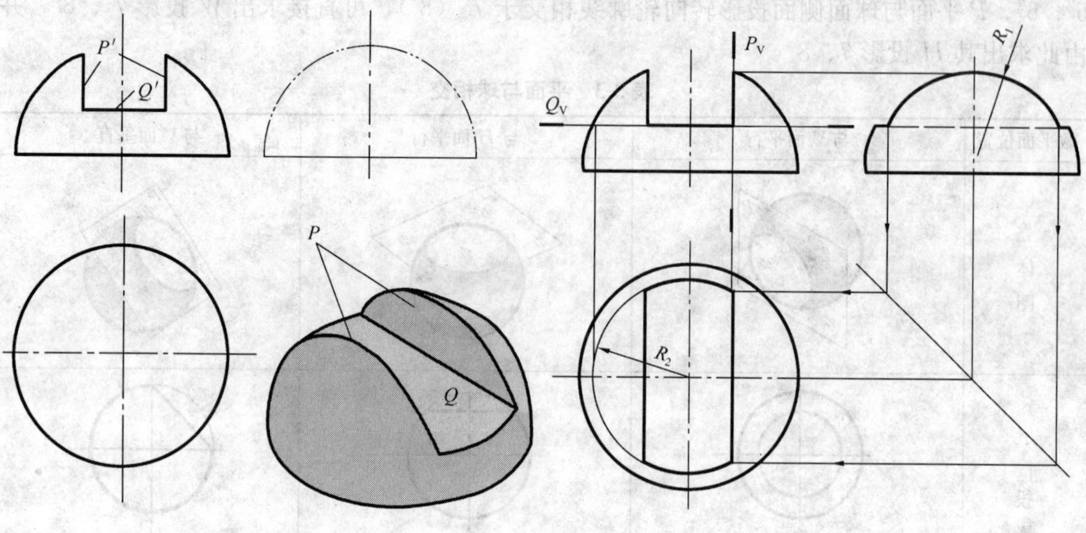

图 3-22　平面截切圆球

【解】 由图可见，半球被两个对称的侧平面和一个水平面截切，截得截交线形状分别为侧平圆的一部分和水平圆的一部分。侧平圆的半径应为右图中的 R_1，水平圆的半径应为右图中的 R_2，作图结果见图 3-22 右图。

第五节　两平面立体相交

两立体相交又称两立体相贯，两相交的立体称为相贯体，相贯体表面的交线称为相贯线。本节介绍两平面体相贯时相贯线的求法。

如图 3-23 所示，两平面立体相贯有两种情况：一个立体全部贯穿另一个立体的相贯称为全贯，当两个立体的相互贯穿时，称为互贯。

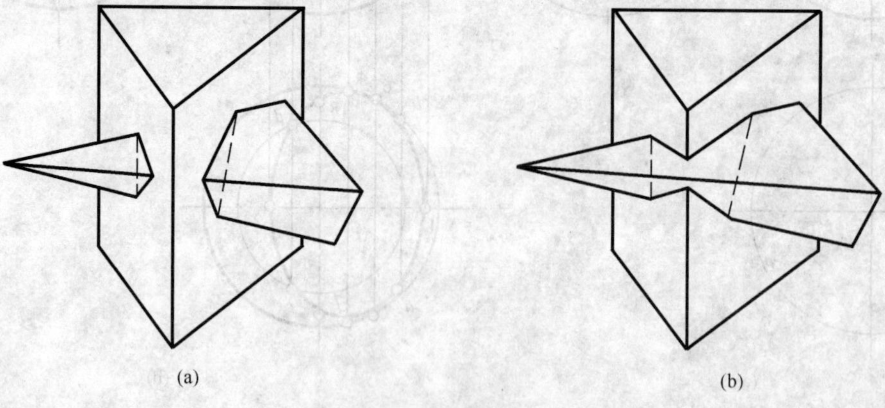

图 3-23　两立体相贯

（a）全贯（有两条交线）；（b）互贯（有一条交线）

一、相贯线的特点

两立体相贯，其相贯线是两立体表面的共有线，相贯线上的点为两立体表面的共有点。两平面立体相贯时，相贯线为封闭的空间折线或平面多边形，每一段折线都是两平面立体某两侧面的交线，每一个转折点为一平面体的某棱线与另一平面体某侧面的交点（贯穿点）。因此，求两平面立体的相贯线，实质上就是求直线与平面的交点或求两平面交线的问题。

二、求相贯线的方法

1. 交点法

依次检查两平面立体的各棱线与另一平面体的侧面是否相交，然后求出两平面体各棱线与另一平面体某侧面的交点，即相贯点，依次连接各相贯点，即得相贯线。

2. 交线法

直接求出两平面体某侧面的交线，即相贯线段。依次检查两平面体上各相交的侧面，求出相交的两侧面的交线（一般可利用积聚投影求交线，参考前面两平面相交求交线的方法），即为相贯线。

三、求相贯线的步骤

1. 分析两立体表面特征及与投影面的相对位置，确定相贯线的形状及特点，观察相贯线的投影有无积聚性；

2. 求一平面体的棱线与另一平面体侧面的交点（贯穿点）；

3. 连接各交点。连接时必须注意：

（1）同时位于两立体同一侧面上的相邻两点才能相连。

（2）相贯的两立体应视为一个整体，一个立体位于另一立体内部的部分不必画出（即：同一棱线上的两点不能相连）。

（3）各投影面上点的连接顺序应一致。

4. 判别可见性。每条相贯线段，只有当其所在的两立体的两个侧面同时可见时，它才是可见的；否则，若其中的一个侧面不可见，或两个侧面均不可见时，该相贯线段不可见。

5. 将相贯的各棱线延长至相贯点，完成两相贯体的投影。

【例 3-17】 求作如图 3-24 所示两三棱柱的相贯线。

【解】 图中三棱柱 ABC 和三棱柱 EFG 是互贯，相贯线为一组空间折线。三棱柱 ABC 各个侧面垂直于 W 面，侧面投影有积聚性，相贯线的侧面投影与其重合。三棱柱 EFG 各个侧面都垂直于 H 面，水平投影有积聚性，相贯线的水平投影与其重合。这样相贯线的水平投影与侧面投影都可直接求出，只需作图求其正面投影。

作图过程如下：

（1）求三棱柱 ABC 的棱线 A 与三棱柱 EFG 的侧面 EF、FG 的贯穿点Ⅰ、Ⅱ。在 H 投影上找到 1、2，从而求出 $1'$、$2'$；

（2）求三棱柱 ABC 的棱线 C 与三棱柱 EFG 的侧面 EF、FG 的贯穿点Ⅲ、Ⅳ。在 H 投影上找到 3、4，从而求出 $3'$、$4'$；

（3）求三棱柱 EFG 的棱线 F 与三棱柱 ABC 的侧面 AB、BC 的贯穿点Ⅴ、Ⅵ。在 W 投影上找到 $5''$、$6''$，从而求出 $5'$、$6'$；

（4）判别可见性并连线。根据“同时位于两形体同一侧面上的两点才能相连”的原则，

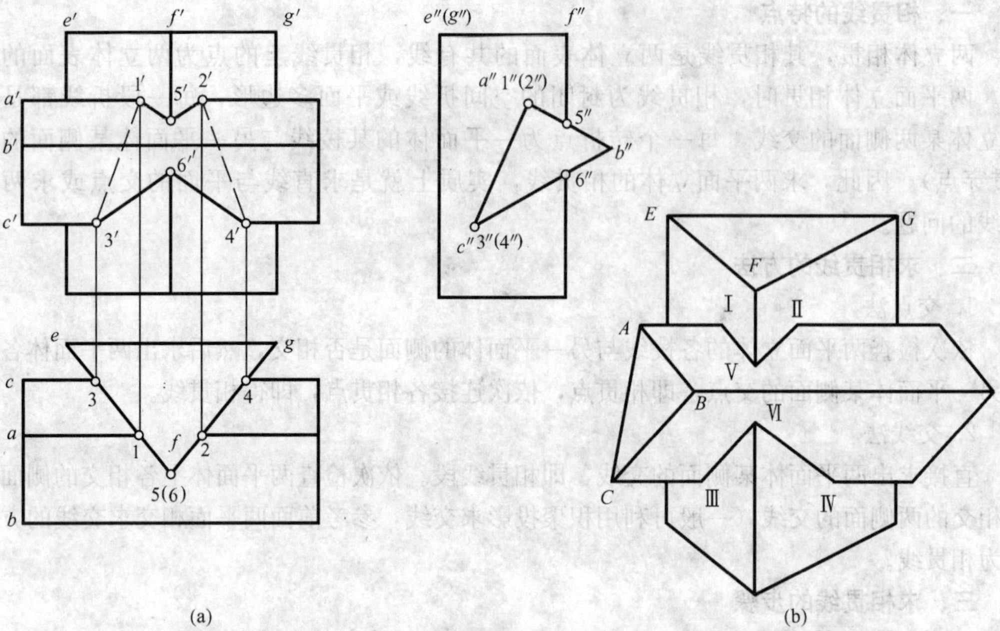

图 3-24　两三棱柱相贯

在 V 投影上连成 $1'3'6'4'2'5'1'$ 相贯线。在 V 投影上，三棱柱 ABC 的 AB、BC 侧面和三棱柱 EFG 的 EF、FG 侧面均可见，根据“同时位于两形体都可见的侧面上的交线才是可见的”原则判断：$1'5'$、$2'5'$、$3'6'$、$4'6'$ 可见，$1'3'$、$2'4'$ 不可见。

第六节　平面立体和曲面立体相交

平面立体与曲面立体相交，相贯线一般情况下由若干段平面曲线所组成，特殊情况下，如平面体的表面与曲面体的底面或顶面相交或恰巧交于曲面体的直素线时，相贯线有直线部分。每一段平面曲线或直线均是平面体上各侧面截切曲面体所得的截交线，每一段曲线或直线的转折点，均是平面体上的棱线与曲面体表面的贯穿点。因此，求平面立体和曲面立体的相贯线可归结为求平面立体的侧面与曲面体的截交线，或求平面体的棱线与曲面体表面的贯穿点。

求相贯线的投影时，特别要注意一些控制相贯线投影形状的特殊点，如最高点、最低点、最左点、最右点、最前点、最后点，可见与不可见的分界点等，以便较为准确地画出相贯线的投影形状。然后在特殊点之间插入适当数量的一般点，以便于曲线的光滑连接。连接时应注意，只有在平面立体上处于同一侧面，并在曲面立体上又相邻的相贯点，才能相连。

【例 3-18】　如图 3-25，求四棱柱与圆锥的相贯线。

【解】　四棱柱与圆锥相贯，其相贯线是四棱柱四个侧面截切圆锥所得的截交线，截交线为四段双曲线，四段双曲线的转折点，就是四棱柱的四条棱线与圆锥表面的贯穿点。由于四棱柱四个侧面垂直于 H 面，所以相贯线的 H 投影与四棱柱的 H 投影重合，只需作图求相贯线的 V、W 投影。从立体图可看出，相贯线前后、左右对称，作图时，只需作出四棱柱的前侧面、左侧面与圆锥的截交线的投影即可，并且 V、W 投影均反映双曲线实形。作图过程如下：

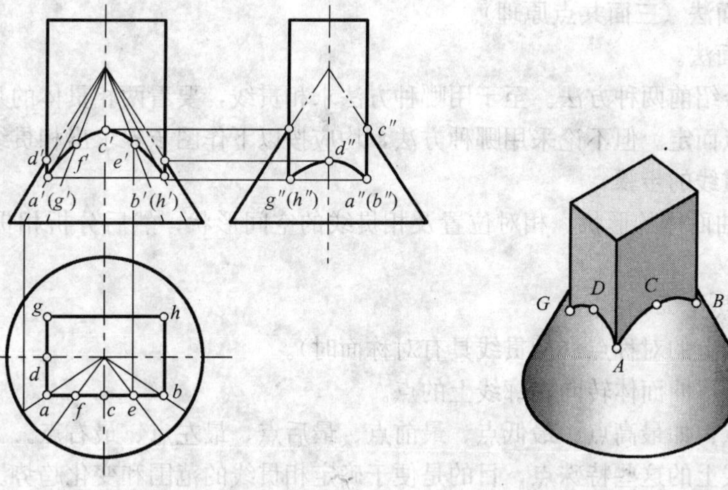

图 3-25　四棱柱与圆锥相贯

(1) 根据三等规律画出四棱柱和圆锥的 W 面投影。由于相贯体是一个实心的整体，在相贯体内部对实际上不存在的圆锥 W 投影轮廓线及未确定长度的四棱柱棱线的投影，暂时画成用细双点画线表示的假想投影线；

(2) 求特殊点。先求相贯线的转折点，即四条双曲线的连接点 A、B、G、H，也是双曲线的最低点，可根据已知的 H 投影，用素线法求出 V、W 面投影。再求前面和左面双曲线的最高点 C、D；

(3) 同理，用素线法求出两对称的一般点 E、F 的 V 面投影 e'、f'；

(4) 连点。V 投影连接 $a'\rightarrow f'\rightarrow c'\rightarrow e'\rightarrow b'$，$W$ 投影连接 $a''\rightarrow d''\rightarrow g''$；

(5) 判别可见性。相贯线的 V、W 面投影都可见，相贯线的后面和右面部分的投影与前面和左面部分重合；

(6) 补全相贯体的 V、W 面投影。圆锥的最左素线、最右素线；最前素线、最后素线均应画到与四棱柱的贯穿点为止。四棱柱四条棱线的 V、W 投影，也均应画到与圆锥面的贯穿点为止。

第七节　两曲面立体相交

一、两曲面体相贯线的性质

1. 封闭性

两曲面体的相贯线一般是封闭的空间曲线，特殊情况下为平面曲线或直线段（本节相贯线的特殊情况会有介绍）。

2. 共有性

相贯线是两曲面体表面的共有线，相贯线上每一点都是相交两曲面体表面的共有点。

根据相贯线的性质可知，求相贯线实质上就是求两曲面体表面的共有点（在曲面体表面上取点），将这些点光滑地连接起来即得相贯线。

二、求相贯线常用的方法

1. 利用积聚性求相贯线（也称表面取点法）。

2. 辅助平面法（三面共点原理）。

3. 辅助球面法。

我们主要介绍前两种方法。至于用哪种方法求相贯线，要看两相贯体的几何性质、相对位置及投影特点而定。但不论采用哪种方法，均应按以下作图步骤求出相贯线。

三、求相贯线的步骤

1. 分析两曲面体的形状、相对位置及相贯线的空间形状，然后分析相贯线的投影有无积聚性。

2. 作特殊点

(1) 相贯线上的对称点（相贯线具有对称面时）。

(2) 转向点：曲面体转向轮廓线上的点。

(3) 极限点：如最高点、最低点、最前点、最后点、最左点、最右点。

求出相贯线上的这些特殊点，目的是便于确定相贯线的范围和变化趋势。

3. 作一般点

为比较准确地作图，需要在特殊点之间插入若干一般点。

4. 判别可见性

相贯线上的点只有同时位于两个曲面体的可见表面上时，其投影才是可见的。

5. 光滑连接

只有相邻两素线上的点才能相连，连接要光滑，同时注意轮廓线要到位。

6. 补全相贯体的投影。

四、两曲面立体相贯线求法举例

1. 表面取点法——利用积聚性求相贯线

当两个立体相贯，如果其中有一个是轴线垂直于投影面的圆柱，则相贯线在该投影面上的投影就积聚在圆柱面的积聚性投影上。由此我们可利用已知点的两个投影求第三投影的方法求出相贯线的投影。

【例 3-19】 如图 3-26 所示，求轴线垂直相交的两圆柱的相贯线（利用积聚性求作）。

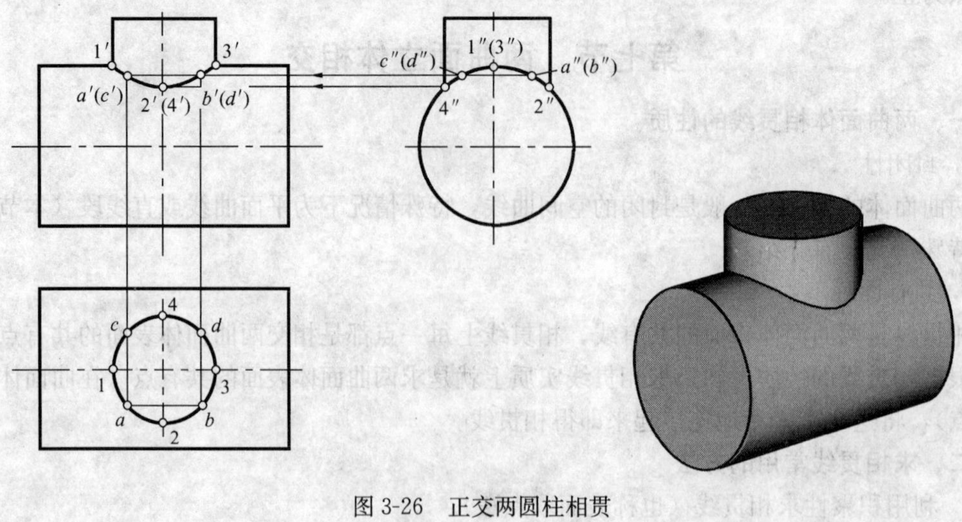

图 3-26　正交两圆柱相贯

【解】 小圆柱与大圆柱的轴线正交，相贯线是前、后、左、右对称的一条封闭的空间曲线。根据两圆柱轴线的位置，大圆柱面的侧面投影及小圆柱面的水平投影具有积聚性，因此，相贯线的水平投影和小圆柱面的水平投影重合，是一个圆；相贯线的侧面投影和大圆柱的侧面投影重合，是一段圆弧。通过以上分析，我们知道要求的只是相贯线的正面投影。作图过程如下：

（1）求特殊点

由于已知相贯线的水平投影和侧面投影，故可直接求出相贯线上的特殊点。由 W 投影和 H 投影可看出，相贯线的最高点为Ⅰ、Ⅲ，Ⅰ、Ⅲ同时也是最左点、最右点；最低点为Ⅱ、Ⅳ，Ⅱ、Ⅳ也是最前点、最后点。由 $1''$、$3''$、$2''$、$4''$可直接求出 H 投影 1、3、2、4；再求出 V 投影 $1'$、$3'$、$2'$、$4'$。

（2）求一般点

由于相贯线水平投影为已知，所以可直接取 a、b、c、d 四点，求出它们的侧面投影 a''（b''）、c''（d''），再由水平、侧面投影求出正面投影 a'（c'）、b'（d'）。

（3）判别可见性，依次光滑连接各点

相贯线前后对称，后半部分与前半部分重合，只画前半部分相贯线的投影即可，依次光滑连接 $1'$、a'、$2'$、b'、$3'$各点，即为所求。

2. 辅助平面法

辅助平面法就是用辅助平面同时截切相贯的两曲面体，在两曲面体表面得到两条截交线，这两条截交线的交点即为相贯线上的点。这些点既在两形体表面上，又在辅助平面上。因此，辅助平面法就是利用三面共点的原理，用若干个辅助平面求出相贯线上的一系列共有点。

为了作图简便，选择辅助平面时，应使所选择的辅助平面与两曲面体的截交线投影最简单，如直线或圆，通常选特殊位置平面作为辅助平面。同时，辅助平面应位于两曲面体相交的区域内，否则得不到共有点。

【例 3-20】 用辅助平面法求图 3-27 中圆柱与圆锥的相贯线。

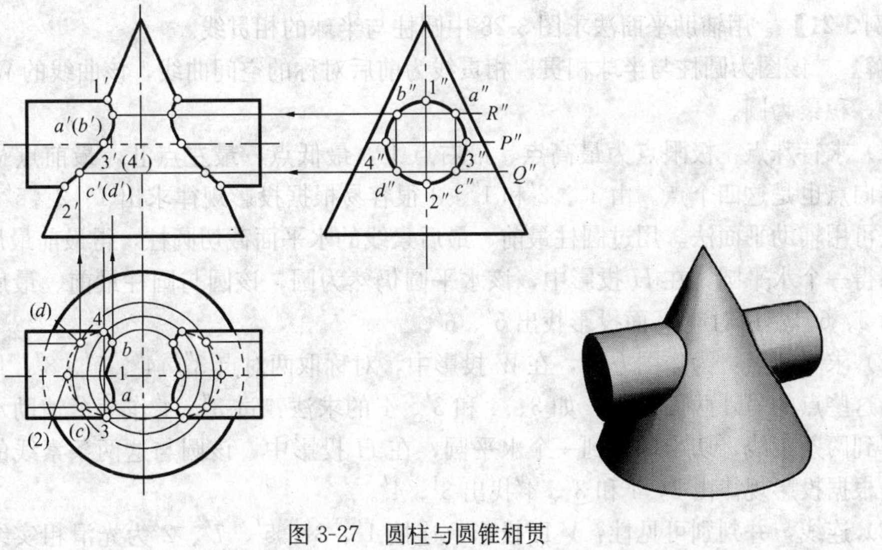

图 3-27 圆柱与圆锥相贯

【解】 相贯线的空间形状：圆柱与圆锥轴线正交，且为全贯，因此相贯线为闭合的空间曲线，且前后、左右对称。

相贯线的投影：圆柱轴线垂直于侧立投影面，圆柱的侧面投影积聚为圆，相贯线的侧面投影与圆重合，圆锥的三个投影都无积聚性，所以需求相贯线的正面投影及水平投影。作图过程如下：

（1）求特殊点

由相贯线的W投影可直接找出相贯线上的最高点Ⅰ、最低点Ⅱ，同时Ⅰ、Ⅱ点也是圆柱正视转向轮廓线上的点，也是圆锥最左轮廓线上的点。Ⅰ、Ⅱ两点的正面投影$1'$、$2'$也可直接求出，然后求出水平投影1、2。

由相贯线的W投影可直接确定相贯线上的最前点、最后点Ⅲ、Ⅳ的W投影$3''$、$4''$，同时Ⅲ、Ⅳ点也是圆柱水平转向轮廓线上的点。作辅助水平面P，它与圆柱交于两水平素线，与圆锥交于一水平纬圆，两者的交点即为Ⅲ、Ⅳ两点。3、4为其水平投影，根据3、4及$3''$、$4''$求出$3'$、$(4')$。

（2）求一般点

在点Ⅰ和点Ⅲ、Ⅳ之间适当位置，作辅助水平面R，平面R与圆锥面交于一水平纬圆，与圆柱面交于两条素线，这两条截交线的交点A、B两点，即为相贯线上的点。为作图方便，我们再作一辅助平面Q为平面R的对称面，平面Q与圆锥面交于另一水平纬圆，与圆柱面交于两条素线（与平面R与圆柱面相交的两条素线完全相同，所以不用另外作图），这两条截交线的交点C、D两点，即为相贯线上的一般点。

（3）判别可见性，光滑连接

圆柱面与圆锥面具有公共对称面，相贯线正面投影前后对称，故前后曲线重合，用实线画出。由圆锥面的水平投影可见，圆柱面上半部水平投影可见，按可见性原则可知，属于圆柱面上半部的相贯线可见，3-2-4不可见，画成虚线。

（4）补全相贯体的投影

将圆柱面的水平转向轮廓线延长至3、4点，另外圆锥面有部分底圆被圆柱面遮挡，因此其H投影也应画成虚线。

【例3-21】 用辅助平面法求图3-28中圆柱与半球的相贯线。

【解】 该图为圆柱与半球相贯，相贯线为前后对称的空间曲线，该曲线的W投影具有积聚性，积聚为圆。

（1）求特殊点：极限点为最高点、最右点Ⅰ，最低点、最左点Ⅱ，最前点Ⅴ和最后点Ⅵ。转向点也是这四个点。由$1'$、$2'$和$1''$、$2''$很容易根据投影规律求出1、2。$5'$、$6'$和5、6的求法可用辅助平面法。用过圆柱最前、最后素线的水平面截切圆柱，得最前最后素线，截切圆球得一个水平圆，在H投影中，该水平圆仍然为圆，该圆与圆柱最前、最后素线的交点即为5、6，然后对应V面投影找出$5'$、$6'$。

（2）求一般点：为作图方便，在W投影中，对称取两对点$3''$、$4''$、$7''$、$8''$，用辅助平面法求出这些点的另外两面投影。如3、4和$3'$、$4'$的求法：过$3''$、$4''$作一个辅助水平面，切圆柱得到两条素线，切半球得到一个水平圆，在H投影中，该圆与这两条素线的交点即为3，4，根据投影规律由3，4和$3''$、$4''$找出$3'$、$4'$。

（3）连线，并判别可见性：V面投影，连接$1'$、$3'$、$5'$、$7'$、$2'$为光滑粗实线，该相贯

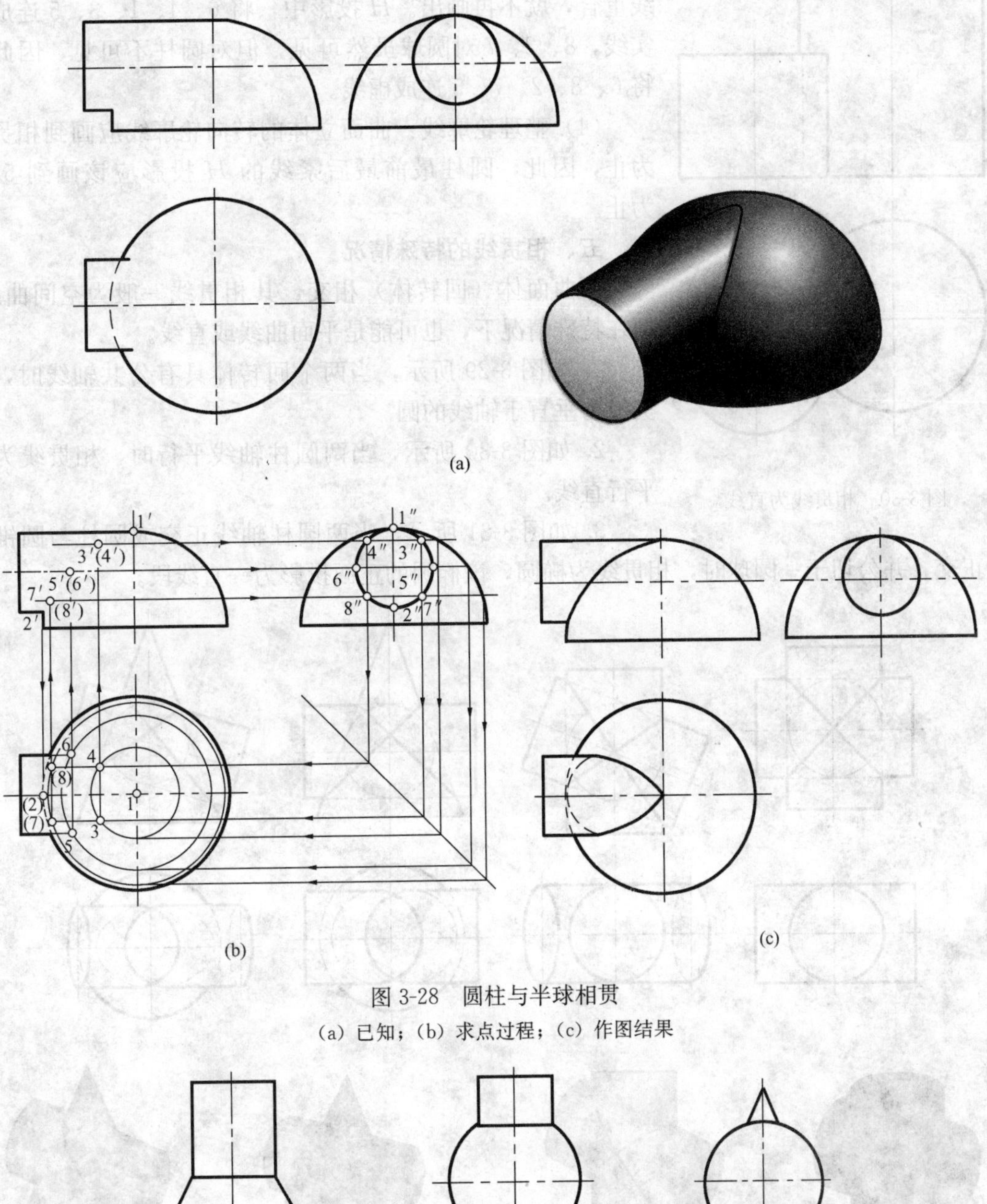

图 3-28　圆柱与半球相贯

(a) 已知；(b) 求点过程；(c) 作图结果

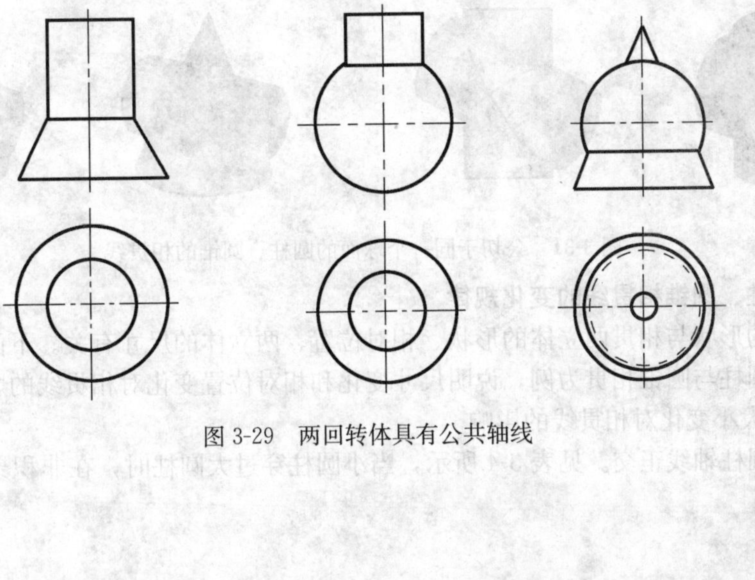

图 3-29　两回转体具有公共轴线

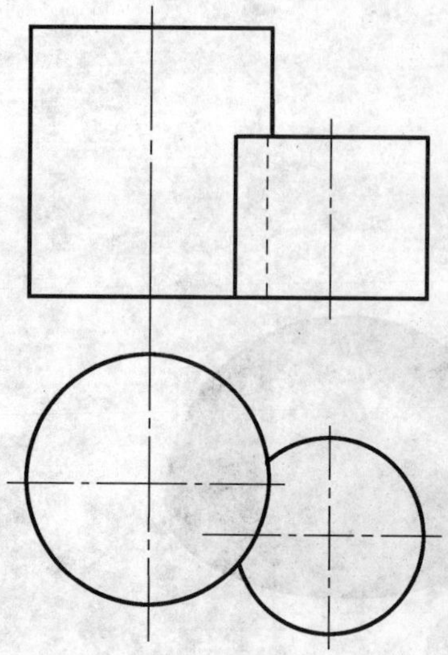

图 3-30　相贯线为直线

线前后对称，因此 1′、4′、6′、8′、2′应连成虚线，虚线与实线重合，就不再画出。H 投影中，将 6、4、1、3、5 连成粗实线，8、2、7 对圆球虽然可见，但对圆柱不可见，因此应将 6、8、2、7、5 连成虚线。

（4）整理轮廓线：曲面立体的转向轮廓线应画到相贯点为止，因此，圆柱最前最后素线的 H 投影应该画到 5、6 为止。

五、相贯线的特殊情况

两曲面体（回转体）相交，其相贯线一般为空间曲线，但在特殊情况下，也可能是平面曲线或直线。

1. 如图 3-29 所示，当两个回转体具有公共轴线时，相贯线为垂直于轴线的圆。

2. 如图 3-30 所示，当两圆柱轴线平行时，相贯线为两平行直线。

3. 如图 3-31 所示，当两圆柱轴线正交或圆柱与圆锥轴线正交，并公切于一圆球时，相贯线为椭圆，该椭圆的正面投影为一直线段。

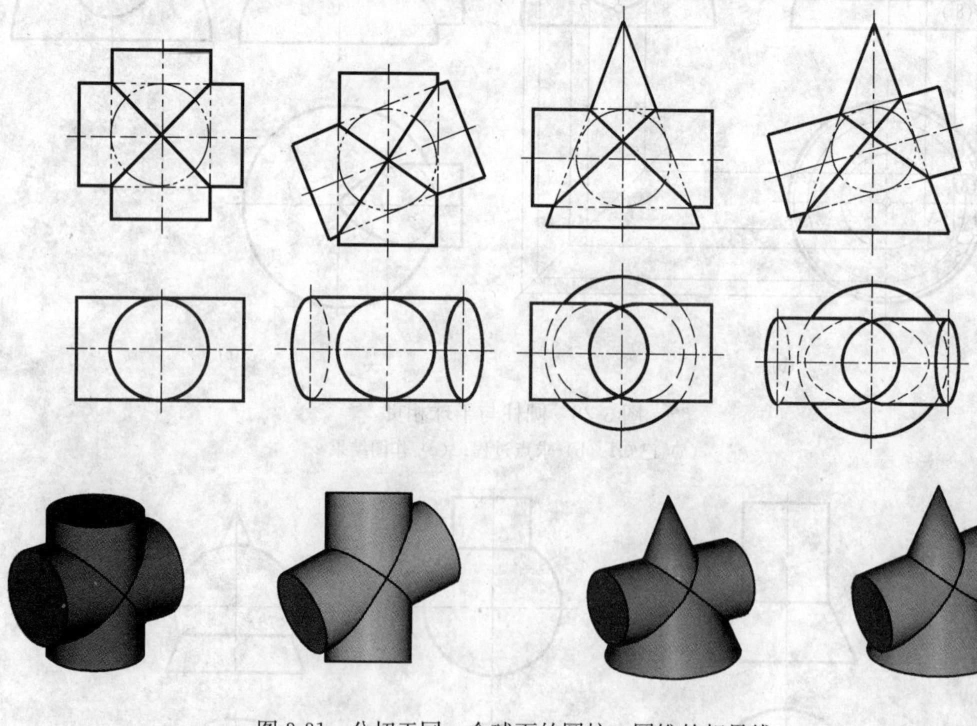

图 3-31　公切于同一个球面的圆柱、圆锥的相贯线

六、圆柱、圆锥相贯线的变化规律

相贯线的形状与相贯两立体的形状、相对位置、两立体的尺寸有关。下面分别以圆柱与圆柱相贯、圆柱与圆锥相贯为例，说明尺寸变化和相对位置变化对相贯线的影响。

1. 尺寸大小变化对相贯线的影响

（1）两圆柱轴线正交。见表 3-4 所示，当小圆柱穿过大圆柱时，在非积聚性投影上，其相贯线的弯曲趋势总是向大圆柱里弯曲，表中当 $d_1<d_2$ 时，相贯线为左右两条封闭的空间曲线。随着小圆柱直径的不断增大，相贯线的弯曲程度越来越大，当两圆柱直径相等，即 $d_1=d_2$ 时，相贯线从两条空间曲线变成两条平面曲线——椭圆，其正面投影为两条相交直线，水平投影和侧面投影均积聚为圆；当 $d_1>d_2$ 时，相贯线成为上下两条封闭的空间曲线。

表 3-4　两圆柱相交相贯线变化情况

	$d_1<d_2$	$d_1=d_2$	$d_1>d_2$
立体图	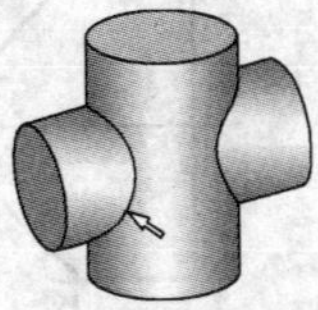	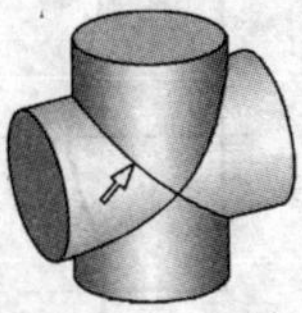	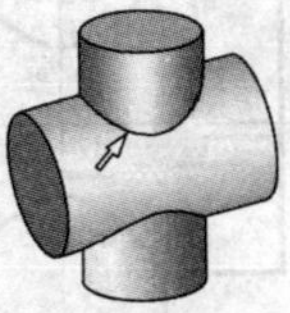
投影图	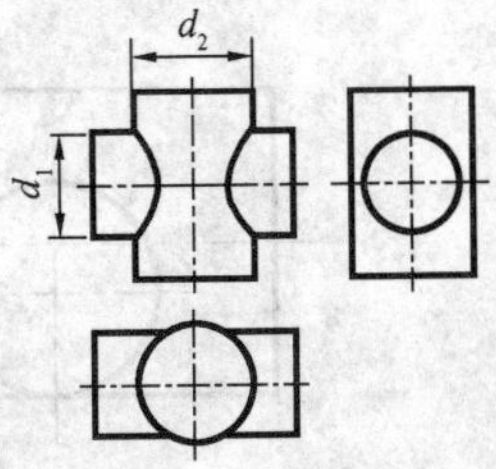	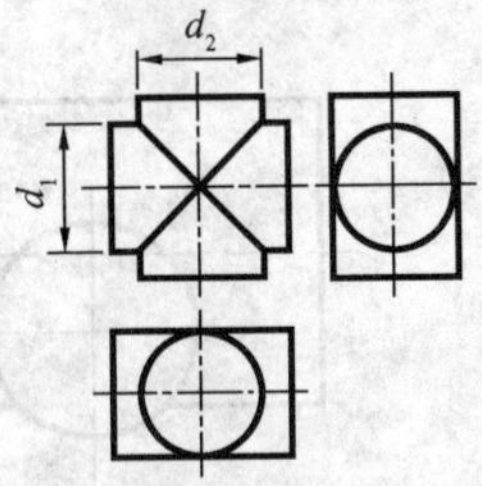	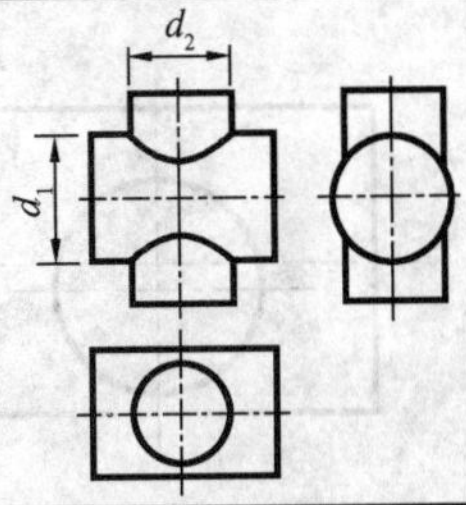

（2）圆柱与圆锥轴线正交。当圆锥的大小且轴线的相对位置不变，而圆柱的直径变化时，相贯线的变化情况见表 3-5。当小圆柱穿过大圆锥时，在非积聚性投影上，相贯线的弯曲趋势总是向大圆锥里弯曲，相贯线为左右两条封闭的空间曲线。随着小圆柱直径的增大，相贯线的弯曲程度越来越小，当圆柱与圆锥直径相等，即圆柱与圆锥公切于球面时，相贯线从两条空间曲线变成平面曲线——椭圆，其正面投影为两相交直线，水平投影和侧面投影为椭圆和圆。当圆柱直径继续增大，圆锥穿过圆柱时，相贯线为上下两条封闭的空间曲线。

表 3-5　圆柱与圆锥相交相贯线的三种情况

	圆柱穿过圆锥	圆柱与圆锥公切于一球	圆锥穿过圆柱
立体图	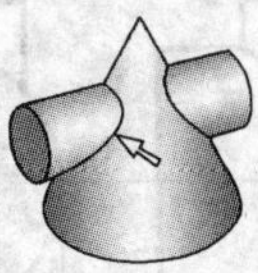		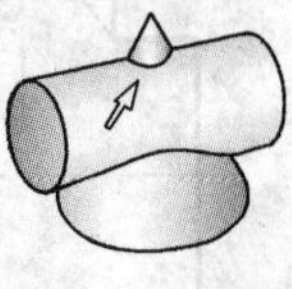
投影图	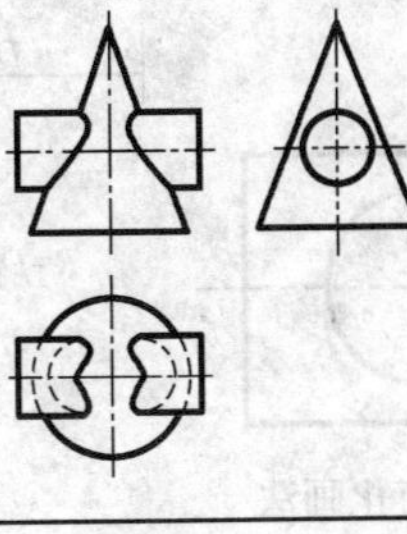	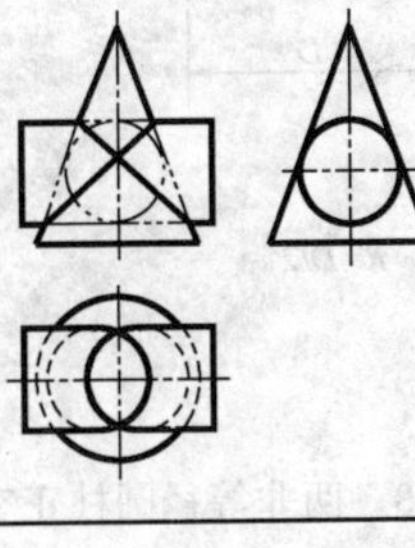	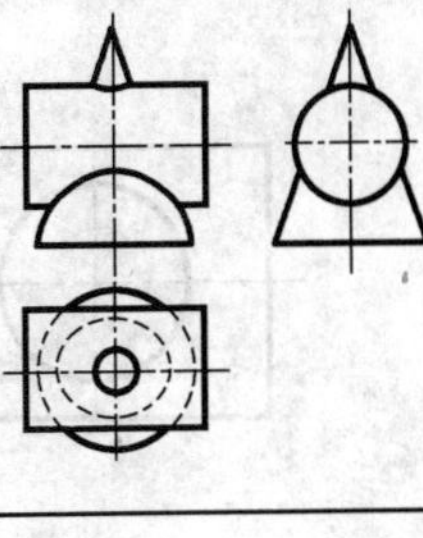

2. 相对位置变化对相贯线的影响

两相交圆柱直径不变，改变其轴线的相对位置，则相贯线也随之变化。

图 3-32 所示给出了两相交圆柱，其轴线交叉垂直，当两圆柱轴线的距离变化时，其相贯线的变化情况。图 3-32（a）为直立圆柱全部贯穿水平圆柱，相贯线为上、下两条空间曲线。图 3-32（b）为直立圆柱与水平圆柱互贯，相贯线为一条空间曲线。图 3-32（c）为上述两种情况的极限位置，相贯线由两条变为一条空间曲线，并相交于切点。

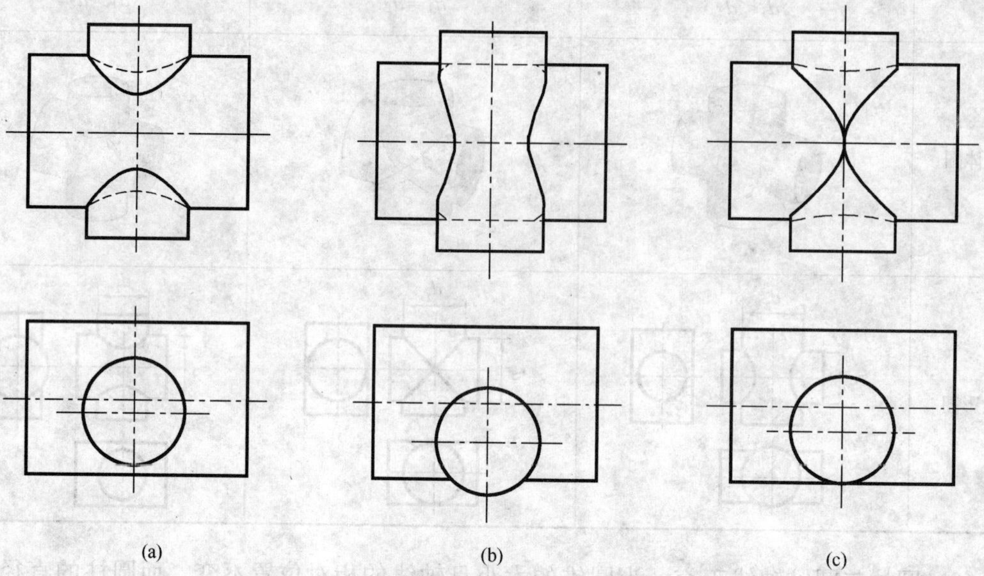

图 3-32　两圆柱轴线垂直交叉时相贯线的变化

七、相贯线的简化画法

1. 两非等径圆柱正交相贯线的简化画法

两直径相差较大的圆柱正交时，在与两圆柱轴线所确定的平面平行的投影面上，相贯线投影可以采用圆弧代替。作图时，以较大圆柱的半径为圆弧半径，其圆心在小圆柱轴线上，相贯线弯向较小的立体，如图 3-33 所示。

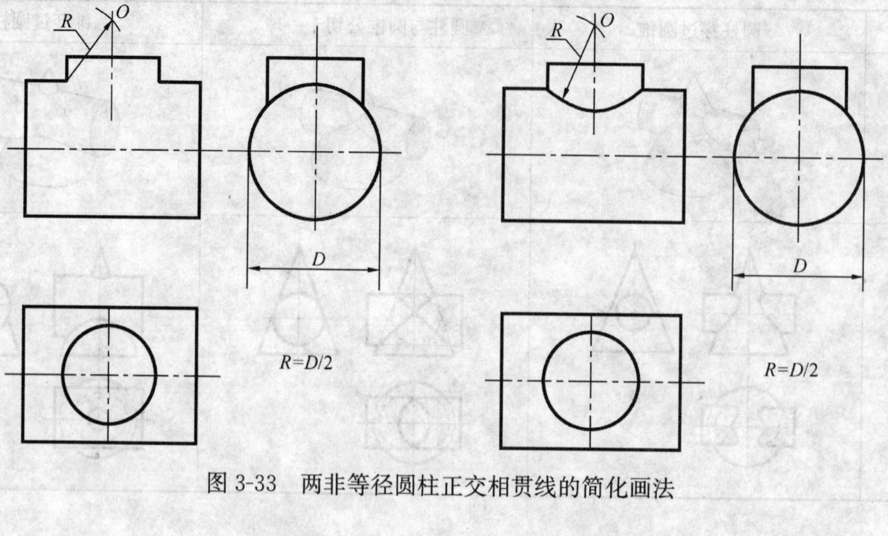

图 3-33　两非等径圆柱正交相贯线的简化画法

2. 当小圆柱的直径与大圆柱相差很大时，在与两圆柱轴线所确定的平面平行的投影面上，相贯线投影可以采用直线代替，如图 3-34 所示。

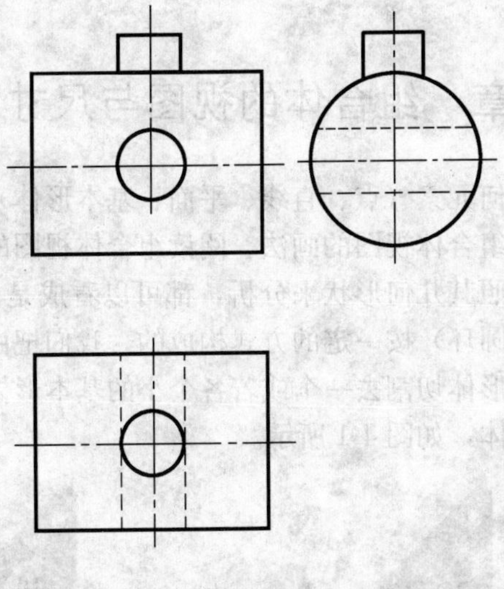

图 3-34　两直径相差很大的圆柱正交相贯线的简化画法

第四章　组合体的视图与尺寸标注

本章是在学习了空间几何元素（点、直线、平面、基本形体）投影的基础上，研究组合体的构形和分析方法，讨论组合体视图的画法、阅读组合体视图的方法以及尺寸的标注。

工程上常见的形体，按照其几何形状来分析，都可以看成是由若干个基本形体（棱柱、棱锥、圆柱、圆锥、圆球和圆环）按一定的方式构成的，我们把由若干个基本形体叠加而成的形体，或由一个大的基本形体切割去一个或若各个小的基本形体而成的形体，或者既有叠加又有切割的形体称为组合体，如图 4-1 所示。

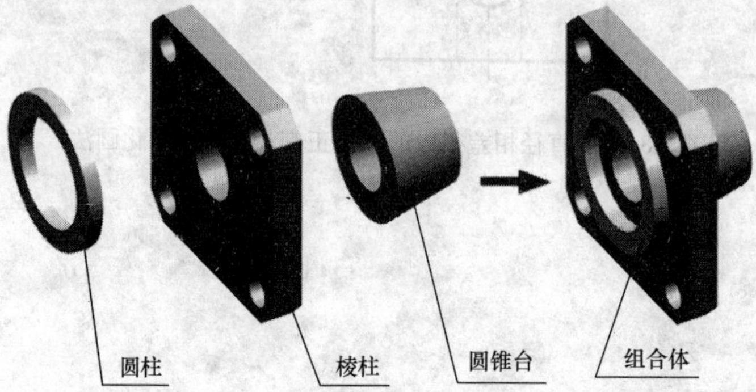

图 4-1　组合体

从几何学的角度出发，任何一个机器零件都可以抽象为组合体，因此，学好这部分内容，可以为绘制和阅读机械图样打下重要基础。

第一节　三视图的形成及其特性

一、三视图的形成

在绘制机械图样时，将物体置于多面投影体系中，向投影面作正投射所得到的图形称为视图，如图 4-2 所示。在视图中，物体的可见轮廓用粗实线表示，不可见轮廓用虚线表示。

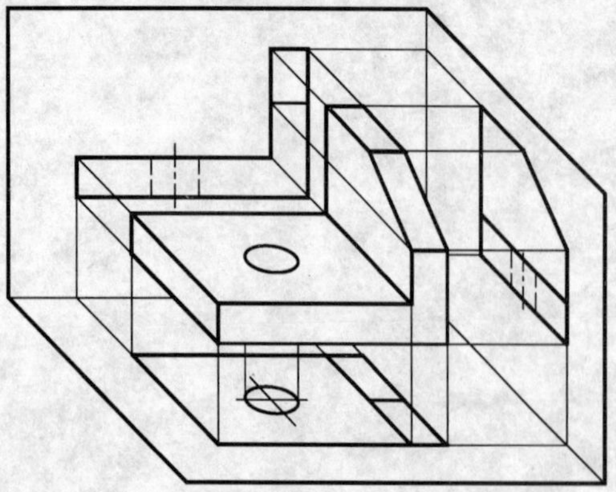

图 4-2　三视图的形成

将物体向三投影面体系进行投影，可得到物体的三视图，其中在正立投影面 V 上的投影称为主视图，在水平投影面 H 上的投影称为俯视图，在侧立投影面 W 上的投影称为左视图。

三投影面体系的展开过程如下：将物体从三投影面体系中移开，令 V 面保持不动，H 面绕 OX 轴向下旋转 90°，W 面绕 OZ 轴向右旋转 90°，使 V、H、W 三个投影面展开在同一平面内，如图 4-3 所示。

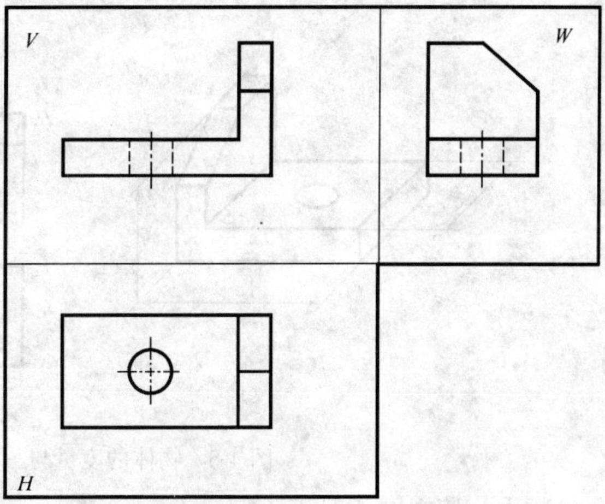

图 4-3 三视图

视图主要用于表达物体的形状，无需表达物体与投影面之间的距离，因此，绘制视图时不必画出投影面边框、投影轴和投影连线，各视图之间的距离可根据图纸幅面进行调整。

二、三视图的投影特性

1. 三视图的配置关系

三个视图之间的配置关系为：以主视图为基准，俯视图放置在主视图的正下方，左视图放置在主视图的正右方。按此关系配置时，三视图上不需注写视图名称。

2. 物体的方位与三视图的对应关系

任何物体都有上下、左右、前后六个方位。从图 4-4 中可以看出，主视图中的上、下、左、右对应物体的上、下、左、右，俯视图中的“上”、“下”、左、右对应物体的后、前、左、右，左视图中的上、下、“左”、“右”对应物体的上、下、“后”、“前”。

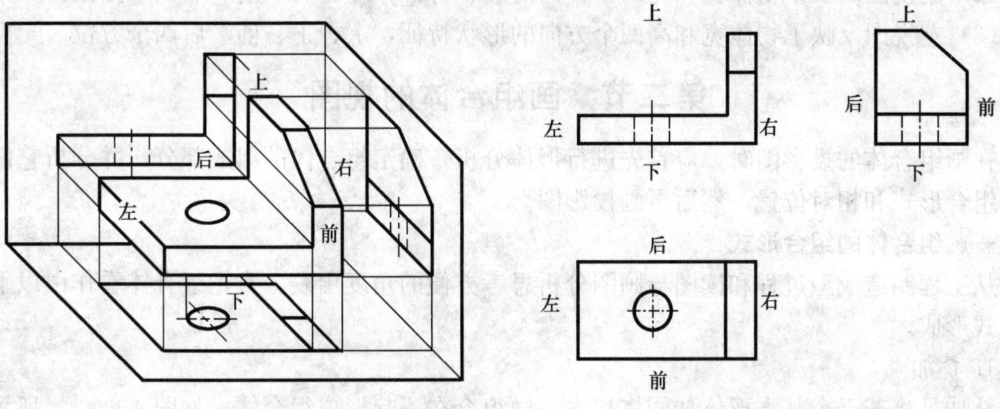

图 4-4 三视图的方位关系

从以上分析可知，主、俯视图中的左、右，对应物体的左、右，主、左视图中的上、下，就是物体的上、下，需要特别注意的是：俯视图中的“上”、“下”和左视图中的“左”、“右”，对应物体的“后”和“前”。

3. 物体的度量与三视图的对应关系

任何物体都有长、宽、高三个方向的尺寸。一般地，将 X 方向定义为物体的“长”，Y 方向定义为物体的“宽”，Z 方向定义为物体的“高”。从图 4-5 中可以看出，主视图和俯视图同时反映了物体的长度，故两个视图长要对正；主视图与左视图同时反映了物体的高度，所以两个视图高要平齐；俯视图与左视图同时反映了物体的宽度，故两个视图宽要相等。即：

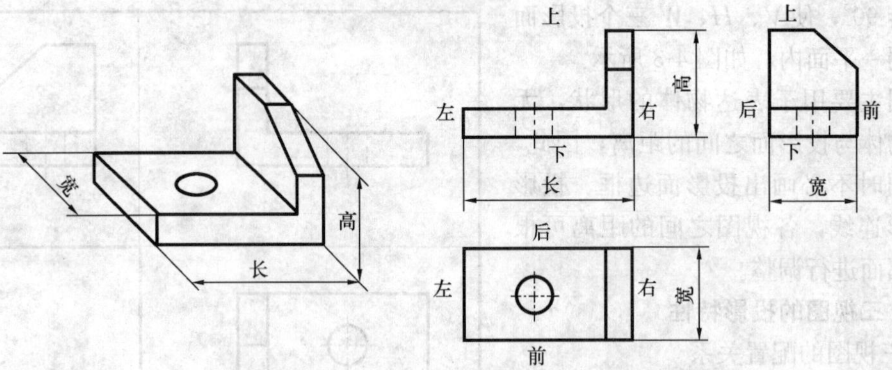

图 4-5　物体的度量与三视图的对应关系

（1）主、俯视图长对正。

（2）主、左视图高平齐。

（3）俯、左视图宽相等。

此规律即为“三等规律”，它是画图和看图时必须遵循的最基本的投影规律，无论是机件的整体还是局部都必须遵循这个规律。

综上所述，我们可以得到三视图和物体之间的对应关系如下：

（1）主视图反映了物体长和高两个方向的形状特征，上、下、左、右四个方位。

（2）俯视图反映了物体长和宽两个方向的形状特征，左、右、前、后四个方位。

（3）左视图反映了物体宽和高两个方向的形状特征，上、下、前、后四个方位。

第二节　画组合体的视图

在画组合体的投影图时，应首先进行形体分析，确定组合体的组成部分，并分析它们之间的组合形式和相对位置，然后再画投影图。

一、组合体的组合形式

从工程制造成型过程和读图与画图分析思考方便的角度出发，常把组合体看作由以下三种方式形成。

1. 叠加

叠加是将若干个基本形体如同搭积木一样组合在一起形成组合体，如图 4-6（a）所示。

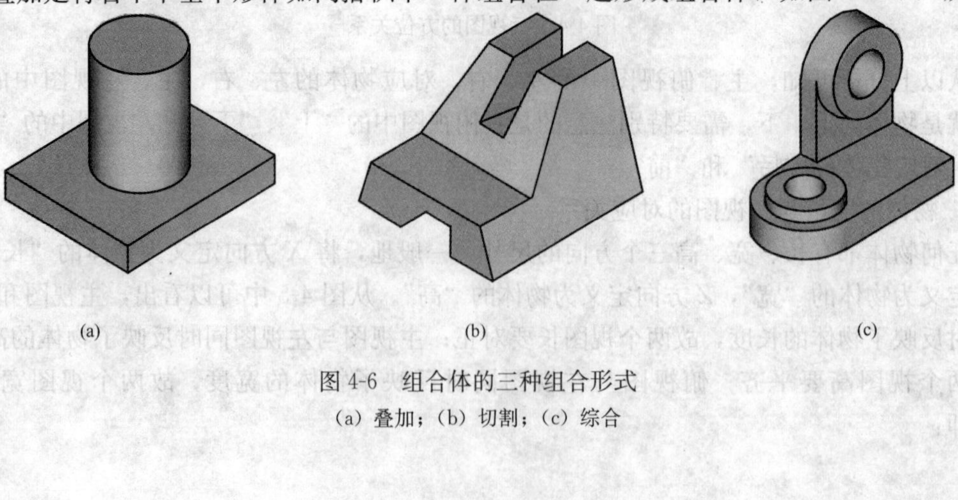

图 4-6　组合体的三种组合形式

（a）叠加；（b）切割；（c）综合

2. 切割

切割是从一个基本形体中切去若干个基本形体而形成组合体，如图 4-6（b）所示。

3. 综合

综合是由若干个基本形体经叠加和切割而形成组合体，如图 4-6（c）所示。这种组合体比较常见，一般比较复杂。

二、组合体相邻表面的位置关系

形成组合体的各基本形体之间相邻表面的结合方式有三种：平齐（共面）、相切、相交，在画投影图时，应注意这三种结合方式，正确处理两相邻表面的结合部位。

平齐（共面）是指两基本形体的表面位于同一平面上，两表面没有转折和间隔，所以两表面间不可画线，如图 4-7 所示。

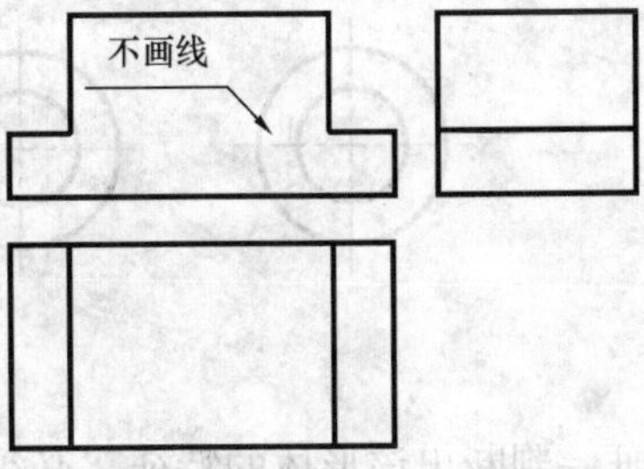

图 4-7　平齐（共面）

当两形体相邻表面相切时，由于相切是两表面的光滑过渡，因此，不应在光滑过渡处画分界线，如图 4-8（a）所示。

两基本形体的表面相交，在相交处必然产生交线，它是两基本形体表面的分界线，必须用画法几何求交线的方法做出交线的投影，如图 4-8（b）所示。

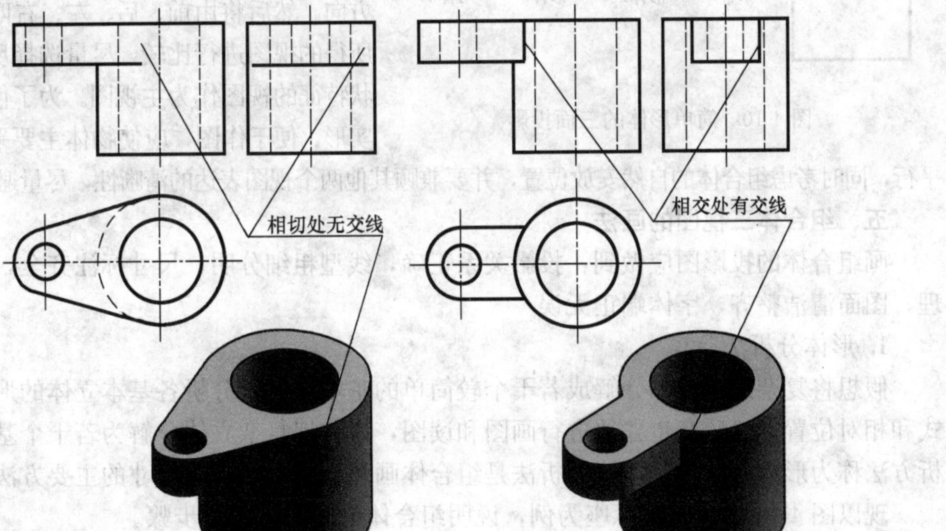

图 4-8　两基本体相切和相交

（a）相切；（b）相交

三、视图的数量

组合体的投影数量，可根据组合体的复杂程度以及表达要清楚、完整的要求来选择确定，可采用单面投影、两面投影和三面投影，甚至采用更多的投影。如图 4-9 所示的几个不同形体，其特征由 V 面投影和 H 面投影就能完全确定，所以不需要再画出 W 面投影。

如图 4-10 所示的几种不同形体，它们的 V 面投影、H 面投影虽然完全相同，但还不能

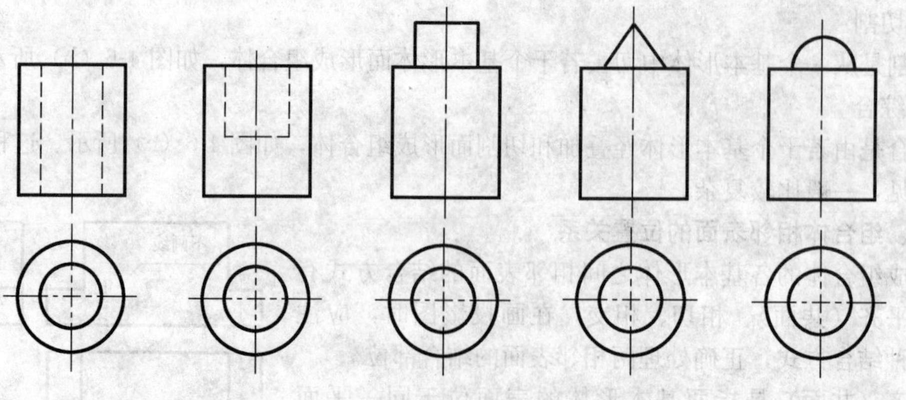

图 4-9　简单形体的二面投影

唯一判断出该形体的特征，必须再画出它们的 W 面投影才便于阅读。

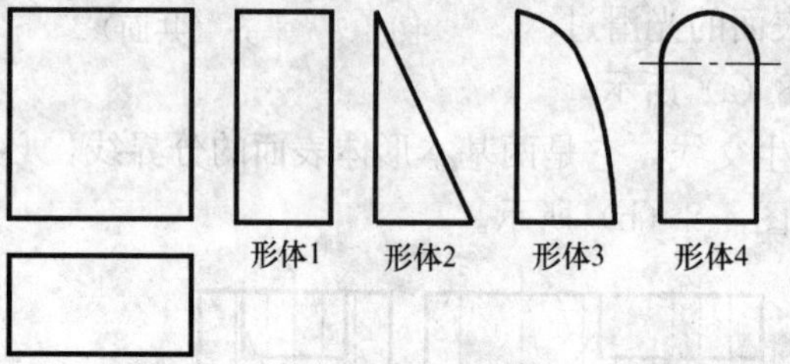

图 4-10　简单形体的三面投影

四、确定主视图方向

画组合体视图时，一般应使其处于自然安放的位置，选择能反映组合体各组成部分形状和相对位置较为明显的方向作为主视图的投射方向，然后将由前、后、左、右四个方向投影所得的视图进行比较，尽量选择反映组合体形状特征的视图作为主视图。为了使投影能反映实形，便于作图，应使物体主要平面和投影面平行，同时考虑组合体的自然安放位置，并要兼顾其他两个视图表达的清晰性，尽量避免画虚线。

五、组合体三视图的画法

画组合体的投影图应做到：投影关系正确，线型粗细分明，尺寸标注齐全，布置均匀合理，图面清洁整齐，字体端正无误。

1. 形体分析法

假想将复杂的组合体分解成若干个较简单的基本立体，分析各基本立体的形状、组合方式和相对位置，然后有步骤地进行画图和读图，这种把复杂立体分解为若干个基本立体的分析方法称为形体分析法。形体分析法是组合体画图、读图和标注尺寸的主要方法。

现以图 4-11 所示的轴承座为例，说明组合体的画图方法和步骤。

(1) 进行形体分析

轴承座可分解为套筒Ⅰ、支板Ⅱ、肋板Ⅲ和底板Ⅳ共四个基本立体，如图 4-11 所示。Ⅰ为空心圆柱，Ⅱ、Ⅲ、Ⅳ均为棱柱。底板Ⅳ、肋板Ⅲ、支板Ⅱ之间的组合方式为叠加，其中支板Ⅱ的两侧面和套筒Ⅰ外表面相切，肋板Ⅲ和套筒Ⅰ相交。轴承座前后对称。

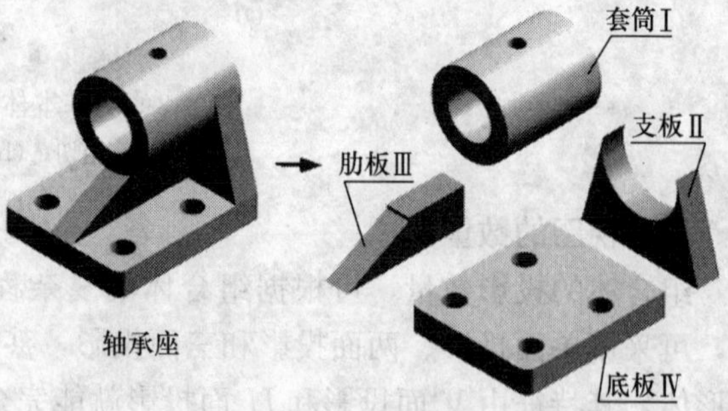

图 4-11　轴承座

(2) 选择主视图

在三视图中，主视图是最重要的视

图。确定主视图时，要着重解决摆放位置和投影方向的问题。一般要把组合体摆正，使组合体的主要平面或重要轴线与投影面平行或垂直，以便使投影反映实形或者积聚性。选择既能反映组合体形状特征和基本位置关系，又能减少俯视图和左视图中的虚线的方向作为主视图的投影方向。

主视图的投射方向、一般选择最能反映物体各组成部分的形状特征和相互位置的方向。另外，还应考虑到使其他投影细虚线较少和图幅的合理利用。比较图 4-12 中 *A*、*B*、*C*、*D* 四个方向，以 *A* 向作为主视图的投射方向为好。

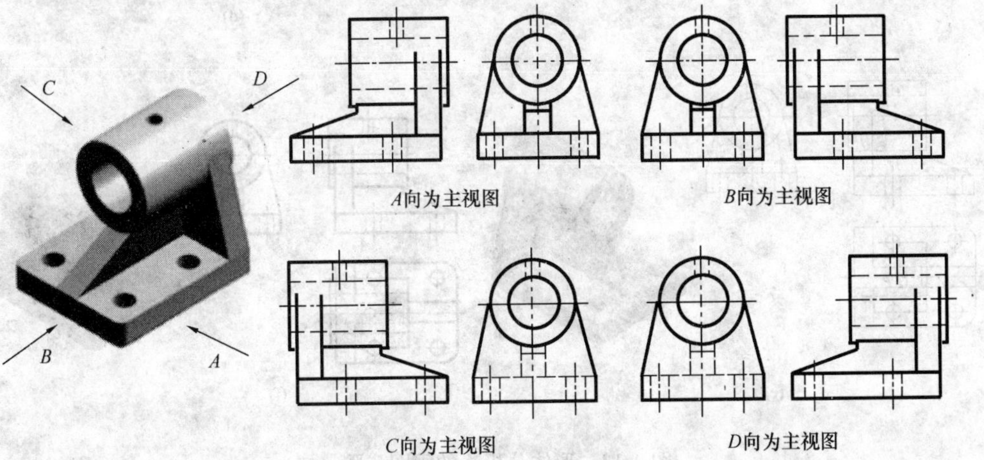

图 4-12　选择正面投影

主视图（以 *A* 向为投射方向）确定之后，另外两个投影也就相应地确定了。俯视图主要反映底板的形状和上面四个小圆孔的位置，左视图主要反映支板与套筒相切的情况。

（3）画图步骤

① 选比例、定图幅。根据物体实际大小和复杂程度，选定作图比例和图幅大小。比例尽可能选用 1∶1，图幅则根据绘图面积选择标准图幅。

② 布局，如图 4-13（a）所示。

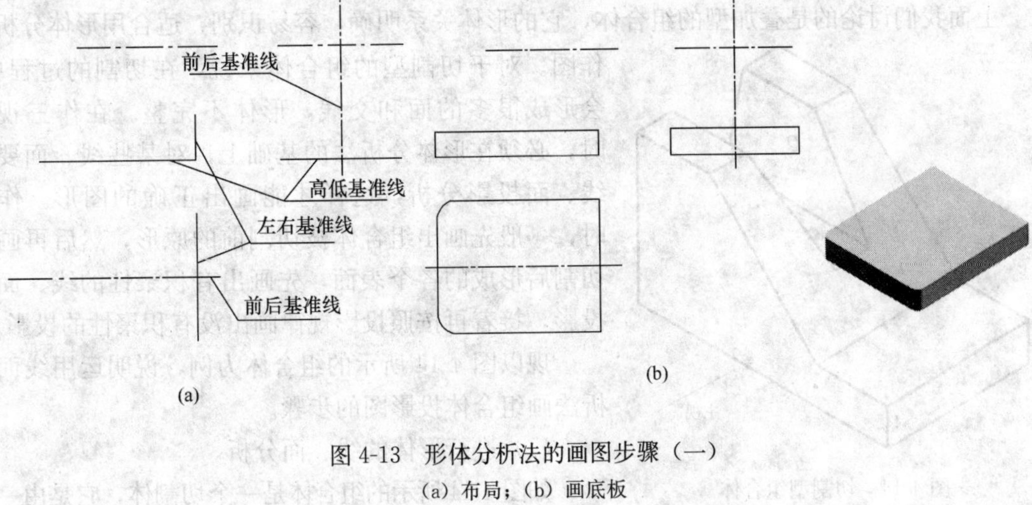

图 4-13　形体分析法的画图步骤（一）

（a）布局；（b）画底板

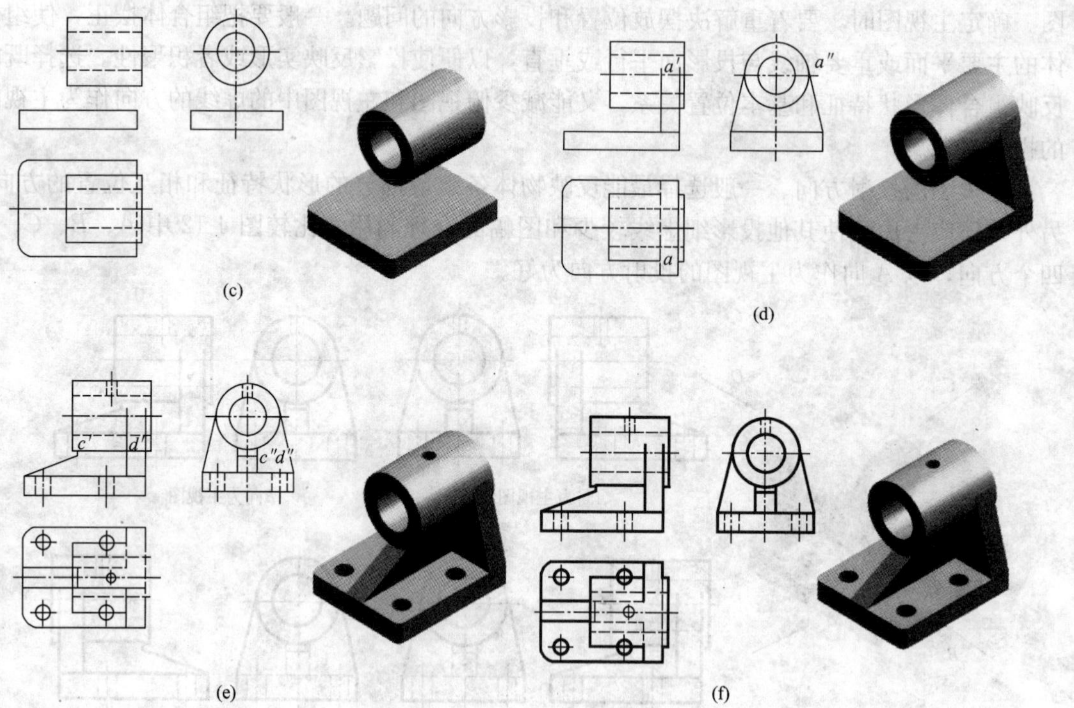

图 4-13　形体分析法的画图步骤（二）

(c) 画套筒；(d) 画支板；(e) 画肋板；(f) 加深图线，完成作图

③ 画底稿。画底稿时，应根据形体分析法逐个画出每个基本形体，对于每个形体，应从反映形体实形的投影画起，各投影对应画。画图过程中应考虑各形体的组合方式和相对位置，注意图线的变化，同时要画出截交线、相贯线。

轴承座底稿的画图顺序为：画底板→画套筒→画支板→画肋板及小孔。如图 4-13（b）（c）（d）（e）所示。

④ 校核、按线型加深三视图，如图 4-13（f）所示。

2. 线面分析法

上面我们讨论的是叠加型的组合体，它的形体关系明确，容易识别，适合用形体分析法作图。对于切割型的组合体来说，在切割的过程中，会形成很多的面和交线，形体不完整。在作三视图时，必须在形体分析法的基础上，对某些线、面要作线、面投影分析，这样才能画出正确的图形。作图时，一般先画出组合体被切割前的原形，然后再画出切割后形成的各个表面，先画出有积聚性的线、面的投影，接着再按照投影规律画出没有积聚性的投影。

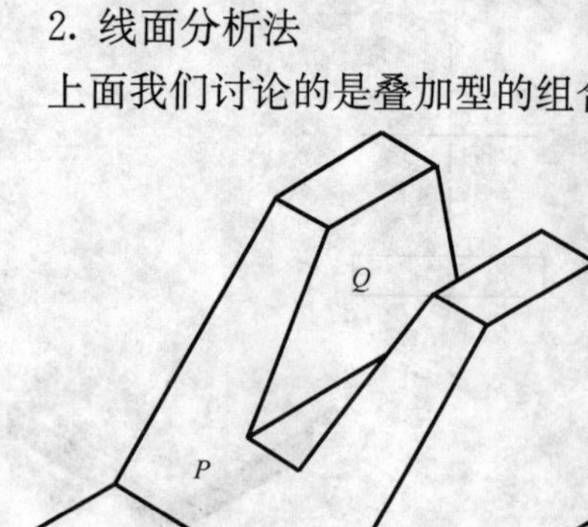

图 4-14　切割型组合体

现以图 4-14 所示的组合体为例，说明运用线面分析法画组合体投影图的步骤。

（1）进行形体的线、面分析

如图 4-14 所示的组合体是一个切割体，它是由一个四棱柱的左边和上边各切去一个小的四棱柱而形成的，P 面为正垂面，Q 面为侧垂面，S 为水平面。

(2) 确定主视图

选择箭头所示的方向作为主视图的投射方向。

(3) 画图步骤

① 选比例，定图幅

按照 1∶1 的比例画图。

② 布置三视图，画基准线

以组合体的底面、后面和右面作为基准线，如图 4-15 (a) 所示。

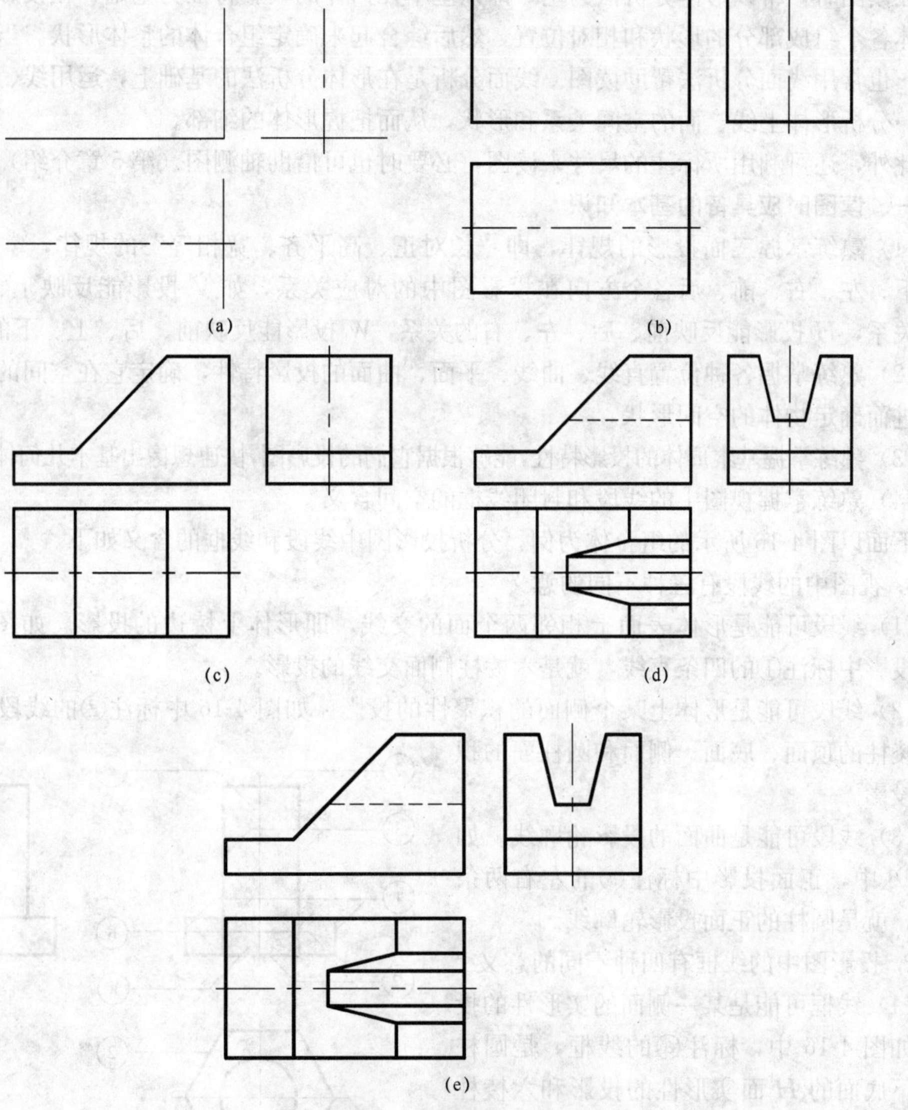

图 4-15　线面分析法的画图步骤

(a) 布置投影图，画基准线；(b) 画出完整的四棱柱的投影；(c) 画出四棱柱被 P、S 两个面截切后的投影；(d) 挖去通槽后的投影；(e) 加深图线，完成作图

③ 画底稿

先画出被切割前的四棱柱的三视图，然后从其左端切掉一个四棱柱（先画主视图），接下来在其上方切割一个梯形（先画左视图），最后用线面分析法画出组合体的另外两个投影，如图 4-15（b）、（c）、（d）所示。

④ 检查，加深图线。最后结果如图 4-15（e）所示。

第三节　读组合体视图

根据组合体的投影图想像出物体的空间形状和结构，这一过程就是读图。形体分析法和线面分析法是读图的基本方法。

在读图时，常以形体分析法为主，即以基本几何体的投影特征为基础，在投影图上分析组合体各个组成部分的形状和相对位置，然后综合起来确定组合体的整体形状。当图形较复杂时，也常用线面分析法帮助读图。线面分析是在形体分析法的基础上，运用线、面的投影规律，分析形体上线、面的空间关系和形状，从而把握形体的细部。

此外，还可利用所标注的尺寸来读图，必要时也可借助轴测图（第 5 章介绍）来完成。

一、读图时应具备的基本知识

(1) 熟练掌握三面投影的规律，即“长对正、高平齐、宽相等”的规律，掌握组合体上、下、左、右、前、后各个方向在投影图中的对应关系，如 V 投影能反映上、下、左、右的关系，H 投影能反映前、后、左、右的关系，W 投影能反映前、后、上、下的关系。

(2) 熟练掌握各种位置直线、曲线、平面、曲面的投影特性，确定它在空间的位置和形状，进而确定物体的空间形状。

(3) 熟练掌握基本形体的投影特性，能够根据它们的投影图，快速想像出基本几何体的形状。

(4) 熟练掌握视图中的线段和封闭线框的空间含义。

下面以图 4-16 所示的组合体为例，分析投影图中线段和线框的含义如下。

1. 视图中的线段有三种不同的意义

(1) 线段可能是形体表面上相邻两个面的交线，即形体上棱边的投影。如图 4-16 中，正面投影中标注①的四条直线，就是六棱柱侧面交线的投影。

(2) 线段可能是形体上某个侧面的积聚性的投影。如图 4-16 中标注②的线段和圆，就是六棱柱的顶面、底面、侧面和圆柱面的积聚性投影。

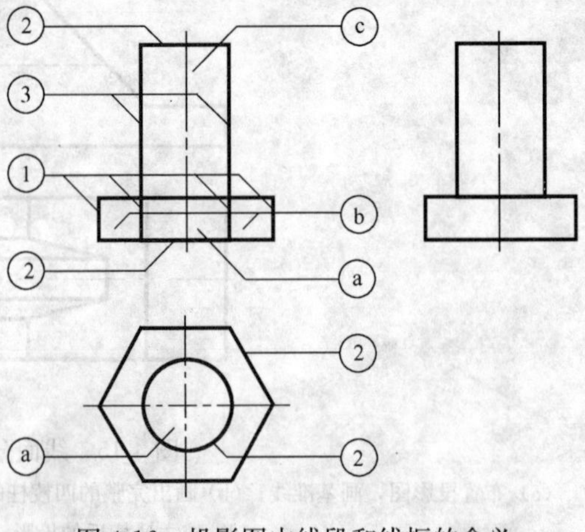

图 4-16　投影图中线段和线框的含义

(3) 线段可能是曲面的投影轮廓线。如图 4-16 中，正面投影中标注③的左右两条线段，就是圆柱的正面投影轮廓线。

2. 投影图中的线框有四种不同的意义

(1) 线框可能是某一侧面的实形性的投影。如图 4-16 中，标注ⓐ的线框，是圆柱上、下底面的 H 面实形性的投影和六棱柱上平行 V 面的侧面实形投影。

(2) 线框可能是某一侧面的类似性的投影。在如图 4-16 中，标注ⓑ的线框，是六

棱柱上垂直于 H 面但倾斜于 V 面的侧面的类似性的投影。

（3）线框可能是某一曲面的投影。在图 4-16 中，标注ⓒ的线框，是圆柱面的 V 面投影。

（4）线框也可能是形体上一个空洞的投影。

3. 掌握将各投影图结合起来分析的方法

（1）一般情况下，一个投影不能完全确定物体的空间形状。因此，读图时必须将各投影联系起来看，根据投影规律进行分析比较。如图 4-17 所示，四组投影图中的主视图都一样，而俯视图不一样，反映的物体形状也不同。

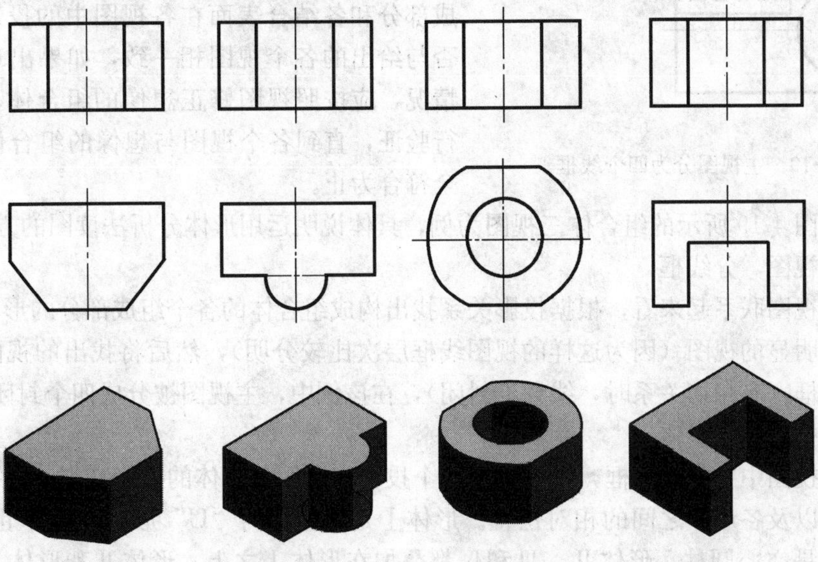

(a)　(b)　(c)　(d)

图 4-17　一个投影不能确定物体的形状

（2）有时两个投影也不能完全确定物体的空间形状。如图 4-18 所示，主视图和俯视图都一样，只有结合左视图一起看，才能确定物体的确切形状。

由以上分析可知，读图时不能只看一个或两个投影，必须以主视图为中心，将几个投影联系起来看，才能正确想像出该物体的形状。

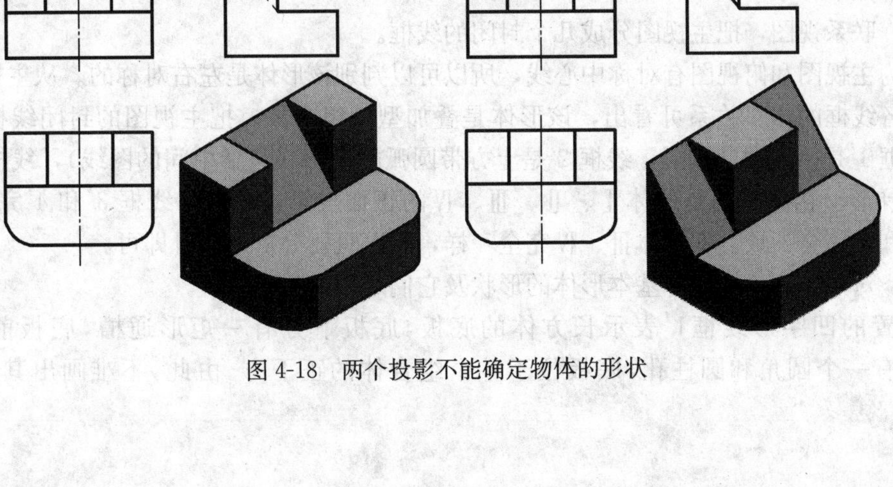

图 4-18　两个投影不能确定物体的形状

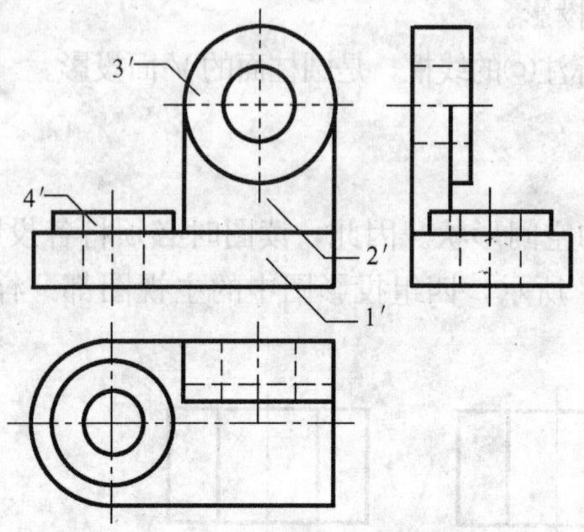

图 4-19　主视图分为四个线框

二、形体分析法读图

形体分析法是阅读组合体视图的主要方法。阅读时，要从反映物体形状特征的视图（一般为主视图）入手，联系其他视图，逐步分析各个组成部分（基本形体）的空间形状和相对位置，从而得到组合体的总体形状。在实际读图时，初步想像出组合体之后，应按照投影特性验证各个组成部分和各结合表面在各视图中的投影，验证是否与给出的各个视图相一致，如果出现不一致的情况，应按照视图修正想像的组合体，然后再进行验证，直到各个视图与想像的组合体的投影完全符合为止。

下面以图 4-19 所示的组合体三视图为例，具体说明运用形体分析法读图的方法和步骤。

（1）看视图，分线框

先将三视图联系起来看，根据投影关系找出构成组合体的各个组成部分的形状特征和相对位置比较明显的视图（因为这样的视图线框层次比较分明），然后将找出的视图分成若干个封闭的线框（有相切关系时，线框不封闭），在该例中，主视图被分成四个封闭的线框。

（2）对投影，想形体

根据主视图中所分的线框，对照其他两个投影，利用各形体的投影特点，就可以确定它的空间形状以及各形体之间的相对位置。形体Ⅰ是底板，为“U”形体，形体Ⅱ为简单体，形体Ⅲ、Ⅳ是空心圆柱，形体Ⅱ、Ⅲ和Ⅳ都叠加在形体Ⅰ之上，形体Ⅱ和形体Ⅲ的表面相切。如图 4-20（a）、（b）、（c）、（d）所示。

（3）综合起来想整体

每个组成部分的形状以及它们之间的相对位置确定之后，就可以综合起来想像出组合体的整体形状，如图 4-20（e）所示。

经常通过读图解决已知两个视图补画第三个视图的问题，下面以图 4-21 为例具体说明此类问题的解法。

【例 4-1】　已知物体的主视图和俯视图如图 4-21 所示，请想出整体形状，补画左视图。

【解】　从已知视图中可以看出，该形体为叠加型组合体，运用形体分析法进行解题，具体步骤如下：

（1）联系视图，把主视图分成几个封闭的线框。

因为主视图和俯视图有对称中心线，所以可以判别该形体是左右对称的。从主视图和俯视图中各线框的相邻关系可看出，该形体是叠加型的组合体。把主视图的封闭线框分成四个：线框 1′是倒置的凹字形，线框 2′是上方带圆弧的矩形（包括中间的图线），线框 3′和线框 4′是梯形。它们分别是形体Ⅰ、Ⅱ、Ⅲ、Ⅳ的正面投影，并且，线框 3′和 4′完全一致，线框 3 和 4 完全一致，即形体Ⅲ、Ⅳ完全一样，所以只要分析形体Ⅲ即可。

（2）对照投影，确定各基本形体的形状及它们之间的相对位置。

倒置的凹字形线框 1′表示长方体的底板，底板下方有一矩形通槽，底板前方左右两侧各有一个圆角和圆柱孔，底板位于整个组合体的正下方。由此，不难画出其左视图，

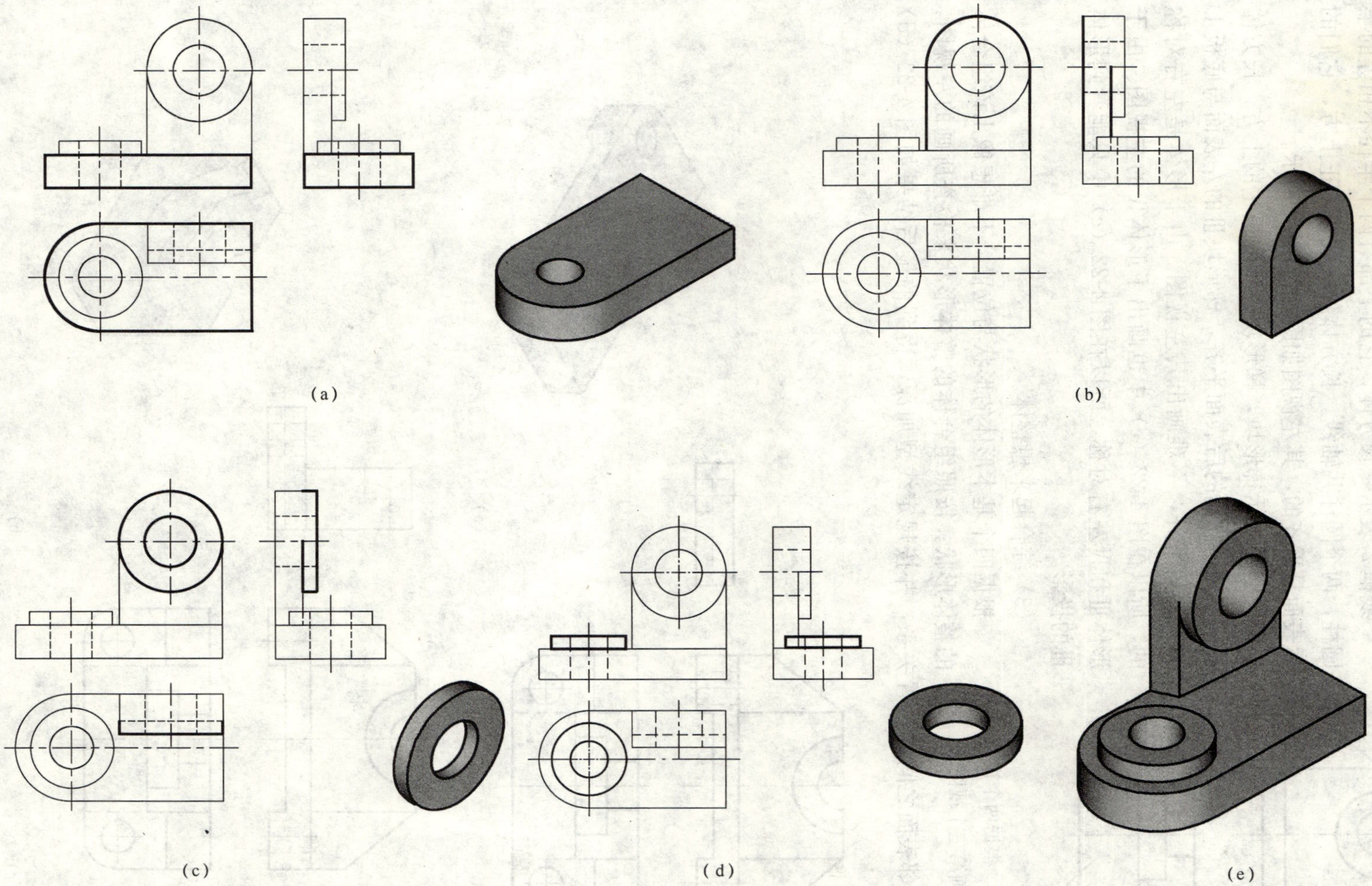

图 4-20　形体分析法读图步骤

(a)确定形体Ⅰ；(b)确定形体Ⅱ；(c)确定形体Ⅲ；(d)确定形体Ⅳ；(e)综合起来想整体

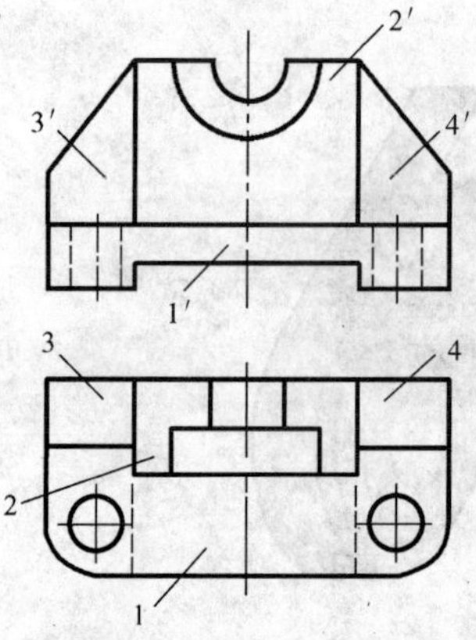

图 4-21　根据两个视图，补画第三个视图

如图 4-22（a）所示。

线框 2′表示一长方体，它的上部有两个半径不相等的半圆柱，两个圆柱共轴线。长方体位于底板的正上方，它们的后表面是平齐的，其左视图如图 4-22（b）所示。

线框 3′表示梯形块，梯形块位于底板Ⅰ的上方，长方体Ⅱ的左侧，它们的后表面平齐，梯形块Ⅲ的左表面与底板Ⅰ的左表面平齐，不难画出其左视图。由于形体是左右对称的，所以在图 4-22（c）中也画出了形体Ⅳ的左视图。由于形体Ⅲ和Ⅳ左右对称，所以在图 4-22（c）中只能看到形体Ⅲ的投影。

（3）综合起来想整体。

根据四个基本形体的形状与位置，不难想像出该组合体的整体形状。按照组合体的整体形状来检查所画的左视图，正确处理相邻表面之间的位置关系，并按规定线型加深，得到的最后结果如图 4-22（d）所示。

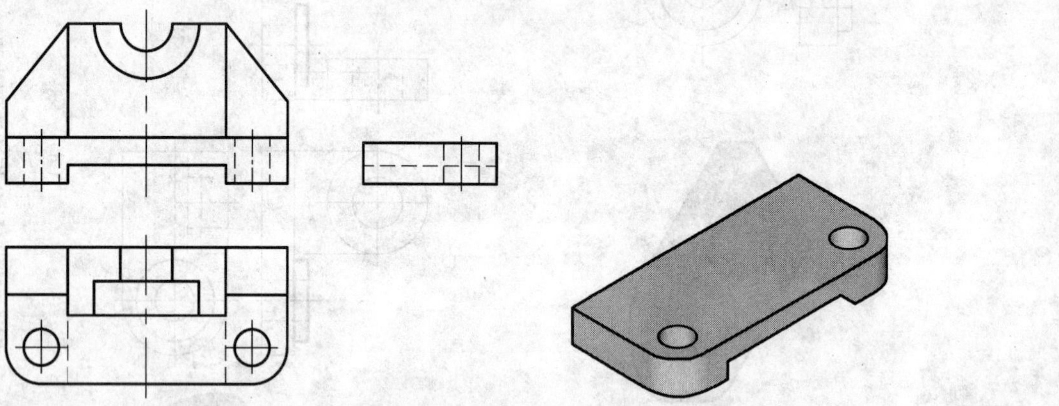

(a)

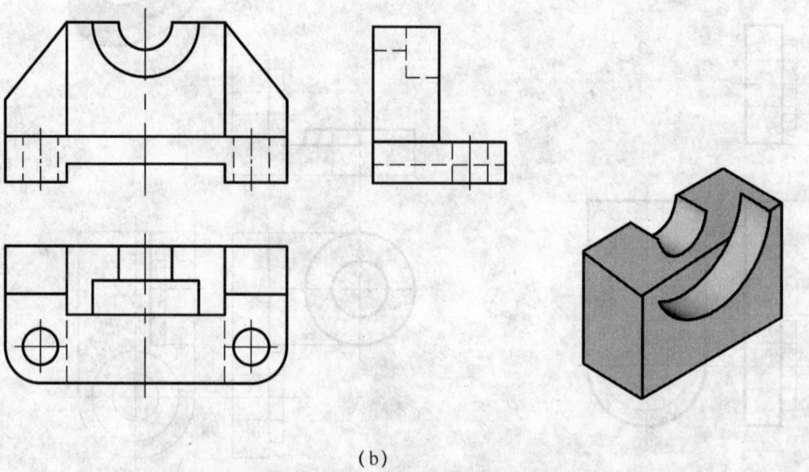

(b)

图 4-22　根据两视图补画第三个视图的方法和步骤（一）

（a）补画底板的左视图；（b）补画形体Ⅱ的左视图

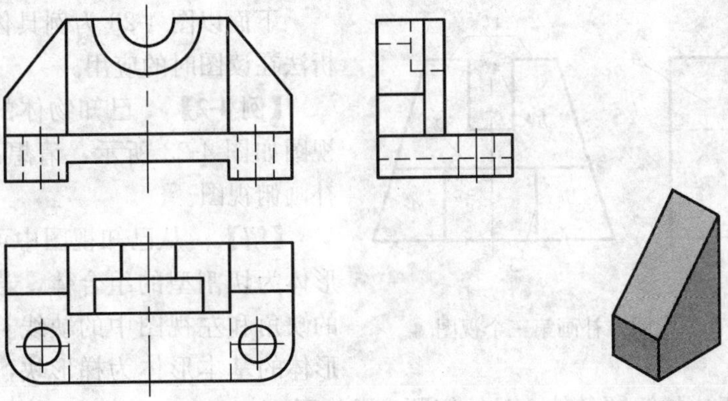

(c)

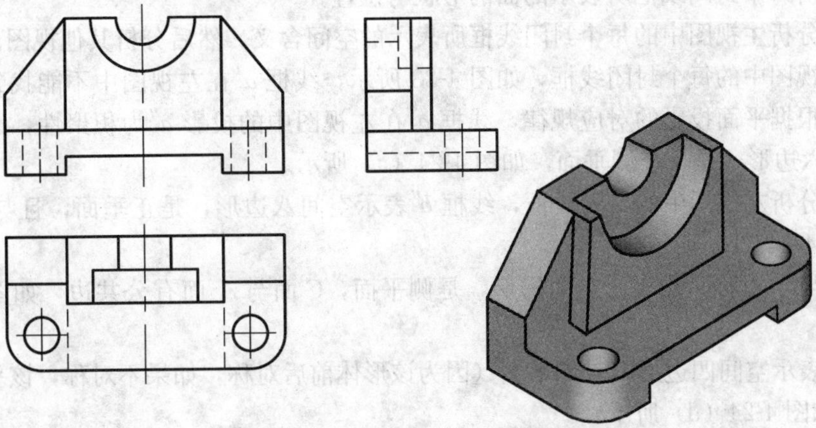

(d)

图 4-22　根据两视图补画第三个视图的方法和步骤（二）

（c）补画形体Ⅲ和Ⅳ的左视图；（d）补画出完整的左视图

三、线面分析法读图

当组合体中有较复杂的形体时，仅用形体分析法可能难以确定其形状，可借助于线面分析法来读图。

我们知道，组合体视图是由若干的线段和线框组成的，分析三视图中相互对应的线段和线框的含义，可进一步认识组成该组合体的基本形体和整个形体的形状，这种方法称为线面分析法。

线面分析法读图是在形体分析法的基础上，研究和运用组合体中的线、面的空间性质和投影规律，对组合体中较难读懂的投影部分进行深入分析，然后综合起来想像出组合体空间形状的一种方法。

运用线面分析法读图的关键在于弄清投影图中的图线和线框的含义，因此，必须熟练掌握线段和线框在投影图所代表的含义，这对读图很有帮助。

从画法几何的知识可知，形体由面（平面或曲面）围成，而面又是由线段（直线或曲线）构成的。形体分析法是从“体”的角度去处理问题，而线面分析法则是从“线和面”的角度去分析组合体的形状。特别是在读切割型的组合体时，对于挖切部分较多，所形成的交线较为复杂的部分，采用线面分析法，对提高读图速度和准确率更为有效。

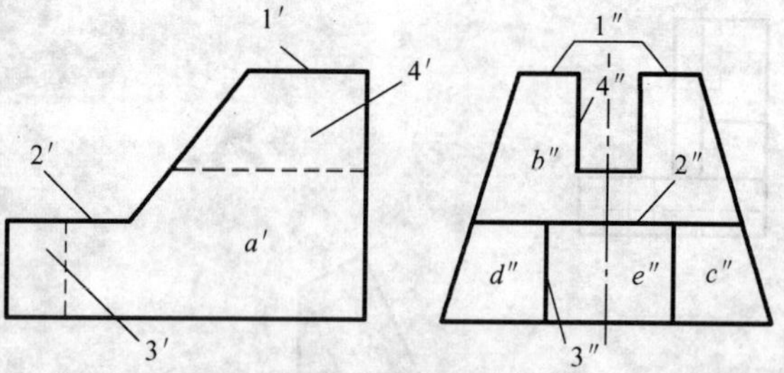

图 4-23　根据两个视图，补画第三个视图

下面以图 4-23 为例具体说明线面分析法在读图时的应用。

【例 4-2】　已知物体的主视图和左视图如图 4-23 所示，请想出整体形状，补画俯视图。

【解】　从已知视图中可以看出，该形体为切割型的组合体，若把主视图中的缺角和左视图中的缺线补画出来，该形体的基本形体为梯形块，经挖切后形成的，符合线面分析法的解题条件，具体解题步骤如下：

(1) 分析每个封闭线框所表示的面的形状与位置。

一般先分析主视图中的每个封闭线框所表示的空间含义，然后分析其他视图。

分析主视图中的每个封闭线框，如图 4-23 所示，线框 a' 在左视图中不能找到与其对应的六边形，根据平面投影的对应规律，线框 a' 在左视图中的投影 a'' 为积聚性，因此，线框 a' 表示空间六边形，是一个侧垂面，如图 4-24 (a) 所示。

同理，分析左视图中的封闭线框，线框 b'' 表示空间八边形，是正垂面，且与 A 面有公共边，如图 4-24 (b) 所示。

线框 c'' 与 d'' 对称，均表示空间梯形，是侧平面，C 面与 A 面有公共边，如图 4-24 (c) 所示。

线框 e'' 表示空间四边形，是侧平面（因为该形体前后对称，如果不对称，该平面可能是铅垂面），如图 4-24 (d) 所示。

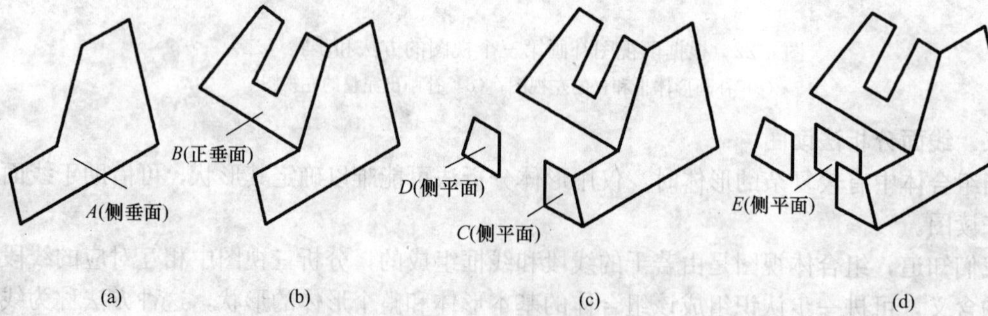

图 4-24　分析线框 a'、b''、c''、d''、e''

(2) 分析每条图线所表示的空间含义。

从图 4-24 (d) 可以看出，分析每个线框所围成的图形，并不足以完整地表示组合体的所有可见表面，因此，还要分析视图中的每条图线所表示的空间含义，以逐步围成整个组合体的可见表面。

如图 4-23 所示，主视图和左视图中的图线 1′与 1″表示空间两个水平面，形状为矩形，且前后对称，如图 4-25 (a) 所示。

图 4-23 中主视图、左视图中的图线 2′与 2″表示空间水平面，形状为凹字形，如图 4-25 (b)所示。

(3) 根据空间平面与其投影为类似形的性质，补全组合体的可见轮廓。

根据主视图中的虚线 3′与左侧图线（粗实线）围成的矩形线框，不难想像组合体相应之处有一个矩形平面，该平面为正平面，如图 4-26（a）所示。

同理，虚线 4′与其他图线围成的梯形线框，说明组合体相应之处有一个梯形平面，该平面为正平面，如图 4-26（b）所示。

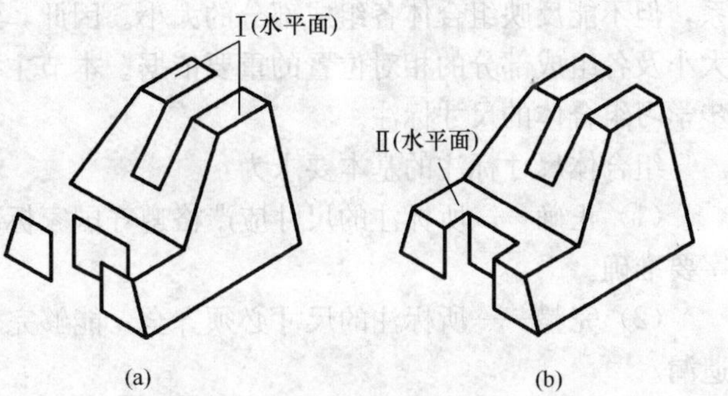

图 4-25　分析线框 1′、1″、2′、2″

(4) 根据想像出来的立体，画出其投影图。想像的立体图见图 4-26（c），补画出的俯视图见图 4-27（当然也可采用边分析边画图的方法作图）。

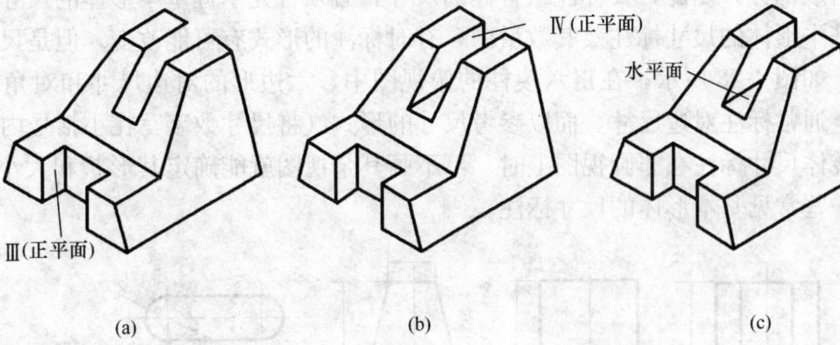

图 4-26　分析图线 3′、4′，想像整体形状

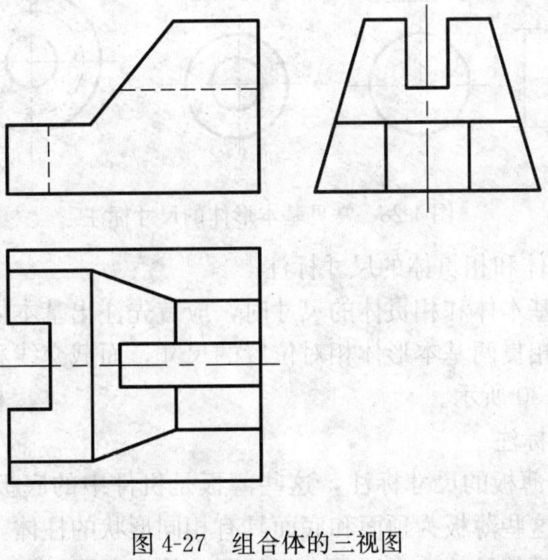

图 4-27　组合体的三视图

第四节　组合体的尺寸标注

组合体的三视图，虽然已清楚地表达出组合体的形状特征和各组成部分的相对位置关

系，但不能反映组合体各组成部分的大小。因此，组合体的尺寸标注成为确定组合体的真实大小及各组成部分的相对位置的重要依据。本节主要是在平面图形尺寸标注的基础上，进一步学习组合体的尺寸标注。

组合体尺寸标注的基本要求为：

(1) 正确——所标注的尺寸应严格遵守国家标准中有关尺寸标注的规定，注写的尺寸数字要准确。

(2) 完整——所标注的尺寸必须齐全，能够完全确定立体的形状和大小，不重复，也不遗漏。

(3) 清晰——每个尺寸在图形中的布置应该适当、清楚，便于看图。

一、基本形体的尺寸标注

1. 基本形体的尺寸标注

组合体的尺寸标注是按照形体分析进行的，柱、锥、球、环等基本形体的尺寸是组合体尺寸的重要组成部分，因此，要标注组合体的尺寸，必须首先掌握基本形体的尺寸标注。

在常见基本形体的尺寸标注及其数量中，有时标注的形式有可能改变，但是尺寸的数量却不能增减。如图 4-28 所示，在正六棱柱的俯视图中，六边形的对边尺寸和对角尺寸只需要标注一个，通常标注对边尺寸，而以参考尺寸的形式（将尺寸数字写在小括号内）标注对角尺寸；回转体尺寸标注在非圆视图上时，可不画其余视图就能确定其形状和大小。图4-28中给出的是一些常见基本形体的尺寸标注。

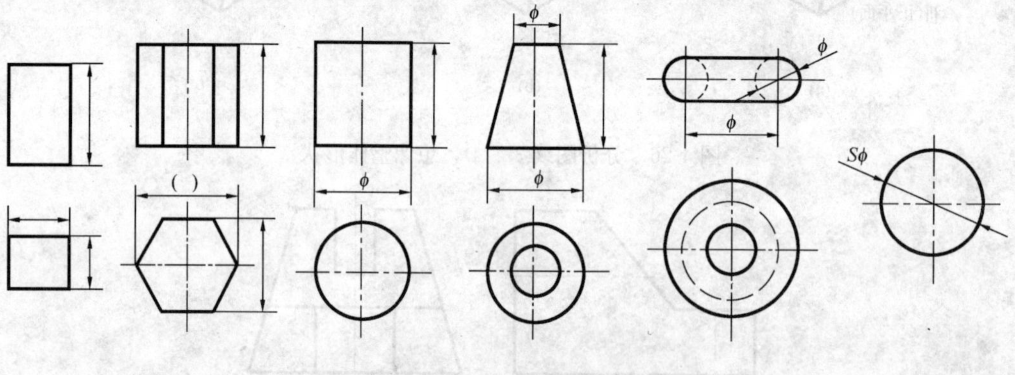

图 4-28　常见基本形体的尺寸标注

2. 具有切口的基本体和相贯体的尺寸标注

在标注具有切口的基本体和相贯体的尺寸时，应首先注出基本体的尺寸，然后再注出确定截平面位置的尺寸和相贯两基本形体相对位置的尺寸，而截交线和相贯线本身不允许标注尺寸，如图 4-29 和图 4-30 所示。

3. 常见薄板的尺寸标注

图 4-31 列举了几种薄板的尺寸标注，这些薄板是机件中的底板、竖板和法兰的常见形式。从图中可以看出，这些薄板为顶面和底面具有相同形状的柱体，只是按照平面图形的尺寸注法注写出顶面和底面的尺寸，再注写出板的厚度就可以了。图中略去了反映薄板厚度的主视图。图 4-31 (a) 中所示底板的四个圆角，无论与小孔是否同心，整个形体的长度尺寸和宽度尺寸、圆角半径，以及确定小孔位置的尺寸都要注出。当圆角与小孔同心时，应注意上述尺寸之间不要发生矛盾。图 4-31 (b) 中板的前后对称圆弧位于同一条直径的圆上，应

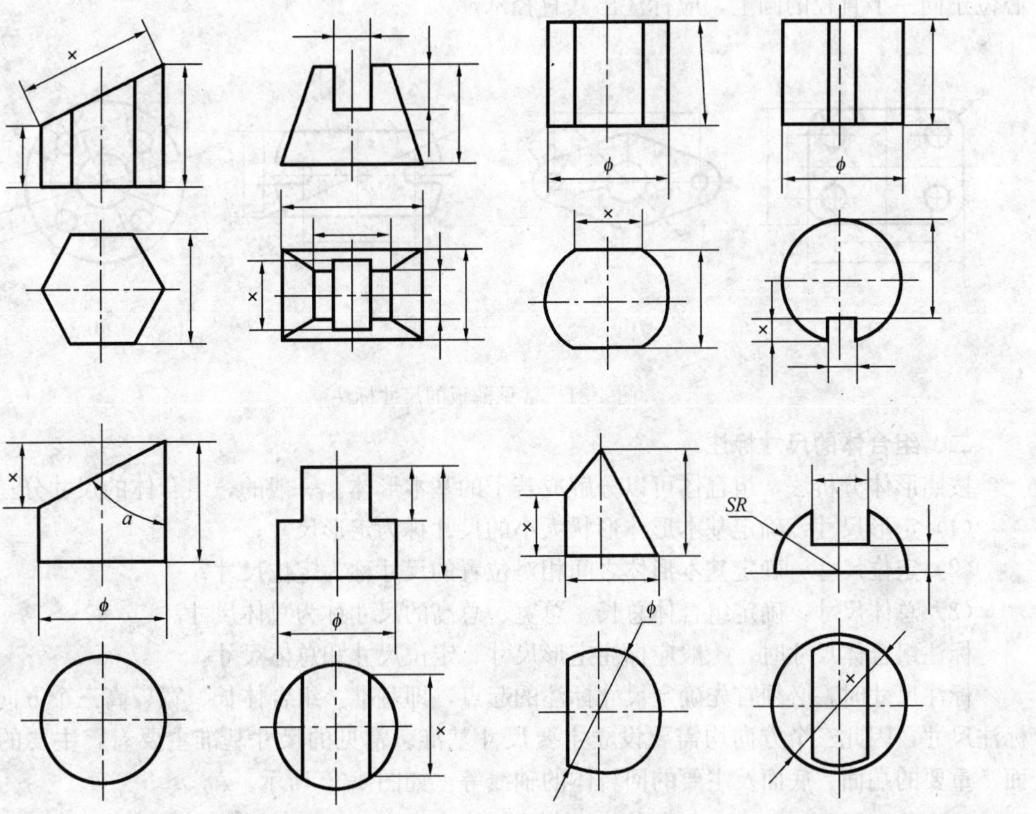

图 4-29　带有截交线的立体的尺寸标注

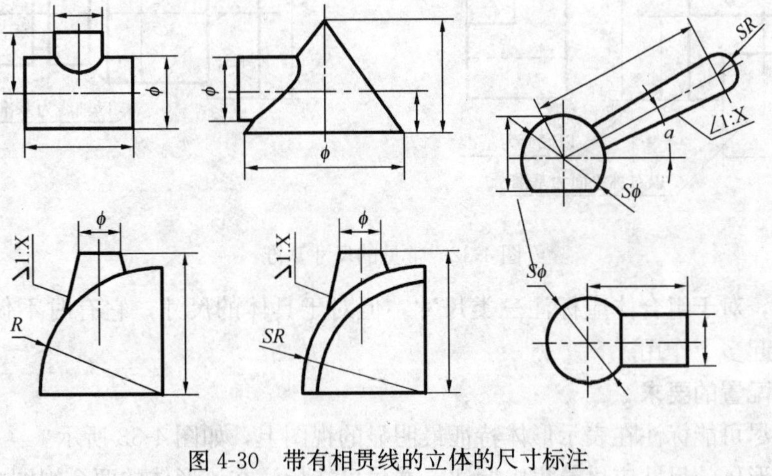

图 4-30　带有相贯线的立体的尺寸标注

标注直径“ϕ”，长度方向的总体尺寸由小孔中心距与两个圆弧半径之和得到，不允许直接标注。图 4-31（c）中的底板是由直径为“ϕ”的圆柱体切割得到的，应注写出直径“ϕ”，左右两端分别被两个正平面和一个半圆柱面开了两个槽，使圆柱的左右两端产生了截交线，而截交线不能标注尺寸，因此不应该标注总长尺寸。在图 4-31（d）中，底板上的四个小孔的圆心位于同一个直径的圆上，应标注出其直径“ϕ”。

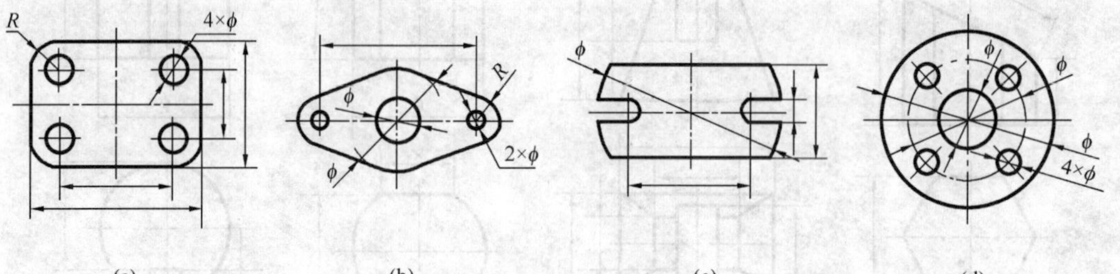

图 4-31　常见薄板的尺寸标注

二、组合体的尺寸标注

按照形体分析法，组合体可以分解成若干的基本形体。一般的，组合体的尺寸分三类：

（1）定形尺寸：确定基本形体形状大小的尺寸称为定形尺寸；

（2）定位尺寸：确定基本形体之间相对位置的尺寸称为定位尺寸；

（3）总体尺寸：确定组合体总长、总宽、总高的尺寸称为总体尺寸。

标注组合体尺寸时，一般应标注定形尺寸、定位尺寸和总体尺寸。

标注尺寸时，必须首先确定尺寸标注的起点，即基准。组合体长、宽、高三个方向均需标注尺寸，因此三个方向均需要设立主要尺寸基准。常见的尺寸基准主要有：主要的对称面、重要的端面、底面及主要的回转体的轴线等，如图 4-32 所示。

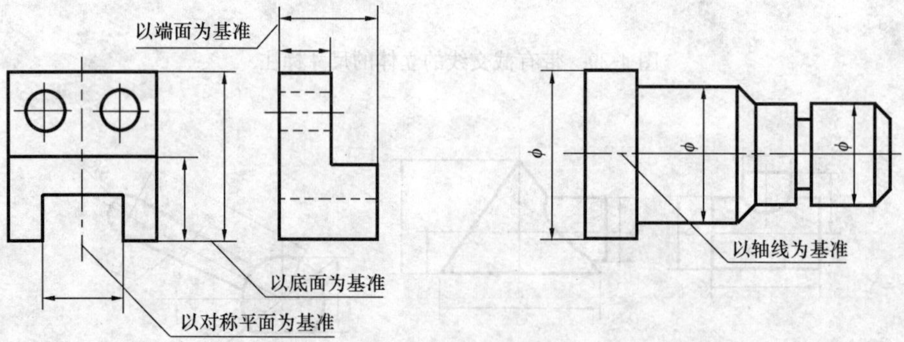

图 4-32　常见的尺寸基准

必须注意，对于组合体应标注三类尺寸，但对于具体的尺寸，它有时不仅仅起一个作用，而是同时起多个作用。

三、尺寸配置的要求

（1）尺寸尽可能标注在表示形体特征最明显的视图上，如图 4-33 所示。

（2）同一形体的尺寸应尽量集中标注，并尽可能标注在该形体的两个视图之间，以便于读图和想像出物体的空间形状，如图 4-34 中的长度尺寸所示。

（3）同一方向的尺寸，在标注时应排列整齐，尽量配置在少数几条线上，如图 4-35 所示。

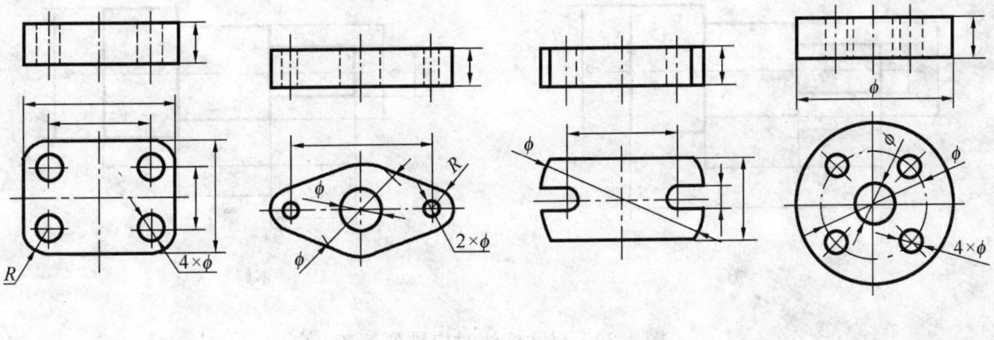

(a) (b) (c) (d)

图 4-33　尺寸尽可能标注在表示形体特征最明显的视图上

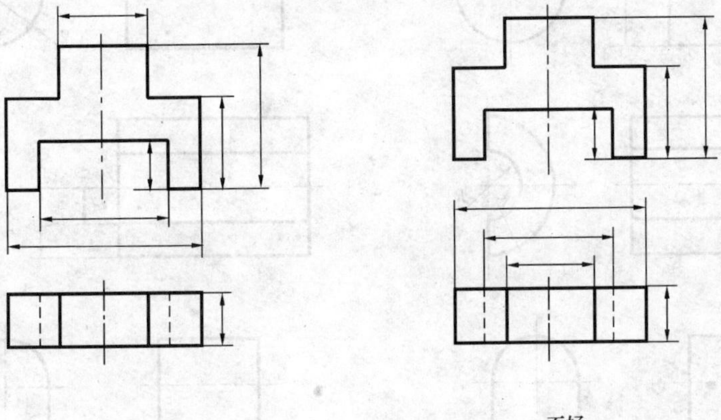

好　　　不好

图 4-34　尺寸应尽量集中标注

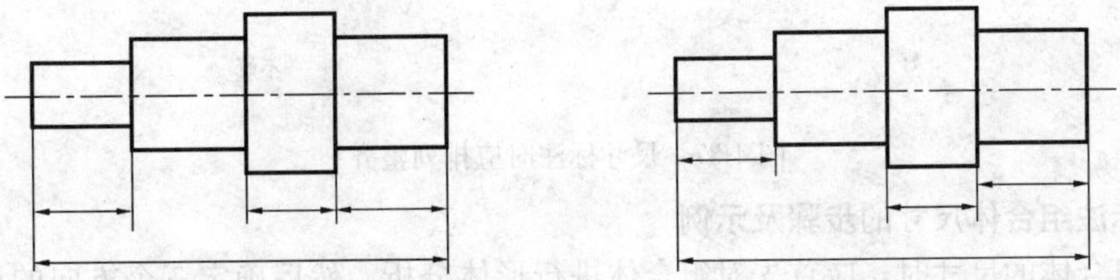

好　　　不好

图 4-35　尺寸标注时应排列整齐

排列尺寸时，应将大尺寸排列在小尺寸之外，尽量避免尺寸线和其他尺寸界线相交，以保证图面清晰，如图 4-36 所示。

（4）尺寸尽量不要标注在虚线上。

（5）回转体的尺寸一般应标注在投影为非圆的视图上，其中圆柱面的半径尺寸则应标注在反映圆的视图上，如图 4-37 所示。

（6）为了便于读图，应尽量将尺寸配置在图形外面，只有当图形内有足够的空白处或必要时才可以标注在视图内。

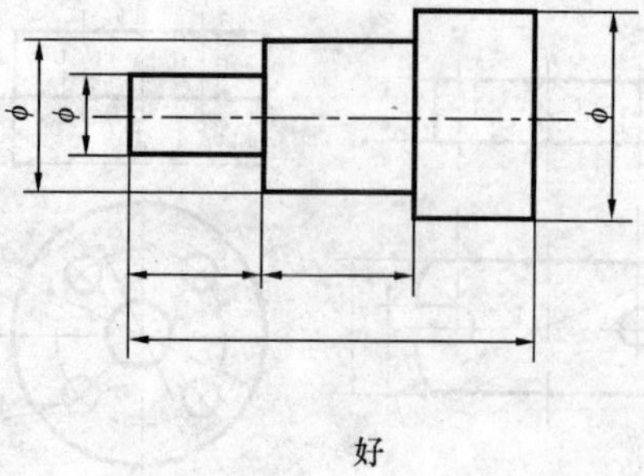

图 4-36　尺寸标注时应排列整齐

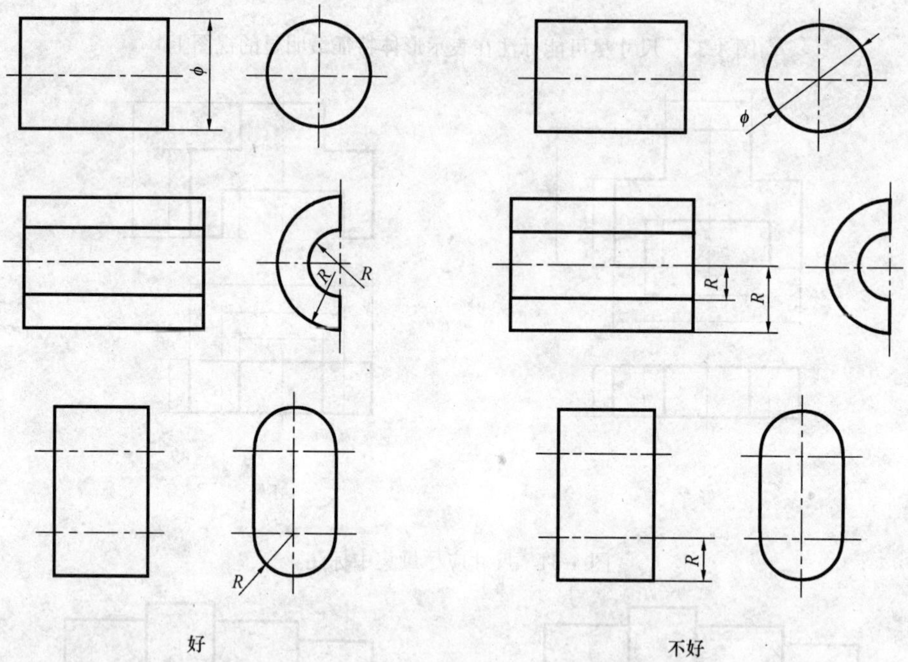

图 4-37　尺寸标注时应排列整齐

四、标注组合体尺寸的步骤及示例

标注组合体的尺寸时，应首先对组合体进行形体分析，然后确定三个方向的尺寸基准，再标注定形尺寸和定位尺寸，最后调整总体尺寸并进行检查。

下面以图 4-38 所示的轴承座为例，说明标注组合体尺寸的步骤。

(1) 形体分析

轴承座可以分析成四个简单形体：底板、空心圆柱、支撑板、肋板，如图 4-38 (a) 所示。

(2) 确定三个方向的尺寸基准

如图 4-38 (b) 所示，轴承座的底板是安装面，可作为高度方向的主要尺寸基准；轴承座的左右对称面可作为长度方向的主要尺寸基准；底板和支撑板的后端面可作为宽度方向的主要尺寸基准。

(3) 标注定位尺寸

由于组合体左右对称，底板上的两个圆柱孔长度的定位尺寸为 96，宽度方向的定位尺寸为 36，空心圆柱轴线的高度方向的定位尺寸为 60，空心圆柱宽度方向的定位尺寸为 8，如图 4-38（c）所示。

（4）标注定形尺寸

首先标注底板的定形尺寸，如图 4-38（d）所示。其次标注空心圆柱的定形尺寸，如图 4-38（e）所示。再标注支撑板的定形尺寸，最后标注肋板的定形尺寸，如图 4-38（f）所示。完成组合体的尺寸标注，如图 4-38（g）所示。

（5）调整总体尺寸，如图 4-38（g）所示。总长为 120，总宽由 48 和 8 确定，总高由 60 和 ϕ48/2 确定。

（6）检查

按照定位尺寸、定形尺寸和总体尺寸的顺序进行校核，注意尺寸的完整和清晰。

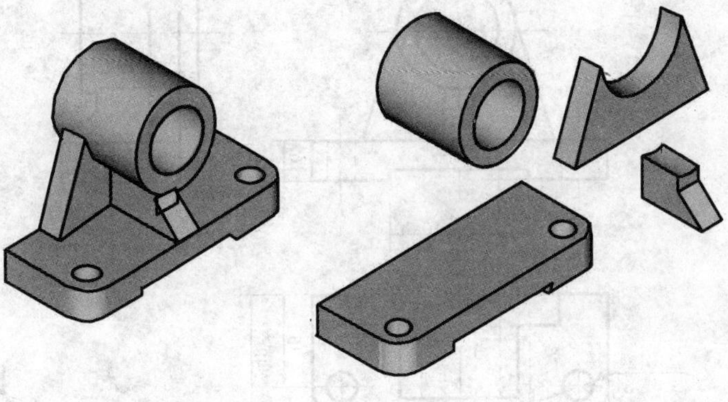

(a)

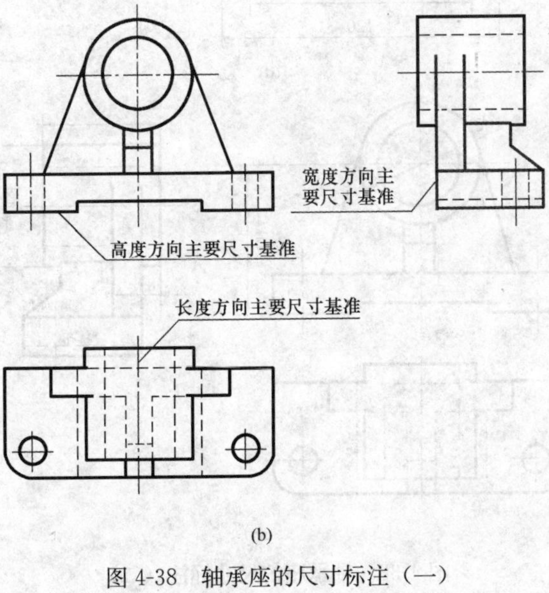

(b)

图 4-38　轴承座的尺寸标注（一）

（a）形体分析；（b）三个方向的尺寸基准

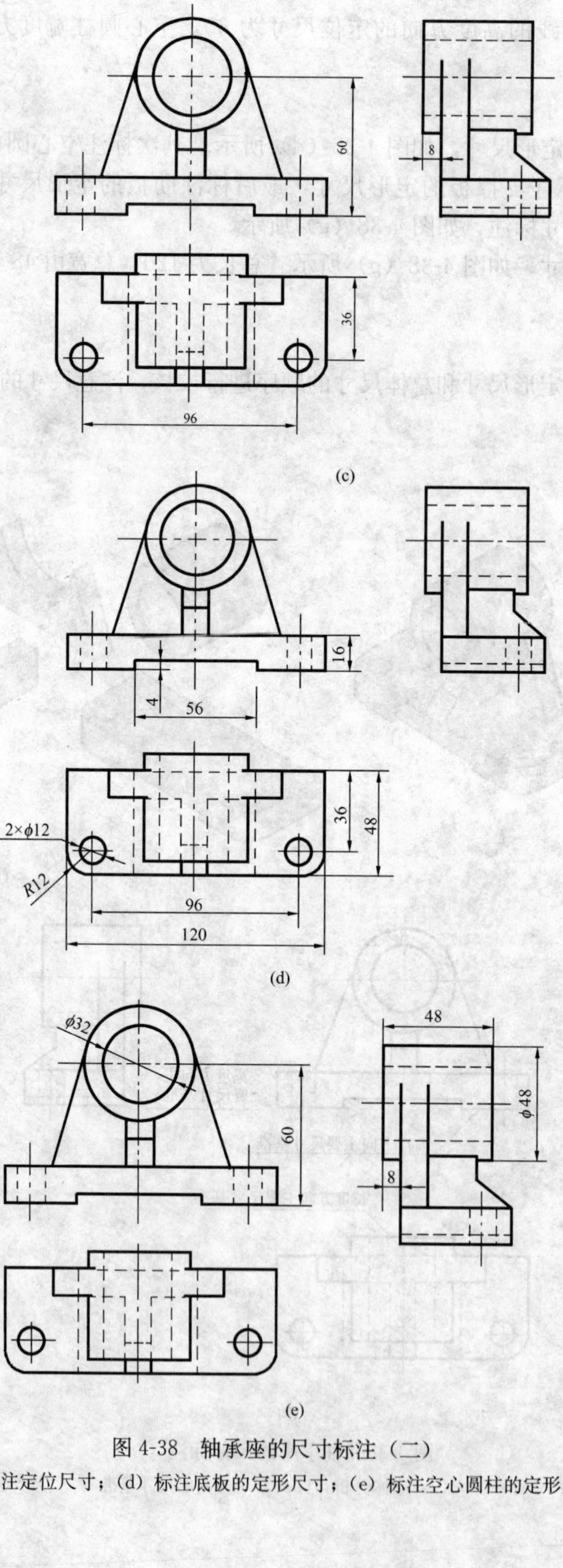

图 4-38　轴承座的尺寸标注（二）

(c) 标注定位尺寸；(d) 标注底板的定形尺寸；(e) 标注空心圆柱的定形尺寸

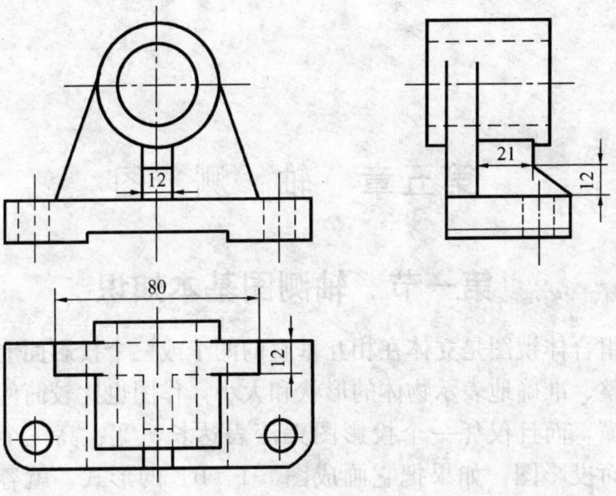

(f)

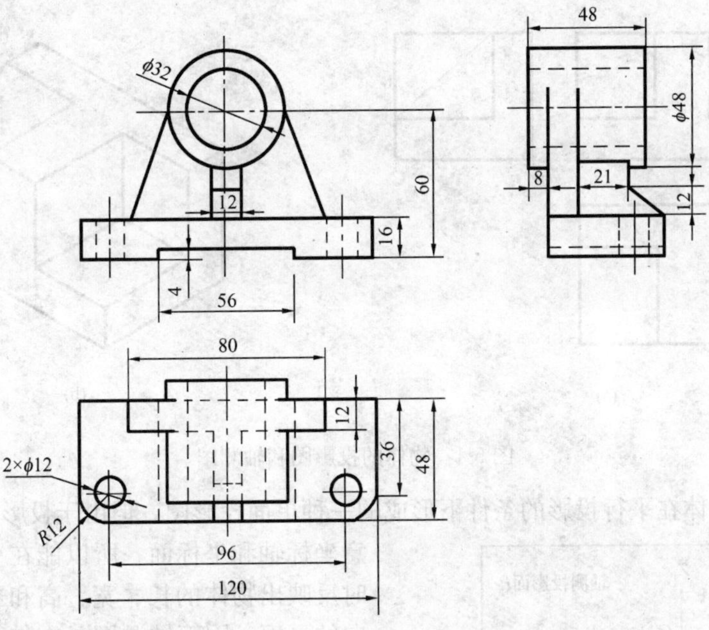

(g)

图 4-38　轴承座的尺寸标注（三）

（f）标注支撑板和肋板的定形尺寸；（g）完成尺寸标注

第五章　轴　测　图

第一节　轴测图基本知识

前面所讲述的组合体视图是立体在相互垂直的两个或三个投影面上的多面正投影图。多面正投影图能够完整、准确地表示物体的形状和大小，作图也比较简便，但是这种图的立体感较差，不容易看懂，而且仅凭一个投影图无法表达长、宽、高三个方向的尺寸。图 5-1（a）是组合体的三面投影图，如果把它画成图 5-1（b）的形式，就容易看懂。图 5-1（b）这种图是用轴测投影的方法画出来的，称为轴测投影图（简称轴测图）。

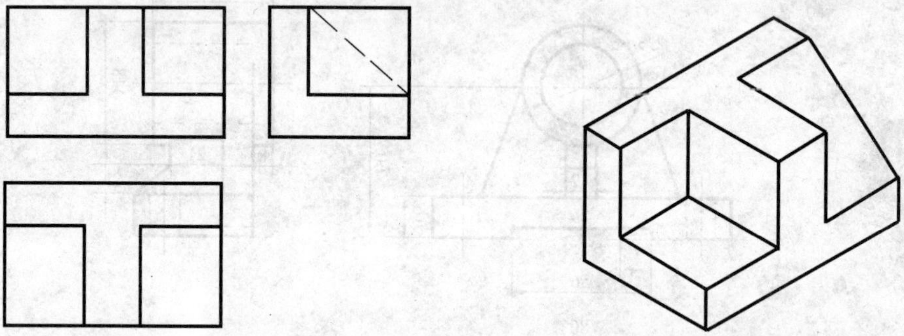

(a)　　　　(b)

图 5-1　物体的投影图和轴测图

轴测图是形体在平行投影的条件下形成的一种单面投影图，但由于投影方向不平行于任意坐标轴和坐标面，所以能在一个投影图中同时反映出物体的长、宽、高和不平行于投影方向的平面，因而轴测图具有较强的立体感。但轴测图绘制较为繁琐，不能直接反映物体的真实形状和大小，所以多数情况下只能作为一种辅助图样，作为对正投影图的补充。

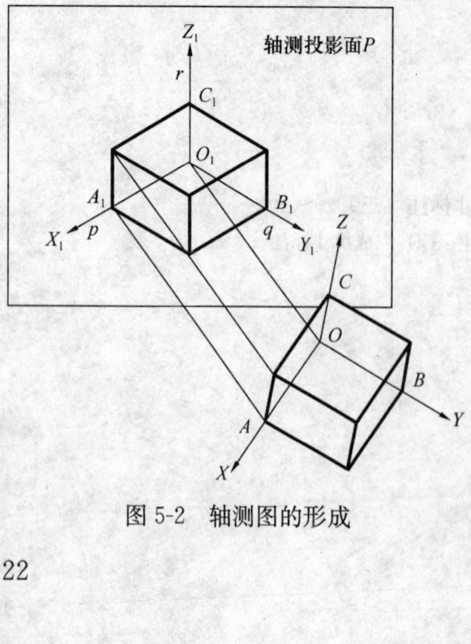

图 5-2　轴测图的形成

一、轴测投影的形成

轴测投影是将空间物体连同确定其空间位置的直角坐标系，沿不平行于任意坐标面的方向 S，用平行投影法投射到一个平面 P 上所得到的图形，如图 5-2 所示。

二、轴测投影中的轴间角和轴向伸缩系数

在轴测投影中，投影面称为轴测投影面，

如图 5-2 中的平面 P；三个坐标轴 OX、OY、OZ 的轴测投影 O_1X_1、O_1Y_1、O_1Z_1 称为轴测轴，画图时，规定把 O_1Z_1 轴画成竖直方向；轴测轴上某段长度与它在空间直角坐标轴上的实长之比分别称为 X、Y、Z 轴的轴向伸缩系数，又称为轴向变形系数，分别用 p_1、q_1、r_1 表示，即：$p_1=\frac{O_1X_1}{OX}$　$q_1=\frac{O_1Y_1}{OY}$　$r_1=\frac{O_1Z_1}{OZ}$。

为了便于作图，轴向伸缩系数常采用简化的数值，简化后的系数称为简化伸缩系数，简称伸缩系数，分别用 p、q、r 表示。

轴测轴之间的夹角，即 $\angle X_1O_1Z_1$、$\angle X_1O_1Y_1$、$\angle Y_1O_1Z_1$ 称为轴间角。轴间角和轴向伸缩系数是绘制轴测投影时必备的要素，不同类型的轴测投影有不同的轴间角和轴向伸缩系数。

三、轴测图的分类

根据投影方向与轴测投影面的相对位置，可将轴测图分为两大类：

1. 正轴测图

当投射方向垂直于轴测投影面时，得到的投影图称为正轴测图。

在正轴测图中：三个轴向伸缩系数相等的称为正等轴测图（$p=q=r$）；两个轴向伸缩系数相等的称为正二轴测图（$p=q\neq r$ 或 $p=r\neq q$ 或 $p\neq q=r$）；三个轴向伸缩系数均不相等的称为正三轴测图（$p\neq q\neq r$）。

2. 斜轴测图

当投射方向倾斜于轴测投影面时，得到的投影图称为斜轴测图。

在斜轴测图中：三个轴向伸缩系数相等的，称为斜等轴测图（$p=q=r$）；两个轴向伸缩系数相等的，称为斜二轴测图（$p=q\neq r$ 或 $p=r\neq q$ 或 $p\neq q=r$）；三个轴向伸缩系数均不相等的，称为斜三轴测图（$p\neq q\neq r$）。

工程中用的较多的是正等轴测图和轴测投影面平行于坐标平面 XOZ 的一种斜二轴测图，本书仅介绍这两种轴测图。

四、轴测投影的特性

由于轴测投影为平行投影，所以它具有平行投影的投影特性，即：

1. 平行性

互相平行的直线其轴测投影仍平行。因此，形体上平行于三个坐标轴的线段，在轴测投影上分别平行于相应的轴测轴。

2. 度量性

形体上与坐标轴平行的直线尺寸，在轴测图中均可沿轴测轴的方向测量。因此，形体上平行于坐标轴的线段的轴测投影与线段实长之比，等于相应的轴向变形系数。

3. 变形性

形体上与坐标轴不平行的直线，具有不同的伸缩系数，不能在轴测图上直接量取，而要先定出直线两端点的位置，再画出该直线的轴测投影。

4. 定比性

直线上的点分割比例在轴测投影中比值不变。

在轴测图中，用粗实线画出物体的可见轮廓，为了使画出的图形明显，通常不画出物体的不可见轮廓，必要时用虚线画出。

第二节　正等轴测图

一、正等轴测图的轴间角和轴向伸缩系数

当投射方向与轴测投影面垂直，而且物体的三个坐标轴与轴测投影面的三个夹角均相等时所得到的投影，称为正等轴测图。此时，轴间角均为 120°，如图 5-3（b）所示，轴向伸缩系数 $p_1=q_1=r_1\approx 0.82$；为作图简便，常取 $p=q=r=1$。采用简化伸缩系数作图时，画出的图形长度沿各轴向分别放大了约 1.22 倍，画出的是与原物体的相似形，但作图时，沿各轴向的所有尺寸都用真实长度量取，简捷方便，所以通常都以简化伸缩系数画正等轴测图。

图 5-3 为正四棱柱的正等轴测投影，其中（a）为四棱柱的投影图，（b）为先画出的正等轴测图的轴测轴，（c）为按轴向伸缩系数 0.82 画出的对应四棱柱的正等轴测图，（d）为按简化轴向伸缩系数 1 画出的四棱柱的正等轴测图，由图可见，按简化的轴向伸缩系数来画，实际上是把物体放大了。

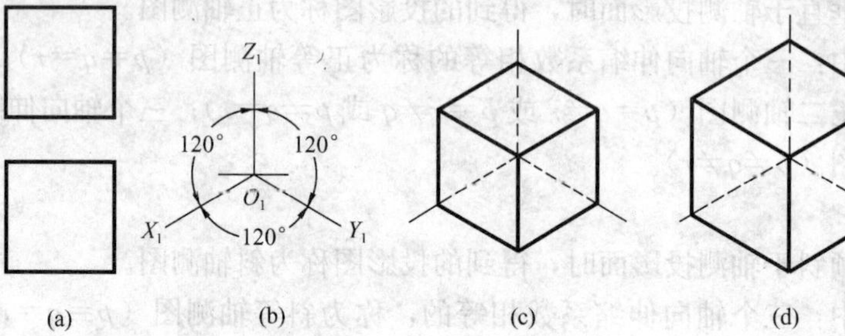

图 5-3　正等轴测图

（a）正四棱柱投影图；（b）画轴测轴；（c）$p_1=q_1=r_1=0.82$；（d）$p=q=r=1$

二、平行于坐标面的圆的正等轴测图

当圆所在的平面平行于轴测投影面时，其投影仍为圆；当圆所在的平面倾斜于轴测投影面时投影为椭圆。

平行于坐标面的圆的正等轴测图都是椭圆，通常用图 5-4 所示的作法画成以四段圆弧近似的椭圆。椭圆的长轴垂直于与圆平面垂直的坐标轴；短轴则平行于这条轴测轴。例如平行于坐标面 XOY 的圆的正等轴测图，椭圆的长轴垂直于 Z 轴，而短轴则平行于 Z 轴。用各轴向简化伸缩系数画出的正等轴测图椭圆，其长轴约等于 $1.22d$（d 为圆的直径），短轴约等于 $0.7d$。

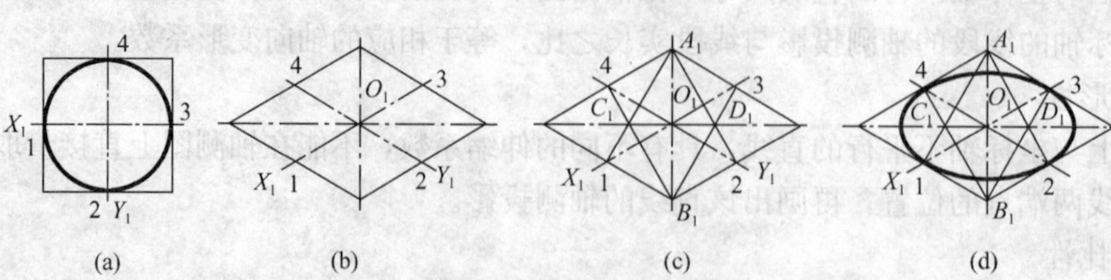

图 5-4　平行于坐标面的圆的正等轴测图作图过程

这一方法仅适用于画平行于坐标面的圆的正等测图。作图过程如下：

（1）通过圆心 O_1 作坐标轴和圆的外切正方形，切点为 1、2、3、4；

（2）作轴测轴和切点 1、2、3、4，通过这些点作外切正方形的正等轴测图，并作对角线；

（3）过 1、2、3、4 作各边的垂线，交得圆心 A_1、B_1、C_1、D_1。A_1B_1 即短对角线的顶点，C_1D_1 在长对角线上；

（4）以 A_1、B_1 为圆心，$A_1$1、$B_1$3 为半径，作弧 12、34；以 C_1、D_1 为圆心，$C_1$4、$D_1$3 为半径，作弧 14、23，最后连成近似椭圆。

图 5-5 画出了立方体表面上三个内切圆的正等轴测椭圆，它们都是平行于坐标面的圆，都可用图 5-4 的做法分别画出。

图 5-6 是一个圆柱的两面投影图及其正等轴测图。因为圆柱的顶面圆和底面圆分别在坐标面 XOY 及其平行面上，与轴测投影面都不平行，所以这些圆的正等轴测图都是椭圆，可用前面讲过的四心圆法作出近似椭圆。

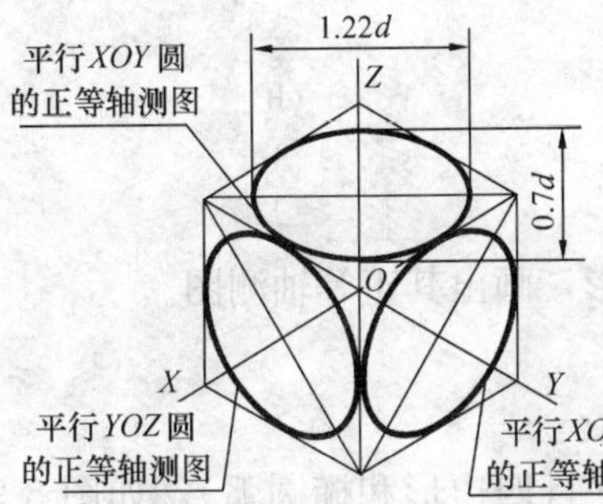

图 5-5 立方体表面上平行于坐标面的圆的正等轴测图

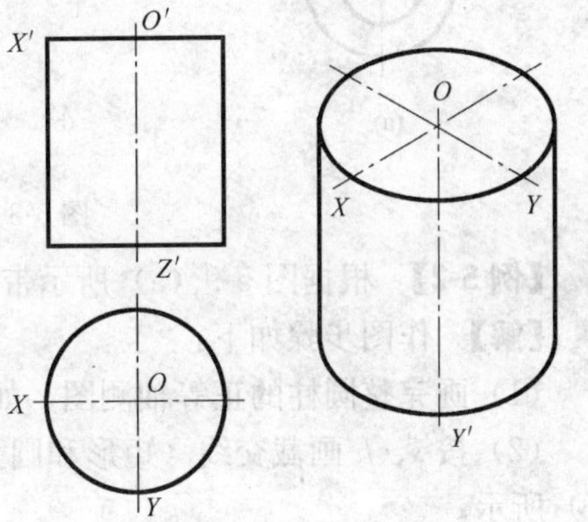

图 5-6 圆柱及其正等轴测图

掌握了圆的画法，就不难画出曲面体的正等轴测图。如图 5-6 中的圆柱，只需画出上顶面和下底面的圆的正等轴测图，沿 Z 向作出高度，然后作顶面椭圆和底面椭圆的切线即可作出圆柱的正等轴测图。作图过程如图 5-7 所示。

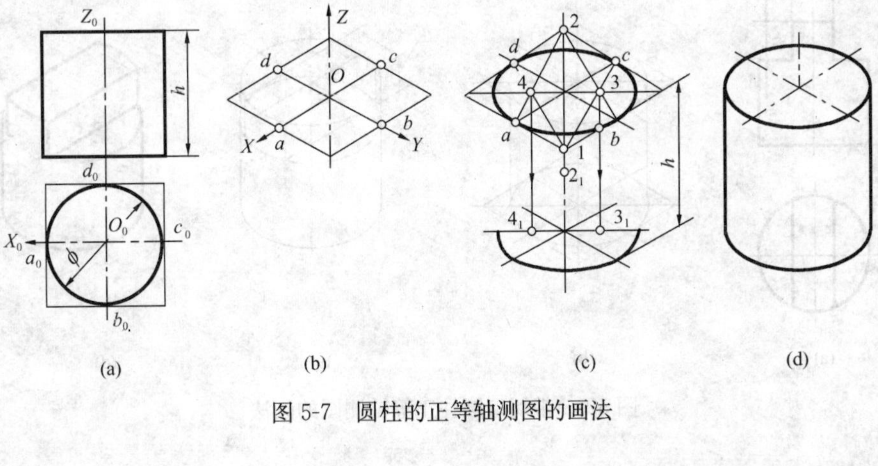

图 5-7 圆柱的正等轴测图的画法

【例 5-1】 已知圆台的 V 投影和 H 投影如图 5-8（a）所示，求作其正等轴测图。

【解】 作图步骤如下：

（1）画轴测轴，按 h、d_1、d_2 分别作上、下底菱形，如图 5-8（b）所示；

（2）用四心近似椭圆画法画出上、下底椭圆，如图 5-8（c）所示；

（3）作上、下底椭圆的公切线，擦去作图线，加深可见轮廓线，完成全图，如图 5-8（d）所示。

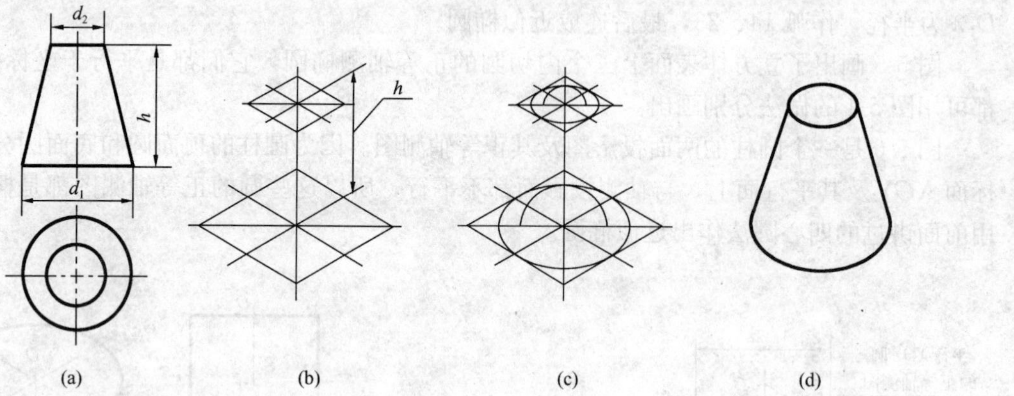

图 5-8 圆台正等轴测图的画法

【例 5-2】 根据图 5-9（a）所示带切口圆柱体的两面投影，画出其正等轴测图。

【解】 作图步骤如下：

（1）画完整圆柱的正等轴测图，如图 5-9（b）所示；

（2）按 s、h 画截交线（矩形和圆弧）的正等轴测图（平行四边形和椭圆弧），如图 5-9（c）所示；

（3）擦去作图线，加深可见轮廓线，完成全图，如图 5-9（d）所示。

球的正等测是圆。当轴向伸缩系数为 0.82 时，圆的直径等于球的直径，如图 5-10（b）所示。当轴向伸缩系数为 1 时，圆的直径等于球直径的 1.22 倍，如图 5-10（c）所示。为增强立体感，往往在轴测图上加润饰或用细实线加画三个不同方向的椭圆，如图 5-10（b）、（c）所示。

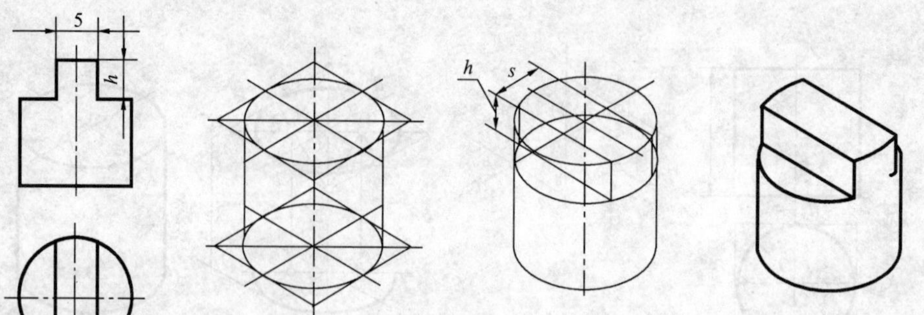

图 5-9 带切口圆柱正等轴测图的画法

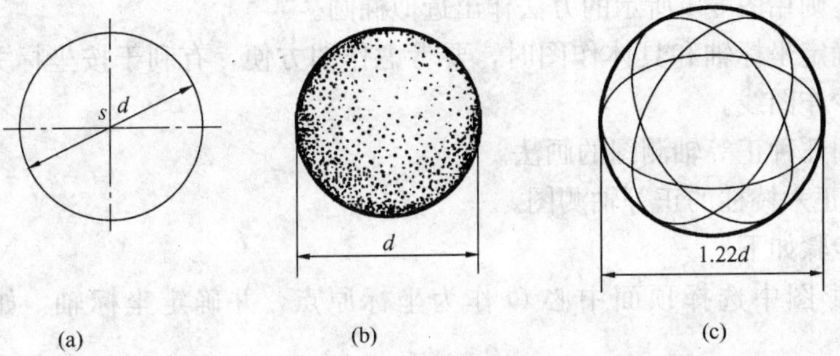

图 5-10　球的正等轴测图的画法

三、底板圆角的正等轴测图近似画法

在工程中，底板圆角是很常见的一种结构，图 5-11（a）是带两个圆角的长方形板，其圆角部分可采用近似画法。

作图步骤如下：

（1）画轴测轴和长方形板的正等测，对于顶面的圆弧可用近似画法作它们的正等轴测图。作图时先按 R 确定切点Ⅰ、Ⅱ、Ⅲ、Ⅳ，再由Ⅰ、Ⅱ、Ⅲ、Ⅳ作相应边的垂线，其交点为 O_1、O_2。以 O_1、O_2 为圆心，O_1Ⅰ、O_2Ⅲ为半径，作ⅠⅡ弧和Ⅲ Ⅳ弧，如图 5-11（b）所示。

（2）把圆心 O_1、O_2 和切点Ⅰ、Ⅱ、Ⅲ、Ⅳ向下平移，画出底面圆弧的正等测，然后作右边圆角两段圆弧的公切线，整理图形，擦去多余线条，结果如图 5-11（c）所示。

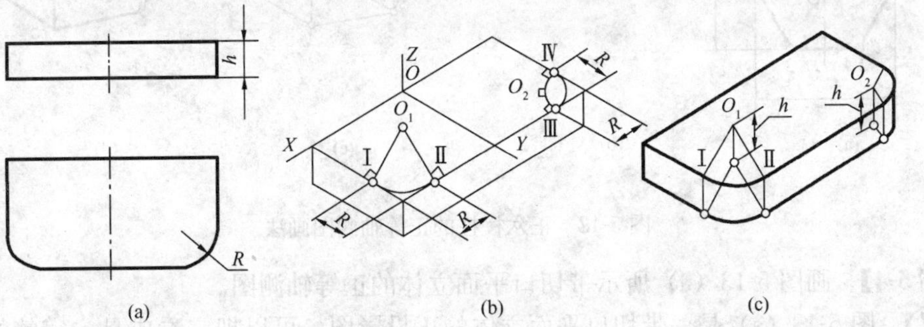

图 5-11　圆角正等轴测图的近似画法

四、画法举例

用简化系数画出物体的正等测，作图很方便，因此，一般情况下常采用正等测来绘制物体的轴测图。尤其是当物体具有平行于两个或三个坐标面的圆时，由于正等测椭圆作法较为方便，因此在绘制其轴测图时，更适宜选用正等测。

绘制物体轴测图的基本方法有直接作图法、切割法、坐标法、叠加法、综合法等，其中综合法既使用坐标法，又使用切割法来作轴测图。

通常可按下列步骤作出物体的正等轴测图：

（1）对物体进行形体分析，确定坐标轴；

（2）作轴测轴，按坐标关系画出物体上点和线，从而连成正等轴测图。若物体上有平行于坐标面的圆时，则用图 5-4 所示的方法作出近似椭圆。

应注意：在确定坐标轴和具体作图时，要考虑作图方便，有利于按坐标关系定位和度量，并尽可能减少作图线。

下面举例说明几种正等轴测图的画法。

【例 5-3】 画正六棱柱的正等轴测图。

【解】 作图步骤如下：

(1) 在正投影图中选择顶面中心 O 作为坐标原点，并确定坐标轴，如图 5-12 (a) 所示；

(2) 画轴测轴，并在 OX 轴上取两点Ⅰ、Ⅳ，使 OⅠ$=O$Ⅳ$=s/2$，如图 5-15 (b) 所示；

(3) 用坐标定点法作出顶面四点Ⅱ、Ⅲ、Ⅴ、Ⅵ，再按 h 作出底面各可见点的轴测投影，如图 5-12 (c) 所示；

(4) 连接各可见点，擦去作图线，加深可见棱线，即得正六棱柱的正等轴测图，如图 5-12 (d) 所示。

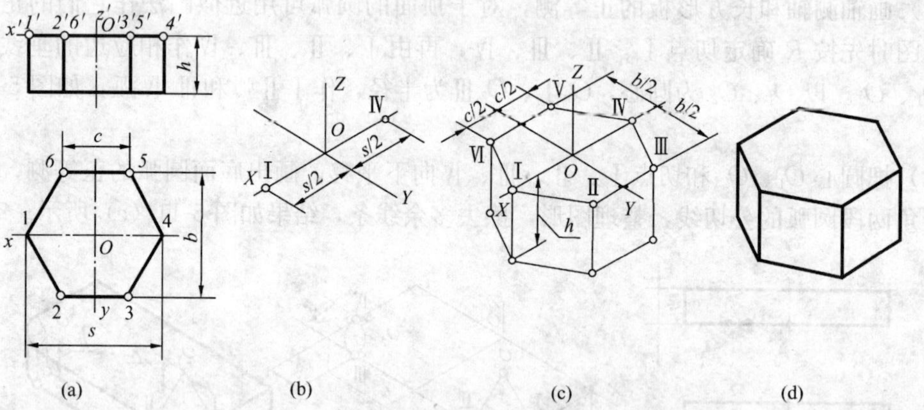

图 5-12　正六棱柱的正等轴测图画法

【例 5-4】 画图 5-13 (a) 所示带切口平面立体的正等轴测图。

【解】 图 5-13 (a) 是一带切口平面立体的正投影图，可以把它看成是一完整的长方体被切割掉Ⅰ、Ⅱ两部分。根据该平面立体的形状特征，可采用切割法，画图时可先按完整的

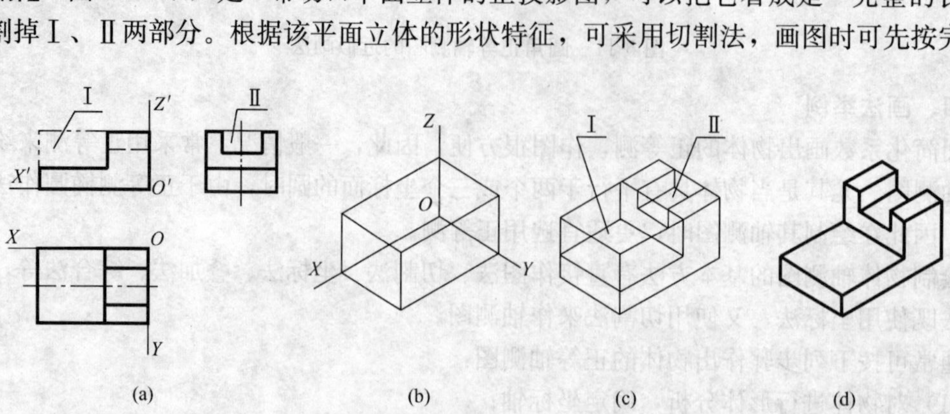

图 5-13　带切口平面立体的正等轴测图画法

长方体来画，如图 5-13（b）所示；再画被切去Ⅰ、Ⅱ两部分的正等测，如图 5-13（c）所示；最后擦去被切割部分的多余作图线，加深可见轮廓线，即得到平面立体的正等轴测图，如图 5-13（d）所示。

组合体一般由若干基本立体组成。画组合体的轴测图，一般采用叠加法，只要分别画出各基本立体的轴测图，并注意它们之间的相对位置即可。

【例 5-5】 画图 5-14（a）所示组合体的正等轴测图。

【解】 图 5-14（a）为组合体的正投影图，适合用叠加法。作图步骤如下：

（1）画轴测轴，分别画出底板、立板和三角形肋板的正等测，如图 5-14（b）所示；

（2）画出立板半圆柱和圆柱孔、底板圆角和小圆柱孔的正等测，如图 5-14（c）所示；

（3）擦去作图线，加深可见轮廓线，完成全图，如图 5-14（d）所示。

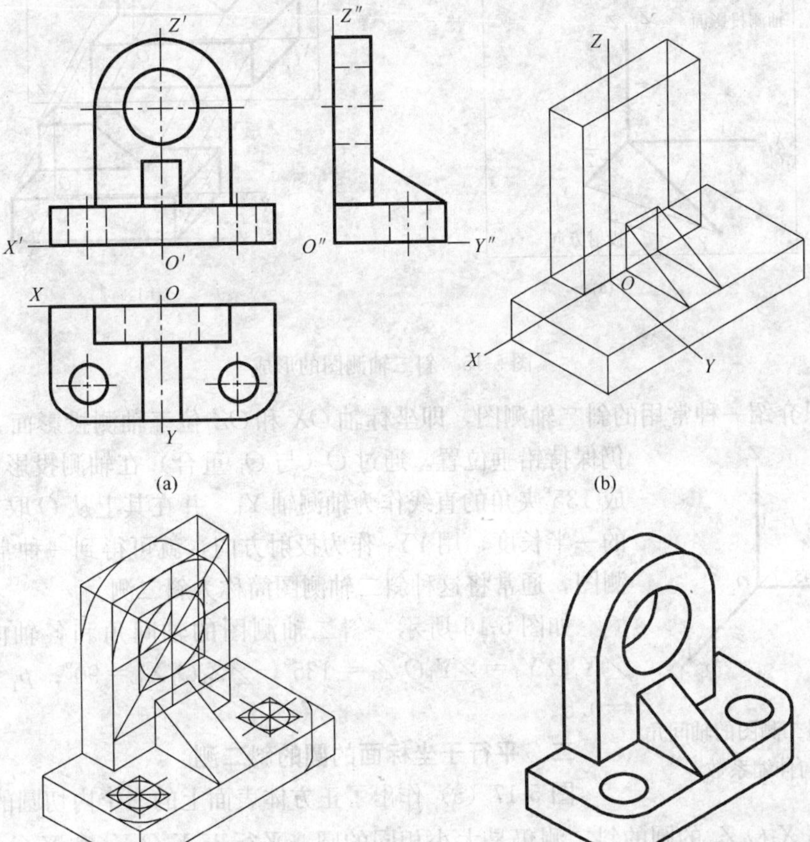

图 5-14　组合体正等轴测图的画法

第三节　斜二轴测图

一、斜二轴测图的轴间角和轴向伸缩系数

如图 5-15(a)所示，为便于绘制物体的斜轴测图，可使物体上两个主要方向的坐标轴平行于轴测投影面。为便于说明问题，设坐标轴 OX 和 OZ 位于轴测投影面 P 上，且 OZ 仍保

持铅垂位置，这样坐标轴 OX、OZ 就是轴测轴 O_1X_1、O_1Z_1，它们之间的轴间角 $X_1O_1Z_1$ 为 90°，轴向伸缩系数 $p_1=r_1=1$。物体上平行于坐标面 XOZ 的直线、曲线和平面图形在这样的斜轴测图中都反映实长和实形；而轴测轴 O_1Y_1 的方向和轴向伸缩系数则由投射方向确定，由于投射方向随意，所以轴测轴 O_1Y_1 的方向和轴向伸缩系数之间没有固定关系，可以任意选定。

同理，如果设坐标轴 OX 和 OZ 平行于轴测投影面，如图 5-15（b）所示，则轴间角 $X_1O_1Z_1$ 为 90°，轴向伸缩系数 $p_1=r_1=1$，轴测轴 O_1Y_1 的方向和轴向伸缩系数也可任意选定。当取 $q_1\neq1$，即为一种斜二轴测图。

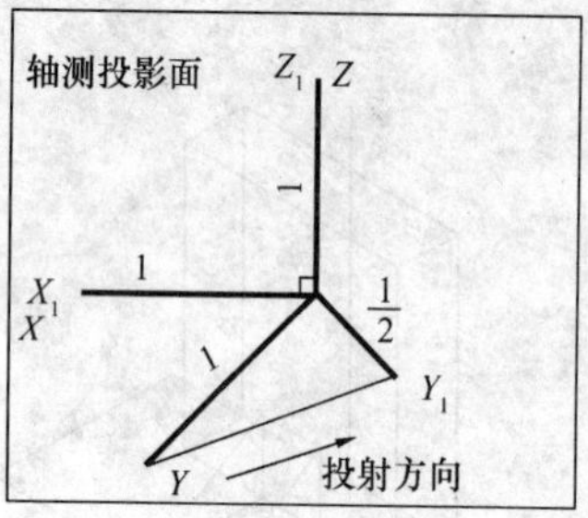

(a)

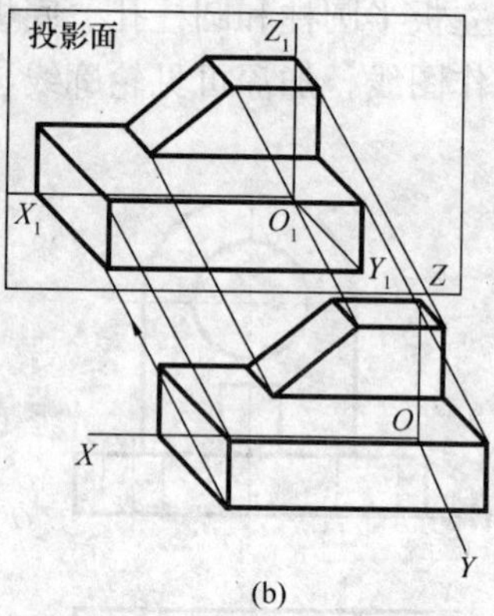

(b)

图 5-15　斜二轴测图的形成

本节只介绍一种常用的斜二轴测图，即坐标轴 OX 和 OZ 位于轴测投影面 P 上，且 OZ 仍保持铅垂位置。通过 O（与 O_1 重合）在轴测投影面上作与 OZ 成 135°夹角的直线作为轴测轴 Y_1，并在其上从 O 取 O_1Y_1 坐标轴的一半长度，用 YY_1 作为投射方向，就可得到一种常用的斜二轴测图，通常将这种斜二轴测图简称为斜二测。

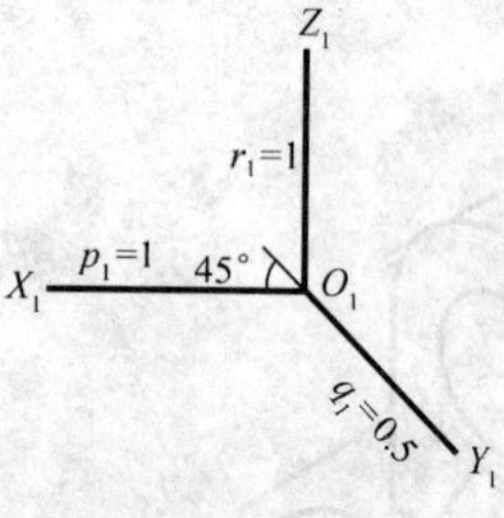

图 5-16　斜二测图的轴间角和轴向伸缩系数

如图 5-16 所示，斜二轴测图的轴间角和各轴向伸缩系数：$\angle X_1O_1Y_1=\angle Y_1O_1Z_1=135°$，$\angle Z_1O_1X_1=90°$；$p_1=r_1=1$，$q_1=0.5$。

二、平行于坐标面的圆的斜二测

图 5-17（a）作出了正方体表面上的三个内切圆的斜二测；平行于坐标面 $X_1O_1Z_1$ 的圆的斜二测仍是大小相同的圆，平行于 $X_1O_1Y_1$ 和 $Y_1O_1Z_1$ 的圆的斜二测是椭圆。

作平行于 $X_1O_1Y_1$ 和 $Y_1O_1Z_1$ 的圆的斜二测时，可用八点法作椭圆：先画出圆心和两条平行于坐标轴的直径的斜二测，这就是斜二测椭圆的一对共轭直径，由这对共轭直径按八点法作出斜二测椭圆。

图 5-17(b)、图 5-17(c)中表达了八点法作椭圆的过程，这种方法适用于任意类型的轴测投影作图。

作图时，先作出圆的外切正方形的轴测投影，然后再画圆。为了作出椭圆，我们先了解依据共轭直径用八点法绘制椭圆的原理。图 5-17（b）分析了圆上的八个点及其外切正方形

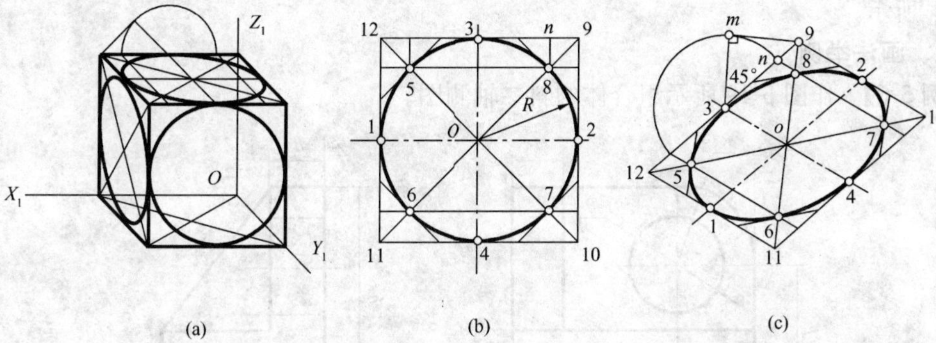

图 5-17　正方体表面上圆的正面斜二测图与八点法作圆的轴测图

(a) 正方体表面上圆的正面斜二测图；(b) 圆的特点；(c) 八点法画圆的轴测投影

平面的特点，5-17（c）是该平面连同圆的某一投影，可以看出，圆 O 的一对相互垂直的直径 12 和 34，在轴测投影中不再相互垂直，这一对直径称为椭圆的共轭直径。5、6、7、8 是位于外切正方形对角线上的点，只要在平行四边形对角线上确定 5、6、7、8，则可通过连接 1、6、4、7、2、8、3、5 八个点，较准确地画出椭圆。图 5-17（b）中，$\triangle O39$ 是一等腰直角三角形，$O3=39=O8$，而 $O9=\sqrt{2}R$，作 $8n /\!/ 34$，则 $3n : 39=O8 : O9=1 : \sqrt{2}$。根据平行投影的定比性，在投影图中只要按比例求出点 5、6、7、8 即可。

在作平行于 XOY 或 YOZ 的圆的斜二轴测图椭圆时，也可以由四段圆弧相切拼成近似椭圆，但画法比较麻烦，这里不多作介绍。当有平行于 XOY 或 YOZ 的圆时，最好避免选用斜二测，采用正等测为宜。

当物体上只有平行于坐标面 XOZ 的圆时，采用斜二轴测图最方便。斜二测的画法与正等测的画法类似，只是轴间角和轴向伸缩系数不同。

图 5-18 所示是一机件的正投影图。由图可知，该机件由圆筒及支板两部分组成，它们的前后端面均有平行于 XOZ 坐标面的圆及圆弧。因此，采用斜二测比较方便。

画斜二测时，首先确定各端面圆的圆心位置。作图步骤如下：

(1) 在正投影图中选定坐标原点和坐标轴，如图 5-18（a）所示；

(2) 画轴测图的坐标轴，作主要轴线，确定各圆心Ⅰ、Ⅱ、Ⅲ、Ⅳ、Ⅴ的轴测投影位置，如图 5-18（b）所示；

(3) 按正投影图上不同半径由前往后分别作各端面的圆或圆弧，如图 5-18（c）所示；

(4) 作各圆或圆弧的公切线，擦去多余作图线，加深可见轮廓线，完成全图，如图 5-

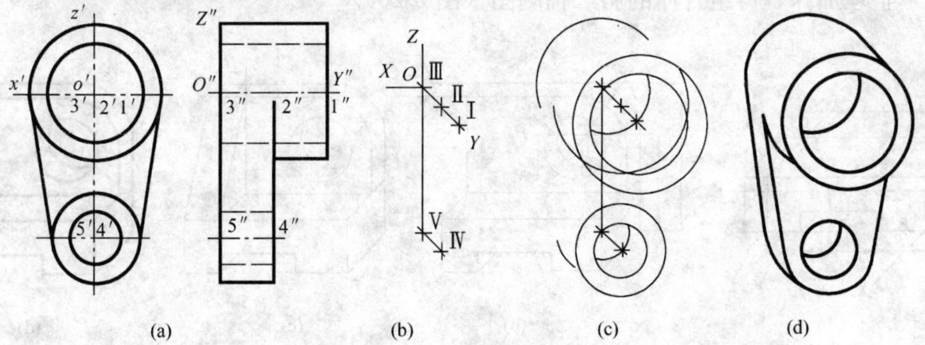

图 5-18　斜二轴测图的画法

18（d）所示。

三、画法举例

【例 5-6】 作图 5-19 所示组合体的斜二轴测图。

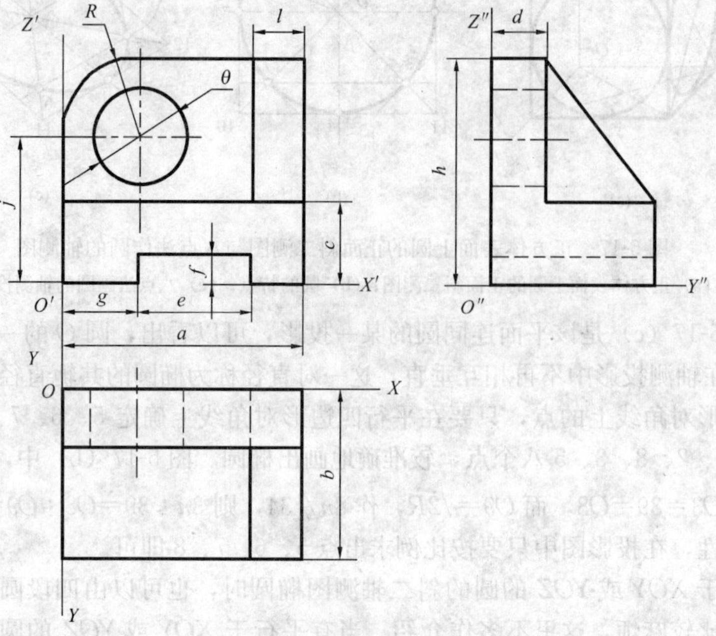

图 5-19 组合体的三视图

【解】 该组合体由一块底板、一块竖板和一块三角肋板叠加组成。为了作图方便，可采用叠加法，先画底板，再画竖板，最后画支撑三角肋。取底板左前方的角点为原点，确定如图中所附加的坐标轴。

作图过程和步骤如下：

（1）按三视图中确定的轴向作轴测轴，由三视图中的尺寸 a、b、c 和 e、f、g 画出底板和底部的通槽；

（2）擦去轴测轴，由尺寸 d、h 和 R、j 在底板的后上方画出竖板，由尺寸 ϕ 画出竖板上的圆通孔；

（3）擦去多余图线，由尺寸 l 作出三角肋板；

（4）整理加深，得组合体的斜二轴测图（图 5-20）。

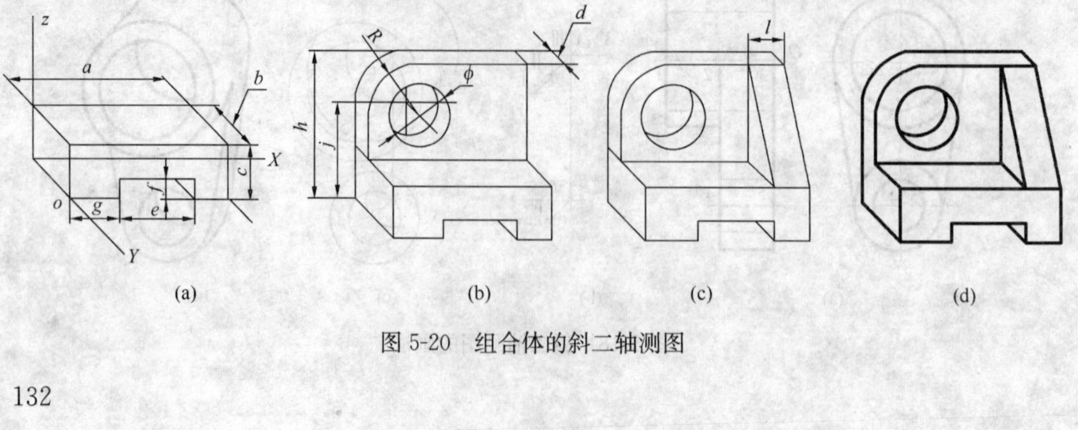

图 5-20 组合体的斜二轴测图

第四节　剖切轴测图

如果形体具有较复杂的内部构造，在画轴测图时，希望图形既有较强的立体感，又能表达出其内部结构，这时就可以画剖切轴测图。剖切轴测图就是假想用剖切平面将零件的一部分剖去后画出的轴测图。

在画剖切轴测图时，一般用两个互相垂直的轴测坐标面（或其平行面）进行剖切，这样能较完整地显示零件的内外结构。在剖切轴测图的断面区域内，要用细实线画上剖面线，剖面线的画法如图 5-21 所示。

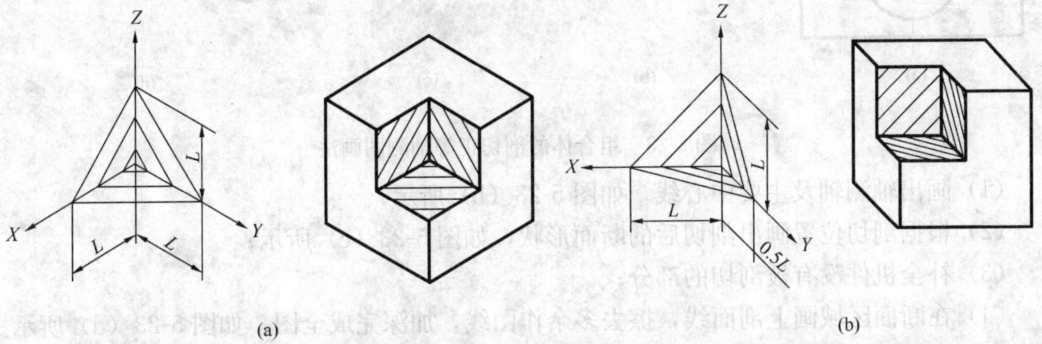

图 5-21　剖切轴测图中剖面线的画法

(a) 正等轴测图；(b) 斜二轴测图

剖切轴测图有两种画法：先画外形再画剖面区域，先画剖面区域再画外形。

一、先画机件外形再画剖面区域

如图 5-22（d）所示正等测，作图步骤如下：

（1）用四心近似椭圆画法画出圆柱套筒的正等测，如图 5-22（b）所示；

（2）假想用两个剖切平面沿坐标面剖开套筒，画出剖面区域轮廓，注意剖切后圆柱孔底圆的部分正等轴测图（椭圆弧）应画出，如图 5-22（c）所示；

（3）画剖面线，擦去多余作图线，加深完成全图，如图 5-22（d）所示。

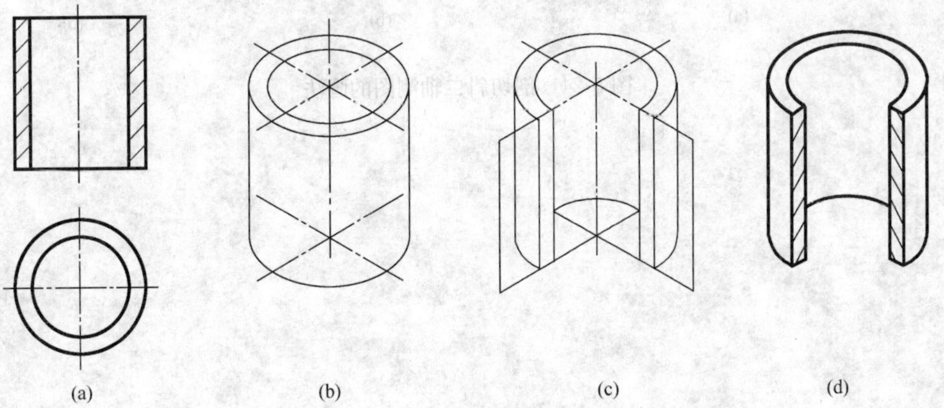

图 5-22　圆柱套筒的剖切正等轴测图画法

二、先画机件剖面区域再画机件外形

如图 5-23（d）所示正等轴测图，作图步骤如下：

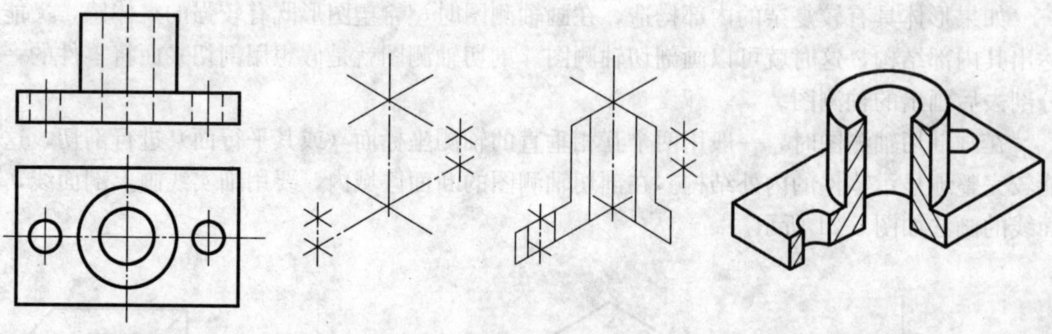

(a)　(b)　(c)　(d)

图 5-23　组合体的剖切正等轴测图画法

（1）画出轴测轴及主要中心线，如图 5-23（b）所示；

（2）根据剖切位置画出剖切后的断面形状，如图 5-23（c）所示；

（3）补全机件没有被剖切的部分；

（4）在断面区域画上剖面线，擦去多余作图线，加深完成全图，如图 5-23（d）所示。

以上两个例子都是剖切正等测。图 5-24 为剖切斜二测的画法，画图步骤与剖切正等测类似，只是画图时所采用的轴间角和轴向伸缩系数不同，剖面线的方向也不同。

图 5-24（a）为形体的正投影图；图 5-24（b）为轴测图的坐标轴及主要中心线，并画出了剖切部分的剖面区域图形；图 5-24（c）为完成的机件剖切斜二轴测图。

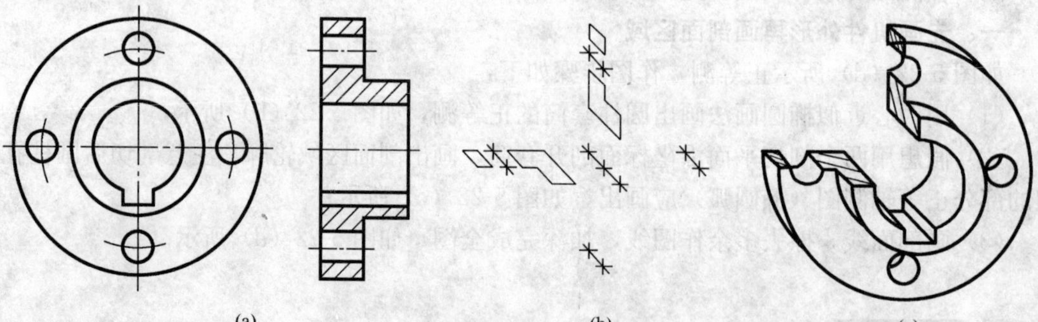

(a)　(b)　(c)

图 5-24　剖切斜二轴测图的画法

第六章　机件的常用表达方法

在实际工程中，由于使用场合和要求的不同，机件结构形状也各不相同。根据国家标准（GB16675.1—1996）规定：“在绘制技术图样时，应首先考虑看图方便。根据物体的结构特点，选用适当的表示方法。在完整、清晰地表示物体形状的前提下，力求制图简便。”GB/T 4458.1—2002《机械制图　图样画法　视图》、GB/T 4458.6—2002《机械制图　图样画法　剖视图和断面图》和GB/T 17451—1998《技术制图　图样画法　视图》、GB/T 17452—1998《技术制图　图样画法　剖视图和断面图》、GB/T 17453—1998《技术制图　图样画法　剖面区域的表示法》，以及GB/T 16675.1—1996《技术制图　简化表示法　第1部分：图样画法》等国家标准规定了各种画法——视图、剖视图、断面图、局部放大图、简化画法和其他规定画法等，本章将介绍机件的各种常用表达方法。

第一节　视图

视图主要用来表达机件的外部结构形状，通常有基本视图、向视图、局部视图和斜视图。

一、基本视图和向视图

1. 基本视图

机件在基本投影面上的投影称为基本视图，即将机件置于一正六面体内（如图 6-1 所示，正六面体的六面构成六个基本投影面），向六个面投影所得的视图称为基本视图。六个视图分别是由前向后、由上向下、由左向右投影所得的主视图、俯视图和左视图，以及由右向左、由下向上、由后向前投影所得的右视图、仰视图和后视图。各基本投影面的展开方式如图 6-2（a）所示，展开后各视图的配置如图 6-2（b）所示。基本视图具有“长对正、高平齐、宽相等”的投影规律，即主视图、俯视图和仰视图长对正（后视图同样反映零件的长度尺寸，但不与上述三视图对正），主视图、左、右视图和后视图高平齐，左、右视图与俯、仰视图宽相等。

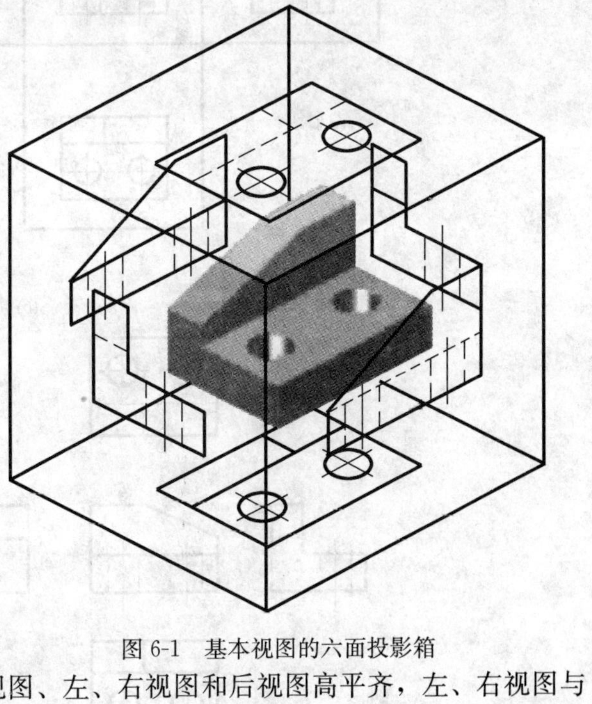
图 6-1　基本视图的六面投影箱

基本视图一般不用标注名称。

在表达机件的图样时，不必六个基本视图都画，在明确表达清楚机件的前提下，应使视图（包括后面所讲的剖视图和断面图）的数量为最少。

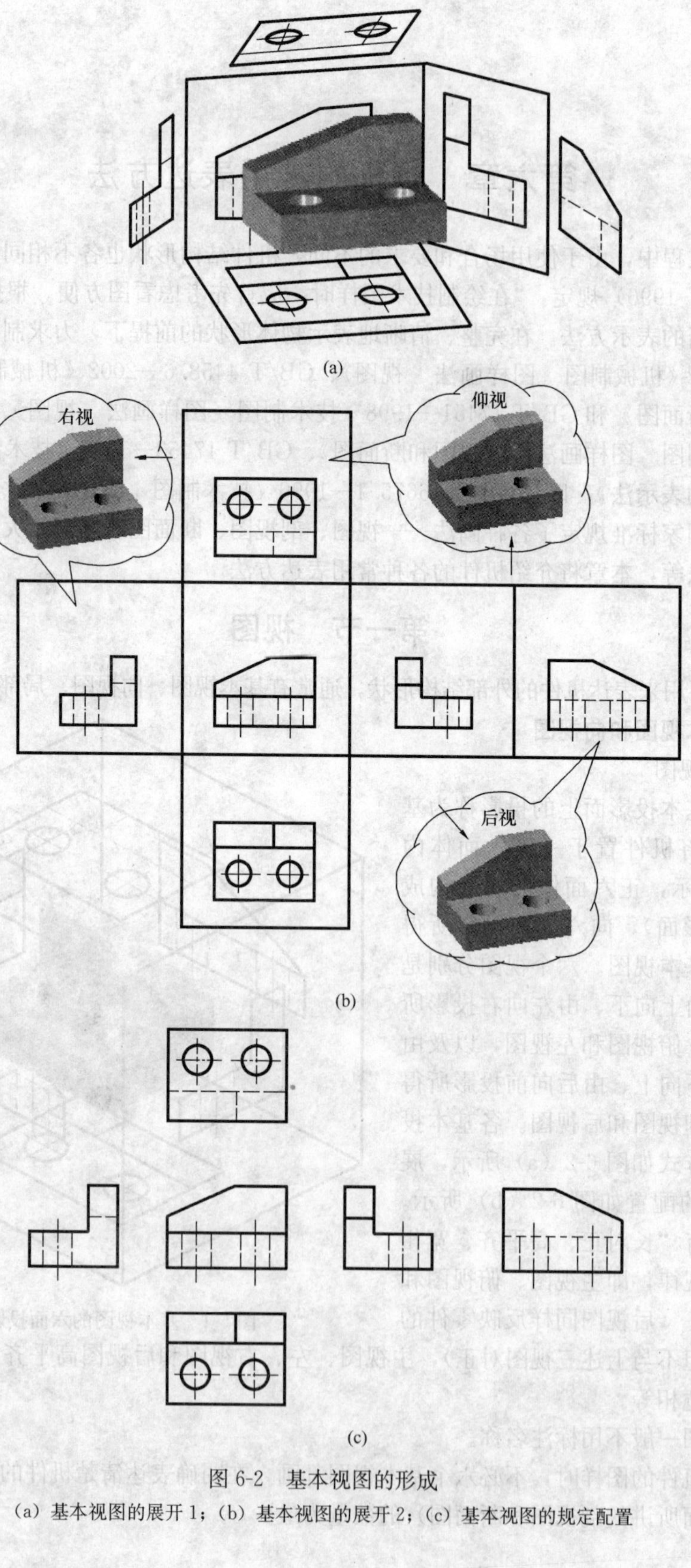

图 6-2 基本视图的形成

(a) 基本视图的展开 1；(b) 基本视图的展开 2；(c) 基本视图的规定配置

2. 向视图

可自由配置的视图称为向视图。若一个机件的基本视图不按基本视图的规定配置，或不能画在同一张图纸上，则可画成向视图。这时，应在视图上方标注大写拉丁字母“×”，称为×向视图，在相应的视图附近用箭头指明投射方向，并注写相同的字母，如图 6-3 所示。

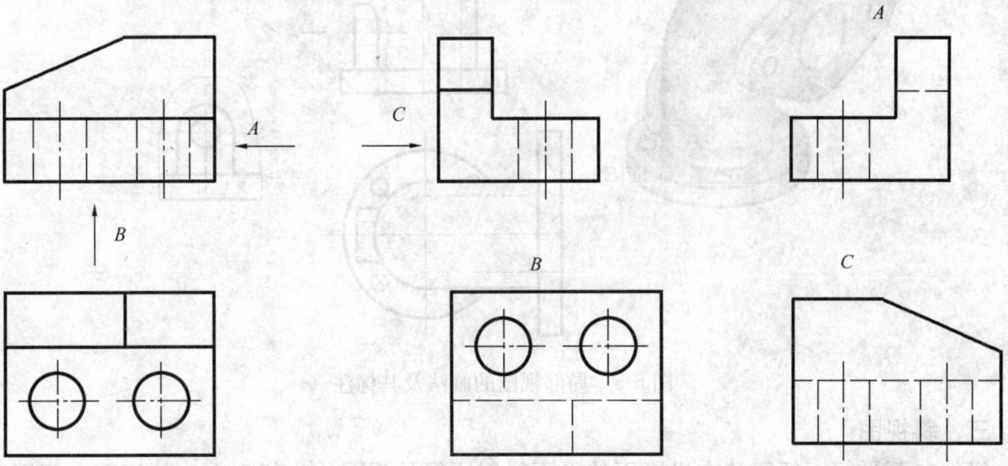

图 6-3　向视图

二、局部视图

将机件的某一部分向基本投影面投影，所得到的视图称为局部视图。画局部视图的主要目的是为了减少作图工作量。图 6-4 所示机件，当画出主、俯视图后，仍有两侧的凸台没有表达清楚。如果画出左视图和右视图，则已经表达清楚的部分也需要画出，因此，可以只画出表达该部分的局部左视图和局部右视图。

局部视图的断裂边界用波浪线画出，如图 6-5 中的局部视图 A。当所表达的局部结构是完整的，且外轮廓又是封闭的，波浪线可以省略，如图 6-5 中的局部视图 B。

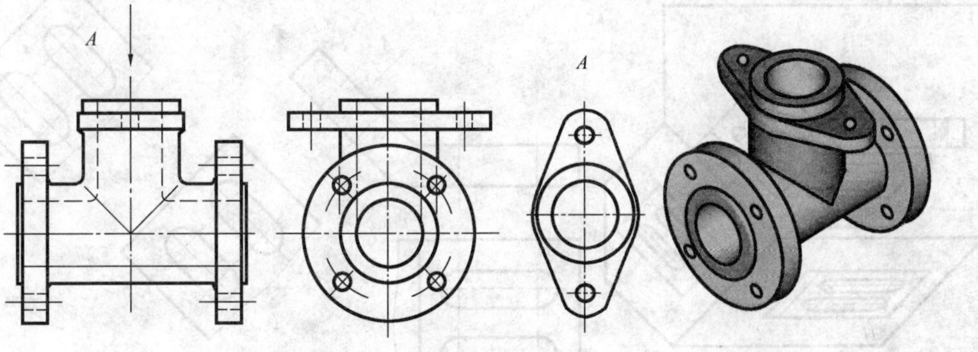

图 6-4　局部视图的画法

画局部视图时，一般应在局部视图上方标上视图的名称“×”（“×”为大写拉丁字母），在相应的视图附近用箭头指明投影方向，并注上同样的字母，如图 6-4 所示。局部视图可按基本视图的配置形式配置，如图 6-5 中局部视图 B，也可按向视图的配置形式配置，如图 6-5 中局部视图 A。当局部视图按投影关系配置，中间又无其他图形隔开时，可省略标注，如图 6-5 中的 B 就可以省略标注。

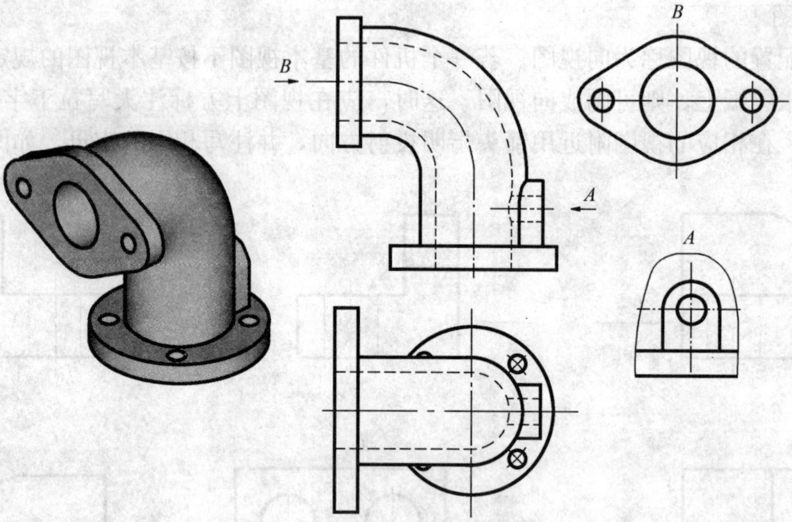

图 6-5　局部视图的画法及其标注

三、斜视图

机件向不平行于任何基本投影面的平面投射所得的视图称为斜视图。斜视图主要用于表达机件上倾斜部分的实形。如图 6-6 所示的连接弯板，其倾斜部分在基本视图上不能反映实形，表达得不够清楚，画图又较困难，读图也不方便。为此，可选用一个新的投影面，使它与机件的倾斜部分表面平行，然后将倾斜部分向新投影面投影，这样便可反映实形。

斜视图可以按基本视图的形式配置并标注，必要时也可配置在其他适当位置，在不引起误解时，允许将视图旋转配置，表示该视图名称的大写拉丁字母应靠近旋转符号的箭头端，也允许将旋转角度标注在字母之后，如图 6-6 所示。

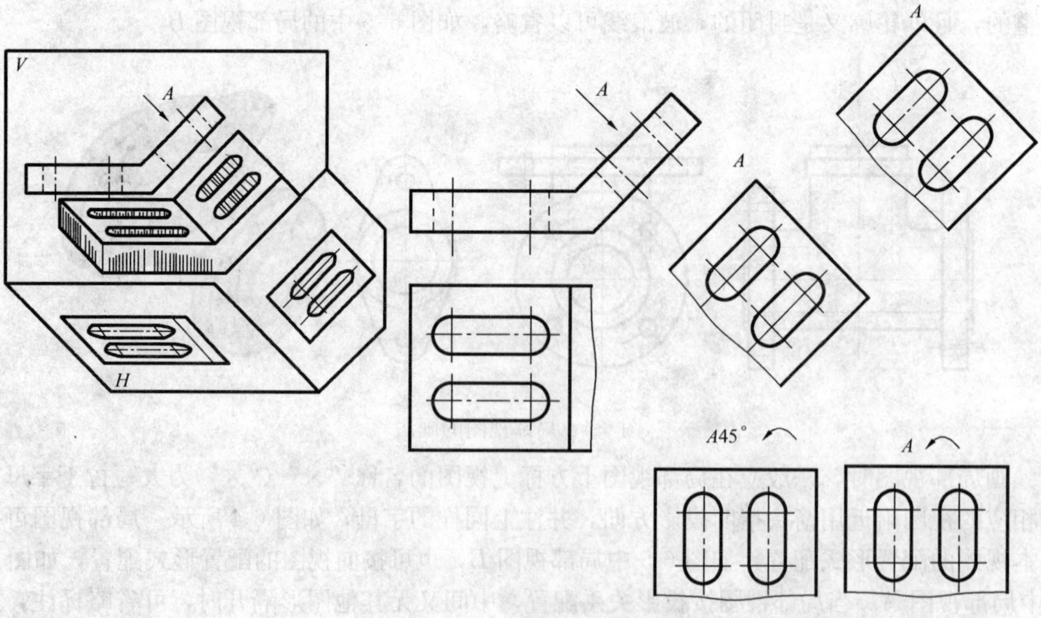

图 6-6　斜视图及其标注

因为斜视图只是为了表达倾斜结构的局部形状，所以画出了它的实形后，就可以用双折线或波浪线断开，不画其他部分的视图，成为一个局部的斜视图，如图 6-6 所示。此外，还应注意：若画双折线，双折线的两端应超出图形的轮廓线；若画波浪线，波浪线应画到轮廓线为止，且只能画在表示物体实体的图形上。

一般情况，斜视图和局部视图要和基本视图一起使用表达一个机件，如图 6-7 所示的两种表达形式就是应用了基本视图、斜视图和局部视图。

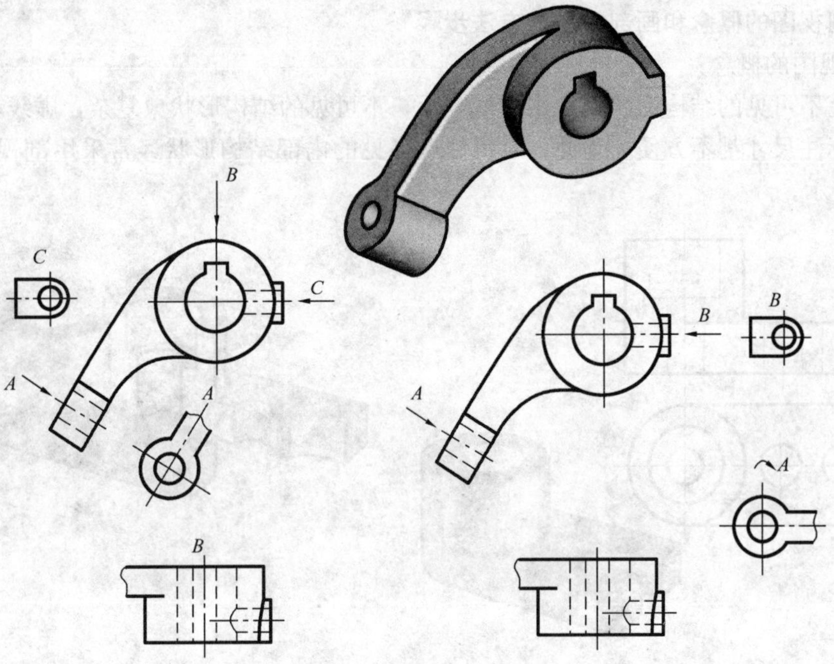

图 6-7　用主视图和斜视图、局部视图清晰表达的压紧杆

(a) 一种表达形式；(b) 另一种表达形式

四、旋转视图

假设将机件的倾斜部分旋转到与某一选定的基本投影面平行后，向该投影面投影所得到的视图，称为**旋转视图**。

当机件上的倾斜部分有明显的回转轴线时，如图 6-8 所示的摇臂，为了在左视图中表示

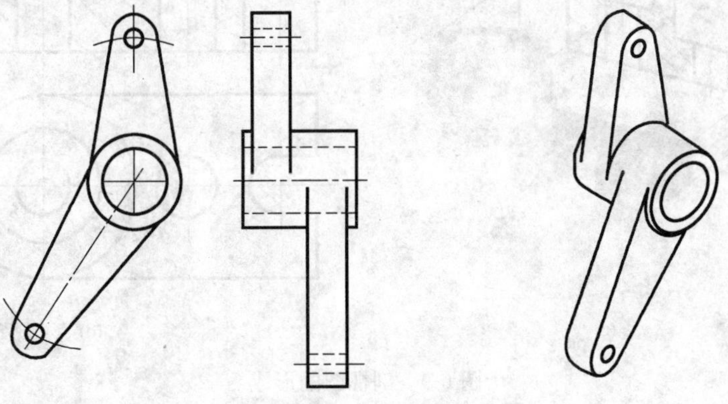

图 6-8　旋转视图

出下臂的实长，可假想把倾斜的下臂绕回转轴线旋转到与 W 面平行后，再连同上臂一起画出它的左视图，即得到旋转视图。旋转视图不必标注。

第二节　剖视图

剖视图主要用来表达机件的内部结构形状。剖视图分：全剖视图、半剖视图和局部剖视图三种。获得剖视图的剖切面和剖切方法有：单一剖切面（平面或柱面）剖切、几个相交的剖切平面剖切、几个平行的剖切平面剖切、组合的剖切平面剖切。

一、剖视图的概念和画剖视图的方法步骤

1. 剖视图的概念

机件上不可见的结构形状规定用虚线表示，不可见的结构形状愈复杂，虚线就愈多，这对读图和标注尺寸都不方便。为此，对机件不可见的内部结构形状经常采用剖视图来表达，如图 6-9 所示。

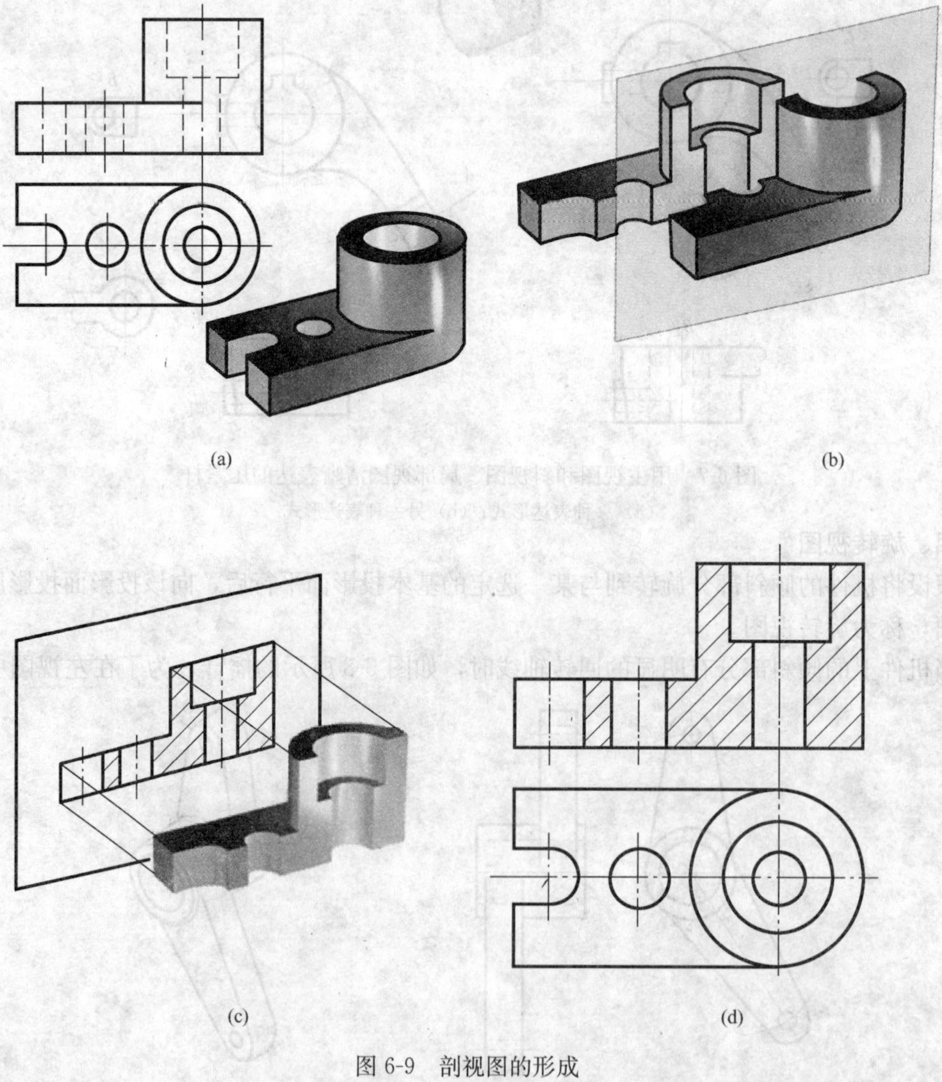

图 6-9　剖视图的形成

(a) 没有剖切的投影；(b) 剖切示意图；(c) 剖切后投影；(d) 剖视图

图 6-9（a）是机件的两视图，主视图上有多条虚线。图 6-9（b）、（c）表示进行剖切的过程，假想用剖切平面把机件切开，移去观察者与剖切平面之间的部分，将留下的部分向投影面投影，这样得到的图形称为剖视图，简称剖视，如图 6-9（d）所示。

因为剖切是假想的，实际上机件仍是完整的，所以画其他视图时，仍应按完整的机件画出，如图 6-9（d）中的俯视图。

剖切平面与机件接触的部分称为剖面，剖面是剖切平面和物体相交所得的交线围成的图形。为了区别剖到和未剖到的部分，要求在剖到的实体部分上画上剖面符号，国家标准 GB4457.5—84 规定了各种材料剖面符号的画法，见表 6-1。

表 6-1　剖面符号

材料名称	剖面符号	材料名称	剖面符号
金属材料，通用剖面线（已有规定剖面符号者除外）	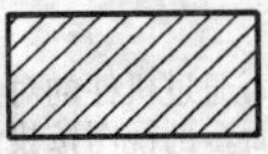	木质胶合板（不分层数）	
线圈绕组元件	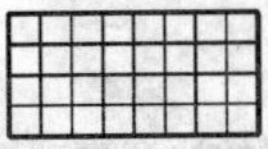	基础周围的泥土	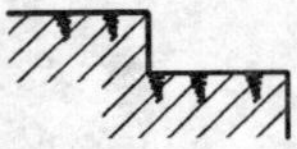
转子、电枢、变压器和电抗器等的叠钢片		混凝土	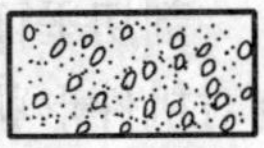
非金属材料（已有规定剖面符号者除外）		钢筋混凝土	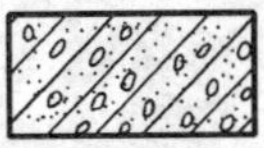
型砂、填砂、粉末冶金、砂轮、硬质合金刀片等	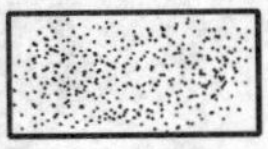	砖	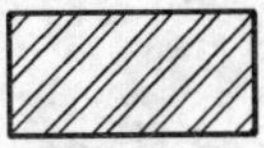
玻璃及供观察用的其他透明材料	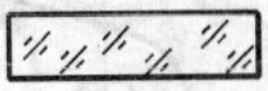	格　网（筛网、过滤网等）	
木材　纵剖面		液　体	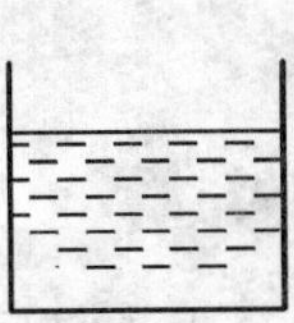
木材　横剖面			

在同一张图样中，同一机件的所有剖视图的剖面符号应该相同。例如金属材料的剖面符号，都画成与水平线成 45°（可向左倾斜，也可向右倾斜）且间隔均匀的细实线。

2. 剖切平面位置的选择

画剖视图的目的在于清楚地表达机件的内部结构，因此，应尽量使剖切平面通过内部结构比较复杂的部位（如孔、沟槽）的对称平面或轴线。另外，为便于看图，剖切平面应取平行于投影面的位置，这样可在剖视图中反映出剖切到的部分实形，如图 6-10 所示。

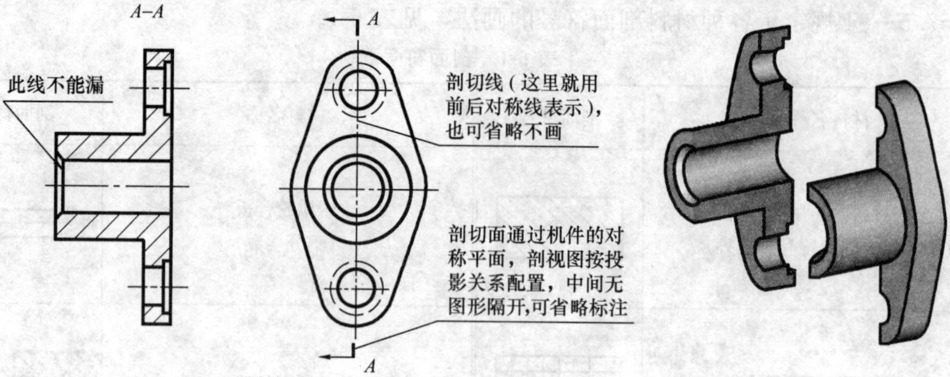

图 6-10　剖视图的注意事项

3. 虚线的省略问题

剖切平面后方的可见轮廓线都应画出，不能遗漏。不可见部分的轮廓线画虚线，在不影响对机件形状完整表达的前提下，不再画出，如图 6-11 所示就省略了虚线。

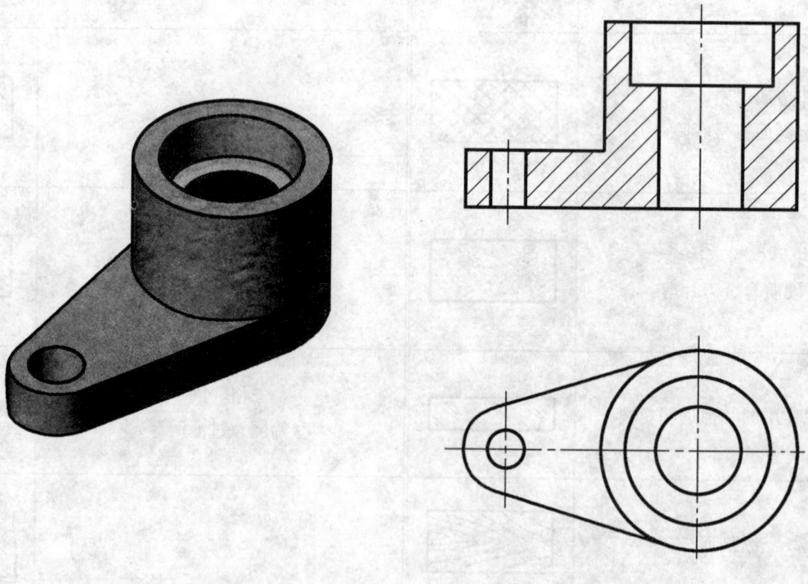

图 6-11　剖视图省略标注

4. 标注问题

剖视图标注的目的在于表明剖切平面的位置和数量，以及投影的方向。一般用两条粗短线表示剖切平面的位置，用箭头表示投影方向，用字母表示剖切面名称，如图 6-10 所示。

如满足以下三个条件，剖视图可不加标注：

（1）剖切平面是单一的，而且平行于基本投影面；

（2）剖视图配置在相应的基本视图位置；

（3）剖切平面与机件的对称面重合。

图 6-11 即为省略标注的例子。

凡满足以下两个条件的剖视，在标注时可以省略箭头：

（1）部切平面平行于基本投影面；

（2）剖视图配置在基本视图位置，而中间又没有其他图形间隔。

图 6-12 即为剖视图省略标注箭头的示例。

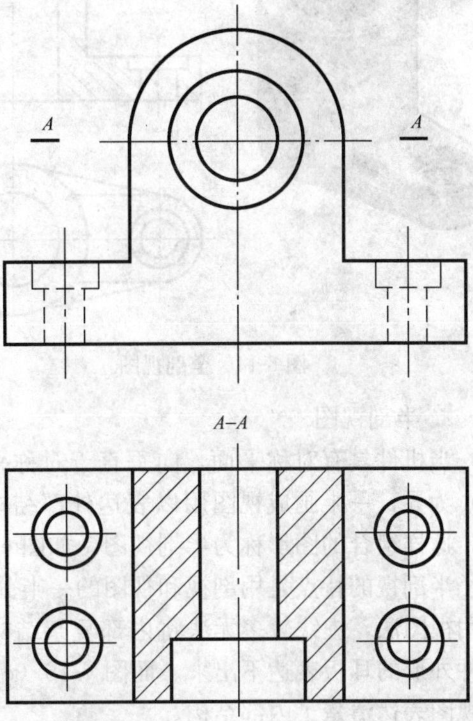

图 6-12　剖视图省略标注箭头

二、剖视图的种类及其画法

根据机件被剖切范围的大小，剖视图可分为全剖视图、半剖视图和局部剖视图，如图 6-13 所示。

1. 全剖视图

用剖切平面完全地剖开机件后所得到的剖视图称为全剖视图。前边讲过的几个例子都是全剖视图。

图 6-14 的主视图为全剖视，因它满足前述不加标注的三个条件，所以未加任何标注。

全剖视图用于表达内形复杂又无对称平面的机件。为了便于标注尺寸，对于外形简单且具有对称平面的机件也常采用全剖视图。

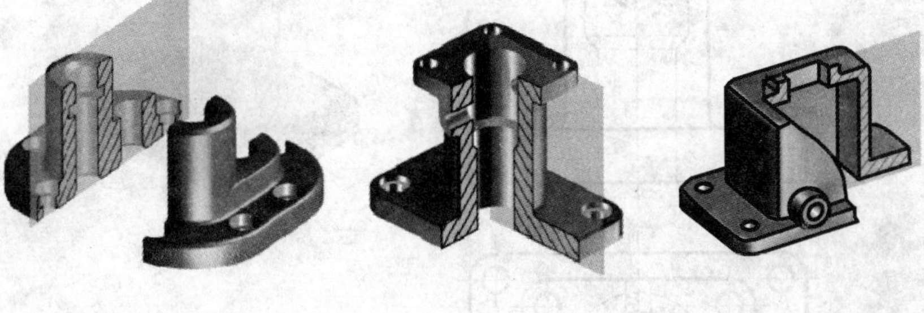

(a)　(b)　(c)

图 6-13　剖视图的种类

（a）全剖视图；（b）半剖视图；（c）局部剖视图

图 6-15 画出了一个拨叉，从图中可见，拨叉的左右端用水平板连接，中间还有起加强连接作用的肋。国标规定：对于机件的肋、轮辐及薄壁等，如按纵向剖切，这些结构通常按不剖绘制，即不画剖面符号，而用粗实线将它与相邻连接部分分开；如果横向剖切，则按剖视图绘制。在图 6-15 的拨叉的全剖视图中的肋，就是按上述规定画出的。

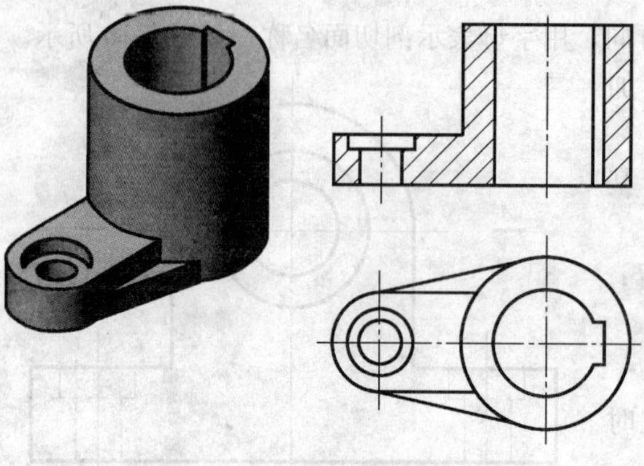

图 6-14　全剖视图

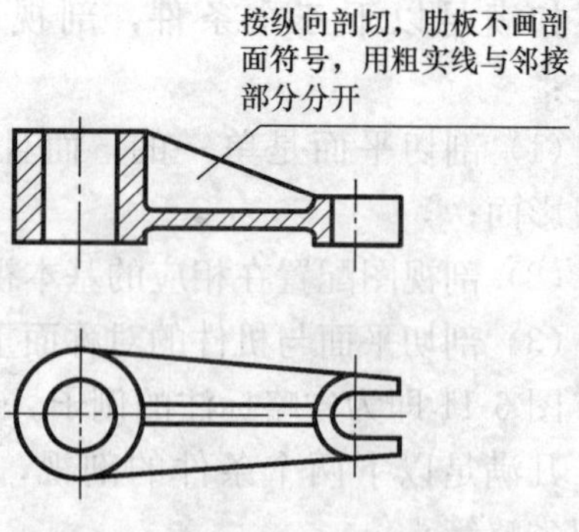

图 6-15　剖视图中肋的规定画法

2. 半剖视图

当机件具有对称平面，向垂直于对称平面的投影面上投影时，以对称中心线（细点画线）为界，一半画成视图用以表达外部结构形状，另一半画成剖视图用以表达内部结构形状，这样组合的图形称为半剖视图，如图 6-16（c）所示。

半剖视的特点是用剖视和视图的一半分别表达机件的内形和外形。图 6-16（a）主视图采用视图法，虚线较多无法将内部复杂结构表达清楚，图 6-16（b）主视图采用全剖视图，机件外形的耳板表达不出来。而图 6-16（c）采用的半剖视图中视图表达清楚了外部结构，剖视图表达清楚了内部结构。

半剖视图主要适用范围：内、外形都较复杂的对称机件（或基本对称的机件）。半剖视图的标注方法和全剖视图相同。

在另半个视图中，在半个剖视图中已表达清楚的内形虚线可省略，但应画出孔或槽的中

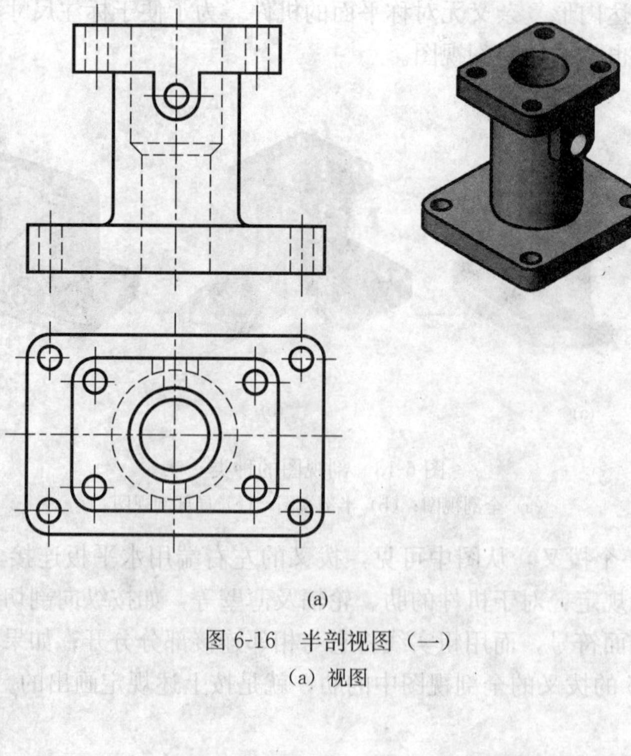

(a)

图 6-16　半剖视图（一）

(a) 视图

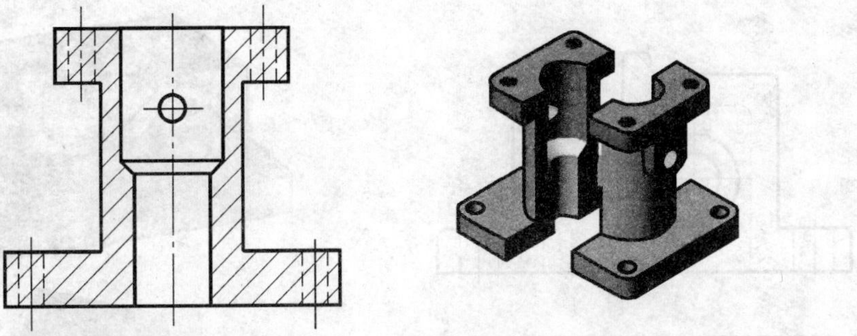

(b)

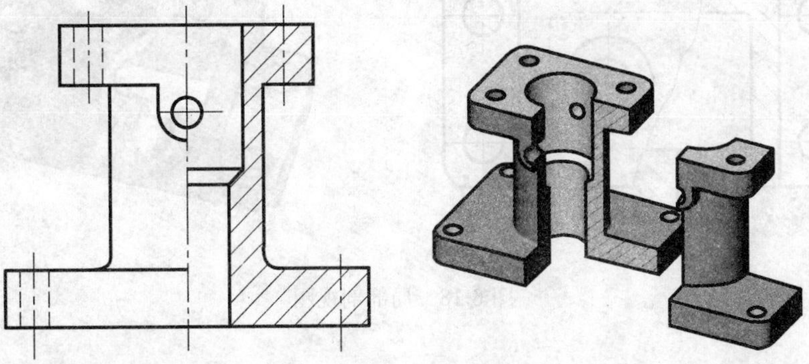

(c)

图 6-16　半剖视图（二）
（b）全剖视图；（c）半剖视图

心线，如图 6-17 所示。但是，如果机件的某些内部形状在半剖视图中没有表达清楚，则在表达外部形状的半个视图中，应该用虚线画出，如图 6-16（c）所示。

图 6-17　半剖视图

3. 局部剖视图

当机件尚有部分的内部结构形状未表达清楚，但又没有必要作全剖视或不适合作半剖视时，可用剖切平面局部地剖开机件，所得的剖视图称为**局部剖视图**，如图 6-18 所示。局部剖切后，机件断裂处的轮廓线用波浪线表示。

图 6-19 所示机件虽然对称，但由于机件的分界处有轮廓线，因此不宜采用半剖视而采用了局部剖视。局部剖视的范围可大可小，视机件的具体结构形状而定。实心杆上的孔、槽

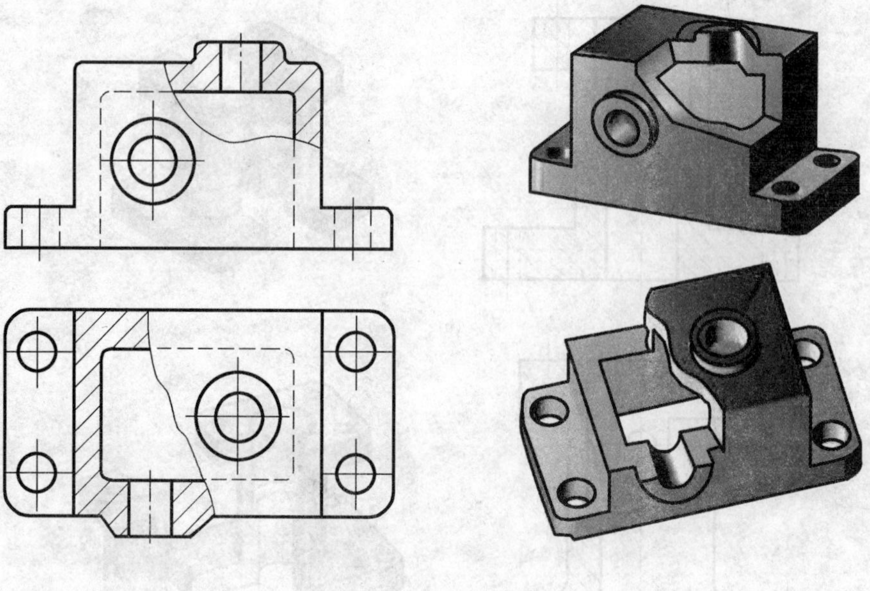

图 6-18 局部剖视图

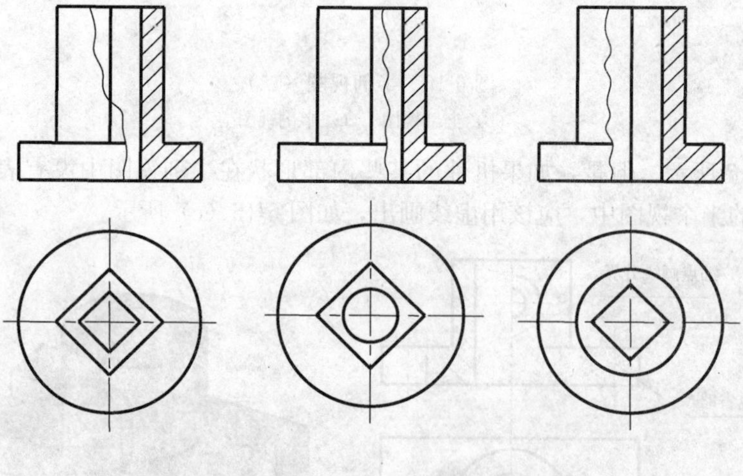

图 6-19 不宜采用半剖的局部剖视图

等结构，也常采用局部剖视图，如图 6-20 所示。

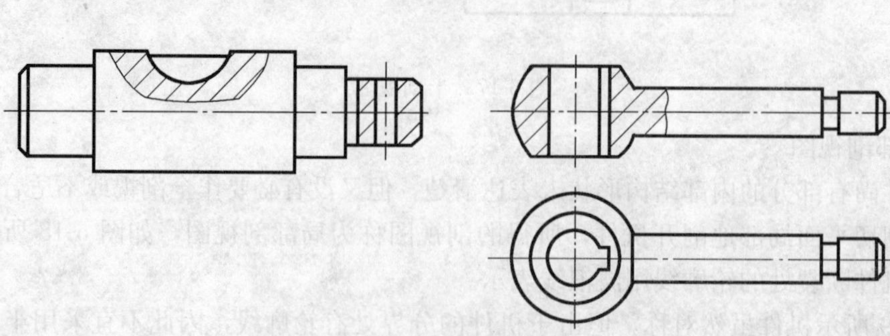

图 6-20 常用局部剖视图

当单一剖切平面位置明显时，局部剖视图可省略标注，当剖切平面位置不明显时，必须标注剖切符号、投射方向和剖视图的名称，如图 6-21 所示。

局部剖视图应注意的问题：

(1) 机件局部剖切后，不剖部分与剖切部分的分界线用波浪线表示。波浪线只应画在实体断裂部分，而不应把通孔和空槽处连起来（因为通孔和空槽处不存在断裂），也不应超出视图的轮廓，如图 6-22 (a) 所示。

(2) 波浪线不应与视图上的其它图线重合或画在它们的延长线位置上（或用轮廓线代替），如图 6-22 (b) 所示。

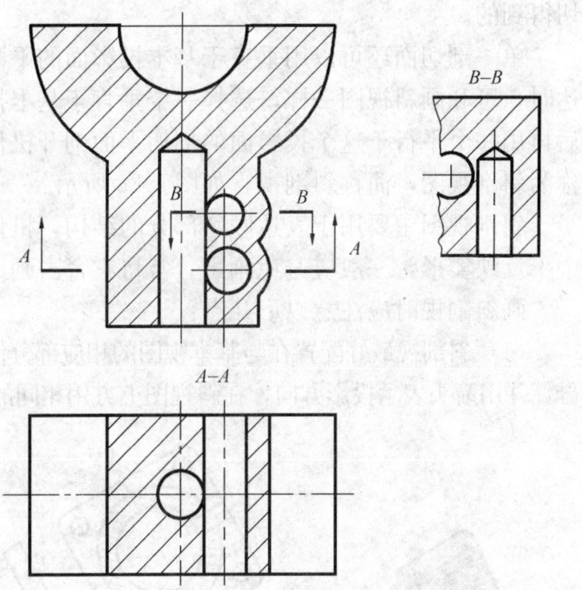

图 6-21　局部剖视图的标注

(3) 当被剖结构为回转体时，允许将结构的回转轴线作为局部剖视图与视图的分界线。如图 6-22 (c) 所示。

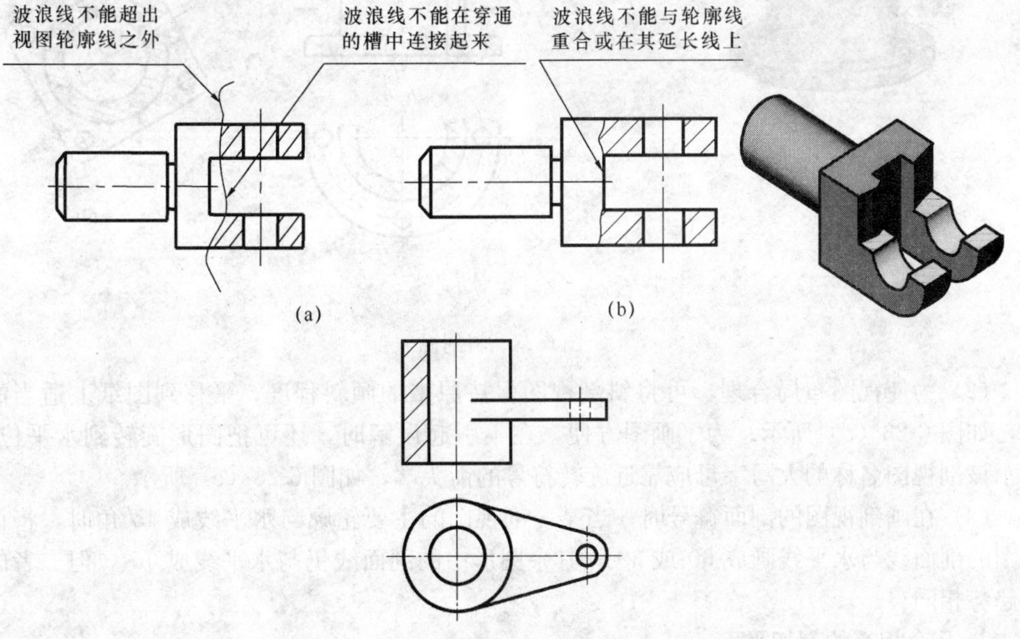

图 6-22　局部剖视图中波浪线的注意事项

(a) 错误画法；(b) 错误画法；(c) 回转轴作为局部剖视图与视图的分界线

三、剖切面的种类及方法

1. 单一剖切面

单一剖切面用得最多的是投影面的平行面，前面所举图例中的剖视图都是用这种平面剖切得到的。

单一剖切面还可以用垂直于基本投影面的平面，当机件上有倾斜部分的内部结构需要表达时，可和画斜视图一样，选择一个垂直于基本投影面且与所需表达部分平行的投影面，然后再用一个平行于这个投影面的剖切平面剖开机件，向这个投影面投影，这样得到的剖视图称为**斜剖视图**，简称**斜剖视**，如图 6-23 所示。

斜剖视图主要用于表达倾斜部分的结构，机件上与基本投影面平行的部分，在斜剖视图中不反映实形，一般应避免画出，常将它舍去画成局部视图。

画斜剖视时应注意以下几点：

（1）斜剖视最好配置在与基本视图的相应部分保持直接投影关系的地方，标出剖切位置和字母，并用箭头表示投影方向，在斜视图上方用相同的字母标明图的名称，如图 6-23（b）所示。

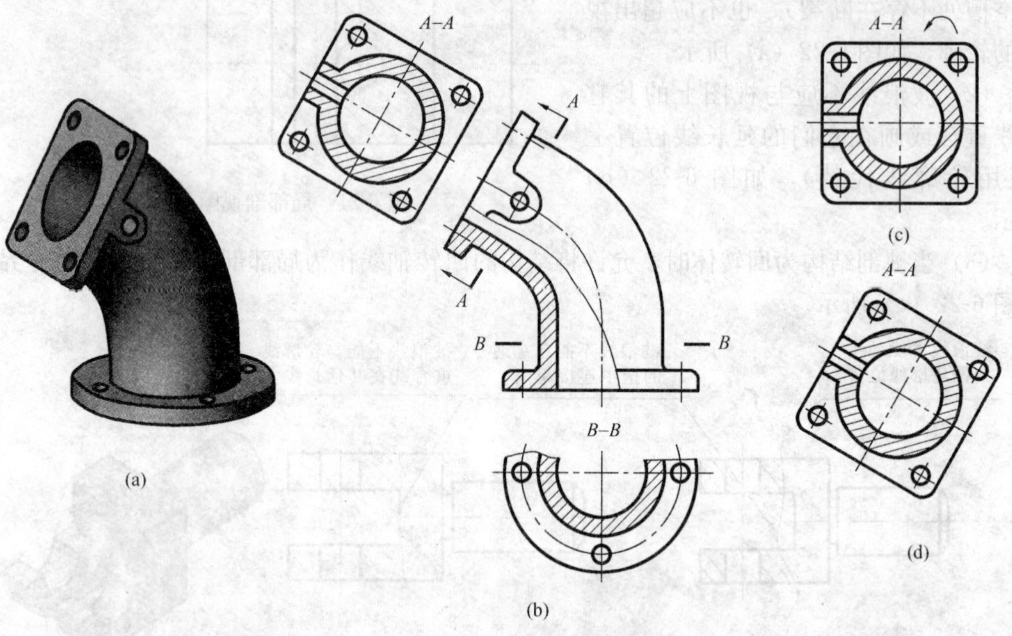

图 6-23　斜剖视

（2）为使视图布局合理，可将斜剖视图保持原来的倾斜程度，平移到图纸上适当的地方，如图 6-23（d）所示；为了画图方便，在不引起误解时，还可把图形旋转到水平位置，表示该剖视图名称的大写字母应靠近旋转符号的箭头端，如图 6-23（c）所示。

（3）在画剖视图的剖面符号时，当某一剖视图的主要轮廓与水平线成 45°角时，将该剖视图的剖面线与水平线画成 60°或 30°，其余图形中的剖面线仍与水平线成 45°，但二者的倾斜趋势相同。

2. 几个相交的剖切平面

当机件的内部结构形状用一个剖切平面不能表达完全，且这个机件在整体上又具有回转轴时，用几个相交的剖切平面（交线垂直于某一基本投影面）剖开机件的方法称为**旋转剖**。采用旋转剖画剖视图时，先假想按剖切位置剖开机件，然后将被剖开的结构及有关部分旋转到与选定的投影面平行后，再进行投射，使剖视图既反映实形又便于画图，如图 6-24 所示。

旋转剖注意事项：

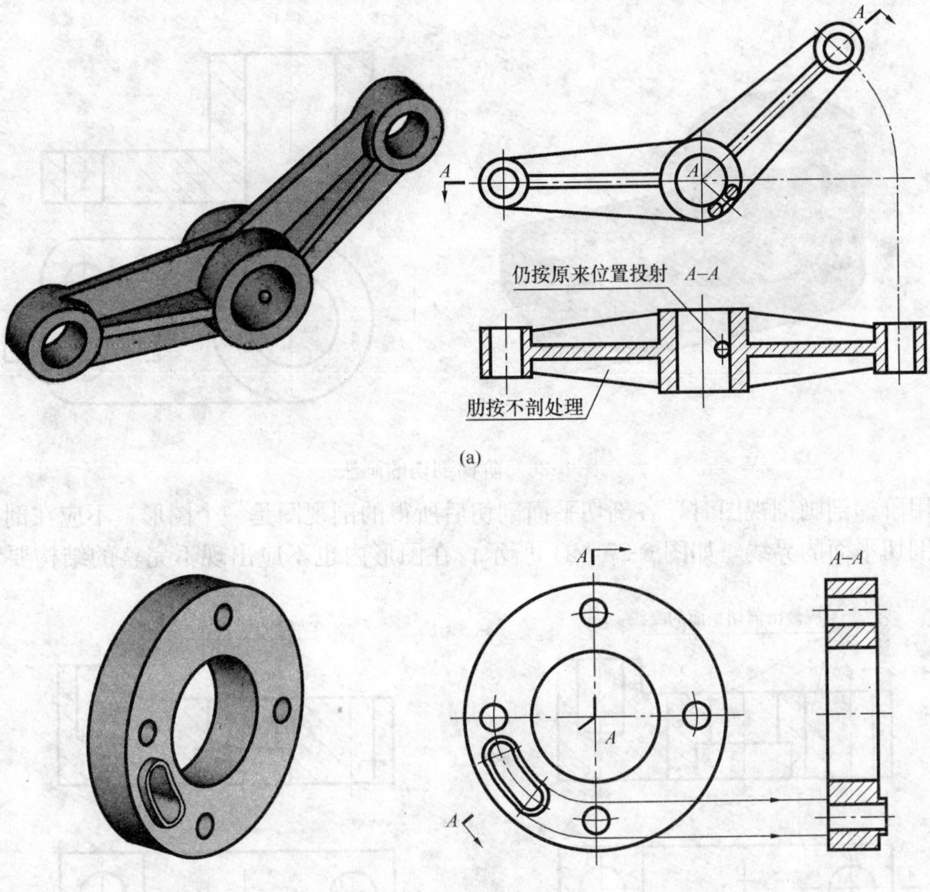

(a)

(b)

图 6-24　旋转剖视图

（a）将摇杆倾斜部分旋转至水平面后再作剖切；（b）将孔倾斜旋转至垂直面后再作剖切

（1）旋转剖必须标注。标注时，在剖切平面的起、讫、转折处画上剖切符号，标上同一字母（转折处如果空间不够，标注时可以省略字母），并在起讫处画出箭头表示投影方向，在剖视图的上方中间位置用同一字母写出其名称“×—×”，如图 6-24 所示。

（2）在剖切平面后的其他结构，一般仍按原来位置投射，如图 6-24（a）所示中剖切平面后油孔的投影。

（3）当剖切后产生不完整要素时，应将该部分按不剖画出，如图 6-25 所示的不完整要素的投影。

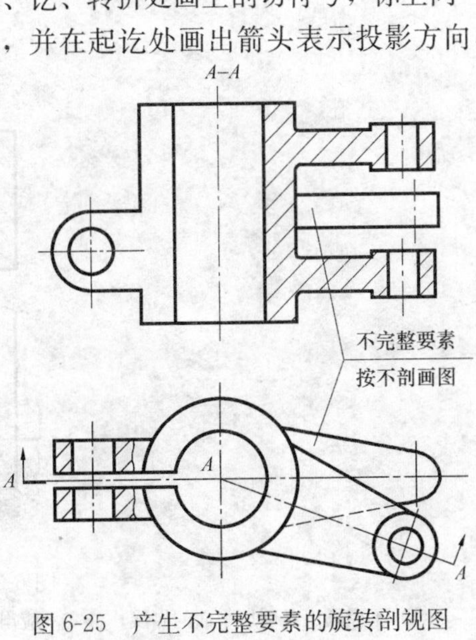

图 6-25　产生不完整要素的旋转剖视图

3. 几个平行的剖切平面

当机件上有较多的内部结构形状，而它们的轴线不在同一平面内时，可用几个互相平行的剖切平面剖切，这种剖切方法称为阶梯剖。如图 6-26 所示机件用了两个平行的剖切平面剖切后画出的“A—A”剖视图。

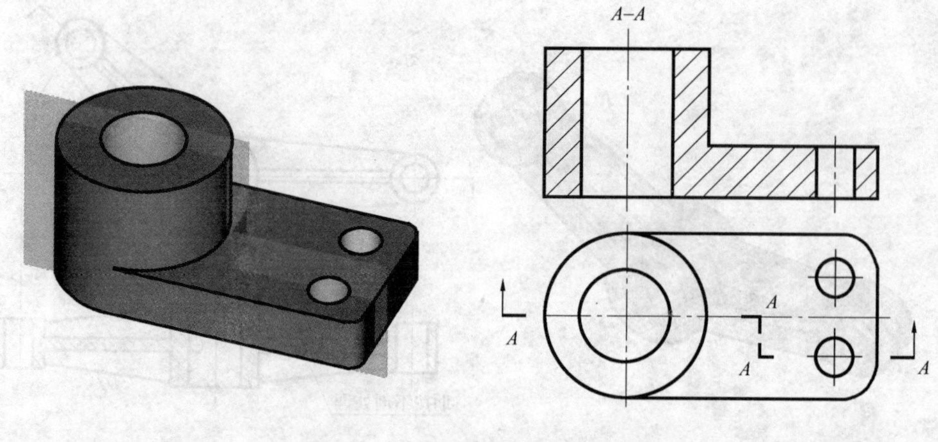

图 6-26　阶梯剖切的画法

采用阶梯剖画剖视图时，各剖切平面剖切后所得的剖视图是一个图形，不应在剖视图中画出各剖切平面的界线，如图 6-27（a）所示；在图形内也不应出现不完整的结构要素，如

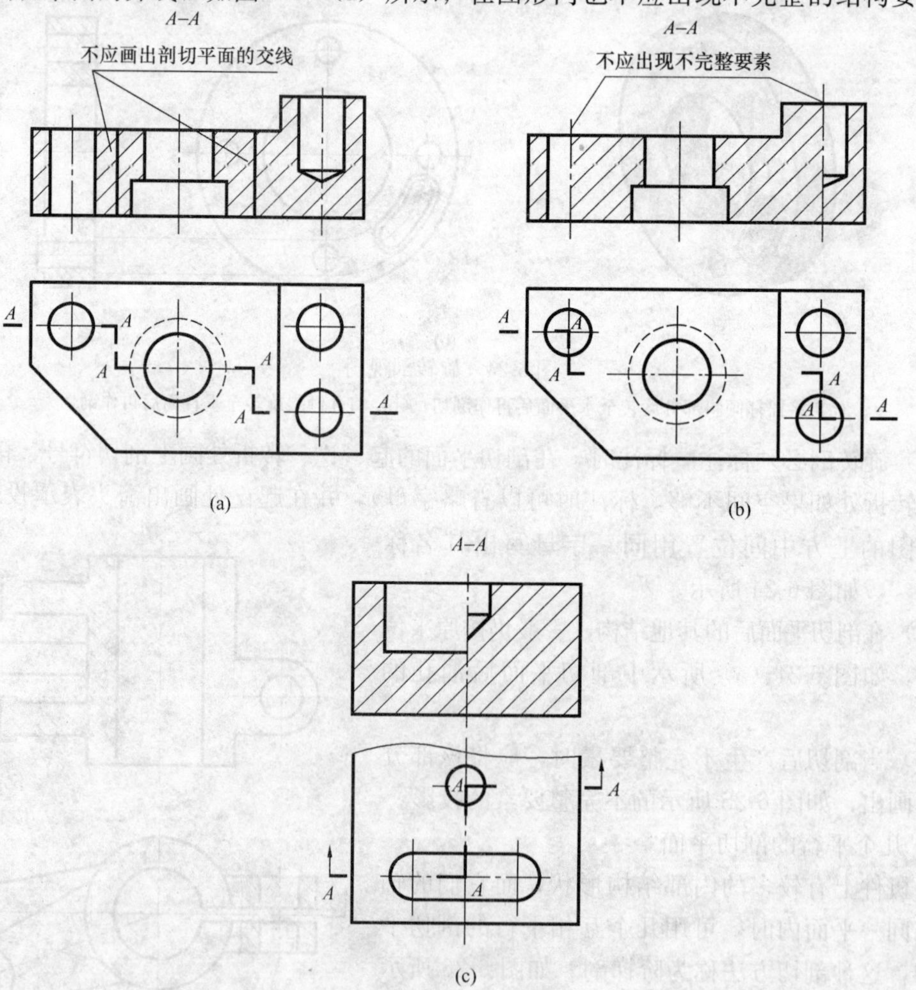

图 6-27　阶梯剖注意事项

（a）不应画出各剖切平面的界线；（b）不应出现不完整的结构要素；（c）具有公共对称中心线或轴线的剖切

图 6-27（b）所示。仅当两个要素在图形上具有公共对称中心线或轴线时，才可以出现不完整要素，这时，应各画一半，并以对称中心线或轴线为界，如图 6-27（c）所示。

阶梯剖的标注与旋转剖的标注要求相同。在转折处的剖切符号不应与视图中的轮廓线重合或相交，当转折处的地方很小时，可省略字母。

4. 复合剖

相交剖切平面与平行剖切平面的组合称为组合剖切平面。用组合剖切平面剖开机件的剖切方法称为复合剖，如图 6-28 所示。

复合剖形成的剖视图必须标注，其方法与旋转剖、阶梯剖类似。

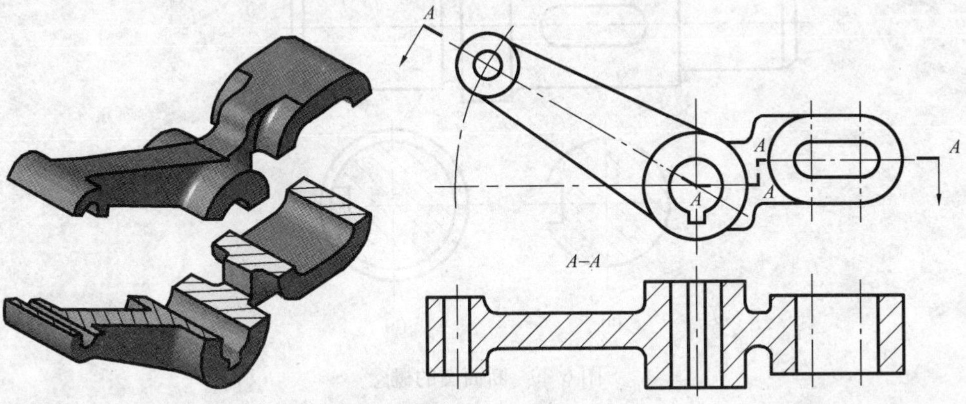

图 6-28　复合剖

第三节　断面图

断面图主要用来表达机件某部分断面的结构形状。

一、断面的概念

假想用剖切面将物体的某处切断，仅画出剖切面与物体接触部分的图形，称为断面图，简称断面，通常在断面图上画出剖面符号。断面图常用来表示机件上某一局部的断面形状，如机件上的肋、轮辐，以及轴上的键槽和孔等。如图 6-29（a）所示轴，只画了一个主视图，并画出了键槽处的断面形状，就把整根轴的结构形状表达清楚了，比用多个视图或剖视图显得更为简便、明了。

断面与剖视的区别在于：断面只画出剖切平面和机件相交部分的断面形状，如图 6-29（a）所示，而剖视图则需把断面和断面后可见的轮廓线都画出来，如图 6-29（b）所示。

二、断面的种类

按其在图纸上配置的位置不同，断面分为移出断面和重合断面。

1. 移出断面

画在视图轮廓线以外的断面称为移出断面。如图 6-29（a）、图 6-30 均为移出断面。

移出断面的轮廓线用粗实线绘制，图形位置应尽量配置在剖切位置符号或剖切平面迹线的延长线上（剖切平面迹线是剖切平面与投影面的交线），如图 6-29（a）、图 6-30（a）所示，也允许放在图上任意位置，如图 6-30（c）、图 6-30（d）所示。当断面图形对称时，也可将断面画在视图的中断处，如图 6-30（b）所示。

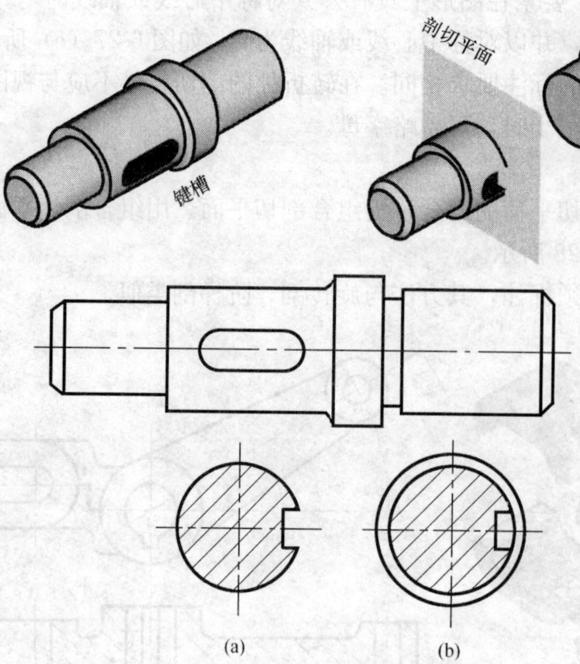

图 6-29 断面图的概念

（a）断面图；（b）剖视图

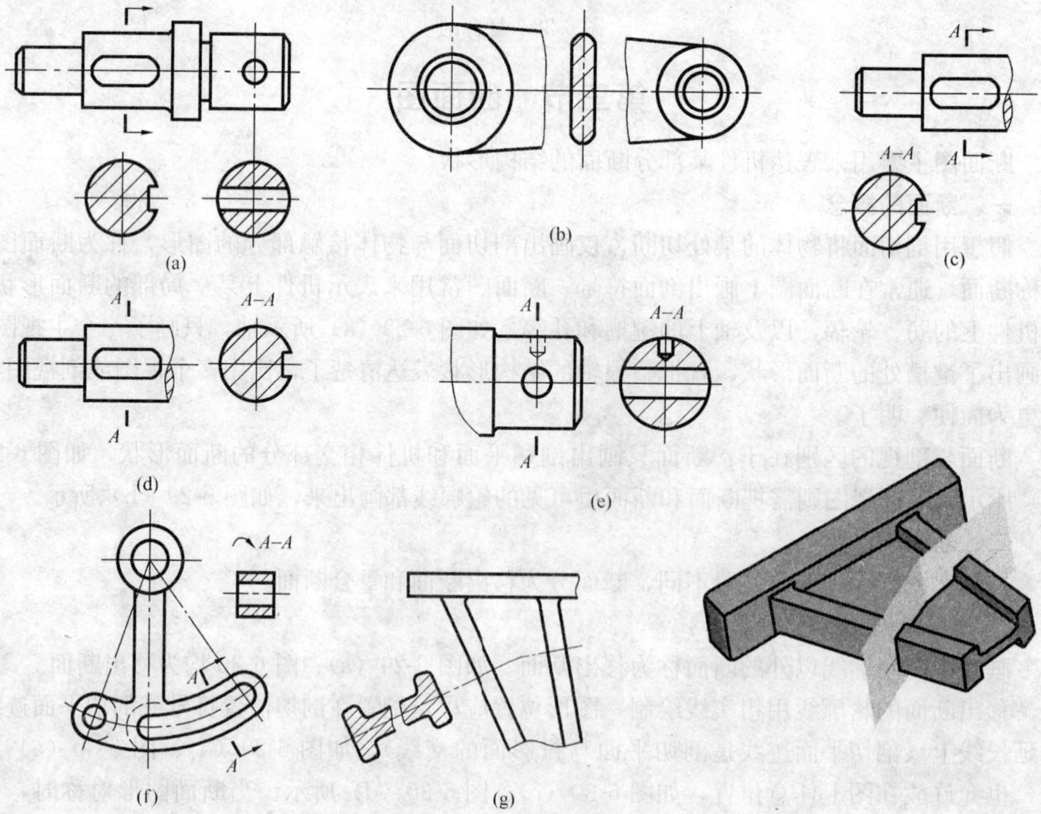

图 6-30 移出断面图

一般情况下，画断面时只画出剖切的断面形状，但当剖切平面通过机件上回转面形成的孔或凹坑的轴线时，这些结构按剖视画出，如图 6-30（a）、图 6-30（e）所示。当剖切平面通过非圆孔但会导致出现完全分离的两个断面时，这种结构也应按剖视画出，在不致引起误解时，允许将图形旋转，如图 6-30（f）所示。为了表达切断面的真实形状，剖切平面应垂直于所需表达机件结构的主要轮廓线或轴线，如图 6-30（g）所示。由两个或多个相交的剖切平面剖切得出的移出断面，在中间必须断开，画图时还应注意中间部分均应小于剖切迹线的长度，如图 6-30（g）所示。

移出断面的标注：

（1）移出断面一般用剖切符号表示剖切位置，用箭头表示投影方向，并注上字母，在断面图的上方应用同样的字母标出相应的名称“×—×”（×——大字拉丁字母），如图 6-30（c）中的 *A-A* 断面图所示。

（2）配置在剖切符号延长线上不对称的移出断面，可以省略断面图名称（字母）的标注，如图 6-30（a）中断面图所示。

（3）按投影关系配置的不对称移出断面及不配置在剖切符号延长线上的对称移出断面图均可省略箭头，如图 6-30（d）、图（e）中的 *A-A* 断面图所示。

（4）配置在剖切平面迹线延长线上的对称移出断面图和配置在视图中断处的移出断面图，均不必标注，如图 6-30（a）、图（b）所示。

2. 重合断面

画在视图轮廓线内部的断面，称为重合断面，如图 6-31 所示。

重合断面的轮廓线用细实线绘制，剖面线应与断面图形的对称线或主要轮廓线成 45°角。当视图的轮廓线与重合断面的图形线相交或重合时，视图的轮廓线仍要完整画出，不可中断。

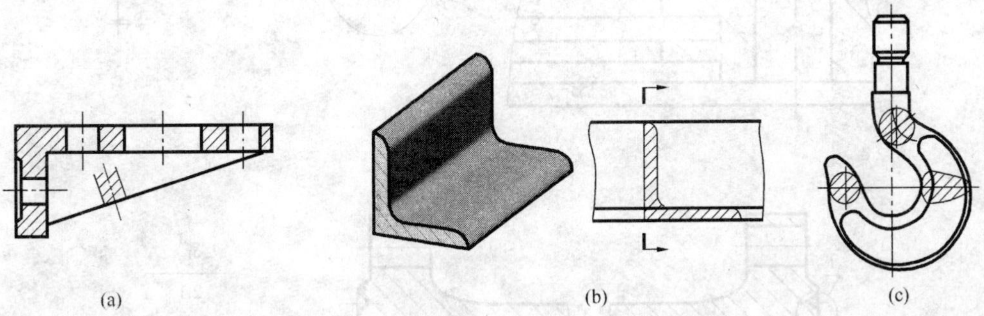

图 6-31　重合断面画法

（a）支架；（b）角钢；（c）吊钩

重合断面的标注：配置在剖切符号上的不对称重合断面图，必须用剖切符号表示剖切位置，用箭头表示投影方向，但可以省略断面图的名称（字母）标注，如图 6-31（b）所示。对称的重合断面图只需在相应的视图中用点画线画出剖切位置，其余内容不必标注，如图 6-31（a）、图 6-31（c）所示。

第四节　局部放大图、简化画法和其他规定画法

对机件上的某些结构，国家标准 GB/T 4458.1—2002 规定了局部放大图、简化画法和一些规定画法，现分别介绍如下：

一、局部放大图

为了清楚地表示机件上某些细小结构，将机件的部分结构用大于原图形所采用的比例画出的图形，称为局部放大图。

局部放大图可画成：视图（图 6-32（a）Ⅰ处）、剖视图（图 6-32（b））、断面图（图 6-32（c））。

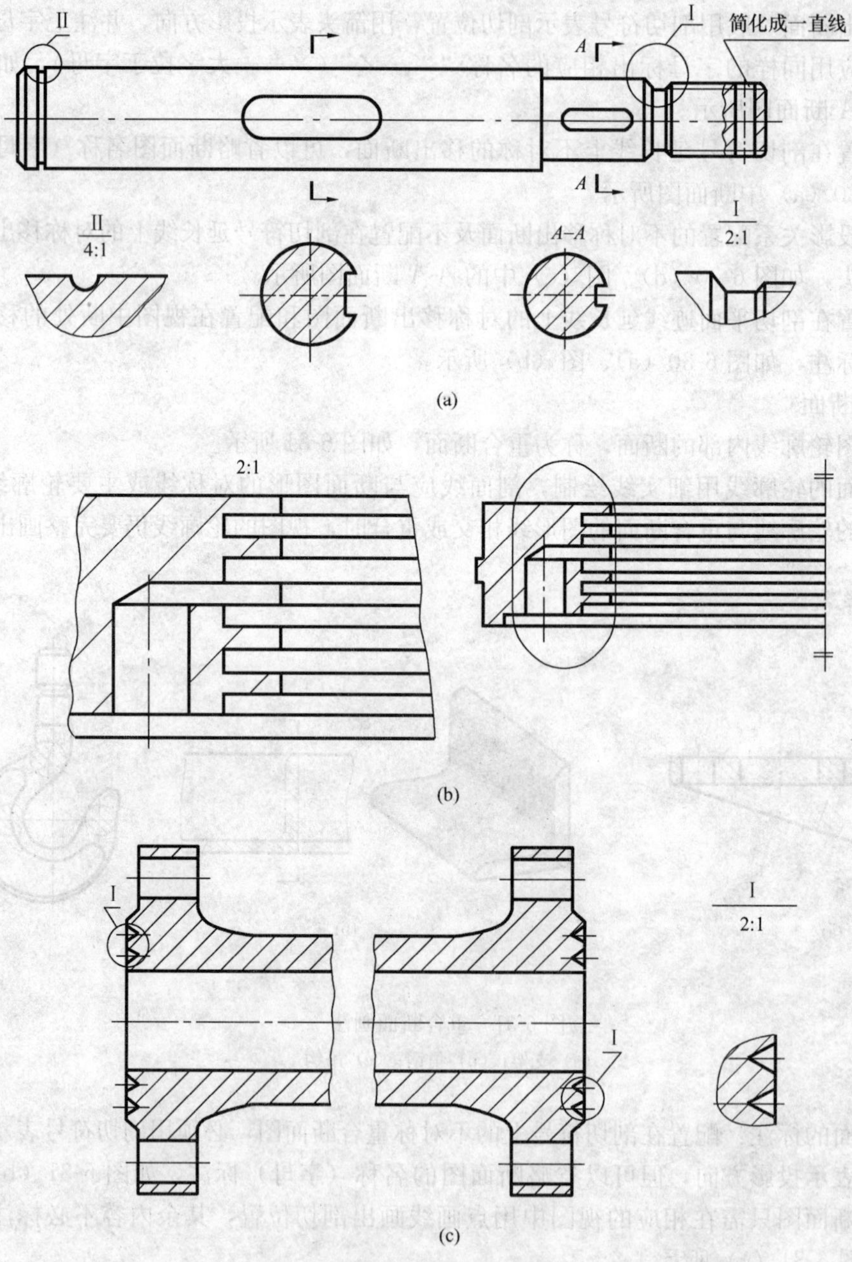

图 6-32　局部放大图

32（a）Ⅱ处），其表达方式与放大部位的原表达方式无关。局部放大图应尽量配置在被放大部位附近。

画局部放大图时，除螺纹牙型、齿轮、链轮的齿型外，其余按图 6-32 所示用细实线圈出被放大的部位。

当同一机件上有几个被放大部分时，必须用大写罗马数字依次标明被放大的部位，并在局部放大图的上方标出相应的罗马数字和所采用的比例，如图 6-32（a）所示。

当机件上只有一处被放大部位时，只需在局部放大图上方注明所采用的比例，如图 6-32（b）所示。

当图形相同或对称时，同一机件上不同部位的局部放大图只需画一个，如图 6-32（c）所示。

二、简化画法和规定画法

（1）当机件具有若干相同结构（齿、槽等），并按一定规律分布时，只需要画出几个完整的结构，其余用细实线连接，在零件图中则必须注明该结构的总数，如图 6-33 所示。

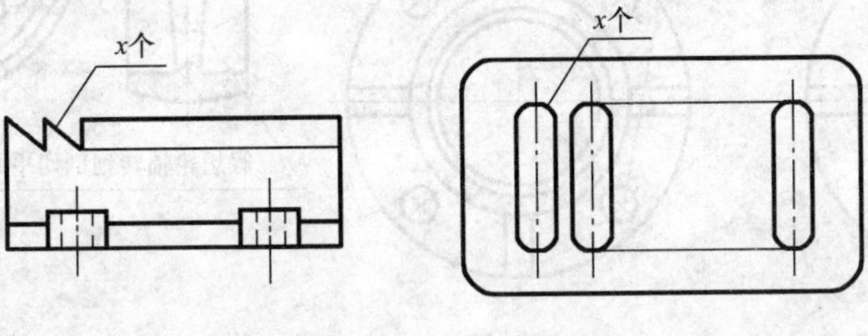

图 6-33　成规律分布的若干相同结构的简化画法

（2）若干直径相同且成规律分布的孔（圆孔、螺孔、沉孔等），可以仅画出一个或几个。其余只需用点画线表示其中心位置，在零件图中应注明孔的总数，如图 6-34 所示。

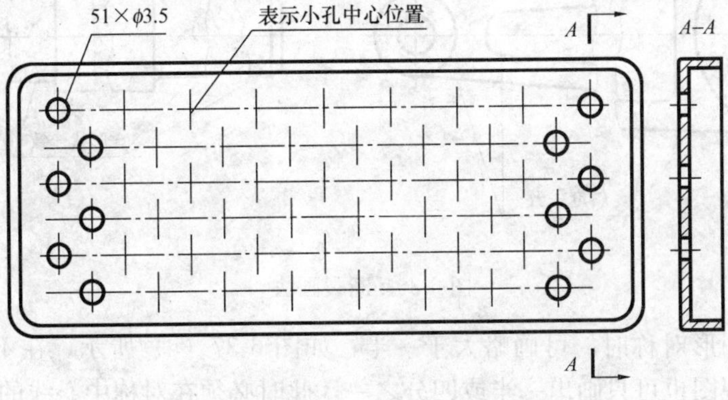

图 6-34　成规律分布的相同孔的简化画法

（3）对于机件的肋、轮辐及薄壁等，如按纵向剖切，这些结构都不画剖面符号，而用粗实线将它与其邻接的部分分开。当零件回转体上均匀分布的肋、轮辐、孔等结构不处于剖切平面上时，可将这些结构旋转到剖切平面上画出，如图 6-35 所示。

（4）对于较长的机件（如轴、连杆、筒、管、型材等），若沿长度方向的形状一致或按一定规律变化时，为节省图纸和画图方便，可将其断开后缩短绘制，但要标注机件的实际尺寸，折断处用波浪线断开，如图 6-36 所示。

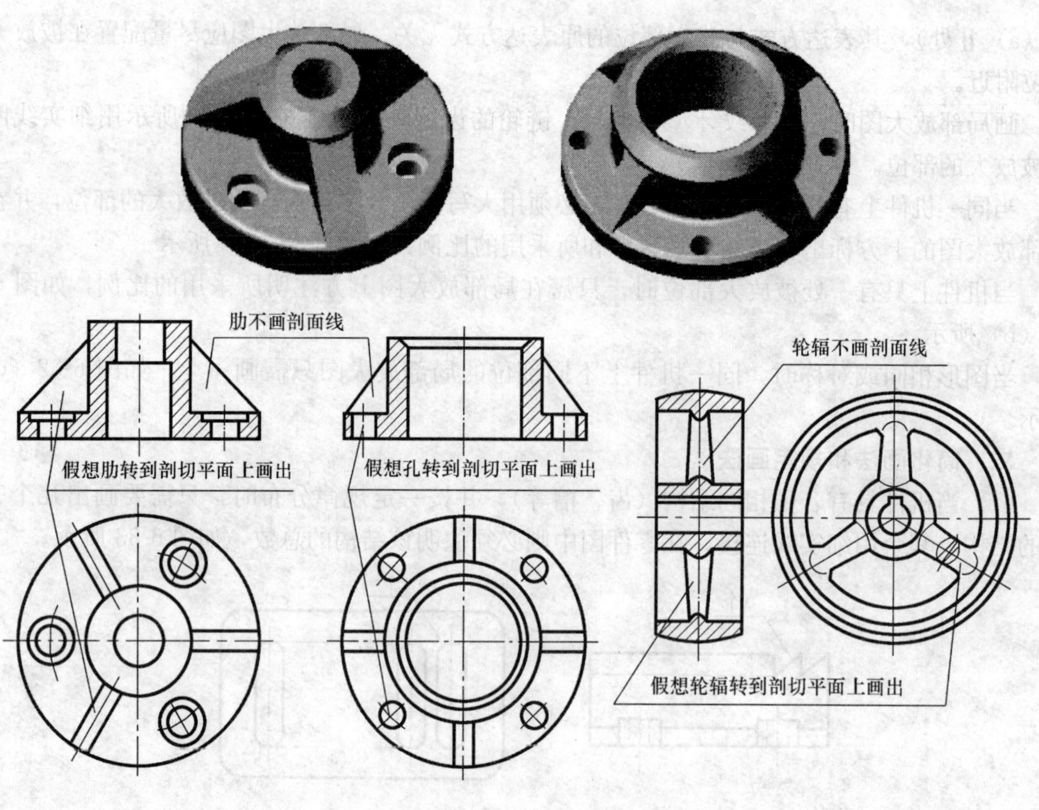

图 6-35　回转体上均匀分布的肋、孔的画法

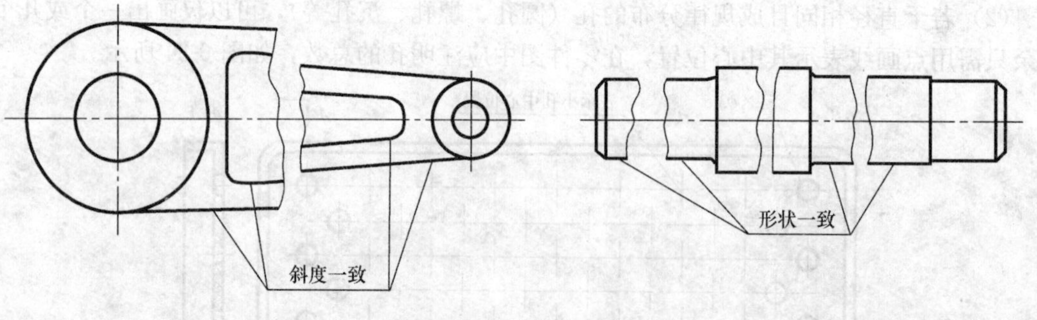

图 6-36　断裂画法

(5) 当某一图形对称时，可画略大于一半，如图 6-37 (a) 所示，在不致引起误解时，对于对称机件的视图也可只画出一半或四分之一，此时必须在对称中心线的两端画出两条与其垂直的平行细实线，如图 6-37 (b) 所示。

(6) 对于网状物、编织物或机件上的滚花部分，可以在轮廓线附近用粗实线示意画出，并在图上或技术要求中注明这些结构的具体要求，如图 6-38 所示。

(7) 当图形不能充分表达平面时，可用平面符号（相交的两细实线）表示，如图 6-39 所示。

(8) 机件上的一些较小结构，如在一个图形中已表达清楚时，其他图形可简化或省略，如图 6-40 所示。

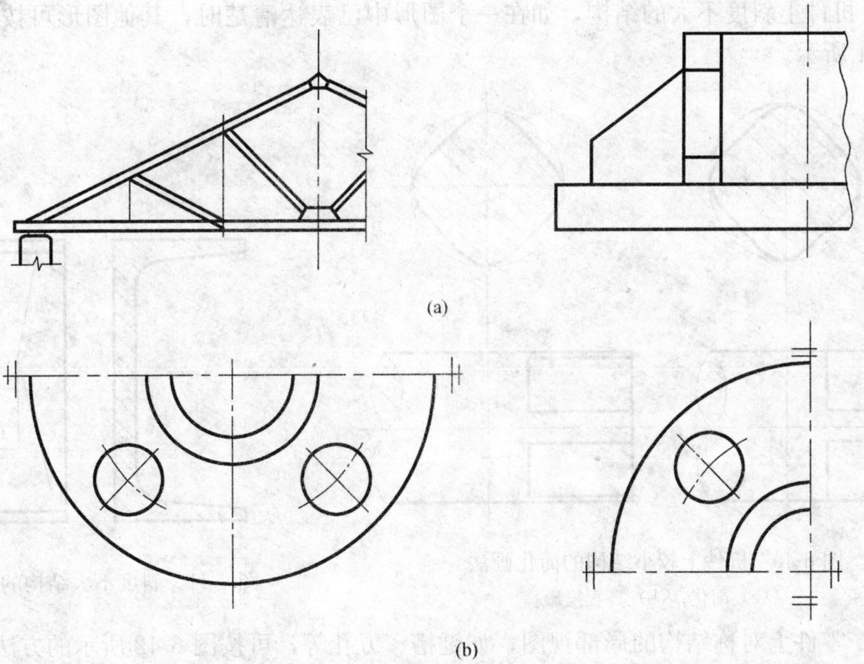

图 6-37　对称机件的简化画法

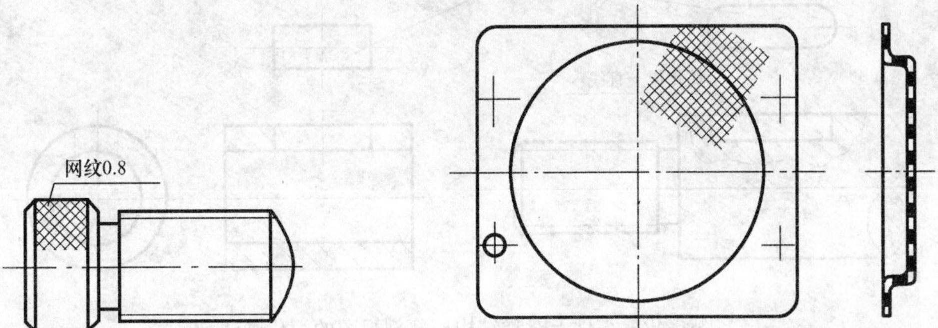

图 6-38　滚花的画法

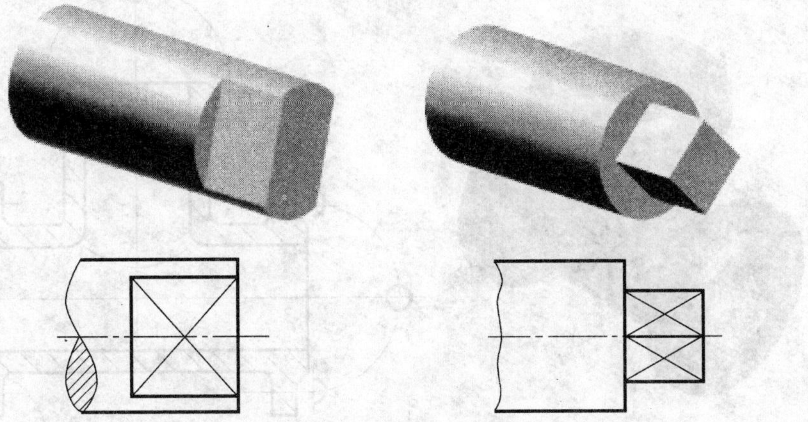

图 6-39　表示平面的简化画法

（9）机件上斜度不大的结构，如在一个图形中已表达清楚时，其他图形可按小端画出，如图 6-41 所示。

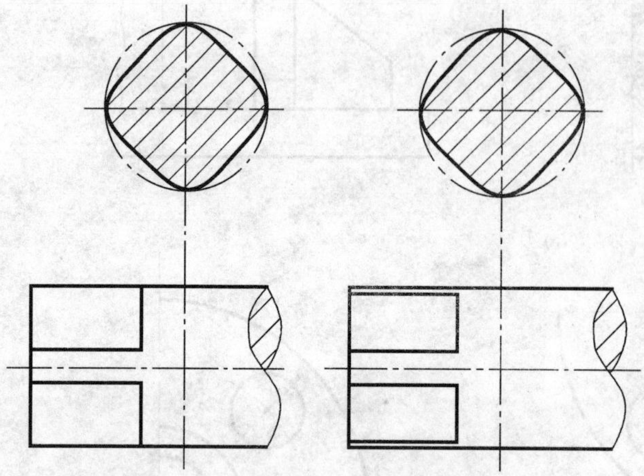

图 6-40　机件上较小结构的简化画法

（a）简化；（b）真实投影

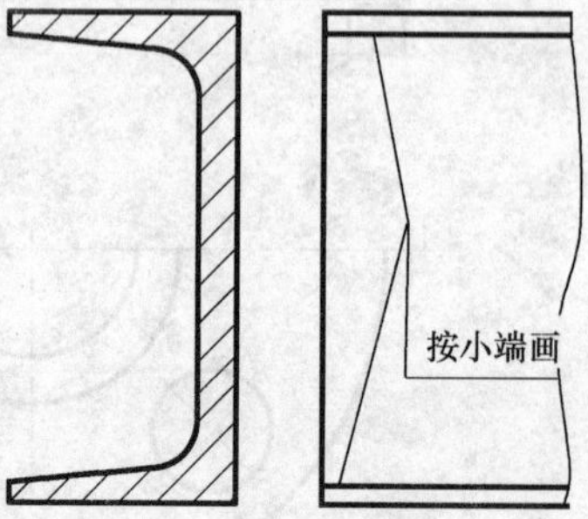

图 6-41　斜度不大结构的简化画法

（10）零件上对称结构的局部视图，如键槽、方孔等，可按图 6-42 所示的方法表示。

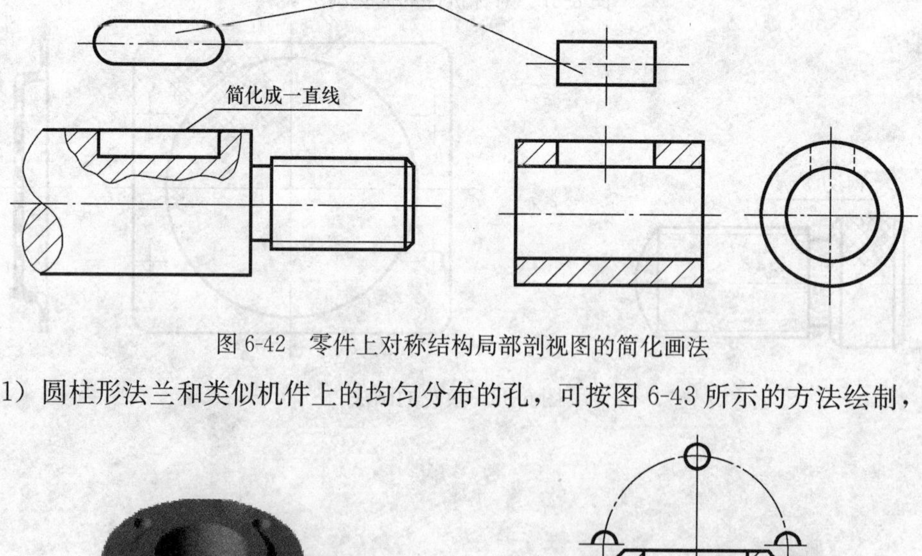

图 6-42　零件上对称结构局部剖视图的简化画法

（11）圆柱形法兰和类似机件上的均匀分布的孔，可按图 6-43 所示的方法绘制，孔的位

图 6-43　法兰盘上孔的画法

置按规定从机件外向该法兰端面方向投影所得的位置画出。

（12）在不致引起误解时，移出断面图允许省略剖面符号，但剖切位置和断面图的标注必须遵照原规定，如图 6-44 所示。

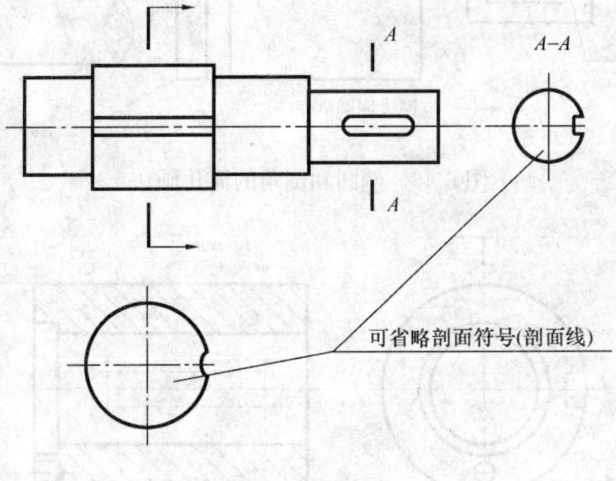

图 6-44　移出断面的简化画法

（13）与投影面倾斜角度小于或等于 30°的圆或圆弧，其投影可用圆或圆弧代替，如图 6-45 所示。

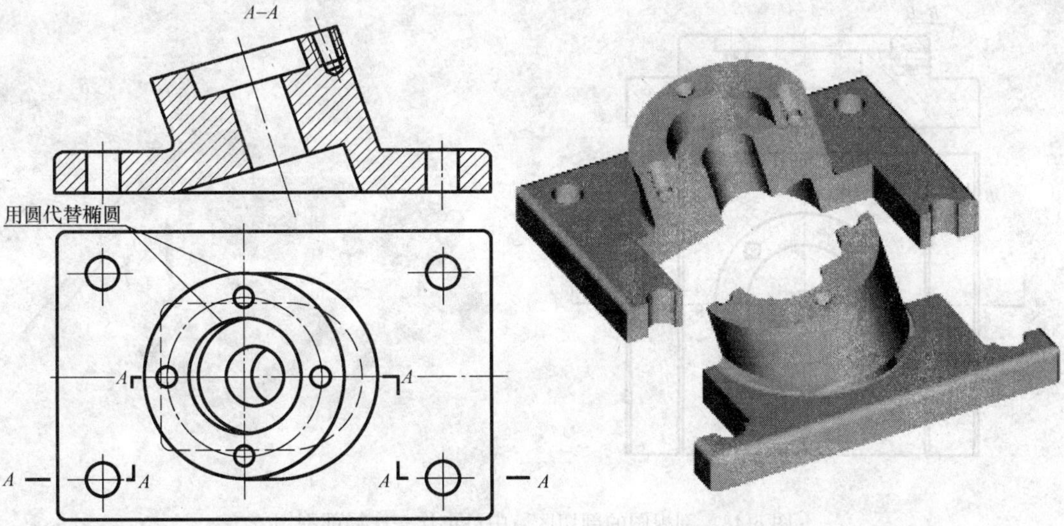

图 6-45　倾斜面上圆的简化画法

（14）在不致引起误解时，零件图中的小圆角、锐边的小倒圆或 45°小倒角允许省略不画，但必须注明尺寸或在技术要求中加以说明，如图 6-46 所示。

（15）在需要表示位于剖切平面前的结构轮廓线时，用双点画线表示，如图 6-47 所示。

（16）在剖视图的剖切区域中可再做一次局部剖。采用这种表达方法时，两个剖面区域的剖面线应同方向、同间隔，但要互相错开，并用引出线标注其名称，如图 6-48 中的“B—B”。

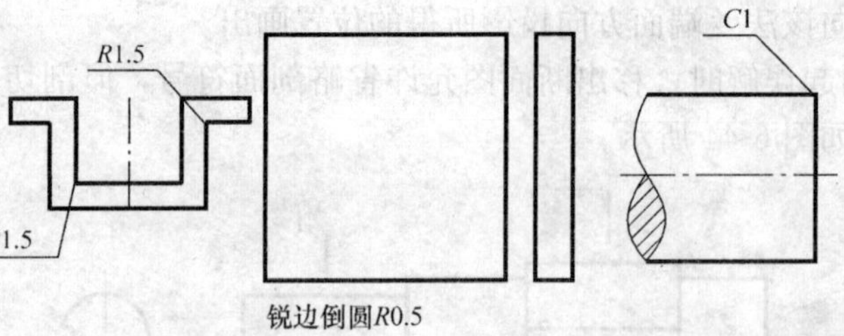

图 6-46　倒圆和倒角的简化画法

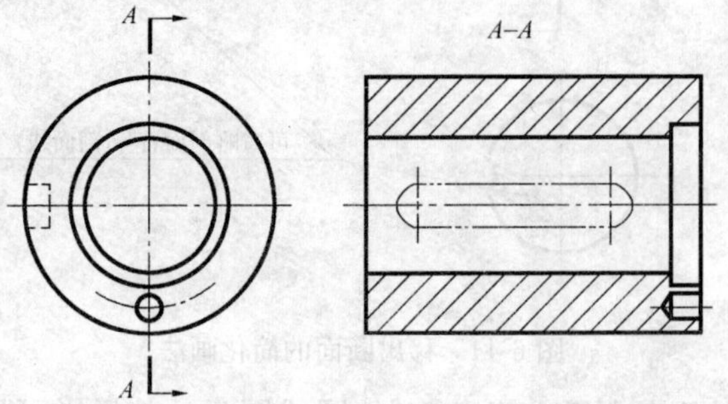

图 6-47　剖切掉部分的表达方法

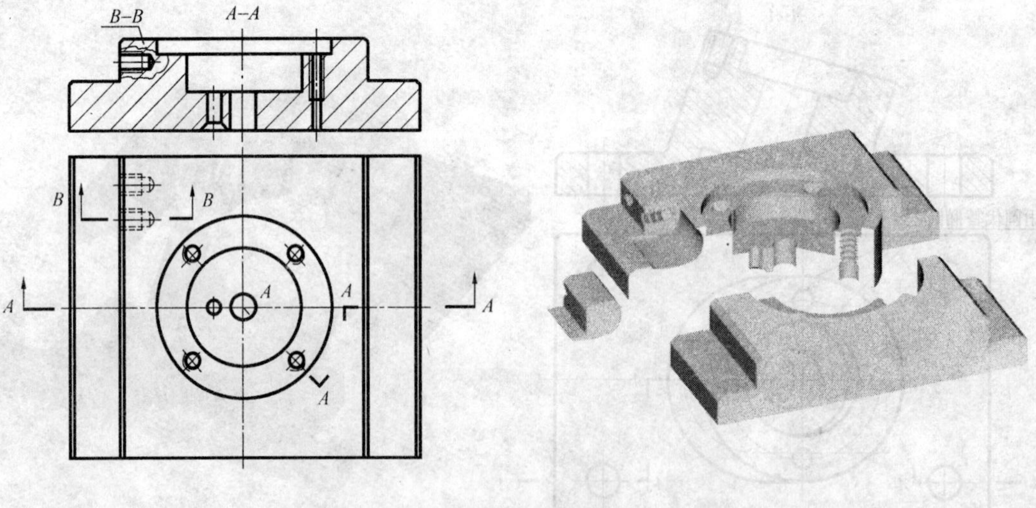

图 6-48　剖视图的剖切区域中可再作一次局部剖切

第五节　第三角画法简介

在表达机件结构时，第一角和第三角画法等效使用。例如中国、俄罗斯、德国等采用第一角投影法；美国、日本等采用第三角投影法。为了适应国际科学技术交流，现根据 GB/T 14692—1993《技术制图 投影法》规定对第三角投影的画法作简单介绍。

一、第三角投影法

如图 6-49 表示三个互相垂直的投影面：*V*、*H*、*W*，将 *W* 面左侧的空间分成四个角，其编号如图所示，将机件放在第三分角（*V* 面的后方，*H* 面的下方和 *W* 面的左方）向各投影面进行正投影，从而得到相应的正投影图，这种画法称为第三角投影法。

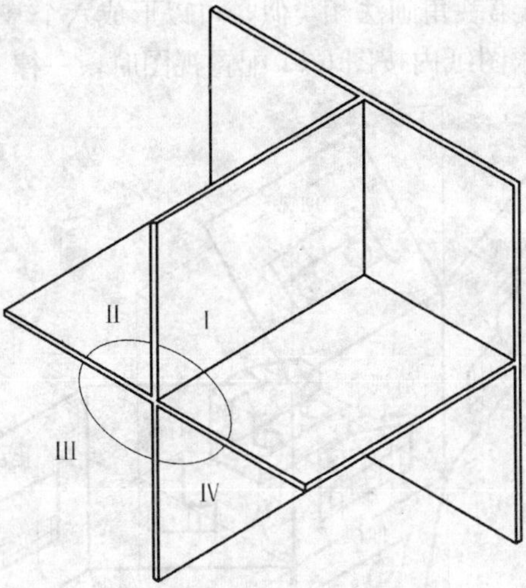

图 6-49　四个分角

二、第三角投影法的特点

1. 把物体放在第三分角内，使投影面处于观察者与物体之间，并假想投影面是透明的，从而得到物体的投影图。在 *V*、*H*、*W* 三个投影面上的投影图，分别称为前视图（也称正视图）、顶视图、右视图，如图 6-50 所示。实际上：前视图——即是第一角投影的主视图，顶视图——即是第一角投影的俯视图，只是投影所处的位置与假想的不一样。

2. 展开时，*V* 面不动，将 *H* 面、*W* 面分别绕它们与 *V* 面的交线向上、向右转 90°，使这三面展成同一个平面，得到物体的三视图，三视图的配置如图 6-50（b）所示。

3. 三视图之间的关系：第三角投影的三视图之间，同样符合“长对正，高平齐，宽相等”的投影规律。但应注意方向：在顶视图和右视图中，靠近前视图的一边是物体前面的投影（要清楚三个视图各边的前、后、左、右、上、下的关系）。

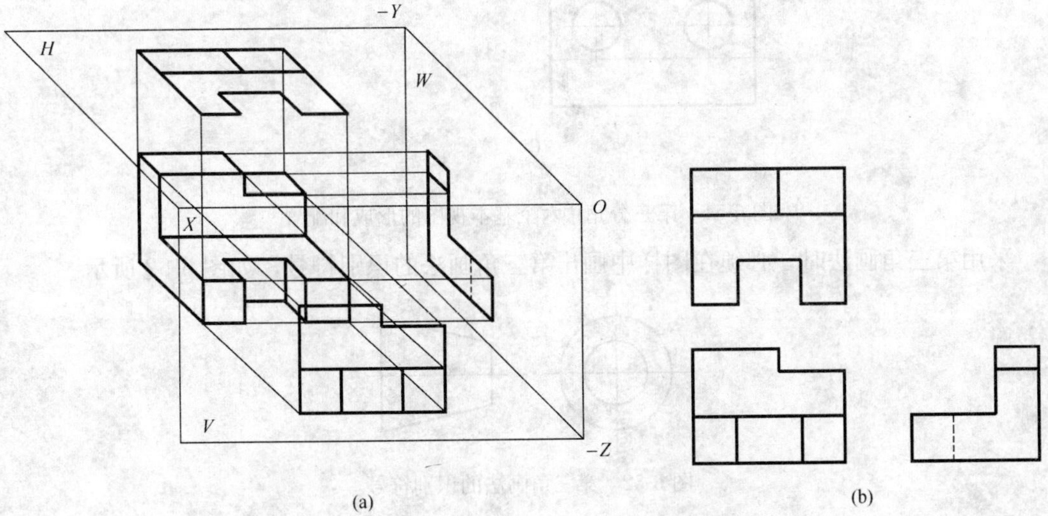

图 6-50　第三分角中三视图的形成和投影规律

4. 第三角投影法也有六个基本视图

采用第三角画法时，与第一角画法相类似，可以形成六个基本视图，六个基本视图的配置如图 6-51 所示。在同一张图纸内按图 6-51 配置视图时，一律不注视图名称。

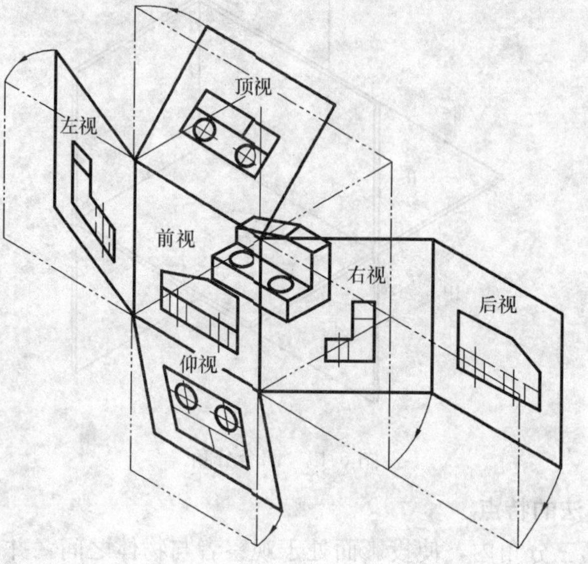

(a)

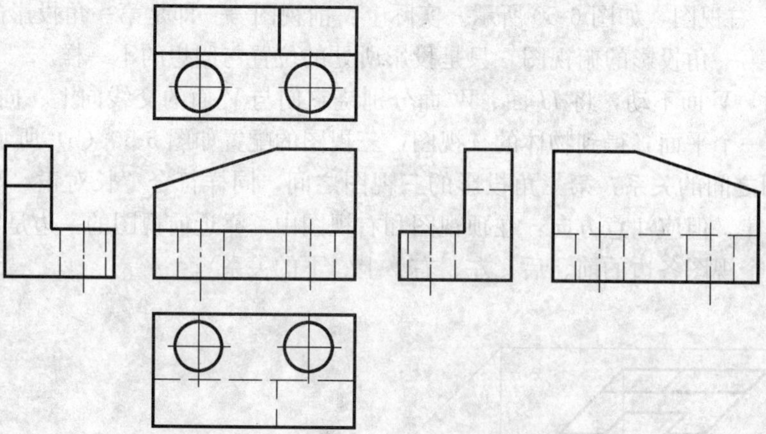

(b)

图 6-51　第三分角中六个基本视图的形成和配置

采用第三角画法时，必须在图样中画出第三角画法的识别符号，如图 6-52 所示。

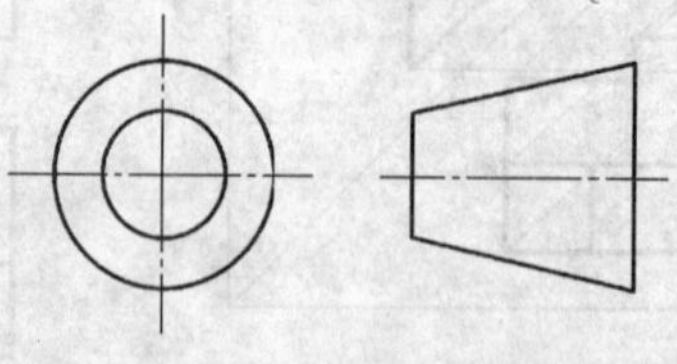

图 6-52　第三角画法的识别符号

【例 6-1】 用第三角画法画如图 6-53（a）所示的轴承架的三视图（主视图、俯视图和右视图)。

【解】 分析：首先用形体分析法将轴承架的立体图读懂，将箭头所示方向选为主视图的方向。

画图：确定主视图后，按投影规律画出右视图和俯视图，如图 6-53（b）所示。

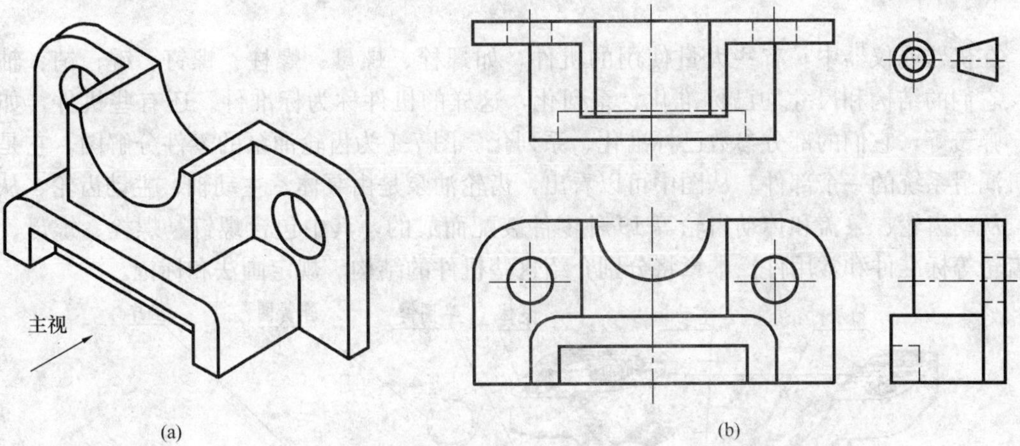

图 6-53　轴承架及其三视图

（a）立体图；（b）第三角画法三视图

【例 6-2】 用第三角画法画出如图 6-54（a）所示组合体的三视图，主视图画半剖视图，右视图画全剖视图。

作图方法同上例，读者自行分析、绘图。如图 6-54（b）为组合体的三视图。

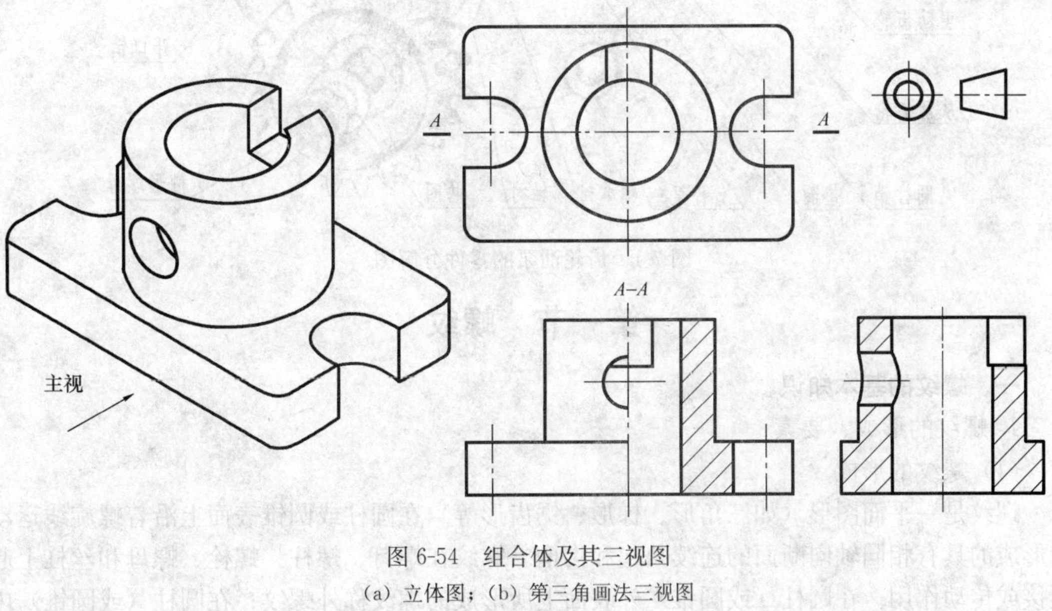

图 6-54　组合体及其三视图

（a）立体图；（b）第三角画法三视图

第七章　标准件和常用件

在机器或仪器中，有些大量使用的机件，如螺栓、螺母、螺柱、螺钉、键、销、轴承等，它们的结构和尺寸均已标准化、系列化，这样的机件称为标准件。还有些机件，如齿轮、弹簧等，它们的部分参数已标准化、系列化。图 7-1 为齿轮油泵的零件分解图，它是柴油机润滑系统的一个部件。从图中可以看出，齿轮油泵是由泵体、主动轴、主动齿轮、从动轴、从动齿轮、泵盖和传动齿轮等 19 种零件装配而成的，其中包含螺钉、螺栓、螺母、键和齿轮等标准件和常用件。本章将分别介绍这些机件的结构、规定画法和标记。

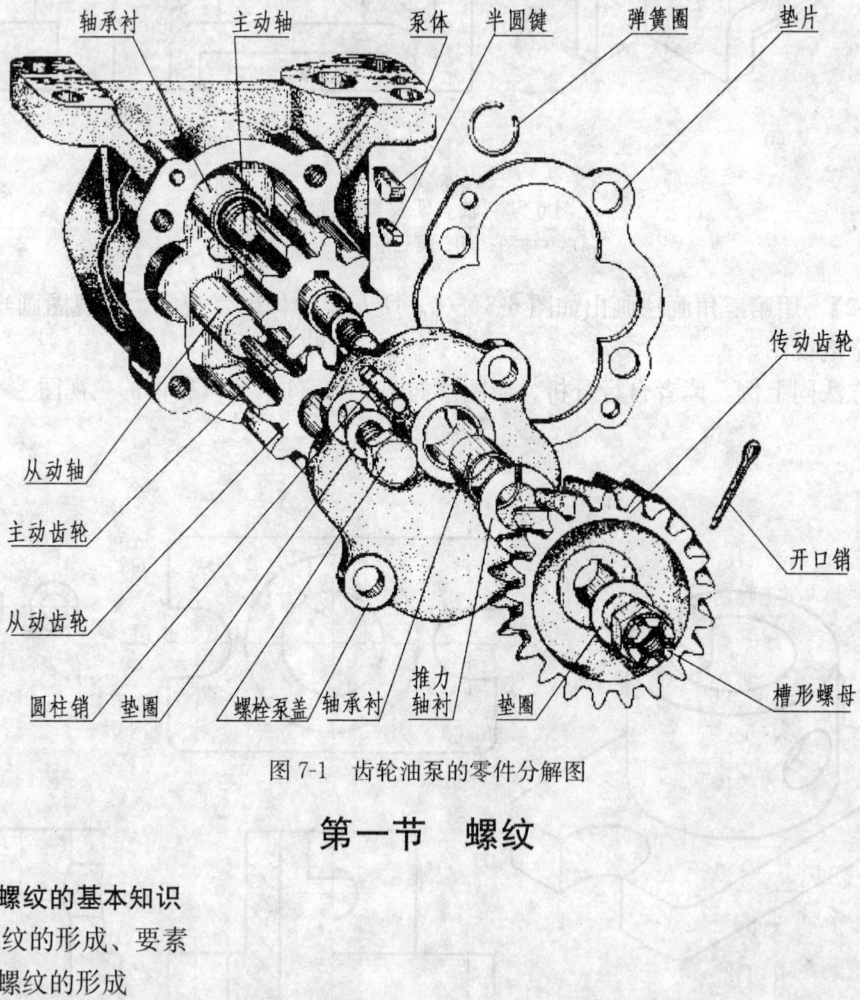

图 7-1　齿轮油泵的零件分解图

第一节　螺纹

一、螺纹的基本知识

1. 螺纹的形成、要素

(1) 螺纹的形成

螺纹是一平面图形（如三角形、梯形、锯齿形等）在圆柱或圆锥表面上沿着螺旋线运动所形成的具有相同轴向断面的连续凸起和沟槽。螺纹在螺钉、螺柱、螺栓、螺母和丝杠上起连接或传动作用。在圆柱（或圆锥）外表面上所形成的螺纹称**外螺纹**；在圆柱（或圆锥）内表面上所形成的螺纹称内螺纹。

螺纹的加工方法很多，图 7-2 所示为常见加工外螺纹的方法，图 7-3 所示为常见加工内螺纹的方法。

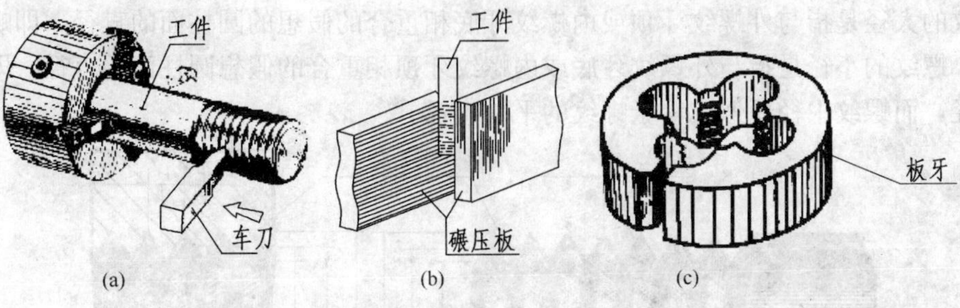

图 7-2　外螺纹的加工方法

（a）车削外螺纹；（b）碾压外螺纹；（c）板牙套扣

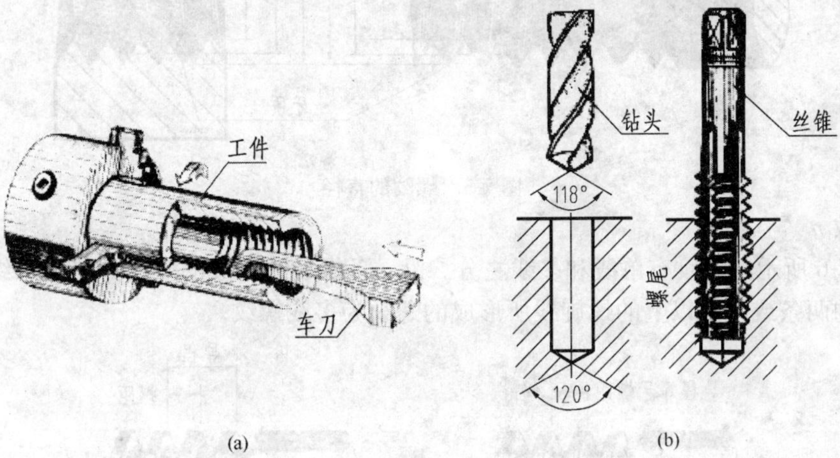

图 7-3　内螺纹的加工方法

（a）车削内螺纹；（b）钻孔和攻丝

（2）螺纹的要素

①牙型

在通过螺纹轴线的断面上，螺纹的轮廓形状称为螺纹牙型。它有三角形、梯形、锯齿形和矩形等，如图 7-4 所示，不同的螺纹牙型有不同的用途。

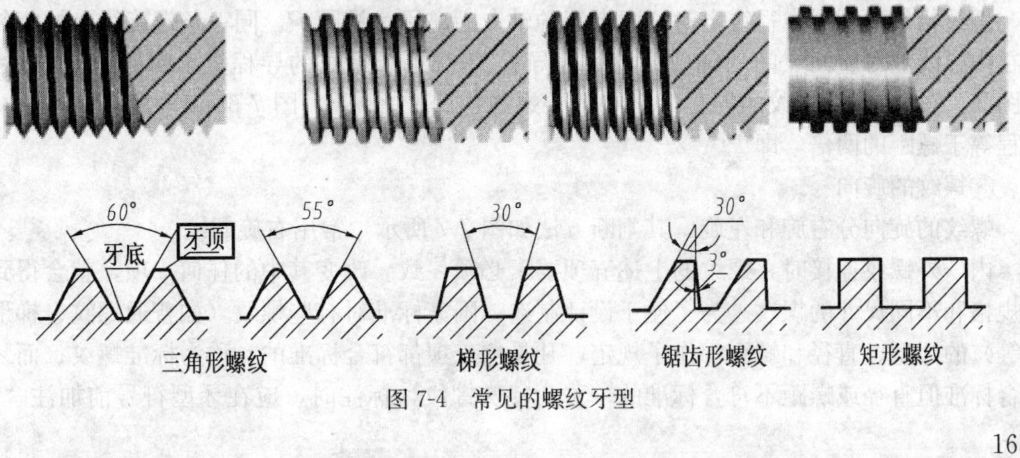

图 7-4　常见的螺纹牙型

②公称直径

公称直径是代表螺纹尺寸的直径，一般指螺纹的大径。螺纹的直径有 3 个：大径（d、D）、小径（d_1、D_1）和中径（d_2、D_2），如图 7-5 所示。

螺纹的大径是指与外螺纹牙顶或内螺纹牙底相重合的假想的圆柱面的直径，即螺纹的最大直径。螺纹的小径是指与外螺纹牙底或内螺纹牙顶相重合的假想圆柱面的直径，即螺纹的最小直径，而螺纹中径近似或等于螺纹的平均直径。

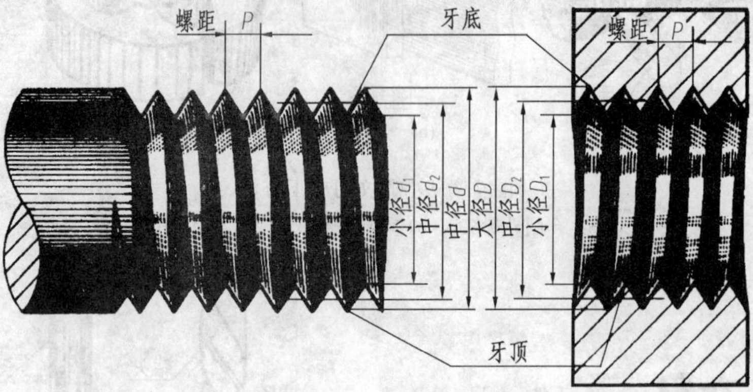

图 7-5　螺纹的直径

③线数 n

如图 7-6 所示，螺纹有单线和多线之分。沿一条螺旋线形成的螺纹为单线螺纹；沿轴向等距分布的两条或两条以上的螺旋线所形成的螺纹为多线螺纹。

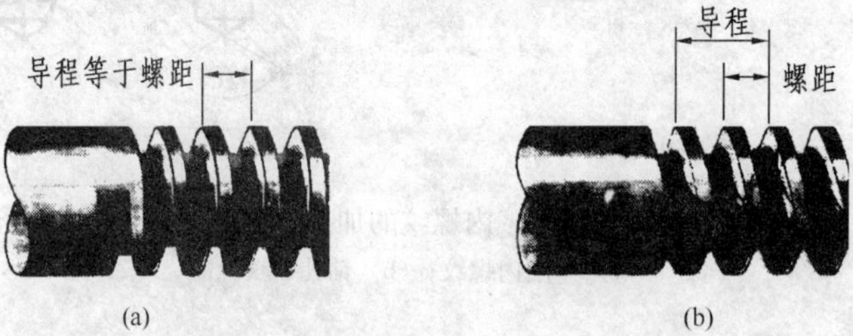

图 7-6　螺纹的线数、螺距和导程

（a）单线螺纹；（b）双线螺纹

④螺距 P 和导程 P_h

螺纹相邻两牙在中径线上对应两点间的轴向距离称为螺距 P。同一条螺旋线上的相邻两牙在中径线上对应两点间的轴向距离称为导程 P_h。单线螺纹的导程等于螺距，即 $P_h=P$，如图 7-6（a）；多线螺纹的导程等于线数乘螺距，即 $P_h=nP$，图 7-6（b）为双线螺纹，其导程等于螺距的两倍，即 $P_h=2P$。

⑤螺纹的旋向

螺纹的旋向分右旋和左旋，其判断方法如图 7-7 所示，常用右旋螺纹。

内、外螺纹连接时，螺纹的上述五项要素必须一致。改变其中的任何一项，就会得到不同规格和不同尺寸的螺纹。为了便于设计制造，国家标准对有些螺纹（如普通螺纹、梯形螺纹等）的牙型、直径和螺距都作了规定，凡是这三项都符合标准的，称为标准螺纹；而牙型符合标准但直径或螺距不符合标准的，称为特殊螺纹，标注时，应在牙型符号前加注“特”

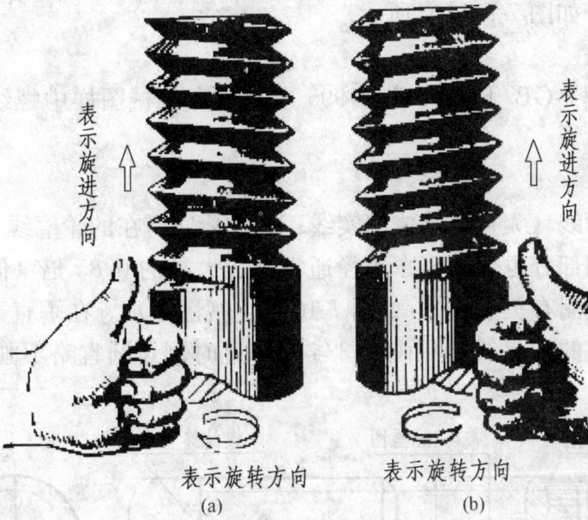

图 7-7　螺纹的旋向

（a）左旋螺纹；（b）右旋螺纹

字，对于牙型不符合标准的，称为非标准螺纹（如矩形螺纹）。

2. 螺纹的结构

（1）螺纹的末端

为了便于装配和防止螺纹起始圈损坏，常在螺纹的起始处加工成一定的形式，如倒角、倒圆等，如图 7-8 所示。

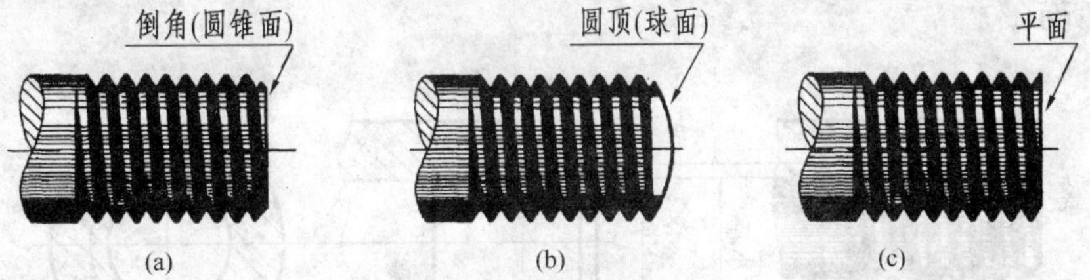

图 7-8　螺纹的端部

（a）倒角；（b）圆角；（c）平顶

（2）螺纹的收尾和退刀槽

车削螺纹时，刀具接近螺纹末尾处要逐渐离开工件，因此，螺纹收尾部分的牙型是不完整的，称为螺尾，如图 7-9（a）所示。为了避免产生螺尾，可以预先在螺纹末尾处加工出退

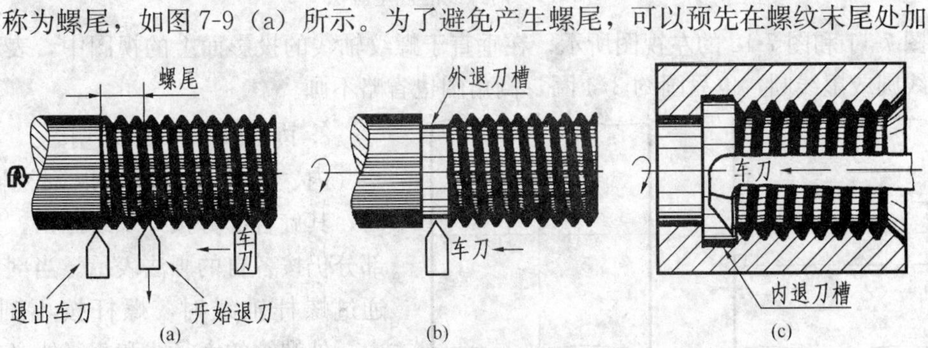

图 7-9　螺尾和退刀槽

（a）螺尾的形成；（b）外螺纹退刀槽；（c）内螺纹退刀槽

刀槽，然后再车削螺纹，如图 7-9（b）所示。

二、螺纹的规定画法

国家标准《机械制图》GB/T 4459.1—1995 规定了在机械图样中螺纹和螺纹紧固件的画法。

1. 外螺纹

螺纹牙顶所在的轮廓线（大径）画成粗实线；螺纹牙底所在的轮廓线（小径）画成细实线，在螺杆的倒角或倒圆部分也应画出。小径通常画成大径的 0.85 倍（但大径较大或画细牙螺纹时，小径数值可查阅有关表格），如图 7-10 的主视图所示。在垂直于螺纹轴线的投影面上的视图中，表示牙底的细实线圆只画约 3/4 圈，此时倒角圆省略不画，如图 7-10 的左视图所示。

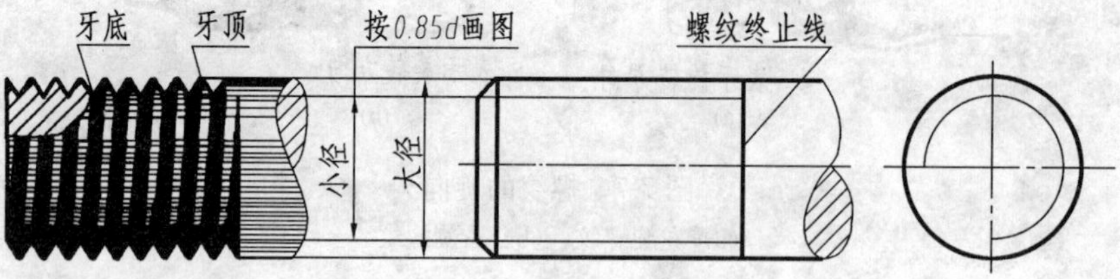

图 7-10　外螺纹的规定画法

2. 内螺纹

在剖视图中，螺纹牙顶所在的轮廓线（小径）画成粗实线；螺纹牙底所在的轮廓线（大径）画成细实线，如图 7-11 的主视图所示。在不可见的螺纹中，所有图线均按虚线绘制，如图 7-12 所示。

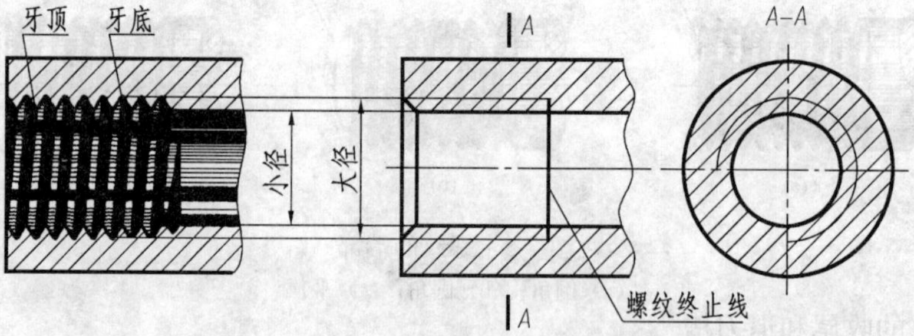

图 7-11　内螺纹的规定画法

如图 7-11 和图 7-12 的左视图所示，在垂直于螺纹轴线的投影面上的视图中，表示牙底的细实线圆或虚线圆，也只画约 3/4 圈，倒角圆也省略不画。

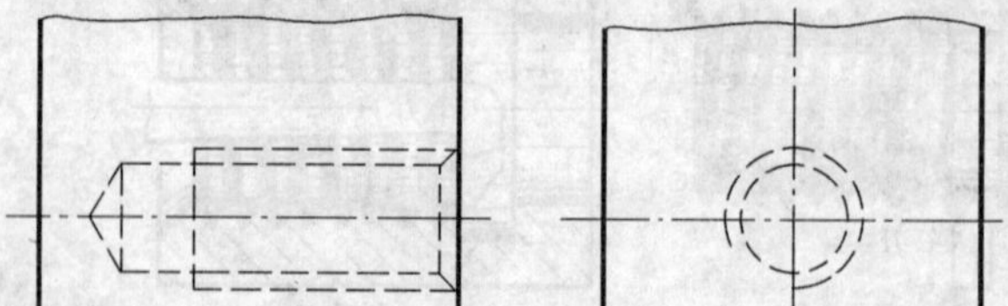

图 7-12　不剖螺纹孔的画法

3. 内螺纹和外螺纹连接

内、外螺纹的连接以剖视图表示时，其旋合部分按外螺纹画出，其余各部分仍按各自的画法表示。当剖切平面通过螺杆轴线时，螺杆按不剖绘制。内、外螺纹的大径线和小径线必须分别位于同一条直线上，如图 7-13 所示。

在内、外螺纹连接图中，同一零件在各个剖视图中剖面线的方向和间隔应一致；在同一剖视图中，相邻两零件剖面线的方向和间隔应不同。

4. 其他的一些规定画法

（1）完整螺纹的终止界线（简称螺纹终止线）用粗实线表示，外螺纹终止线如图 7-10 所示，内螺纹终止线如图 7-11 所示。当需要表示螺纹收尾时，螺尾部分的牙底与轴线成 30°的细实线绘制，如图 7-14 所示。

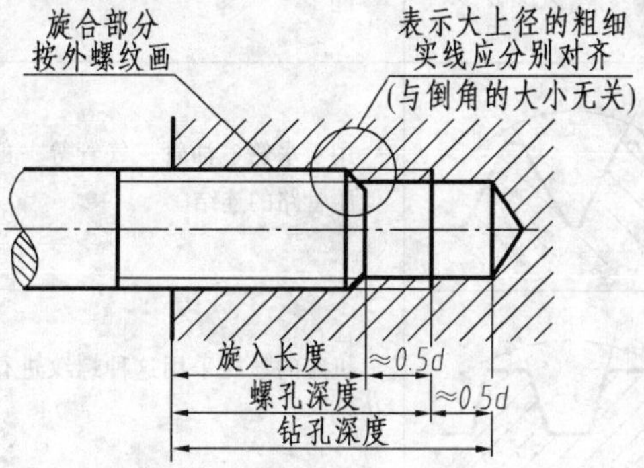

图 7-13 螺纹连接的画法

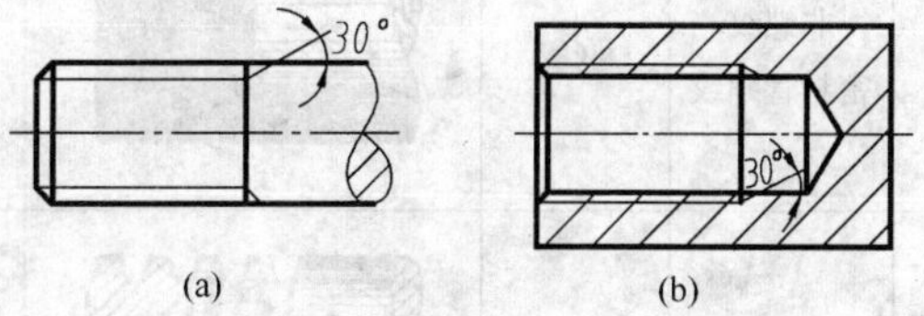

图 7-14 螺尾的画法

（a）外螺纹；（b）内螺纹

（2）绘制不穿通螺纹孔时，一般应将钻孔深度与螺纹部分的深度分别画出，钻头头部形成的锥顶角画成 120°，如图 7-15 所示。

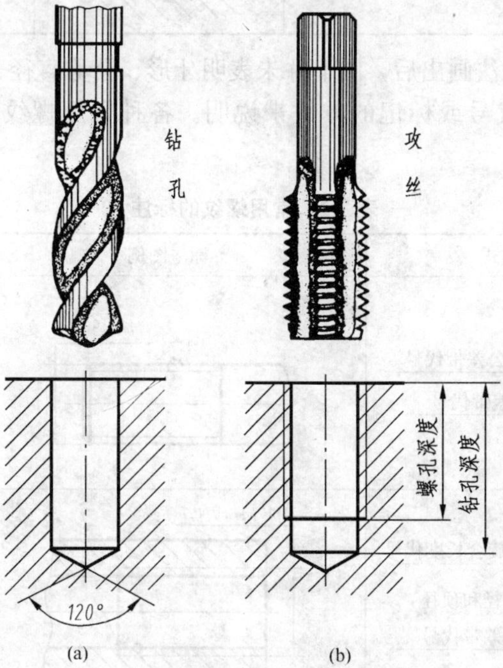

图 7-15 不穿通螺纹孔的画法

（a）钻孔；（b）攻螺纹

三、螺纹的种类和规定标注

螺纹的种类很多，按用途可分为连接螺纹和传动螺纹。常用标准螺纹的种类、牙型及功用等见表 7-1。

表 7-1 常用标准螺纹

螺纹种类			特征代号	外形图	牙形图	用 途
连结螺纹	普通螺纹	粗牙	M		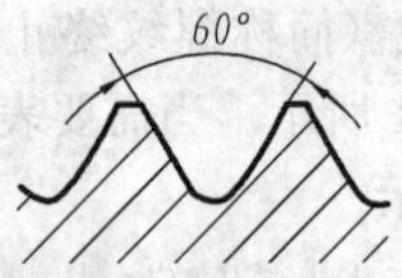	是最常用的连结螺纹
		细牙				用于细小的精密零件或薄壁零件
	非螺纹密封管螺纹		G		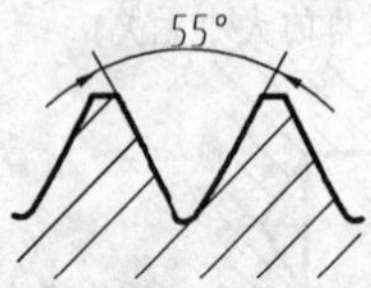	用于水管、油管、气管等一般低压管路的连结
传动螺纹	梯形螺纹		Tr		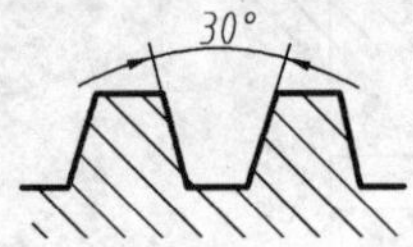	机床的丝杠采用这种螺纹进行传动
	锯齿形螺纹		B		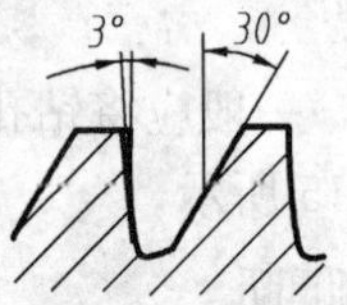	只能传递单方向的力

螺纹按国标的规定画法画出后，图上并未表明牙形、公称直径、螺距、线数和旋向等要素，因此，需要用标注代号或标记的方式来说明。各种常用螺纹的标注方式及示例见表7-2。

表 7-2 常用螺纹的标注

螺纹种类		标注方式	标注图例	说 明
普通螺纹（单线）	粗牙	M12 - 5g 6g 顶径公差带代号 中径公差带代号 螺纹大径	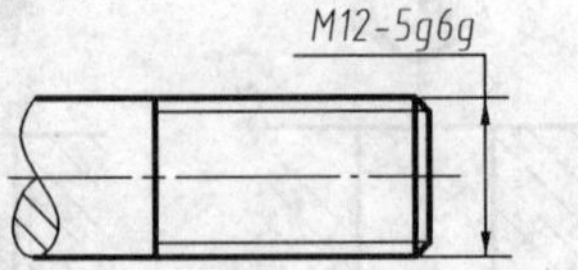	1. 螺纹的标记，应注在大径的尺寸线或注在其引出线上； 2. 粗牙螺纹省略标注螺距； 3. 细牙螺纹要标注螺距
		M12 LH - 7H - L 旋合长度代号 中径和顶径公差带代号 旋向（左旋）	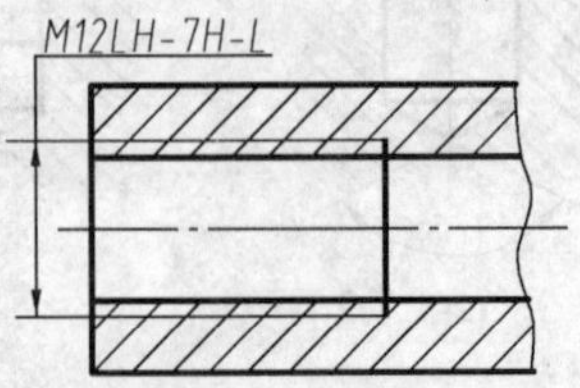	
	细牙	M12 × 1.5 - 5g 6g 螺距	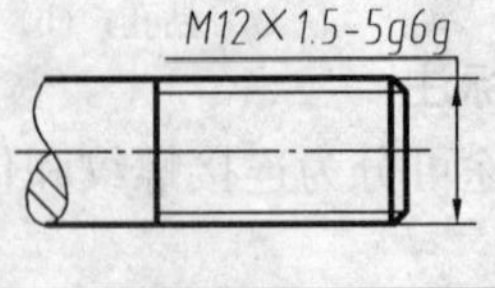	

续表

螺纹种类		标注方式	标注图例	说　明
管螺纹（单线）	非螺纹密封的管螺纹	非螺纹密封的内管螺纹标记： G1/2 内螺纹公差等级只有一种，不标注。 非螺纹密封的外管螺纹标记： G1/2A 外螺纹公差等级分 A 级和 B 级两种，需标注等级	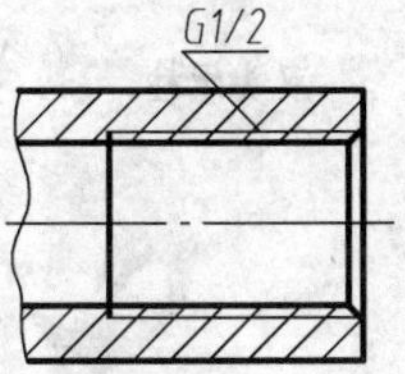 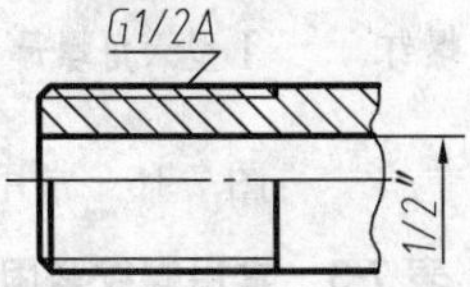	1. 特征代号右边的数字为尺寸代号，即管子内通径，单位为英寸。管螺纹的直径需查标准确定。尺寸代号采用小一号的数字书写； 2. 在图上从螺纹大径画指引线进行标注
梯形螺纹	单线	Tr40 × 7- 7e 中径公差带代号	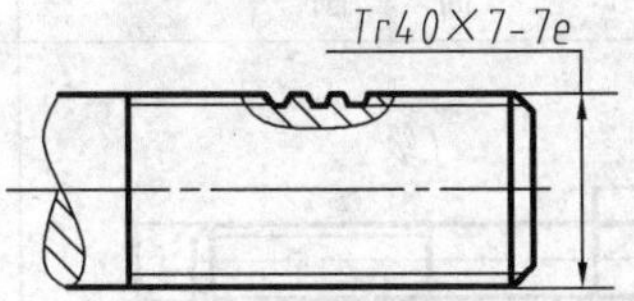	1. 单线螺纹只注螺距，多线螺纹注导程、螺距 2. 旋合长度分为中等（N）和长（L）两种，中等旋合长度可以不标注
	多线	Tr40 × 14（P7）LH -7e 旋向 螺距 导程	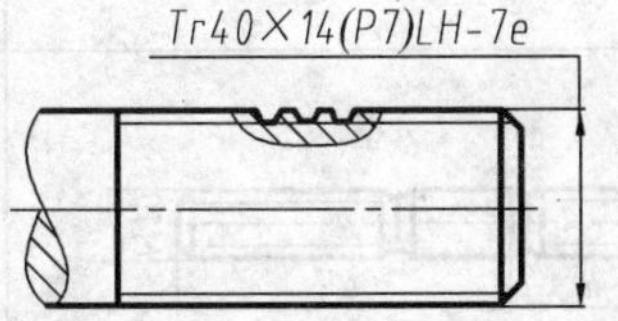	

螺纹的标注内容及格式为：

特征代号 | 公称直径 × 导程（*P* 螺距）| 旋向 —— 公差带代号 —— 旋合长度代号

单线螺纹的螺距与导程相同，导程（螺距）一项只注螺距，并查标准确定。

（1）螺纹特征代号。螺纹特征代号见表 7-1。

（2）公称直径。一般为螺纹大径，但在管螺纹标注中，螺纹特征代号（如 G）后面为尺寸代号，它是管子的内径，单位为英寸，管螺纹的直径要查其标准确定。

（3）旋向。左旋时要标注“LH”，右旋时不标注。

（4）公差带代号。一般要注出中径和顶径两项公差带代号。中径和顶径公差带代号相同时，只注一个，如 6g、7H 等。代号中的字母外螺纹用小写，内螺纹用大写。

（5）旋合长度代号。螺纹旋合长度分为短、中、长三组，分别用代号 S、N 和 L 表示，中等旋合长度 N 不标注。

第二节　螺纹紧固件

一、常用螺纹紧固件及其标记

常用的螺纹紧固件有螺栓、螺柱、螺钉、螺母和垫圈等，如图 7-16 所示。其结构形式和尺寸都已标准化，又称为标准件，使用时按规定标记直接外购即可。

常用螺纹紧固件的结构形式和标记见表 7-3。

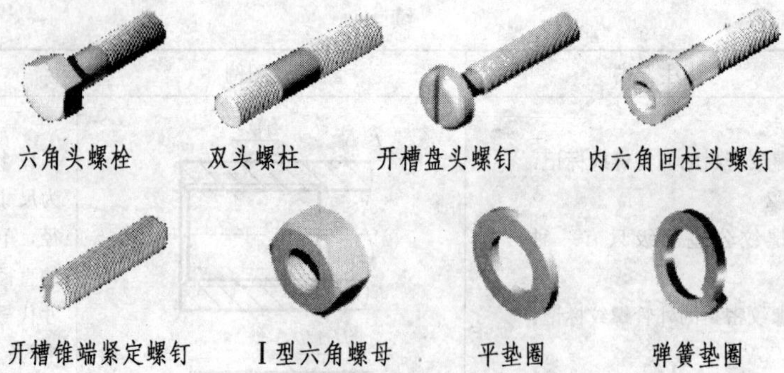

图 7-16 常用螺纹紧固件

表 7-3 常用螺纹紧固件的结构形式和标记

名　称	简　图	规定标记及说明
六角头螺栓		螺栓 GB/T 5780 M10×50 名称　国标代号　螺纹规格　公称长度
螺　柱	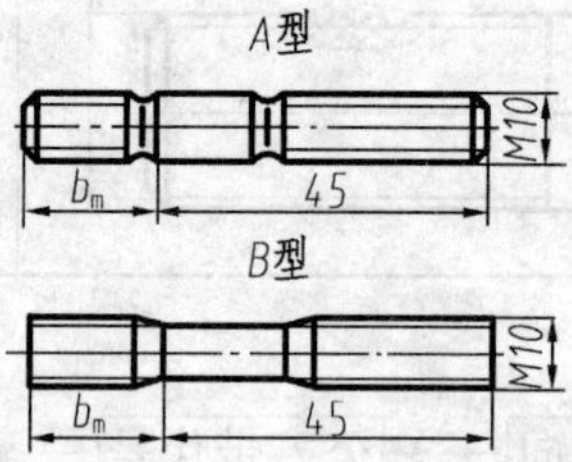	两端均为粗牙普通螺纹、d=M10、l=45、性能等级为 4.8 级、B 型、$b_m=1d$ 的双头螺柱的标记： 螺柱　GB/T 897　M10×45 螺柱——$b_m=1d$（GB/T 897—1988） 螺柱——$b_m=1.25d$（GB/T 898—1988） 螺柱——$b_m=1.5d$（GB/T 899—1988） 螺柱——$b_m=2d$（GB/T 900—1988）
开槽圆柱头螺钉	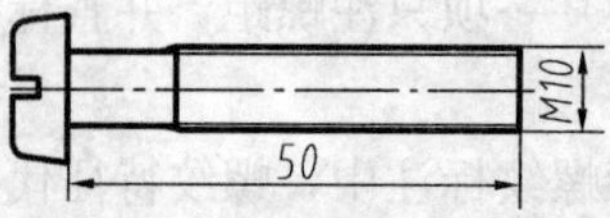	螺纹规格 d=M10、公称长度 l=50、性能等级为 4.8 级、不经表面处理的开槽圆柱头螺钉的标记： 螺钉　GB/T 65　M10×50
开槽盘头螺钉	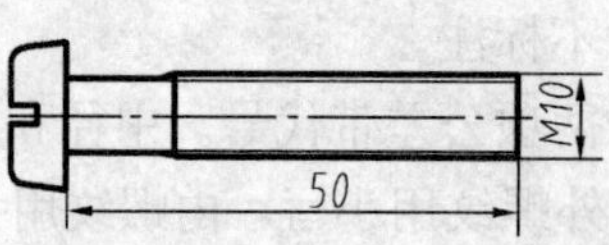	螺纹规格 d=M10、公称长度 l=50、性能等级为 4.8 级、不经表面处理的开槽盘头螺钉的标记： 螺钉　GB/T 67　M10×50 螺钉头部的厚度相对于直径小得多，成盘状，故称为盘头螺钉。
开槽沉头螺钉	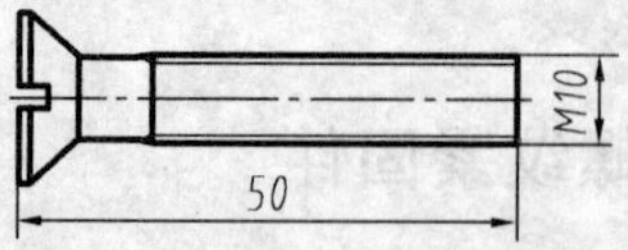	螺纹规格 d=M10、公称长度 l=50、性能等级为 4.8 级、不经表面处理的开槽沉头螺钉的标记： 螺钉　GB/T 68　M10×50
十字槽沉头螺钉	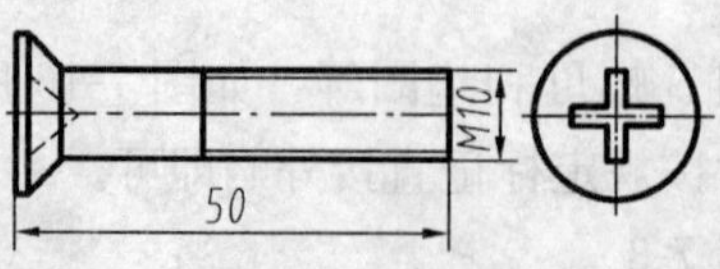	螺纹规格 d=M10、公称长度 l=50、性能等级为 4.8 级、不经表面处理的 H 型十字槽沉头螺钉的标记： 螺钉　GB/T 819.1　M10×50

续表

名　　称	简　　图	规定标记及说明
开槽锥端紧定螺钉	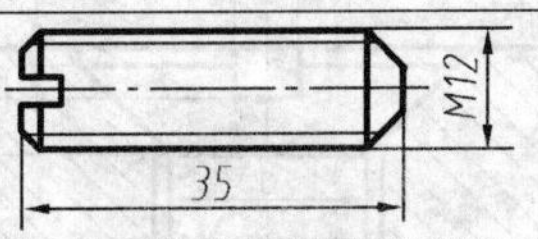	螺纹规格 d＝M12、公称长度 l＝35、性能等级为14H级、表面氧化的开槽锥端紧定螺钉的标记： 螺钉　GB/T 71　M12×35
开槽长圆柱端紧定螺钉	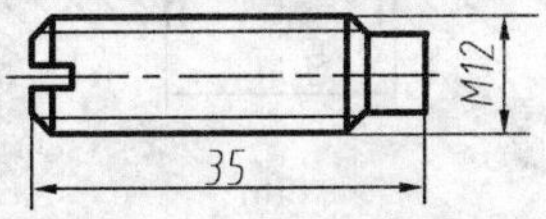	螺纹规格 d＝M12、公称长度 l＝35、性能等级为14H级、表面氧化的开槽长圆柱端紧定螺钉的标记： 螺钉　GB/T 75　M12×35
1型六角螺母：A级和B级	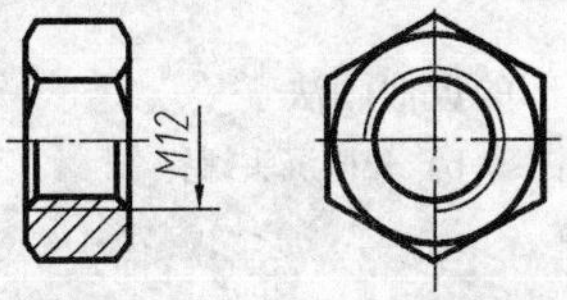	螺纹规格 D＝M12、性能等级为8级、不经表面处理、A级的1型六角螺母的标记： 螺母　GB/T 6170　M12
1型六角开槽螺母：A级和B级	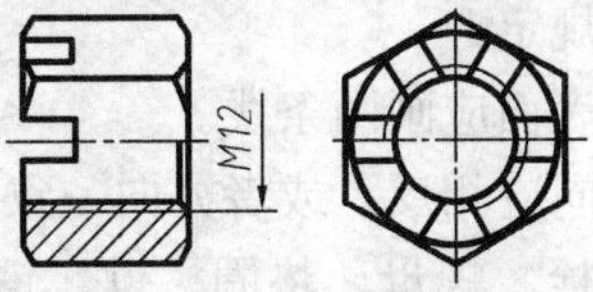	螺纹规格 D＝M12、性能等级为8级、表面氧化、A级的1型六角开槽螺母的标记： 螺母　GB/T 6178　M12
平垫圈：A级	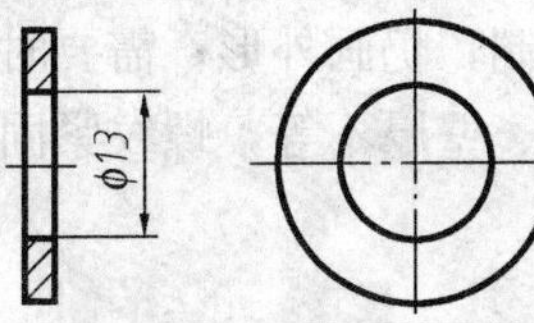	标准系列、规格12、性能等级为140HV级、不经表面处理的平垫圈的标记： 垫圈　GB/T 97.1　12
标准型弹簧垫圈	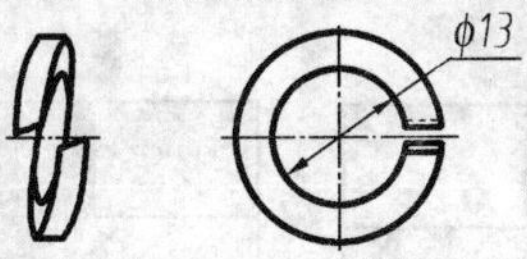	规格12、材料为65Mn、表面氧化的标准型弹簧垫圈的标记： 垫圈　GB/T 93　12

二、单个螺纹紧固件的近似画法

螺纹紧固件通常按螺栓的螺纹规格 d 的一定比例画图，如图7-17所示。

螺钉头部的近似画法如图7-18所示。

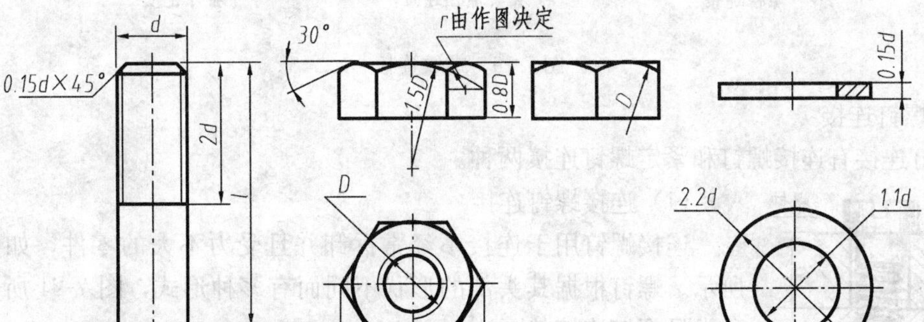

(a)　　(b)　　(c)

图7-17　螺纹紧固件的近似画法

(a) 螺栓；(b) 螺母；(c) 垫圈

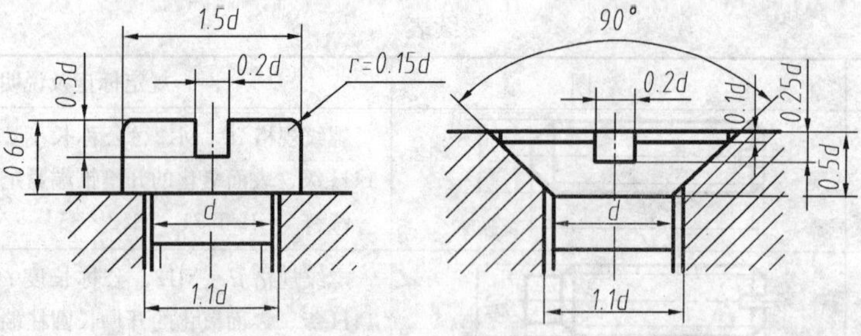

(a)　　　　　　　　(b)

图 7-18　螺钉头部的近似画法

（a）开槽圆柱头和盘头螺钉；（b）开槽沉头螺钉

三、螺纹紧固件的连接画法

画螺纹紧固件连接图时，应遵守下述基本规定：

（1）两零件接触表面只画一条线，不接触表面应画两条线。

（2）两零件邻接时，不同零件的剖面线方向应相反，或者方向一致、间隔不等。

（3）对于紧固件和实心零件（如螺钉、螺栓、螺母、垫圈、键、销、球及轴等），若剖切平面通过它们的轴线时，这些零件都按不剖绘制，仍画外形；需要时，可采用局部剖视。

根据被连接零件的使用情况不同、受力不同、壁厚不等，螺纹紧固件连接可分为螺钉连接、螺栓连接、螺柱连接等，如图 7-19 所示。

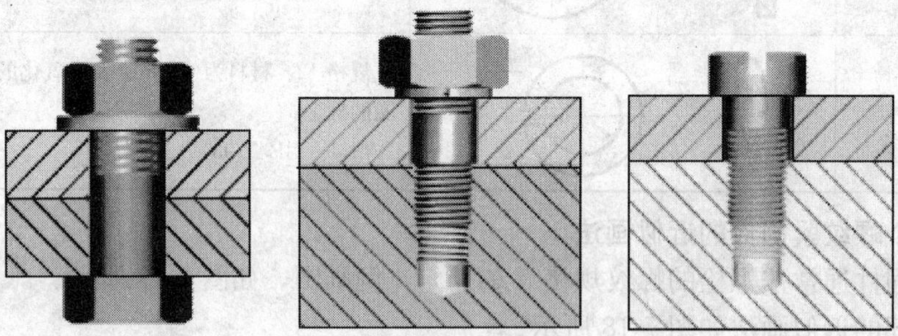

螺栓连接　　　　双头螺柱连接　　　　螺钉连接

图 7-19　螺纹连接

1. 螺钉连接

螺钉连接有连接螺钉和紧定螺钉连接两种。

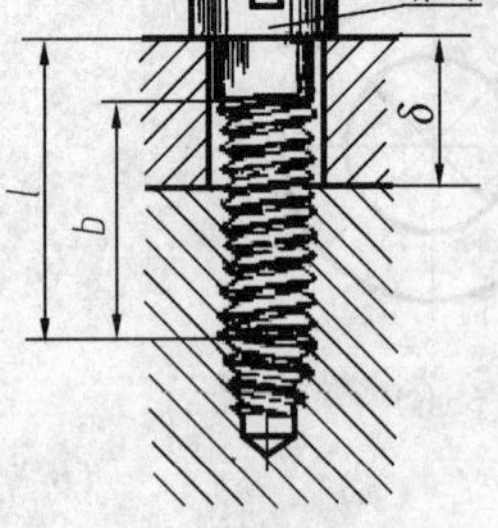

图 7-20　螺钉连接

（1）连接螺钉连接

连接螺钉用于连接不经常拆卸并且受力不大的零件，如图 7-20 所示。螺钉根据其头部的形状不同而有多种形式，图 7-21 所示为两种常见螺钉连接的画法。

画螺钉连接时，应注意以下几个问题：

①螺钉的公称长度 L 的确定　$L_{计}=\delta+b_m$

查标准，选取与 $L_{计}$ 接近的标准长度值为螺钉标记中的公称长度 L。

②旋入长度 b_m 值与被旋入零件的材料有关，被旋入零件的材料

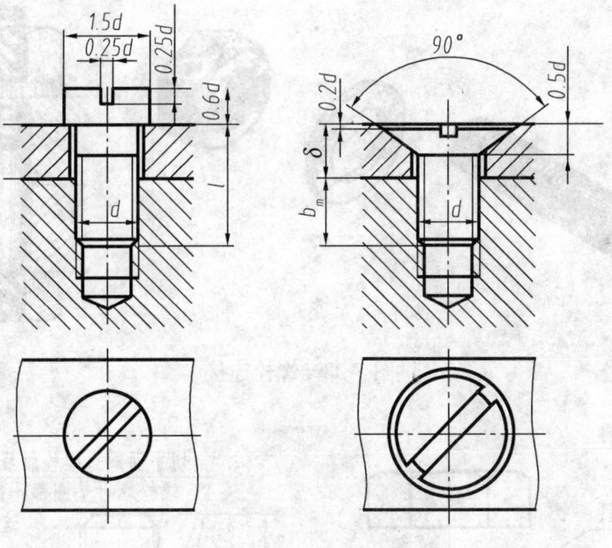

图 7-21　螺钉连接的画法

为钢时，$b_m=d$；为铸铁时，$b_m=1.25d$ 或 $1.5d$；为铝时，$b_m=2d$。

③螺钉的螺纹终止线应高出螺纹孔上表面，以保证连接时螺钉能旋入和压紧。

④为保证可靠的压紧，螺纹孔应长于螺钉 $0.5d$。

⑤螺钉头上的槽宽可以涂黑，在投影为圆的视图上，规定按 45°画出。

（2）紧定螺钉连接

紧定螺钉用来固定两个零件的相对位置，使它们不产生相对运动。紧定螺钉根据尾端的形状可有多种形式，如开槽锥端紧定螺钉和开槽长圆柱端紧定螺钉等。使用时，螺钉拧入一个零件的螺纹孔中，并将尾端压在另一零件的凹坑或拧入另一零件的小孔中，紧定螺钉连接的画法如图 7-22 所示。

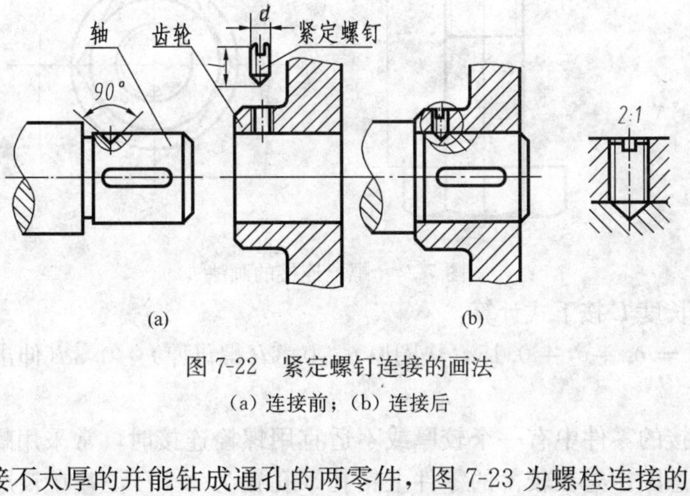

图 7-22　紧定螺钉连接的画法

（a）连接前；（b）连接后

2. 螺栓连接

螺栓用来连接不太厚的并能钻成通孔的两零件，图 7-23 为螺栓连接的示意图。通孔的大小，可根据装配精度的不同查机械设计手册确定。为便于成组（螺栓连接一般为 2 个或多个）装配，被连接件上通孔直径比螺栓直径大，一般可按 $1.1d$ 画出，螺栓连接的画法如图 7-24 所示。

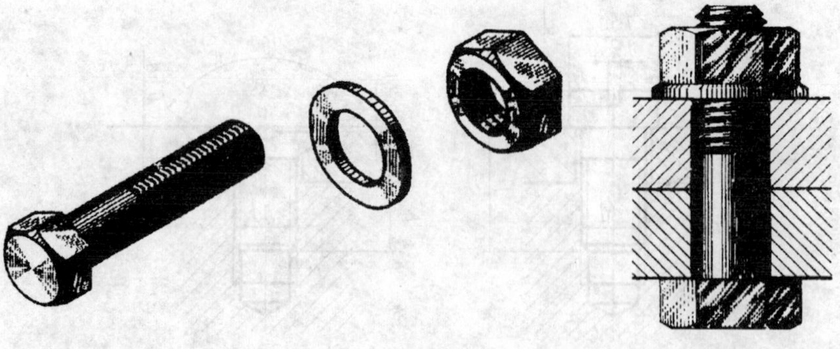

图 7-23　螺栓连接

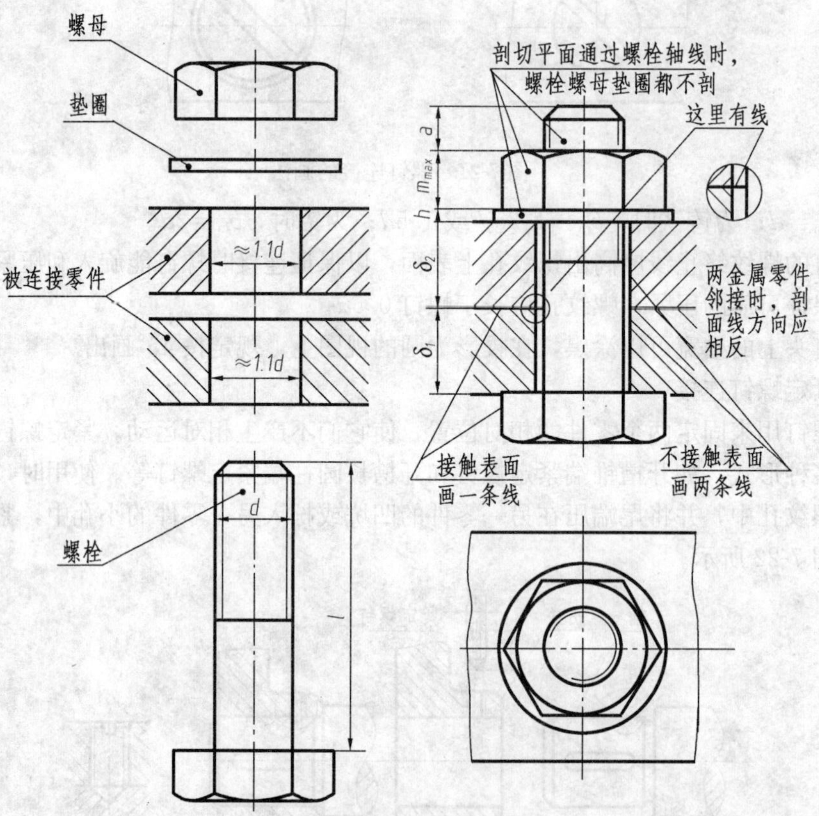

图 7-24　螺栓连接的画法

螺栓的公称长度 L 按下式计算：

$$L_{计} = \delta_1 + \delta_2 + 0.15d(\text{垫圈厚}) + 0.8d(\text{螺母厚}) + 0.3d(\text{伸出端})$$

3. 螺柱连接

当两个被连接的零件中有一个较厚或不适宜用螺栓连接时，常采用螺柱连接，图 7-25 是螺柱连接的示意图。先在较薄的零件上钻孔（孔径为 1.1d），并在较厚的零件上制出螺孔。双头螺柱的两端都制有螺纹，一端旋入较厚零件的螺孔中，称为旋入端；另一端穿过较薄的零件上的通孔，套上垫圈，再用螺母拧紧，称为紧固端。从图 7-26 可以看出：双头螺柱连接的上半部与螺栓连接相似，而下半部则与螺钉连接相似。

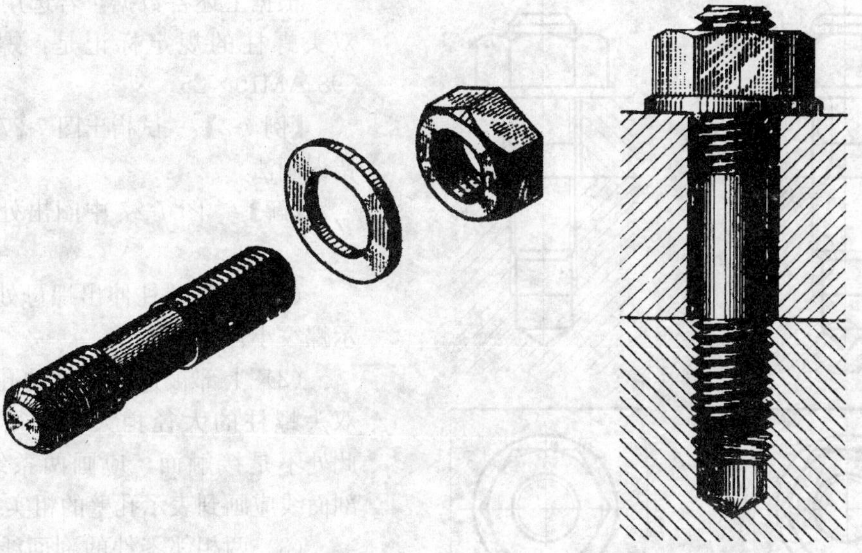

图 7-25　双头螺柱连接

画螺柱连接时，应注意以下几个问题：

①螺柱公称长度 L 的确定

$$L_{计}=\delta_1+0.15d(垫圈厚)+0.8d(螺母厚)+0.3d(伸出端)$$

查标准，选取与 $L_{计}$ 接近的标准长度值为螺柱标记中的公称长度 L。

②螺柱连接，旋入端的螺纹应全部旋入机件的螺纹孔内，拧紧在被连接件上，因此，图中的螺纹终止线与旋入机件的螺孔上端面平齐。

③双头螺柱连接举例

【例 7-1】　用粗牙普通螺纹、公称直径 $d=10$mm 的双头螺柱连接两个零件。较厚的一个零件（基座）的材料是铸铁，选用 $b_m=1.25d$，另一个零件的厚度 $\delta=10$mm，并按 GB/T 6170—2000 选用 1 型六角螺母和按 GB/T 97.1—2002 选用平垫圈紧固。试查阅附录中的有关表格，写出螺母、垫圈的规定标记，并计算公称长度 l 和选定双头螺柱。

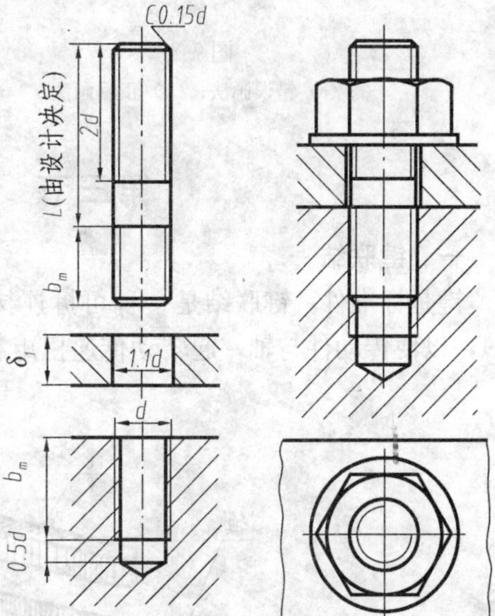

图 7-26　螺柱连接的画法

【解】　根据公称直径 $d=10$mm 查阅附录附表可知，螺母和垫圈的规定标记是：

螺母：GB/T 6170—2000 M10；

垫圈：GB/T 97.1—2002 10。

由附表查出的螺母厚度 $m=8.4$、垫圈厚度 $h=2$ 以及已知的 $\delta=10$，可计算双头螺柱的公称长度：$L=\delta+h+m+a=10+2+8.4+0.3\times10=23.4$mm

查阅附录附表，在长度系列中选定 25mm。

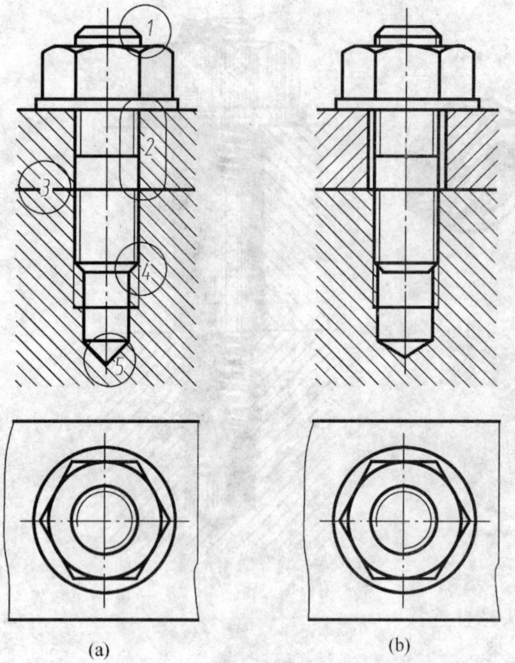

图 7-27
(a) 错误画法；(b) 正确画法

根据上述各数据，若选用 A 型，该双头螺柱的规定标记是：螺柱 GB/T 898 AM10×25。

【例 7-2】 试指出图 7-27 圈出处的错误画法。

【解】 图 7-27 中圈出处的错误画法是：

(1) 双头螺柱伸出螺母处，漏画表示螺纹小径的细实线。

(2) 上部被连接零件的孔径，应比双头螺柱的大径稍大（孔径≈1.1d），此处不是接触面，应画两条线。同时，剖面线应画到表示孔壁的粗实线为止。

(3) 两相邻零件的剖面线方向没有画成相反或错开。

(4) 基座螺孔中表示螺纹小径的粗实线和表示钻孔的粗实线，未与双头螺柱表示小径的细实线对齐。

(5) 钻孔底部的锥角，未画成 120°。

第三节 键联结和销连接

一、键联结

键是标准件。键联结是一种可拆连接。它用来联结轴及轴上的传动件（如齿轮、带轮等），以便传动件与轴一起转动传递扭矩和旋转运动，如图 7-28 所示。

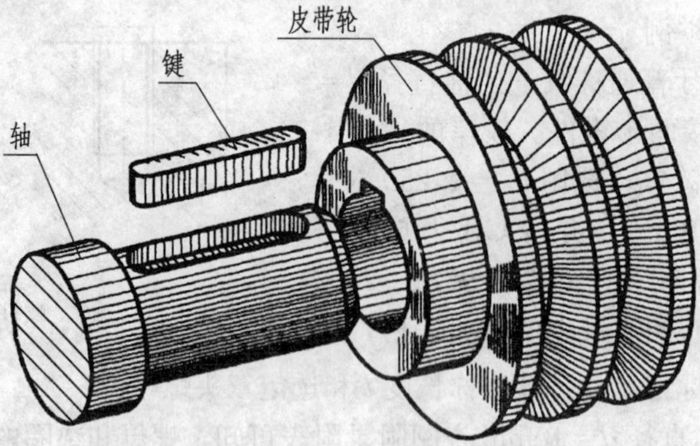

图 7-28 键联结

1. 键的种类和标记

常用的键有普通平键、半圆键和钩头楔键，如图 7-29 所示，设计时可根据其特点合理选用。表 7-4 列出了常用键的形式和标记。

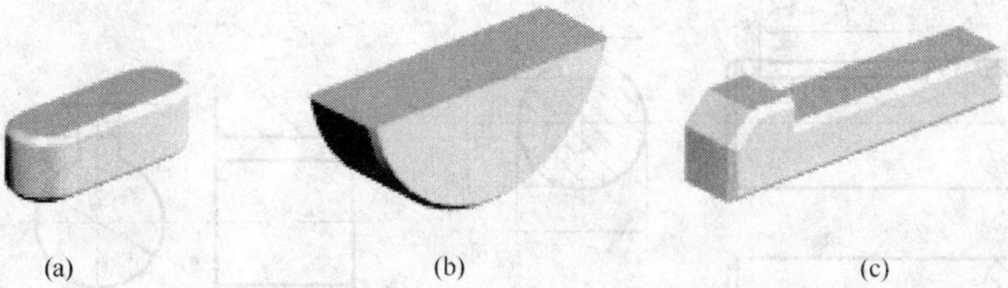

图 7-29 常用的键

（a）普通平键；（b）半圆键；（c）钩头楔键

表 7-4 常用键的形式和标记

名 称	键的形式	规定标记示例
圆头普通平键	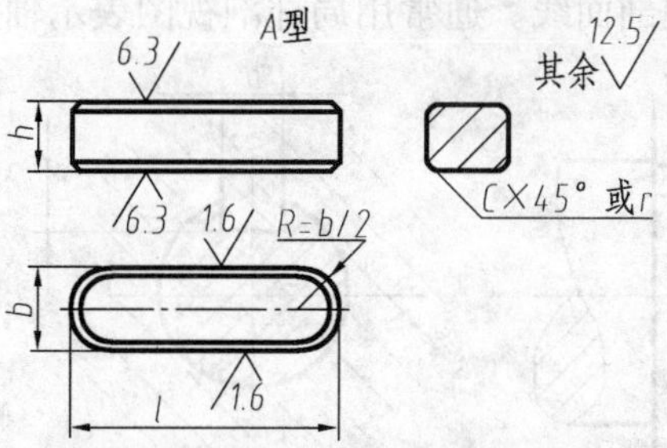	b=18mm，h=11mm，l=100mm 圆头普通平键（A 型）的标记： 键 18×100 GB/T 1096—2003
半圆键	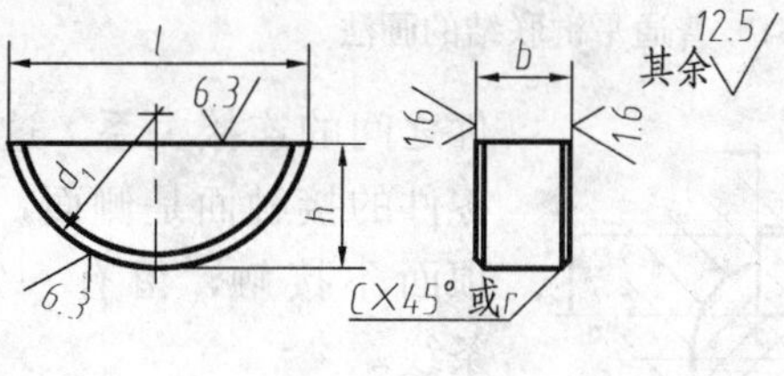	b=6mm，h=10mm，d_1=25mm 半圆键的标记： 键 6×25 GB/T 1099—2003
钩头楔键	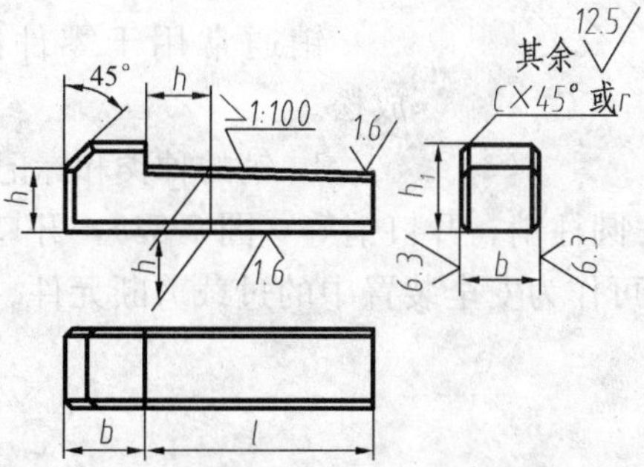	b=16mm，h=10mm，l=100mm 钩头楔键的标记： 键 16×100 GB/T 1565—2003

2. 键联结的画法

（1）键槽的画法和尺寸标注

轴及轮毂上键槽的画法和尺寸注法如图 7-30 所示。轴上键槽常用局部剖视表示，键槽深度和宽度尺寸应注在断面图或为圆的视图上，图中尺寸可按轴的直径从有关标准中查出，键的长度按轮毂长度在标准长度系列中选用。

（2）键联结的画法

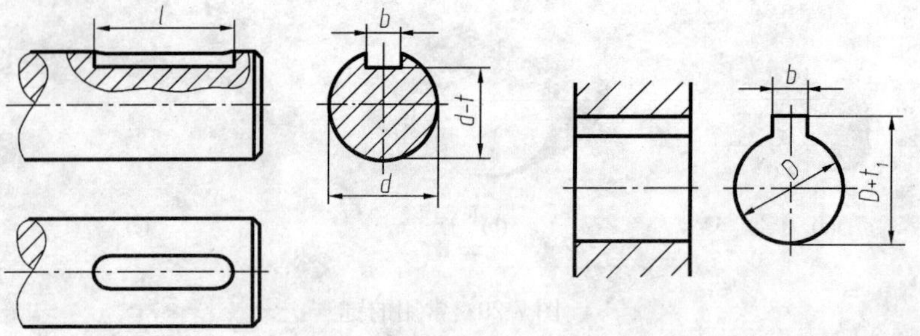

图 7-30　键槽的画法和尺寸注法

平键联结与半圆键联结的画法类同（图 7-31、32），当沿着键的纵向剖切时，按不剖绘制；当沿着键的横向剖切时，则要画上剖面线。通常用局部剖视图表示轴上键槽的深度及零件之间的连接关系。这两种键与被联结零件的接触面是侧面，故画一条线，而顶面不接触，留有一定间隙，故画两条线。

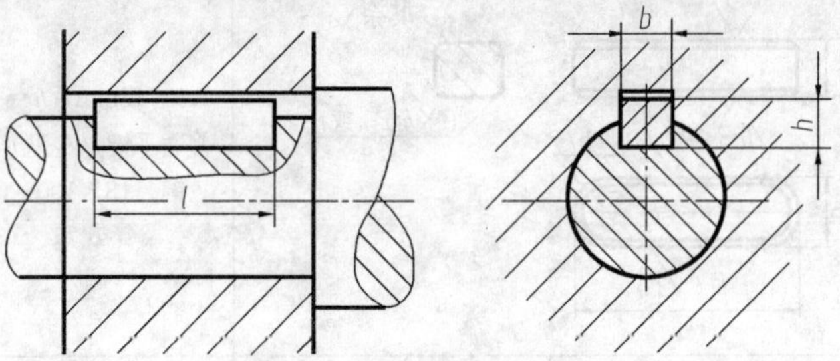

图 7-31　普通平键联结的画法

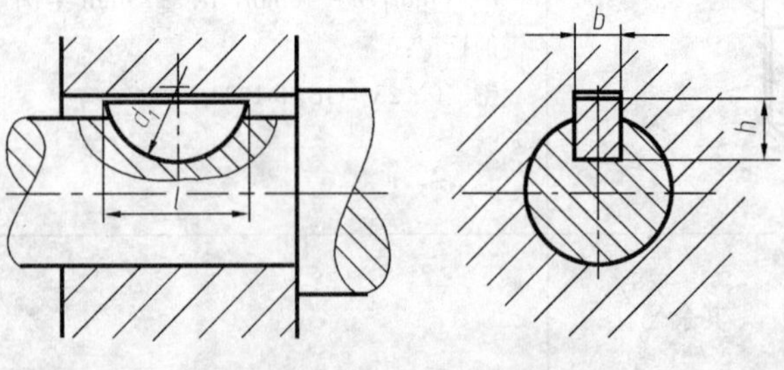

图 7-32　半圆键联结的画法

二、销连接

销通常用于零件间定位、连接和放松。

1. 销的种类和标记

销的种类较多。常用的有圆锥销、圆柱销、开口销等（图 7-33），开口销与槽型螺母配合使用，起防松作用（图 7-34）。销还可作为安全装置中的过载剪断元件。它们的形式和规定标记如表 7-5。

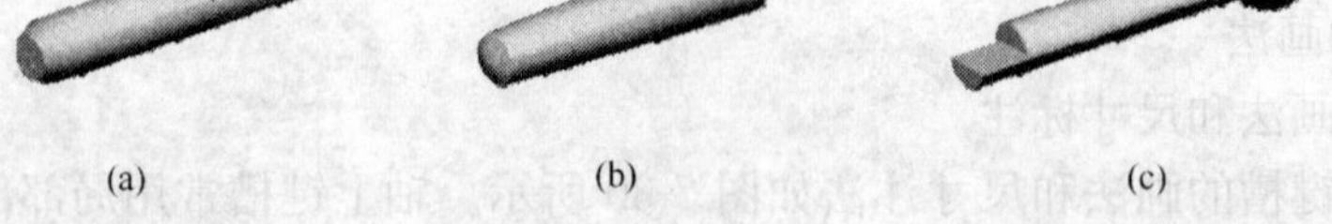

(a)　　(b)　　(c)

图 7-33　常用的销

(a) 圆柱销；(b) 圆锥销；(c) 开口销

(a) (b) (c)

图 7-34　销连接的应用

(a) 圆柱销定位；(b) 圆锥销连接；(c) 开口销放松

表 7-5　常用销的形式和标记

名称	形式	规定标记及示例
圆柱销	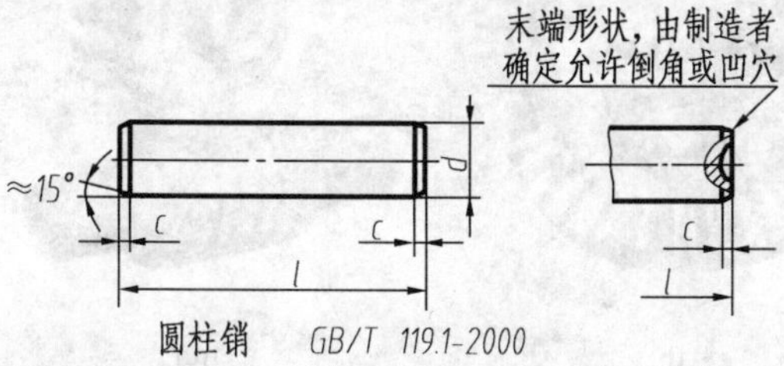	公称直径 $d=6$、公差为 m6、公称长度 $l=30$、材料为钢、不经淬火、不经表面处理的圆柱销的标记： 销　GB/T 119.1　6m6×30 d 公差 m6：$Ra \leqslant 0.8\mu m$ d 公差 h8：$Ra \leqslant 0.8\mu m$
圆锥销	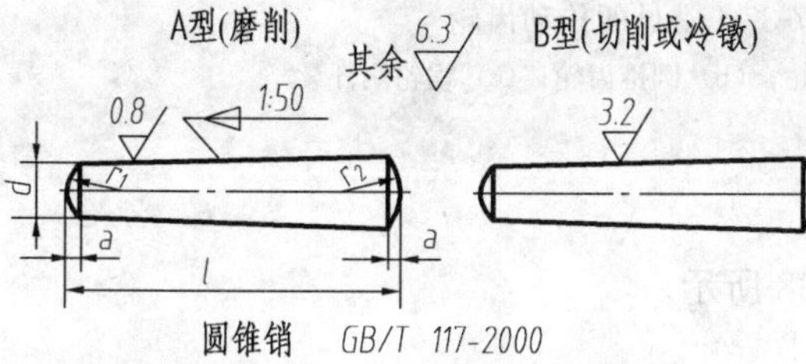	公称直径 $d=10$、公称长度 $l=60$、材料为 35 钢，热处理硬度 28～38HRC、表面氧化处理的 A 型圆锥销的标记： 销 GB/T 117　10×60 锥度　1∶50 有自锁作用，打入后不会自动松脱

2. 销连接及其画法

圆柱销和圆锥销连接的画法如图 7-35、图 7-36 所示。

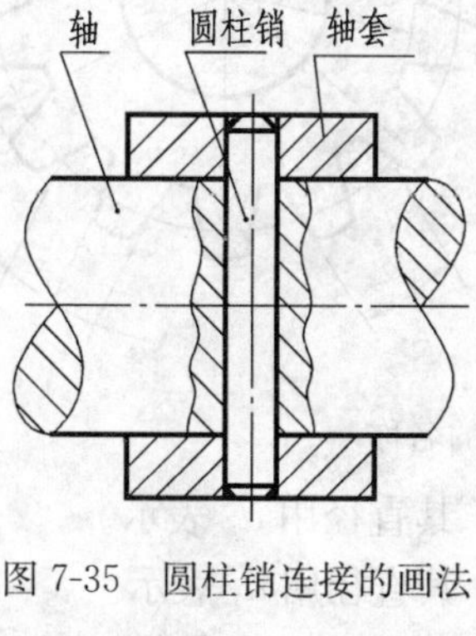

图 7-35　圆柱销连接的画法

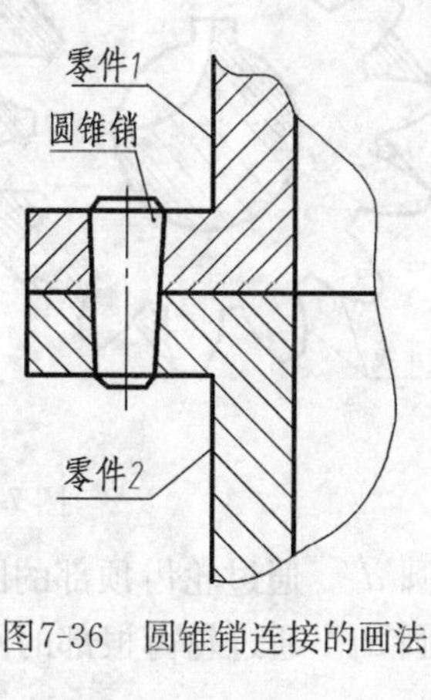

图7-36　圆锥销连接的画法

第四节　齿轮

一、齿轮的作用及分类

齿轮的主要作用是传递动力，改变运动的速度和方向。根据两轴的相对位置，齿轮可分为以下三类：

圆柱齿轮——用于两平行轴之间的传动，如图 7-37（a）所示。

圆锥齿轮——用于两相交轴之间的传动，如图 7-37（b）所示。

蜗轮蜗杆——用于两垂直交叉轴之间的传动，如图 7-37（c）所示。

圆柱齿轮按其齿形方向可分为：直齿、斜齿和人字齿等，这里主要介绍直齿圆柱齿轮。

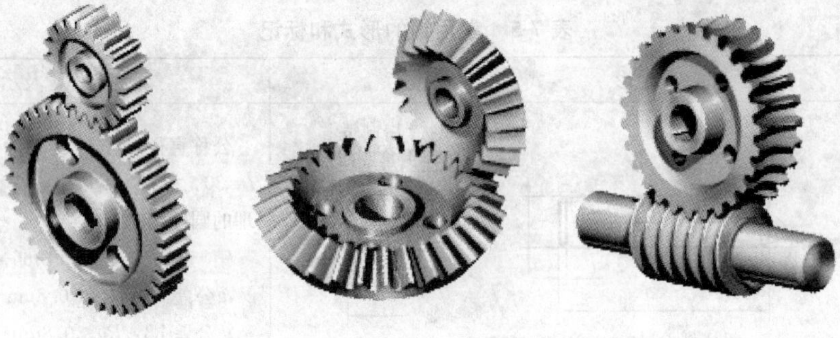

(a)　(b)　(c)

图 7-37　常见的传动齿轮

（a）圆柱齿轮；（b）圆锥齿轮；（c）蜗轮蜗杆

二、直齿圆柱齿轮

1. 直齿圆柱齿轮各部分的名称

齿轮各部分的名称及代号如图 7-38 所示。

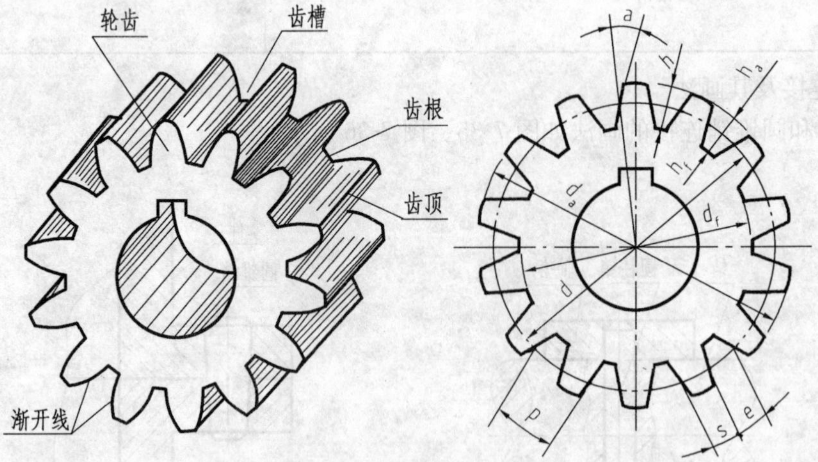

图 7-38　齿轮各部分的名称

（1）齿顶圆 d_a。通过轮齿顶部的圆称为齿顶圆，其直径用 d_a 表示。

（2）齿根圆 d_f。通过轮齿根部的圆称为齿根圆，其直径用 d_f 表示。

(3) 分度圆 d。标准齿轮的齿槽宽 e（相邻两齿廓在某圆周上的弧长）与齿厚 s（一个齿两侧齿廓在某圆周上的弧长）相等的圆称为分度圆，它是设计、制造齿轮时计算各部分尺寸的基准圆，其直径用 d 表示。

(4) 齿距 p。分度圆上相邻两齿廓对应点之间的弧长称为齿距，用 p 表示。

(5) 齿高 h。轮齿在齿顶圆和齿根圆之间的径向距离称为齿高，用 h 表示。

齿顶高：齿顶圆与分度圆之间的径向距离称为齿顶高，用 h_a 表示。

齿根高：齿根圆与分度圆之间的径向距离称为齿根高，用 h_f 表示。

全齿高：$h=h_a+h_f$

(6) 中心距 a。两啮合齿轮轴线之间的距离称为中心距，用 a 表示。

2. 直齿圆柱齿轮的基本参数

(1) 齿数 z。齿轮上轮齿的个数，用 z 表示。

(2) 模数 m。模数是齿距与圆周率 π 的比值，即 $m=p/\pi$，单位为 mm。它表示轮齿的大小，为了简化计算，规定模数是计算齿轮各部分尺寸的主要参数，且已标准化，如表 7-6 所示。

表 7-6 渐开线圆柱齿轮的标准模数

第一系列	0.1，0.12，0.15，0.2，0.25，0.3，0.4，0.5，0.6，0.8，1.1，1.25，1.5，2，2.5，3，4，5，6，8，10，12，16，20，25，32，40，50
第二系列	0.35，0.7，0.9，1.75，2.25，2.75，(3.25)，3.5，(3.75)，4.5，5.5，(6.5)，7，9，(11)，14，18，22，28，(30)，36，45

注：优先采用第一系列，其次是第二系列，括号内的模数尽量不用。

(3) 压力角。两啮合齿轮的齿廓在接触点处的受力方向与运动方向之间的夹角。若接触点在分度圆上，则为两齿廓公法线与两分度圆公切线的夹角，用 a 表示。我国标准齿轮分度圆上的压力角为 20°，通常所说的压力角是指分度圆上的压力角。

两标准直齿圆柱齿轮正确啮合传动的条件是模数和压力角都相等。

3. 直齿圆柱齿轮各部分尺寸的计算公式

齿轮的基本参数 z、m、a 确定之后，齿轮各部分的尺寸可按表 7-7 中的公式计算。

表 7-7 直齿圆柱齿轮各部分尺寸的计算公式

基本参数：模数 m、齿数 z、压力角 20°		
各部分名称	代号	计算公式
分度圆直径	d	$d=mz$
齿顶高	h_a	$h_a=m$
齿根高	h_f	$h_f=1.25m$
齿顶圆直径	d_a	$d_a=m(z+2)$
齿顶圆直径	d_f	$d_f=m(z-2.5)$
齿　距	p	$p=\pi m$
分度圆齿厚	s	$s=\frac{1}{2}\pi m$
中心距	a	$a=\frac{1}{2}(d_1+d_2)=\frac{1}{2}m(z_1+z_2)$

4. 直齿圆柱齿轮的画法

(1) 单个齿轮的画法

单个齿轮的画法，一般用全剖的非圆视图和端视图表示（图 7-39)。

①在视图中，齿顶圆和齿顶线用粗实线表示；分度圆和分度线用点画线表示（分度线应超出轮廓 2～3mm)；齿根圆和齿根线画细实线或省略不画。

②在剖视图中，齿根线用粗实线表示，轮齿部分不画剖面线。在端视图中齿根圆用细实线表示或省略不画。

③齿轮的其他结构，按投影画出。

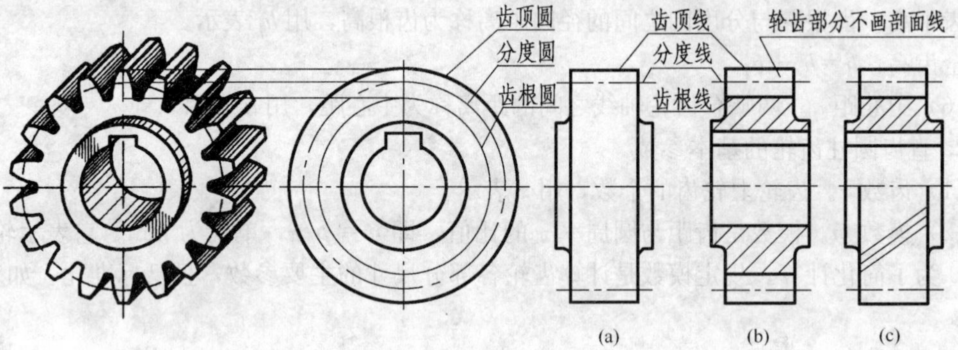

图 7-39 单个齿轮的画法

(a) 外形；(b) 全剖（直齿)；(c) 半剖（斜齿)

(2) 圆柱齿轮啮合的画法

两个标准齿轮相互啮合时，两个分度圆处于相切的位置，此时分度圆又称为节圆。啮合区的规定画法如下：

①在投影为圆的视图（端视图）中，两齿轮的节圆相切。齿顶圆和齿根圆有两种画法：

画法一：齿顶圆画粗实线，齿根圆画细实线，如图 7-40（a）所示。

画法二：啮合区的齿顶圆省略不画，整个齿根圆可都不画，如图 7-40（b）所示。

②在投影为非圆的剖视图中，两轮节线重合，画点画线。齿根线画粗实线。齿顶线的画法是主动轮的轮齿作为可见画粗实线，从动轮的轮齿被遮住部分画虚线，如图 7-40 所示。

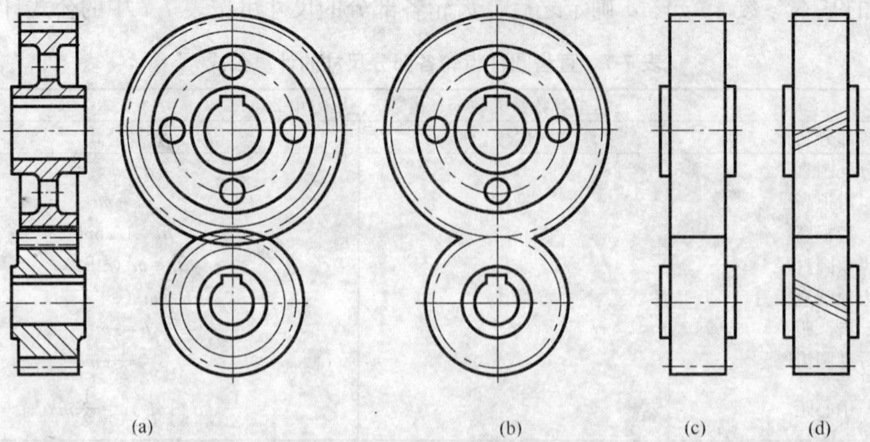

图 7-40 圆柱齿轮啮合的画法

(a) 全剖主视图及左视图；(b) 左视图的第二种画法；(c) 外形图（直齿)；(d) 外形图（斜齿)

③在投影为非圆的视图中，啮合区的齿顶线和齿根线不必画出，节圆画成粗实线，如图 7-40（c）、（d）所示。

④齿轮啮合区投影的画法如图 7-41 所示。

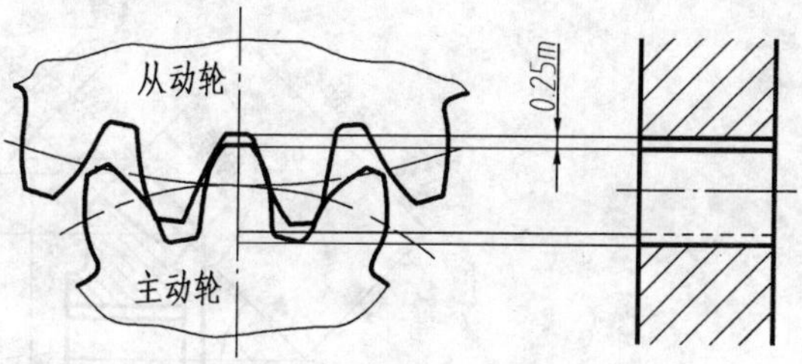

图 7-41　齿轮啮合区投影的画法

（3）齿轮和齿条啮合的画法

当齿轮直径无限大时，它的齿顶圆、齿根圆、分度圆和齿廓都变成了直线，齿轮变为齿条。齿轮齿条啮合时，可由齿轮的旋转带动齿条直线移动，或反之。齿轮和齿条啮合的画法与齿轮啮合画法基本相同，如图 7-42 所示。

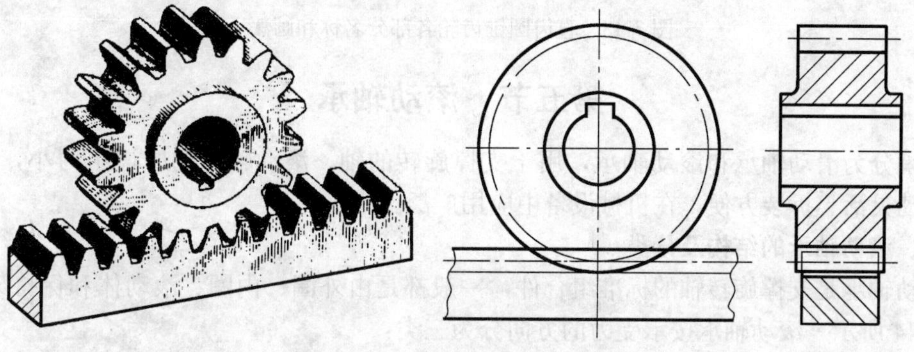
图 7-42　齿轮和齿条啮合的画法

三、圆锥齿轮简介

直齿圆锥齿轮主要用于垂直相交的两轴之间的传动。由于圆锥齿轮的轮齿分布在圆锥面上，所以轮齿一端大、一端小，沿齿宽方向轮齿大小均不相同，故轮齿全长上的模数、齿高、齿厚等都不相同，国家规定以大端的模数和分度圆为标准值。因此，一般所说的直齿锥齿轮的齿顶圆直径 d_a、分度圆直径 d、齿顶高 h_a、齿根高 h_f 等都是指大端而言（图 7-43）。直齿圆锥齿轮各部分尺寸计算见表 7-8。圆锥齿轮大端的模数系列与圆柱齿轮模数系列（表 7-6）相似，仅增加了三个模数 1.125、1.375、30（不分第一、第二系列）。

表 7-8　圆锥齿轮各部分尺寸计算

名　称	代　号	计 算 公 式
分度圆锥角	δ	$\tan\delta_1=z_1/z_2$　$\delta_2=90°-\delta_1$ 或 $\tan\delta_2=z_2/z_1$
分度圆直径	d	$d=mz$
齿顶高	h_a	$h_a=m$
齿根高	h_f	$h_f=1.2m$
齿　高	h	$h=h_a+h_f$
齿顶圆直径	d_a	$d_a=m\ (z+2\cos\delta)$
齿根圆直径	d_f	$d_f=m\ (z-2.4\cos\delta)$
外锥距	R	$R=mz/2\sin\delta$
齿宽	b	$b\leqslant\frac{1}{3}R$
齿顶角	θ_a	$\tan\theta_a=h_a/R=2\sin\delta/z$
齿根角	θ_f	$\tan\theta_f=h_f/R=2.4\sin\delta/z$
顶锥角	δ_a	$\delta_a=\delta+\theta_a$
根锥角	δ_f	$\delta_f=\delta-\theta_f$

圆锥齿轮的画法如图 7-43 所示。

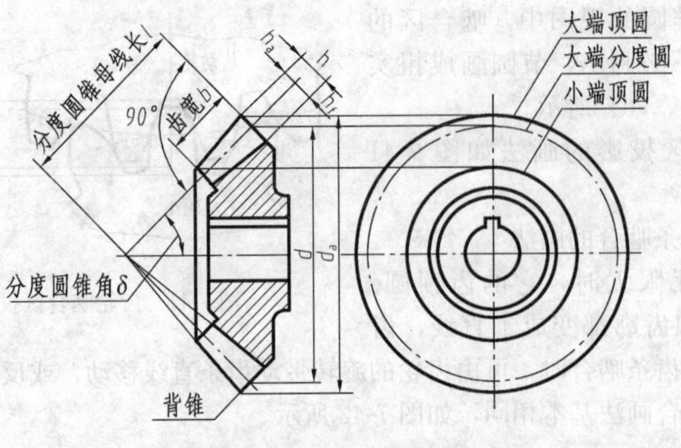

图 7-43　直齿圆锥齿轮各部分名称和画法

第五节　滚动轴承

轴承分为滑动轴承和滚动轴承，用于支撑旋转的轴。滚动轴承的摩擦阻力小，结构紧凑、转动灵活、拆装方便，在机械设备中应用广泛。

一、滚动轴承的结构及分类

滚动轴承是支撑旋转轴的标准组合件，一般都是由外圈、内圈、滚动体和保持架组成，如图 7-44 所示。滚动轴承按承受力的方向分为三类：

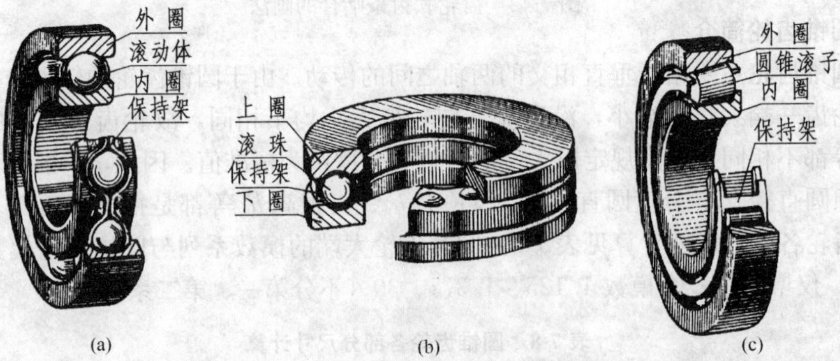

图 7-44　滚动轴承的构造及种类

（1）向心轴承——主要承受径向载荷。

（2）推力轴承——只承受轴向载荷。

（3）向心推力轴承——能同时承受径向和轴向载荷。

二、滚动轴承的代号（GB/T 272—1993）

滚动轴承用代号（字母加数字）表示轴承的结构、种类、尺寸、公差等级、技术性能等特征，它由前置代号、基本代号和后置代号构成，排列顺序为：

前置代号　基本代号　后置代号

1. 基本代号

基本代号表示轴承的基本类型、结构和尺寸，是轴承代号的基础。基本代号由轴承类型代号、尺寸系列代号、内径代号构成，排列方式如下：

轴承类型代号　尺寸系列代号　内径代号。

轴承类型代号用数字或字母表示，具体可查阅 GB/T 272—1993。

尺寸系列代号由轴承的宽（高）度系列代号和直径系列代号组合而成，用两位数字来表示，它的主要作用是区别内径相同而宽度和外径不同的轴承，具体代号请查阅相关标准。

内径代号：内径代号表示轴承的公称内径（轴承内圈的孔径），一般也为两位数组成。当内径尺寸在 20～480mm 的范围内时，内径尺寸＝内径代号×5。

例如：轴承代号 6206。

6——类型代号，表示深沟球轴承。

2——尺寸系列代号，原为 02，对此种轴承首位 0 省略。

06——内径代号（内径尺寸＝6×5＝30mm）。

2. 前置代号和后置代号

滚动轴承代号中的前置代号和后置代号是轴承在结构形状、尺寸、公差、技术要求等有改变时，在其基本代号的左、右添加的补充代号。需要时可查阅有关国家标准。

滚动轴承的标记内容：名称、代号和国家标准号。

例如：滚动轴承 6206 GB/T 276—1994。

几种常用滚动轴承的类型代号、尺寸系列代号及标准号见表 7-9。

三、滚动轴承的画法

滚动轴承通常可采用三种画法绘制，即通用画法、特征画法和规定画法。常用滚动轴承的画法见表 7-9。

表 7-9　常用滚动轴承的画法

轴承名称、类型及标准号	规定画法 通用画法	类型代号	尺寸系列代号 宽（高）度系列代号	 直径系列代号	基本代号
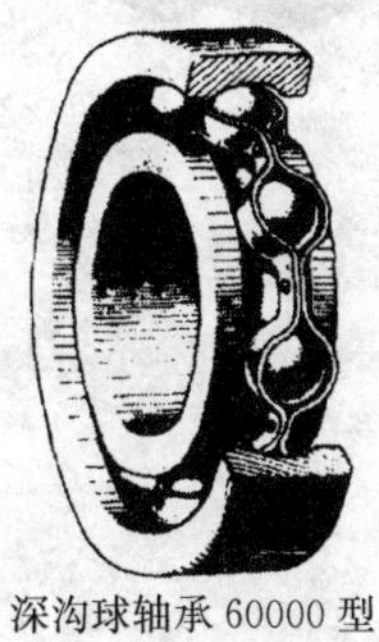 深沟球轴承 60000 型 GB/T 276—1994	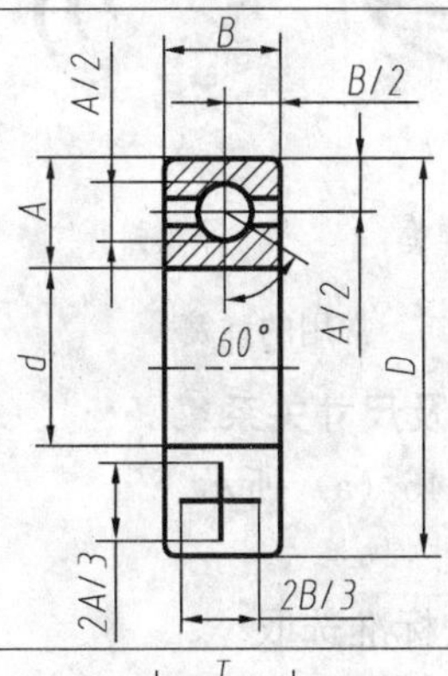	6	17 37 18 19 (1) 0 (0) 2 (0) 3 (0) 4		61700 63700 61800 61900 6000 6200 6300 6400
 圆锥滚子轴承 30000 型 GB/T 297—1994	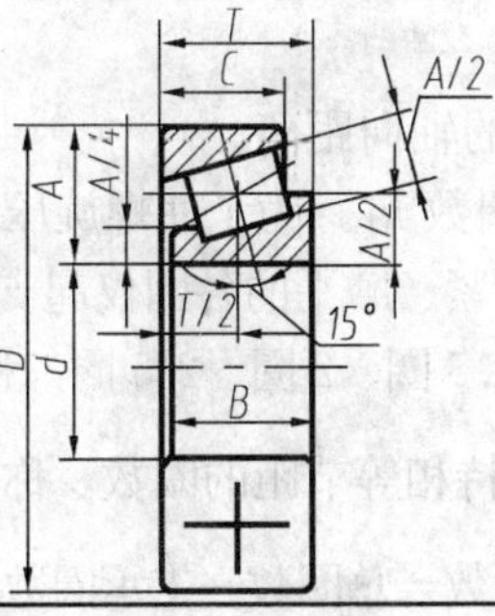	3	02 03 13 20 22 23 29 30 31 32		30200 30300 31300 32000 32200 32300 32900 33000 33100 33200

续表

轴承名称、类型及标准号	规定画法 通用画法	类型代号	尺寸系列代号 宽（高）度系列代号	 直径系列代号	基本代号
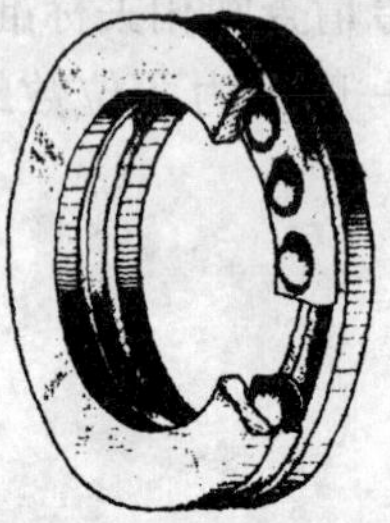 推力球轴承 50000 型 GB/T 301—1995	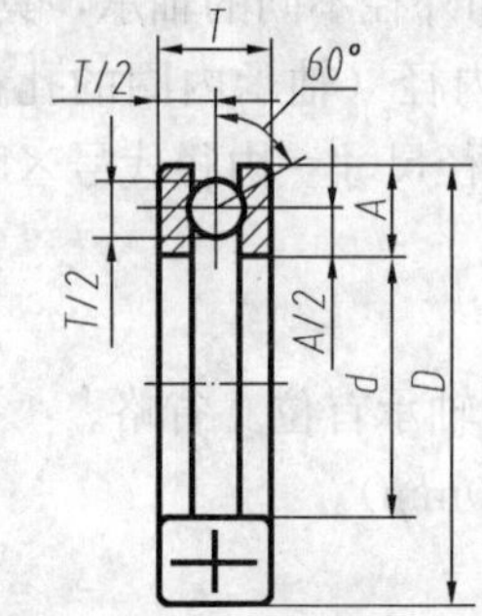	5	11 12 13 14 22 23 24		51100 51200 51300 51400 52200 52300 52400

第六节　弹簧

弹簧的作用主要是减震、复位、夹紧、测力和储能等。

弹簧的种类很多，常用的有：螺旋弹簧、涡卷弹簧和板弹簧等，如图 7-45 所示，其中螺旋弹簧应用较广。根据受力情况，螺旋弹簧又分为压缩弹簧、拉伸弹簧和扭转弹簧，这里主要介绍圆柱螺旋压缩弹簧的各部分名称及画法。

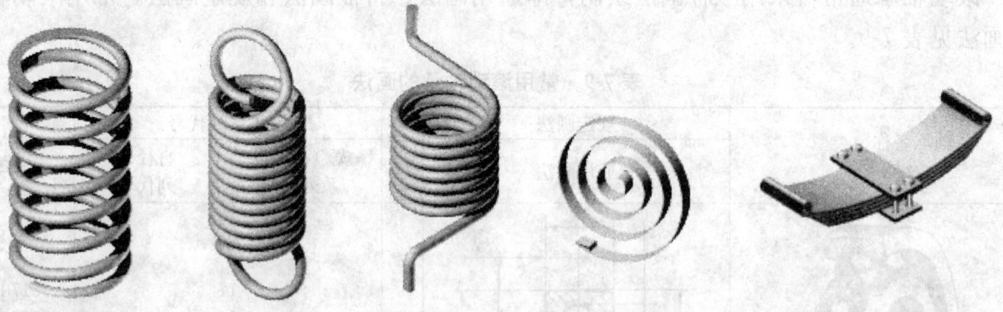

压缩弹簧　拉伸弹簧　扭转弹簧　涡卷弹簧　板弹簧

图 7-45　常用的弹簧

一、圆柱螺旋压缩弹簧的各部分名称及尺寸关系

弹簧的各部分名称及尺寸关系如图 7-46（a）所示。

（1）簧丝直径 d 制作弹簧的簧丝直径。

（2）弹簧中径 D 弹簧的平均直径，按标准选取。

（3）弹簧内径 D_1 弹簧的最小直径。

（4）节距 t。除支承圈外，相邻两圈的轴向距离。

（5）有效圈数 n、支承圈数 n_2 和总圈数 n_1。为了使螺旋压缩弹簧工作时受力均匀，增加弹簧的平稳性，弹簧的两端并紧、磨平。并紧、磨平的各圈仅起支承作用，称为支承圈，两端的支承圈数之和，就是支承圈数 n_2，n_2 常用 1.5 圈、2 圈、2.5 圈三种形式。例如图 7-46 所示弹簧，两端各有 $1\frac{1}{4}$ 圈为支承圈，即 $n_2=2.5$。保持相等节距的圈数，称为有效圈数。有效圈数与支承圈数之和，称为总圈数。由此可知：有效圈数＝总圈数－支承圈数，即 $n=n_1-n_2$。

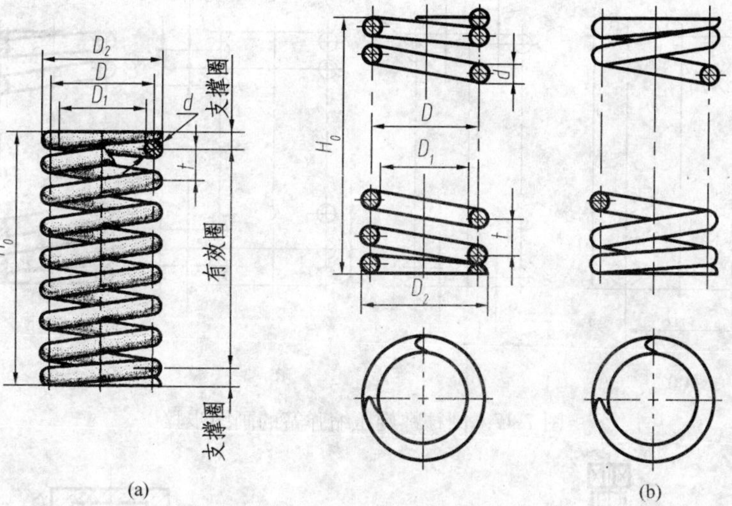

图 7-46　圆柱螺旋压缩弹簧各部分名称及画法

(6) 自由高度 H_0。弹簧在不受外力作用时的高度，$H_0=nt+(n_2-0.5d)$，支承圈数 n 为 1.5、2、2.5 时，H_0 分别为 $nt+d$、$nt+1.5d$、$nt+2d$。

(7) 展开长度 L 弹簧制造时坯料的长度，$L=n_1\sqrt{(\pi D)^2+t^2}\approx\pi Dn_1$

二、圆柱螺旋压缩弹簧的规定画法

1. 单个弹簧的画法

(1) 在平行于弹簧轴线的投影面上，各圈的轮廓线画成直线，如图 7-46 (b) 所示。

(2) 有效圈在四圈以上的弹簧，中间各圈可省略不画，而用通过中径的点画线连接起来，这时弹簧的长度可适当缩短。弹簧两端的支撑圈不论有多少圈，均可按图 7-46 (b) 的形式绘制。

(3) 无论是左旋还是右旋，弹簧画图时均可画成右旋，但左旋要加注“左”字。

2. 圆柱螺旋压缩弹簧的作图步骤

若已知弹簧的中径 D、簧丝直径 d、节距 t 和圈数，先算出自由高度 H_0，然后按下列步骤作图：

(1) 根据 D 和 H_0 画矩形 $ABCD$，如图 7-47 (a) 所示。

(2) 根据簧丝直径 d，画支撑部分的圆和半圆，如图 7-47 (b) 所示。

(3) 根据节距画有效圈部分的圆，如图 7-47 (c) 所示。

(4) 按右旋方向作相应圆的公切线及剖面线，加深，完成作图，如图 7-47 (d) 所示。

3. 圆柱螺旋压缩弹簧在装配图中的画法

(1) 在装配图中，弹簧中间各圈采取省略画法后，弹簧后面的结构按不可见处理。可见轮廓线只画到弹簧钢丝的断面轮廓线或中心线上，如图 7-48 (a) 所示。

(2) 簧丝直径 $d\leqslant 2$mm 的断面，允许用涂黑表示，如图 7-48 (b) 所示。

(3) 弹簧钢丝直径在图形上等于或小于 2mm 时，允许采用示意画法，如图 7-48 (c) 所示。

图 7-49 是一个圆柱螺旋压缩弹簧的零件图，在主视图上注出了完整的尺寸和尺寸公差、形位公差；同时具有技术要求，并在零件图上方用图解表示弹簧受力时的压缩长度。

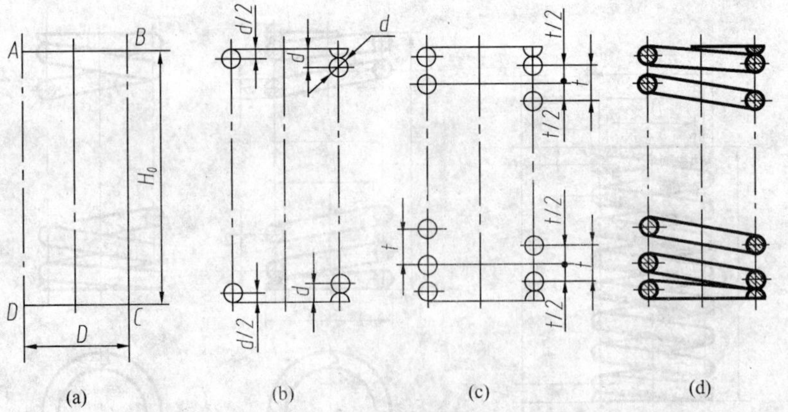

图 7-47　圆柱螺旋压缩弹簧的画图步骤

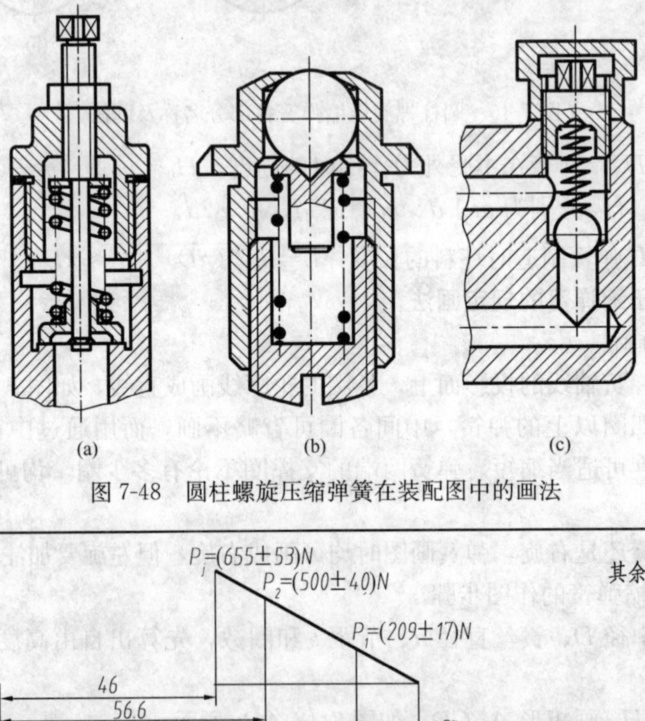

图 7-48　圆柱螺旋压缩弹簧在装配图中的画法

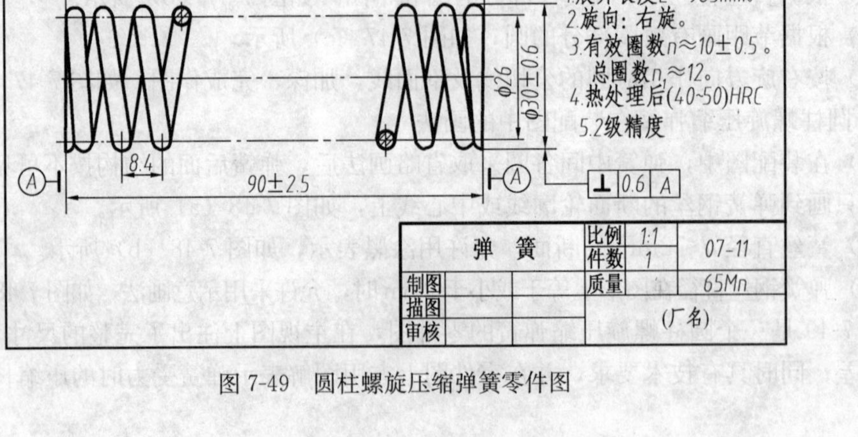

图 7-49　圆柱螺旋压缩弹簧零件图

第八章　零　件　图

第一节　零件图的作用与内容

任何一台机器和一个部件，都是由若干个零件按照一定的装配关系和技术要求装配而成的。如图 8-1 所示球阀的轴测装配图。球阀是管道系统中控制流体流量和启闭的部件，共由 13 种零件组成。当球阀的阀芯处于图 8-1 所示的位置时，阀门全部开启，管道通畅。转动扳手带动阀杆和阀芯旋转 90°时，阀门全部关闭，管道断流。表达一台机器或一个部件的图样称为装配图，这个球阀的装配图见下一章的图 9-1。制造这个球阀时，除了标准件以外，还必须有所有零件图，例如图 8-2 就是这个球阀中序号为 4 的零件（阀芯）的零件图。显然，机器、部件与零件之间，装配图与零件图之间，都反映了整体与局部的关系，彼此相互依赖，非常密切。

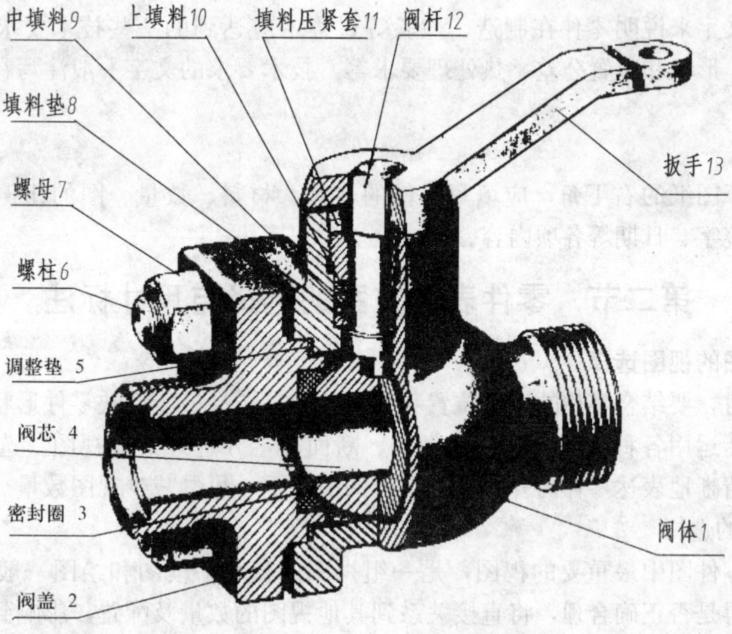

图 8-1　球阀的轴测装配图

表示零件结构、大小及技术要求的图样称为零件图。它是制造和检验零件的主要依据，是生产部门的重要技术文件之一。为了保证设计要求，制造出合格的零件，一张完整的零件图应具有下列几方面的内容，如图 8-2 所示。

1. 一组图形

用视图、剖视、断面及其他规定画法来正确、完整、清晰地表达零件的各部分形状和结构。

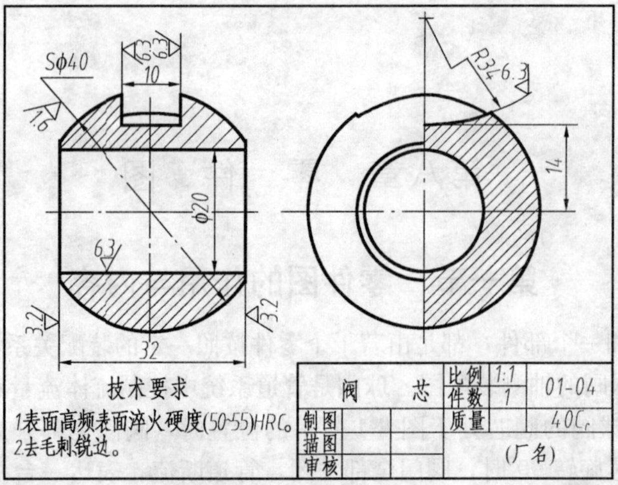

图 8-2　阀芯零件图

2. 全部尺寸

正确、完整、清晰、合理地标注零件的全部尺寸。

3. 技术要求

用符号或文字来说明零件在制造、检验等过程中应达到的一些技术要求，如表面粗糙度、尺寸公差、形状和位置公差、热处理要求等。技术要求的文字一般注写在标题栏上方图纸空白处。

4. 标题栏

标题栏位于图纸的右下角，应填写零件的名称、材料、数量、图的比例以及设计、描图、审核人的签字、日期等各项内容。

第二节　零件表达方案的选择与尺寸标注

一、零件图的视图选择

选择视图时，要结合零件的工作位置和加工位置，选择最能反映零件形状特征的视图作为主视图，包括运用各种表达方法，如剖视、断面等，并选好其他视图。选择视图的原则是：在完整、清晰地表达零件内外形状和结构的前提下，尽量减少视图数量。

1. 主视图的选择

主视图是零件图中最重要的视图，是一组视图的核心，读图和绘图一般先从主视图着手，主视图选得是否正确合理，将直接关系到其他视图的数量及配置，影响到读图和绘图是否方便。

选择主视图一般应遵循以下原则：

（1）零件的形状特征

主视图应能清楚地反映出零件各组成部分的形状及各功能部分的相对位置关系。形状特征原则是选择主视图投影方向的主要依据，如图 8-3 所示，支座有 A 和 B 两种投影方向，其中 A 向比 B 向更能反映零件的主要结构形状和相对位置，所以主视图的投射方向选择 A 向。

（2）零件的加工位置

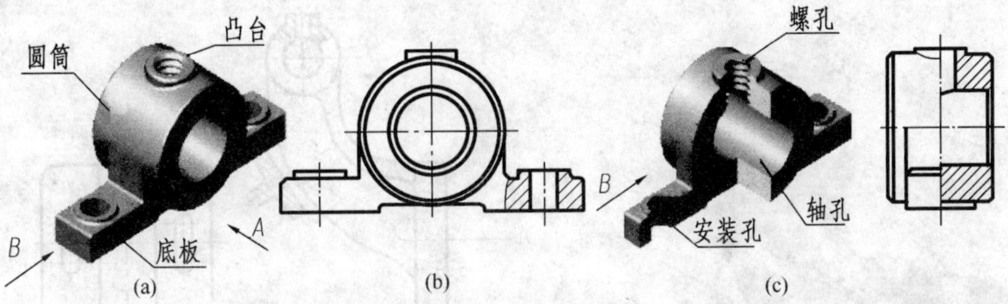

图 8-3　轴承座主视图选择

(a) 轴承座的安放位置；(b) 选择 A 向作主视图；(c) 选择 B 向作主视图

主视图的摆放位置最好能与零件在机械加工时的装夹位置一致，以方便加工时看图、看尺寸。轴、套、轮和圆盖等零件的主视图，一般按车削加工位置安放，即轴线水平放置。图 8-4 为一轴在车床上的加工示例，主视图按零件的加工位置画出。

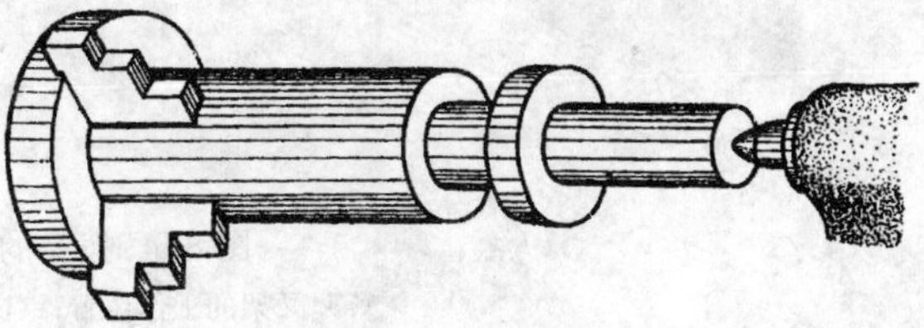

图 8-4　轴在车床上的加工位置

(3) 零件的工作位置

主视图最好能与零件在机器（或部件）中的工作位置一致，以便对照装配图看图和画图，有利于想像零件的工作状态及作用。像叉架、箱体等零件由于结构形状比较复杂，加工面较多，并且需要在不同的机床上加工，因此，这类零件的主视图应按该零件在机器中的工作位置画出，便于按图装配，如图 8-5 所示。

图 8-5　零件的工作位置

(a) 阀体；(b) 支座；(c) 泵体

零件的形状结构千差万别，在选择视图布置方案时，上述三原则不可能同时满足，此时首先应考虑形状特征原则，其次考虑加工位置原则和工作位置原则。此外，还要考虑图幅布局的合理性。

有些零件加工工序较为复杂，在机器中的工作位置是倾斜的，若按倾斜位置画图，会增加画图和看图的麻烦，这类零件应在满足形体特征原则，确定主视图的投影方向后将零件放正，使其主要表面平行或垂直于基本投影面，如图 8-6 的叉架零件图。

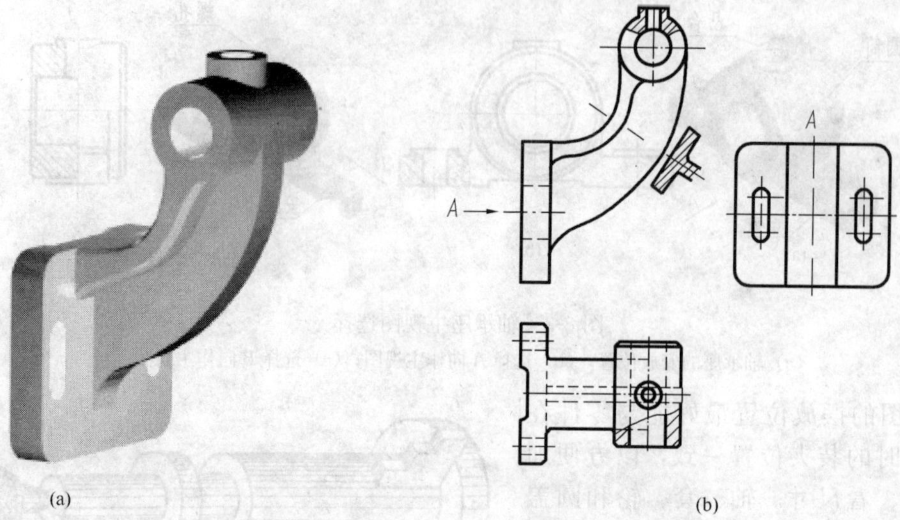

图 8-6　拨叉的视图选择

(a) 叉架的工作位置；(b) 视图的表达方法

2. 其他视图的选择

对于形状简单的轴套类零件，在主视图上加注直径尺寸就能将零件的结构形状表达清楚。但多数零件仅用一个视图难以完整地表达其结构形状，还必须选择其他视图来补充说明。

选择其他视图时应从以下几个方面考虑：

(1) 根据零件的复杂程度和结构特征，其他视图应对主视图中没有表达清楚的结构形状特征和相对位置进行补充表达。

(2) 选择其他视图时，应优先考虑选用基本视图，尽量在基本视图中选择剖视。

(3) 对尚未表达清楚的局部形状和细小结构，可补充必要的局部视图和局部放大图，尽量按投影关系放置在有关视图的附近。

(4) 选择视图除完整、清晰外，视图数量要恰当，有时为了保证尺寸标注正确、完整、清晰，也可适当增加某个图形。

二、零件图的尺寸标注

零件图中的视图用来表达零件的结构特征，而零件的大小要通过标注尺寸来确定。零件图上标注的尺寸是加工和检验的重要依据。标注零件图尺寸的要求是：

(1) 正确——所注的尺寸应符合国家标准中关于尺寸标注的各种规定。

(2) 完整——注全各部分结构的定形尺寸、定位尺寸以及必要的总体尺寸。

(3) 清晰——所注尺寸布置有序，便于读图，如：尺寸注在形体附近；按不同加工工序分开标注；内、外尺寸分开标注；定形和定位尺寸集中标注等。

(4) 合理——所注尺寸符合设计和加工、测量要求。应掌握尺寸基准的选择原则；分清重要尺寸和非重要尺寸，重要尺寸应从主要基准注出，非重要尺寸应从便于加工和测量角度出发注出。

1. 尺寸基准

要使尺寸标注合理，很重要的一个问题是如何选择尺寸基准。尺寸基准可以是平面（如零件的底面、端面、对称面和结合面）、直线（如零件的轴线和中心线等）和点（如圆心、坐标原点等）。零件在机器装配中或在加工、测量时用基准确定它的位置。

尺寸基准通常分为：

（1）设计基准。根据设计要求确定零件结构位置的基准称为设计基准。从设计基准出发标注尺寸，可以直接反映设计要求，能体现零件在部件中的功能。它一般是用来确定零件在机器中准确位置的接触面、对称面、回转面的轴线等。如图 8-7 中 ϕ20 的轴肩接触面即为长度方向上的设计基准。

（2）工艺基准。零件在加工和测量时使用的基准称为工艺基准。工艺基准主要是确定零件相对机床、工装或量具位置的面、线或点。如图 8-7 轴的端面就是工艺基准。

为了减少误差，保证设计要求，应尽可能使设计基准和工艺基准重合。

每个零件都有长、宽、高三个方向，因此每个方向都应该有一个基准。但根据设计、加工、测量上的要求，一般还要有附加基准。我们把决定零件主要尺寸的基准称为主要基准；而把附加的基准称为辅助基准。主要基准和辅助基准之间应有尺寸联系。

如图 8-7 所示的轴，从其装配轴测图可知，中间 ϕ15 和右端 ϕ15 分别安装滚动轴承，ϕ16 处装配凸轮，这些尺寸是轴的主要径向尺寸，为了使轴转动平稳、齿轮啮合正确，要求在同一轴线上，因此设计基准就是轴线。由于加工时两端用顶尖支承，因此轴线亦是工艺基准，即工艺基准与设计基准重合，这样加工后所得的尺寸容易达到设计要求。

轴向设计基准的确定：凸轮是所有安装关系中最重要的一环，凸轮的轴向位置靠尺寸为 ϕ20 的轴肩的右端来保证，所以设计基准在轴肩的右端面，由这一轴肩开始，以尺寸 24 标出与凸轮配合的轴径长度；为方便轴向尺寸测量，选择右端面为工艺基准，确定全轴长度 80。同时，以轴肩右端面确定了零件的主要尺寸 24，因此，该端面为主要基准面，轴右端面为辅助基准面。主要基准和辅助基准之间由尺寸 38 联系。

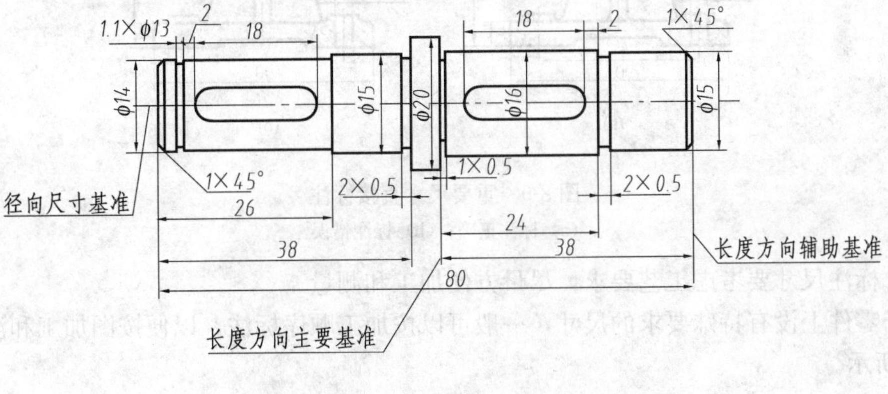

图 8-7　轴的尺寸基准选择

再以图 8-8 所示轴承挂架为例，工作时两个固定在机器上的轴承挂架支撑着一根轴（如图 8-8（a）仅画出一个挂架），两个轴承挂架的轴孔轴线应精确地处于同一条轴线上，才能保证轴的正常转动；两挂架轴孔的同轴度在高度方向上由轴线与水平安装接触面间的距离尺寸保证，在宽度方向上靠两连接螺钉装配时调整。因此，选择挂架的水平安装接触面Ⅲ为高度方向上的主要基准，如图 8-8（b）所示；宽度方向的主要基准选择了对称面Ⅱ；选择安装接触面Ⅰ为长度方向的主要基准。

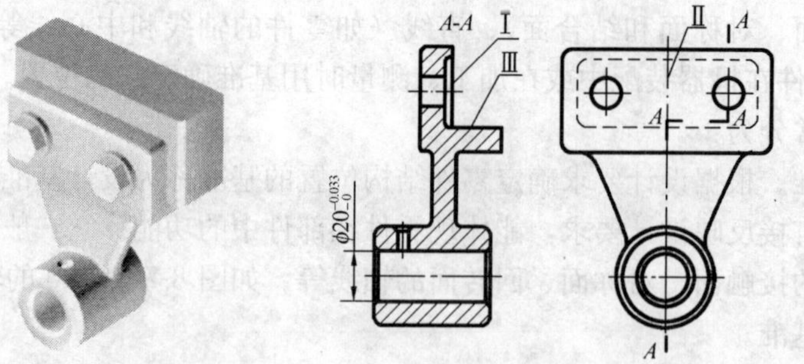

(a)　　(b)

图 8-8　轴承挂架

2. 合理标注尺寸应注意的问题

(1) 零件的重要尺寸要直接注出

零件上的规格性能尺寸、配合尺寸、装配尺寸、保证机器（或部件）正确安装的尺寸等，都是设计上必须保证的重要尺寸。重要尺寸直接影响零件的使用性能和装配质量，必须从主要基准直接标注出，以保证设计要求。

图 8-9 轴承座中，高度方向上的主要基准是下底面，长度方向的主要基准是对称面，主要的工作位置是轴承孔。图 8-9（b）中如注写成尺寸 b、c，由于加工误差，尺寸 a 的误差就会很大，所以尺寸 a 必须直接从底面注出，如图 8-9（a）所示。同理，安装时，为保证轴承上两个 $\phi 6$ 孔与机座上的孔准确装配，两个 $\phi 6$ 孔的定位尺寸应该如图 8-9（a）所示直接标注出中心距 k，而不应如图 8-9（b）所示注两个 e。

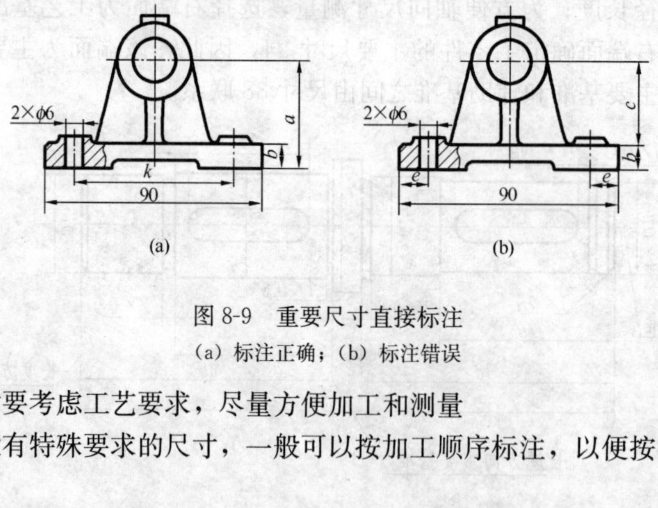

(a)　　(b)

图 8-9　重要尺寸直接标注

(a) 标注正确；(b) 标注错误

(2) 标注尺寸要考虑工艺要求，尽量方便加工和测量

对于零件上没有特殊要求的尺寸，一般可以按加工顺序标注，以便按图加工和测量，如图 8-10 所示。

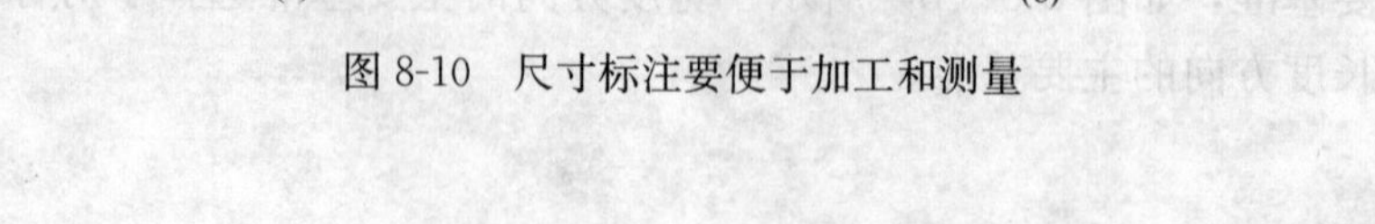

(a)　　(b)

图 8-10　尺寸标注要便于加工和测量

（3）避免注成封闭尺寸链

应避免零件上某一方向尺寸首尾相接，形成封闭尺寸链，图 8-11（a）中，A、B、C、L 组成了封闭尺寸链。为了保证每个尺寸的精度要求，通常对尺寸精度要求最低的一环不注尺寸，这样既保证了设计要求，又可降低加工成本，如图 8-11（b）所示。

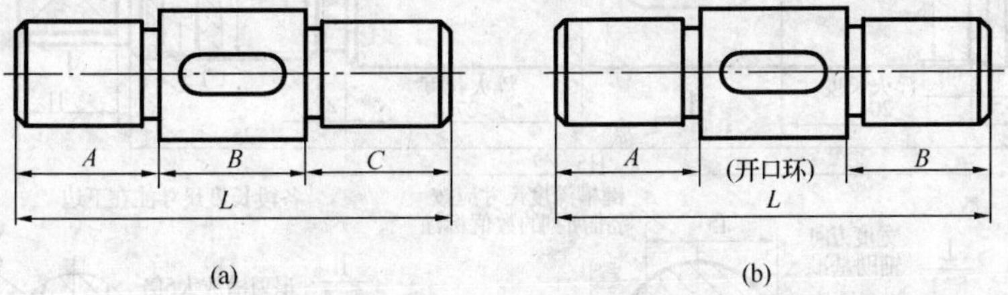

图 8-11　应避免注成封闭尺寸链

（a）封闭尺寸链；（b）有开口环的尺寸链

（4）加工面和非加工面

对于铸造或锻造零件，同一方向上的加工面和非加工面应各选择一个基准分别标注有关尺寸，并且两个基准之间只允许有一个联系尺寸。如图 8-12（a）所示，零件的非加工面由一组尺寸 M_1、M_2、M_3、M_4 相联系，加工面由另一组尺寸 L_1、L_2 相联系。加工基准面与非加工基准面之间只用一个尺寸 A 相联系。图 8-12（b）所标注尺寸是不合理的。

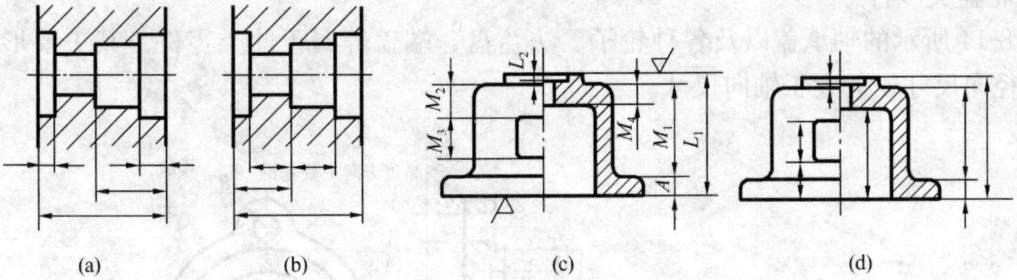

图 8-12　加工面和非加工面

（a）合理；（b）不合理；（c）合理；（d）不合理

三、典型零件的表达方法

1. 轴套类零件

如图 8-13 所示的主轴即属于轴套类零件。

（1）视图选择

轴套类零件一般在车床上加工，要按形状和加工位置确定主视图，轴线水平放置，大头在左、小头在右，键槽和孔结构可以朝前。轴套类零件主要结构形状是回转体，一般只画一个主视图，对于零件上的键槽、孔等，可做出移出断面，砂轮越程槽、退刀槽、中心孔等可用局部放大图表达。

（2）尺寸分析

①这类零件的尺寸主要是轴向和径向尺寸，径向尺寸的主要基准是轴线，轴向尺寸的主要基准是端面。

②主要形体是同轴的，可省去定位尺寸。

③重要尺寸必须直接注出，其余尺寸多按加工顺序注出。

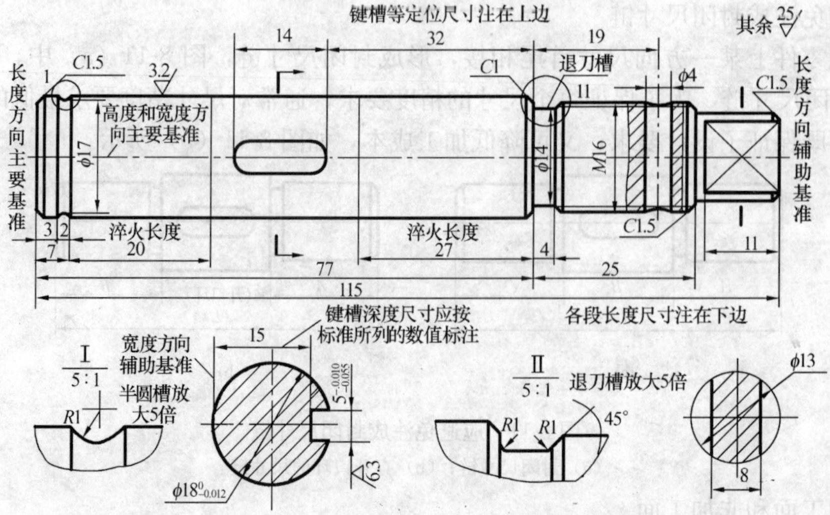

图 8-13　主轴的表达方案与尺寸标注

④为了清晰和便于测量，在剖视图上，内外结构形状尺寸应分开标注。

⑤零件上的标准结构，应按该结构标准尺寸注出。

2. 轮盘类零件

图 8-14 所示的轴承盖以及各种轮子、法兰盘、端盖等属于此类零件。其主要形体是回转体，径向尺寸一般大于轴向尺寸。

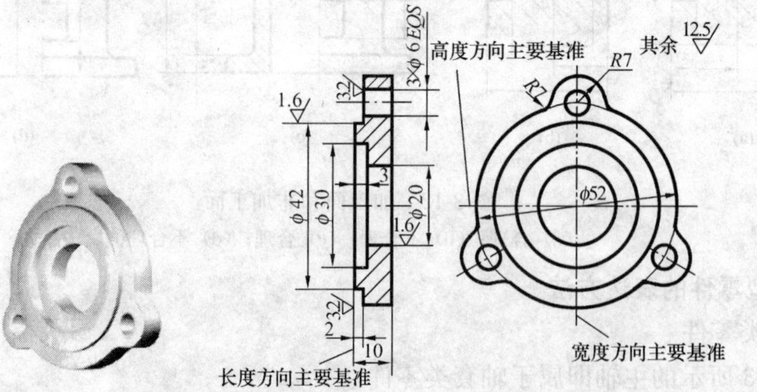

(a)　　(b)

图 8-14　轴承盖的表达方案与尺寸标注

(a) 轴承盖的加工和工作位置；(b) 轴承盖视图的选择

（1）视图选择

①这类零件的毛坯有铸件或锻件，机械加工以车削为主，主视图一般按加工位置水平放置，但有些较复杂的盘盖，因加工工序较多，主视图也可按工作位置画出。

②一般需要两个以上基本视图。

③根据结构特点，视图具有对称面时，可作半剖视；无对称面时，可作全剖或局部剖视。其他结构形状如轮辐和肋板等可用移出断面或重合断面，也可用简化画法。

（2）尺寸分析

①此类零件的尺寸一般为两大类：轴向尺寸及径向尺寸，径向尺寸的主要基准是回转轴线，轴向尺寸的主要基准是重要的端面。

②定形和定位尺寸都较明显，尤其是在圆周上分布的小孔的定位圆直径是这类零件的典型定位尺寸，多个小孔一般采用如“3×ϕ5 均布”形式标注，均布即等分圆周，角度定位尺寸就不必标注了。

③内外结构形状尺寸应分开标注。

3. 叉架类零件

图 8-15 所示的支架以及各种杠杆、连杆、支架等属于此类零件。

（1）视图选择

①这类零件结构较复杂，需经多种加工，主视图主要由形状特征和工作位置来确定。

②一般需要两个以上基本视图，并用斜视图、局部视图以及剖视、断面等表达内外形状和细部结构。

（2）尺寸分析

①长、宽、高方向的主要基准一般为加工的大底面、对称平面或大孔的轴线。

②定位尺寸较多，一般注出孔的轴线（中心）间的距离，或孔轴线到平面间的距离，或平面到平面间的距离。

③定形尺寸多按形体分析法标注，内外结构形状要保持一致。

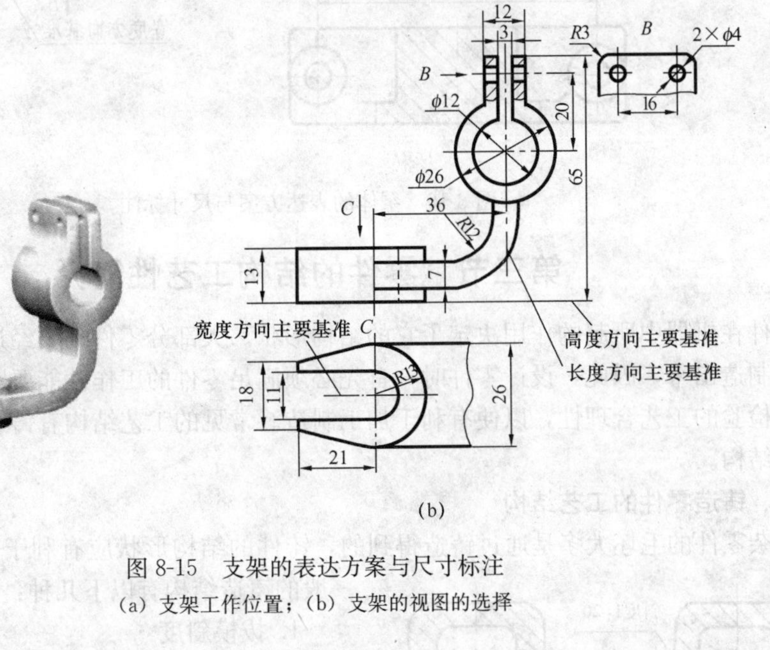

图 8-15　支架的表达方案与尺寸标注

（a）支架工作位置；（b）支架的视图的选择

4. 箱体类零件

图 8-16 所示泵体以及减速器箱体、泵体、阀座等属于这类零件，大多为铸件，一般起支撑、容纳、定位和密封等作用，内外形状较为复杂。

（1）视图选择

①这类零件一般经多种工序加工而成，因而主视图主要根据形状特征和工作位置确定，图 8-16 的主视图就是根据工作位置选定的，反映了泵体零件的形状特点。

②由于零件结构较复杂，常需要三个以上的图形，并广泛地应用各种方法来表达。在图 8-16 中，由于主视图上有对称面，选用了 $B—B$ 半剖视图，左视图选用全剖视图，俯视图选用 $A—A$ 剖视图。

（2）尺寸分析

①长、宽、高方向的主要基准是大孔的轴线、中心线、对称平面或较大的加工面。

②较复杂的零件定位尺寸较多，各孔轴线或中心线间的距离要直接注出。

③定形尺寸仍用形体分析法注出。

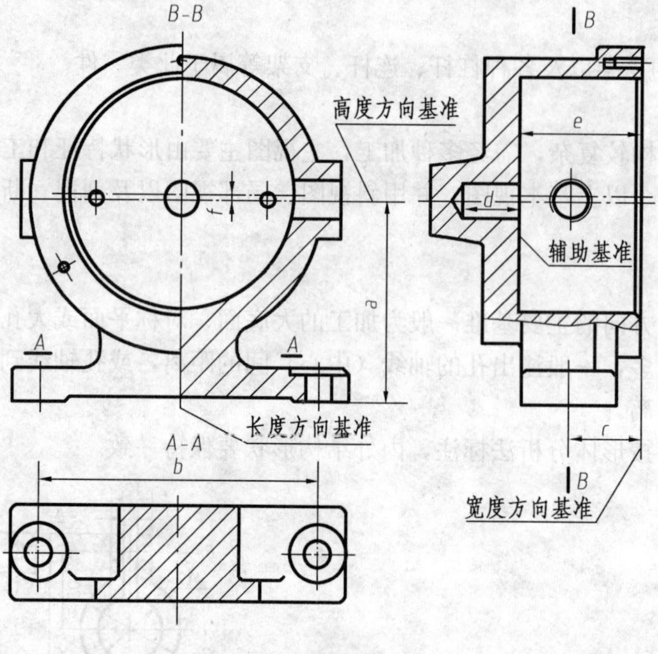

图 8-16　泵体的表达方案与尺寸标注

第三节　零件的结构工艺性简介

零件在机器中所起的作用决定了它的结构形状。大部分零件都要经过热加工和机械加工等过程制造出来，因此，设计零件时，首先必须满足零件的工作性能要求，同时还应考虑到制造和检验的工艺合理性，以便有利于加工制造。常见的工艺结构有铸造工艺结构和机械加工工艺结构。

一、铸造零件的工艺结构

复杂零件的毛坯大多是通过铸造得到的，铸件的结构形状应有利于防止出现铸造缺陷。一般的铸造结构有以下几种：

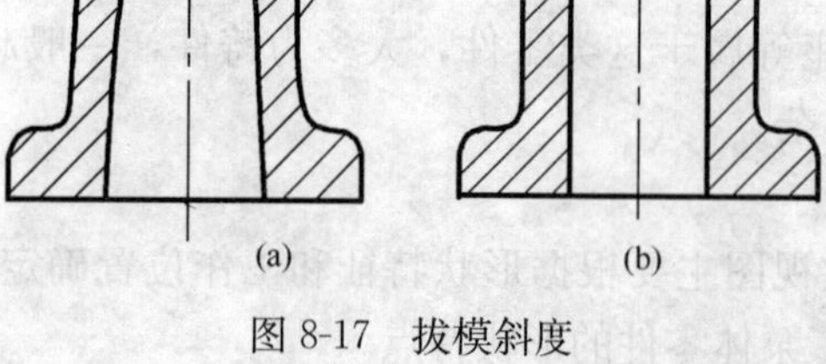

(a)　(b)

图 8-17　拔模斜度

1. 拔模斜度

用铸造方法制造零件的毛坯时，为了便于将木模从砂型中取出，一般沿木模拔模的方向作成约 1∶20 的斜度，叫做拔模斜度。因而铸件上也有相应的斜度，如图 8-17（a）所示。这种斜度在图上可以不标注，也可不画出，如图 8-17（b）所示。必要时，可在技术要求中注明。

2. 铸造圆角

在铸件毛坯各表面的相交处都有铸造圆角（图 8-18）。这样既便于起模，又能防止浇铸时铁水将砂型转角处冲坏，还可避免铸件冷却时产生裂纹或缩孔。铸造圆角半径在图上一般不注出，而写在技术要求中。

图 8-18 所示的铸件毛坯底面（作安装面）常需切削加工，这时铸造圆角被削平。

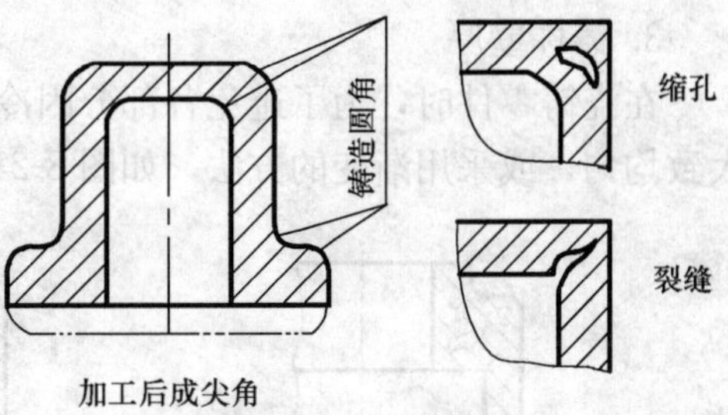

图 8-18 铸造圆角

铸件表面由于圆角的存在，使铸件表面的交线变得不很明显，如图 8-19 所示。这种不明显的交线称为过渡线。

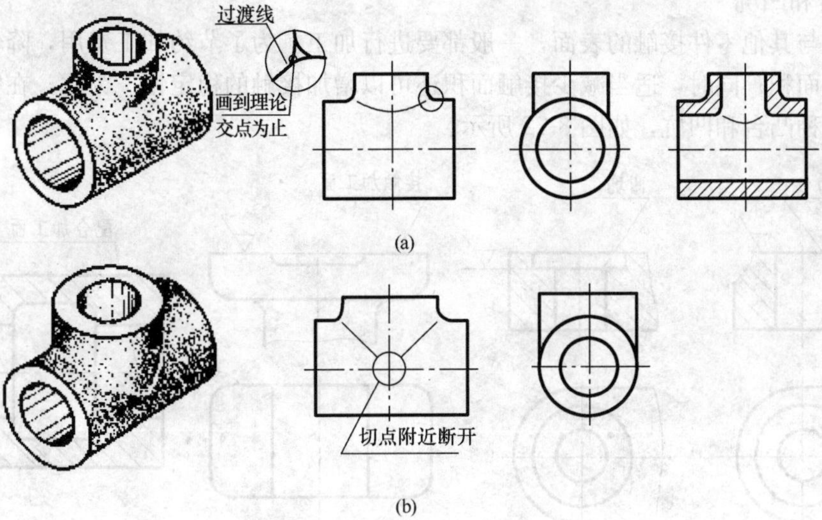

图 8-19 过渡线及其画法

过渡线的画法与相贯线画法基本相同，只是过渡线的两端与圆角轮廓线之间应留有空隙。图 8-20 是常见的几种过渡线的画法。

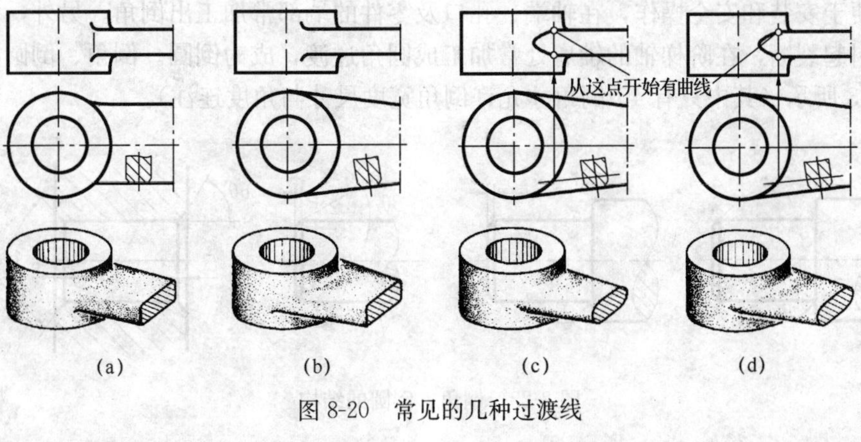

图 8-20 常见的几种过渡线

3. 铸件壁厚

在浇铸零件时，为了避免各部分因冷却速度不同而产生缩孔或裂纹，铸件的壁厚应保持大致均匀，或采用渐变的方法，如图 8-21 所示。

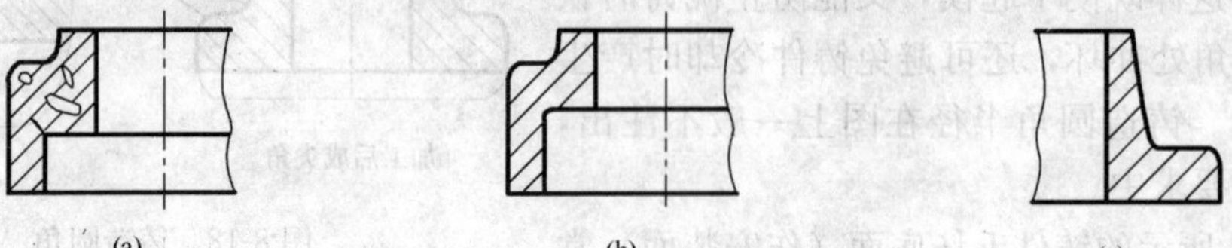

图 8-21 铸件壁厚的变化

(a) 壁厚不均匀产生缩孔；(b) 壁厚均匀；(c) 壁厚渐变过渡

4. 凸台和凹坑

零件上与其他零件接触的表面，一般都要进行加工。为了节约加工费用，降低成本，尽量减少加工面积；同时，适当减少接触面积还可以增加接触的稳定性。为此，在铸件毛坯上经常铸出各种凸台和凹坑，如图 8-22 所示。

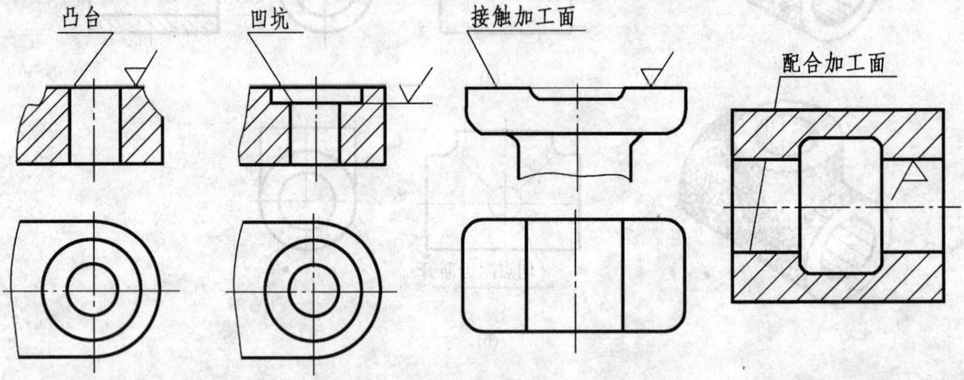

图 8-22 凸台和凹坑

二、机械加工零件的工艺结构

1. 倒角和圆角

为了便于安装和安全操作，在轴端、孔口及零件的端部常加工出倒角。另外，为避免应力集中而引起裂断，在阶梯轴的轴肩处常加工成圆角过渡，成为倒圆。倒角、倒圆的尺寸标注如图 8-23 所示（其中只有 45°倒角才允许倒角宽度尺寸与角度连注）。

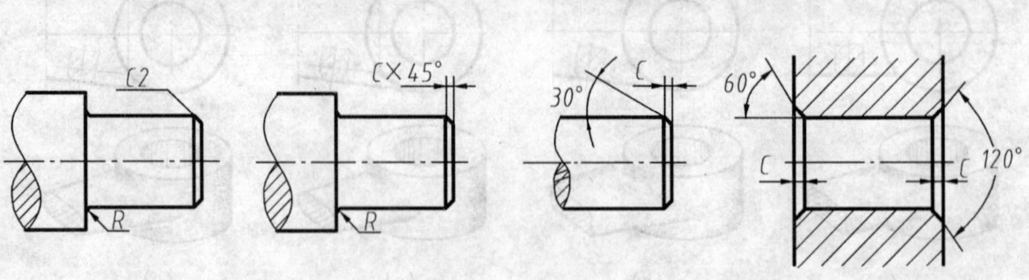

图 8-23 倒角、倒圆的结构

2. 退刀槽和砂轮越程槽

切削加工时，为了便于退出刀具，并保护刀具不被破坏，以及相关的零件在装配时能够靠紧，预先在待加工表面的末端制出退刀槽，如图 8-24 所示。退刀槽的尺寸一般可按如图 8-24 所示“槽宽×槽颈”也可以“槽宽×槽深”的形式标注。标注槽宽是为了便于选择割槽刀。槽深应由最接近槽底的一个面算起。

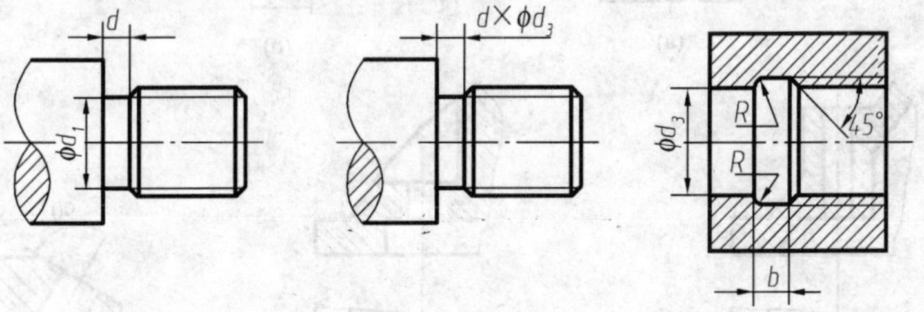

图 8-24　退刀槽

磨削加工时，为使砂轮可以稍越过加工面，预先在加工面的末端制出砂轮越程槽。砂轮越程槽的结构形式和尺寸有相应国家标准。为了便于注写尺寸，越程槽一般用局部放大图画出，如图 8-25 所示。

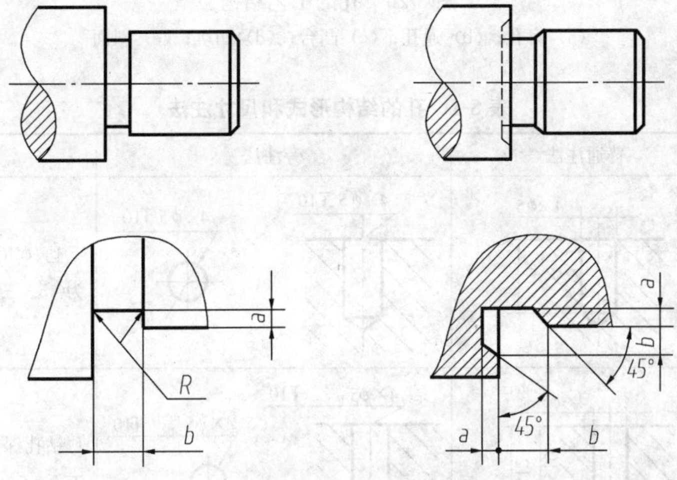

图 8-25　砂轮越程槽

3. 孔的结构

(1) 钻孔

零件上有各种不同形式和不同用途的孔，一般是用钻头加工而成的。由于钻头带有一个接近 120°的钻尖角，所以它加工出的不通孔也带有一个顶角接近 120°的圆锥孔，在图 8-26 (a) 中，这个钻尖角画成 120°而不必标出尺寸，钻孔深度也不包括锥坑。

钻孔时，钻头应与孔端表面垂直，否则只是单刀切削，钻头易歪斜、折断。如必须在斜面或曲面上钻孔时，则应先把该表面铣平或预先铸出凸台或凹坑，然后再钻孔，如图 8-26 (e) 所示。

(2) 沉孔结构

在螺栓、螺钉、螺柱连接中，为保证接触良好、连接可靠，常采用沉孔结构，它们的结构形式和尺寸注法如表 8-1 所示。

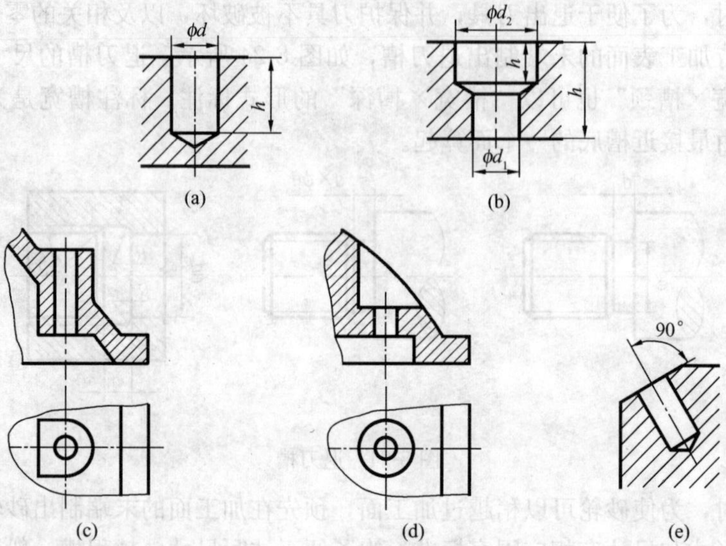

图 8-26　孔的工艺结构

(a) 盲孔；(b) 通孔；(c) 凸台；(d) 凹坑；(e) 斜面

表 8-1　孔的结构形式和尺寸注法

结构类型		普通注法	旁注法	说　明
光孔	一般孔	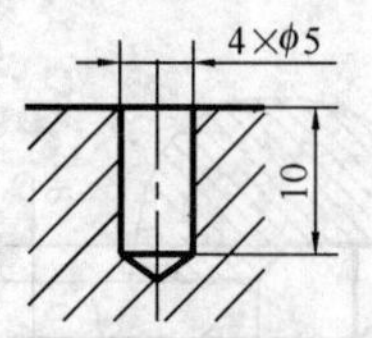	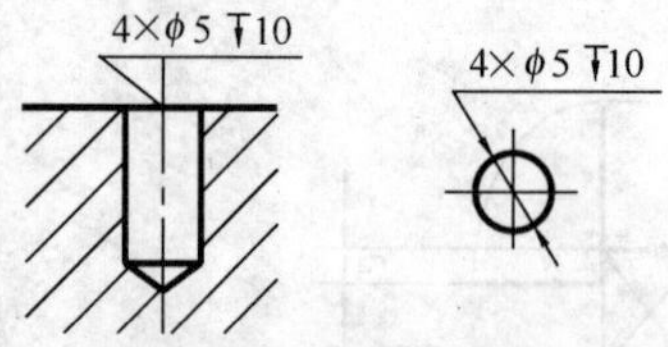	4×φ 5 表示四个孔的直径均为φ 5。三种注法任选一种均可
	精加工孔	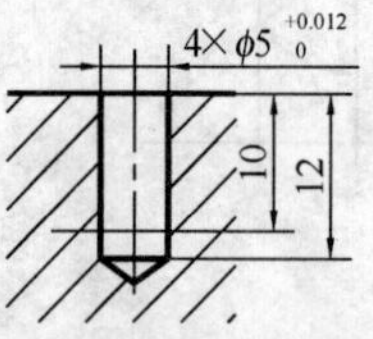	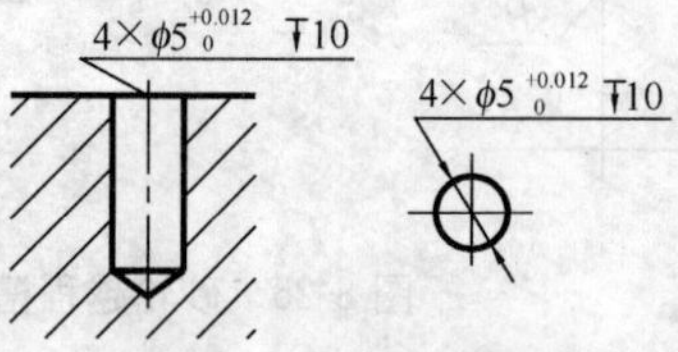	钻孔深为 12，钻孔后需精加工至φ $5^{+0.012}_{0}$，加工深度为 10
	锥销孔	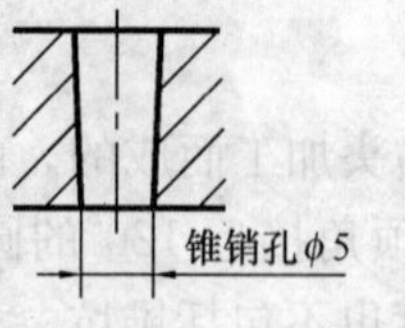	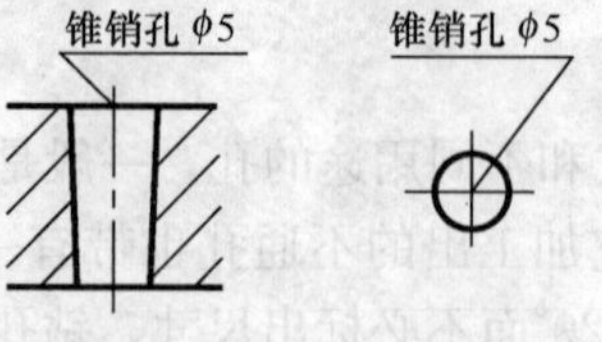	φ 5 为与锥销孔相配的圆锥销小头直径（公称直径）。锥销孔通常是相邻两零件装在一起时加工的
沉孔	锥形沉孔	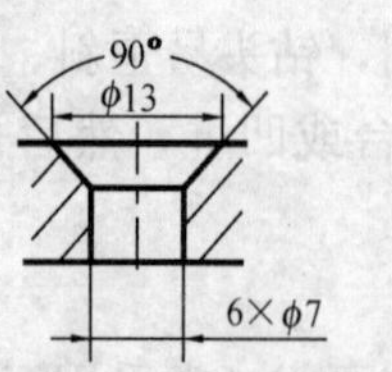	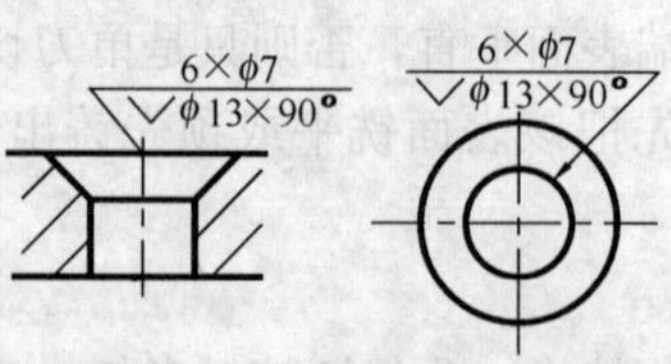	6×φ 7 表示 6 个孔的直径均为φ 7。锥形部分大端直径为φ 13，锥角为 90^0

续表

结构类型		普通注法	旁注法	说明
沉孔	柱形沉孔	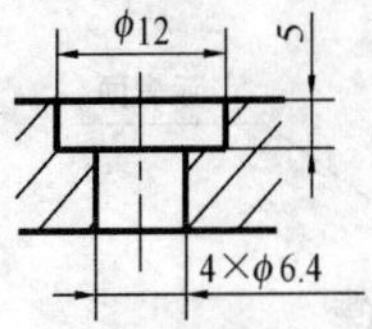	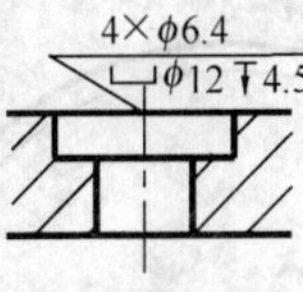 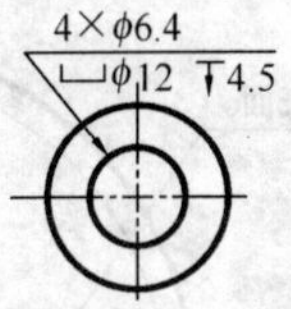	四个柱形沉孔的小孔直径为φ 6.4，大孔直径为φ 12，深度为4.5
	锪平孔	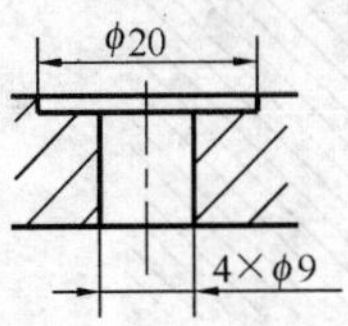	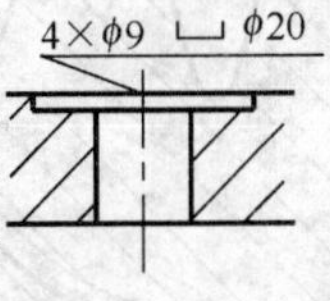 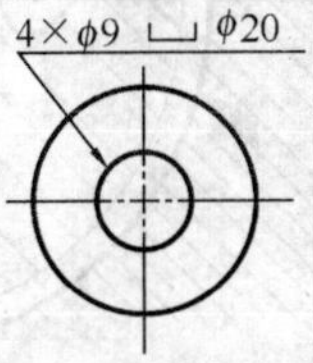	锪平面φ 20 的深度不需标注，加工时一般锪平到不出现毛面为止。
螺纹孔	通孔	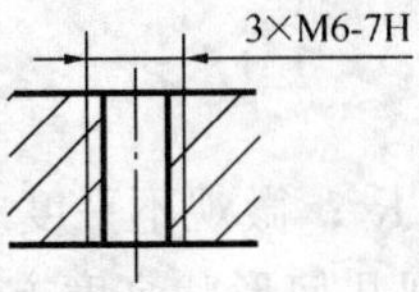	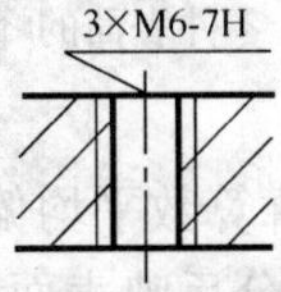 	3×M6-7H 表示 3 个直径为6，螺纹中径、顶径公差带为7H 的螺孔
	不通孔	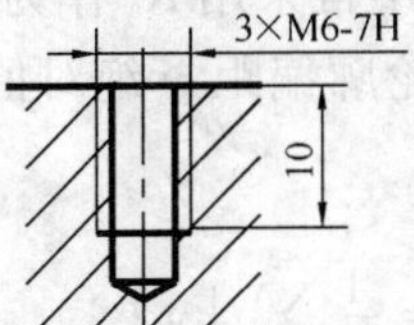	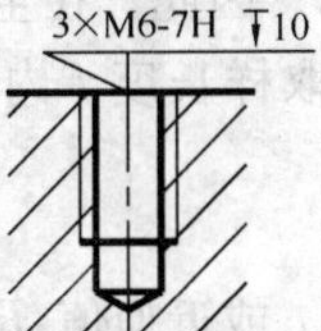 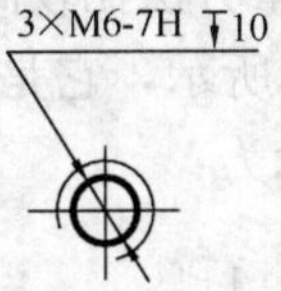	深 10 是指螺孔的有效深度尺寸为 10，钻孔深度以保证螺孔有效深度为准，也可查有关手册确定
	不通孔	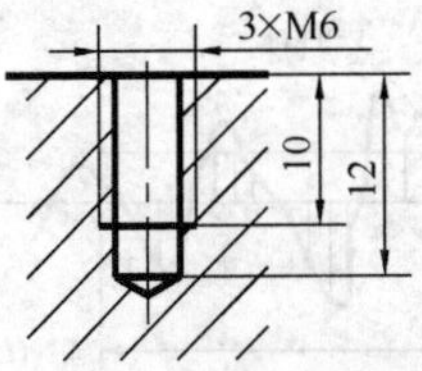	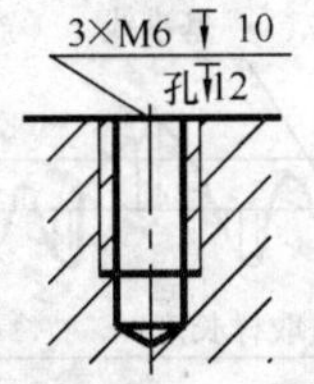 	需要注出钻孔深度时，应明确标注出钻孔深度尺寸

第四节　零件图的技术要求

零件图上除了视图和尺寸外，还须用文字或符号注明对零件在加工工艺、验收检验和材料质量等方面提出要求。

零件图上应注写的技术要求包括：零件表面粗糙度、材料表面处理和热处理、尺寸公差、形位公差，零件在加工、检验和试验时的要求等内容。

一、表面粗糙度

1. 表面粗糙度的概念

零件在加工过程中，由于机床、刀具的振动、材料被切削时产生塑性变形及刀痕等原因，其表面不可能是一个理想的光滑表面，如图 8-27 所示。这种加工表面上所具有的较小间距和峰谷所组成的微观几何形状特性就称为表面粗糙度。

表面粗糙度与零件的配合性质、耐磨性、工作精度和抗腐蚀性都有密切的关系，它直接影响到机器的可靠性和使用寿命。

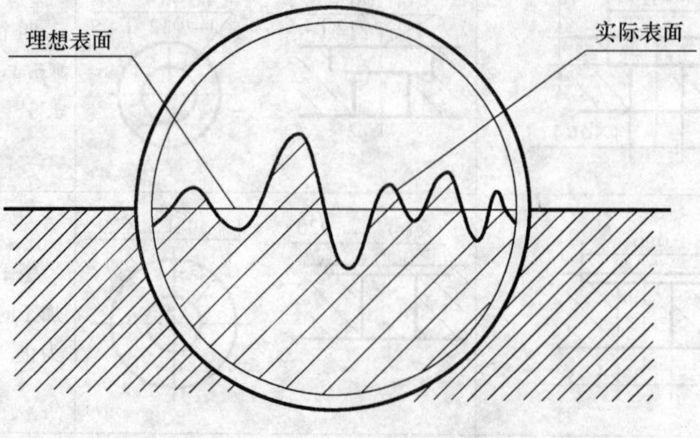

图 8-27　零件表面的峰谷

2. 表面粗糙度的参数

评定表面粗糙度的参数有三项，即轮廓算数平均偏差 R_a；微观不平度十点高度 R_z；轮廓最大高度 R_y。在这三项参数中，R_a 能充分反映表面微观几何形状高度方面的特征，并且所用仪器（轮廓仪）的测量方法比较简单。因此，在生产中常采用 R_a 作为评定零件表面质量的主要参数。如图 8-28 所示，它是在取样长度 l 内，轮廓偏距 y 绝对值的算术平均值，用 R_a 表示。用公式可表示为：

$$R_a = \frac{1}{l}\int_0^l |y(x)|\,dx \text{ 或近似值：} R_a = \frac{1}{n}\sum_{i=1}^{n} |y_i|$$

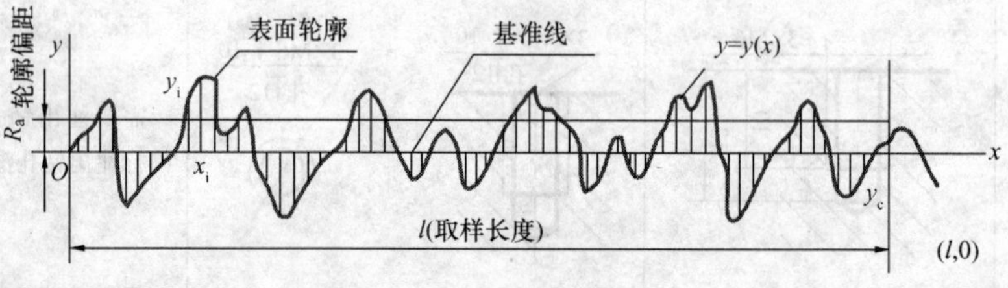

图 8-28　轮廓算术平均偏差

3. 表面粗糙度的代（符）号

图样上所标注的表面粗糙度代（符）号说明各个表面完工后的要求。表面粗糙度代号包括表面粗糙度符号、表面粗糙度参数值及加工方法等规定。表面粗糙度的符号及画法见表 8-2，表面粗糙度的获得方法见表 8-3，表面粗糙度标注中的常见规定见表 8-4。国家标准规定，当注写 R_a 时，只用参数值表示（单位为 μm），参数值前不标注参数代号。当注写 R_z 或 R_y 时，参数值前需注出相应的参数代号。

4. 表面粗糙度在图样上的标注方法

（1）表面粗糙度代（符）号应注在可见轮廓线、尺寸线、尺寸界线或其延长线上，如图 8-28 所示，符号的尖端必须从材料外指向表面。

表 8-2　表面粗糙度符号及其填写格式

符号	意　义	符号尺寸	填　写　格　式
	基本符号，单独使用没有意义	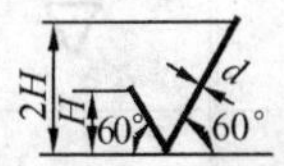 h 为字体的高度 $d=h/10$ $H=1.4h$	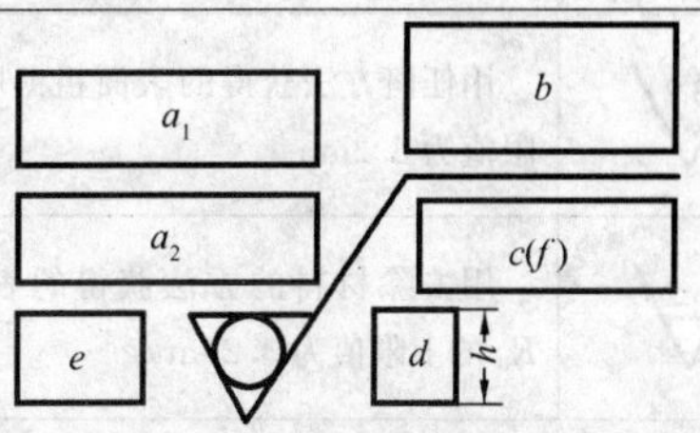 $d=h/10$　h 为字体高度 a_1、a_2——粗糙度高度参数的允许值（单位为 μm）； b——加工方法、镀涂或其他表面处理； c——取样长度（单位为 mm）； d——加工纹理方向符号； e——加工余量（单位为 mm）； f——粗糙度间距参数值（单位为 μm）
	基本符号上加一短划，表示表面特征是用去除材料的方法获得，如：车、铣、钻、磨、抛光、腐蚀、电火花加工等		
	基本符号上加一小圆，表示表面特征是用不去除材料的方法获得，如：铸、锻、冲压、热轧、冷轧、粉末冶金等；或是用于保持原供应状况的表面		

表 8-3　表面粗糙度获得的方法及应用举例

表面粗糙度		表面外观情况	获得方法举例	应　用　举　例
R_a	名称			
	毛面	除净毛口	铸、锻、轧制等经清理的表面	如机床车身、主轴箱、溜板箱、尾架体等未加工表面
50	粗面	明显可见刀痕	毛胚经粗车、粗刨、粗铣等加工方法获得的表面	一般的钻孔、倒角，没有要求的自由表面
25		可见刀痕		
12.5		微见刀痕		
6.3	半光面	可见加工痕迹	精车、精刨、精铣、刮研和粗磨	支架、箱体和盖等的非配合表面，一般螺栓支撑面
3.2		微见加工痕迹		箱、盖、套筒要求紧贴的表面、键和键槽的工作表面
1.6		看不见加工痕迹		要求有不精确定心及配合特性的表面，如支架孔、衬套、胶带轮工作面
0.8	光面	可见加工痕迹方向	金刚石车刀精车、精绞、拉刀和压刀加工、精磨、研磨、抛光	要求保证定心及配合特性的表面，如轴承配合表面、锥孔等
0.4		微辨加工痕迹方向		要求能长期保持规定的配合特性的公差等级为 7 级的孔和 6 级的轴
0.2		不可辨加工痕迹方向		主轴的定位锥孔，d<20mm 淬火的精确轴的配合表面
0.1	最光面	暗光泽面	超精磨、研磨、抛光、镜面磨	保证精确定位的锥面，高精度滑动轴表面
0.05		亮光泽面		精密机床主轴颈，工作验规测量表面，高精度轴承滚道
0.025		镜状光泽面		精密仪器和附件的摩擦面，用光学观察的精密刻度尺
0.012		雾状镜面		坐标镗的主轴颈，仪器的测量面
0.008		镜面		块规的测量面，坐标镗床的镜面轴

表 8-4　表面粗糙度标注中的常见规定

代号	意　义	代号	意　义
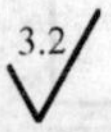	用任何方法获得的表面粗糙度，R_a 的上限值为 3.2μm	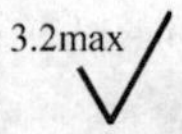	用任何方法获得的表面粗糙度，R_a 的最大值为 3.2μm
	用去除材料的方法获得的表面粗糙度，R_a 的上限值为 3.2μm	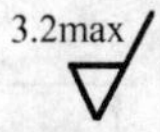	用去除材料的方法获得的表面粗糙度，R_a 的最大值为 3.2μm
	用不去除材料的方法获得的表面粗糙度，R_a 的上限值为 3.2μm		用不去除材料的方法获得的表面粗糙度，R_a 的最大值为 3.2μm
	用去除材料的方法获得的表面粗糙度，R_a 的上限值为 3.2μm，R_a 的下限值为 1.6μm	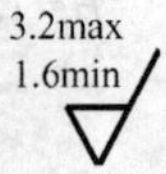	用去除材料的方法获得的表面粗糙度，R_a 的最大值为 3.2μm，R_a 的最小值为 1.6μm

（2）表面粗糙度符号及数字的注写方向按图 8-29 标注。

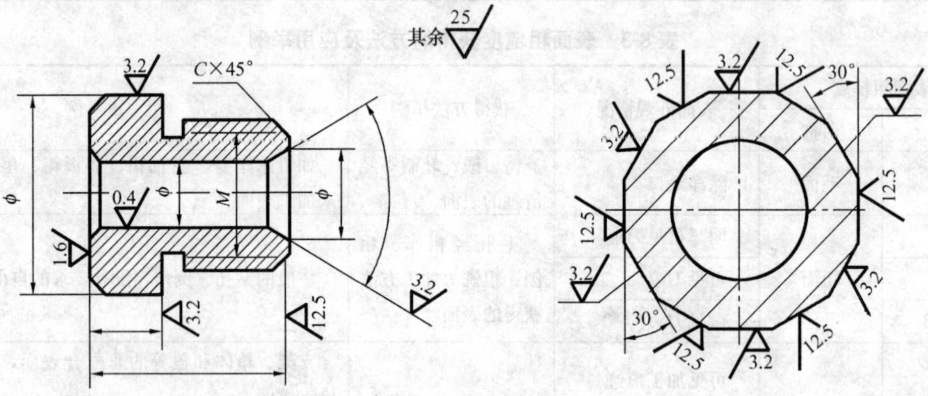

(a)　　　　(b)

图 8-29　表面粗糙度代号在图样上的标注

（3）在同一图样上，每一表面一般只标注一次表面粗糙度代（符）号，并尽可能靠近有关的尺寸线（如图 8-28 所示）。当地方狭小或不便标注时（在铅垂方向反时针 30°范围内），代（符）号可以引出标注，如图 8-28（b）所示。

（4）当零件所有表面具有相同的表面粗糙度时，其代（符）号可在图样的右上角统一标注，如图 8-30 所示。

（5）当零件的大部分表面具有相同的表面粗糙度要求时，对其中使用最多的一种代（符）号可以统一标注在图样的右上角，并加注“其余”两字，如图 8-31 所示。

凡在图样右上角统一标注的表面粗糙度代（符）号和文字说明均应比图形上所注的代（符）号和文字大 1.4 倍。

（6）零件上用细实线连接不连续的同一表面，其表面粗糙度（符）号只标注一次，如图 8-31 所示。

（7）齿轮的工作表面没有画出齿形时，表面粗糙度代号可按图 8-32 所示的方式标注。

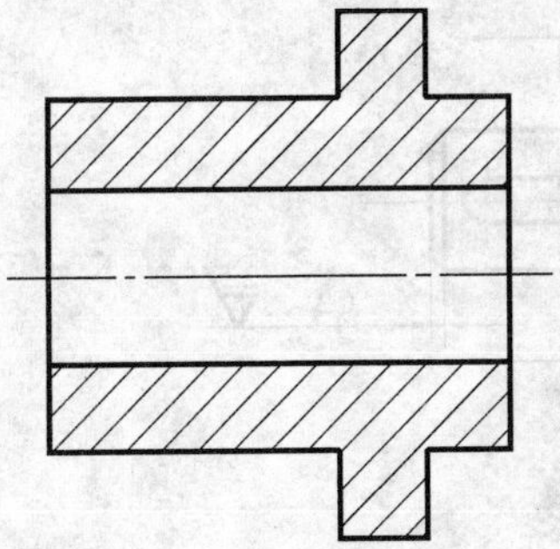

图 8-30

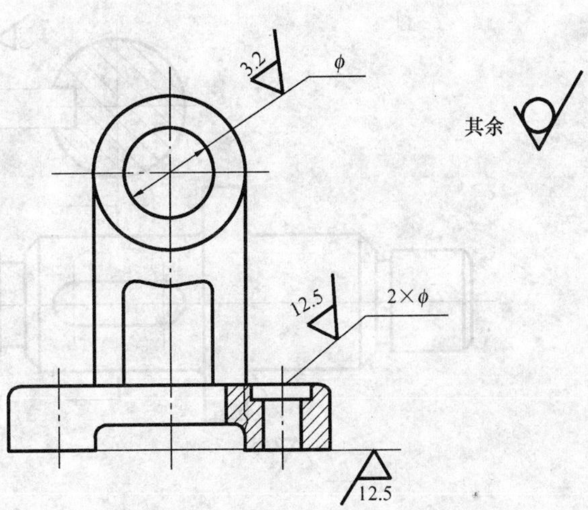

图 8-31

（8）同一表面上有不同的表面粗糙度要求时，须用细实线画出分界线，并注出相应的表面粗糙度代号和尺寸，如图 8-33 所示。

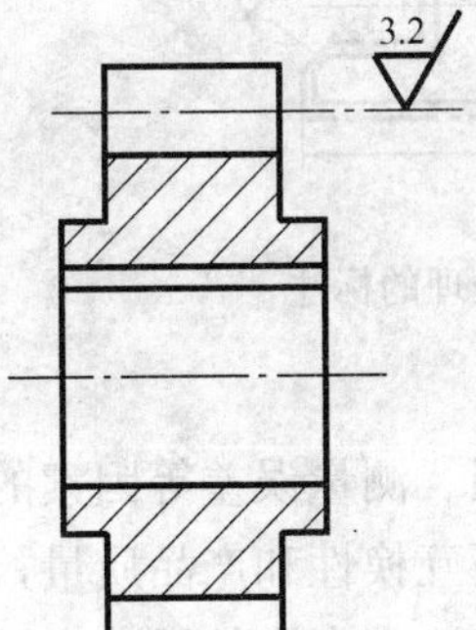

图 8-32　齿轮粗糙度的标注

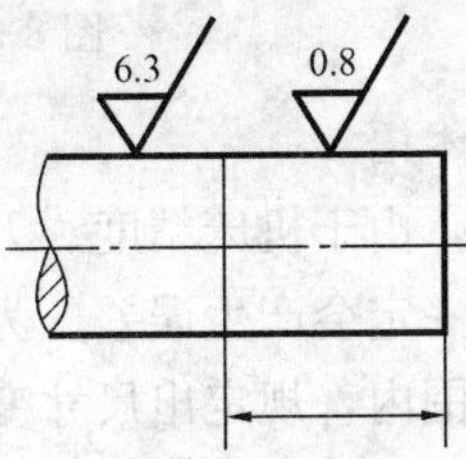

图 8-33

（9）键槽工作面、倒角、圆角的表面粗糙度代号，可以简化标注，如图 8-34 所示。

（10）零件需要局部热处理或局部镀涂时，应用细实线区分或用粗点画线画出其范围，如图 8-35 所示。

二、极限与配合

1. 极限与配合基本概念

（1）互换性

在日常生活中，自行车或汽车的零件坏了，只要买个新的换上，就能很好地满足使用要求。之所以能这样方便，就因为这些零件具有互换性。

所谓零件的互换性是指同一规格的任意零件，在装配时不经选择或修配，就能达到预期的配合性质，满足使用要求。要满足零件的互换性，就要求有配合关系的尺寸在一个允许的范围内变动，并且在制造上又是经济合理的。零件具有互换性，不但给装配、修理机器带来方便，还可用专用设备生产，提高产品数量和质量，同时降低产品的成本。

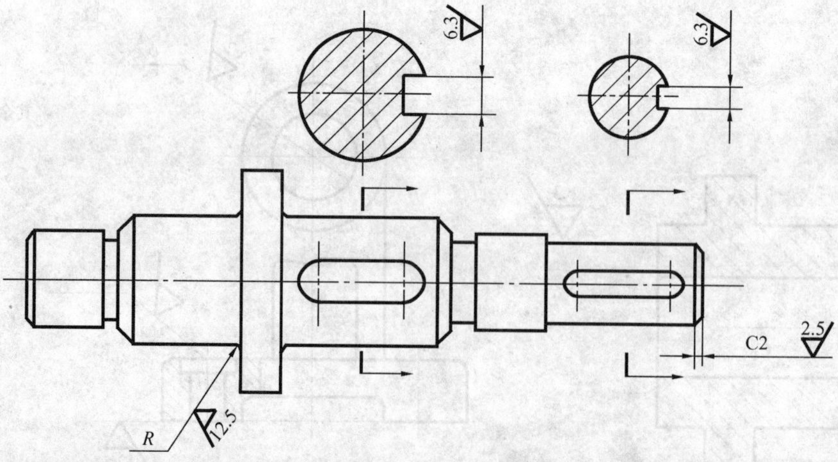

图 8-34 键槽、倒角、圆角粗糙度的标注

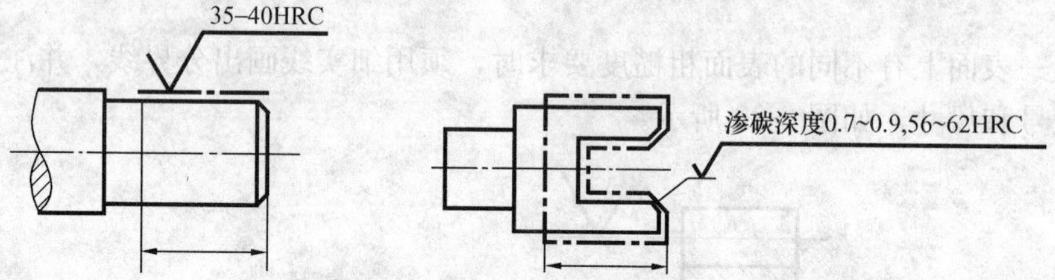

图 8-35 热处理的标注

(2) 公差的有关术语

在零件的加工中，由于机床精度、刀具磨损、测量误差等因素的影响，不可能把零件的尺寸做得绝对准确，一定会产生误差。为了保证互换性和产品质量，必须将零件尺寸的加工误差控制在一定的范围内，规定出尺寸变动量，这个允许的尺寸变动量就称为尺寸公差，简称公差。

如图 8-36（a）图中的孔轴尺寸，图 8-36（b）为孔和轴公差与配合的示意图。

①基本尺寸。设计时给定的尺寸，如图 8-36 中的 $\phi30$。

②实际尺寸。零件制成后实际量得的尺寸。

③极限尺寸。允许尺寸变化的两个界限值。它以基本尺寸为基数来确定，两个界限值中较大的一个称为最大极限尺寸，如图 8-35 中孔的最大极限尺寸为 $\phi30.021$ 和轴的最大极限尺寸为 $\phi29.993$；较小的一个称为最小极限尺寸，如图 8-36 中孔的最小极限尺寸为 $\phi30$ 和轴的最小极限尺寸为 $\phi29.98$。实际尺寸在两个极限尺寸的区间算合格。

④极限偏差（简称偏差）。极限尺寸与基本尺寸之差。极限偏差有上偏差和下偏差，统称极限偏差。偏差可以是正值、负值或零。

国标规定偏差代号：孔的上、下偏差分别用 ES 和 EI 表示；轴的上、下偏差分别用 es 和 ei 表示。

上偏差＝最大极限尺寸－基本尺寸。如图 8-36 中孔的上偏差为＋0.021，轴为－0.007。

下偏差＝最小极限尺寸－基本尺寸。如图 8-36 中孔的下偏差为 0，轴为－0.020。

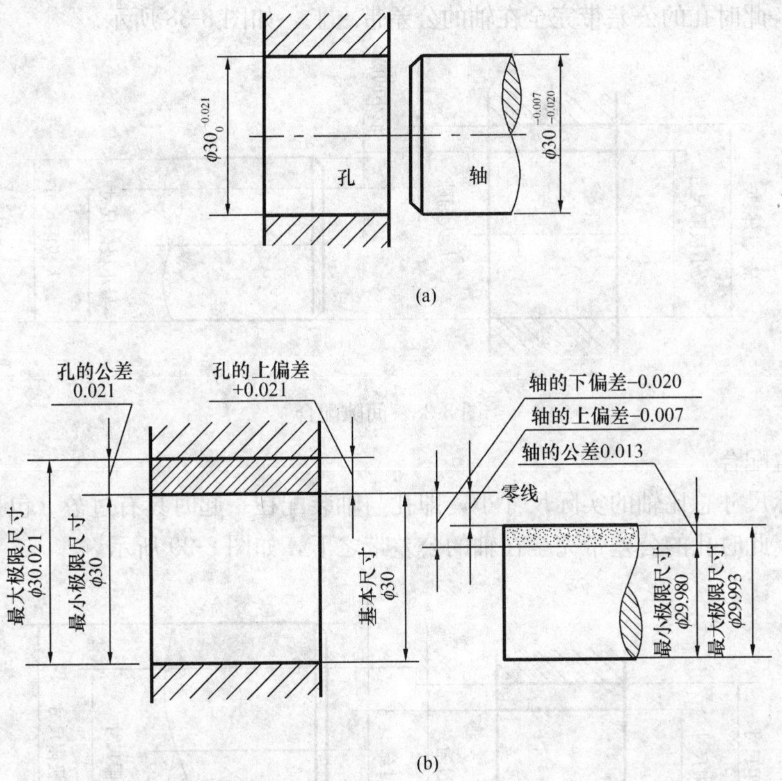

图 8-36　极限与配合的有关术语

(a) 孔轴配合与尺寸公差；(b) 公差与配合的示意图

⑤尺寸公差（简称公差）。允许尺寸的变动量。公差＝最大极限尺寸—最小极限尺寸＝上偏差－下偏差。如图 8-36 中，孔的公差为 0.021，轴的公差为 0.013。公差总是正值。

⑥零线。在公差与配合图解中，用于确定偏差的一条基准直线，称为零偏差线。通常零线表示基本尺寸，如图 8-37 所示。

⑦尺寸公差带（简称公差带）在公差带图中，由代表上、下偏差的两条直线所限定的一个区域，如图 8-37 所示。

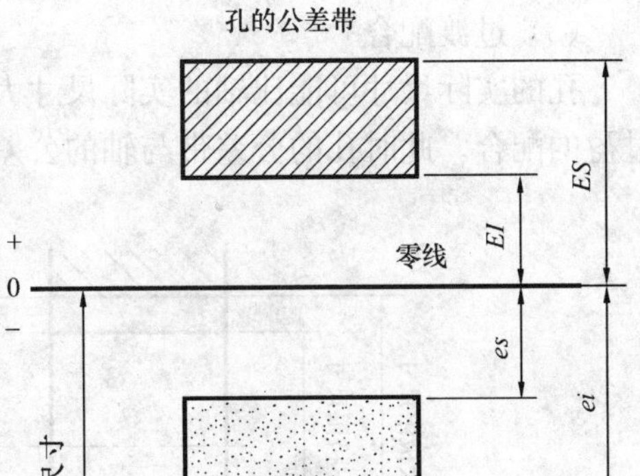

图 8-37　公差带图

2. 配合

基本尺寸相同的、相互结合的孔与轴公差带之间的关系称为配合。这里的孔与轴主要指圆柱形的内、外表面，也包括内、外平面组成的结构。孔和轴配合时，由于它们的尺寸不同，将产生间隙或过盈的情况。国家标准规定将配合分为间隙配合、过盈配合和过渡配合三类。

（1）间隙配合

孔的实际尺寸总比轴的实际尺寸大，即孔与轴装配在一起时具有间隙（包括最小间隙为零）的配合。此时孔的公差带完全在轴的公差带之上，如图 8-38 所示。

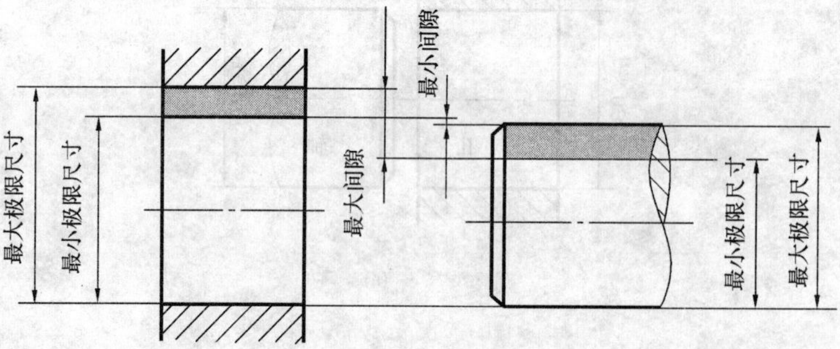

图 8-38　间隙配合

（2）过盈配合

孔的实际尺寸总比轴的实际尺寸小，即孔与轴装配在一起时具有过盈（包括最小过盈为零）的配合。此时孔的公差带完全在轴的公差带之下，如图 8-39 所示。

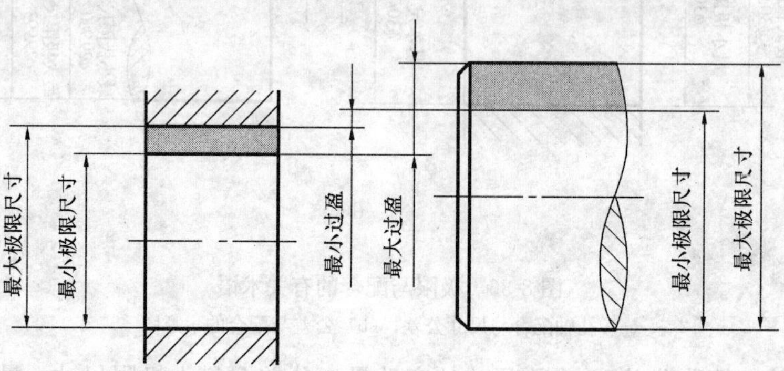

图 8-39　过盈配合

（3）过渡配合

孔的实际尺寸可能比轴的实际尺寸大也可能小，即孔与轴装配在一起时可能具有间隙或过盈的配合。此时孔的公差带与轴的公差带相互交叠，如图 8-40 所示。

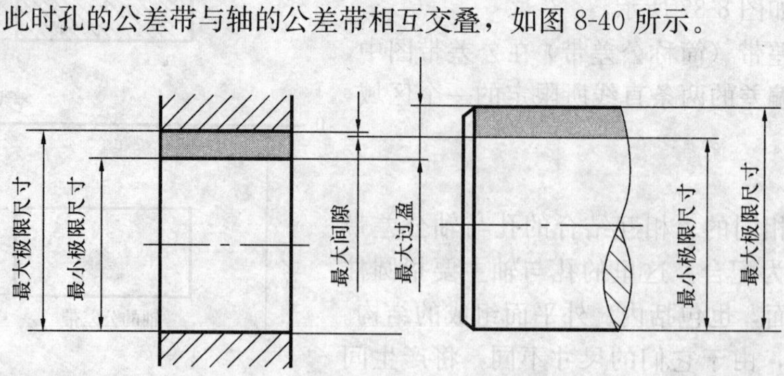

图 8-40　过渡配合

3. 标准公差和基本偏差

为了满足不同的配合要求，国家标准规定，孔轴公差带由标准公差和基本偏差两个要素组成。标准公差确定公差带大小，基本偏差确定公差带位置，如图 8-41 所示。

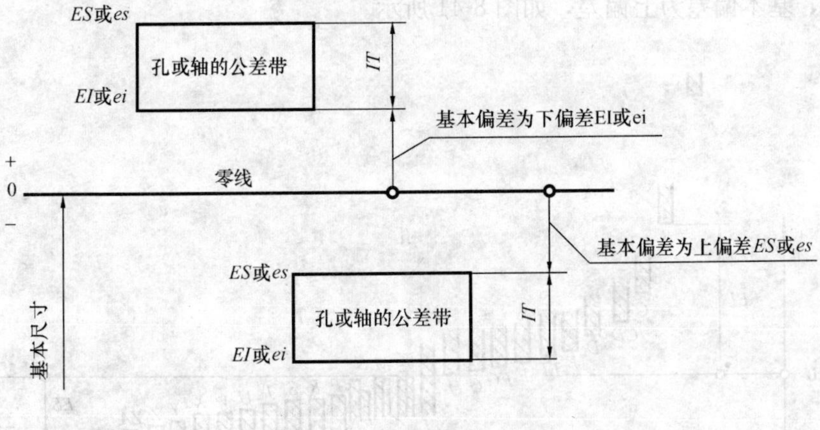

图 8-41　公差带大小及位置

（1）标准公差和公差等级

国家标准表列的、用于确定公差带大小的任意公差称为标准公差。标准公差数值与基本尺寸分段和公差等级有关。公差等级用于确定尺寸精度的标准。国家标准将公差等级分为 20 级，即 *IT*01、*IT*0、*IT*1、*IT*2、…、IT18。*IT* 表示标准公差，后面的阿拉伯数字表示公差等级。从 *IT*0 至 *IT*18，尺寸的精度依次降低，而相应的标准公差数值依次增大，标准公差的数值见表 8-5。

表 8-5　标准公差数值表（摘自 GB/T 1800.3—1998）

基本尺寸 (mm)		公差等级																			
		*IT*01	*IT*0	*IT*1	*IT*2	*IT*3	*IT*4	*IT*5	*IT*6	*IT*7	*IT*8	*IT*9	*IT*10	*IT*11	*IT*12	*IT*13	*IT*14	*IT*15	*IT*16	*IT*17	*IT*18
大于	至	μm													mm						
	3	0.3	0.5	0.8	1.2	2	3	4	6	10	14	25	40	60	0.10	0.14	0.25	0.40	0.60	1.0	1.4
3	6	0.4	0.6	1	1.5	2.5	4	5	8	12	18	30	48	75	0.12	0.18	0.30	0.48	0.75	1.2	1.8
6	10	0.4	0.6	1	1.5	2.5	4	6	9	15	22	36	58	90	0.15	0.22	0.36	0.58	0.90	1.5	2.2
10	18	0.5	0.8	1.2	2	3	5	8	11	18	27	43	70	110	0.18	0.27	0.43	0.70	1.10	1.8	2.7
18	30	0.6	1	1.5	2.5	4	6	9	13	21	33	52	84	130	0.21	0.33	0.52	0.84	1.30	2.1	3.3
30	50	0.6	1	1.5	2.5	4	7	11	16	25	39	62	100	160	0.25	0.39	0.62	1.00	1.60	2.5	3.9
50	80	0.8	1.2	2	3	5	8	13	19	30	46	74	120	190	0.30	0.46	0.74	1.20	1.90	3.0	4.6
80	120	1	1.5	2.5	4	6	10	15	22	35	54	87	140	220	0.35	0.54	0.87	1.40	2.20	3.5	5.4
120	180	1.2	2	3.5	5	8	12	18	25	40	63	100	160	250	0.40	0.63	1.00	1.60	2.50	4.0	6.3
180	250	2	3	4.5	7	10	14	20	29	46	72	115	185	290	0.46	0.72	1.15	1.85	2.90	4.6	7.2
250	315	2.5	4	6	8	12	16	23	32	52	81	130	210	320	0.52	0.81	1.30	2.10	3.20	5.2	8.1
315	400	3	5	7	9	13	18	25	36	57	89	140	230	360	0.57	0.89	1.40	2.30	3.60	5.7	8.9
400	500	4	6	8	10	15	20	27	40	63	97	155	250	400	0.63	0.97	1.55	2.50	4.00	6.3	9.7

（2）基本偏差

基本偏差是国家标准规定的用于确定公差带相对于零线位置的上偏差或下偏差，一般指靠近零线的那个极限偏差。当公差带位于零线上方时，基本偏差为下偏差；当公差带位于零线的下方时，基本偏差为上偏差，如图 8-41 所示。

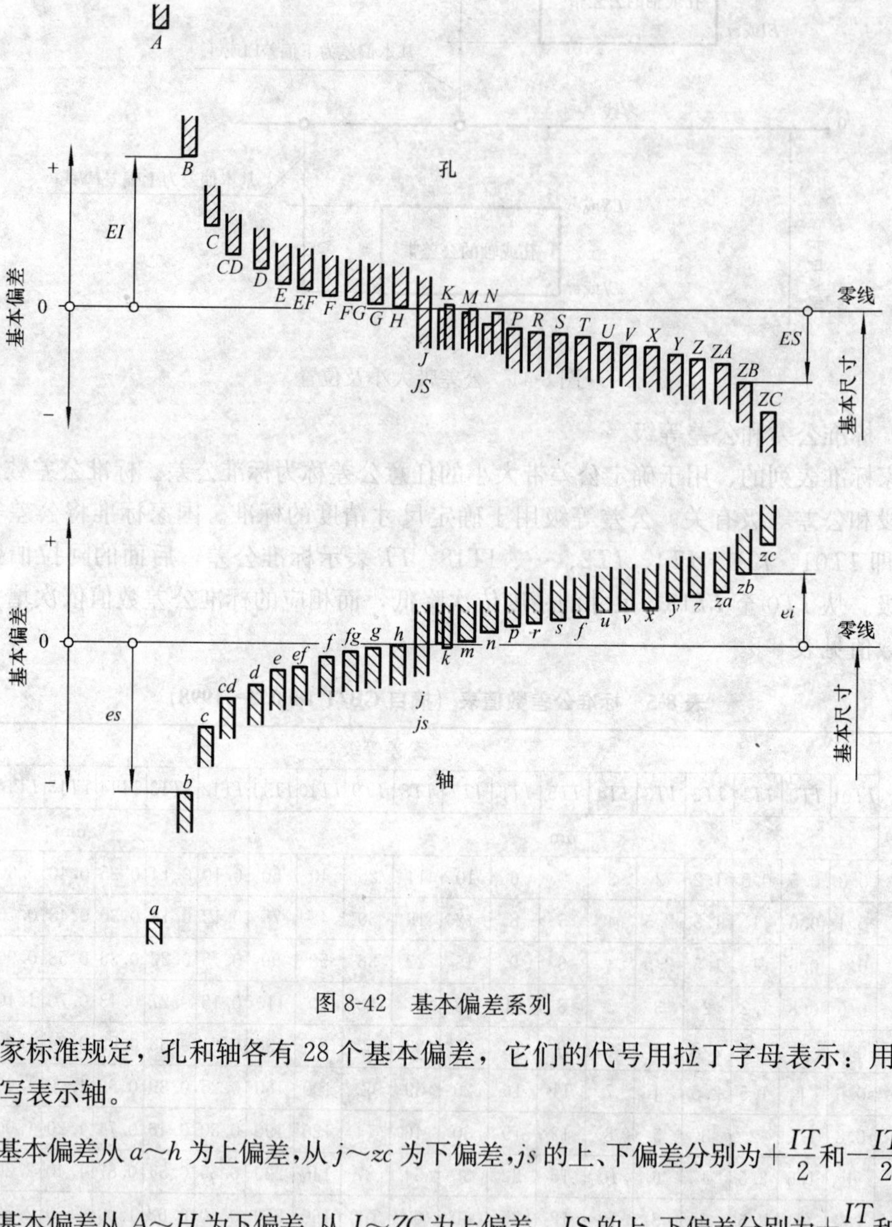

图 8-42　基本偏差系列

按国家标准规定，孔和轴各有 28 个基本偏差，它们的代号用拉丁字母表示：用大写表示孔，小写表示轴。

轴的基本偏差从 $a \sim h$ 为上偏差，从 $j \sim zc$ 为下偏差，js 的上、下偏差分别为 $+\frac{IT}{2}$ 和 $-\frac{IT}{2}$。

孔的基本偏差从 $A \sim H$ 为下偏差，从 $J \sim ZC$ 为上偏差。JS 的上、下偏差分别为 $+\frac{IT}{2}$ 和 $-\frac{IT}{2}$。

基本偏差系列只表示公差带的位置，不表示公差带的大小，因此，公差带的一端是开口的。根据孔的与轴的基本偏差和标准公差，可计算孔和轴的另一偏差：

孔 $ES=EI+IT$　或　$EI=ES-IT$

轴 $es=ei+IT$　或　$ei=es-IT$

(3) 孔、轴的公差带代号

孔、轴的公差带代号由基本偏差与公差等级代号组成。

例如 $\phi50H8$ 的含义是：

此公差带的全称是：基本尺寸为 $\phi50$，公差等级为 8 级，基本偏差为 H 的孔的公差带。

又如 $\phi50f7$ 的含义是：

此公差带的全称是：基本尺寸为 $\phi50$，公差等级为 8 级，基本偏差为 f 的轴的公差带。

4. 基准制

为了实现配合的标准化，统一基准件的基本偏差，从而达到减少刀具和量具的规格和数量的目的，国家标准对配合规定了两种基准制，即基孔制和基轴制。

（1）基孔制

基本偏差为一定的孔的公差带，与不同基本偏差的轴的公差带形成各种配合的一种制度。基孔制是在同一基本尺寸的配合中，将孔的公差带位置固定，通过变动轴的公差带位置，得到各种不同的配合，如图 8-43 所示。

基孔制的孔为基准孔，其基本偏差代号为 H，下偏差为零，即它的最小极限尺寸等于基本尺寸。

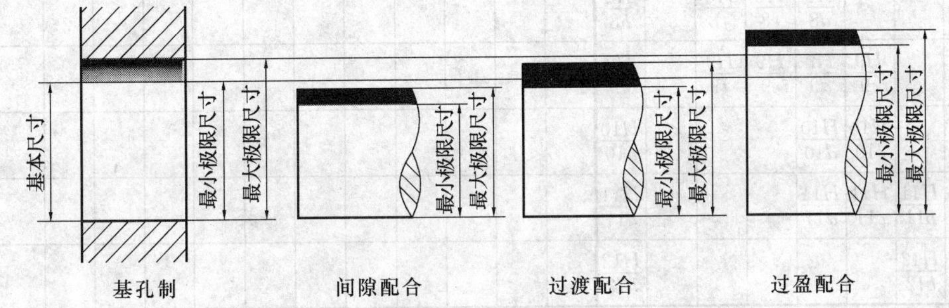

图 8-43 基孔制配合

（2）基轴制

基本偏差为一定的轴的公差带，与不同基本偏差的孔的公差带形成各种配合的一种制度。基轴制是在同一基本尺寸的配合中，将轴的公差带位置固定，通过变动孔的公差带位置，得到各种不同的配合，如图 8-43 所示。

基轴制的轴为基准轴，基本偏差代号为 h，上偏差为零，即它的最大极限尺寸等于基本尺寸。

一般情况下，应优选基孔制。因为加工同样公差等级的孔和轴，加工孔比加工轴困难。但当同一轴颈的不同部位需要装上不同的零件，其配合要求又不同时，采用基轴制。

5. 优先、常用配合

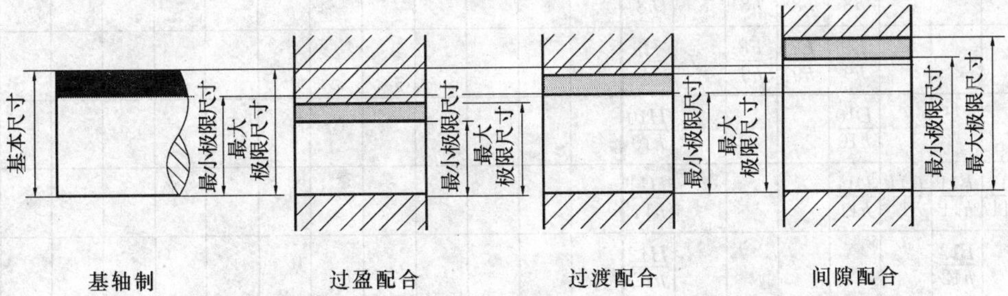

图 8-44 基轴制配合

国家标准根据机械工业产品生产使用的需要，考虑到刀具、量具的统一，规定了一般用途孔公差带 105 种，轴公差带 119 种以及优先选用的孔、轴公差带。国标还规定轴、孔公差带中组合成基孔制常用配合 59 种，优先配合 13 种；基轴制常用配合 47 种，优先配合 13 种，见表 8-6 和表 8-7。应尽量选用优先配合和常用配合。

表 8-6　基孔制优先常用配合（加底色的为优先配合）

基准孔	轴																				
	a	b	c	d	e	f	g	h	js	k	m	n	p	r	s	t	u	v	x	y	z
	间隙配合								过渡配合				过盈配合								
$H6$						$\frac{H6}{f5}$	$\frac{H6}{g5}$	$\frac{H6}{h5}$	$\frac{H6}{js5}$	$\frac{H6}{k5}$	$\frac{H6}{m5}$	$\frac{H6}{n5}$	$\frac{H6}{p5}$	$\frac{H6}{r5}$	$\frac{H6}{s5}$	$\frac{H6}{t5}$					
$H7$						$\frac{H7}{f6}$	$\frac{H7}{g6}$	$\frac{H7}{h6}$	$\frac{H7}{js6}$	$\frac{H7}{k6}$	$\frac{H7}{m6}$	$\frac{H7}{n6}$	$\frac{H7}{p6}$	$\frac{H7}{r6}$	$\frac{H7}{s6}$	$\frac{H7}{t6}$	$\frac{H7}{u6}$	$\frac{H7}{v6}$	$\frac{H7}{x6}$	$\frac{H7}{y6}$	$\frac{H7}{z6}$
$H8$					$\frac{H8}{e7}$	$\frac{H8}{f7}$	$\frac{H8}{g7}$	$\frac{H8}{h7}$	$\frac{H8}{js7}$	$\frac{H8}{k7}$	$\frac{H8}{m7}$	$\frac{H8}{n7}$	$\frac{H8}{p7}$	$\frac{H8}{r7}$	$\frac{H8}{s7}$	$\frac{H8}{t7}$	$\frac{H8}{u7}$				
				$\frac{H8}{d8}$	$\frac{H8}{e8}$	$\frac{H8}{f8}$		$\frac{H8}{h8}$													
$H9$			$\frac{H9}{c9}$	$\frac{H9}{d9}$	$\frac{H9}{e9}$	$\frac{H9}{f9}$		$\frac{H9}{h9}$													
$H10$			$\frac{H10}{c10}$	$\frac{H10}{d10}$				$\frac{H10}{h10}$													
$H11$	$\frac{H11}{a11}$	$\frac{H11}{b11}$	$\frac{H11}{c11}$	$\frac{H11}{d11}$				$\frac{H11}{h11}$													
$H12$		$\frac{H12}{b12}$						$\frac{H12}{h12}$													

表 8-7　基轴制优先常用配合（加底色的为优先配合）

基准轴	孔																				
	A	B	C	D	E	F	G	H	Js	K	M	N	P	R	S	T	U	V	X	Y	Z
	间隙配合								过渡配合				过盈配合								
$h5$						$\frac{F6}{h5}$	$\frac{G6}{h5}$	$\frac{H6}{h5}$	$\frac{Js6}{h5}$	$\frac{K6}{h5}$	$\frac{M6}{h5}$	$\frac{N6}{h5}$	$\frac{P6}{h5}$	$\frac{R6}{h5}$	$\frac{S6}{h5}$	$\frac{T6}{h5}$					
$h6$						$\frac{F7}{h6}$	$\frac{G7}{h6}$	$\frac{H7}{h6}$	$\frac{Js7}{h6}$	$\frac{K7}{h6}$	$\frac{M7}{h6}$	$\frac{N7}{h6}$	$\frac{P7}{h6}$	$\frac{R7}{h6}$	$\frac{S7}{h6}$	$\frac{T7}{h6}$	$\frac{U7}{h6}$				
$h7$					$\frac{E8}{h7}$	$\frac{F8}{h7}$		$\frac{H8}{h7}$	$\frac{Js8}{h7}$	$\frac{K8}{h7}$	$\frac{M8}{h7}$	$\frac{N8}{h7}$									
$h8$				$\frac{D8}{h8}$	$\frac{E8}{h8}$	$\frac{F8}{h8}$		$\frac{H8}{h8}$													
$h9$				$\frac{D9}{h9}$	$\frac{E8}{h9}$	$\frac{F8}{h9}$		$\frac{H9}{h9}$													
$h10$				$\frac{D10}{h10}$				$\frac{H10}{h10}$													
$h11$	$\frac{A11}{h11}$	$\frac{B11}{h11}$	$\frac{C11}{h11}$	$\frac{D11}{h11}$				$\frac{H11}{h11}$													
$h12$		$\frac{B12}{h12}$						$\frac{H12}{h12}$													

6. 极限与配合在图样上的标注

(1) 在装配图上的标注

在装配图上标注公差配合，一般是在基本尺寸右边标出配合代号。配合代号由孔和轴的公差带代号组成，用分式的形式表示。分子是孔的公差代号（或偏差），分母是轴的公差代号（或偏差），如图 8-45 (a)、(b)、(c)、(d)、(e) 所示。

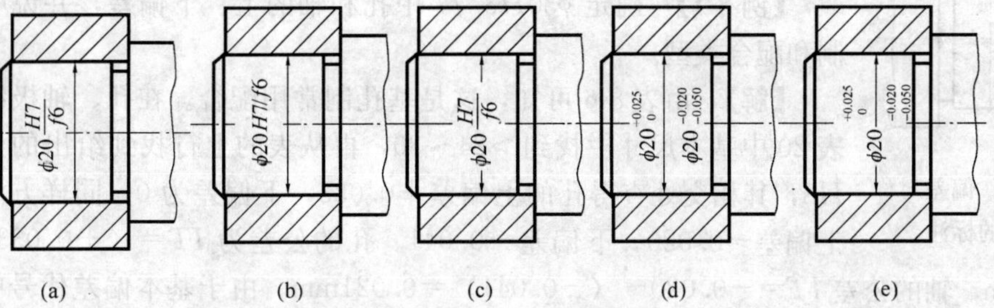

图 8-45 公差与配合的标注

凡分子中含有 H 的为基孔制配合的基准孔，凡分母中含有 h 的为基轴制配合的基准轴，如分子中含有 H 而分母中含有 h 的配合，如 $H8/h7$ 一般认为是基孔制配合，但也可认为是基轴制配合，这是最小间隙为零的一种间隙配合。

(2) 在零件图上的标注

在零件图上标注孔和轴的公差有三种形式：

①如图 8-46 (a) 所示，在孔或轴的基本尺寸后面标注公差带代号。这种注法可和采用专用量具检验零件统一起来，以适应大批量生产的要求。

②如图 8-46 (b) 所示，注出基本尺寸和上、下偏差数值。这种注法主要用于小量或单件生产，以便加工和检验时减少辅助时间。

③如图 8-46 (c) 所示，注出基本尺寸，并同时注出公差带代号和上、下偏差数值。这种注法适用于生产规模不确定或量具不确定的情况。

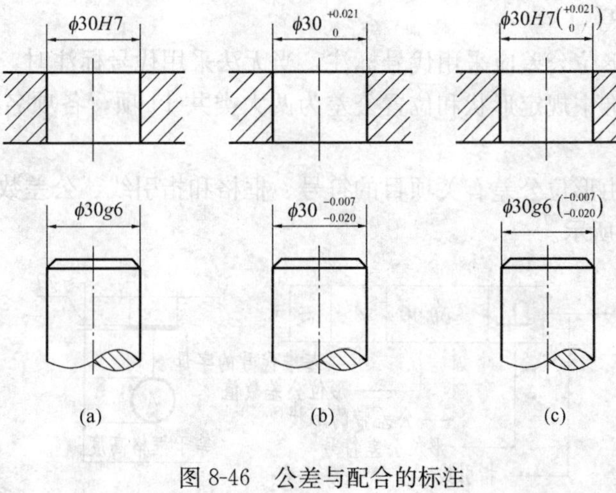

图 8-46 公差与配合的标注

当标注极限尺寸时，上偏差注在基本尺寸的右上方，下偏差位于上偏差的下方。偏差的数字大小应比基本尺寸的数字小一号。上、下偏差的小数点必须对齐，小数点后的位数也必须相同，当一个偏差值为零时，可简写为"0"，并与另一偏差的小数点前的位数对齐。对不为零的偏差，应注出正、负号。

若上、下偏差数值对称时，则在基本尺寸的后面加上"±"号，只注出一个偏差值，字号大小与基本尺寸相同，如图 8-47 所示。

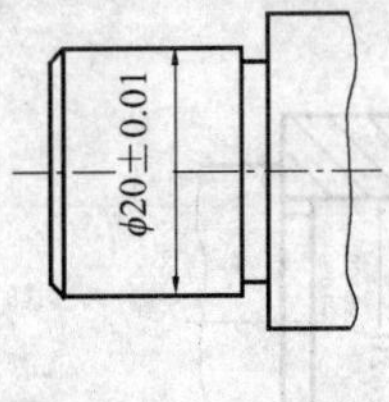

图 8-47　偏差对称时的标注

(3) 查表方法

【例 8-1】 确定 $\phi30H8/f7$ 中孔和轴的上、下偏差，并说明其基准制和配合类型。

【解】 由表 8-6 可知，这是基孔制常用配合。在孔、轴极限偏差附表 20 中基本尺寸栏找到＞24～30，再从表的上行找到给出的公差代号 $H8$，其相交处查得孔的上偏差＋0.033，下偏差为 0，同样方法得轴的上偏差－0.020，下偏差－0.041。孔的公差为 $IT=(+0.033)-0=0.033$mm，轴的公差 $IT=-0.020-(-0.041)=0.021$mm。由于基本偏差代号中有大写字母 H，故为基孔制。从其公差带图 8-47 可知，配合种类为间隙配合。

三、形状与位置公差

机械零件在加工中的尺寸误差，根据使用要求用尺寸公差加以限制。而加工中对零件的几何形状和相对几何要素的位置误差则由形状和位置公差加以限制。因此，它和表面粗糙度、极限与配合共同成为评定产品质量的重要技术指标。

1. 形状和位置公差的概念

(1) 形状误差和公差

形状误差是指实际形状对理想形状的误差。形状公差是指实际要素的形状所允许的变动全量。

(2) 位置误差和公差

位置误差是指实际位置对理想位置的误差。位置公差是指实际要素的位置对基准所允许的变动全量。

形状和位置公差，简称形位公差。

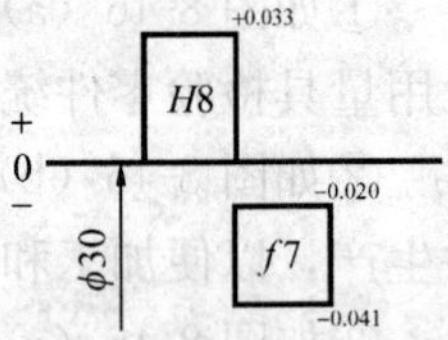

图 8-48　公差带图

2. 形位公差的代号

在技术图样中，形位公差应采用代号标注，当无法采用代号标注时，允许在技术要求中用文字说明。国家标准中规定形状和位置公差为两大类共 14 项，各项名称及对应符号见表 8-8。

形位公差的代号由形位公差有关项目的符号、框格和指引线、公差数值以及基准代号的字母组成，如图 8-49 所示。

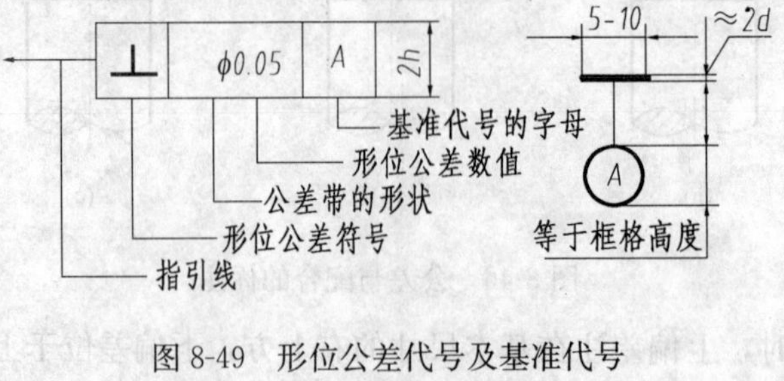

图 8-49　形位公差代号及基准代号

表 8-8　形位公差符号

分类		特征项目	符号	有或无基准要求	分类		特征项目	符号	有或无基准要求
形状公差	形状	直线度	—	无	位置公差	定向	平行度	∥	有
		平面度	▱	无			垂直度	⊥	有
		圆度	○	无			倾斜度	∠	有
		圆柱度	⌭	无		定位	同轴度	◎	有或无
形状或位置	轮廓	线轮廓度	⌒	有或无			对称度	⌯	有
							位置度	⌖	有
		面轮廓度	⌓	有或无		跳动	圆跳动	↗	有
							全跳动	⌰	有

框格和带箭头的指引线均用细实线画出，指示箭头和尺寸箭头画法相同，框格应水平或垂直绘制。框格高度是图样中尺寸数字高度的两倍，长度视需要而定。框格从左到右填写以下内容：第一格填写形位公差的符号；第二格填写形位公差数值和有关符号；第三格和以后各格填写基准代号的字母和有关符号。框格中的数字、字母、符号与图样中的数字等高。

形位公差的标注方法如表 8-9 所示。

表 8-9　形位公差标注示例

分类	项目／符号	标注示例	说　明
形状公差	直线度 —	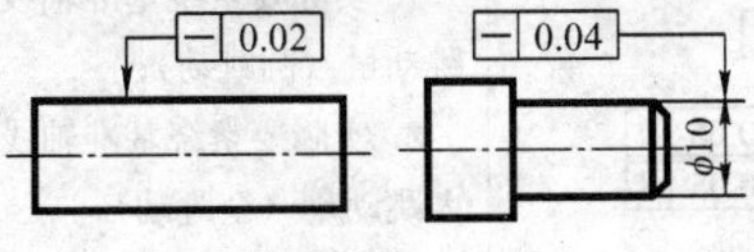	1. 圆柱表面上任意素线的形状所允许的变动全量（0.02mm，左图）； 2.φ10 轴线的形状所允许的变动全量（φ0.04mm，右图）
	平面度 ▱	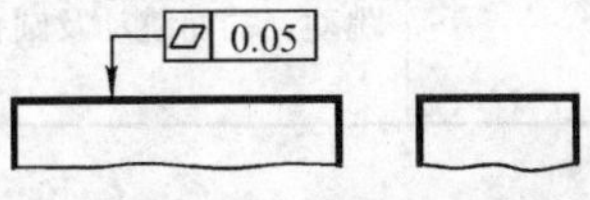	实际平面的形状所允许的变动全量（0.05mm）
	圆度 ○	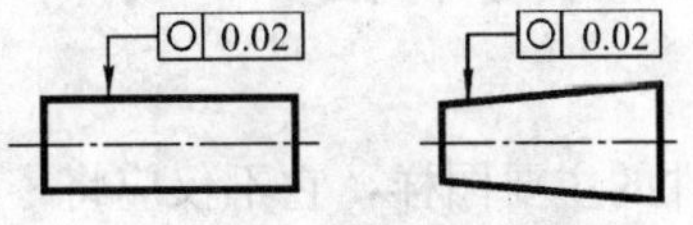	在圆柱轴线方向上任意横截面的实际圆所允许的变动全量（0.02mm）
	圆柱度 ⌭	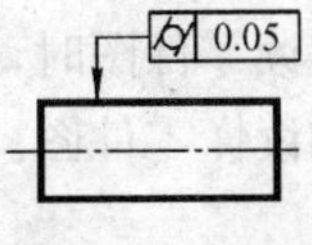	实际圆柱面的形状所允许的变动全量（0.05mm）
	线轮廓度 ⌒	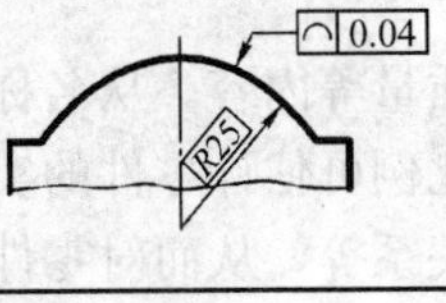	在零件宽度方向，任意横截面的实际线的轮廓形状所允许的变动全量（0.04mm）（尺寸线上有方框的尺寸为理想轮廓尺寸）

分类	项目 符号	标注示例	说明
形状 公差	面轮廓度 ⌓	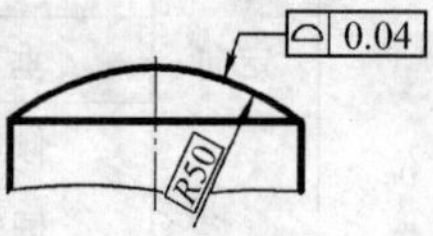	实际表面的轮廓形状所允许的变动全量（0.04mm）
	平行度 // 垂直度 ⊥ 倾斜度 ∠	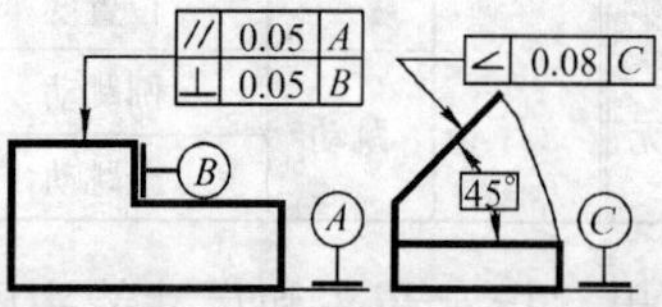	实际要素对基准在方向上所允许的变动全量（//为 0.05mm，⊥为 0.05mm，∠为 0.08mm）
位置 公差	同轴度 ◎ 对称度 ⌯ 位置度 ⊕	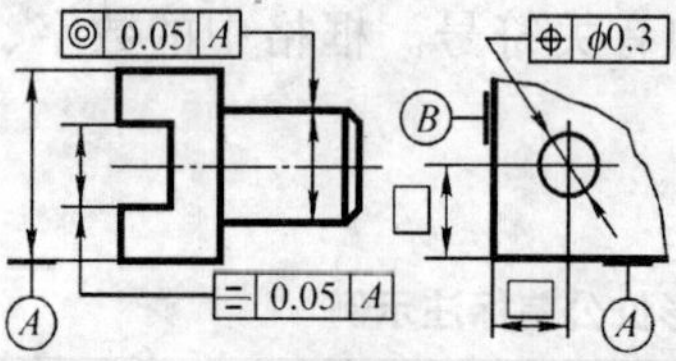	实际要素对基准在位置上所允许的变动全量（◎为 0.05mm，⌯为 0.05mm，⊕为 0.3mm） （尺寸线上有方框的尺寸为理想轮廓尺寸）
	圆跳动 ↗ 全跳动 ⌰	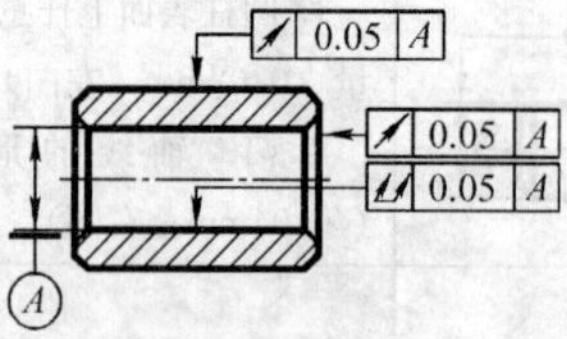	1. 实际要素绕基准轴线回转一周所允许的最大跳动量（圆跳动）； 2. 实际要素绕基准轴线连续回转时所允许的最大跳动量（全跳动） 注：图中从上至下所注，分别为圆跳动的径向跳动、端面跳动及圆孔的径跳

第五节　读零件图

一、读零件图的方法和步骤

零件图是生产中指导制造和检验该零件的主要图样，它不仅应将零件的材料，内、外结构形式和大小表达清楚，而且还要对零件的加工、检验和测量提供必要的技术要求。从事各种专业的技术人员，必须具备识读零件图的能力。读零件图时，应联系零件在机器或部件中的位置、作用以及与其他零件的关系，才能理解和读懂零件图。识读零件图的一般方法和步骤如下：

1. 概括了解

从标题栏了解零件的名称、材料、比例、质量等内容。从名称可判断该零件属于哪一类零件，从材料可大致了解其加工方法，从绘图比例可估计零件的实际大小。必要时，最好对照机器、部件实物或装配图了解该零件的装配关系等，从而对零件有初步的了解。

2. 分析视图间的联系和零件的结构形状

分析零件各视图的配置以及相互之间的投影关系，运用形体分析和线面分析读懂零件各部分结构，想像出零件的形状。看懂零件的结构形状是读零件图的重点，组合体的读图方法仍适用于读零件图。读图的一般顺序是先整体、后局部；先主体结构、后局部结构；先读懂简单部分，再分析复杂部分。

3. 分析尺寸和技术要求

分析零件的长、宽、高三个方向的尺寸基准，从基准出发查找各部分的定形、定位尺寸，并分析尺寸的加工精度要求。必要时还要联系机器或部件中与该零件有关的零件一起分析，以便深入理解尺寸之间的关系，以及所标注的尺寸公差、形位公差和表面粗糙度等技术要求。

4. 综合归纳

零件图表达了零件的结构形式、尺寸及其精度要求等内容，它们之间是相互关联的。读图时应将视图、尺寸和技术要求综合考虑，才能对这个零件形成完整的认识。

二、读图举例

下面以识读图 8-1 所示球阀中的主要零件：阀杆、阀盖和阀体为例，说明识读零件图的方法和步骤，最后的综合归纳，读者自行思考。

(一) 阀杆（图 8-50）

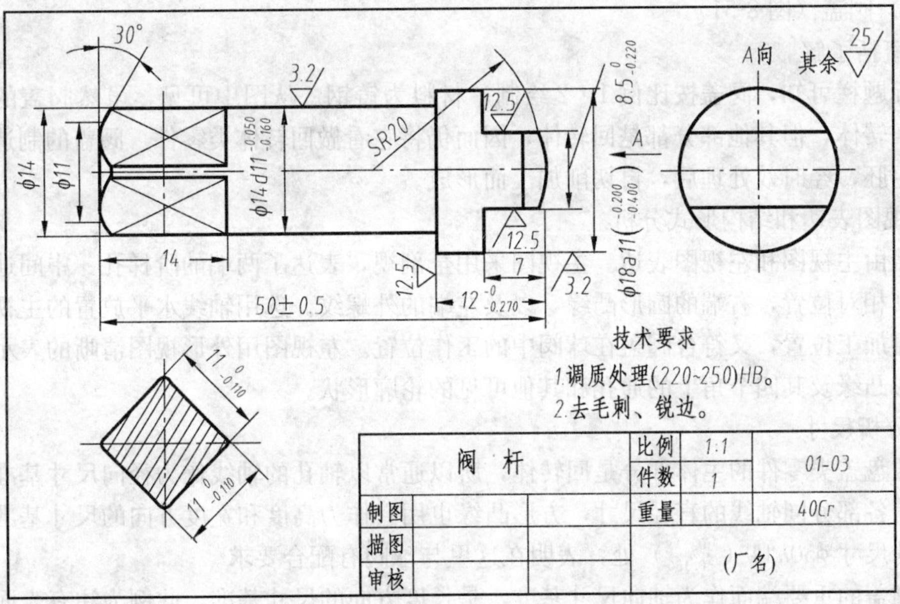

图 8-50　阀杆零件图

1. 概括了解

从标题栏可知，阀杆按 1∶1 绘制，与实物大小一致。材料为 40Cr（合金结构钢）。常用的金属和非金属材料的名称、牌号，可分别查阅附录中的附表 21、附表 22。从图中可以看出，它是回转体经切削加工而形成的，因而属于回转体类零件。

对照球阀的轴测装配图可以看出，阀杆的上部是四个角为圆柱面的四棱柱体，与扳手的方孔配合；阀杆下部的凸榫与阀芯上部的凹槽配合。阀杆的作用是通过转动扳手而带动阀芯旋转，以控制球阀的启闭和流量。

2. 分析视图和零件的结构形状

阀杆零件图用一个基本视图和一个断面图表达，主视图按加工位置将阀杆水平横放，左端的四棱柱体采用移出断面表示。

3. 分析尺寸和技术要求

阀杆以水平轴线作为径向尺寸基准，也是高度和宽度方向的尺寸基准。由此注出径向各部分尺寸 $\phi14$、$\phi11$、$\phi14d11\left(\begin{smallmatrix}-0.050\\-0.160\end{smallmatrix}\right)$、$\phi18a11\left(\begin{smallmatrix}-0.200\\-0.400\end{smallmatrix}\right)$。凡是尺寸数字后面注写公差代号或偏差值，说明零件该部分与其他零件有配合关系，如 $\phi14d11\left(\begin{smallmatrix}-0.050\\-0.160\end{smallmatrix}\right)$ 和 $\phi18a11\left(\begin{smallmatrix}-0.200\\-0.400\end{smallmatrix}\right)$ 分别与球阀中的填料压套和阀体有配合关系（参阅图 9-1），所以表面粗糙度的要求较严，R_a 值为 3.2μm。

选择表面粗糙度为 $R_a12.5$ 的端面作为阀杆的轴向尺寸基准，也是长度方向的尺寸基准，由此注出尺寸 $12_{-0.270}^{\ 0}$，以右端面为轴向的第一辅助基准，注出尺寸 7、50±0.5，以左端面为轴向的第二辅助基准，注出尺寸 14。

阀杆应经过调质处理（220～250）HBS，以提高材料的韧性和强度。调质和 HB（布氏硬度），以及后面的阀盖、阀体例图中出现的时效处理等，都是热处理和表面处理中的专有名词，有关这些专有名词的解释见附录附表 23。

（二）阀盖（图 8-51）

1. 概括了解

从标题栏可知，阀盖按比例 1∶2 绘制，材料为铸钢。从图中可见，虽然阀盖的方形凸缘不是回转体，但其他部分都是回转体，因而仍将它看做回转体类零件。阀盖的制造过程是先铸成毛坯，经时效处理后，再切削加工而形成。

2. 视图表达和结构形式分析

阀盖由主视图和左视图表达。主视图采用全剖视，表达了两端的阶梯孔、中间通孔的形状以及其相对位置，右端的圆形凸缘，以及左端的外螺纹。选用轴线水平放置的主视图，既符合主要加工位置，又符合阀盖在球阀中的工作位置。左视图用外形视图清晰的表示了带圆角的方形凸缘及其四个角上的通孔和其他可见的轮廓形状。

3. 分析尺寸

多数盘盖类零件的主体部分是回转体，所以通常以轴孔的轴线作为径向尺寸基准，由此注出阀盖各部分同轴线的直径尺寸，方形凸缘也用它作为高度和宽度方向的尺寸基准。在注有公差的尺寸 $\phi50h11\left(\begin{smallmatrix}0\\-0.160\end{smallmatrix}\right)$ 处，表明在这里与球阀有配合要求。

以阀盖的重要端面作为轴向尺寸基准，是长度方向的尺寸基准，此例为注有表面粗糙度 $R_a12.5$ 的右端凸缘的端面，由此注出尺寸 $4_{\ 0}^{+0.180}$、$44_{-0.390}^{\ 0}$ 以及 $5_{\ 0}^{+0.180}$、6 等。有关长度方向的辅助和联系尺寸，请读者自行分析。

4. 了解技术要求

阀盖是铸件，需进行时效处理，消除内应力。视图中小圆角（铸造圆角 $R1$～$R3$）过渡的表面是不加工表面。注有尺寸公差的 $\phi50$，对照球阀轴测装配图可看出，与阀体有配合关系，但由于相互之间没有相对运动，所以表面粗糙度要求不严，R_a 值为 12.5μm。作为长度方向的主要尺寸基准的端面相对阀盖水平轴线的垂直度位置公差为 0.05mm。

（三）阀体（图 8-52）

(a)

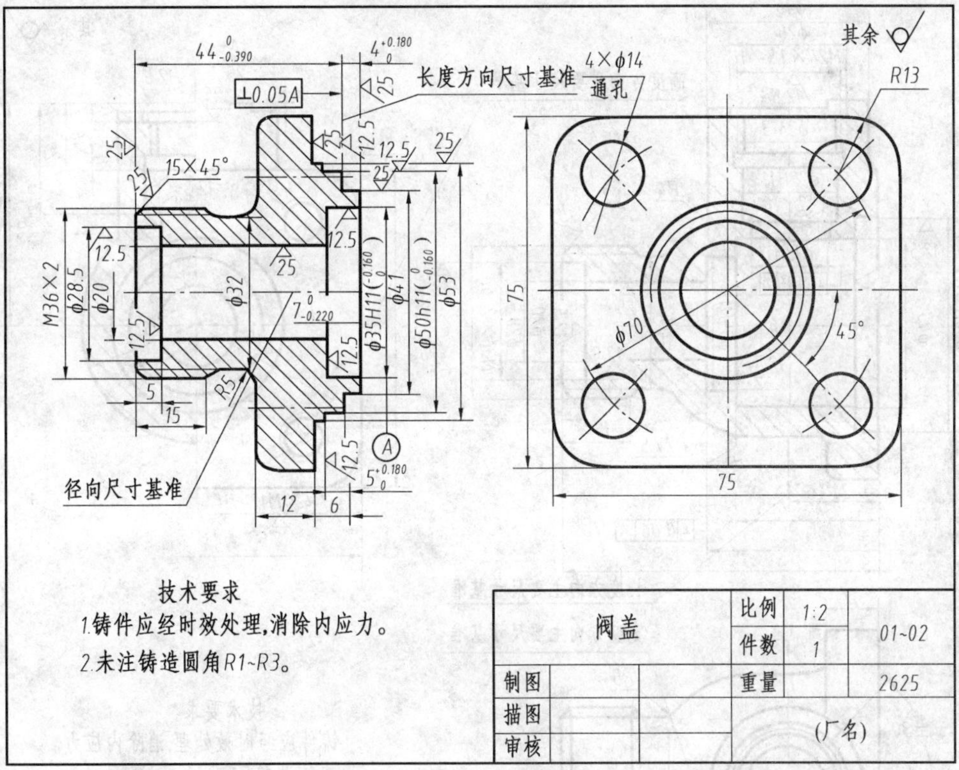

(b)

图 8-51　阀盖

（a）阀盖立体图；（b）阀盖零件图

1. 概括了解

从标题栏可知，阀体的材料选用铸钢，毛胚是铸件，但其内外表面都有一部分需要进行切削加工，因而加工前应作时效处理。阀体是球阀中的一个主要零件，虽然按形体分析可将它看做是具有水平轴线和铅垂轴线的两个回转体构成的组合体，但不是主要由一条单一的轴线型成的回转体，所以应属于非回转体类零件。

(a)

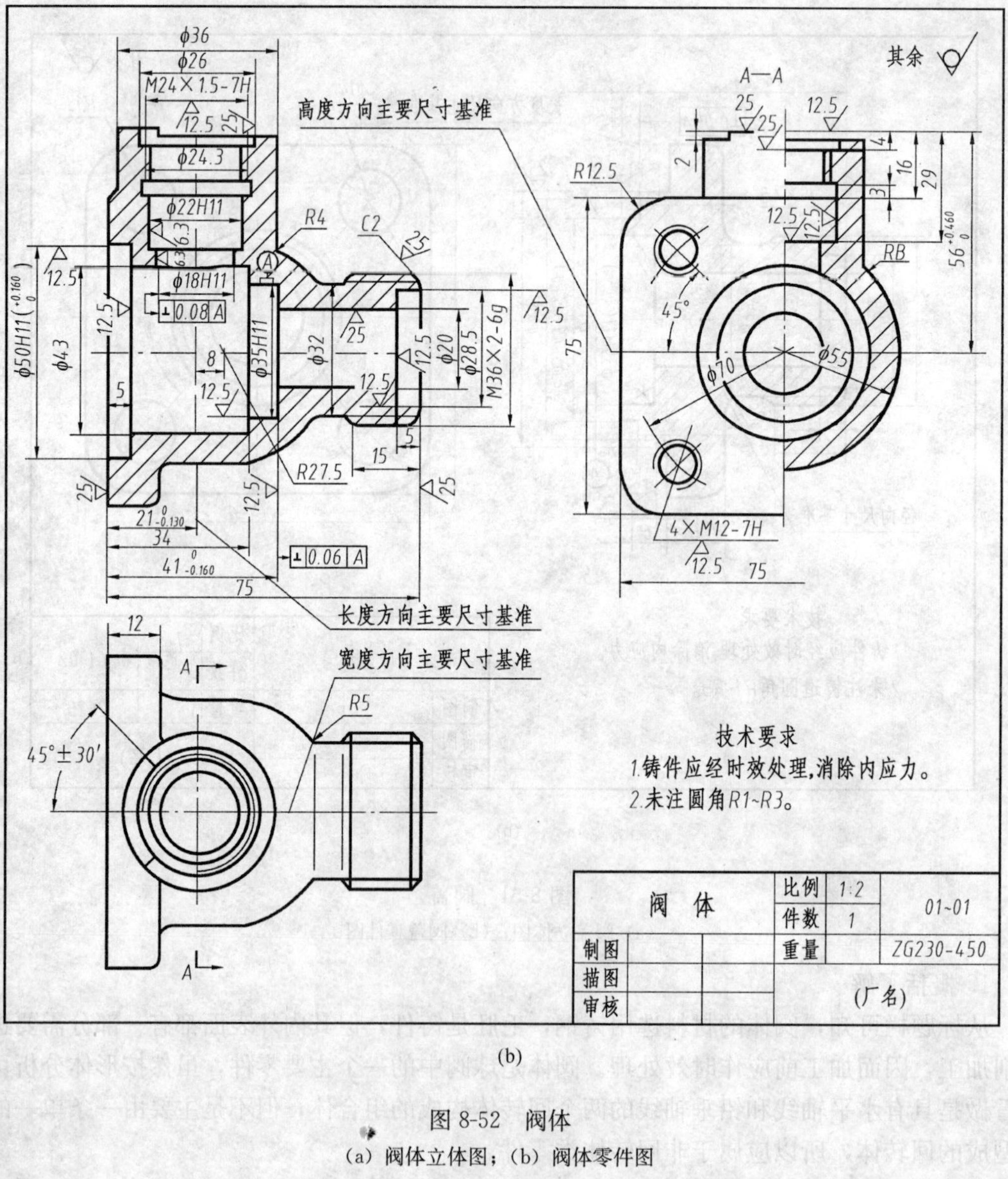

(b)

图 8-52 阀体

(a) 阀体立体图；(b) 阀体零件图

2. 视图表达和结构形式分析

对照球阀轴测装配图可知，阀体左端通过螺柱和螺母与阀盖连接，形成球阀容纳球芯的 ϕ43 圆柱空腔。左端的 ϕ50H11（$^{+0.160}_{0}$）圆柱形槽与阀盖的圆柱形凸缘相配合。阀体空腔右侧 ϕ35 圆柱形槽用来放置密封圈，以保证在球阀关闭时不泄漏流体。阀体右端有用于连接管道系统的外螺纹 M36×2—6g；内部有阶梯孔 ϕ28.5、ϕ20 与空腔相通。在阀体上部的 ϕ36 圆柱体中，有 ϕ26、ϕ22H11（$^{+0.130}_{0}$）、ϕ18H11（$^{+0.110}_{0}$）的阶梯孔与空腔相通，在阶梯孔内容纳阀杆、填料压紧套、填料等；阶梯孔的顶端有一个 90°扇形限位块（对照俯、左视图可看清楚），用来控制扳手和阀杆的旋转角度，在孔 ϕ22H11（$^{+0.130}_{0}$）的上端制出具有退刀槽的内螺纹 M24×1.5—7H，与填料压紧套的外螺纹旋合，将填料压紧；孔 ϕ18H11（$^{+0.110}_{0}$）则与阀杆下部的凸缘相配合，阀杆的凸缘在这个孔内转动。由此可想像出阀体的形状，如图 8-52 所示的阀体的立体视图。

3. 分析尺寸

阀体的结构形状比较复杂，标注的尺寸很多，这里仅分析其中的一些主要尺寸，其余的尺寸请读者自行分析。

以阀体水平孔的轴线为径向尺寸基准，它同时也是高度和宽度方向的尺寸基准，注出水平方向孔的直径尺寸 ϕ50H11（$^{+0.160}_{0}$）、ϕ43、ϕ35H11、ϕ32、ϕ2　0、ϕ28.5，以及右端的外螺纹 M36×2—6g 等。同时，也由这个径向基准注出了阀体下部的侧垂圆柱面的外形尺寸 ϕ55。

以阀体铅直孔的轴线为径向尺寸基准，它同时也是长度和宽度方向的尺寸基准，注出 ϕ36、ϕ26、M24×1.5—7H，ϕ22H11（$^{+0.130}_{0}$）、ϕ18H11（$^{+0.110}_{0}$）等，同时注出铅直孔轴线到左端面的距离$21^{0}_{-0.130}$。

以过铅直孔的轴线为长度方向的尺寸基准，在水平轴线上向右 8，就是阀体的球形外轮廓的球心，在主视图中由球心注出球半径 *SR*27.5，向左$21^{0}_{-0.130}$，就是阀体的左端面。将左端面作为长度方向的第一辅助基准，注出尺寸 $41^{0}_{-0.160}$ 和 75，再将由这两个尺寸确定的 ϕ32 的圆柱形槽底和阀体右端面为长度方向的第二辅助基准，注出其余的长度尺寸。

以阀体的水平轴线和铅直轴线确定的正平面为宽度方向尺寸基准，注出阀体前后对称的左端方形凸缘的宽度尺寸 75 以及四个圆角和螺孔的定位尺寸 ϕ70 和 45°，同时在俯视图上注出前后对称的扇形限位块的角度尺寸 45°±30′。

以阀体的水平轴线的水平面为高度方向尺寸基准，注出左端面方形凸缘的高度尺寸 75，四个圆角和螺孔的高度方向定位尺寸 49，以及扇形限位块顶面的定位尺寸$56^{+0.460}_{0}$，然后以限位块顶面为高度方向的第一辅助基准，注出有关尺寸 2、4 和 29；再以由尺寸 29 确定的垂直台阶孔的 ϕ22H11 槽底为高度方向的第二辅助基准，注出 16，由此再注出螺纹退刀槽的尺寸 3。

此外，在图中还注出了左端面方形凸缘上四个圆角的半径尺寸和四个穿透的螺孔的尺寸，较大的铸造圆角的半径尺寸等。

4. 了解技术要求

通过以上分析可以看出，阀体中比较重要的尺寸都标注了偏差数值，与此对应的表面粗糙度要求也较高，R_a 的值一般为 6.3μm。阀体左端的阶梯孔 ϕ50 虽与阀盖有配合关系，但阀体与阀盖间有调整垫，在垂直台阶孔的 ϕ22 槽底与聚四氟乙烯填料也设有调整垫，所以相应的表面粗糙度要求不必很严，R_a 的值为 12.5μm。零件上不太重要的加工表面的表面粗糙度 R_a 值一般为 25μm。

主视图中对于阀体的形位公差要求是：空腔 $\phi35$ 槽的右端面相对 $\phi35$ 圆柱槽轴线的垂直度公差为 0.06mm，$\phi18H11$ 圆柱孔轴线相对 $\phi35$ 圆柱槽轴线的垂直度公差为 0.08mm。

此外，在图中还用文字补充说明了有关热处理和未注铸造圆角 $R1 \sim R3$ 的技术要求。

第九章 装 配 图

用来表达机器或部件的图样，称为装配图。在工业生产中，设计、装配、检验和维修机器或部件时都需要装配图。在设计机器时，首先绘制装配图，再由装配图画出零件图，按零件图加工出合格的零件，然后根据装配图把零件装配成机器。因此，装配图要反映出设计者的意图和机器或部件的结构形状、零件间的装配关系、工作原理和性能要求，以及在装配、检验、安装时所需要的尺寸和技术要求。

第一节 装配图的内容

任何机器都是由若干个零件按一定的装配关系和技术要求装配起来的。图 8-1 是球阀的轴测装配图，由 13 个零件组成，图 9-1 是表示球阀的装配图。

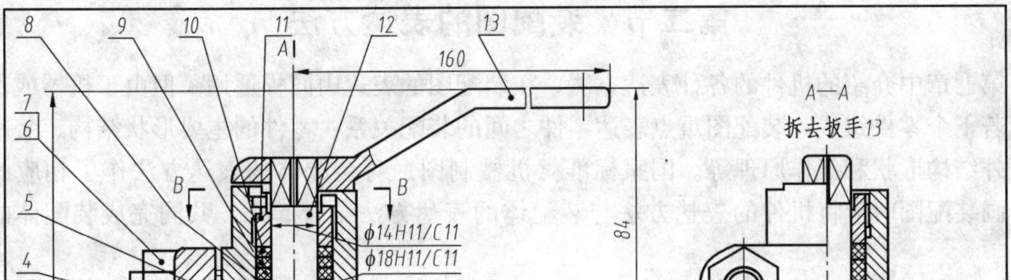

序号	名称	件数	材料	备注
13	扳手	1	ZG230-450	
12	阀杆	1	40Cr	
11	填料压紧套	1	35	
10	上填料	2	聚四氟乙烯	
9	中填料	1	聚四氟乙烯	
8	填料垫	1	40Cr	
7	螺母M12	6	Q235	GB/T6170-2000
6	螺柱M12×30	4	Q235	GB/T897-1988
5	调整垫	1	聚四氟乙烯	
4	球芯	1	40Cr	
3	密封圈	2	聚四氟乙烯	
2	阀套	1	ZG230-450	
1	阀体	1	ZG230-450	

球阀		比例	1	01.00
		件数		
制图		质量		第一张 共一张
描图				
审核				(厂名)

图 9-1 球阀装配图

一、一组视图

用一组视图表达机器或部件的工作原理、零件间的装配关系、连接方式，以及主要零件的结构形状。图 9-1 所示球阀装配图中的主视图采用全剖视，表达球阀的工作原理和各主要零件间的装配关系；俯视图表达主要零件的外形，并采用局部剖视表达扳手与阀体的连接关系；左视图采用半剖视，表达阀盖的外形以及阀体、阀杆、阀芯间的装配关系。

二、必要的尺寸

用来标注机器或部件的规格尺寸、零件之间的配合或相对位置尺寸、机器或部件的外形尺寸、安装尺寸以及设计时确定的其他重要尺寸等。

三、技术要求

说明机器或部件的装配、安装、调试、检验、使用与维护等方面的技术要求，一般用文字写出。

四、序号、明细栏和标题栏

在装配图中，为了便于迅速、准确地查找每一零件，应对每一零件编写序号，并在明细栏中依次列出零件序号、名称、数量、材料等。在标题栏中写明装配体的名称、图号、比例以及设计、制图、审核人员的签名和日期等。

第二节　装配图的表达方法

第七章中介绍的机件的各种表达方法，在装配图的表达中同样适用。但由于机器或部件是由若干个零件组成，装配图重点表达零件之间的装配关系、零件的主要形状结构、装配体的内外结构形状和工作原理等。国家标准《机械制图》对装配体的表达方法作了相应的规定，画装配图时应将机件的表达方法与装配体的表达方法结合起来，共同完成装配体的表达。

一、规定画法

（1）相邻两零件的接触面或基本尺寸相同的轴孔配合面，只画出一条线表示公共轮廓。在图 9-2（a）中，零件的接触面和配合面，只画出一条线。

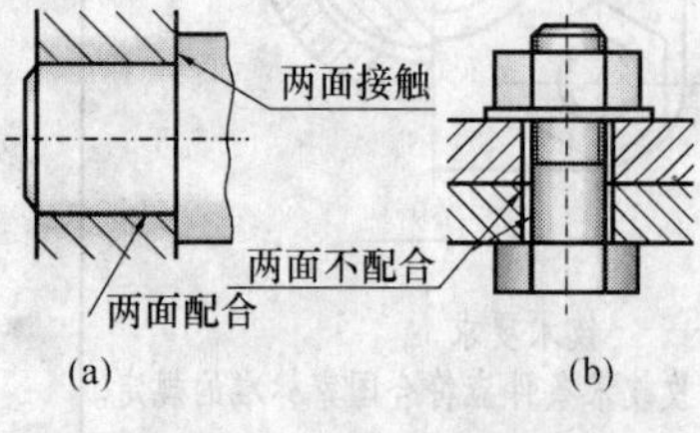

图 9-2　零件的接触面和非接触面的画法

（2）相邻两零件的非接触面或非配合面，应画出两条线，表示各自的轮廓。相邻两零件的基本尺寸不相同时，即使间隙很小也必须画出两条线。如图 9-2（b）所示，图中螺栓穿入被连接零件的孔时既不接触也不配合，画出两条线，表示各自的轮廓线。图 9-1 中阀杆 12 的榫头与阀套 4 的槽口的非配合面，阀套 2 与阀体 1 的非接触面等。

（3）在剖视图或断面图中，相邻两零件的剖面线的倾斜方向应相反或方向相同而间隔不同；如两个以上零件相邻时，可改变第三零件剖面线的间隔或使剖面线错开，以区分不同零件，如图 9-1 中的剖面线画法。在同一张图样上，同一零件的剖面线的方向和间隔在各视图中必须保持一致。

（4）在剖视图中，对于标准件（如螺栓、螺母、键、销等）和实心的轴、手柄、连杆等零件，当剖切平面通过基本轴线时，这些零件均按不剖绘制，即不画剖面线，如图 9-2 中的螺栓和图 9-1 主视图中的阀杆 12。当需表明标准件和实心件的局部结构时，可用局部剖视表示，如图 9-1 中的扳手 13 的方孔处。

二、特殊画法

（1）拆卸画法。在装配图中，当某些零件遮挡住被表达的零件的装配关系或其他零件时，可假想将一个或几个遮挡的零件拆卸，只画出所表达部分的视图，这种画法称为拆卸画法。图 9-1 中的左视图是拆去扳手 13 后画出的（扳手的形状在另两视图中已表达清楚）。用拆卸画法画图时，应在视图上方标注“拆去件××”等字样，如图 9-1 所示。

（2）沿结合面剖切画法。在装配图中，为表达某些结构，可假想沿两零件的结合面剖切后进行投影，称为沿结合面剖切画法，如图 9-18 所示齿轮油泵中的 $B-B$ 剖视。此时，零件的结合面不画剖面线，其他被剖切的零件应画剖面线。

（3）假想画法。在装配图中，为了表示运动零件的运动范围或极限位置，可采用双点画线画出其轮廓，如图 9-1 中的俯视图，用双点画线画出了扳手的另一个极限位置；如图 9-18 齿轮油泵的左视图，用双点画线画出了安装该齿轮油泵的机体的安装板。

（4）夸大画法。在装配图中，对于薄片零件、细丝弹簧、微小的间隙等，当无法按实际尺寸画出或虽能画出但不明显时，可不按比例而采用夸大画法画出，如图 9-1 主视图中调整垫 5 的厚度和图 9-3 中的垫片就是夸大后画出的。

三、简化画法

（1）在装配图中，零件的工艺结构如小圆角、倒角、退刀槽等允许不画出；螺栓、螺母的倒角和因倒角而产生的曲线允许省略，如图 9-3 所示。

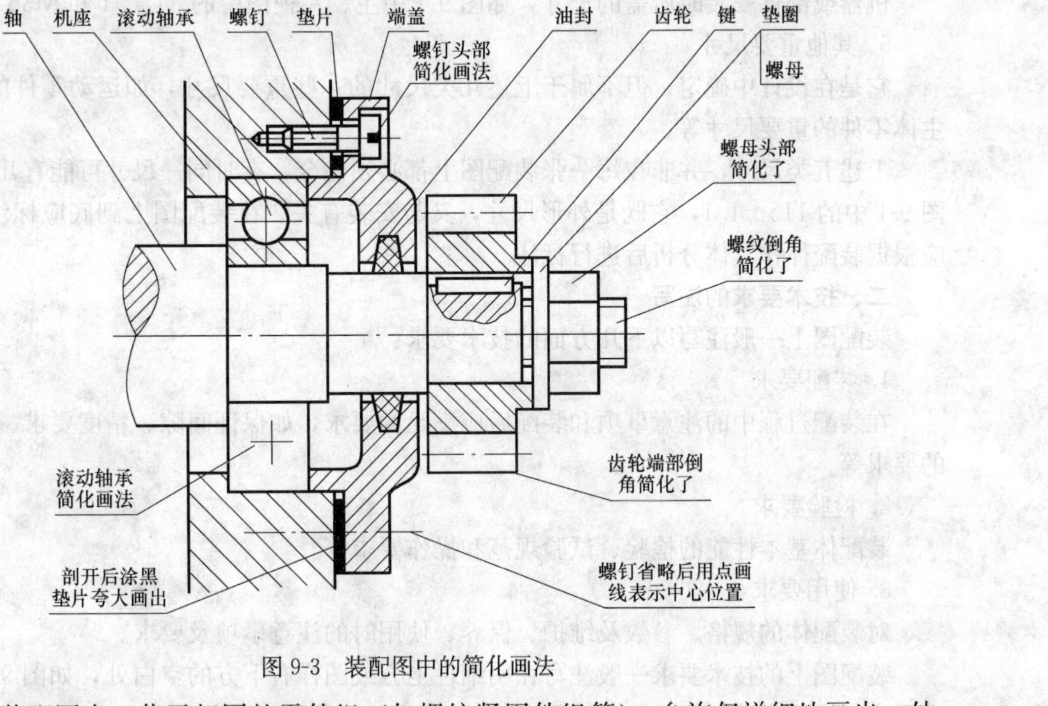

图 9-3　装配图中的简化画法

（2）在装配图中，若干相同的零件组（如螺纹紧固件组等），允许仅详细地画出一处，其余各处以点画线表示其位置，如图 9-3 的螺钉画法。

（3）在装配图中，滚动轴承按 GB/T4459.7—1998 的规定，采用特征画法或规定画法，见表 7-9，图 9-3 中滚动轴承采用了规定（简化）画法。在同一图样中，一般只允许采用同一种画法。

（4）在剖视图或断面图中，如果零件的厚度在 2mm 以下，允许涂黑代替剖面符号，如图 9-3 中的垫片。

第三节 装配图中的尺寸和技术要求

一、装配图的尺寸标注

装配图中，不必也不可能注出所有零件的尺寸，只需标注出说明机器或部件的性能、工作原理、装配关系、安装要求等方面的尺寸，这些尺寸按其作用分为以下几类：

1. 性能（规格）尺寸

表示机器或部件性能（规格）的尺寸。这类尺寸在设计时就已确定，是设计、了解和选用该机器或部件的依据，如图 9-1 球阀的管口直径 ϕ20。

2. 装配尺寸

由两部分组成，一部分是各零件间配合尺寸，如图 9-1 中的 ϕ50H11/h11 等尺寸；另一部分是装配有关零件间的相对位置尺寸，如图 9-1 左视图中的 49。

3. 外形尺寸

表示装配体外形轮廓大小的尺寸，即总长、总宽和总高。它为包装、运输和安装过程所占的空间提供了依据，如图 9-1 中球阀的总长、总宽和总高分别为 115±1.1、75 和 121.5。

4. 安装尺寸

机器或部件安装时所需的尺寸，如图 9-1 中主、左视图中的 84、54 和 M36×2—6g 等。

5. 其他重要尺寸

它是在设计中确定，但不属于上述几类尺寸的一些重要尺寸，如运动零件的极限尺寸、主体零件的重要尺寸等。

上述五类尺寸，并非在每一张装配图上都必须注全，有时同一尺寸可能有几种含义，如图 9-1 中的 115±1.1，它既是外形尺寸，又与安装有关。在装配图上到底应标注哪些尺寸，应根据装配体作具体分析后进行标注。

二、技术要求的注写

装配图上一般注写以下几方面的技术要求：

1. 装配要求

在装配过程中的注意事项和装配后应满足的要求，如保证间隙、精度要求、润滑和密封的要求等。

2. 检验要求

装配体基本性能的检验、试验规范和操作要求等。

3. 使用要求

对装配体的规格、参数及维护、保养、使用时的注意事项及要求。

装配图上的技术要求一般注写在明细栏上方或图样右下方的空白处，如图 9-1 所示的技术要求，注写在明细栏的上方。

第四节 装配图中的零、部件序号和明细栏

为了便于读图、进行图样管理和做好生产准备工作，装配图中的所有零、部件必须编写序号，并填写明细栏。

一、零、部件序号的编排方法

零、部件序号包括：指引线、序号数字和序号排列顺序。

1. 指引线

（1）指引线用细实线绘制，应从所指零件的轮廓线内引出，并在末端画一圆点。若所指零件很薄或为涂黑断面，可在指引线末端画出箭头，并指向该部分的轮廓，如图 9-4（a）所示。

（2）指引线的另一端可弯折成水平横线、为细实线圆或为直线段终端，如图 9-4 所示。

（3）指引线相互不能相交，当通过有剖面线的区域时，不应与剖面线平行。必要时，指引线可以画成折线，但只允许曲折一次。

（4）一组紧固件或装配关系清楚的零件组，可采用公共指引线，如图 9-4（b）所示。

2. 序号数字

（1）序号数字应比图中尺寸数字大一号或两号，但同一装配图中编注序号的形式应一致。

（2）相同的零、部件的序号应共用一个序号，一般只标注一次。多次出现的相同零、部件，必要时也可以重复编注。

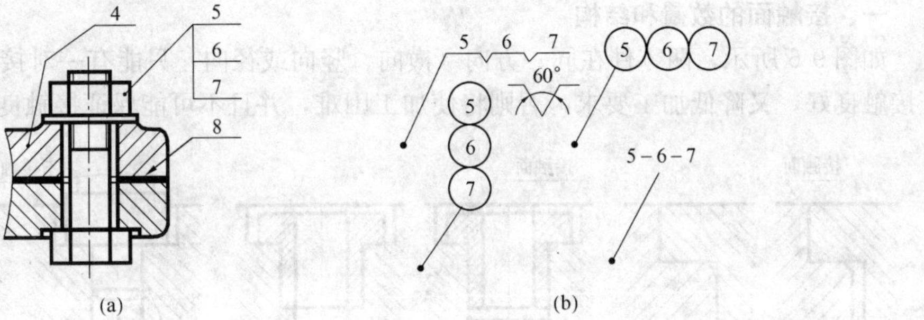

图 9-4　序号的编注形式

3. 序号的排列

在装配图中，序号可在一组图形的外围按水平或垂直方向顺次整齐排列，排列时可按顺时针或逆时针方向，但不可跳号，如图 9-1 所示。当在一组图形的外围无法连续排列时，可在其他图形的外围按顺序连续排列，如图 9-18 所示。

4. 序号的画法

为使序号的布置整齐美观，编注序号时应先按一定位置画好横线或圆圈（画出横线或圆圈的范围线，取好位置后再擦去范围线），然后再找好各零、部件轮廓内的适当处，一一对应地画出指引线和圆点。

二、明细栏

明细栏是机器或部件中全部零件的详细目录，应画在标题栏上方，当位置不够用时，可续接在标题栏左方。明细栏外框竖线为粗实线，其余各线为细实线，其下边线与标题栏上边线重合，长度相等。

明细栏中，零、部件序号应按自下而上的顺序填写，以便在增加零件时可继续向上画格。GB/T 10609.1—1989 规定了标题栏和明细栏的统一格式。学校制图作业明细栏可采用图 9-5 所示的格式。明细栏“名称”一栏中，除填写零、部件名称外，对于标准件还应填写共规格，有些零件还要填写一些特殊项目，如齿轮应填写“$m=$”、“$z=$”，标准件的国标号应填写在“备注”中。

<table>
<tr><td></td><td></td><td></td><td colspan="2"></td><td></td></tr>
<tr><td></td><td></td><td></td><td colspan="2"></td><td></td></tr>
<tr><td>序号</td><td>名　称</td><td>件数</td><td colspan="2">材　料</td><td>备　注</td></tr>
<tr><td colspan="2" rowspan="2">(部件名称)</td><td>比例</td><td></td><td colspan="2" rowspan="2">(图号)</td></tr>
<tr><td>件数</td><td></td></tr>
<tr><td>设计</td><td>(日期)</td><td>质量</td><td></td><td colspan="2">共 张 第 张</td></tr>
<tr><td>制图</td><td>(日期)</td><td colspan="4" rowspan="2">(校名　班级)</td></tr>
<tr><td>审核</td><td>(日期)</td></tr>
</table>

图 9-5　推荐学生使用的标题栏、明细栏

第五节　装配结构简介

在绘制装配图时，为保证装配体达到应用的性能要求，同时又要考虑安装与拆卸方便，应注意装配结构的合理性。

一、接触面的数量和结构

如图 9-6 所示，两零件在同一方向（横向、竖向或径向）只能有一对接触面，这样既保证接触良好，又降低加工要求，否则将使加工困难，并且不可能保证接触良好。

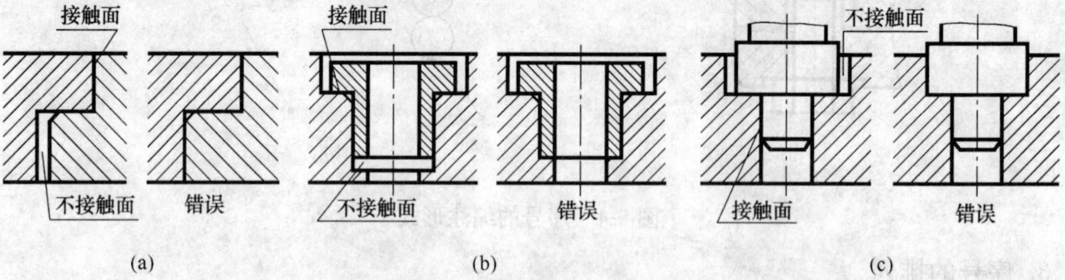

图 9-6　接触面的画法

二、转折处的结构

零件两个方向的接触面应在转折处做成倒角、倒圆或凹槽，以保证两个方向的接触面接触良好。转折处不应做成直角或尺寸相同的圆角，否则在装配时转折处会发生干涉，因接触不良而影响装配精度，如图 9-7 所示。

图 9-7　接触面转折处的结构

三、螺纹连接的结构

为了保证螺纹旋紧，应在螺纹尾部留出退刀槽或在螺孔端部加工出凹坑或倒角，如图 9-8 所示。

为了保证连接件与被连接件间接触良好，被连接件上应做成沉孔或凸台，被连接件通孔的直径应大于螺孔大径或螺杆直径，如图 9-9 所示。

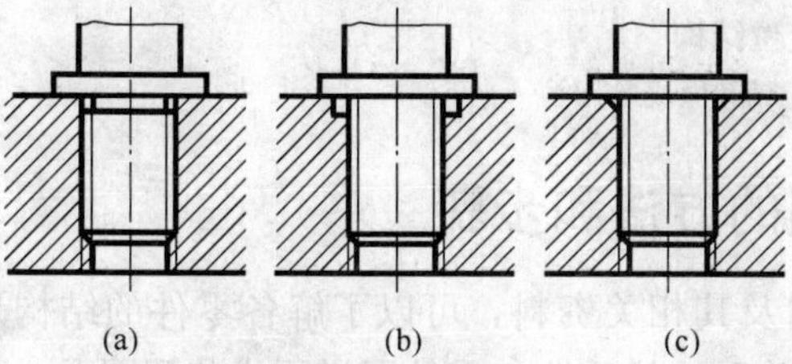

图 9-8　利于旋紧的结构

（a）退刀槽；（b）凹坑；（c）倒角

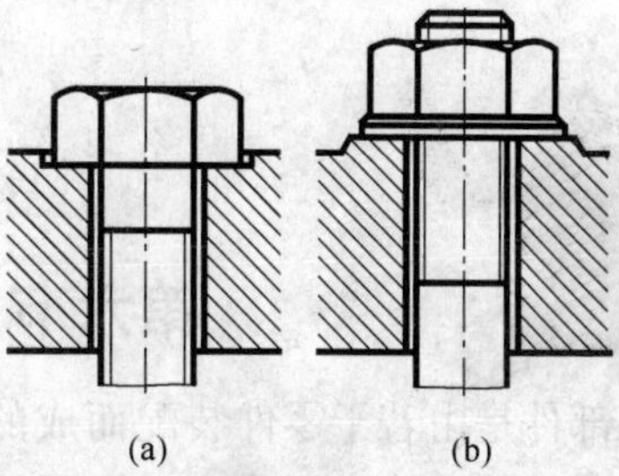

图 9-9　保证良好接触的结构

（a）沉孔；（b）凸台

四、维修、拆卸的结构

当用螺栓连接时，应考虑足够的安装和拆卸空间，如图 9-10、图 9-11 所示。

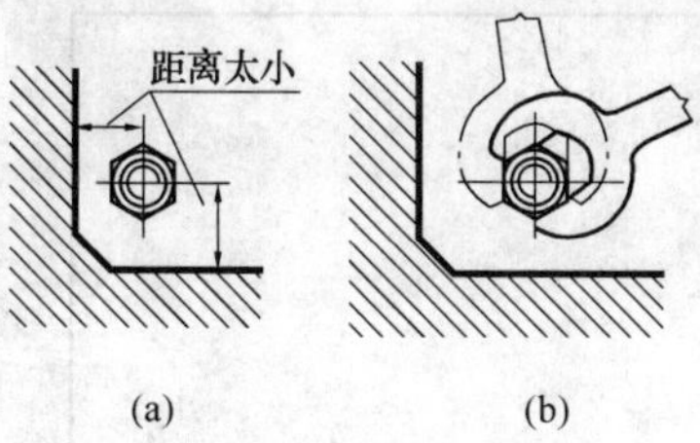

图 9-10　留出扳手操作空间

（a）不合理；（b）合理

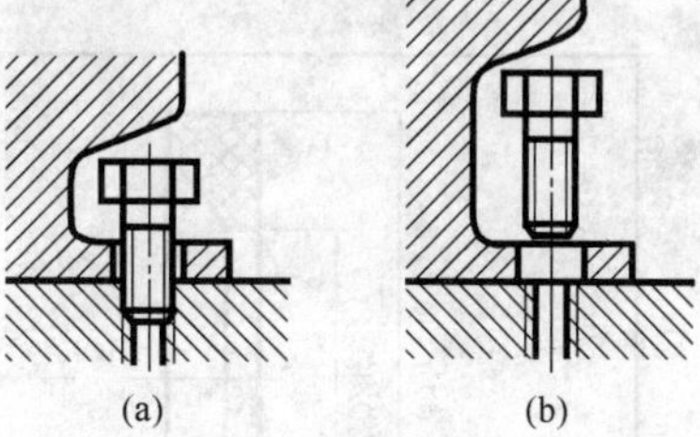

图 9-11　加大装、拆空间

（a）不合理；（b）合理

在用孔肩或轴肩定位滚动轴承时，应考虑维修时拆卸的方便与可能，即孔肩高度必须小于轴承外圈厚度；轴肩高度必须小于轴承内圈厚度，如图 9-12 所示。

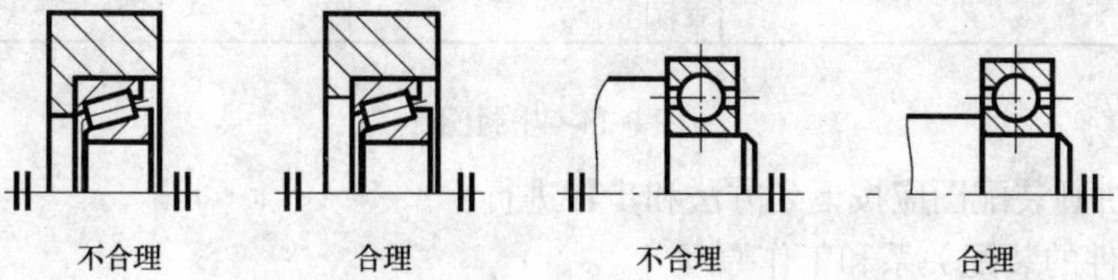

图 9-12　滚动轴承用孔肩或轴肩定位的结构

为使两零件装配时准确定位及拆卸后不降低装配精度，常用圆柱销或圆锥销将两零件定位，如图 9-13（a）所示。为了加工和拆卸方便，在可能时将销孔做成通孔，如图 9-13（b）所示。

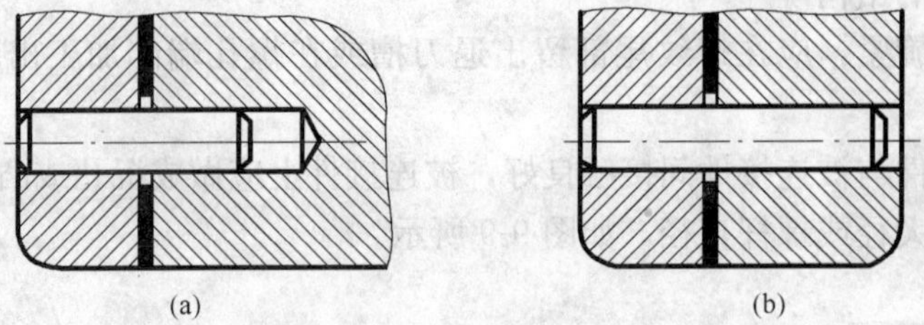

图 9-13　销定位结构

(a) 销定位；(b) 定位销孔做成通孔

第六节　画装配图的方法和步骤

部件是由若干零件装配而成的，根据零件图及其相关资料，可以了解各零件的结构形状，分析装配体的用途、工作原理、连接和装配关系，然后按各零件图拼画成装配图。

现以图 8-1 和图 9-1 所示的球阀为例，介绍由零件图拼画装配图的方法和步骤。球阀中的主要零件阀芯、阀杆、阀盖、阀体已在第八章中作了介绍，如图 8-2、图 8-50、图 8-51、图 8-52 所示。现增加球阀上的其他重要零件图，如：密封圈（如图 9-14 所示）、填料压紧套（如图 9-15 所示）、扳手（如图 9-16 所示）等，介绍画装配图的方法和步骤。其他的零件图不再列出。

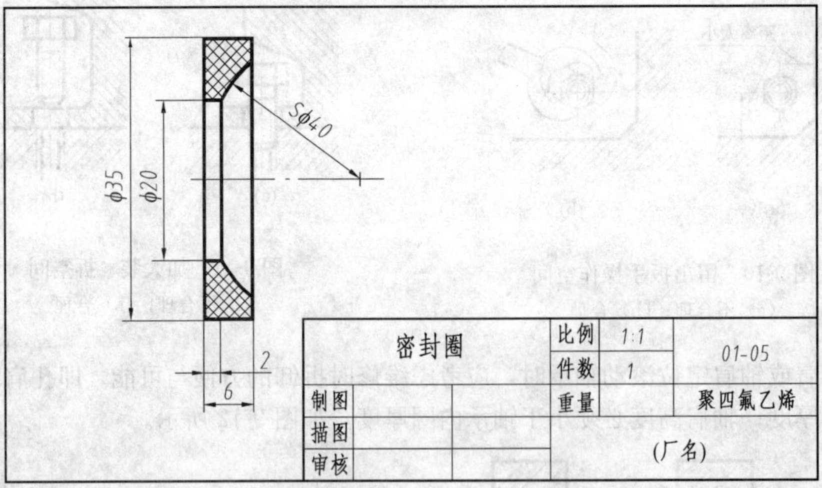

图 9-14　密封圈

由零件图拼画装配图应按下列方法和步骤进行：

1. 了解部件的装配关系和工作原理

对照图 8-1 和图 9-1 仔细进行分析，可以了解球阀的装配关系和工作原理。球阀的装配关系是：阀体 1 与阀盖 2 上都带有方形凸缘结构，用四个螺柱 6 和螺母 7 可将它们连接在一起，并用调整垫 5 调节阀芯 4 与密封圈 3 之间的松紧。阀体上部阀杆 12 上的凸块与阀芯上的凹槽榫接。为了密封，在阀体与阀杆之间装有填料垫 8、中填料 9 和上填料 10，并旋入填料压紧套 11。球阀的工作原理是：将扳手 13 的方孔套进阀杆 12 上部的四棱柱，当扳手处

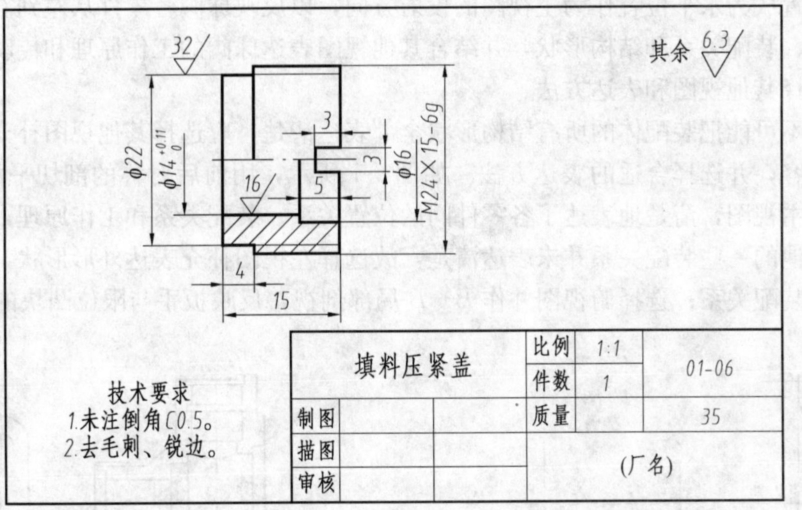

图 9-15　填料压紧套

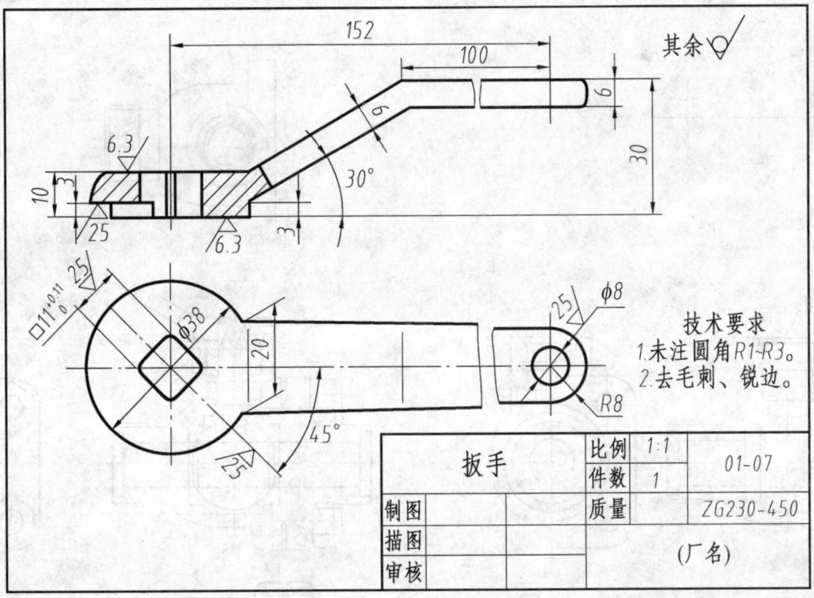

图 9-16　扳手

于如图 9-1 所示的位置时，阀门全部开启，管道畅通；当扳手按顺时针方向旋转 90°时（图 9-1 俯视图双点画线所示位置），则阀门全部关闭，管道断流。从俯视图上的 $B-B$ 局部剖视图，可看到阀体 1 顶部限位凸块的形状（90°扇形），该凸块用来限制扳手 13 旋转的极限位置。

2. 确定表达方案

装配图表达方案的确定，包括选择主视图、其他视图和表达方法。

（1）选择主视图

一般将装配体的工作位置作为主视图的位置，以最能反映装配体装配关系、位置关系、传动路线、工作原理主要结构形状的方向作为主视图投射方向。由于球阀的工作位置变化较多，故将其置放为水平位置作为主视图的投射方向，以反映球阀各零件从左到右和从上向下的位置关系、装配关系和结构形状，并结合其他视图表达球阀的工作原理和传动路线。

（2）选择其他视图和表达方法

主视图不可能把装配体的所有结构形状全部表达清楚，应选择其他视图补充表达尚未表达清楚的内容，并选择合适的表达方法。如图 9-1 所示，用前后对称的剖切平面剖开球阀，得到全剖的主视图，清楚地表达了各零件间的位置关系、装配关系和工作原理，但球阀的外形形状和其他的一些装配关系并未表达清楚，故选择左视图补充表达外形形状，并以半剖视进一步表达装配关系；选择俯视图并作 $B-B$ 局部剖视，反映扳手与限位凸块的装配关系和

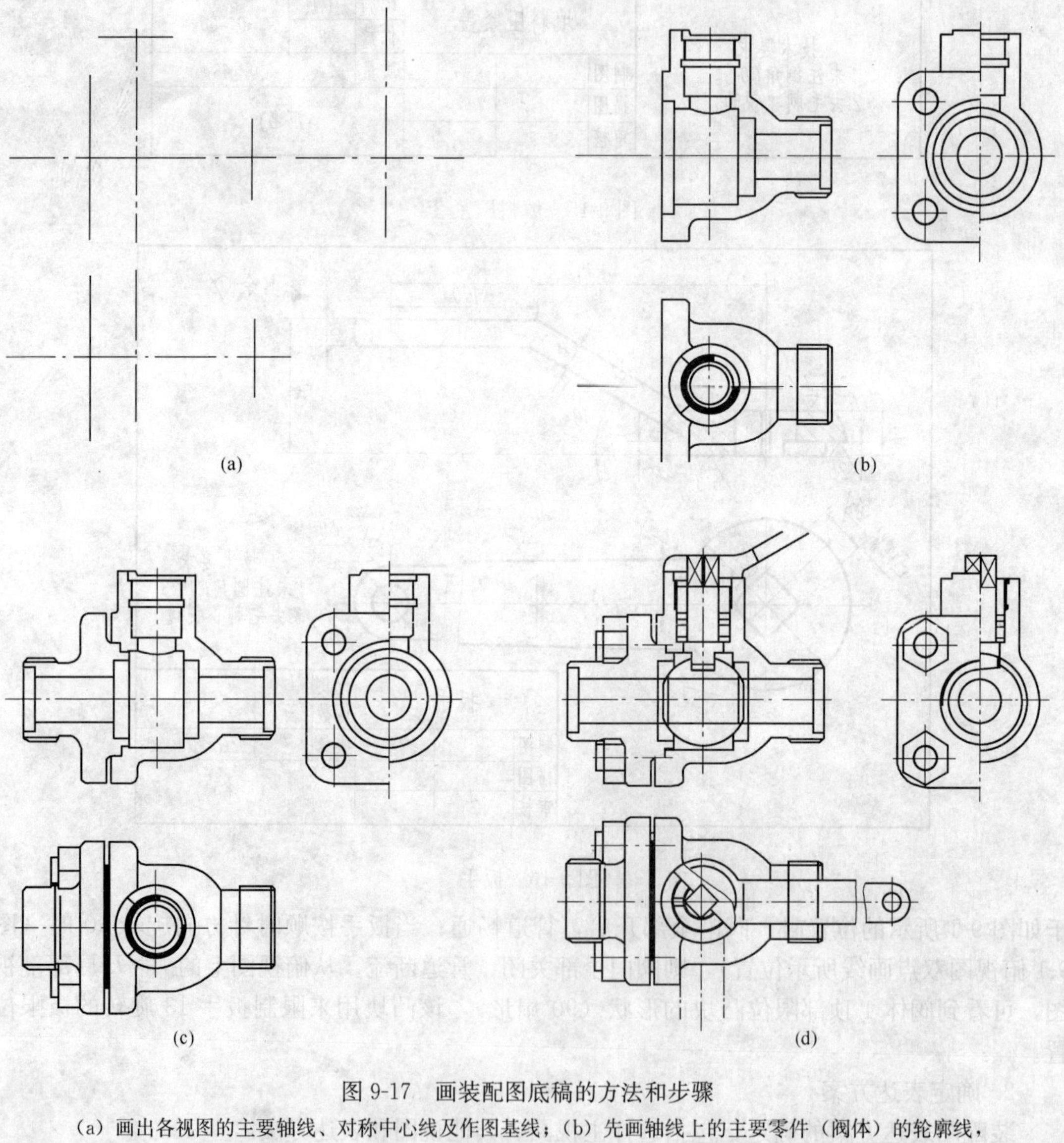

图 9-17　画装配图底稿的方法和步骤

（a）画出各视图的主要轴线、对称中心线及作图基线；（b）先画轴线上的主要零件（阀体）的轮廓线，三个视图要联系起来画；（c）根据阀盖和阀体的相对位置，沿水平轴线画出阀盖的三视图；（d）沿水平轴线画出各个零件，再沿铅直轴线画出各个零件，然后画出其他零件，最后画出扳手的极限位置（这里因地方不够未画）

工作位置。

3. 画装配图的方法和步骤

（1）确定了装配体的视图和表达方案后，根据视图表达方案和装配体的大小，选定图幅和比例，画出标题栏、明细栏框格。

（2）合理布图，画出各视图的主要轴线（装配干线）、对称中心线和作图基准线。

（3）画主要装配干线上的零件，采取由内向外（或由外向内）的顺序逐个画每一零件。

（4）画图时，从主视图开始，并将几个视图结合起来一起画，以保证投影准确和防止缺漏线。

（5）底稿画完后，检查描深图线、画剖面线、标注尺寸。

（6）编写零、部件序号，填写标题栏、明细栏、技术要求。

（7）完成全图后，再仔细校核，准确无误后，签名并填写时间。

图 9-17 为球阀装配图底稿的画图方法和步骤，图 9-1 为完成后的球阀装配图。

第七节　读装配图及由装配图拆画零件图

读装配图的目的是：了解部件的作用和工作原理，了解各零件间的装配关系、拆装顺序及各零件的主要结构形状和作用，了解主要尺寸、技术要求和操作方法。在设计时，还要根据装配图画出该部件的零件图。

一、读装配图及由装配图拆画零件图的方法和步骤

1. 概括了解

读装配图时，首先由标题栏了解机器或该部件的名称；由明细栏了解组成机器或部件中各零件的名称、数量、材料及标准件的规格，估计部件的复杂程度；由画图的比例、视图大小和外形尺寸，了解机器或部件的大小；由产品说明书和有关资料，并联系生产实践知识，了解机器或部件的性能、功用等，从而对装配图的内容进行概括了解。

2. 分析视图

首先找到主视图，再根据投影关系识别其他视图的名称，找出剖视图、断面图所对应的剖切位置。根据向视图或局部视图的投射方向，识别出表达方法的名称，从而明确各视图表达的意图和侧重点，为下一步深入看图做准备。

3. 分析零件，读懂零件的结构形状

分析零件，就是弄清每个零件的结构形状及其作用。一般应先从主要零件入手，然后是其他零件。当零件在装配图中表达不完整时，可对有关的其他零件仔细观察和分析，然后再作结构分析，从而确定该零件的内外结构形状。

4. 分析装配关系和工作原理

对照视图仔细研究部件的装配关系和工作原理，是深入看图的重要环节。在概括了解装配图的基础上，从反映装配关系、工作原理明显的视图入手，找到主要装配干线，分析各零件的运动情况和装配关系；再找到其他装配干线，继续分析工作原理、装配关系、零件的连接、定位以及配合的松紧程度等。

5. 由装配图拆画零件图

由装配图拆画零件图是设计过程中的重要环节，也是检验看装配图和画零件图的能力的一种常用方法。拆画零件图前，应对所拆零件的作用进行分析，然后把该零件从与其组装的

其他零件中分离出来。分离零件的基本方法是：首先在装配图上找到该零件的序号和指引线，顺着指引线找到该零件；再利用投影关系、剖面线的方向找到该零件在装配图中的轮廓范围。经过分析，补全所拆画零件的轮廓线。有时，还需要根据零件的表达要求，重新选择主视图和其他视图。选定或画出视图后，采用抄注、查取、计算的方法标注零件图上的尺寸，并根据零件的功用注写技术要求，最后填写标题栏。

二、读装配图及由装配图拆画零件图举例

读齿轮油泵的装配图，如图 9-18 所示，并拆画右端盖 8 的零件图。

1. 概括了解

齿轮油泵是机器中用来输送润滑油的一个部件。对照零件序号和明细栏可知：齿轮油泵由泵体、左右端盖、运动零件（传动齿轮、齿轮轴等）、密封零件和标准件等 17 种零件装配而成，属于中等复杂程度的部件。三个方向的外形尺寸分别是 118mm、85mm、93mm，体积不大。

2. 分析视图

齿轮油泵采用两个基本视图表达。主视图采用全剖视图，反映了组成齿轮油泵的各个零件间的装配关系。左视图采用了沿垫片 6 与泵体 7 结合面处的剖切画法，产生了“$B-B$”半剖视图，又在吸、压油口处画出了局部剖视图，清楚地表达了齿轮油泵的外形和齿轮的啮合情况。

3. 分析零件，读懂零件的结构形状

从装配图看出，泵体 7 的外形形状为长圆，中间加工成 8 字形通孔，用以安装齿轮轴 2 和传动齿轮轴 3；四周加工有两个定位销孔和六个螺孔，用以定位和旋入螺钉 1 并将左端盖 4 和右端盖 8 连接在一起；前后铸造出凸台并加工成螺孔，用以连接吸油和压油管道；下方有支承脚架与长圆连接成整体，并在支承脚架上加工有通孔，用以穿入螺栓将齿轮油泵与机器连接在一起。左端盖 4 的外形形状为长圆，四周加工有两个定位销孔和六个阶梯孔，用以定位和装入螺钉 1 将左端盖 4 与泵体连接在一起；在长圆结构左侧铸造出长圆凸台，以保证加工支承齿轮轴 2、传动齿轮轴 3 的孔的几个深度；右端盖 8 的右上方铸造出圆柱形结构，外表面加工螺纹，用以零件压紧螺母，内部加工成通孔以保证齿轮传动轴伸出，其他结构与左端盖 4 相似。其他零件的结构形状请读者自行分析。

4. 分析装配关系和工作原理

泵体 7 是齿轮油泵中的主要零件之一，它的空腔中容纳了一对吸油和压油的齿轮。将齿轮轴 2、传动齿轮轴 3 装入泵体后，两侧有左端盖 4、右端盖 8 支承这一对齿轮轴的旋转运动。由销 5 将左、右端盖定位后，再用螺钉 1 将左、右端盖与泵体连接，为了防止泵体与端盖的结合面处和传动齿轮轴 3 的伸出端漏油，分别用垫片 6 和密封圈 9、衬套 10、压紧螺母 11 密封。

齿轮轴 2、传动齿轮轴 3、传动齿轮 12 等是齿轮油泵中的运动零件。当传动齿轮 12 按逆时针方向（从左视图观察）转动时，通过键 15 将扭矩传递给传动齿轮轴 3，结构齿轮啮合带动齿轮轴 2，使齿轮轴 2 按顺时针方向转动，如图 9-19 所示。齿轮油泵的主要功用是通过吸油、压油，为机器提供润滑油。当一对齿轮在泵体中作啮合传动时，啮合区内右边空间的压力降低，产生局部真空，油池内的油在大气压力作用下进入油泵低压区的吸油口，随着齿轮的转动，齿槽中的油不断沿箭头方向被带到左边的压油口把油压出，送到机器需要润滑

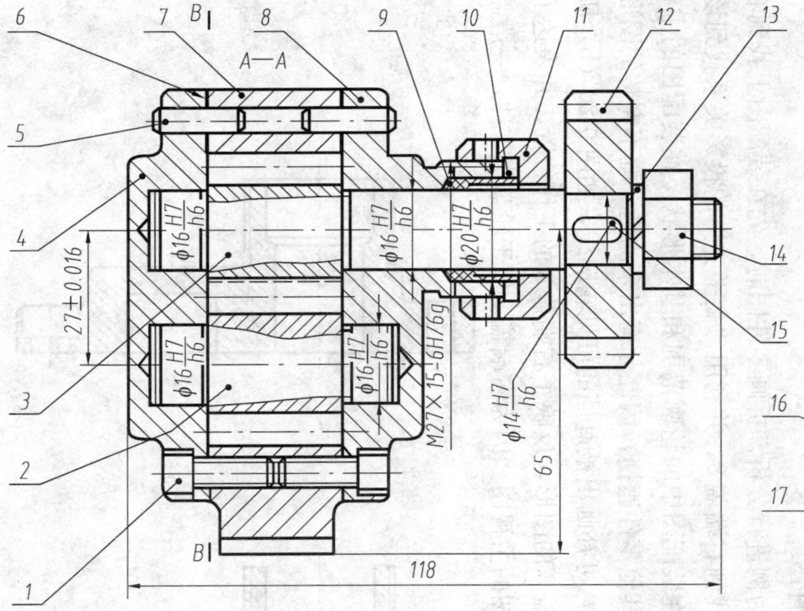

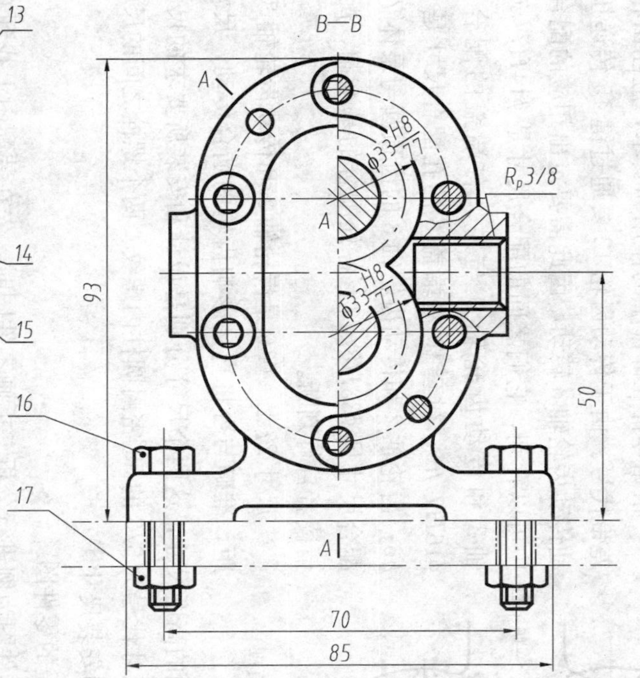

技术要求

1.齿轮安装后,用手转动传动齿轮时,应灵活旋转

2.两齿轮轮齿啮合面占齿长的3/4以上

17	螺母M6	2	Q235	GB/T6170—2000	10	衬套	1	ZCu5n5PbsZn5	
16	螺栓M6×30	2	Q235	GB/T5782—2000	9	密封圈	1	橡胶	
15	键5×10	1	45	GB/T1096—1979	8	右端盖	1	HT200	
14	螺母M12	1	Q235	GB/T6170—2000	7	泵体	1	HT200	
13	垫圈12	1	65Mn	GB/T93—1987	6	垫片	2	纸	δ=1
12	移动齿轮	1	45	m=2.5,z=20	5	销5×18	4	45 GB/T119.2—2000	
11	压紧螺母	1	35		4	左端盖	1	HT200	
					3	移动齿轮	1	45	m=3,z=9

2	齿轮轴	1	45	m=3,z=9
1	螺钉M6×16	12	35 GB/T10.1—2000	
序号	名称	件数	材料	备注
齿轮油泵		比例		04-00
		件数		
制图		质量		共1张 第1张
描图				(厂名)
审核				

图 9-18　齿轮油泵的装配图

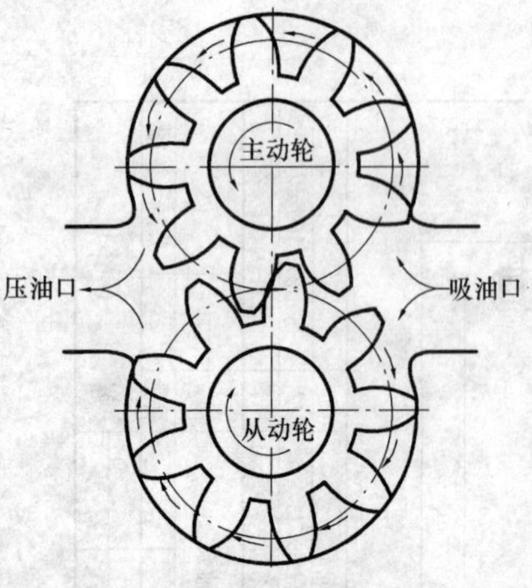

图 9-19　齿轮油泵工作原理

的部位。

5. 齿轮油泵装配图中的配合和尺寸分析

根据零件在部件中的作用和要求，应注出相应的公差带代号。由于传动齿轮 12 要通过键 15 传递扭矩并带动传动齿轮轴 3 转动，因此需要定出相应的配合。在图中可以看到，它们之间的配合尺寸是 $\phi14H7/k6$；齿轮轴 2 和传动齿轮轴 3 与左、右端盖的配合尺寸是 $\phi16H7/h6$；衬套 10 右端盖 8 的孔配合尺寸是 $\phi20H7/h6$；齿轮轴 2 和传动齿轮轴 3 的齿顶圆与泵体 7 内腔的配合尺寸是 $\phi33H8/f7$。各处配合的基准制、配合类别请读者自行判断。

尺寸 27 ± 0.016 是齿轮轴 2 和传动齿轮轴 3 的中心距，准确与否将直接影响齿轮的啮合传动，尺寸 65 是传动齿轮轴线离泵体安装面的高度尺寸，这两个尺寸分别是设计和安装所要求的尺寸。吸、压油口的尺寸 $R_p3/8$ 表示尺寸代号为 3/8 的 55°密封圆柱内螺纹。两个螺栓之间的尺寸 70 表示齿轮油泵与机器连接时的安装尺寸。

6. 由装配图拆画右端盖的零件图

现以拆画右端盖 8 的零件图为例进行分析。拆画零件图时，先在装配图上找到右端盖 8 的序号和指引线，再顺着指引线找到右端盖 8，并利用“高平齐”的投影关系找到该零件在左视图上的投影关系，确定零件在装配图中的轮廓范围和基本形状。在装配图的主视图上，由于右端盖 8 的一部分轮廓线被其他零件遮挡，因此分离出来的是一幅不完整的图形，如图 9-20（a）所示。经过想像和分析，可补画出被遮挡的可见轮廓线，如图 9-20（b）所示。从装配图的主视图中拆画出的右端盖 8 的图形，反映了右端盖 8 的工作位置，并表达了各部分的主要结构形状，仍可作为零件图的主视图。因为右端盖 8 属于轮盘类零件，一般需要用两

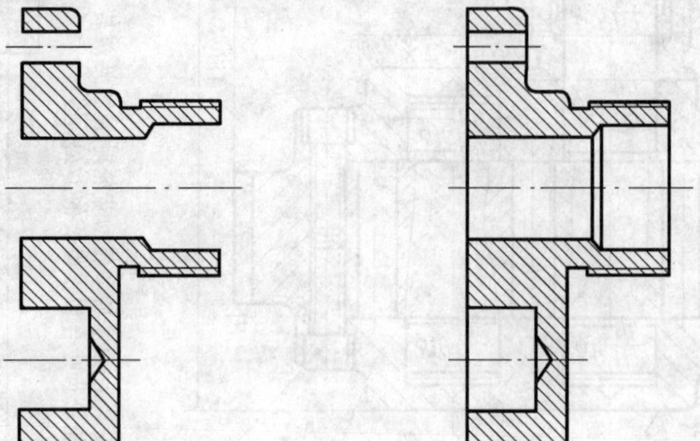

(a)　(b)

图 9-20　由齿轮油泵装配图拆画右端盖零件图的思考过程

（a）从装配图中分离出右端盖的主视图；（b）补全右端盖主视图上的图线

个视图表达内外结构形状。因此，当右端盖 8 的主视图确定后，还需要用右视图辅助完成主视图尚未表达清楚的外形、定位销孔和六个阶梯孔的位置等。

图 9-21 是画出表达外形的右视图后的右端盖 8 零件图。在图中按零件图的要求标注出尺寸和技术要求，有关的尺寸公差和螺纹的标记是根据装配图中已有的要求抄注的，内六角圆柱头螺钉孔的尺寸可在有关标准中查找，最后填写标题栏。

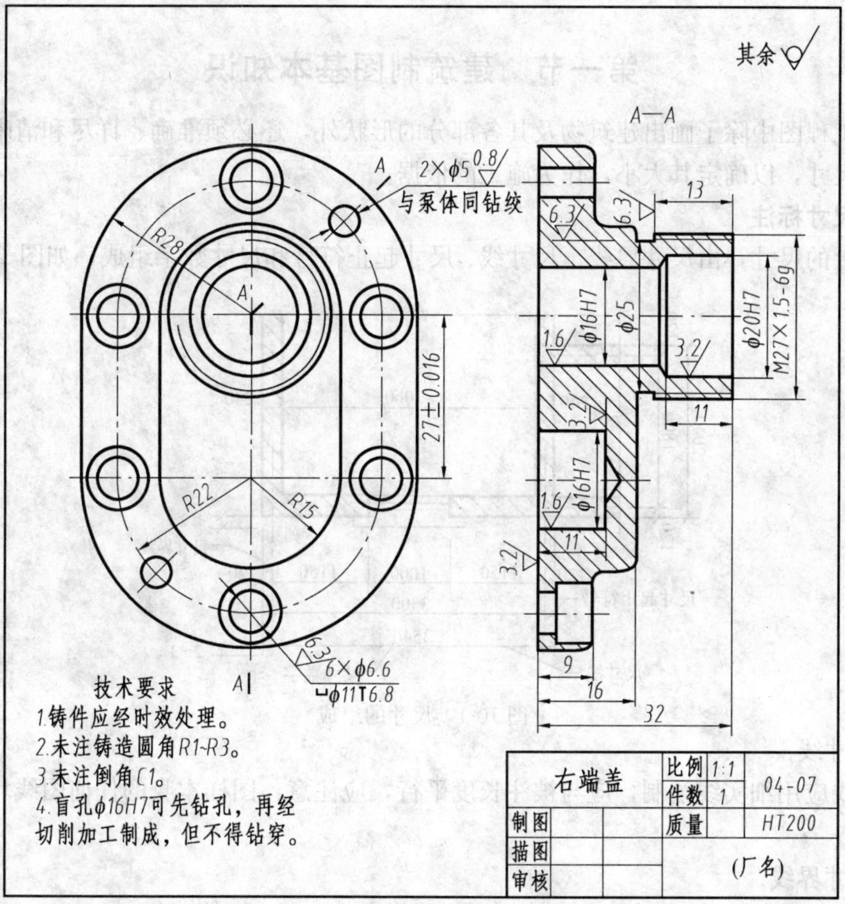

图 9-21 右端盖零件图

第十章 建筑施工图

第一节 建筑制图基本知识

建筑工程图中除了画出建筑物及其各部分的形状外，还必须准确、详尽和清晰地标注各部分实际尺寸，以确定其大小，作为施工的依据。

一、尺寸标注

图样上的尺寸，由尺寸界线、尺寸线、尺寸起止符号和尺寸数字组成，如图 10-1 所示。

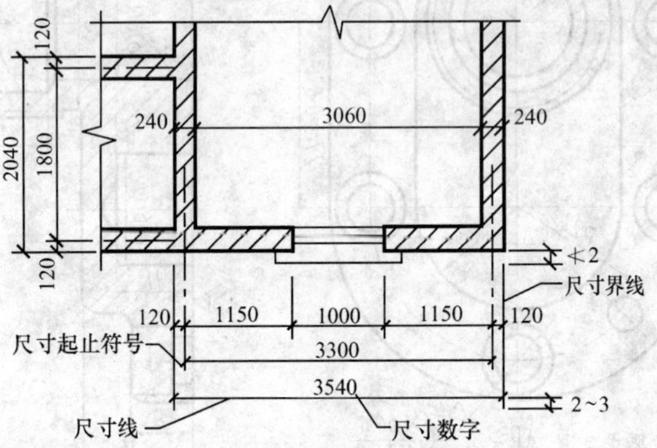

图 10-1 尺寸的组成

1. 尺寸线

尺寸线应用细实线绘制，应与被注长度平行，应注意：图样本身的任何图线均不得用作尺寸线。

2. 尺寸界线

尺寸界线应用细实线绘制，一般应与被注长度垂直，其一端应离开图样轮廓线不小于 2mm，另一端宜超出尺寸线 2～3mm，必要时，图样轮廓线可用作尺寸界线。

3. 尺寸起止符号

尺寸起止符号一般用中粗斜短线绘制，其倾斜方向应与尺寸界线成顺时针 45°角，长度宜为 2～3mm。

4. 尺寸数字

图样上的尺寸单位，除标高及总平面图以米（m）为单位外，其他必须以毫米（mm）为单位，图上尺寸数字不再注写单位。尺寸数字应写在尺寸线的中部，在水平方向上的应从左到右写在尺寸线上方，在铅直方向上的，应从下到上写在尺寸线左方。应该注意：图样上的尺寸，应以尺寸数字为准，不得从图上直接量取。

5. 半径、直径、球的尺寸标注

圆和大于半圆的弧，一般标注直径，尺寸线通过圆心，用箭头作尺寸的起止符号，指向圆弧，或沿用尺寸界线和尺寸起止符号标注，并在直径数字前加注直径符号“ϕ”。较小圆的尺寸可以标注在圆外，如图 10-2 所示。

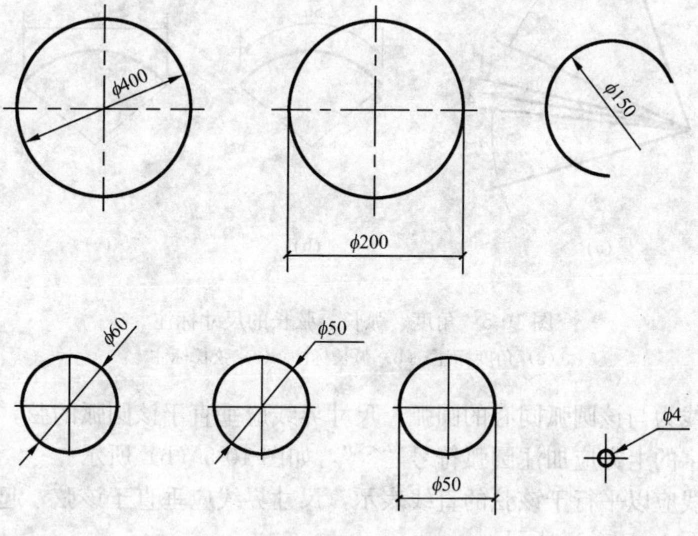

图 10-2　直径标注

半圆和小于半圆的弧，一般标注半径，尺寸线的一端从圆心开始，另一端用箭头指向圆弧，在半径数字前加注半径符号“R”。较小圆弧的半径数字，可引出标注，较大圆弧的尺寸线画成折线状，但必须对准圆心，如图 10-3 所示。

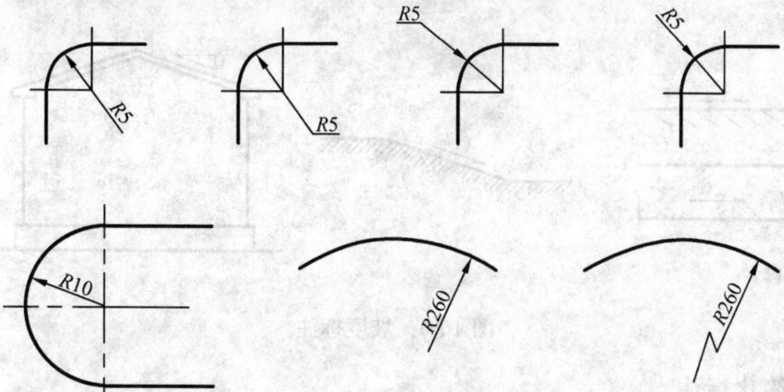

图 10-3　半径标注

球的尺寸标注与圆的尺寸标注基本相同，只是在半径或直径符号（R 或 ϕ）前加注“S”，如图 10-4。

6. 角度、弧长、弦长的尺寸标注

角度的尺寸线，应以圆弧表示。该圆弧的圆心应是该角的顶点，角的两个边为尺寸界线，角度的起止符号应以箭头表示，如没有足够位置画箭头，可用小黑点代替。角度数字应水平书写，如图 10-5（a）所示。

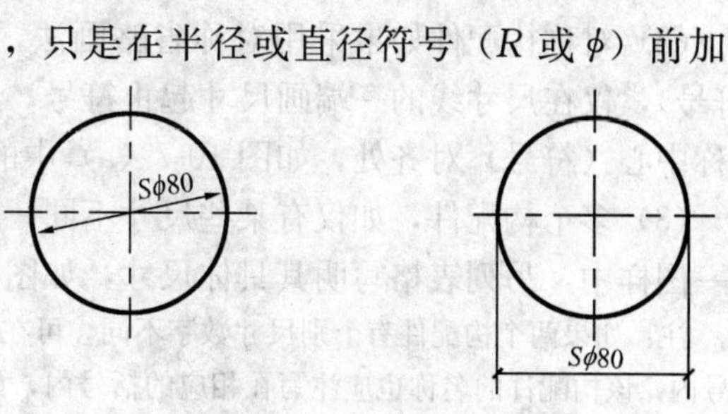

图 10-4　球径标注

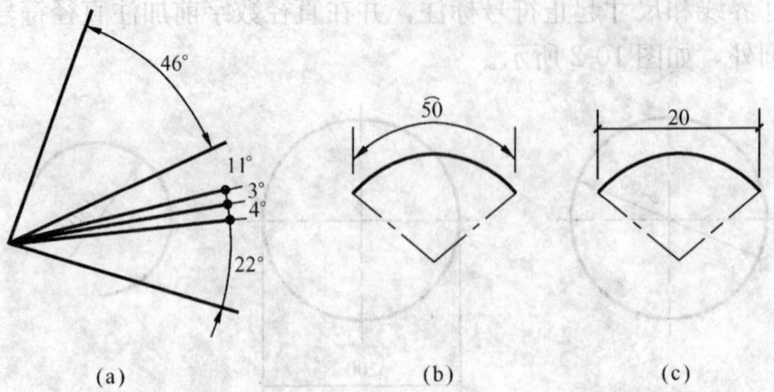

图 10-5 角度、弧长、弦长的尺寸标注

(a) 角度标注；(b) 弧长标注；(c) 弦长标注

弧长的尺寸线为与该圆弧同心的圆弧，尺寸界线应垂直于该圆弧的弦，起止符号应以箭头表示，弧长数字的上方应加注圆弧符号“⌒”，如图 10-5（b）所示。

弦长的尺寸线应以平行于该弦的直线表示，尺寸界线应垂直于该弦，起止符号应以中粗斜短线表示，如图 10-5（c）所示。

7. 坡度的尺寸标注

标注坡度时，在坡度数字下，应加注坡度符号，坡度符号的箭头（单面），一般应指向下坡方向，在箭头的一侧或一端注写坡度数字（百分数、比例、小数均可）；坡度较陡时，也可用直角三角形形式标注坡度（斜率法），如图 10-6 所示。

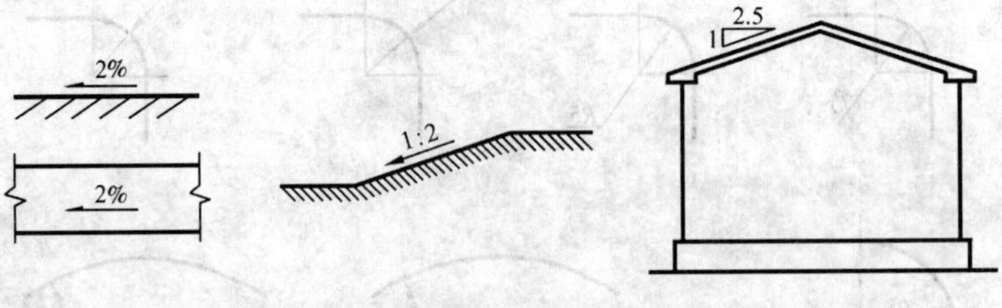

图 10-6 坡度标注

8. 尺寸的简化标注

（1）杆件或管线的长度，在单线图（桁架简图、钢筋简图、管线简图）上，可直接将尺寸数字沿杆件或管线的一侧注写，如图 10-7 所示。

（2）对称构配件如果采用对称省略画法，则该对称构配件的尺寸线应略超过对称中心（符号），仅在尺寸线的一端画尺寸起止符号，尺寸数字按整体全尺寸注写，并且应注写在与对称中心（符号）对齐处，如图 10-7（a）中的尺寸 20000。

（3）多个构配件，如仅有某些尺寸不同，这些有变化的尺寸数字，可用拉丁字母注写在同一图样中，另列表格写明其具体尺寸，如图 10-8（a）所示。

注：如果两个构配件有个别尺寸数字不同，可在同一图样中将其中一个构配件的不同尺寸数字注写在括号内，该构配件的名称也应注写在相应的括号内，如图 10-8（b）所示。

标注尺寸还有一些其他的注意事项，见表 10-1。

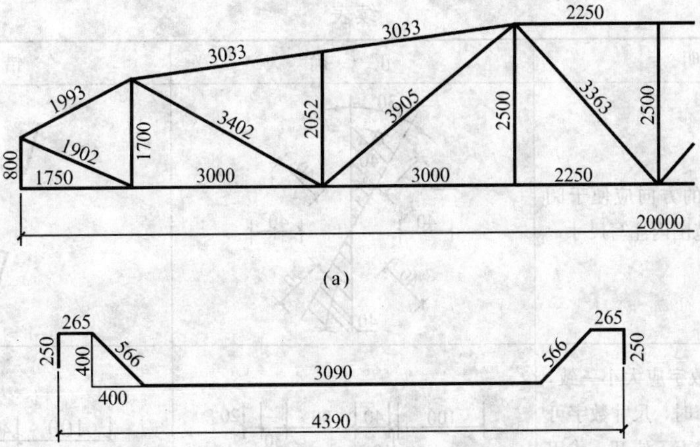

图 10-7　单线图的尺寸标注

（a）桁架简图；（b）钢筋简图

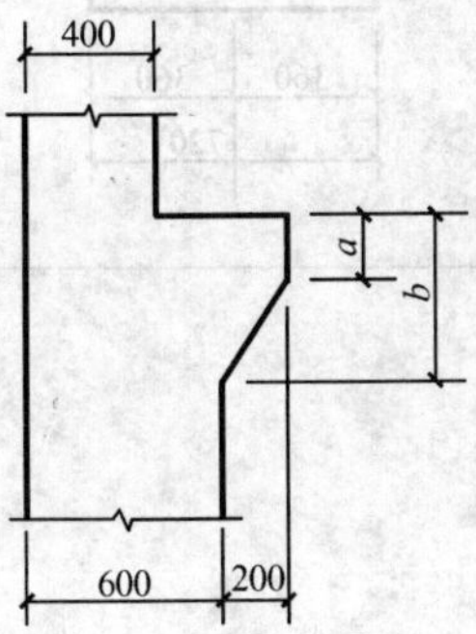

构件编号	*a*	*b*
Z-1	200	400
Z-2	250	450
Z-3	200	450

（a）

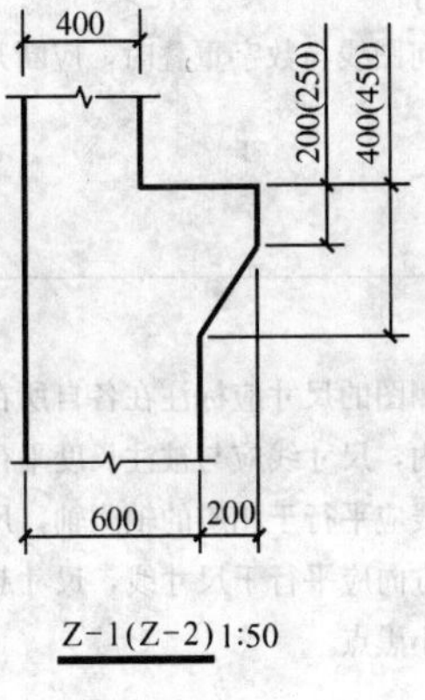

（b）

图 10-8　多个构配件的尺寸标注

（a）多个相似构配件尺寸表格式标注；（b）两个相似构配件的尺寸标注

表 10-1　尺寸标注的其他注意事项表

说　明	正　确	错　误
不能用尺寸界线作为尺寸线	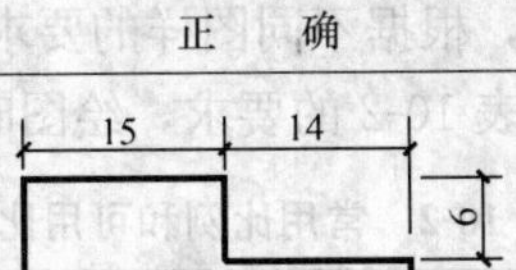	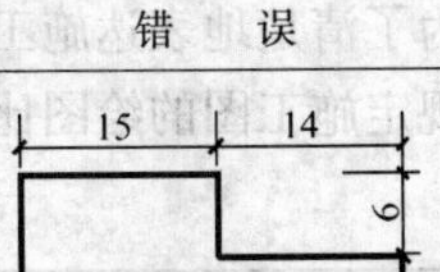
轮廓线、中心线等可用作尺寸界线，但不能用作尺寸线	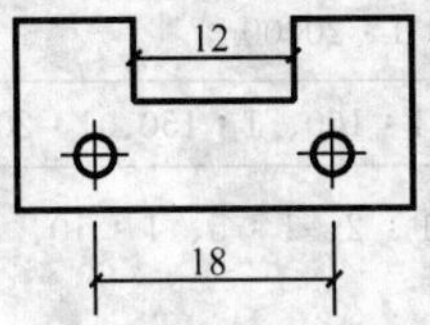	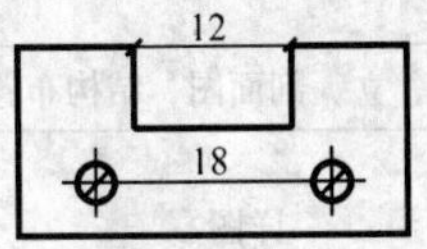

续表

说　明	正　确	错　误
尺寸线倾斜时数字的方向应便于阅读，尽量避免在斜线范围内注写尺寸	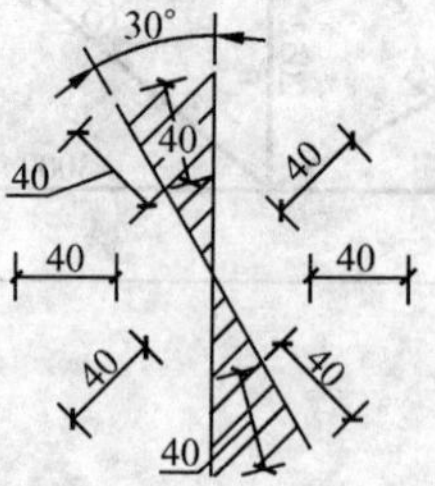	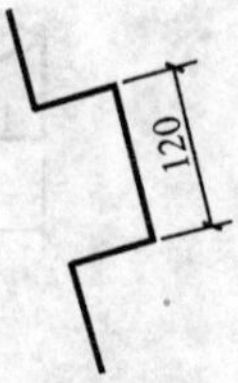
同一张图纸内尺寸数字应大小一致，两尺寸界线之间比较窄时，尺寸数字可注在尺寸界线外侧，或上下错开，或用引出线引出再标注	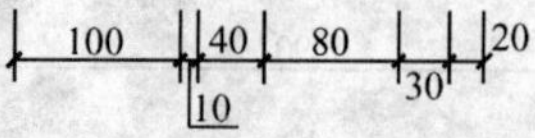	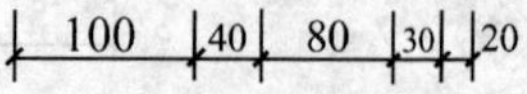
任何图线与数字重叠时，应断开图线	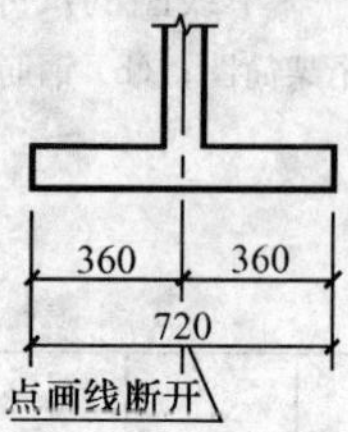	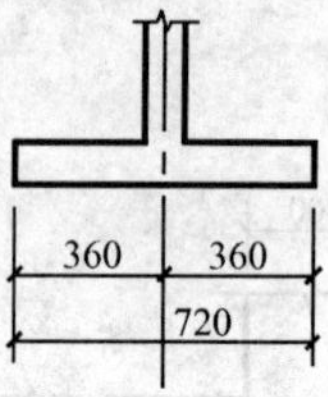
轴测图的尺寸应标注在各自所在的坐标面内，尺寸线应与被注长度平行，尺寸界线应平行于相应的轴测轴，尺寸数字的方向应平行于尺寸线，尺寸起止符号用小黑点	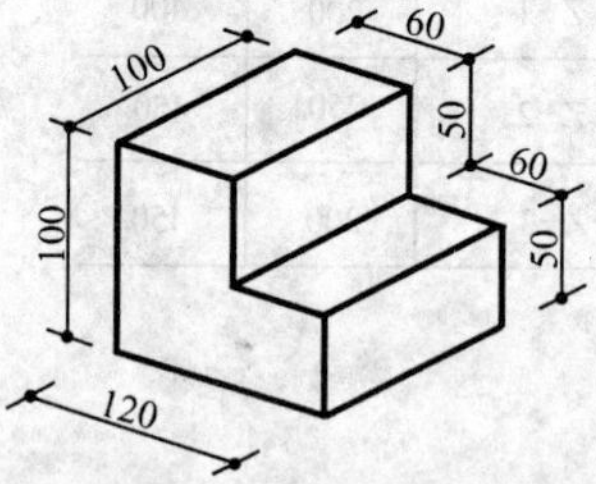	
尺寸数字不得贴靠在尺寸线或其他图线上，一般应离开约 0.5～1mm		

二、施工图常用比例

为了清楚地表达施工图的内容，根据不同图样的要求，可以选用不同的比例。根据“国标”规定施工图的绘图比例应符合表 10-2 的要求，绘图时应优先选用常用比例。

表 10-2　常用比例和可用比例

图　名	比　例	可 用 比 例
总平面图	1∶500、1∶1000、1∶2000、1∶10000、1∶20000	1∶2500、1∶25000
建筑平、立、剖面图、结构布置图	1∶50、1∶100、1∶150、1∶200	1∶60、1∶80、1∶250、1∶300
详图	1∶1、1∶2、1∶5、1∶10、1∶20、1∶50	1∶3、1∶4、1∶6、1∶15、1∶25、1∶30、1∶40

三、常用的建筑材料图例

建筑工程中常采用一些图例来表示建筑材料，表 10-3 选列了一些常用的建筑材料断面图例，其他的建筑材料图例见《房屋建筑制图统一标准》(GB/T 50001—2001)。

表 10-3　常用建筑材料图例

图　例	名称与说明	图　例	名称与说明
	自然土壤	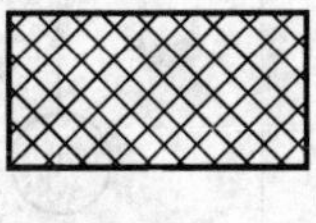	多孔材料 包括水泥珍珠岩、沥青珍珠岩、泡沫混凝土、非承重加气混凝土、软木、蛭石制品等。
	素土夯实	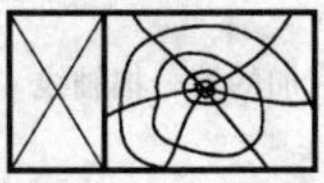	木材 左图为垫木、木砖或木龙骨； 右图为横断面
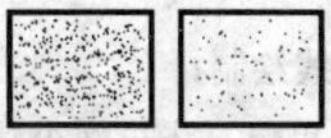	左：砂、灰土，靠近轮廓线绘较密的点； 右：粉刷材料，采用较稀的点	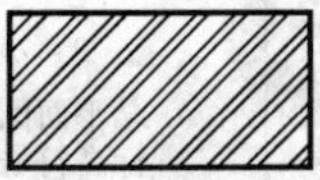	金属 1. 包括各种金属； 2. 图形小时，可涂黑
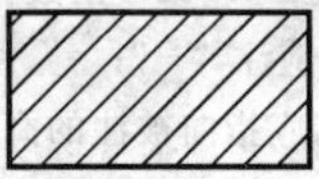	普通砖 1. 包括实心砖、多孔砖、砌块等砌体； 2. 断面较窄、不易画出图例线时，可涂红		防水材料 构造层次多或比例大时，采用上面图例
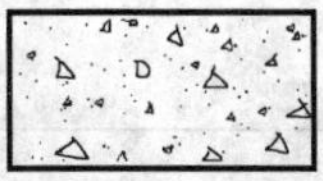	上：混凝土，下：钢筋混凝土 1. 本图例指能承重的混凝土及钢筋混凝土； 2. 包括各种强度等级、骨料、添加剂的混凝土； 3. 在剖面图上画出钢筋时，不画图例线； 4. 断面图形小，不易画出图例线时，可涂黑		饰面砖 包括铺地砖、马赛克、陶瓷锦砖、人造大理石等
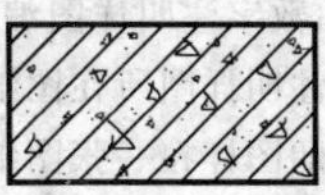		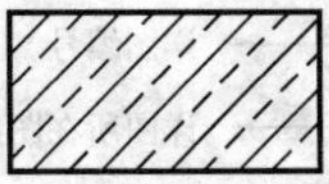	石材

四、房屋建筑施工图中的常用符号

为简化作图，在建筑施工图中经常会用到一些符号和图例，“国标”规定了常用图例符号的画法，了解它们的画法和作用是阅读和绘制建筑施工图的必备知识，其符号元素如定位轴线、标高符号、索引符号、详图符号、指北针等，表 10-4 列举了房屋建筑施工图中的常用符号。

表 10-4　房屋建筑施工图中的常用符号

名称		画　法	说　明
定位轴线	一般标注	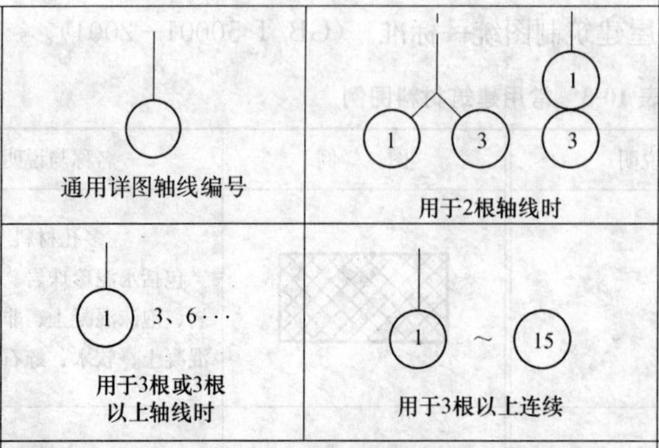	1. 定位轴线用细单点长画线绘制，编号圆用细实线绘制，直径为 8mm，详图可增至 10mm； 2. 定位轴线用来确定房屋主要承重构件位置及标注尺寸的基线； 3. 平面图中横向定位轴线的编号，应用阿拉伯数字，从左至右顺序编写，竖向编号应用大写拉丁字母（I、O、Z 除外），从下至上顺序编写
	附加轴线	 表示2号轴线后附加的第一根轴线 表示D号轴线后附加的第二根轴线	两根定位轴线间，如需附加轴线时，应以分数形式表示，分母表示前一轴线的编号，分子表示附加轴线的编号（用阿拉伯数字顺序编写）
标高符号		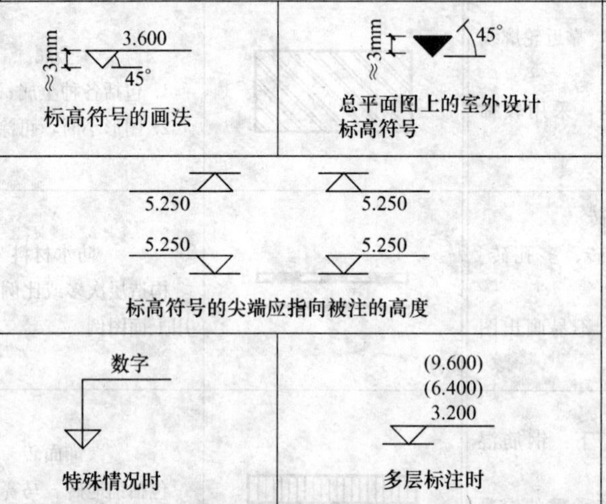	1. 标高符号用细实线绘制； 2. 标高符号以米为单位，注写到小数点后三位，在总平面图中，注写到小数点后两位； 3. 零点标高应写成±0.000，正数标高不注“+”，负数标高应注“-”； 4. 标高符号的尖端应指向被注的高度，尖端可向上，也可向下； 5. 在立面图和剖面图中的标高符号应对齐画出，整齐划一
索引符号		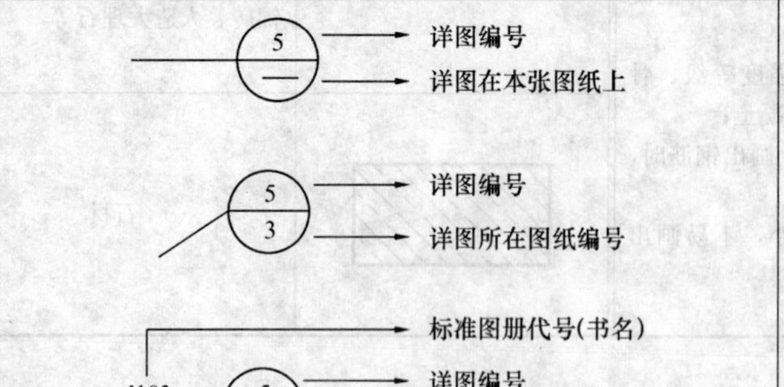	1. 符号用细实线绘制，圆的直径为 10mm； 2. 上半圆用阿拉伯数字注明详图编号，下半圆用阿拉伯数字注明详图所在图纸编号（当详图与被索引的图样在一张图纸上时，则画一段细实线）； 3. 引出线宜采用水平方向的直线，或与水平方向成 30°、45°、60°、90°角的细实线，且应对准索引符号的圆心； 4. 画局部剖面图时，应在被剖切的部位绘制剖切位置线，引出线所在一侧为剖视方向

续表

名称	画法	说明
详图符号	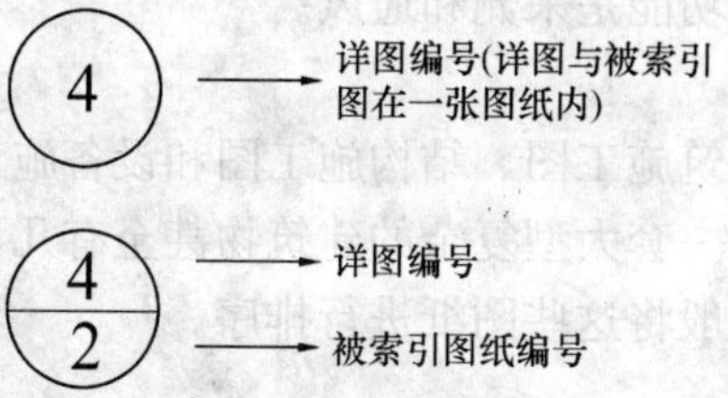	1. 详图符号用粗实线绘制，圆的直径为 14mm； 2. 上半圆注明详图编号，下半圆注明被索引图纸的编号（当详图与被索引的图样在一张图纸上时，只注明详图编号）
指北针	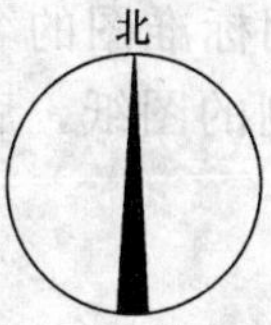	用细实线绘制，圆的直径宜为 24mm，指针尾部的宽度宜为 3mm，针尖方向为北向
风向频率玫瑰图	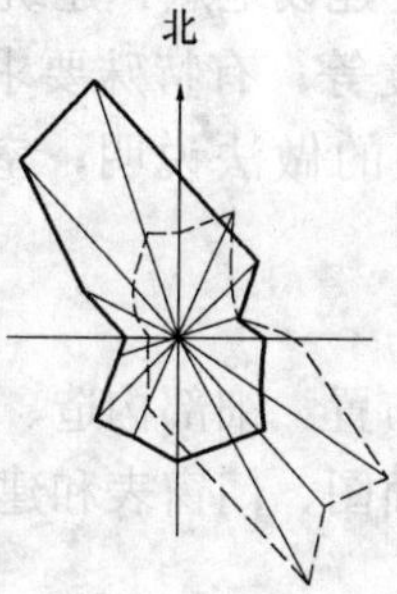	风向频率玫瑰图（简称风玫瑰图）是根据该地区多年平均统计的各个方向吹风次数的百分率，以端点到中心的距离按一定比例绘制，风的吹向是指从外吹向中心，粗实线范围表示全年风向频率，细虚线范围表示夏季风向频率

五、房屋建筑的类型及组成

房屋按功能可分为工业建筑（如厂房、仓库、动力站等）、农业建筑（如粮仓、饲养场、拖拉机站等）以及民用建筑。民用建筑按其使用功能又可分为居住建筑（如住宅、宿舍等）和公共建筑（如学校、商场、医院、车站等）。

各种不同功能的民用建筑，一般都是由基础、墙（柱）、楼（地）面、楼梯、屋顶、门、窗等基本部分所组成，另外还有阳台、雨篷、台阶、窗台、雨水管、散水以及其他一些构配件和设施。

基础位于墙或柱的最下部，是房屋与地基接触的部分。基础承受建筑物的全部荷载，并把全部荷载传递给地基。

墙是建筑物的承重构件和围护构件。作为承重构件，承受着建筑物由屋顶或楼板层传来的荷载，并将这些荷载再传给基础；作为围护构件，外墙起着抵御自然界各种因素对室内的侵袭作用，内墙起着分隔空间、隔声、遮挡视线以及保证室内环境舒适的作用。

楼板层是水平方向的承重构件，并用来分隔楼层之间的竖向空间。它承受人和家具设备的荷载，并将这些荷载传递给墙或梁。

楼梯是房屋的垂直交通设施，供人们上下楼层使用。楼梯应有足够的通行能力，应做到坚固和安全。

屋顶是房屋顶部的围护构件，抵抗风、雨、雪的侵袭和太阳辐射热的影响。屋顶又是房屋的承重构件，承受风、雪和施工期间的各种荷载等。

门的主要功能是交通和通风，窗的主要功能是采光和通风。

六、施工图的分类和编排顺序

施工图由于专业分工的不同，可分为建筑施工图、结构施工图和设备施工图。

一套简单的房屋施工图有几十张图纸，一套大型复杂的建筑物甚至有几百张图纸。为了便于看图，根据专业内容或作用的不同，一般将这些图纸进行排序。

1. 图纸目录

图纸目录又称标题页，说明该套图纸有几类，各类图纸分别有几张，每张图纸的图号、图名、图幅大小；如采用标准图，应写出所使用标准图的名称。编制图纸目录的目的，是为了便于查找图纸，图纸目录中应先列新绘制的图纸，后列选用的标准图或重复利用的图纸。

2. 设计总说明（首页）

主要介绍工程概况、设计依据、施工及建造时应注意的事项。内容一般包括：本工程施工图设计的依据；本工程的建筑概况，如建筑名称、建设地点、建筑面积、建筑等级、建筑层数、人防工程等级、主要结构类型、抗震设防烈度等；有特殊要求的做法说明，如防火、防腐蚀、防爆、防辐射等；对采用新技术、新材料的做法说明；室内室外工程的用料说明等。

3. 建筑施工图（简称建施）

主要表示建筑物的总体布局、外部造型、内部布置、细部构造、内外装饰的图样。一般包括总平面图、建筑平面图、建筑立面图、建筑剖面图、门窗表和建筑详图等。

4. 结构施工图（简称结施）

主要表示房屋的结构设计内容，如房屋承重构件的布置、形状、大小、材料以及连接情况的图样。一般包括结构平面布置图和各构件详图等。

5. 设备施工图（简称设施）

包括给水排水、采暖通风、电气照明等设备的平面布置图、系统图和详图。表示上水、下水、暖气管道及管线布置，卫生设备及通风设备等的布置，电气线路的走向和安装要求等。

七、阅读施工图的方法

施工图的绘制是前述各章投影理论和图示方法及有关专业知识的综合应用。阅读施工图，必须做到以下几点：

（1）掌握投影原理，熟识施工图中常用的图例、符号、线型、尺寸和比例的意义。

（2）观察和了解房屋的组成及其基本构造。

（3）熟悉有关的国家标准。

（4）阅读时，应先整体后局部，先文字说明后图样，先图形后尺寸。按目录顺序通读一遍，对工程对象的建设地点、周围环境、建筑物的大小及形状、结构形式和建筑关键部位等情况先有概括的了解。然后，不同工种的技术人员，根据不同要求，重点深入地看不同类别的图纸。阅读时注意各类图纸的联系，互相对照，避免发生矛盾而造成质量事故或经济损失。

第二节　总平面图

总平面图是在地形图上画出新建、拟建、原有和拆除建筑物的水平外轮廓线，及周围环境的图样。它表明新建房屋的平面轮廓形状和层数与原有建筑的相对位置、地貌地形、道路和绿化的布置等情况，是新建房屋及其他设施的施工定位、施工总平面设计以及水、暖、电、燃气等管线总平面图设计的依据。

一、总平面图的图示内容及要求

1. 图示内容

（1）测量坐标网或建筑坐标网；

（2）新建筑的定位坐标（或相互关系尺寸）、名称（编号）、层数及室内外标高；

（3）相邻有关建筑、拆除建筑的位置或范围；

（4）指北针或风向频率玫瑰图；

（5）道路（或铁路）、明沟等的起点、变坡点、转折点、终点的标高与坡向箭头；

（6）附近的地形地物，如等高线、道路、水沟、河流、池塘、土坡等；

（7）用地范围内的绿化、公园等以及管道布置。

2. 图例

总平面图中所注尺寸宜以米（m）为单位，注写至小数点后两位，不足时以“0”补齐。

由于绘图比例较小，在总平面图中所表达的对象，要用《总图制图标准》（GB/T 50103—2001）中所规定的图例来表示。常用的总平面图例见表 10-5。

表 10-5　常用总平面图例

序号	名　称	图　例	附　注
1	新建建筑物	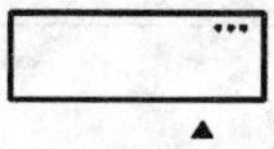	1. 需要时，可用▲表示出入口，在图形内右上角用点数或数字表示层数； 2. 建筑物外形（一般以±0.00 高度处的外墙定位轴线或外墙面线为准）用粗实线表示。需要时，地面以上建筑物用粗实线表示，地面以下建筑用细虚线表示
2	原有建筑物		用细实线表示
3	计划扩建的预留地或建筑物		用中粗虚线表示
4	拆除的建筑物	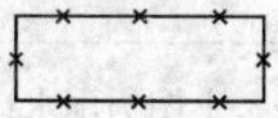	用细实线表示
5	铺砌场地	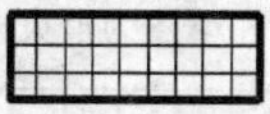	
6	敞棚或敞廊	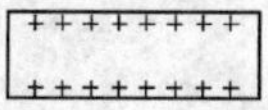	
7	围墙及大门	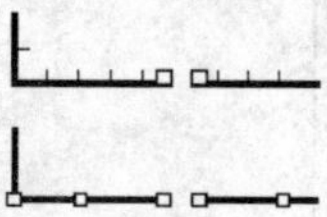	上图为实体性质的围墙，下图为通透性质的围墙，若仅表示围墙时不画大门

续表

序号	名　称	图　例	附　注
8	挡土墙		被挡土在“突出”的一侧
9	填挖边坡		边坡较长时，可在一端或两端局部表示。
10	护坡		
11	室内标高	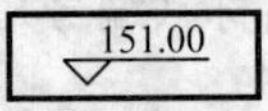	绝对标高
12	室外标高		室外标高也可以采用等高线表示
13	新建的道路	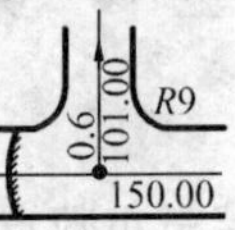	“R9”表示道路转弯半径为 9m，“150.00”为路面中心控制点标高，“0.6”表示 0.6%的纵向坡度，“101.00”表示变坡点间距。
14	原有道路		
15	计划扩建的道路	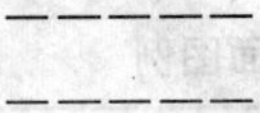	
16	拆除的道路		
17	人行道	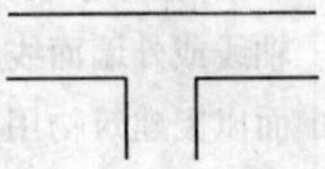	
18	桥梁	 	1. 上图为公路桥，下图为铁路桥； 2. 用于旱桥时应注明
19	雨水口与消火栓井		上图为雨水口； 下图为消火栓井
20	花卉		
21	植草砖铺地	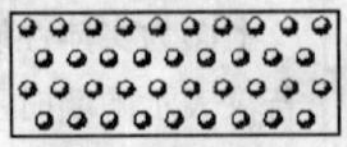	

3. 坐标注法和标高

在大范围和复杂地形的总平面图中，为了保证施工放线正确，往往以坐标表示建筑物、道路和管线的位置。坐标有测量坐标与施工坐标两种坐标系统，如图 10-9 所示。坐标网格应以细实线表示，一般应画成 100m×100m 或 50m×50m 的方格网。测量坐标网应画成交叉十字线，坐标代号宜用“X、Y”表示；施工坐标网应画成网格通线，坐标代号宜用“A、B”表示。坐标值为负数时，应注“－”号，为正数时，“＋”号可省略。

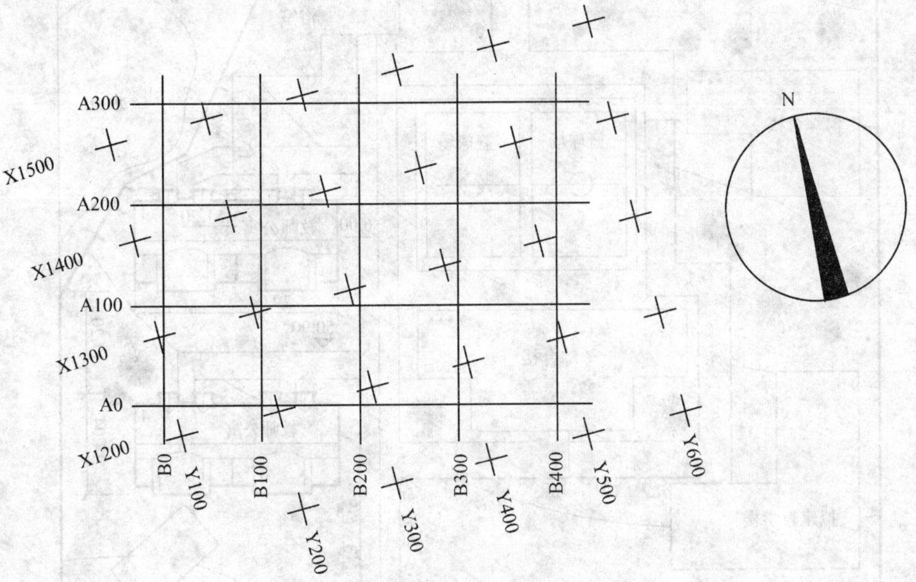

图 10-9　坐标网格

总平面图上有测量和建筑两种坐标系统时，应在附注中注明两种坐标系统的换算公式。表示建筑物、构筑物位置的坐标，宜注其三个角的坐标，如建筑物、构筑物与坐标轴线平行，可注其对角坐标。新建的建筑物和构筑物可以应用坐标定位，也可通过与原有建筑的相对位置来定位。

总图中标注的标高应为绝对标高，如标注相对标高，则应注明相对标高与绝对标高的换算关系。

当地形起伏较大时，常用等高线来表示地面的自然状态和起伏情况。

二、总平面图内容与实例

图 10-10 是某学校的总平面图，图样是按 1∶500 的比例绘制的。它表明该学校在靠近公园池塘的围墙内，要新建两幢 4 层教师公寓。

1. 明确新建教师公寓的位置、大小和朝向

新建教师公寓的位置是用定位尺寸表示的。北幢与浴室相距 17.30m，与西侧道路中心线相距 6.00m，两幢教师公寓相距 17.20m。新建公寓均呈矩形，左右对称，东西向总长 29.04m，南北向总宽 14.04m，南北朝向。

2. 新建教师公寓周围的环境情况

从图中可看出，该学校的地势是自西北向东南的倾斜。学校的最北向是食堂，虚线部分表示扩建用地；食堂南面有两个篮球场，篮球场的东面有锅炉房和浴室；篮球场的西面和南

面各有一综合楼；在新建教师公寓东南角有一即将拆除的建筑物，该校的西南还有拟建的教学楼和道路；学校最南面有车棚和传达室，学校大门设在此处。

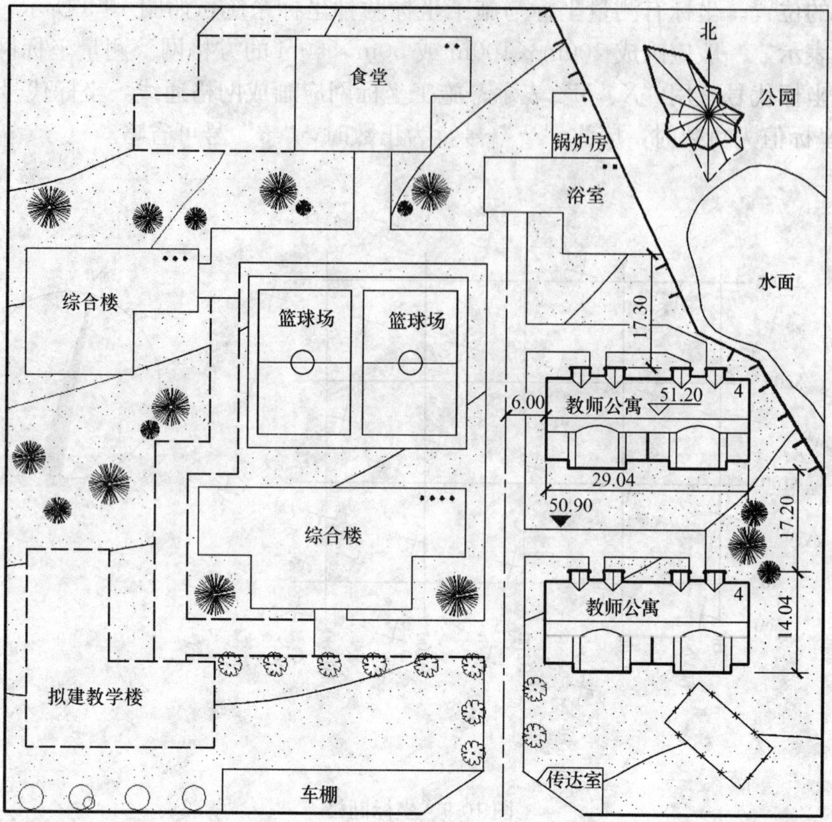

图 10-10　总平面图

第三节　建筑平面图

一、概述

假想用一水平的剖切面沿门窗洞口的位置将房屋剖开后，对剖切面以下部分所做出的房屋水平剖面图，称为建筑平面图，简称平面图。它反映出房屋的平面形状、大小和相互之间的联系，墙（或柱）的位置、厚度和材料，门窗的类型和位置等情况。

平面图是建筑专业施工图中最主要、最基本的图纸，其他图纸（如立面图、剖面图及某些详图）多是以它为依据派生和深化而成的。建筑平面图也是其他工种（如结构、设备、装修）进行相关设计与制图的主要依据。因此，平面图与建筑施工图的其他图样相比，较为复杂，绘图也要求全面、准确、简明。

建筑平面图通常是以层数来命名的，若一幢多层房屋的各层平面布置都不相同，应画出各层的建筑平面图，并在每个图的下方注明相应的图名和比例。若各层的房间数量、大小和布置都相同时，至少要画出四个平面图，即底层平面图、标准层平面图、顶层平面图、屋顶平面图（其中标准层平面图是指中间各层相同的楼层）。若建筑平面图左右对称，则习惯上也可将两层平面图合并画在同一个图上，左边画出一层的一半，右边画出另一层的一半，中间用对称符号分界，并在图的下方分别注明它们的图名。

屋顶平面图是房屋顶部按俯视方向在水平投影面上所得到的正投影图，由于屋顶平面图比较简单，常常采用较小的比例（1∶200）绘制。在屋顶平面图中应详细表示有关定位轴线、屋顶的形状、女儿墙（或檐口）、天沟、天窗、详图索引符号、分水线、上人孔、屋面、水箱、屋面的排水方向与坡度、雨水口的位置等。此外，还应画出顶层平面图中未标明的顶层阳台雨篷、遮阳板等构件。

二、常用构造及配件图例

为了方便绘图和读图，“国标”规定了一些常用构造及配件图例。

1. 门窗图例

“国标”规定建筑构配件代号一律用汉语拼音的第一个字母大写来表示，即门的代号用M表示，如果按材质或功能编排，则可有以下代号：木门—MM；钢门—GM；塑钢门—SGM；铝合金门—LM；卷帘门—JM。窗的代号用C表示，同门一样，也可以有以下代号：木窗—MC；钢窗—GC；铝合金窗—LC；木百叶窗—MBC。在门窗的代号后面写上编号，如M1、M2……和C1、C2……，门窗编号表示门窗的种类，同一编号表示同一类型的门窗，即它们的构造与尺寸都相同。

图10-11画出了一些常用门窗的图例，门窗洞的大小及其形式都应按投影关系画出。门窗立面图例中的斜线是门窗扇的开启符号，实线为外开，虚线为内开，开启方向线交角的一侧为铰链，即安装合页的一侧，一般设计图中可不表示。门的平面图上门扇可绘成90°或60°（45°、30°）的特殊斜线，开启弧线绘出与否均可。

2. 其他图例

建筑平面图中部分常用图例，如图10-12所示。

三、建筑平面图的图示内容

（1）墙体、柱、内外门窗位置及编号；

（2）房间名称或编号。若用编号需将编号注写在直径为6mm的细实线绘制的圆圈内，并在同张图纸上列出房间名称表；

（3）注写尺寸，建筑平面图标注的尺寸有三类：外部尺寸、内部尺寸及标高。

建筑平面图的外部尺寸共有三道尺寸，由外向内，第一道为总尺寸，表示房屋的总长、总宽；第二道为轴线尺寸，表示定位轴线之间的距离；第三道为细部尺寸，表示外部门窗洞口的宽度和定位尺寸。三道尺寸线之间应留有适当距离（一般为7～10mm，但第三道尺寸线应距图形最外轮廓线10～15mm），以便注写数字。

建筑平面图的内部尺寸表示内墙上门窗洞口和某些构配件的尺寸和定位。

建筑平面图常以一层主要房屋的室内地坪为零点（标记为±0.000），分别标注出各房间楼地面的标高。

（4）表示电梯、楼梯位置及楼梯上下方向、踏步数及主要尺寸；

（5）表示阳台、雨篷、窗台、通风道、烟道、管道井、雨水管、坡道、散水、排水沟、花池等位置及尺寸；

（6）表示固定的卫生器具、水池、工作台、橱柜、隔断等设施及重要设备位置；

（7）表示地下室、地坑、检查孔、墙上预留洞、高窗等位置与标高；

（8）底层平面图中应画出剖面图的剖切符号，并在底层平面图附近画出指北针；

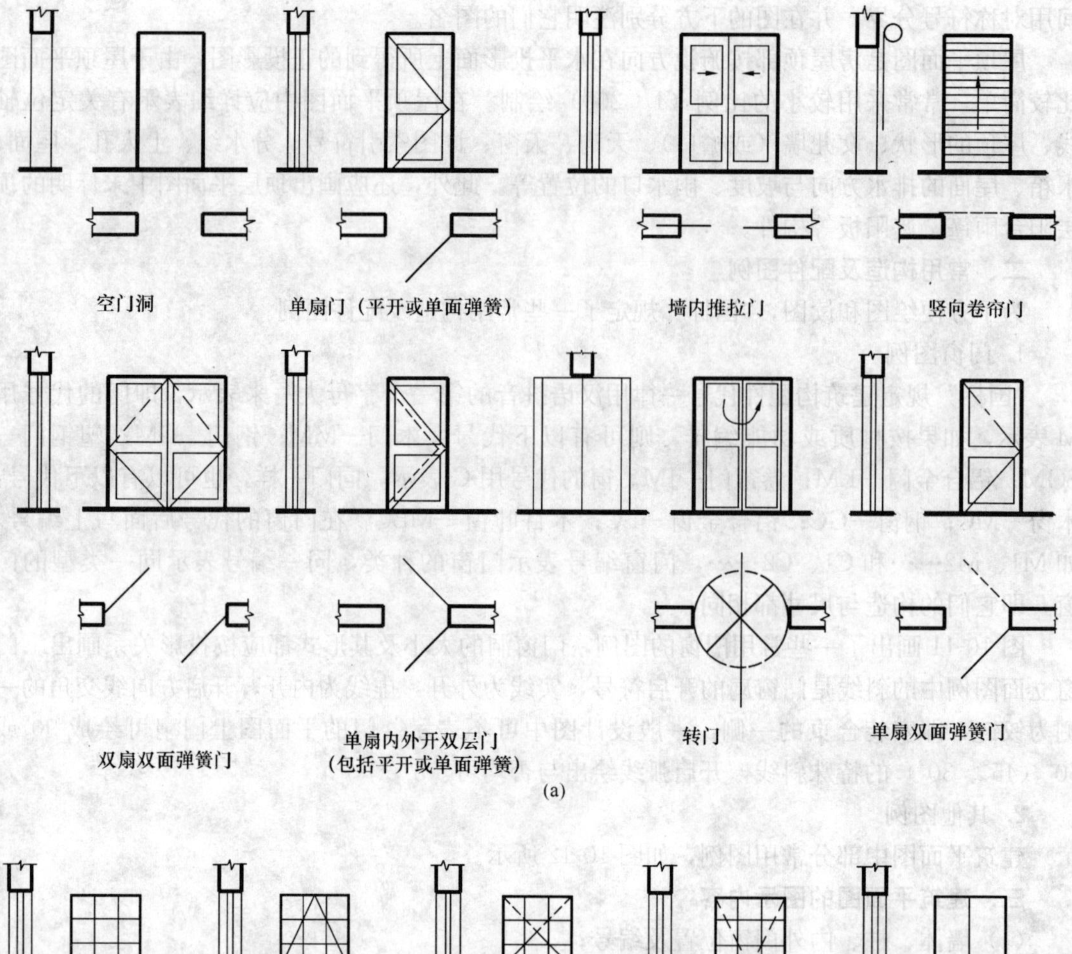

图 10-11 常用门窗图例

(a) 门的图例；(b) 窗的图例

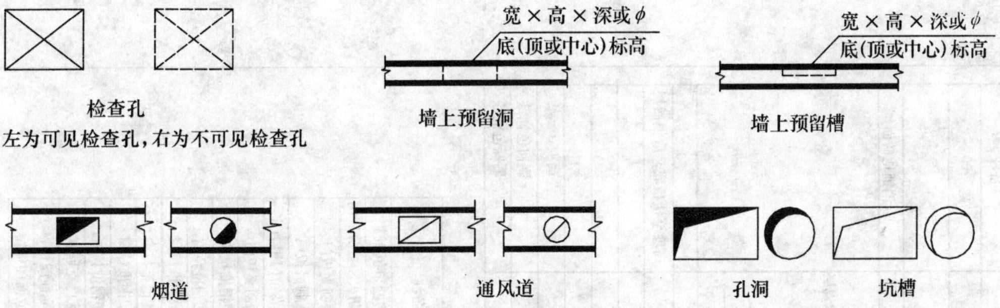

图 10-12　建筑平面图中部分常用图例

(9) 标注有关部位上节点详图的索引符号；

(10) 注写图名和比例。

四、读图示例

1. 图示内容

现以某教师公寓为例，说明平面图的内容及其阅读方法，如图 10-13～图 10-18 所示。

图 10-13 是该公寓的首页图，它包含了建筑设计总说明、建筑面层做法表及门窗表。在建筑总说明中除了介绍工程概况外，还说明了本工程适用的标准图集及施工材料的选用、做法等。

图 10-14 是该公寓的储藏室平面图。从图中可以看出，储藏室地面标高为－2.200，室外地面标高为－2.500，说明储藏室地面相比室外地面高出 300mm。

该层共有 12 间储藏室作为车库使用，在出口处都有坡道与室外地面相连，北面 4 间储藏室出口处设有室外台阶（2 个踏步）与室外地面相连，其余 4 间储藏室由单元入口进入。

楼梯间的开间为 2600mm，所画出的那部分梯段是沿单元入口通向第一层楼面的第一个梯段，该梯段共有 12 个踏面，宽度均为 280mm，尺寸标注为：12×280＝3360mm，说明了该梯段的长度为 3360mm。

该公寓沿横向共有 17 条定位轴线，沿纵向共有 8 条定位轴线，住宅的最左与最右墙体的外侧，各有宽度为 900mm 的散水（散水可以省略不画），被前后的坡道打断。

储藏室平面中共有三种类型的门：M4、M5、DM1，宽度分别为 2700mm、900mm、1500mm。

图 10-15 是该公寓的一层平面图。从图中可以看出，该层室内主要房间的地面标高为±0.000，厨房、卫生间地面标高为－0.020，这是由于厨房与卫生间的地面上经常有水存在，为防止水从厨房与卫生间内流入客厅或其他房间，故有水房间地面应低于主要地面 20mm，因此这样的房间门在图样中都会增加一条细线表示门口线。

该层共有 4 户，每梯两户，每户的房间组成及大小都是一样的，两间卧室为南向，具有良好的朝向，餐厅与卫生间置于北向，客厅与餐厅没有用墙体隔开。部分房间内还画出了主要家具和设备等。

该层平面中有 C1、C2、C3（凸窗）、C4（弧窗）以及 C1A 五种类型的窗，有 M1、M2、M3 三种类型的门，关于这些门窗的具体情况，可通过“设计总说明”中的门窗表进行查阅。

图 10-16 是该公寓的二、三层平面图，它与一层平面图相比，省略了第三道细部尺寸的

建筑设计总说明

一、本工程系青岛市豹竹山庄工程33号楼、36号楼、38号楼，建筑面积为1419平方米，层数为四层。

二、本工程设计依据：

《住宅设计规范》；

《建筑设计防火规范》；

《青岛市住宅建筑设计有关规定》；

《青岛市民用建筑节能设计标准实施细则》；

《建设单位统一技术标准》。

三、墙体：

1．本工程建筑定位及室内首层地坪±0.000相当于绝对标高关系见总图。

2．平面图中未注尺寸的墙体均为 240 厚。未注尺寸的门垛均为120厚。

住宅平面构造柱的尺寸及位置详见结构平面布置图

3．卫生间通风道选用L96J101 第13 页，风道中心距地面 2.1 m 。

厨房吸排油烟机道选用L00J106　第 5页ZRFB-1　,孔道中心距地面 2.3 m 。

通风道、吸排油烟机道出屋面高度严格按照坡屋面有关规定进行施工。

四、门窗：

住宅各单元入口处设对讲电控防盗门，主体施工前确定厂家以便预埋铁件。

各单元入口处设信报箱，选用LJ113 第50 页大样3 。

各分户门采用青岛市消防局统一监制的多功能防火防盗门（防火等级为二级）。

五、防水：

1．卫生间、阳台及厨房地平均比室内平低 20 ，卫生间加设一层防水层，沿墙体上翻沿120 。

2．厨房及卫生间给水横管沿板底布设，穿墙时沿梁底布设。

3．本工程屋面防水等级为三级，所选用的防水材料应符合《屋面工程技术规范》中的相应等级的要求。 对工程中封山檐沟及突出屋面的结构，与屋面交接处加设一层防水层。

4．墙基防潮层设于-0.06 标高处，25厚 1:2.5水泥砂浆内掺 5% 防水剂.

六、沿住宅外墙设有空调搁板，并在各楼层标高处预留三通插口。

七、楼梯扶手选LJ107PT4-8室外台阶做法详LJ105P6-2,室外坡道详88J1P28-6

八、施工中、各专业互相配合，协调施工。

建筑做法说明（省标L96J002）

建筑部位		面层作法	备注
散水		散 2	宽 900
楼面	住宅现浇楼面 楼梯间踏步、平台	楼 1	
楼面	卫生间、厨房	楼 17	取消铺地砖面层
屋面	住宅坡屋面	1．现浇钢筋混凝土屋面板 2．1:3水泥砂浆找平层20厚 3．100厚水泥膨胀珍珠岩块保温层 4．1:3水泥砂浆找平层20 厚 5．SBS防水卷材 6．40厚C20细石混凝土内配 $\phi4$ @200 7．1:2水泥砂浆贴波形瓦	
屋面	露台	屋 27	
室内	客厅、卧室、阳台	内墙 6、7	
室内	卫生间、厨房	内墙 31	高度至楼板底，取消面层
室外	五层以上外墙	外墙 23	
室外	五层以下外墙	外墙 32	
顶棚		棚 9	
踢脚		踢 2	高 150
油漆	木门窗	油漆 2	刷白色油漆
油漆	金属栏杆	油漆 39	刷绿色油漆

门窗表

序号	名称编号	洞口尺寸 (mm)		数量	备注
		宽	高		
1	DM1	1500	2100	2	对讲电控防盗门
2	M1	1000	2100	20	多功能防火防盗分户门
3	M2	800	2100	44	木制夹板门
4	M3	900	2100	36	木制夹板门
5	M4	2700	2000	12	特制卷帘门甲方定
6	M5	900	2000	8	木制夹板门
7	C1	1500	1600	22	塑钢推拉窗
8	C1A	1500	1200	2	塑钢推拉窗
9	C2	1200	1600	16	塑钢推拉窗
10	C3	1500	1600	24	塑钢推拉窗
11	C3A	1500	1200	2	塑钢推拉窗
12	C4	3360	2200	16	塑钢推拉窗
13	GC1	1140	1400	6	威卢克斯窗
14	GC2	2150	H	4	南立面阁楼窗
15	GC3	1800	H	4	北立面阁楼窗

注：门窗做法详厂家图集,窗户为绿色玻璃。

图 10-13　某公寓首页图

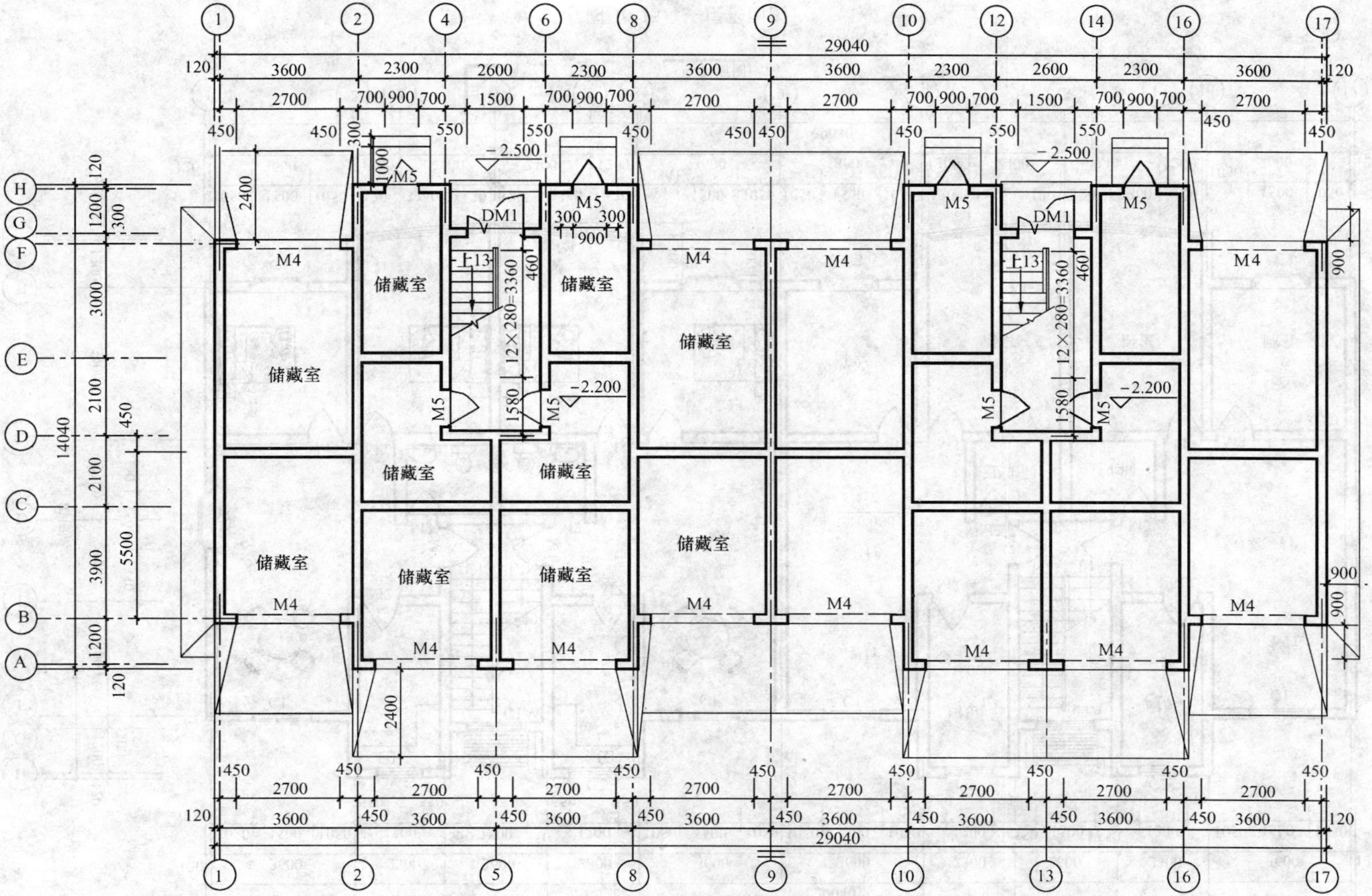

储藏室平面图 1:100

图 10-14 负一层平面图

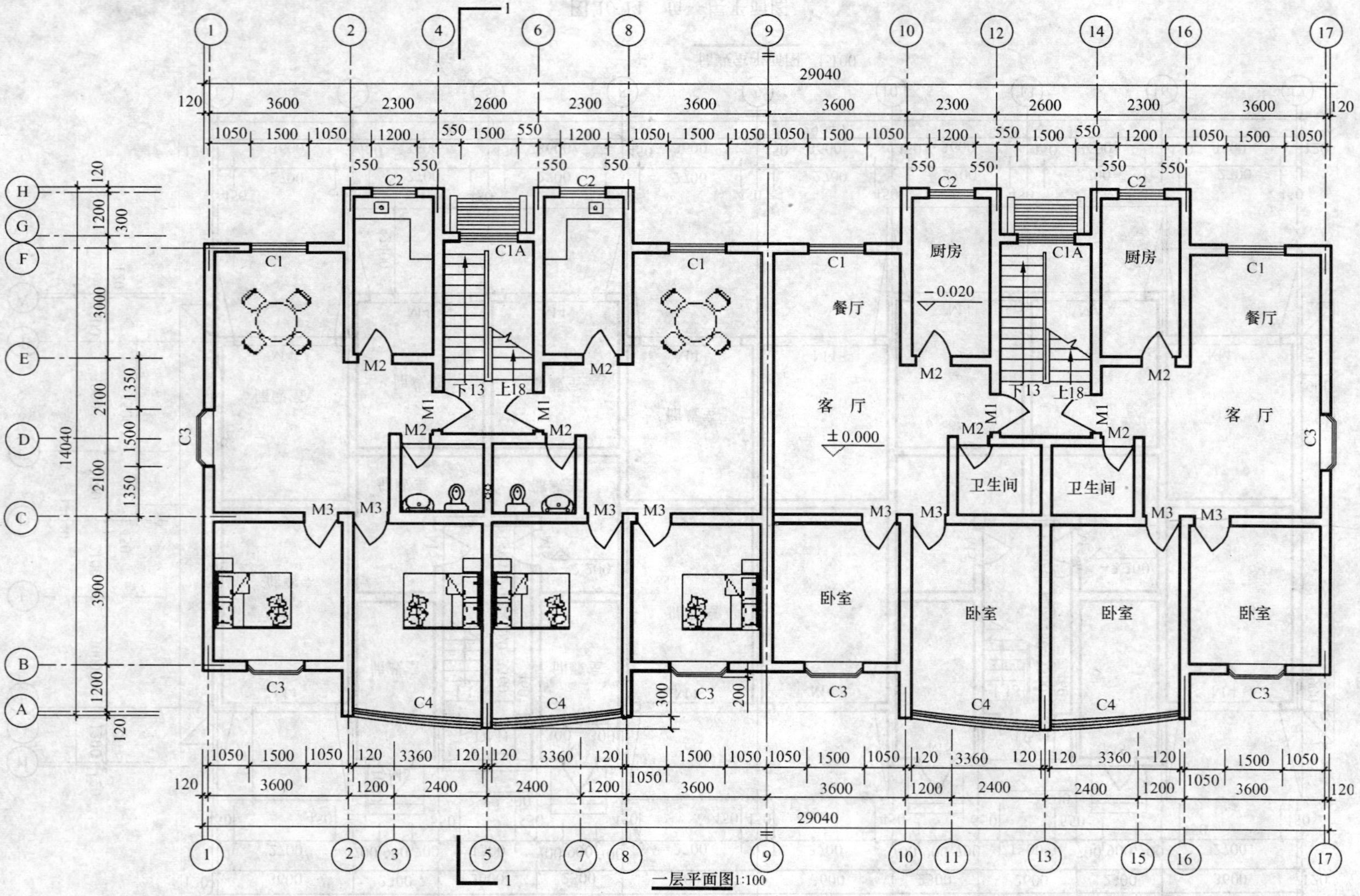

图 10-15　一层平面图

标注，其余均没有较大区别，只是一层平面图中已画出的雨篷此时不再画出。

图 10-17 是该公寓的阁楼层平面图，图中的虚线表示屋顶部分的内容，应与屋顶平面图结合起来阅读。

从图中可以看出，阁楼层每户都有一个露台，为阁楼层住户专用，露台地面的高度高于阁楼楼地面，为此设置了两步台阶通往露台；在阁楼客厅的楼板角部还开有一个较大的矩形洞口，为四楼住户通往阁楼设置户内楼梯时使用；阁楼层的每个房间（卫生间除外），均设置了一个立窗或威卢克斯窗。

图 10-18 是画出的屋顶平面图，可以看出：该屋顶为双坡屋面，屋面坡度为 1/2，沿纵墙方向设有天沟，天沟的排水坡度为 0.5％；在房屋的南北向天沟内各设置了 3 根和 5 根落水管；在靠近屋脊处设有两个屋顶检查孔（即人孔），其详图可查阅山东省建筑标准图集 LJ104；由于卫生间为暗的（即没有外窗），故按设计规范要求应设有通风道，且通向屋顶高出屋面；屋面处还设有六个阁楼窗 GC1，从门窗表中可以查出此类窗是威卢克斯窗，主要是为阁楼的起居室采光通风。

2. 平面图线型

平面图的线型一般有五种：剖到的墙柱断面轮廓用粗实线；剖到的门扇用中实线（单线）或细实线（双线）；定位轴线用细单点长画线；看到的构配件轮廓和剖到的窗扇用细实线；被挡住的构配件轮廓用细虚线。

3. 定位轴线

从图中定位轴线的编号及其间距，可了解到各承重构件的位置及房间的大小。本例房屋的横向定位轴线为①～⑰，纵向定位轴线为Ⓐ～Ⓗ。

4. 墙、柱的断面

平面图中墙、柱的断面应根据平面图不同的比例，按《建筑制图标准》（GB/T50104—2001）中的规定绘制，这些规定也适用于本章第 5 节的建筑剖面图。

（1）比例大于 1∶50 的平面图、剖面图，应画出抹灰层与楼地面、屋面的面层线，并宜画出材料图例。

（2）比例为 1∶100～1∶200 的平面图、剖面图，可画简化的材料图例，如砌体墙涂红（或用空白表示）、钢筋混凝土涂黑等。

5. 尺寸标注

在平面图中标注的尺寸，有外部标注、内部标注和标高标注。

（1）外部标注

为了便于读图和施工，当图形对称时，一般在图形的下方和左侧注写三道尺寸，图形不对称时，四面都要标注。本书以图 10-15 为例按尺寸由外到内的关系说明这三道尺寸：

第一道尺寸，是建筑总尺寸，是指从一端外墙边到另一端外墙边的总长和总宽的尺寸。一般在底层平面图中标注外包总尺寸，在其他各层平面中可以省略。本例建筑外包总尺寸为 29040mm 和 14040mm，在每个平面图中都进行了标注。

第二道尺寸，是表示轴线间距离的尺寸，用以说明房间的开间及进深。如①～②、⑧～⑨、⑨～⑩、⑯～⑰轴线间的房间开间均为 3.6m，②～⑤、⑤～⑧、⑩～⑬、⑬～⑯轴线间的房间开间也均为 3.6m（1.2m ＋2.4m），Ⓑ～Ⓒ轴线间的房间进深为 3.9m，等等。

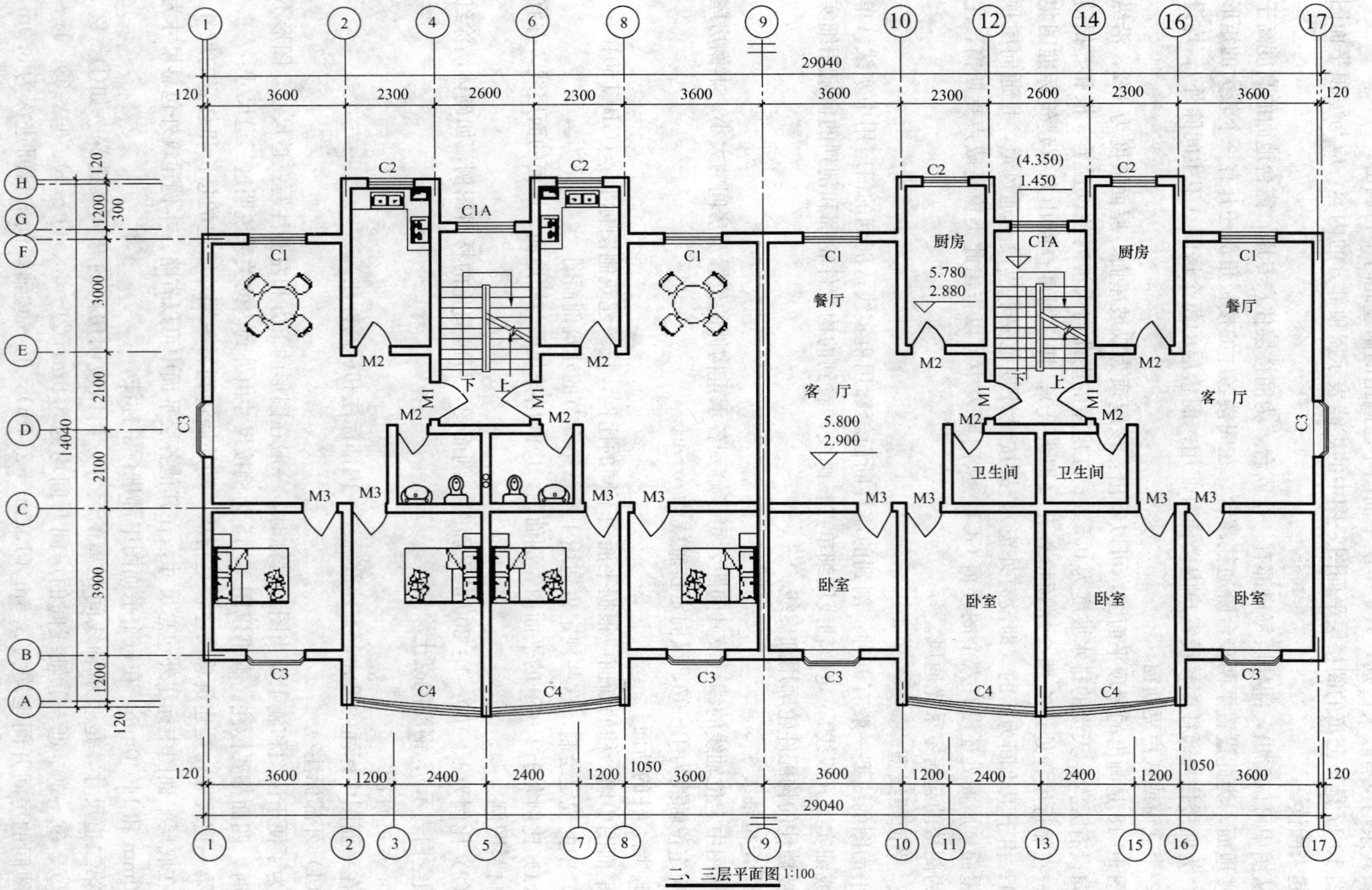

图 10-16　二、三层平面图

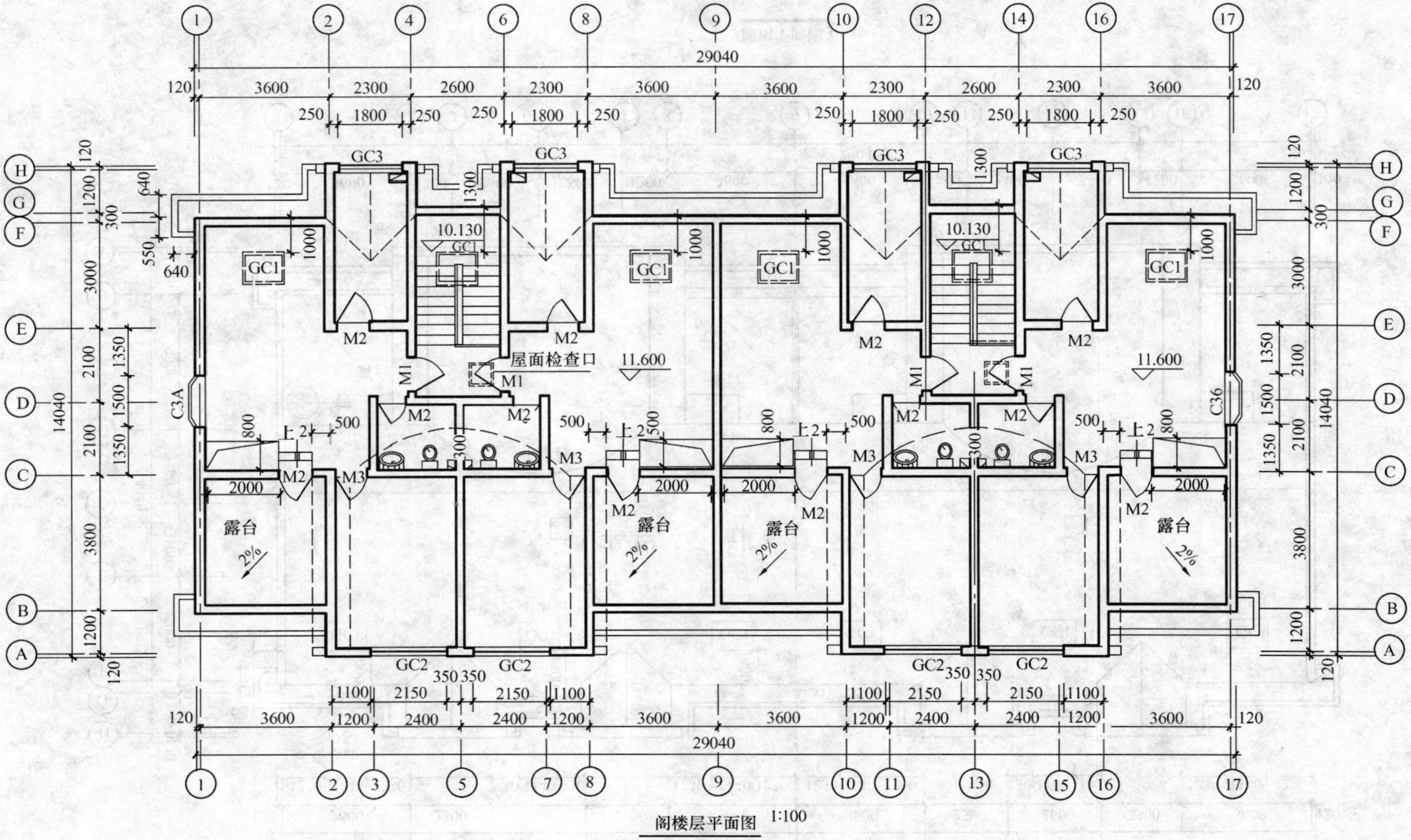

图 10-17　阁楼层平面图

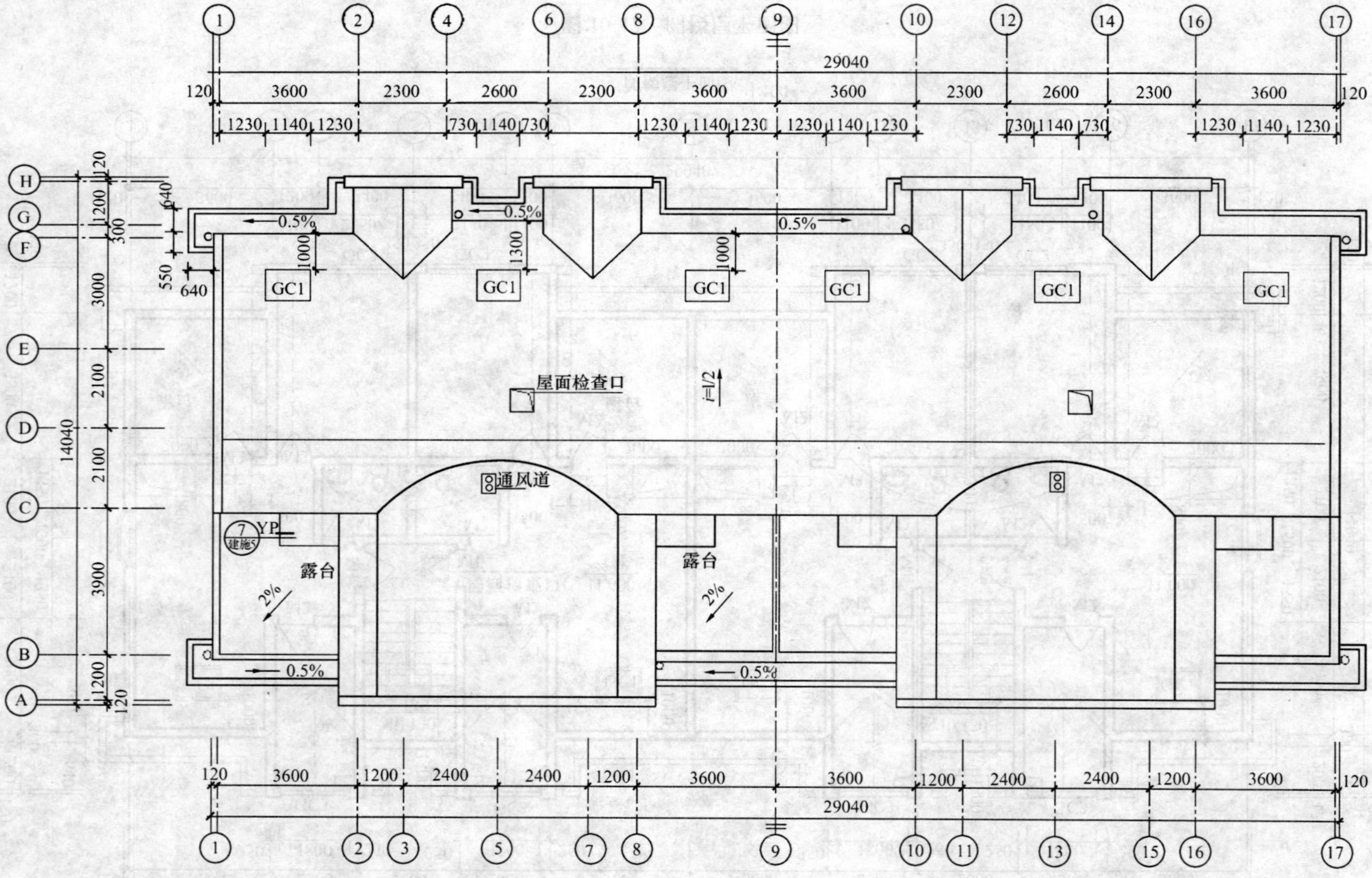

屋顶平面图 1:100

图 10-18 屋顶平面图

第三道尺寸，是表示外墙门窗洞口的尺寸。如①～②轴线间的窗C3，其宽度为1500mm，窗洞边距离轴线为1050mm；又如Ⓒ～Ⓔ轴线间的C3，宽度为1500mm，窗洞边距离两侧轴线均为1350mm；②～④轴线间的窗C2，宽度为1200mm，窗洞边距离两侧轴线均为550mm。

应该注意，门窗洞口尺寸不要与其他实体的尺寸混行标注，墙厚、雨篷宽度、台阶踏步宽度、花池宽等应就近实体另行标注。

（2）内部标注

为了说明房间的净空大小和室内的门窗洞、孔洞、墙厚和固定设备（如厕所、工作台、搁板、厨房等）的大小与位置，以及室内楼地面的高度，在平面图上应清楚地注写出有关的内部尺寸。相同的内部构造或设备尺寸，可省略或简化标注，如“未注明之墙身厚度均为240”、“除注明者外，墙轴线均居中”等。

（3）标高标注

楼地面标高是表明各房间的楼地面对标高零点（±0.000）的相对高度。本例一层地面定为标高零点，厨房、卫生间地面标高是－0.020，说明这些地面比其他房间地面低20mm。

其他各层平面图的尺寸，除标注出轴线间的尺寸和总尺寸外，其余与底层平面相同的细部尺寸均可省略。

第四节　建筑立面图

一、概述

建筑立面图是房屋外表面的正投影图，简称立面图。立面图主要是用来表达建筑物的外部造型，在施工图中，它主要反映房屋的外貌和立面装修的做法。

1. 立面图的命名方法

“国标”规定，立面图的命名方法有三种：当房屋为正朝向时，可按朝向命名为东（南、西、北）立面图；当房屋朝向不正时，可按投影（或按立面的主次）命名为正立面图、背立面图、左侧立面图、右侧立面图；房屋朝向不正时，也可按轴线编号命名为①～⑧立面图、⑧～①立面图、Ⓐ～Ⓗ立面图、Ⓗ～Ⓐ立面图。

2. 图示内容

按投影原理，立面图上应将立面上所有看得见的细部都表示出来。但由于立面图的比例较小，如门窗扇、檐口构造、阳台栏杆和墙面复杂的装修等细部，往往只用图例表示。它们的构造和做法，都另有详图或文字说明。因此，立面图上相同的门窗、阳台、外檐装修、构造做法等可在局部重点表示，绘出其完整图形，其余部分都可简化，只画出轮廓线。

根据房屋立面的情况，一般应画出房屋的四个立面，当房屋左右对称时，只需画一个侧立面，即此时房屋可画三个立面图（正、背、侧立面图）。

3. 标高与尺寸标注

建筑立面图宜标注室外地坪、入口地面、雨篷底、门窗上下坪、檐口、女儿墙顶及屋顶最高处部位的标高。除了标高外，有时还需注出一些并无详图的局部尺寸，用以补充建筑构造、设施或构配件的定位尺寸和细部尺寸，如本例墙面上的水平挑沿厚度为

120。标高一般注在图形外，并做到标高符号上下对齐，大小一致，必要时，可标注在图内。

4. 图线

在绘制建筑立面图时，为了加强图面效果，使外形清晰、重点突出和层次分明，按要求立面图线型分为五种：室外地坪线用线宽为 1.4b 的特粗实线绘制；房屋立面的最外轮廓线用线宽为 b（b 的取值按国家标准，常取 b=0.7mm 或 1.0mm）的粗实线画；在外轮廓线之内的凹进或凸出墙面的轮廓线，用线宽为 0.5b 的中实线画，如窗台、门窗洞、檐口、阳台、雨篷、柱、台阶等构配件的轮廓线；门窗扇、栏杆、雨水管和墙面分格线等均用线宽为 0.25b 的细实线绘制；房屋两端的轴线用细单点长画线绘制。

二、建筑立面图的图示内容

(1) 建筑物两端或分段的轴线及编号。

(2) 女儿墙顶、檐口、柱、室外楼梯和消防梯、烟囱、雨篷、阳台、门窗、门斗、勒脚、雨水管、台阶、坡道、花池的正面投影，其他装饰构件和墙面分格线等。

(3) 在平面图上表示不出的窗编号，应在立面图上标注。平、剖面图未能表示出来的屋顶、檐口、女儿墙、窗台等标高或高度，应在立面图上分别注明。

(4) 各部分构造、装饰节点详图索引符号。

三、读图示例

现以图 10-19～图 10-21 所示的立面图为例，说明立面图的内容及其阅读方法。

从图名或轴线编号可知这三个立面图分别是表示房屋的南向、北向及东向的立面图，比例与平面图一样，为 1∶100。

从图中可看出：外轮廓线所包围的范围显示出这幢房屋的总长、总宽、总高。屋顶采用坡屋顶，共 4 层住户，房屋最下一层为储藏室（车库），顶层住户拥有阁楼层，各层左右对称；图中按实际情况画出了窗洞的可见轮廓和窗户形式。

从图上的文字说明，可了解到房屋外墙面装饰的材料和做法。如本例房屋 1～3 层墙面采用贴黄褐色外墙面砖，4 层及阁楼层墙面采用乳白色涂料。外墙勒脚处墙面除坡道外均采用乳白色外墙涂料，屋面采用蓝灰色波纤瓦等。

从①～⑰立面图中可以看出，负一层的车库门为特制的卷帘门；每户的大卧室采用的是落地窗，窗台高 300mm；该卧室屋顶采用拱形屋面；南面的次卧室采用的是折线型飘窗；阁楼层每户的露台处均设有栏杆，露台门的上部设有雨篷；屋面采用双坡屋面上贴蓝灰色波纤瓦。

⑰～①立面图上表达出了楼梯间外墙面的处理以及原来各层厨房向上延伸与屋面相交而形成的四个老虎窗；另在坡屋面上设置了六个威卢克斯窗（阁楼窗 GC1）。此外，在立面图上，对于一些构件还在图形中标注出了索引符号。

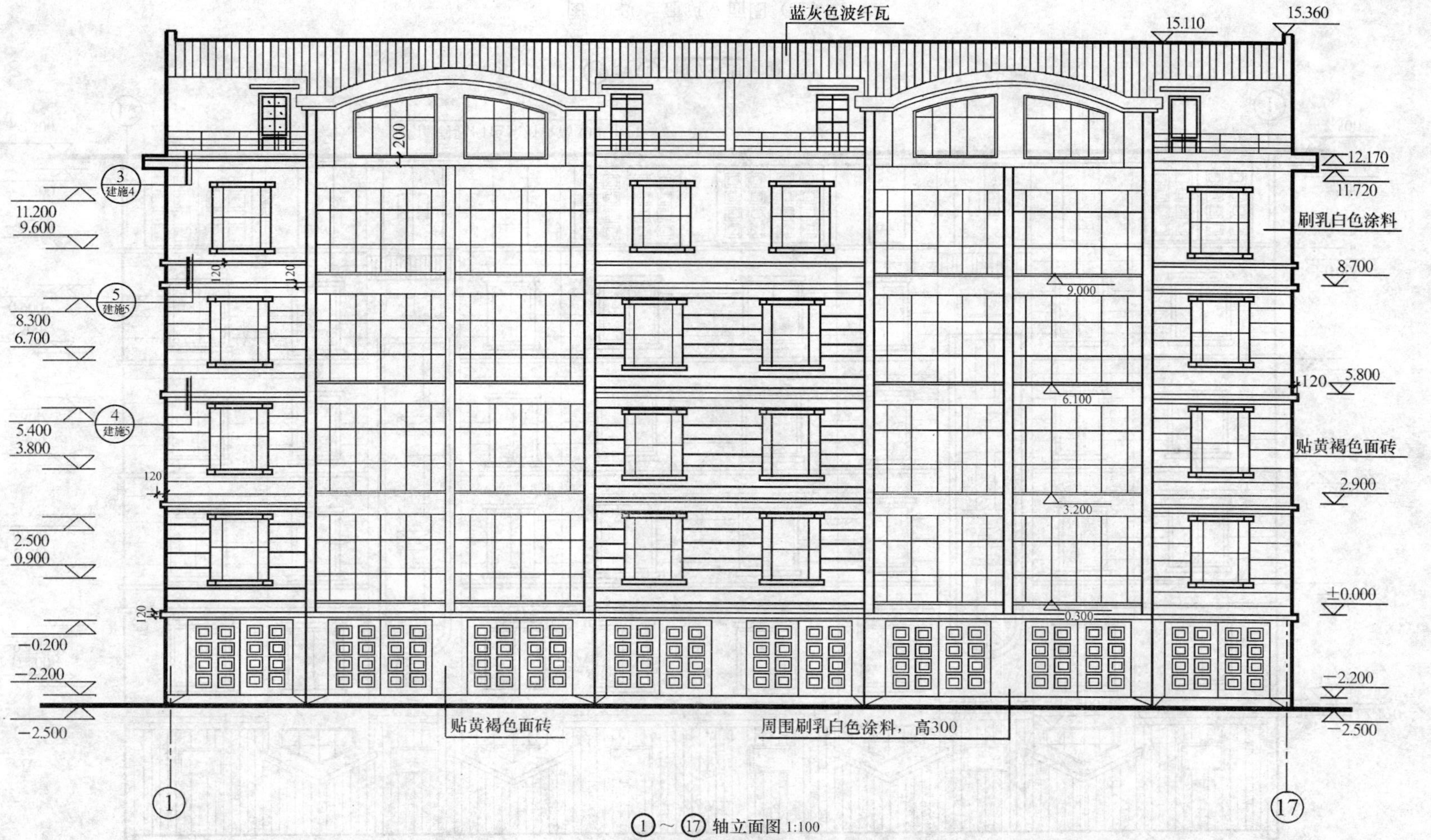

①～⑰轴立面图 1:100

图 10-19　建筑立面图（一）

图 10-20　建筑立面图（二）

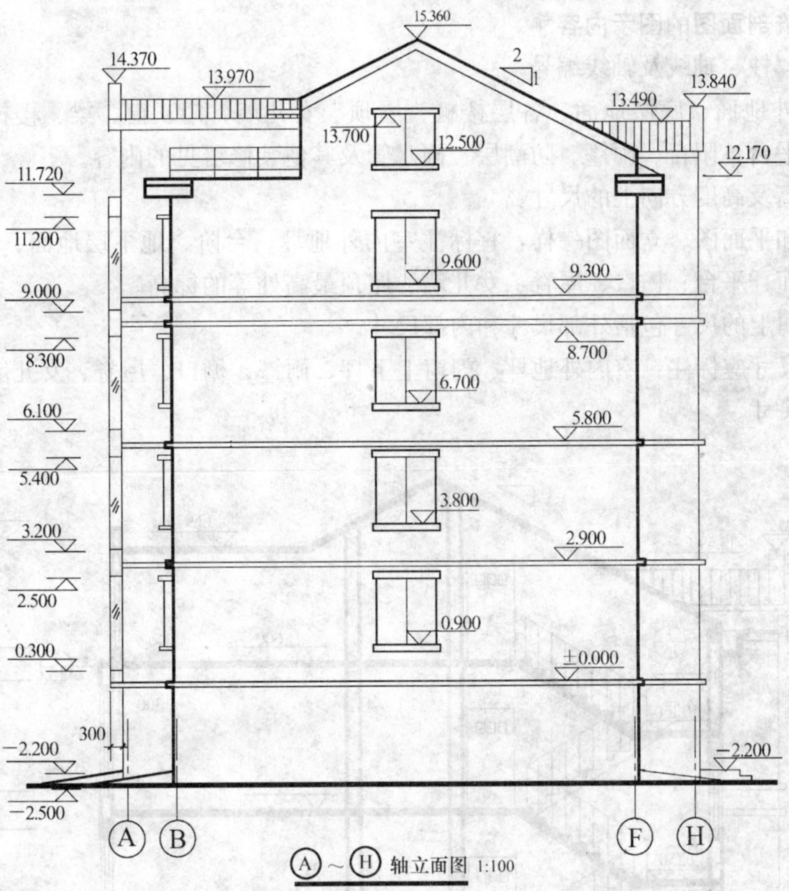

图 10-21　建筑立面图（三）

第五节　建筑剖面图

一、概述

建筑剖面图是房屋的竖直剖面图，也就是假想用一个平行于正立投影面（或侧立投影面）的竖直剖切平面剖开房屋，移去剖切平面某一侧的形体部分，对剩下的形体部分做出的正投影称为建筑纵剖面图（或建筑横剖面图），统称为建筑剖面图。

建筑剖面图应表示剖切断面和投影方向可见的建筑构配件轮廓线，其尺寸包括外部尺寸与标高和内部楼地面标高及内部门窗洞尺寸。画建筑剖面图时，常用全剖面图和阶梯剖面图的形式。剖切符号须画在底层平面图内，剖切平面应根据图纸的用途或设计深度，选择房屋内部构造复杂而又反映特征的部位，并应尽量通过门窗洞和楼梯间剖切。

剖面图的数量是根据房屋的具体情况和施工实际需要而决定的。剖切面一般选用横向剖切，即平行于侧立面，必要时也可以纵向剖切，即平行于正立面。剖面图的图名与平面图上所标注的剖切符号的编号一致，如 1-1 剖面图、2-2 剖面图等。

剖面图中的断面处要求画出材料图例，其材料图例的画法与平面图相同。

习惯上，剖面图不画出基础的大放脚，墙的断面只需画到地坪线以下适当的地方，画断开线断开就可以了，断开以下的部分将由房屋结构施工图的基础图表明。

二、建筑剖面图的图示内容

（1）墙、柱、轴线及轴线编号。

（2）室外地面、底层地面、各层楼板、屋顶、女儿墙、门、窗、梁、楼梯、台阶、坡道、散水、平台、阳台、雨篷、防潮层、雨水管及其他装修可见的内容。

（3）标高及高度方向上的尺寸。

剖面图和平面图、立面图一样，宜标注室内外地坪、台阶、地下层地面、门窗上下坪、雨篷、楼地面、平台、檐口、屋脊、女儿墙、屋顶最高处等的标高。

高度方向上的尺寸包括外部尺寸和内部尺寸。

①外部尺寸应标注：室内外地坪、门窗上下坪、雨篷、檐口、屋脊、女儿墙、屋顶最高处等的高度尺寸。

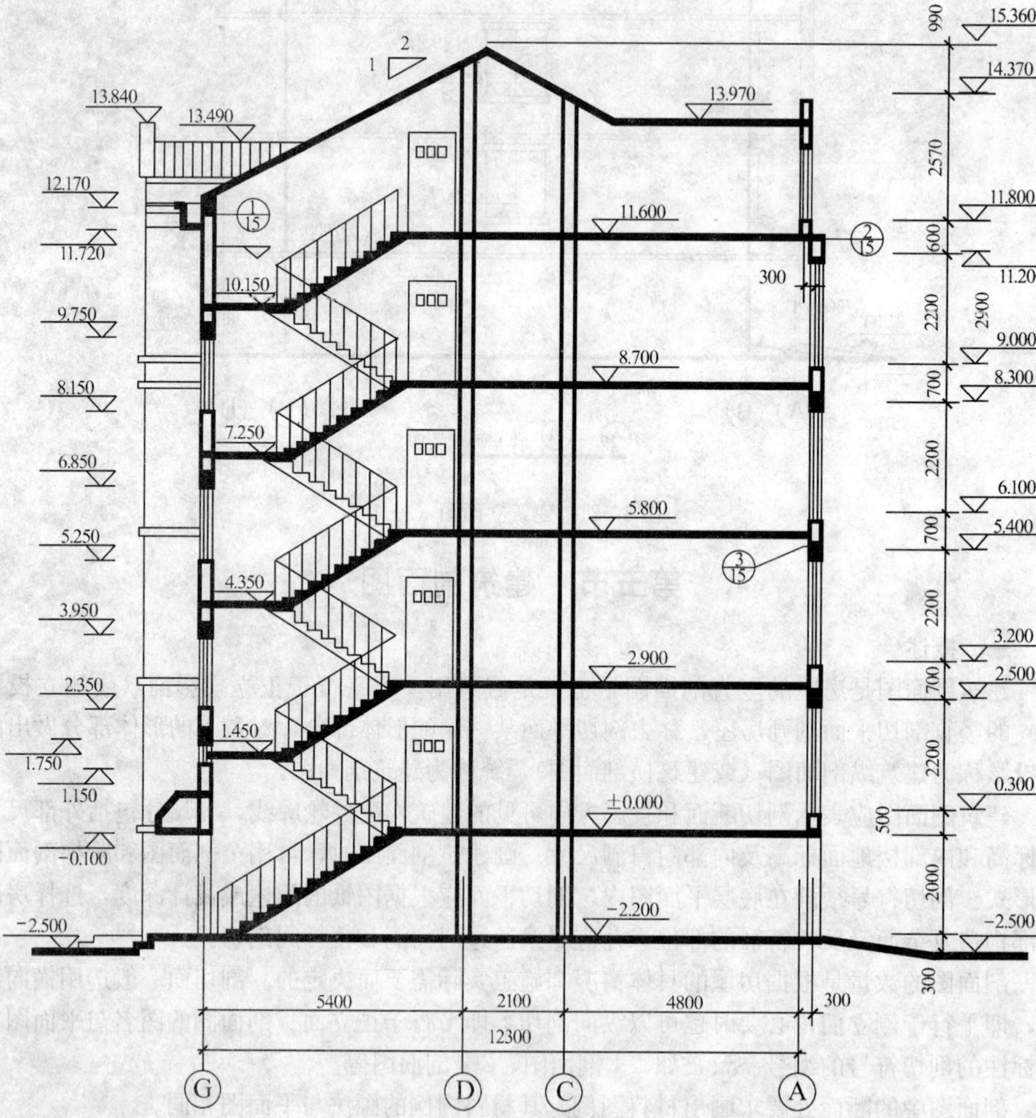

1—1剖面图 1:100

图 10-22 建筑剖面图

②内部尺寸主要标注：地坑深度、隔断、搁板、平台、吊顶、墙裙及室内门窗等的高度尺寸。

（4）表示楼地面各层的构造，可用引出线说明。若另画有详图，在剖面图中可用索引符号引出说明；若已有“构造说明一览表”或“面层做法表”时，在剖面图上不再作任何标注。

（5）节点构造详图索引符号。

三、读图示例

现以图 10-22 所示的剖面图为例，说明剖面图的内容及其阅读方法。

图中标高都表示与±0.000 的相对尺寸。可以看出，各层（除阁楼层 2.37m）的层高为 2.9m；表示楼、地面各层的构造，可用引出线说明，也可以另画详图，在剖面图中要用索引符号引出说明，本例在设计说明中已有“建筑做法说明”，故在剖面图上不再作任何标注。

根据图名结合一层平面图上的剖切位置相对照，可知 1-1 剖面图是通过④～⑤轴线间的楼梯梯段，剖切后向右进行投影而得到的横向剖面图，绘图比例为 1∶100。图中画出了屋顶的结构形式以及房屋室内外地坪以上各部位被剖切到的建筑构配件。如室外入口台阶、入口坡道、室内外地面、楼地面、内外墙及门窗、梁、梯段与楼梯平台、雨篷等，同时画出了看到的室外入口台阶、各层户门、楼梯栏杆和梯段、北面厨房突出部分及其老虎窗等。

图中在檐口、窗顶等处画出了索引符号，需用较大的比例绘制建筑详图加以说明。

第十一章　结构施工图

第一节　概　述

建筑施工图主要表达出了房屋的外形、内部布局、建筑细部构造和内外装修等内容，而房屋各承重构件的布置、形式、大小以及连接情况等内容都没有表达出来。因此，在房屋设计中，除了进行建筑设计，画出建筑施工图外，还要进行结构设计。

结构设计是根据建筑各方面的要求，进行结构选型和构件布置，再通过力学计算，决定房屋各承重构件的材料、形状、大小，以及内部构造等，并将设计结果按正投影法绘成图样以指导施工，这种图样称为结构施工图，简称“结施”。

房屋结构按承重构件的材料可分为：

(1) 砖混结构——承重墙用砖或砌块砌筑，梁、楼板和楼梯等承重构件都是钢筋混凝土构件。

(2) 钢筋混凝土结构——承重的柱、梁、楼板和屋面都是钢筋混凝土构件。

(3) 砖木结构——墙用砖砌筑，梁、楼板和屋架都是木构件。

(4) 钢结构——承重构件全部为钢材。

(5) 木结构——承重构件全部为木材。

本章将主要介绍第十章所述某教师公寓中的钢筋混凝土结构施工图阅读与绘图，简要介绍钢结构施工图的阅读。对于近年来广泛应用于各设计单位和施工单位的建筑结构施工图平面整体设计方法（简称平法），本章也做了详细的介绍。

结构施工图应包括以下内容：

(1) 结构设计说明，包括选用结构材料的类型、规格、强度等级，地基情况，施工注意事项，选用的标准图集等。

(2) 结构平面图，包括基础平面图，楼层结构平面图，屋面结构平面图。

(3) 结构构件详图，包括梁、板、柱及基础结构详图，楼梯结构详图，屋架结构详图，其他详图，如支撑详图等。

(4) 常用构件代号

为绘图和施工方便，结构构件的名称应用代号来表示，常用的构件代号见表 11-1 所示。

表 11-1　常用构件代号（部分）

名　称	代　号	名　称	代　号	名　称	代　号
板	B	盖板或沟盖板	GB	屋面梁	WL
屋面板	WB	墙板	QB	吊车梁	DL
空心板	KB	天沟板	TGB	圈梁	QL
楼梯板	TB	梁	L	过梁	GL

续表

名　称	代　号	名　称	代　号	名　称	代　号
基础梁	JL	框架柱	KZ	水平支撑	SC
楼梯梁	TL	构造柱	GZ	梯	T
框架梁	KL	桩	ZH	雨篷	YP
屋架	WJ	挡土墙	DQ	阳台	YT
框架	KJ	柱间支撑	ZC	预埋件	M
柱	Z	垂直支撑	CC	基础	J

注：1. 预制钢筋混凝土构件、现浇钢筋混凝土构件、钢构件和木构件，一般可直接采用本表中的构件代号。在绘图中，当需要区别上述构件的材料种类时，可在构件代号前加注材料代号，并在图纸中加以说明。

2. 预应力钢筋混凝土构件的代号，应在构件代号前加注“Y-”，如 Y-KB 表示预应力钢筋混凝土空心板。

第二节　钢筋混凝土结构图

一、钢筋混凝土构件的基本知识

1. 钢筋混凝土构件的组成和混凝土的强度等级

钢筋混凝土构件由钢筋和混凝土两种材料组成。混凝土是由水泥、砂子（细骨料）、石子（粗骨料）和水按一定的比例拌合硬化而成。混凝土的抗压强度高，但抗拉强度低，一般仅为抗压强度的$\frac{1}{20}$～$\frac{1}{10}$。因此，混凝土构件容易在受拉或受弯时断裂。混凝土的强度等级应按立方体抗压强度标准值确定，可划分为 C20、C25、C30、C35、C40、C45、C50、C55、C60、C65、C70、C75、C80 等。数字越大，表示混凝土的抗压强度越高。

为了提高混凝土构件的抗拉能力，常在混凝土构件受拉区域或相应部位加入一定数量的钢筋，如图 11-1 所示。钢筋不但具有良好的抗拉强度，而且与混凝土有良好的粘结力，其热膨胀系数与混凝土也相近。因此，钢筋与混凝土可以结合成一个整体，共同承受外力。这种配有钢筋的混凝土，称为钢筋混凝土，配有钢筋的混凝土构件，称为钢筋混凝土构件。

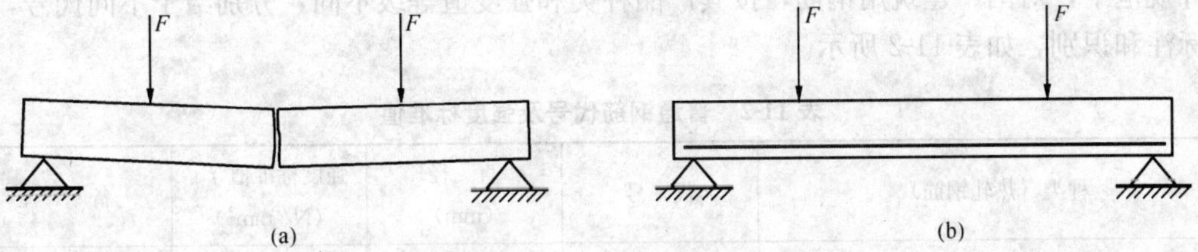

图 11-1　混凝土构件、钢筋混凝土构件受力示意图

（a）混凝土构件；（b）钢筋混凝土构件

钢筋混凝土构件有现浇和预制两种。现浇是指在建筑工地现场原位浇制，预制是指在预制品工厂或现场先浇制好，然后运到工地或直接进行吊装。此外，在制作构件时，通过张拉钢筋对混凝土预加一定的压力，可以提高构件的抗拉和抗裂性能，这种构件称为预应力钢筋混凝土构件。

2. 钢筋混凝土构件中钢筋的名称和作用

配置在钢筋混凝土构件中的钢筋，按其作用可分为下列几种，如图 11-2 所示：

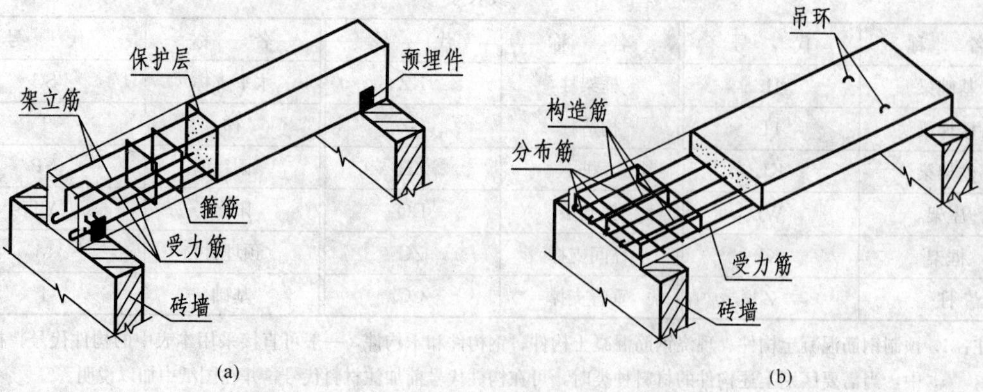

图 11-2　钢筋的分类

(a) 钢筋混凝土梁；(b) 钢筋混凝土板

(1) 受力筋：也称主筋，主要承受拉、压应力的钢筋，用于梁、板、柱、墙等钢筋混凝土构件受力区域中。

(2) 箍筋：也称钢箍，用以固定受力筋的位置，并受一部分斜拉应力，多用于梁和柱内。

(3) 架立筋：用以固定梁内箍筋位置，与受力筋、箍筋一起形成钢筋骨架，一般只在梁内使用。

(4) 分布筋：用于板或墙内，与板内受力筋垂直布置，用以固定受力筋的位置，并将承受的重量均匀地传给受力筋，同时抵抗热胀冷缩所引起的温度变形。

(5) 构造筋：构件因在构造上的要求或施工安装需要而配置的钢筋，如预埋锚固筋、吊环等。

3. 钢筋的种类与代号

钢筋混凝土构件中配置的钢筋有光圆钢筋和带肋钢筋（表面上有肋纹）。在混凝土结构设计规范中，对国产建筑用钢筋，按其产品种类和强度值等级不同，分别给予不同代号，以便标注和识别，如表 11-2 所示。

表 11-2　普通钢筋代号及强度标准值

种类（热轧钢筋）	代　号	直　径 (mm)	强度标准值 f_{yk} (N/ mm²)	备　注
HPB235（Q235）	Φ	8～20	235	光圆钢筋
HRB335（20MnSi）	Φ̲	6～50	335	带肋钢筋
HRB400（20MnSiV、20MnSiNb、20MnTi）	Φ̲̲	6～50	400	带肋钢筋
RRB400（K20MnSi）	$Φ^R$	8～40	400	热处理钢筋

4. 钢筋的保护层

为了保护钢筋，防腐蚀、防火以及加强钢筋与混凝土的粘结力，在构件中钢筋外边缘至构件表面之间应留有一定厚度的保护层。根据《混凝土结构设计规范》（GB 50010—2002）规定：纵向受力的普通钢筋及预应力钢筋，其混凝土保护层厚度不应小于钢筋的公称直径，且应符合表 11-3。

表 11-3　纵向受力钢筋的混凝土保护层最小厚度　　　　mm

环境类别		板、墙、壳			梁			柱		
		≤C20	C25～45	≥C50	≤C20	C25～45	≥C50	≤C20	C25～45	≥C50
一		20	15	15	30	25	25	30	30	30
二	a	—	20	20	—	30	30	—	30	30
	b	—	25	20	—	35	30	—	35	30
三		—	30	25	—	40	35	—	40	35

注：基础中纵向受力钢筋的混凝土保护层厚度不应小于 40mm；当无垫层时不应小于 70mm。

室内正常环境为一类环境，室内潮湿环境为二 a 类环境，严寒和寒冷地区的露天环境为二 b 类环境，使用除冰盐或滨海室外环境为三类环境。

5. 钢筋的弯钩

为了使钢筋和混凝土具有良好的粘结力，避免钢筋在受拉时滑动，应对光圆钢筋的两端进行弯钩处理，弯钩常做成半圆弯钩或直弯钩，如图 11-3（a）、（b）。钢箍常采用光圆钢筋，故两端处也要作出弯钩，一般分别在两端各伸长 50mm 左右，将弯钩常做成 135°或 90°，如图 11-3（c）所示。

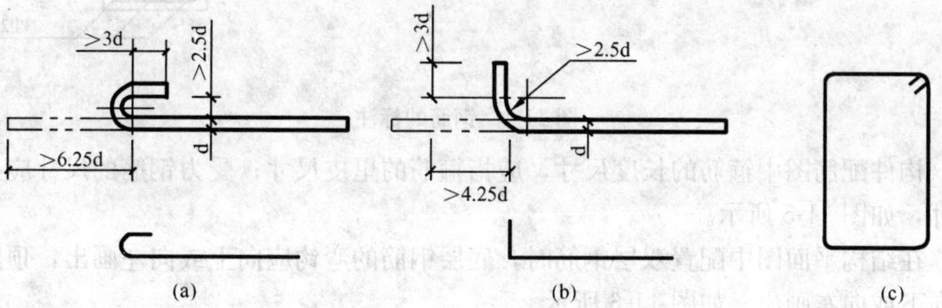

图 11-3　钢筋、钢箍的弯钩和简化画法

（a）钢筋的半圆弯钩；（b）钢筋的直弯钩；（c）钢箍的弯钩

带肋钢筋由于与混凝土的粘结力强，所以两端不必加弯钩。

二、钢筋混凝土结构图的图示特点

（1）为了突出表示钢筋的配置情况，在钢筋混凝土构件结构图中，把钢筋画成粗实线，构件的外形轮廓线画成细实线；在构件断面图中，不画材料图例，钢筋断面用黑圆点表示。钢筋常用的表示方法见表 11-4。

表 11-4　钢筋的一般表示方法

名　称	图　例	说　明
钢筋横断面	●	
无弯钩的钢筋端部		图表示长、短钢筋投影重叠时，短钢筋的端部用 45°斜线表示

续表

名　称	图　例	说　明
带半圆形弯钩的钢筋端部		
带直钩的钢筋端部		
带丝扣的钢筋端部		
无弯钩的钢筋搭接		
带半圆弯钩的钢筋搭接		
带直钩的钢筋搭接		
预应力钢筋或钢绞线		
单根预应力钢筋横断面		

（2）钢筋的标注应给出钢筋的代号、直径、数量、间距、编号及所在位置，如图 11-4 所示。钢筋说明应沿钢筋的长度标注或标注在相关钢筋的引出线上。

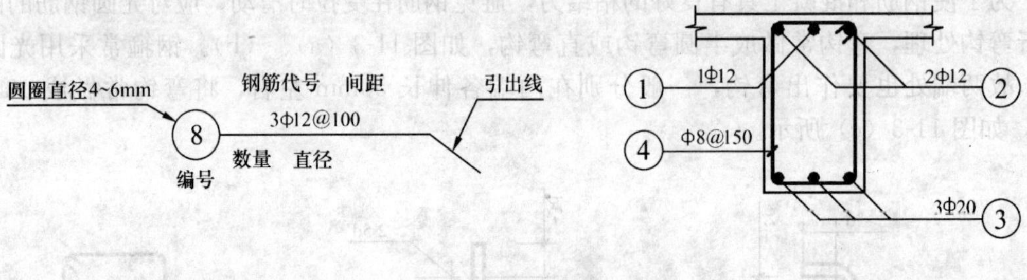

图 11-4　钢筋的标注

（3）构件配筋图中箍筋的长度尺寸，应指箍筋的里皮尺寸；受力钢筋的尺寸应指钢筋的外皮尺寸，如图 11-5 所示。

（4）在结构平面图中配置双层钢筋时，底层钢筋的弯钩应向上或向左画出，顶层钢筋的弯钩则向下或向右画出，如图 11-6 所示。

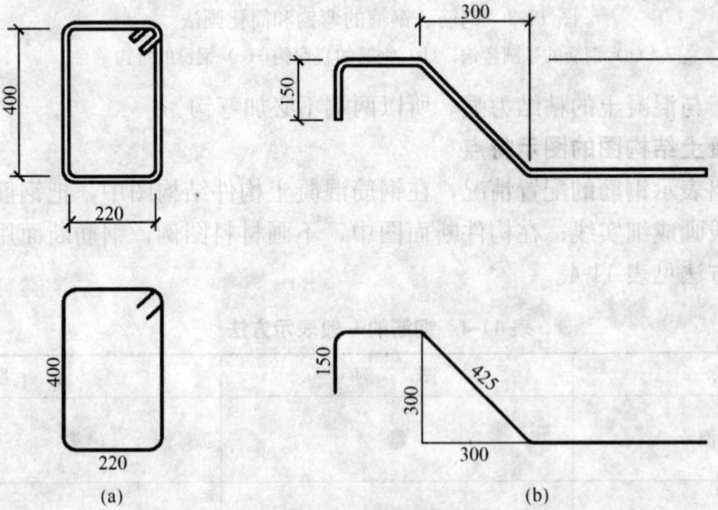

图 11-5　箍筋、受力筋的尺寸标注法

（a）箍筋；（b）受力钢筋

图中每组相同的钢筋、箍筋或环筋，可用一根粗实线表示，同时用一两端带斜短划线的横穿细线，表示其余钢筋起止范围，如图 11-7 所示。

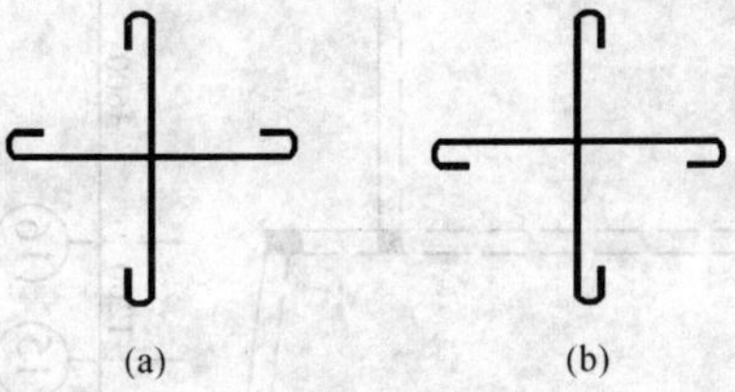

图 11-6　双层钢筋画法

(a) 底层钢筋；(b) 顶层钢筋

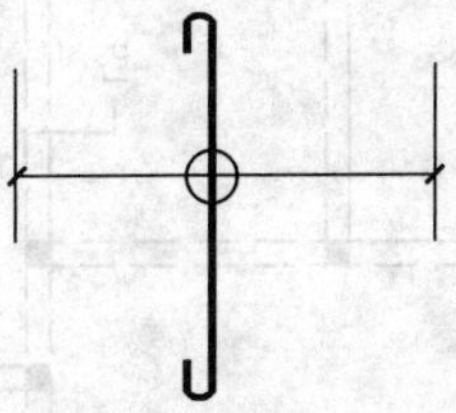

图11-7　每组相同钢筋的画法

(5) 钢筋的标注应正确、规范，引出线可转折，但要避免交叉，方向及长短要整齐，如图 11-8 所示。

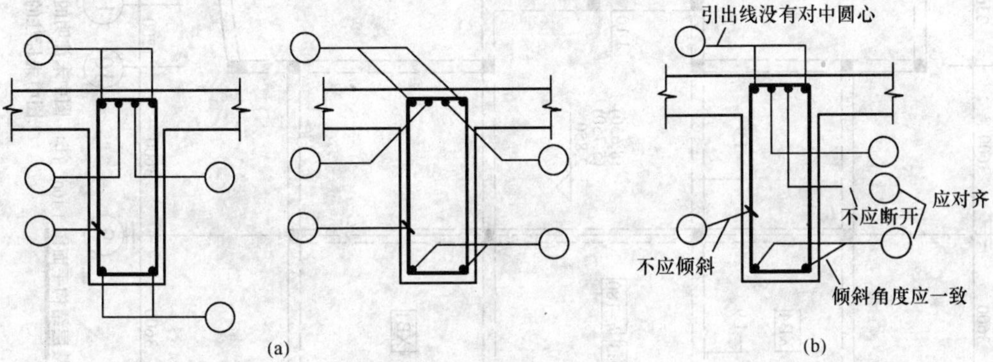

图 11-8　钢筋的标注

(a) 较好；(b) 不好

(6) 当配筋较复杂时，若在断面图中不能表达清楚钢筋的布置，应在断面图外增加钢筋大样图，如图 11-9 所示。

若断面图中表示的箍筋布置复杂时，也应加画箍筋大样及说明，如图 11-10 所示。

三、读图示例

1. 钢筋混凝土现浇板

现以图 11-11 所示某教师公寓的楼层结构平面图为例，说明结构平面图的内容和读图方法。

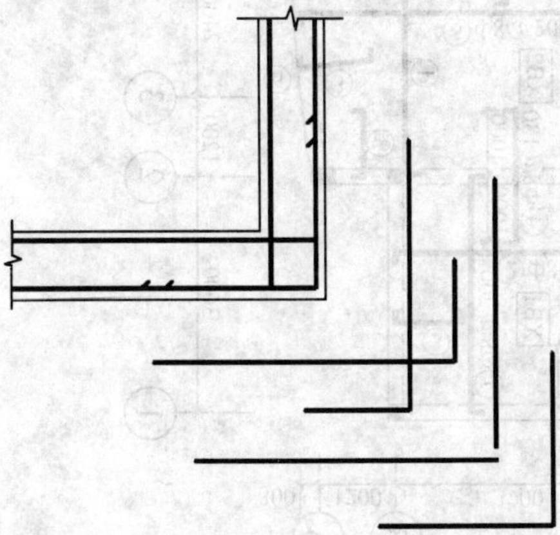

图 11-9　钢筋大样

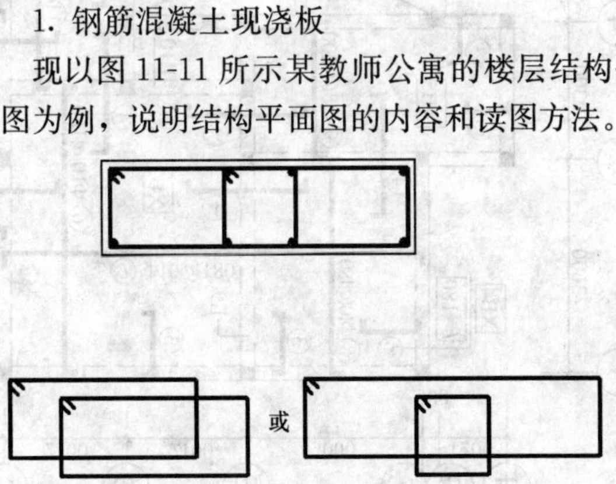

图 11-10　箍筋大样

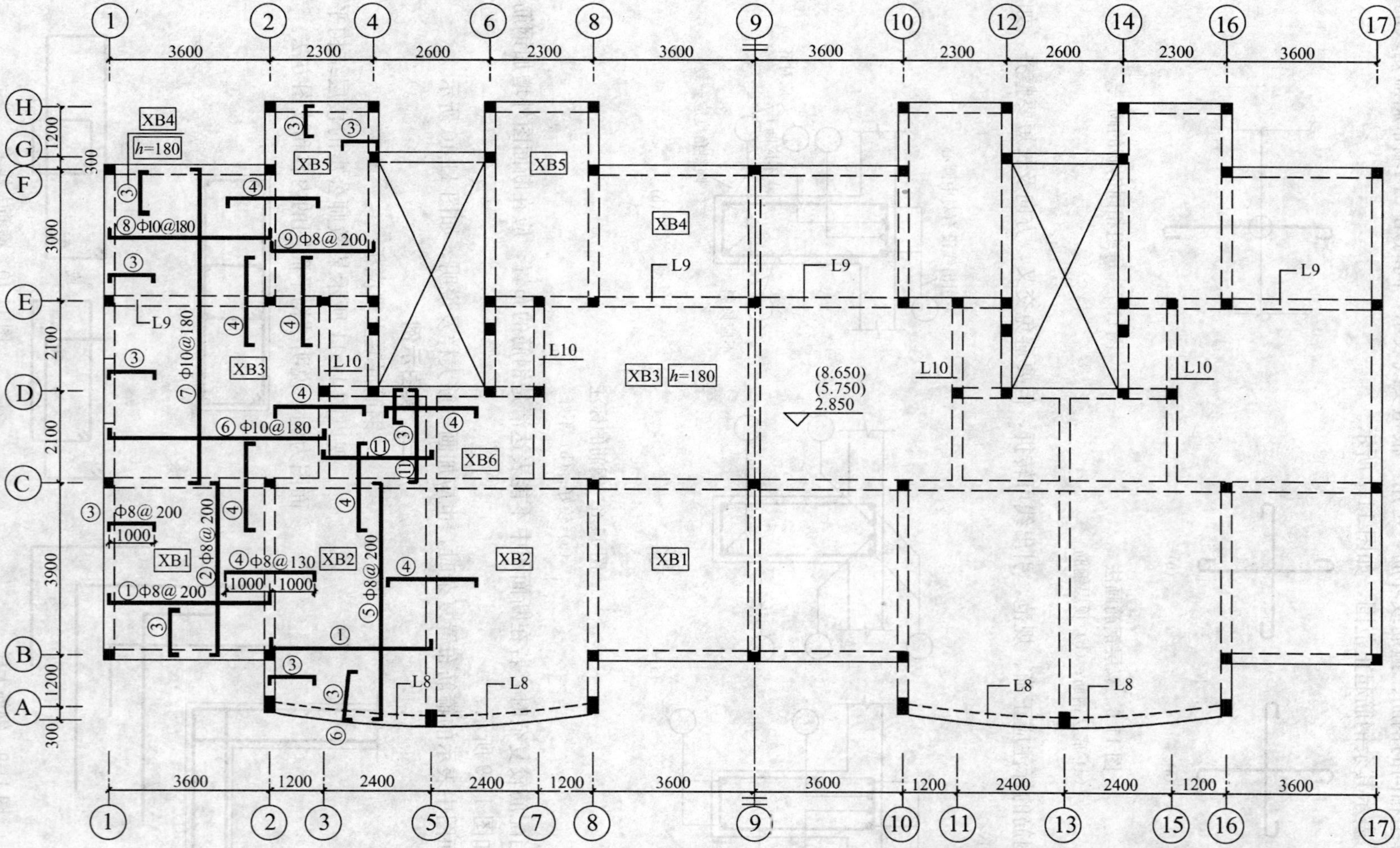

标准层楼层结构平面图 1:100

注：1.图中未注明的板底钢筋均为Φ8@200
2.图中未标注的楼板厚度均为120mm
3.图中未注明的柱均为GZ1
4.图中所示墙体厚均为240mm且居中

图 11-11 标准层楼层结构平面图

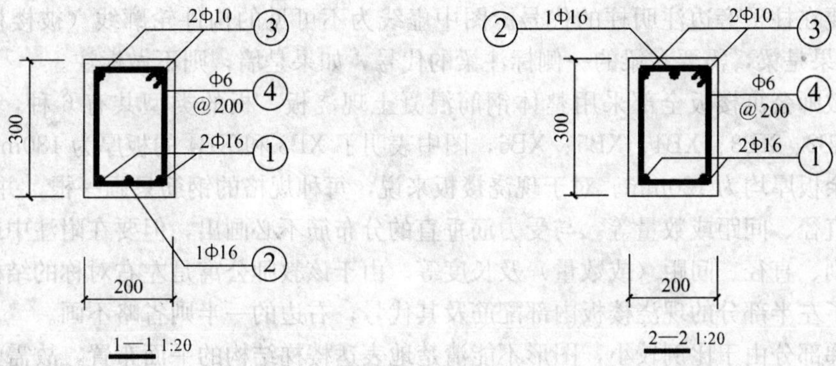

(a)

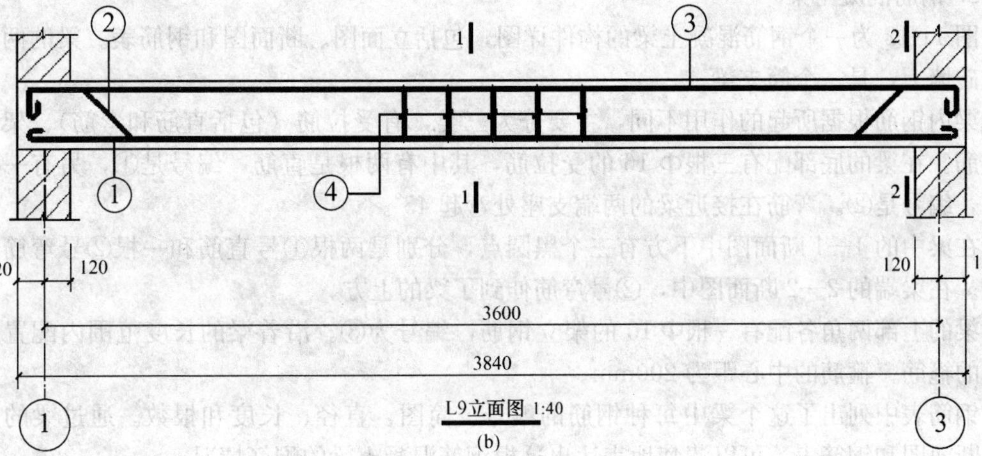

(b)

钢筋表

mm

构件名称	构件数	钢筋编号	简 图	直径	长度	根数	备注
L9	8	①	75 3790 75	$\phi16$	3940	2	
		②	250 215 282 2960	$\phi16$	4454	1	
		③	3790 63 63	$\phi10$	3916	2	
		④	200 250 300 150	$\phi6$	900	20	

(c)

图 11-12 钢筋混凝土梁的构造详图

（a）断面图；（b）立面图；（c）钢筋表

图中墙角处涂黑的为钢筋混凝土柱，从附注的说明中可知这些柱是构造柱，如果是承重柱，需要在柱子旁边注明柱的代号。图中虚线为不可见的构件轮廓线（被楼板挡住的墙或梁），如果是梁，需要在梁的一侧标注梁的代号，如果是墙，则不做标注。

该教师公寓楼板全部采用整体钢筋混凝土现浇板，板的类型共有 6 种，编号分别为：XB1、XB2、XB3、XB4、XB5、XB6，图中表明了 XB3 和 XB4 的板厚为 180mm，根据说明可知其余板厚均为 120mm。对于现浇楼板来说，每种规格的钢筋只画一根，并注明其编号、规格、直径、间距或数量等。与受力筋垂直的分布筋不必画出，但要在附注中或钢筋表中说明其级别、直径、间距（或数量）及长度等。由于该教师公寓是左右对称的结构布置，因此只画出了左半部分的现浇楼板内部配筋及其代号，右边的一半则省略不画。

楼梯部分由于比例较小，图形不能清楚地表达楼梯结构的平面布置，故需另外画出楼梯结构详图，在这里只需用细实线画出一对角线即可。

2. 钢筋混凝土梁

图 11-12 为一个钢筋混凝土梁的构件详图，包括立面图、断面图和钢筋表。梁的两端搁置在砖墙上，是一个简支梁。

梁内钢筋根据所起的作用不同，主要分为三类，有受拉筋（包括直筋和弯筋）、架立筋和箍筋。在梁的底部配有三根Φ 16 的受拉筋，其中有两根是直筋，编号是①，另有一根是弯筋，编号是②。弯筋在接近梁的两端支座处弯起 45°。

在梁中的 1—1 断面图中下方有三个黑圆点，分别是两根①号直筋和一根②号弯筋的横断面。在梁端的 2—2 断面图中，②号弯筋伸到了梁的上方。

梁的上部两角各配有一根Φ 10 的架立钢筋，编号为③。沿着梁的长度范围内配置编号为④的箍筋。箍筋的中心距为 200mm。

钢筋表中列出了这个梁中每种钢筋的编号、简图、直径、长度和根数。通过梁的立面图、断面图和钢筋表，可以清楚地表达出这根钢筋混凝土梁的配筋情况。

四、钢筋混凝土结构施工图平面整体表示方法

混凝土结构施工图平面整体表示方法（简称平法）对我国目前混凝土结构施工图的设计表示方法作了重大改革。平法的表达形式，是把结构构件的尺寸和配筋等，按照平面整体表示方法制图规则，整体直接表达在各类构件的结构平面布置图上，再与标准构造详图相配合，即构成一套新型完整的结构设计。平法改变了传统的将构件从结构平面布置图中索引出来，再逐个绘制配筋详图的繁琐方法，因此，平法的作图简单，表达清晰，适合于常用的现浇混凝土柱、剪力墙、梁等，目前已广泛应用于各设计单位和建设单位。

按平法设计绘制的施工图，是由各类结构构件的平法施工图和标准构造详图两大部分构成。平法施工图包括构件平面布置图和用表格表示的建筑物各层层号、标高、层高表，标准构造详图一般采用图集。在平面布置图上表示各构件尺寸和配筋的方式，有平面注写（标注梁）、列表注写（标注柱和剪力墙）和截面注写（标注柱、剪力墙和梁）三种形式。下面以梁为例，简单介绍“平法”中平面注写方式的表达方法。关于“平法”中其他构件以及其他表达方法，请参阅有关图集。

1. 平面注写方式

图 11-13 所示，是传统表达方式画出的一根两跨钢筋混凝土框架梁的配筋图（为简化起见，图中只画出立面图和断面图），从该图可以了解该梁的支承情况、跨度、断面尺寸，以

及各部分钢筋的配置状况。

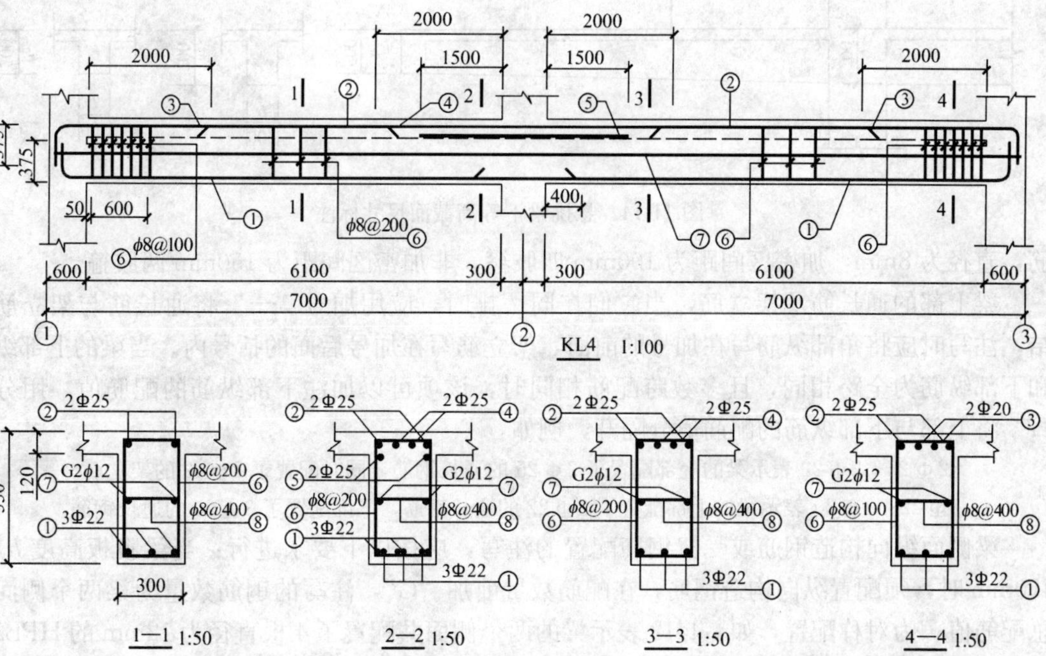

图 11-13　两跨框架梁配筋详图

梁的平面注写方式，是在梁平面布置图上，分别注写截面尺寸和配筋具体数值的方式，来表达梁平法施工图。如果采用平面注写方式表达图 11-13 所示的两跨框架梁，可参见图 11-15 所示，通过两图对比，可以进一步了解和掌握"平法"的标注含义。

平面注写包括集中标注和原位标注两种方式。集中标注注写梁的通用数值，原位标注注写梁的特殊数值。注写前应对所有梁进行编号，梁的编号由梁的代号、序号、跨数及有无悬挑代号几项组成，如 KL7（5A）表示第 7 号框架梁，5 跨，一端有悬挑；L9（3）表示第 9 号非框架梁，共 3 跨。

（1）集中标注

当采用集中标注时，有五项必须标注的内容及一项选择标注的内容。这五项必须标注的内容是：梁编号、梁的截面尺寸、梁的箍筋、梁上部通长筋或架立筋、梁侧面纵向构造钢筋或受扭钢筋。当集中标注中的某项数值不适用于梁的某部位时，则将该项数值原位标注，施工时，原位标注取值优先。一项选择标注的内容是：表示梁顶面标高相对于楼层结构标高的高差值，需写在括号内，梁顶面高于楼层结构标高时，高差为正值，反之为负值。

梁的截面，如图 11-15 所示，如果为等截面时，用 $b \times h$（宽×高）表示；如果有悬挑梁且根部和端部的高度不同时，用斜线分隔根部与端部的高度值，即为 $b \times h_1/h_2$，如图 11-14 所示。

梁的箍筋，包括钢筋级别、直径、加密区与非加密区间距及肢数等。箍筋加密区与非加密区的不同间距及肢数应用"/"分隔，当箍筋为同一种间距及肢数时，不用"/"，当加密区与非加密区的箍筋肢数相同时，则将肢数注写一次，箍筋肢数应写在括号内。例如：ϕ10@100/200（4）表示箍筋为 HPB235 级钢筋，直径为 10mm，加密区间距为 100 mm，非加密区间距为 200 mm，均为四肢箍；又如，ϕ8@100（4）/150（2）表示箍筋为 HPB235 钢

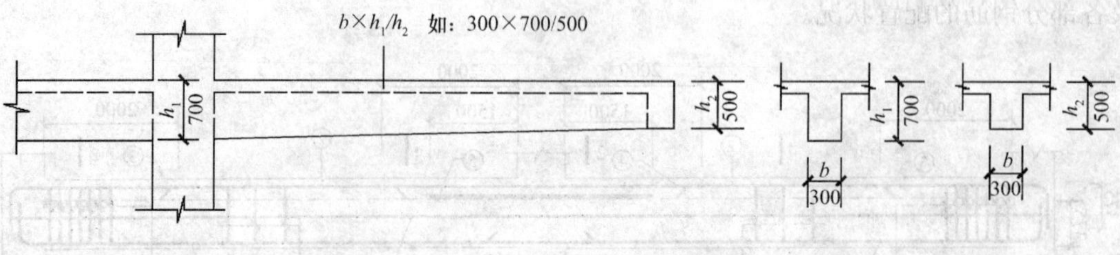

图 11-14　悬挑梁不等高截面尺寸标注

筋，直径为 8mm，加密区间距为 100mm 四肢箍，非加密区间距为 150mm 两肢箍。

梁上部的通长筋及架立筋，当它们在同一排时，应用加号“＋”将通长筋与架立筋联结，注写时应将角部纵筋写在加号的前面，架立筋写在加号后面的括号内。当梁的上部纵筋和下部纵筋为全跨相同，且多数跨配筋相同时，该项可以加注下部纵筋的配筋值，用分号“；”将上部与下部纵筋的配筋值分隔开，例如：

2Φ25＋2Φ22 表示梁的上部配置了 2Φ25 的通长钢筋，同时配置了 2Φ22 的架立筋。

3Φ22；3Φ20 表示梁的上部配置了 3Φ22 的通长钢筋，下部配置了 3Φ20 的通长钢筋。

梁侧面纵向构造钢筋或受扭钢筋配置的注写，应按以下要求进行：当梁腹板高度 $h_w \geqslant$ 450mm 时，须配置纵向构造钢筋，在配筋数量前加“G”，注写的钢筋数量为梁两个侧面的总配筋值，为对称配置，如 G4ϕ12 表示梁的两个侧面共配置了 4 根直径为 12mm 的 HPB235 钢筋，每侧各配置 2 根；当梁侧面配置受扭纵向钢筋时，在配筋数量前加“N”，注写的钢筋数量为梁两个侧面的总配筋值，为对称配置，如 N2ϕ14 表示梁的两个侧面共配置了 2 根直径为 14mm 的 HPB235 钢筋，每侧各配置 1 根。

(2) 原位标注

原位标注通常主要标注梁支座上部纵筋（指该部位含通长筋在内的所有纵筋）及梁下部纵筋，或当梁的集中标注内容不适用于等跨梁或某悬挑部分时，则以不同数值标注在其附近。

对于梁支座上部的纵筋，当多于一排时，用斜线“/”将各排纵筋自上而下分开，如图 11-15 所示；当同排钢筋有两种直径时，用加号“＋”将两种直径的纵筋相联结，注写时将角部纵筋写在前面；当梁中间支座两边的上部纵筋不同时，须在支座两边分别标注，当梁中间支座两边的上部纵筋相同时，可仅在支座一边标注配筋值，另一边省略不注。

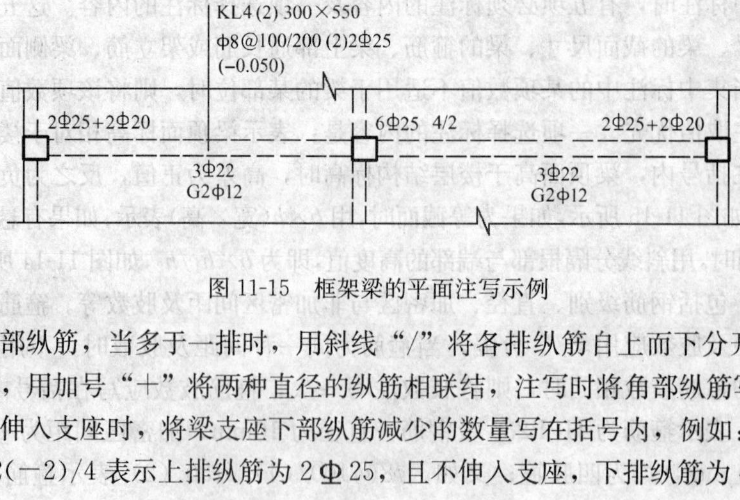

图 11-15　框架梁的平面注写示例

对于梁下部纵筋，当多于一排时，用斜线“/”将各排纵筋自上而下分开；当同排钢筋有两种直径时，用加号“＋”将两种直径的纵筋相联结，注写时将角部纵筋写在前面；当梁下部纵筋不全伸入支座时，将梁支座下部纵筋减少的数量写在括号内，例如：

“6Φ25 2(−2)/4 表示上排纵筋为 2Φ25，且不伸入支座，下排纵筋为 4Φ25，全部伸入支座；2 Φ 25＋3 Φ 22(－3)/5 Φ 25 表示上排纵筋为 2 Φ 25 和 3 Φ 22，其中 3 Φ 22 不伸入支座，下排纵筋为 5 Φ 25，全部伸入支座”

对于梁中的附加箍筋或吊筋，应将其画在平面图中的主梁上，用线引注总配筋值（附加箍筋的肢数注在括号内），如图 11-16 所示。当多数附加箍筋或吊筋相同时，可以在梁平法施工图上统一注明，少数与统一注明值不同时，再原位引注。

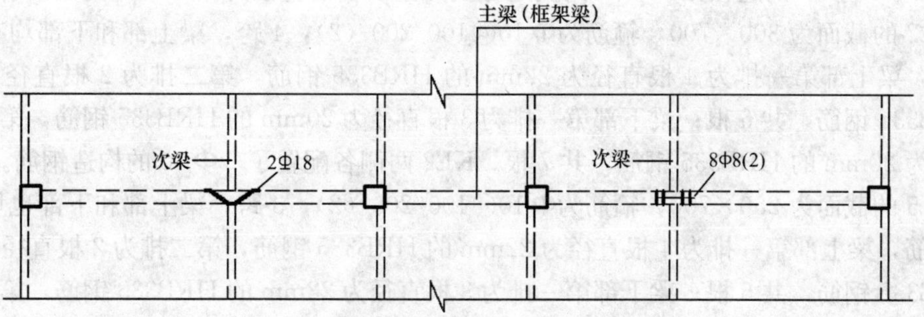

图 11-16　附加箍筋和吊筋的画法

2. 平面注写综合示例

图 11-17 是采用平面注写方式画出的某建筑结构的一部分梁平法施工图。从图中可知，

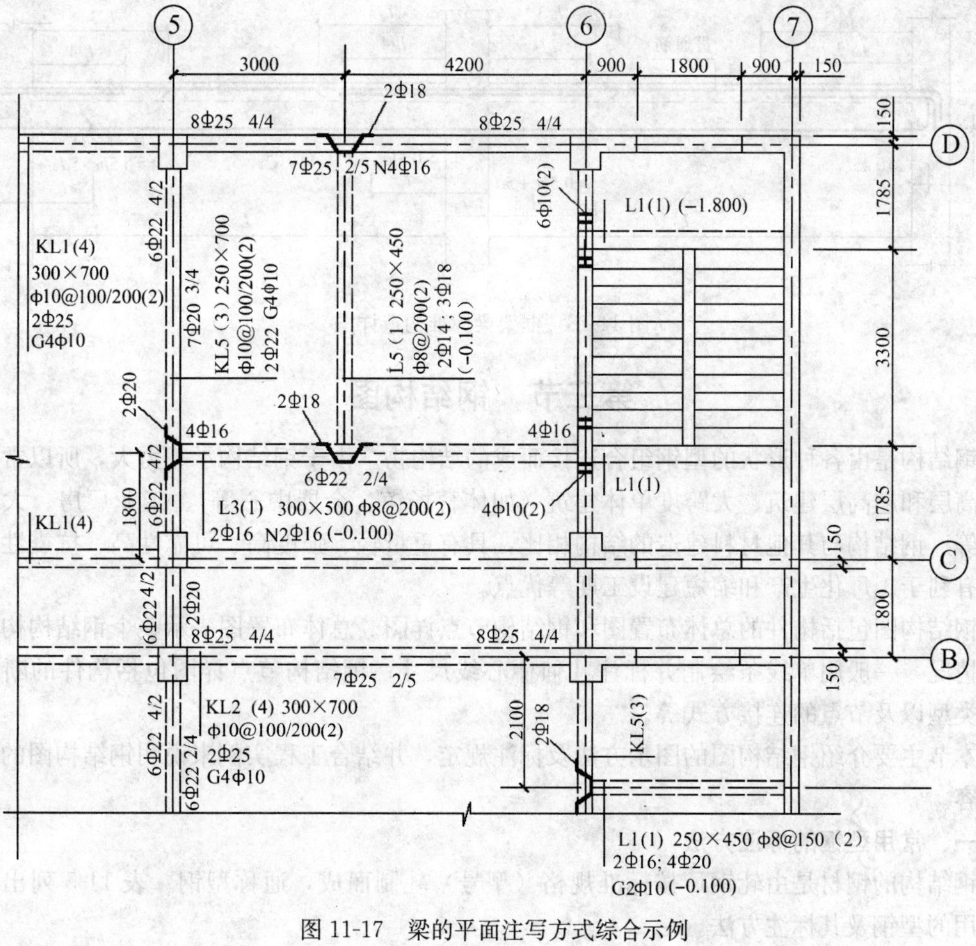

图 11-17　梁的平面注写方式综合示例

该图中共有 KL1、KL2、KL5 三种楼层框架梁，有 L1、L3、L5 三种非框架梁。

KL1 的截面为 300×700，箍筋为Φ 10@100/200（2），双肢箍，4 跨，梁上部和下部均有两排纵向钢筋，梁上部第一排为 4 根直径为 25mm 的 HRB335 钢筋，第二排也为 4 根直径为 25mm 的 HRB335 钢筋，共 8 根；梁下部第一排为 2 根直径为 25mm 的 HRB335 钢筋，第二排为 5 根直径为 25mm 的 HRB335 钢筋，共 7 根。KL1 两侧各配置了 2 Φ 10 的构造钢筋，在 KL1 与 L5 的连接处，KL1 两侧还分别配置了 2 根直径为 16mm 的受扭钢筋。

KL2 的截面为 300×700，箍筋为Φ 10@100/200（2），4 跨，梁上部和下部均有两排纵向钢筋，梁上部第一排为 4 根直径为 22mm 的 HRB335 钢筋，第二排为 2 根直径为 22mm 的 HRB335 钢筋，共 6 根；梁下部第一排为 3 根直径为 20mm 的 HRB335 钢筋，第二排为 4 根直径为 20mm 的 HRB335 钢筋，共 7 根。KL2 两侧各配置了 2 Φ 10 的构造钢筋。

KL5 的截面为 250×700，箍筋为Φ 10@100/200（2），3 跨，梁上部和下部也均有两排纵向钢筋，梁上部第一排为 4 根直径为 22mm 的 HRB335 钢筋，第二排为 2 根直径为 22mm 的 HRB335 钢筋，共 6 根；梁下部第一排为 3 根直径为 22mm 的 HRB335 钢筋，第二排为 4 根直径为 22mm 的 HRB335 钢筋，共 7 根。KL5 两侧各配置了 2 Φ 10 的构造钢筋。

L1、L3、L5 均为 1 跨非框架梁，其内部的钢筋配置情况参见图中注写阅读。

图 11-18 为二级抗震等级楼层双跨框架梁的标准构造详图。

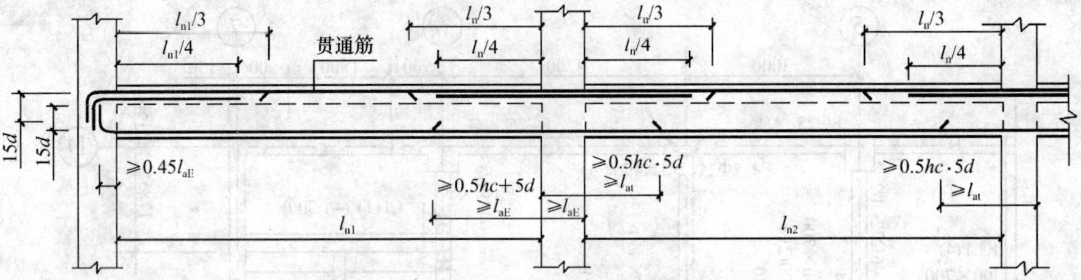

图 11-18　框架梁标准构造详图

第三节　钢结构图

钢结构是由各种形状的型钢组合连接而成的结构物。由于钢结构承载力大，所以常用于包括高层和超高层建筑、大跨度单体建筑（如体育场馆、会展中心等）、工业厂房、大跨度桥梁等。钢结构与其他材料建造的结构相比，具有重量轻、强度高、可靠性高、抗震性能好以及有利于工厂化生产和缩短建设工期等优点。

钢结构图包括构件的总体布置图和钢结构节点详图。总体布置图表示整个钢结构构件的布置情况，一般用单线条绘制并标注几何中心线尺寸；钢结构节点详图包括构件的断面尺寸、类型以及节点的连接方式等。

本节主要介绍钢结构图的图示方法及标注规定，并结合工程实例来说明钢结构图的特点和内容。

一、常用型钢的标注方法

钢结构的钢材是由轧钢厂按标准规格（型号）轧制而成，通称型钢。表 11-5 列出了一些常用的型钢及其标注方法。

表 11-5 常用型钢的标注方法

名　称	截　面	标　注	说　明
等边角钢		∟ $b \times t$	b 为肢宽 t 为肢厚
不等边角钢		∟ $B \times b \times t$	B 为长肢宽 b 为短肢宽 t 为肢厚
工字钢		I N　　Q I N	N 为工字钢的型号 轻型工字钢加注 Q 字
槽钢		[N　　Q [N	N 为槽钢的型号 轻型槽钢加注 Q 字
方钢		□ b	
扁钢	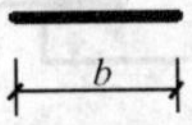	$-b \times t$	
钢板		$\frac{-b \times t}{l}$	
T 型钢		TW×× TM×× TN××	TW 为宽翼缘 T 型钢 TM 为中翼缘 T 型钢 TN 为窄翼缘 T 型钢
H 型钢		HW×× HM×× HN××	HW 为宽翼缘 H 型钢 HM 为中翼缘 H 型钢 HN 为窄翼缘 H 型钢
圆钢		Φd	
钢管		DN×× $D \times t$	外径 内径×壁厚

二、型钢的连接方法

在钢结构施工中，常用一些方法将型钢构件连接成整体结构来承受建筑的荷载，连接包括焊接、螺栓连接、铆接等方式。

1. 焊接

焊接是较常见的型钢连接方法。在有焊接的钢结构图纸上，必须把焊缝的位置、形式和尺寸标注清楚。焊缝应按现行的国家标准《焊缝符号表示法》（GB 324—88）中的规定标注。焊缝符号主要由图形符号、补充符号和引出线等部分组成，如图 11-19 所示。图形符号表示焊缝断面和基本形式，补充符号表示焊缝某些特征的辅助要求。引出线则表示焊缝的位置。

表 11-6 列出了几种常用的图形符号和补充符号。

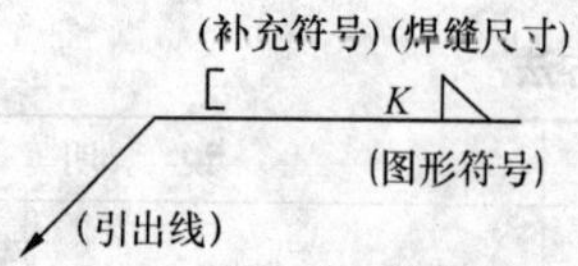

图 11-19　焊缝符号

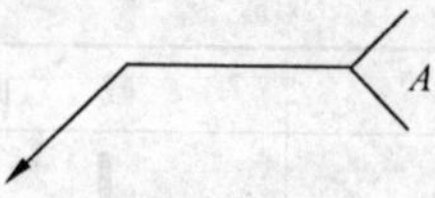

图 11-20　同类焊缝的表示方法

表 11-6　图形符号和补充符号

焊缝名称	示意图	图形符号	符号名称	示意图	补充符号	标注方法
V 型焊缝	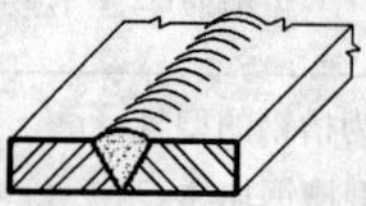		围焊焊缝符号			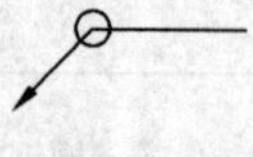
单边 V 型焊缝	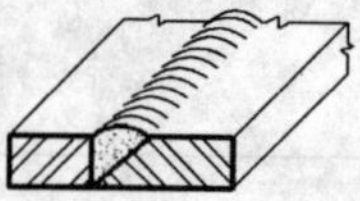	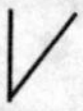	三面焊缝符号	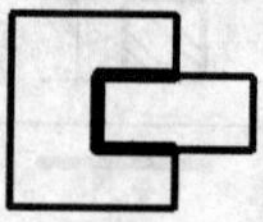		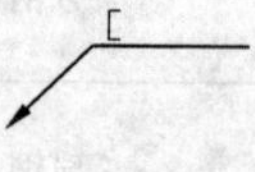
角焊缝	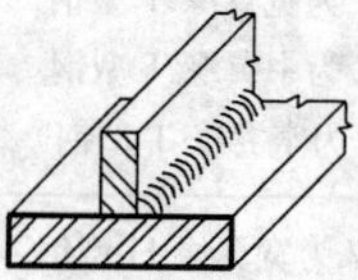		带垫板符号	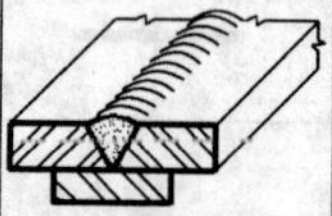	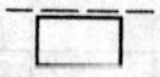	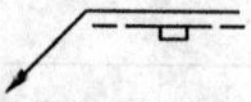
I 型焊缝	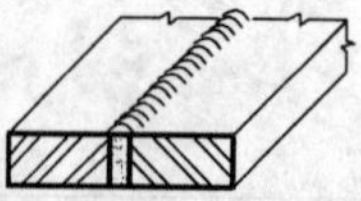		现场焊缝符号			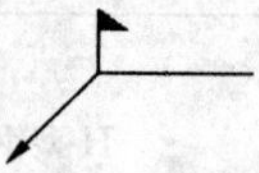
点焊缝	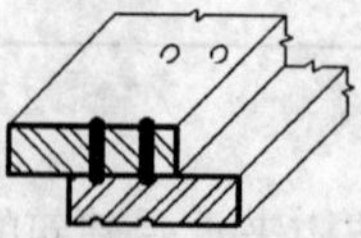		相同焊接符号			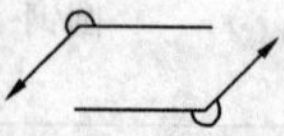
			尾部符号			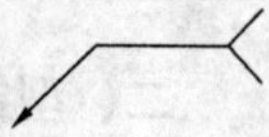

焊缝的标注还应符合下列规定：

（1）在同一图形上，当焊缝形式、断面尺寸和辅助要求均相同时，可只选择一处标注焊缝的符号和尺寸，并加注“相同焊缝符号”。相同焊缝符号为 3/4 圆弧，绘在引出线的转折处（参见表 11-6）；当有数种相同的焊缝时，可将焊缝分类编号标注，在同一类焊缝中也可选择一处标注焊缝的符号和尺寸，分类编号采用大写的拉丁字母 *A*、*B*、*C*……，注写在尾部符号内，如图 11-20 所示。

（2）标注单面焊缝时，当箭头指向焊缝所在的一面时，应将图形符号和尺寸标注在横线的上方，如图 11-21（a）所示；当箭头指向焊缝所在另一面（相对的那面）时，应将图形符号和尺寸标注在横线的下方，如图 11-21（b）所示；表示环绕工作件周围的焊缝时，可按图 11-21（c）的方法标注。

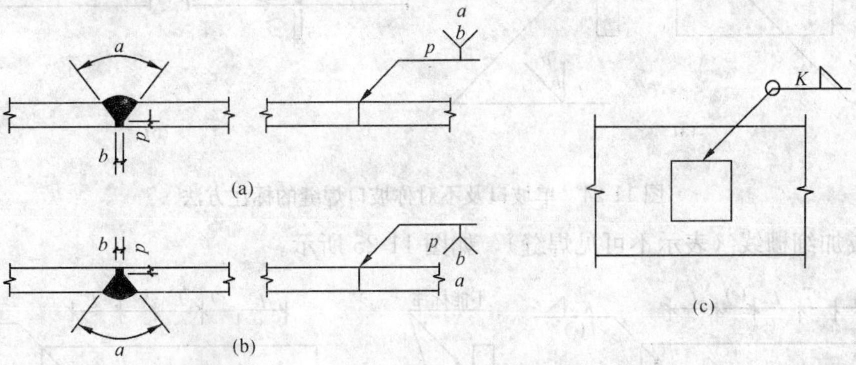

图 11-21　单面焊缝的标注方法

p——钝边；α——坡口角度；b——根部间隙；K——焊角高度

（3）标注双面焊缝时，应在横线的上、下都标注符号和尺寸。上方表示箭头一面的符号和尺寸，下方表示另一面的符号和尺寸，如图 11-22（a）所示；当两面的焊缝尺寸相同时，只需在横线上方标注焊缝的符号和尺寸，如图 11-22（b）、（c）、（d）所示。

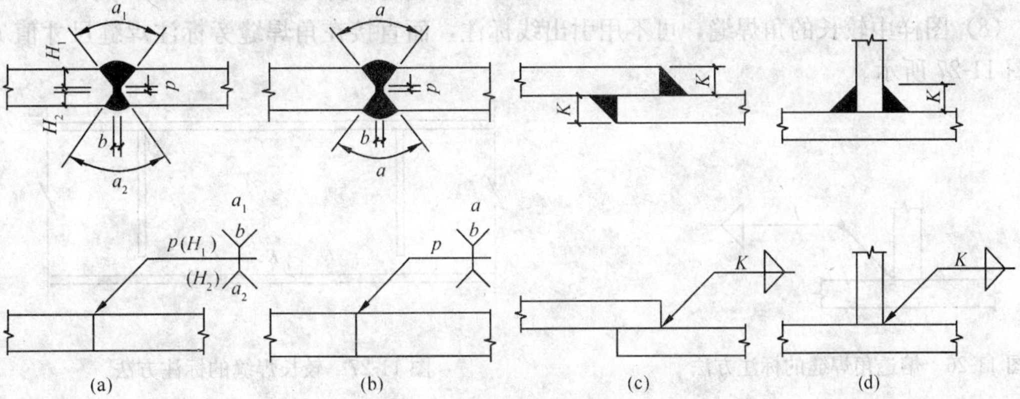

图 11-22　双面焊缝的标注方法

（4）3 个和 3 个以上的焊件相互焊接的焊缝，不得作为双面焊缝标注。其焊缝符号和尺寸应分别标注，如图 11-23 所示。

（5）相互焊接的 2 个焊件中，当只有 1 个焊件带坡口时，引出线箭头必须指向带坡口的焊件，如图 11-24（a）所示；当为单面带双边不对称坡口焊缝时，引出线箭头必须指向较大坡口的焊件，如图 11-24（b）所示。

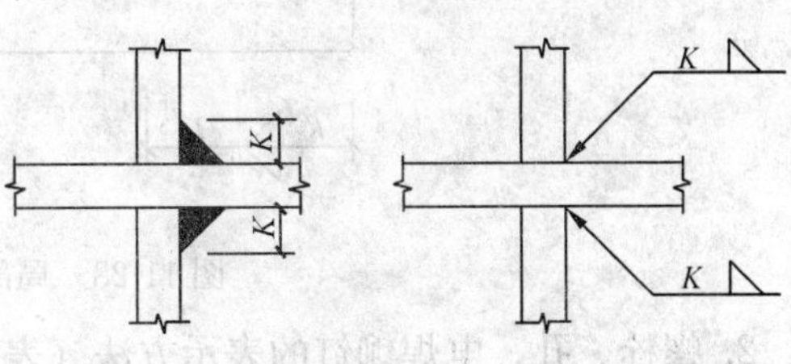

图 11-23　3 个以上焊件的焊缝标注方法

（6）当焊缝分布不规则时，在标注焊缝符号的同时，宜在焊缝处加实线（表示可见

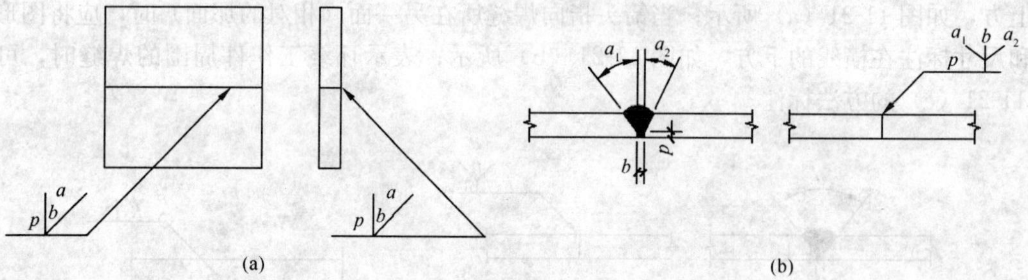

图 11-24　单坡口及不对称坡口焊缝的标注方法

焊缝），或加细栅线（表示不可见焊缝），如图 11-25 所示。

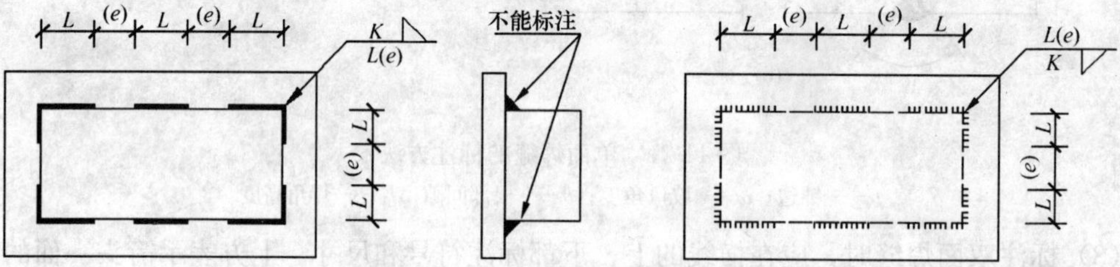

图 11-25　不规则焊缝的标注方法

（7）熔透角焊缝的符号为涂黑的圆圈，绘在引出线的转折处，如图 11-26 所示。

（8）图样中较长的角焊缝，可不用引出线标注，而直接在角焊缝旁标注焊缝尺寸值 K，如图 11-27 所示。

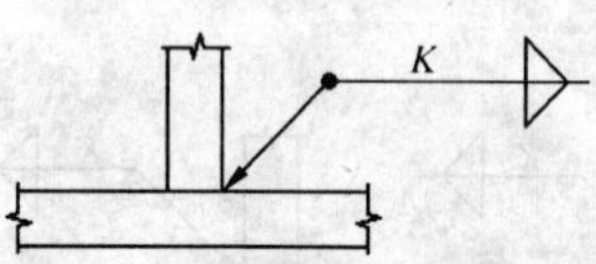

图 11-26　熔透角焊缝的标注方法

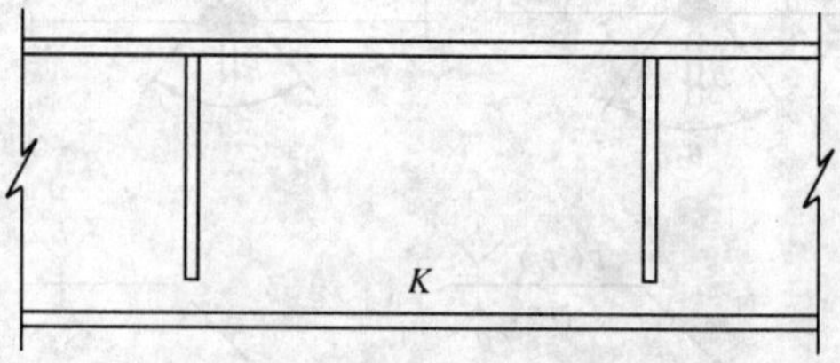

图 11-27　较长焊缝的标注方法

（9）局部焊缝应按图 11-28 所示的方法标注。

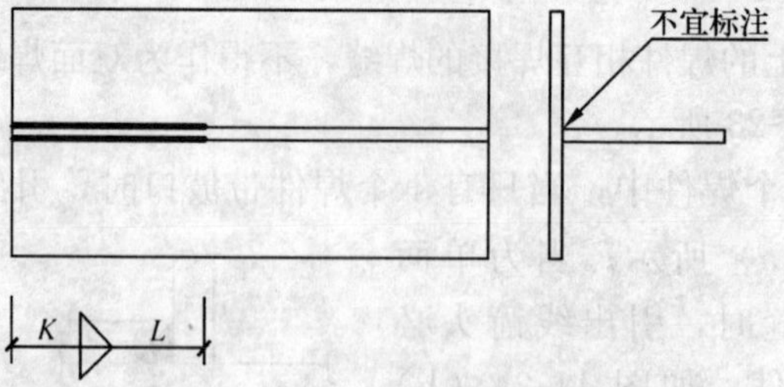

图 11-28　局部焊缝的标注方法

2. 螺栓、孔、电焊铆钉的表示方法（表 11-7）

表 11-7　螺栓、孔、电焊铆钉的表示方法

名　称	图　例	说　明
永久螺栓	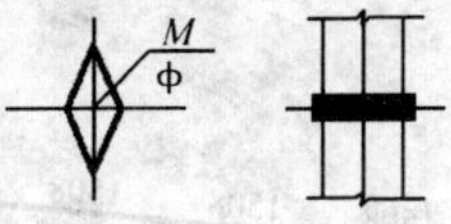	1. 细“+”线表示定位线。 2. M 表示螺栓型号。 3. Φ 表示螺栓孔直径。 4. d 表示膨胀螺栓、电焊缝铆钉直径。 5. 采用引出线标注螺栓时，横线上表示螺栓规格，横线下表示螺栓孔直径。
高强螺栓	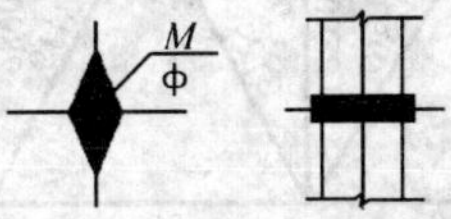	
安装螺栓	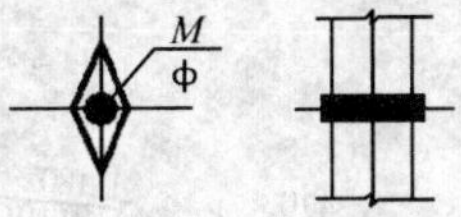	
胀锚螺栓	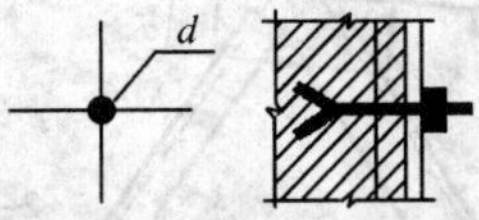	
圆形螺栓孔	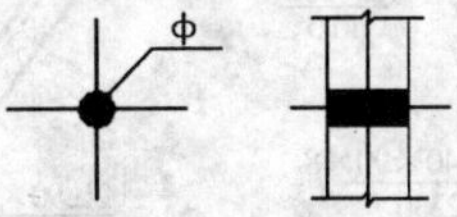	
长圆形螺栓孔	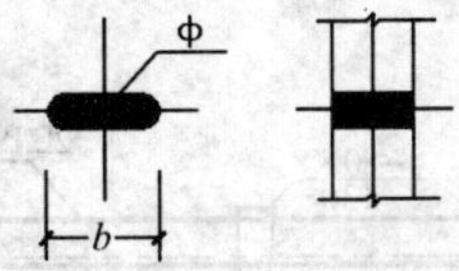	
电焊铆钉	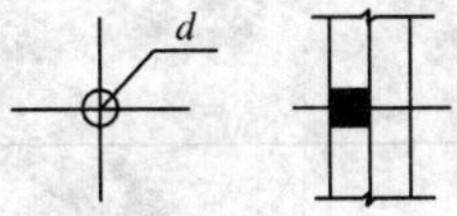	

三、钢屋架结构详图

钢屋架结构详图是表示钢屋架的形式、大小、型钢的规格、杆件的组合和连接情况的图样，其主要内容包括屋架简图、屋架详图、杆件详图、连接板详图、预埋件详图以及钢材用料表等。本节主要介绍屋架详图的内容和绘制。

图 11-29 中画出了用单线表示的钢屋架简图，用以表达屋架的结构形式，各杆件的计算长度，作为放样的一种依据。该梯形屋架由于左右对称，故可采用对称画法只画出一半多一点，用折断线断开。屋架简图的比例 1∶100 或 1∶200。习惯上放在图纸的左上角或右上角。图中要注明屋架的跨度（24000）、高度（3190）以及节点之间杆件的长度尺寸等。

屋架详图是用较大的比例画出的屋架立面图。应与屋架简图相一致。本例只是为了说明钢屋架结构详图的内容和绘制，故只选取了左端一小部分。

在同一钢屋架详图中，因杆件长度与断面尺寸相差较大，故绘图时经常采用两种比例。屋架轴线长度采用较小的比例，而杆件的断面则采用较大的比例。这样既可节省图纸，又能把细部表示清楚。

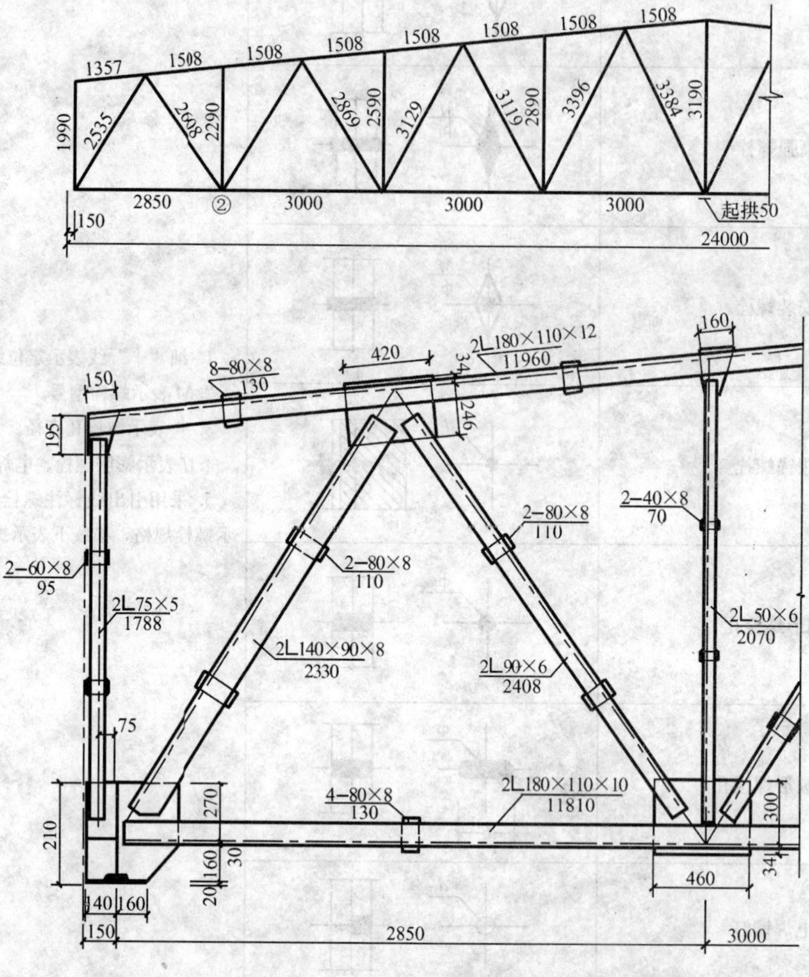

图 11-29　钢屋架结构详图示例

图 11-30 是屋架简图中编号为 2 的一个下弦节点的详图。这个节点是由两根斜腹杆和一根竖腹杆通过节点板和下弦杆焊接而形成的。两根斜腹杆都分别用两根等边角钢 L90×6 组成；竖腹杆由两根等边角钢 L50×6 组成；下弦杆由两根不等边角钢 L180×110×10 组成，由于每根杆件都由两根角钢所组成，所以在两角钢间有连接板。图中画出了斜腹杆和竖腹杆的扁钢连接板，且注明了它们的宽度、厚度和长度尺寸。节点板的形状和大小，根据每个节点杆件的位置和计算焊缝的长度来确定，图中的节点板为一矩形板，注明了它的尺寸。图中应注明各型钢的长度尺寸，如 2408、2070、2550、11800。除了连接板按图上所标明的块数沿杆件的长度均匀分布外，也应注明各杆件的定位尺寸（如 105、190、165）和节点板的定位尺寸（如 250、210、34、300）。图中还对各种杆件、节点板、连接板编绘了零件编号，

标注了焊缝符号。

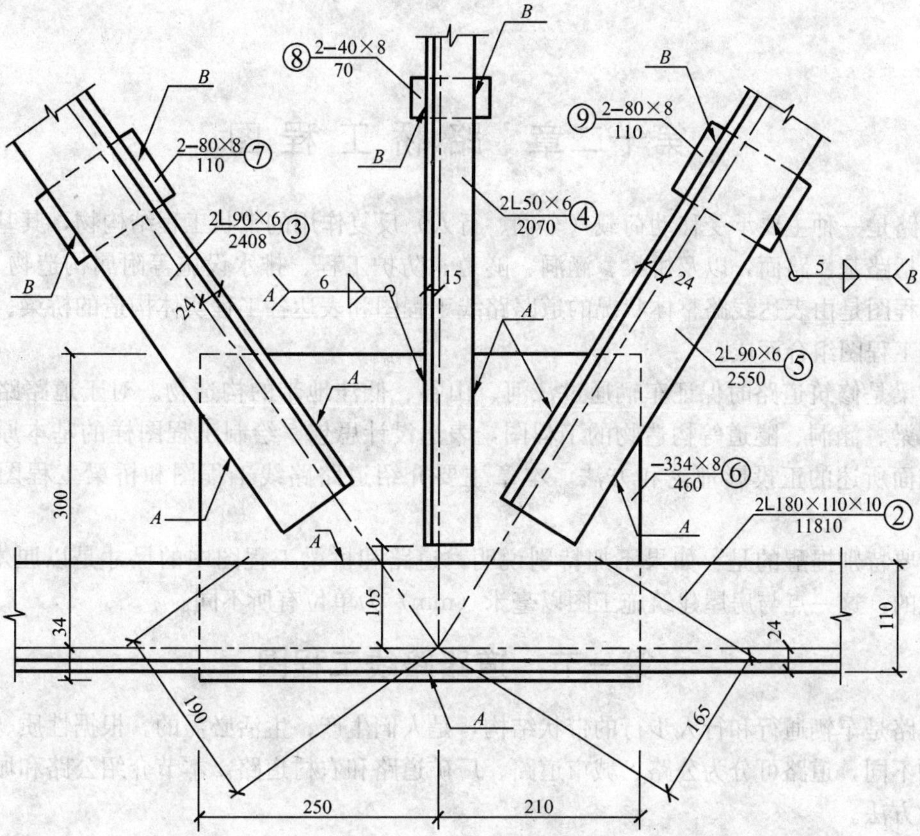

图 11-30　节点详图

第十二章　路 桥 工 程 图

道路是一种主要承受移动荷载（车辆、行人）反复作用的带状工程结构物，其基本组成部分包括路基、路面，以及桥梁、涵洞、隧道、防护工程、排水设施等附属构造物。因此，道路工程图是由表达线路整体状况的道路路线工程图和表达各工程实体构造的桥梁、隧道和涵洞等工程图组合而成。

桥梁是修筑道路时保证车辆通过江河、山谷、低洼地带的构造物。对于道路路线工程图和桥梁、涵洞、隧道等构造物的工程图，表达设计思想、绘制工程图样的基本原理，都采用前面所述的正投影理论和方法。本章主要介绍道路路线工程图和桥梁工程图的表达方法。

需要特别提醒的是：如果不加特别说明，道路和桥梁工程图中的尺寸是以厘米（cm）为单位的，这一点与房屋建筑施工图以毫米（mm）为单位有所不同。

第一节　道路路线工程图

道路是车辆通行和行人步行的带状结构，是人们生产、生活必需的。根据性质、组成和作用的不同，道路可分为公路、城市道路、厂矿道路和农村道路。本节介绍公路和城市道路的表达方法。

道路路线中心线方向狭长，其竖向高差和平面的弯曲变化与地面起伏情况有关，因此道路路线工程图的图示方法与其他工程图不同。道路路线工程图是以地形图作为平面图，称为路线平面图；以纵向断面展开图作为立面图，称为路线纵断面图；以横向断面图作为侧面图，称为路基横断面图。三种图分别画在单独的图纸上。道路路线工程图就是以这三种图样来表示路线的线型、空间位置、路基、路面状况和尺寸。

一、公路路线工程图

公路是主要承受机动车辆行驶及其荷载反复作用的带状结构物。

公路的中心线由于受自然条件的限制，在平面上有转折，纵面上有起伏，为了满足车辆行驶的要求，必须用一定半径的曲线连接起来，因此路线在平面和在纵断面上都是由直线和曲线组合而成的。平面上的曲线称为平曲线，纵断面上的曲线称为竖曲线。

公路路线工程图包括路线平面图、路线纵断面图和路基横断面图。

1. 路线平面图

公路路线平面图的作用是表达路线的方向和水平线型（直线和转弯方向）以及路线两侧一定范围内的地形、地物情况。

道路路线具有狭而长的特点，一般无法把整条路线画在一张图纸内。通常分段画在多张图纸上，每张图样上注明序号、张数、指北针和拼接标记。

图 12-1 所示为某公路 K1＋000 至 K1＋220 段的路线平面图。其内容包括地形、路线两部分。

（1）地形部分

路线平面图的比例一般为 1∶2000～1∶5000。地形是用等高线和地物图例表示的，表示地物常用的平面图图例见表 12-1。

表 12-1　道路平面图图例

名　称	符　号	名　称	符　号	名　称	符　号
房　屋		涵洞	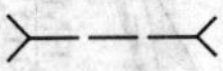	水稻田	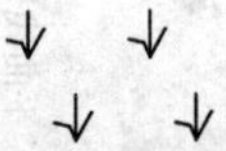
学　校		桥梁	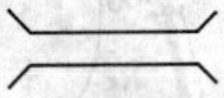	草地	
医　院		菜地		河流	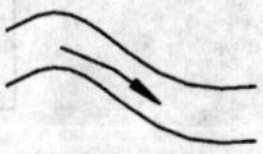
大车路		旱田	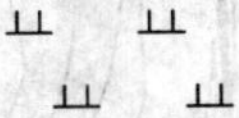	高压线 低压线	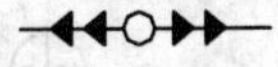 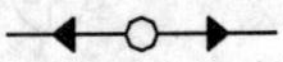
小　路		果树		水准点	

在地形图中，等高线越密表示地势越陡峭，反之则地势越平坦。图中标注了若干点的地面高程数值。沿线有两个水准点符号，用来作为地面高程测量的参照。

图形左侧有一片房屋，山坡上种植了一些果树。沿线还有一些高压线。

为了确定方位和路线的走向，地形图上需画出指北针或坐标网。

（2）路线部分

在《道路工程制图标准》中规定，道路中心线应采用细点画线表示，路基边缘线应该采用粗实线表示（图 12-8）。由于公路路线平面图比例较小，所以，图中的公路路线常采用粗实线（单线）表示，不再画出公路宽度，且该线位置为公路的中心线。

路线的长度是用里程表示的。里程桩号应标注在道路中心线上，从路线起点至终点，按从小到大，从左到右的顺序排列。公里桩和百米桩采用垂直于路线的短线表示。图 12-1 中的设计路线用粗实线表示，里程由 K1＋000 到 K1＋220，每隔 20 米标注一个里程桩号。图中由西向东方向还有一条大车路（一虚一实表示）。

路线的平面线型有直线型和曲线型。对于路线转弯处的平面曲线（简称平曲线），在平面图中要标出交点（也称交角点）的位置，并列出平曲线要素表。图 12-1 中有一个 7 号交点 JD7，此段曲线的起点在路线上用 ZYK1＋117.063（直圆）表示，曲线的终点用 YZK1＋220（圆直）表示，曲线的中点用 QZK1＋68.58（曲中）表示。图中分别标注出了这三个点的位置和里程桩号。在 K1＋052.986 处还有 YZ（圆直）表示前一个交点（JD6）的曲线终点。图的右上角列出了两个交点的平曲线要素表。其中 α 为偏角（Z 为左偏角，Y 为右偏角），表示沿路线前进方向，向左或向右偏转的角度。R 为曲线半径，T 为切线长，E 为外距。图 12-2 是平曲线要素的示意图。

2. 路线纵断面图

路线纵断面图是沿路线中心线的竖向断面图。由于公路是由直线和曲线组成的，因此，剖切平面由平面和柱面组成。为了清晰地表达路线纵断面情况，特采用展开的方法将断面展

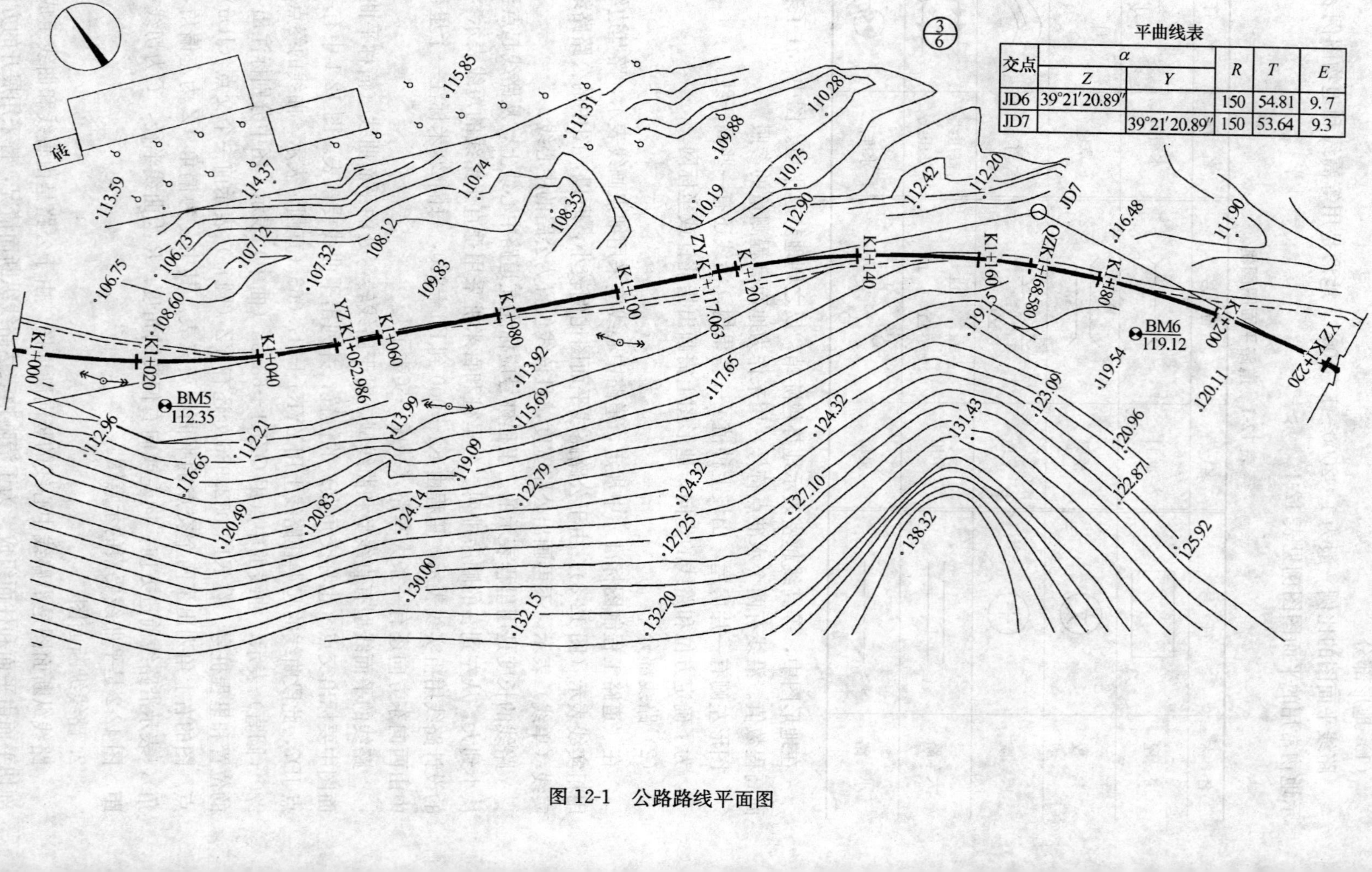

平曲线表

交点	α		R	T	E
	Z	Y			
JD6	39°21′20.89″		150	54.81	9.7
JD7		39°21′20.89″	150	53.64	9.3

图 12-1　公路路线平面图

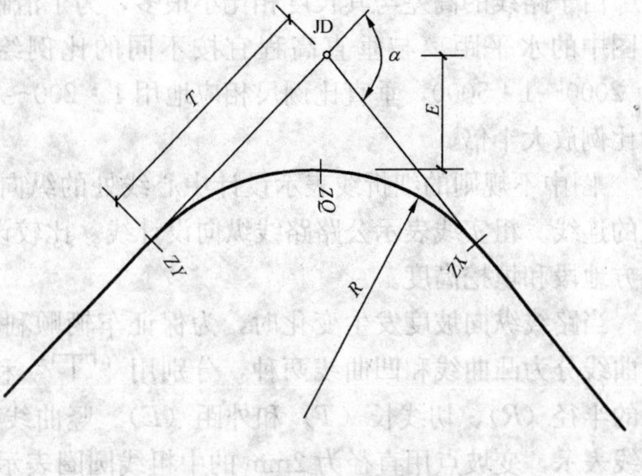

图 12-2 平曲线要素示意图

平成一平面，然后进行投影。

路线纵断面图的作用是表达路中心线地面高低起伏的情况，设计路线的坡度、地质情况以及沿线设置构造物的概况。

图 12-3 所示为 K1＋000 至 K1＋220段的路线纵断面图。其内容包括图样和资料表两大部分，图样应布置在图幅上部，资料表应采用表格形式布置在图幅下部，图样与资料表的内容要对应。

（1）图样部分

图样中由左至右表示路线的前进方向，由于路线纵断面图是用展开剖切方法获得的断面图，因此它的长度就表示了路线的长度。在图样中，水平方向表示长度，垂直方向表示高程。

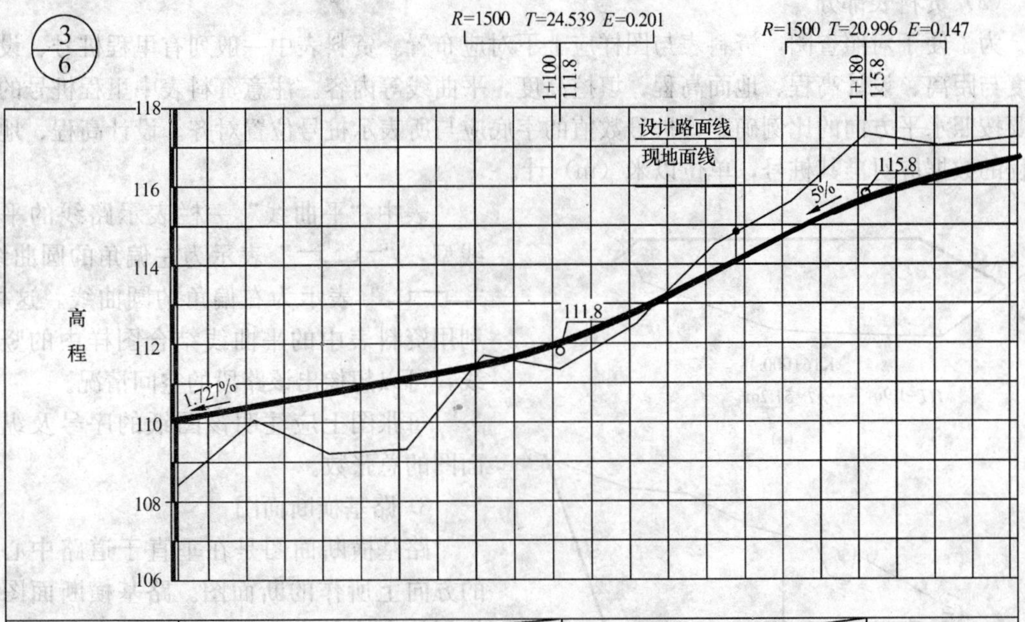

设计坡度与距离：1.727%，220；5.000%，80；2.200%

桩号	设计高程	地面高程	路中填挖高
K1+000	110.080	108.436	1.224
K1+020	110.418	110.060	-0.062
K1+040	110.764	109.210	1.134
K1+052.986	110.988	109.275	1.293
K1+060	111.109	109.310	1.379
K1+075.462	111.376	111.165	–0.209
K1+080	111.461	111.710	–0.669
K1+090	111.698	111.525	–0.247
K1+100	112.001	111.340	0.241
K1+110	112.370	111.920	0.030
K1+117.063	112.672	112.330	–0.078
K1+120	112.807	112.500	–0.113
K1+124.538	113.027	112.954	–0.347
K1+140	113.800	114.500	–1.120
K1+159.005	114.750	115.526	–1.196
K1+160	114.800	115.580	–1.200
K1+168.580	115.198	116.322	–1.544
K1+180	115.653	117.310	–2.077
K1+190	115.980	117.155	–1.595
K1+200	116.240	117.000	–1.180
K1+200.995	116.262	117.011	–1.170
K1+220.097	116.682	117.230	-0.968

平曲线：α=40°8′ R=150 E=9.7 T=54.8；直线；α=39°21′ R=150 E=9.3 T=53.6

图 12-3 路线纵断面图

由于路线的高差与其长度相比小很多，为了清晰显示垂直方向路线高度的变化，规定断面图中的水平距离与垂直高程宜按不同的比例绘制，水平比例尺与平面图一致，采用1∶2000～1∶5000，垂直比例尺相应地用1∶200～1∶500，即垂直方向的比例按水平方向的比例放大十倍。

图中不规则的细折线表示设计中心线处的纵向地面线，它是沿中心线的原地面各点高程的连线。粗实线表示公路路线纵向设计线。比较设计线和地面线的相对高度，可以决定填挖方地段和填挖高度。

当路线纵向坡度发生变化时，为保证车辆顺利行驶，应设置竖向曲线（简称竖曲线）。竖曲线分为凸曲线和凹曲线两种，分别用“┌┬┐”和“└┴┘”符号表示，并在其上标注竖曲线的半径（R）、切线长（T）和外距（E）。竖曲线符号一般画在图样的上方，切线应用细虚线表示，变坡点用直径为2mm的中粗线圆圈表示。图12-1在K1＋100和K1＋180处分别设置一个凹曲线和一个凸曲线。

根据需要，图样中还应在所在里程处标出桥梁、涵洞、立体交叉和通道等人工构造物的名称、规格和中心里程。

（2）资料表部分

为了便于对照查阅，资料表与图样应上下对应布置。资料表中一般列有里程桩号、设计坡度与距离、设计高程、地面高程、填挖高度、平曲线等内容。注意资料表中里程桩号的位置要按照水平方向的比例确定，桩号数值的字底应与所表示桩号位置对齐。设计高程、地面高程的数据应对准其桩号，单位以米（m）计。

表中“平曲线”一栏表示路线的平面线型，“─└─┘─”表示为左偏角的圆曲线，“─┌─┐─”表示为右偏角的圆曲线。这样，利用资料表中的平曲线结合图样中的竖曲线，可以想像出该路段的空间情况。

每张图上应注明该图纸的序号及纵断面图的总张数。

3. 路基横断面图

路基横断面图是在垂直于道路中心线的方向上所作的断面图。路基横断面图的作用是表达各中心桩处地面横向起伏状况以及设计路基的形状和尺寸。它主要用来计算公路的土石方工程量，并为路基施工提供资料数据。比例一般采用1∶100～1∶200。

（1）路基横断面图的基本形式

一般情况下，路基横断面的基本形式有三种：

①填方路基（路堤）。如图12-4（a）所示，在图样的下方应注明该断面图的里

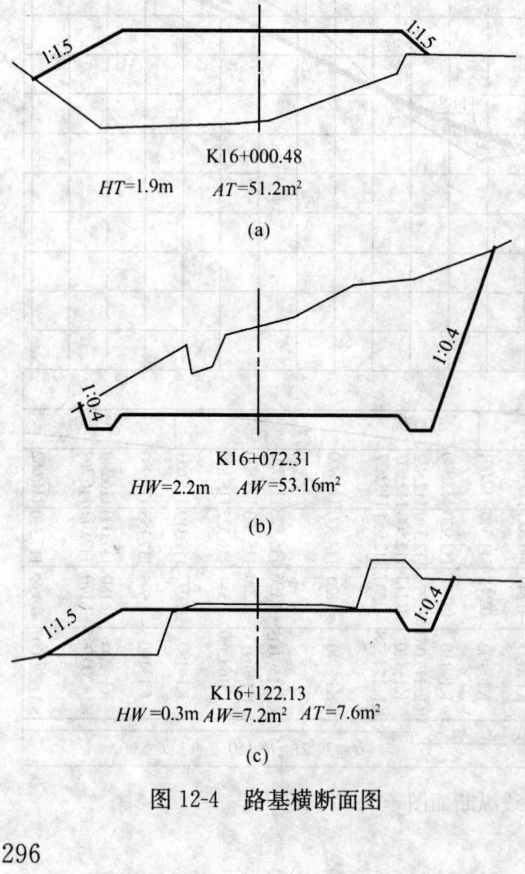

图12-4 路基横断面图

程桩号，中心线处的填方高度 HT（m）以及该断面处的填方面积 AT（m^2）。

②挖方路基（路堑）。如图 12-4（b）所示，在图样的下方应注明该断面图的里程桩号，中心线处的挖方高度 HW（m）以及该断面处的挖方面积 AW（m^2）。

③半填半挖路基。如图 12-4（c）所示，在图样的下方应注明该断面图的里程桩号，中心线处的填（挖）方高度 HW（m）以及该断面处的填方面积 AT（m^2）和挖方面积 AW（m^2）。

（2）画路基横断面图时应注意的问题

路基横断面图应按桩号的顺序排列，并从图纸的左下方开始画，先由下向上，再由左向右排列，如图 12-5 所示。地面线应用细实线表示，设计线应用粗实线表示，路中心线应用细点画线表示。每张路基横断面图的右上角，应注明该张图纸的编号及横断面图的总张数。

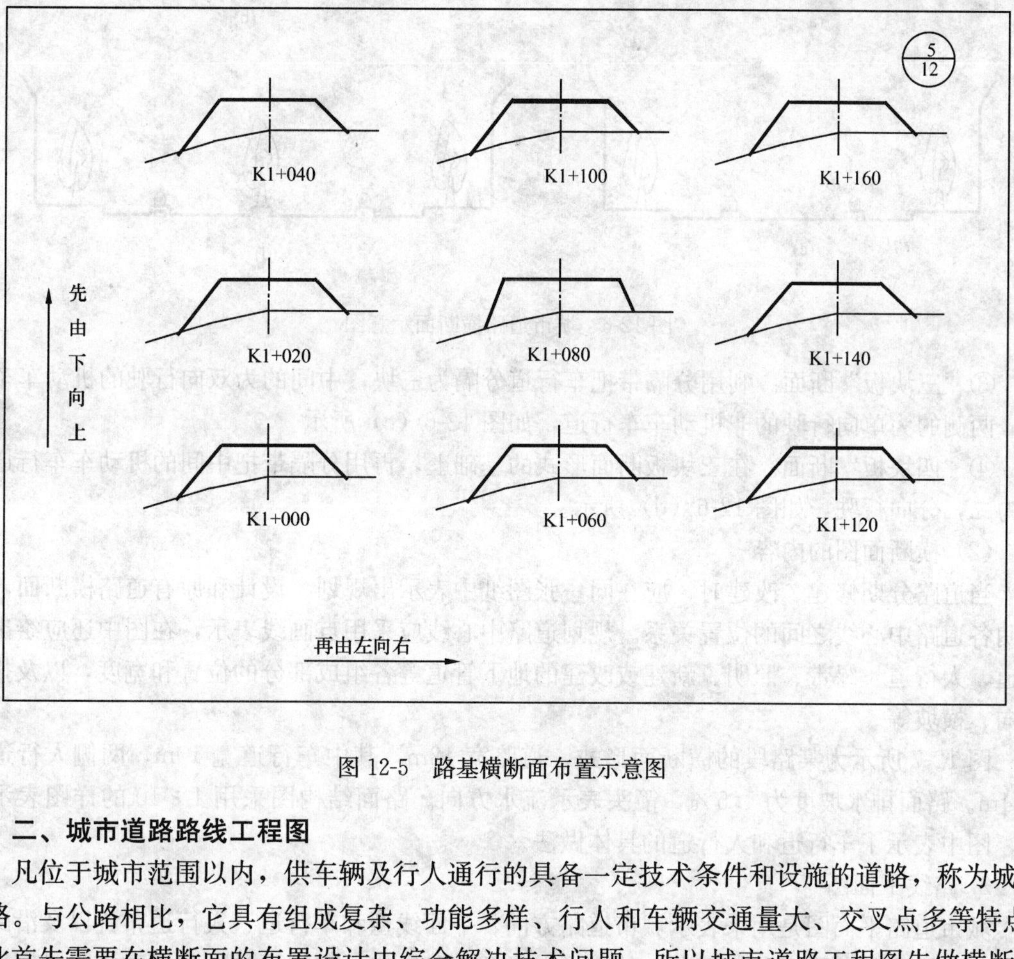

图 12-5　路基横断面布置示意图

二、城市道路路线工程图

凡位于城市范围以内，供车辆及行人通行的具备一定技术条件和设施的道路，称为城市道路。与公路相比，它具有组成复杂、功能多样、行人和车辆交通量大、交叉点多等特点，因此首先需要在横断面的布置设计中综合解决技术问题。所以城市道路工程图先做横断面图，再做平面图和纵断面图。

1. 横断面图

道路的横断面图在直线段是垂直于道路中心线方向的断面图，而在平曲线上则是法线方向的断面图。道路的横断面是由车行道、人行道、绿化带和分车带等几部分组成。

（1）横断面的基本形式

根据机动车道和非机动车道不同的布置形式，城市道路横断面的布置有以下四种基本形式：

①“一块板”断面。把所有车辆都组织在同一个车行道上混合行驶，车行道布置在道路中央，如图 12-6（a）所示。

②“两块板”断面。利用分隔带把一块板形式的车行道一分为二，分向行驶，如图 12-6（b)所示。

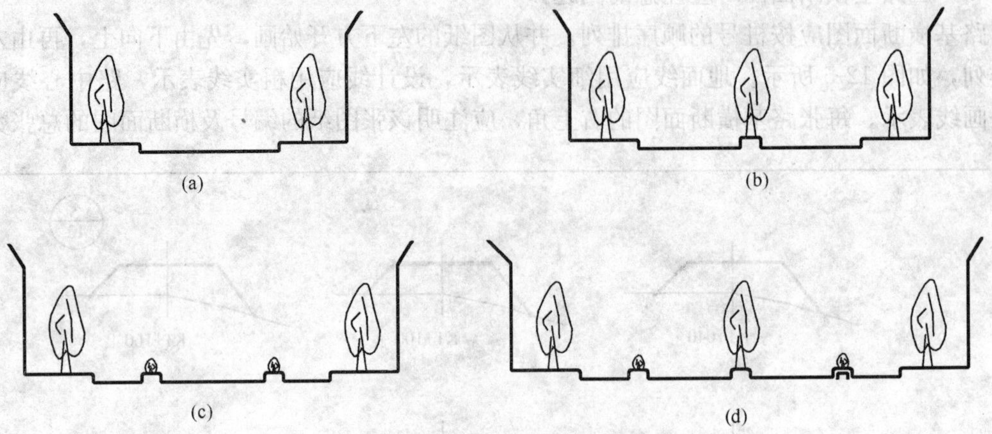

图 12-6　城市道路横断面示意图

③“三块板”断面。利用分隔带把车行道分隔为三块，中间的为双向行驶的机动车车行道，两侧的为单向行驶的非机动车车行道，如图 12-6（c）所示。

④“四块板”断面。在三块板断面形式的基础上，再用分隔带把中间的机动车车行道分隔为二，分向行驶，如图 12-6（d）所示。

（2）横断面图的内容

当道路分期修建、改建时，应在同一张图纸中表示出规划、设计和原有道路横断面，并注明各道路中心线之间的位置关系。规划道路中心线应采用点画线表示，在图中还应绘出车行道、人行道、绿带、照明、新建或改建的地下管道等各组成部分的位置和宽度，以及排水方向、横坡等。

图 12-7 所示为某路段的横断面形式，道路宽 18m，其中车行道宽 10m，两侧人行道各宽 4m。路面排水坡度为 1.5%，箭头表示流水方向。路面结构图采用 1：10 的详图表示方法，图中表示了车行道和人行道的具体做法。

2. 路线平面图

城市道路平面图是用来表示城市道路方向、平面线型和车行道、人行道布置以及沿路两侧一定范围内的地形、地物情况。从中可以了解道路走向、占地面积以及修建该路段应拆除的原有地物情况。

图 12-8 所示为某段道路的改建平面设计图，比例为 1：500；图中粗实线表示为该段道路的设计线，加粗的折线为建筑规划红线；道路转角处设置了 5m 宽的无障碍人行道。图中标注了各条车行道、人行道的宽度尺寸，标注了路口转弯处的圆弧半径。

十字路口中的虚线是规划 16 号线和 25 号线的分界线；十字路口的北侧有一条原有山东路，山东路的东侧有一个建筑物。

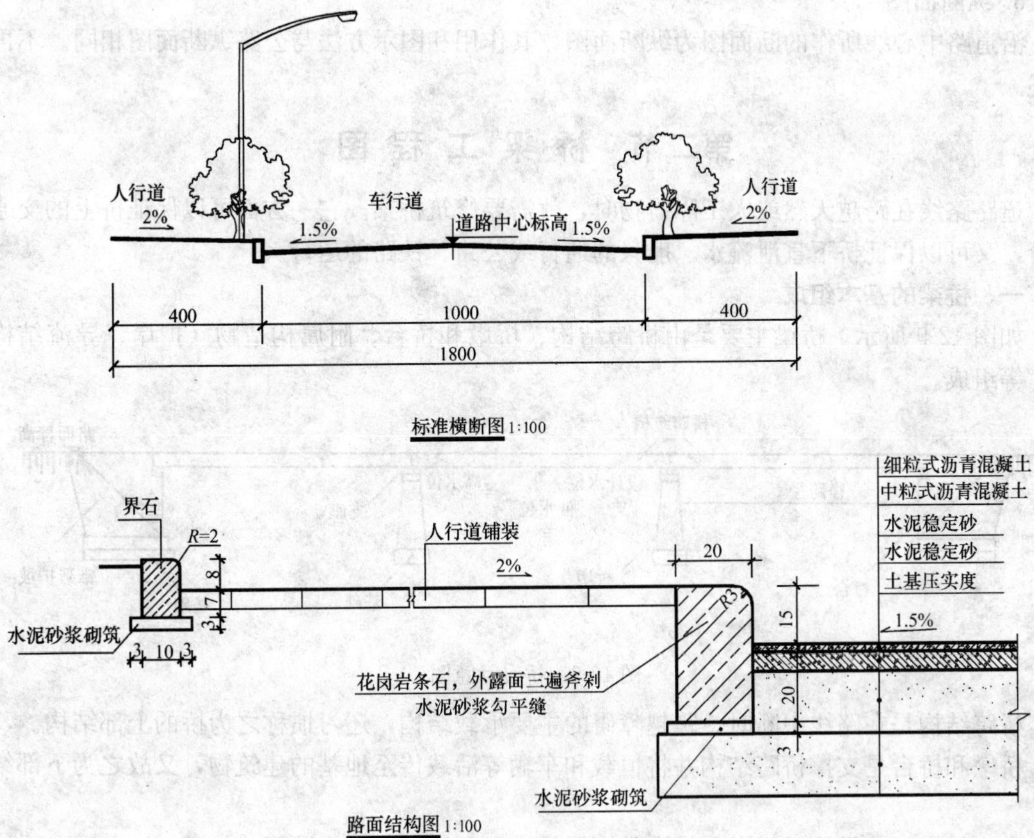

图 12-7 道路横断面图

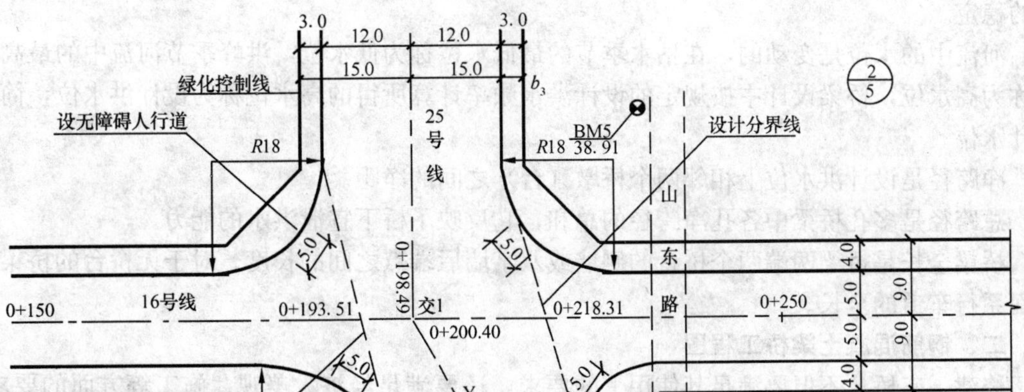

说明：本图单位为m。

图 12-8 道路路线平面图

3. 纵断面图

沿道路中心线所作的断面图为纵断面图，其作用和图示方法与公路纵断面图相同。不再赘述。

第二节　桥 梁 工 程 图

道路路线在跨越天然或人工障碍物时，就需要修筑桥梁。它一方面可以保证桥上的交通运行，又可以保证桥下宣泄流水、船只的通行或公路、铁路的运行。

一、桥梁的基本组成

如图 12-9 所示，桥梁主要是由桥跨结构、桥墩和桥台、附属构造物（护岸、导流结构物）等组成。

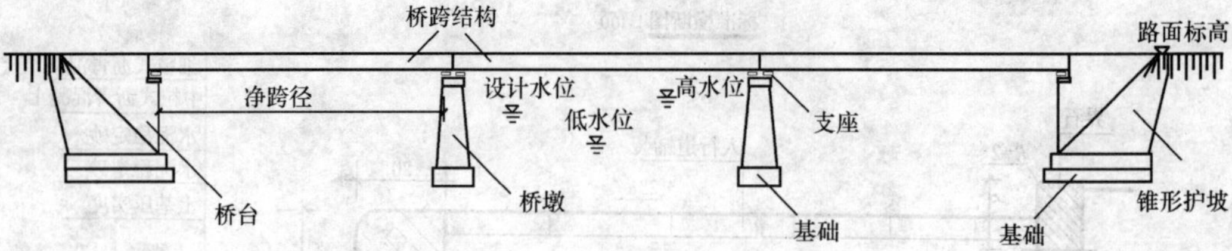

图 12-9　桥梁示意图

桥跨结构是在路线中断时，跨越障碍的主要承载结构，还习惯称之为桥的上部结构。

桥墩和桥台是支撑桥跨结构并将恒载和车辆等活载传至地基的建筑物，又故之为下部结构。

支座是在桥跨结构与桥墩和桥台的支撑处之间所设置的传力装置。

在路堤与桥台衔接处，一般还在桥台两侧设置石砌的锥形护坡，以保证迎水部分路堤边坡的稳定。

河流中的水位是变动的，在枯水季节的最低水位称为低水位，洪峰季节河流中的最高水位称为高水位，桥梁设计中按规定的设计洪水频率计算所得的高水位称为设计洪水位，简称设计水位。

净跨径是设计洪水位上相邻两个桥墩（台）之间的净距。

总跨径是多孔桥梁中各孔净跨径的总和，它反映了桥下宣泄洪水的能力。

桥梁全长是桥梁两端两个桥台的侧墙或八字墙后端点之间的长度。对于无桥台的桥梁为桥面系行车道的全长。

二、钢筋混凝土梁桥工程图

修建一座桥，不但要满足其使用上的要求，还要满足经济、美观、施工等方面的要求。修建前，首先要进行桥位附近的地形、地质、水文、建材来源等的调查，绘制出地形图和地质断面图，供设计和施工使用。

桥梁设计一般分两个阶段设计，第一阶段（初步设计）着重解决桥梁总体规划问题，第二阶段是编制施工图。在这一节中主要介绍第二阶段：编制施工图。

1. 桥梁总体布置图

桥梁总体布置图主要表明桥梁的形式、总跨径、孔数、桥道标高、桥面宽度、桥跨结构横断面布置和桥梁平面线型。

以图 12-10 所示的梁桥为例，介绍桥梁总体布置图的内容和表达方法。

（1）立面图

在立面图中，反映出该桥全长为 58.42m，净跨径为 15m，总跨径为 45m，共 3 孔的梁式桥。桥台为重力式桥台，桥墩为柱式轻型桥墩。由于桩基础较长，采用折断画法。由于立面图的比例较小，因此桥面铺垫层、人行道和栏杆均未表示出。

在工程图中，人们习惯假设没有填土或填土为透明体，因此埋在土里的基础和桥台部分，仍用实线表示，并且只画出结构物可以看见的部分，不可见的部分省略不画。

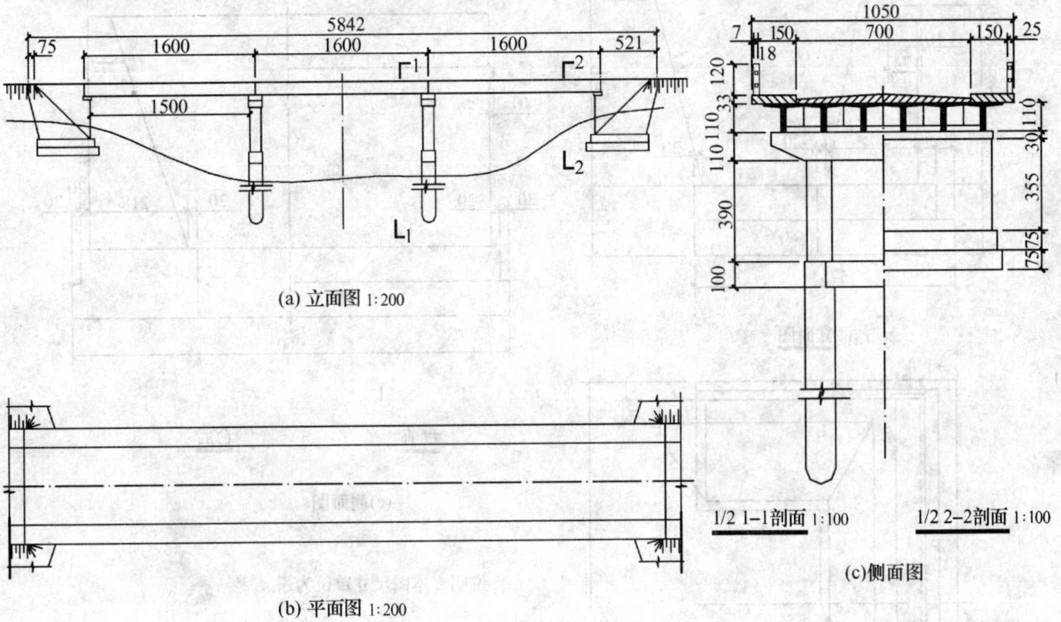

说明：本图尺寸单位为cm。

图 12-10　梁桥总体布置图

（2）平面图

此图也只画出可见部分，由于比例较小，桥栏杆也未表示，只表示出车行道和人行道的宽度，以及锥形护坡的一部分投影。

（3）侧面图

此图是由 1/2 1—1 剖面和 1/2 2—2 剖面拼成的一个侧面图，在工程图中常常采用这种表示法，并且为了表达清楚，该图的比例比平面图和立面图的比例放大一倍。

由图 12-10（c）中可以看出桥梁的上部结构为 6 片 T 形梁组成，桥面宽为 10.50m，车行道宽为 7m，两侧的人行道宽各为 1.5m，即表示为净宽 7.0＋(2×1.5)m。由于 T 形梁断面面积较小，采用涂黑的方式表示。

下部构造一半为桥台，一半为桥墩，且只画出可见部分，详细尺寸及构造均在构造详图中介绍。

2. 施工图

施工图是对桥梁各部分构件进行详细的设计、计算，绘制的施工详图。

（1）桥台图

图 12-11 所示为桥台施工图，桥台由基础、前墙、侧墙和台帽组成。由于它的平面形式像“U”字形，所以称之为 U 形桥台；又因它的自重较大，故称之为重力式桥台。它的主要作用是支撑桥跨结构的主梁，并且靠它的自重和土压力来平衡由主梁传下来的压力，以防止倾覆。

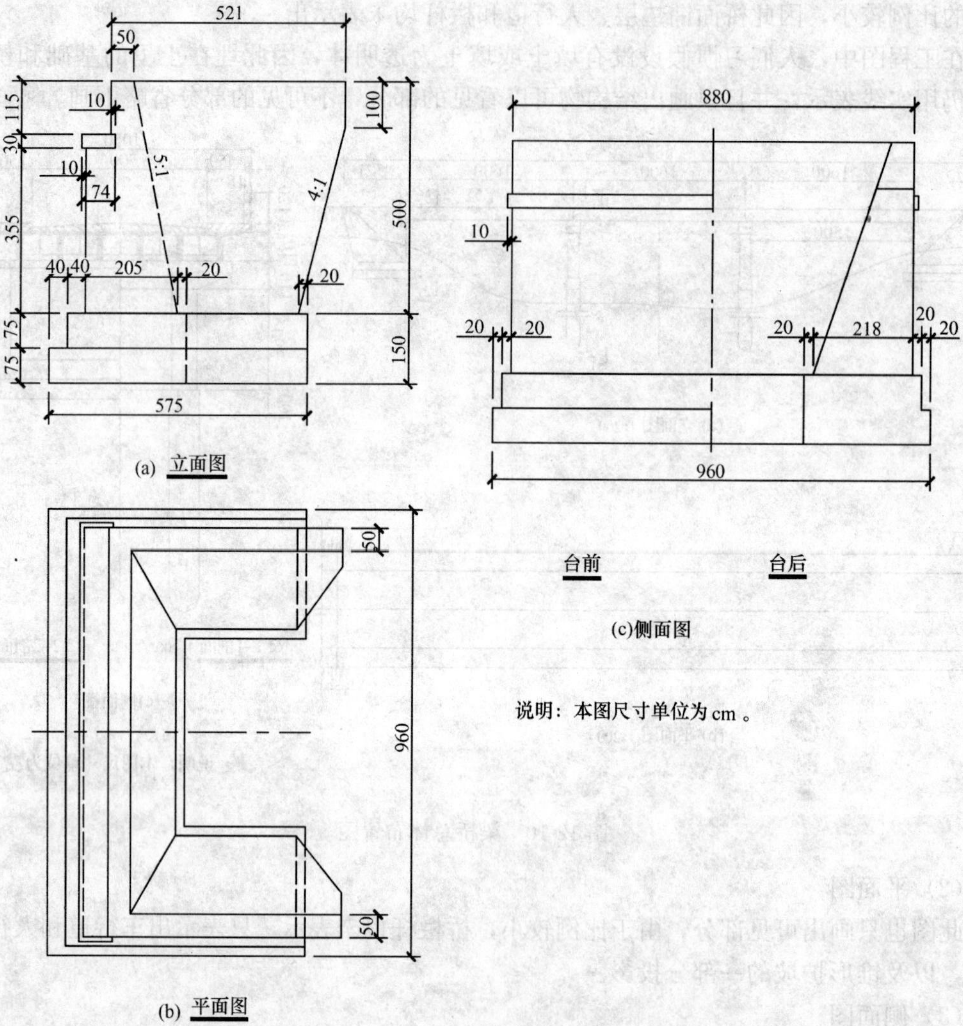

图 12-11　桥台施工图

侧面图是由 1/2 台前和 1/2 台后合成表示的。所谓台前，是指人站在桥下观看桥台，所得到的投影。所谓台后，是指人站在路堤上观看桥台，得到的投影，此图只画可以看到的部分。

桥台图是人们考虑没有填土情况下画出的。

（2）桥墩图

图 12-12 所示为钻孔桩双柱式桥墩的一般构造图，它是由墩帽（上盖梁）、双柱、联系梁和桩基础组成。由于构造简单，它只用立面图和侧面图表示，上盖梁长 900cm，高 110cm，宽 120cm；立柱直径 D 为 100cm，轴间距 520cm；联系梁高 100cm，宽 70cm；钻

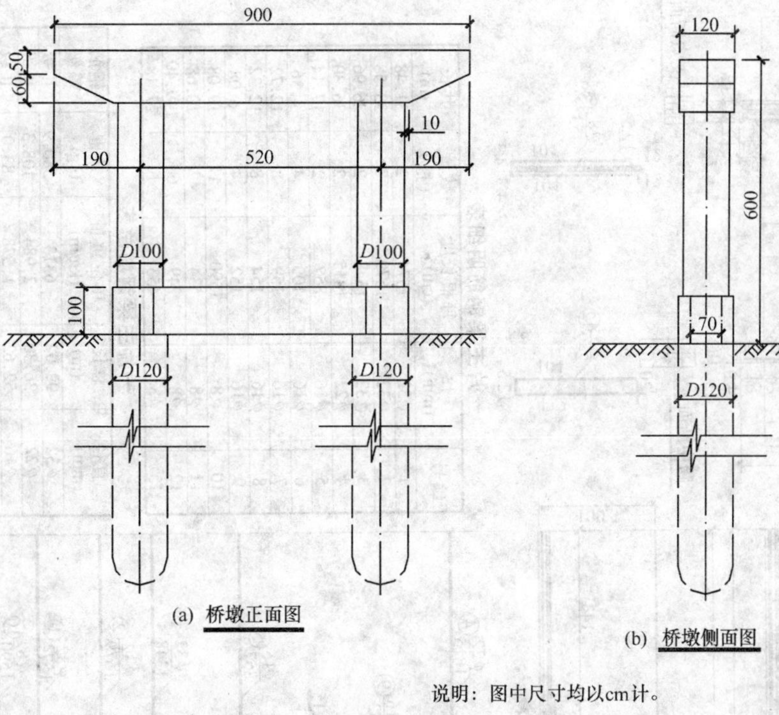

图 12-12　桥墩施工图

孔桩直径 D 为 120cm。

(3) 主梁图（T 形梁梁肋钢筋布置图）

图 12-13 所示为主梁的断面图，T 形主梁是由梁肋、横隔板和翼板组成的。因为 T 形梁每根宽度较小，因此在使用中常常是几根并在一起，所以人们习惯上称两侧的 T 形梁为边主梁，中间的 T 形梁为中主梁。T 形梁之间主要是靠横隔板联系在一起，所以中主梁两侧均有横隔板，而边主梁只有一侧有横隔板。

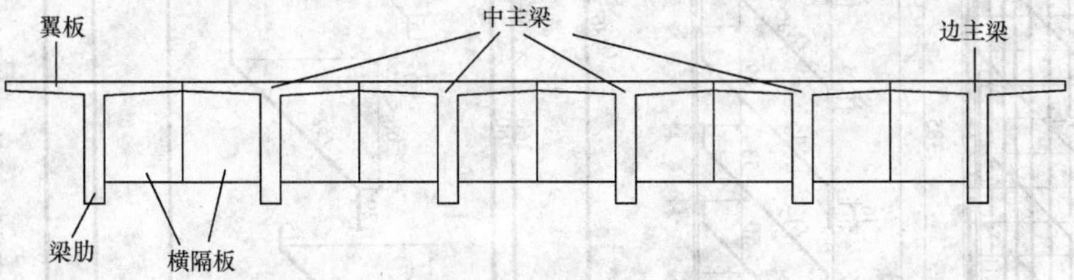

图 12-13　主梁断面示意图

图 12-14 所示为长 16m 的 T 形梁的梁肋骨架钢筋布置图，其中 1、2、3、5 为主筋（受力主筋），4 为架立钢筋，12、13 为箍筋，10 为分布钢筋，6、7、8、9 也为受力钢筋。

跨中断面图清楚地反映出 1、2、3、5、10、4 的钢筋布置情况，在支点断面图中可以看到上、下均有 4 号钢筋出现，这是因为 4 号钢筋在支点处作回弯造成的。

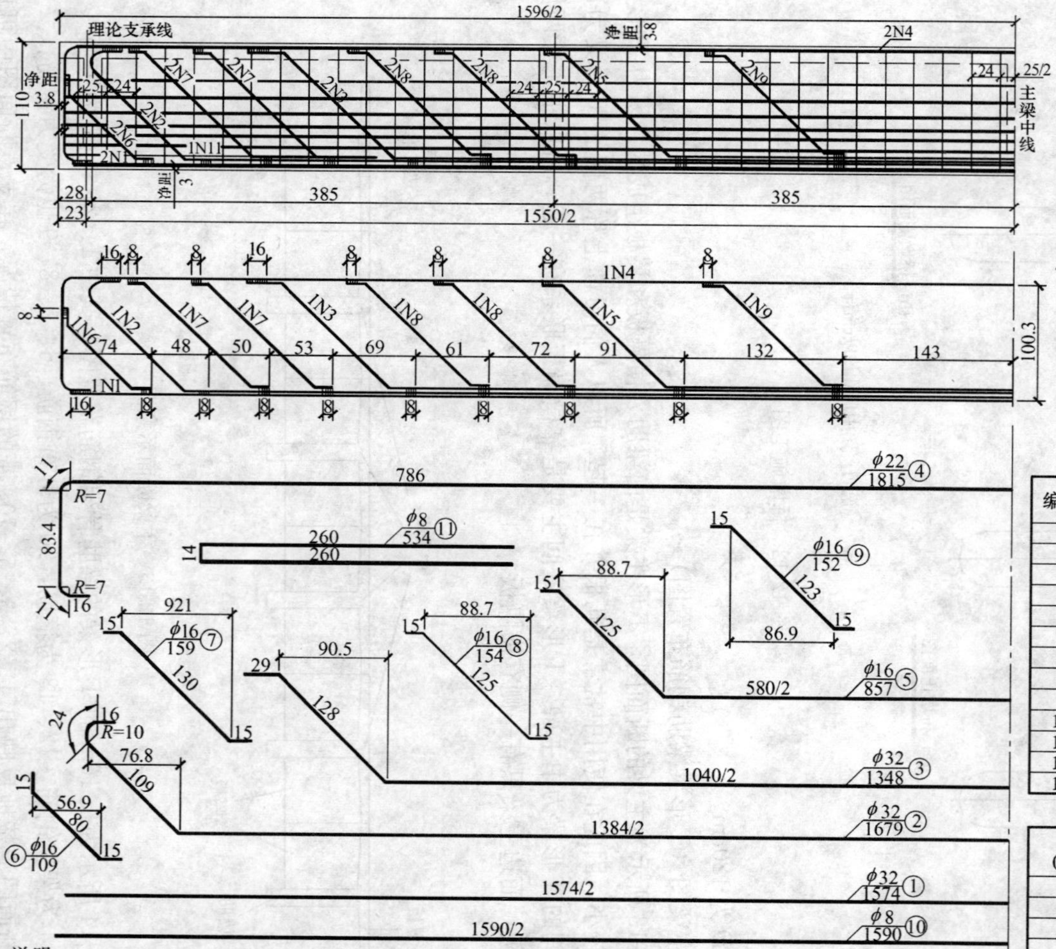

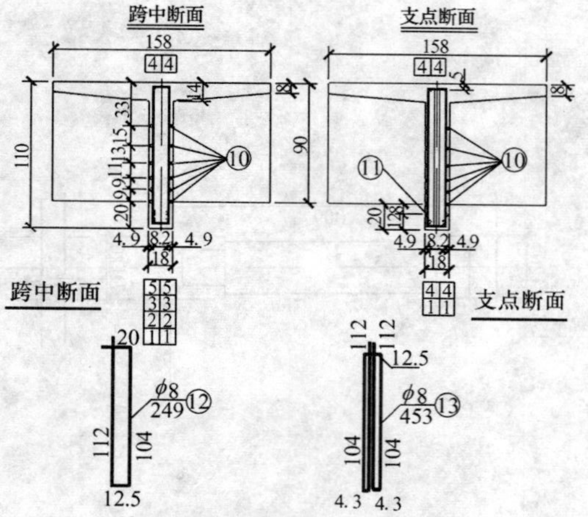

一片主梁钢筋明细表

编号	直径 (mm)	每根长度 (cm)	数量 (根)	共长 (m)
1	φ32	1574	2	31.48
2	φ32	1679	2	33.58
3	φ32	1348	2	26.96
4	φ22	1815	2	36.30
5	φ16	857	2	17.14
6	φ16	109	4	4.36
7	φ16	159	8	12.72
8	φ16	154	8	12.32
9	φ16	152	4	6.08
10	φ8	1590	12	19.08
11	φ8	534	2	10.68
12	φ8	249	60	149.40
13	φ8	453	6	27.18

一片主梁钢筋总表

直径 (mm)	总长 (m)	单位重量 (kg/m)	共重 (kg)	钢筋等级
φ32	92.02	6313	580.9	Ⅱ级
φ22	36.30	2.984	108.3	Ⅱ级
φ16	52.62	1.578	83.0	Ⅱ级
φ8	378.06	0.395	149.3	Ⅰ级
φ32,22,12	小计		772.2	Ⅱ级
φ8	小计		149.3	Ⅰ级
总计			9215	

说明：

1. 本图尺寸除钢筋直径以 mm 计外，其余均以 cm 为单位。
2. 本图钢筋焊缝均以双面焊，一片主梁的焊缝总长度为 21.8 m。 3. 一片平面骨架的重量为 0.39 t。

图 12-14 梁肋钢筋布置图

附　　录

一、螺纹

（一）普通螺纹（GB/T 193—2003、GB/T 196—2003）

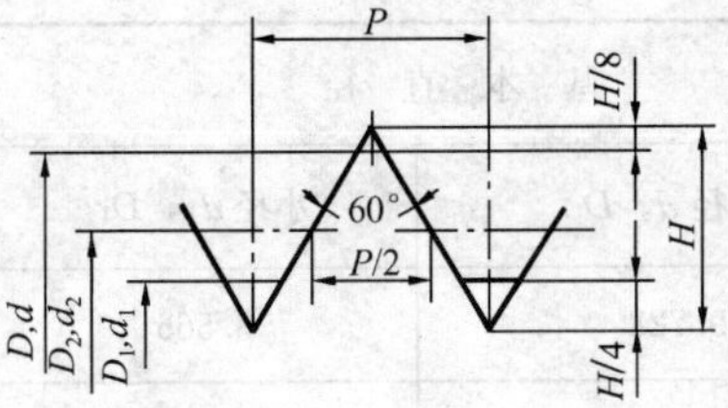

代号示例

公称直径 24mm，螺距为 1.5mm，右旋的细牙普通螺纹：

M24×1.5

公称直径 24mm 的粗牙普通螺纹：

M24

附表 1　直径与螺距系列、基本尺寸　　mm

公称直径 D、d		螺距 P		粗牙小径 D_1、d_1	公称直径 D、d		螺距 P		粗牙小径 D_1、d_1
第一系列	第二系列	粗牙	细牙		第一系列	第二系列	粗牙	细牙	
3		0.5	0.35	2.459		22	2.5	2，1.5，1，(0.75)，(0.5)	19.294
	3.5	0.6		2.850	24		3	2，1.5，1，(0.75)	20.752
4		0.7	0.5	3.242		27	3	2，1.5，1，(0.75)	23.752
	4.5	0.75		3.688	30		3.5	(3)，2，1.5，1，(0.75)	26.211
5		0.8		4.134		33	3.5	(3)，2，1.5，(1)，(0.75)	29.211
6		1	0.75，(0.5)	4.917	36		4	3，2，1.5，(1)	31.670
8		1.25	1，0.75，(0.5)	6.647		39	4		34.670
10		1.5	1.25，1，0.75，(0.5)	8.376	42		4.5	(4)，3，2，1.5，(1)	37.129
12		1.75	1.5，1.25，1，(0.75)，(0.5)	10.106		45	4.5		40.129
	14	2	1.5，(1.25)，1，(0.75)，(0.5)	11.835	48		5		42.587
16		2	1.5，1，(0.75)，(0.5)	13.835		52	5		46.587
	18	2.5	2，1.5，1，(0.75)，(0.5)	15.294	56		5.5	4，3，2，1.5，(1)	50.046
20		2.5		17.294					

注：1. 优先选用第一系列，括号内尺寸尽可能不用，第三系列未列入。

2. 中径 D_2、d_2 未列入。

（二）非螺纹密封的管螺纹（GB/T 7307—2001）

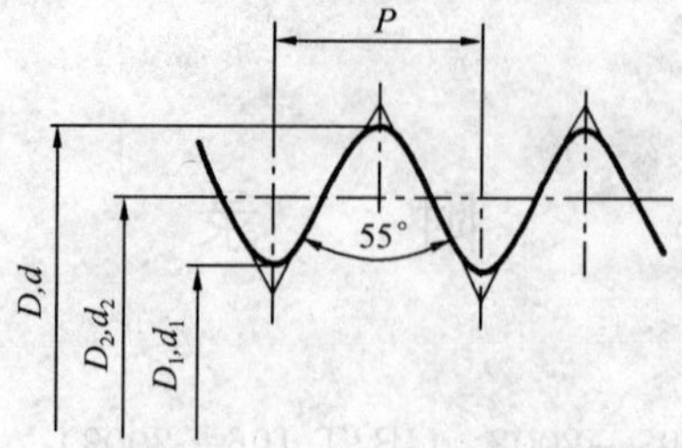

附表 2　管螺纹的尺寸代号及基本尺寸　　mm

尺寸代号	每 25.4mm 内的牙数 n	螺距 P	基本直径	
			大径 d，D	小径 d_1，D_1
1/8	28	0.907	9.728	8.566
1/4	19	1.337	13.157	11.445
3/8	19	1.337	16.662	14.950
1/2	14	1.814	20.955	18.631
5/8	14	1.814	22.911	20.587
3/4	14	1.814	26.441	24.117
7/8	14	1.814	30.201	27.877
1	11	2.309	33.249	30.291
$1\frac{1}{8}$	11	2.309	37.897	34.939
$1\frac{1}{4}$	11	2.309	41.910	38.952
$1\frac{1}{2}$	11	2.309	47.803	44.845
$1\frac{3}{4}$	11	2.309	53.746	50.788
2	11	2.309	59.614	56.656
$2\frac{1}{4}$	11	2.309	65.710	62.752
$2\frac{1}{2}$	11	2.309	75.184	72.226
$2\frac{3}{4}$	11	2.309	81.534	78.576
3	11	2.309	87.884	84.926

（三）梯形螺纹（GB 5796.2—2005，GB 5796.3—2005）

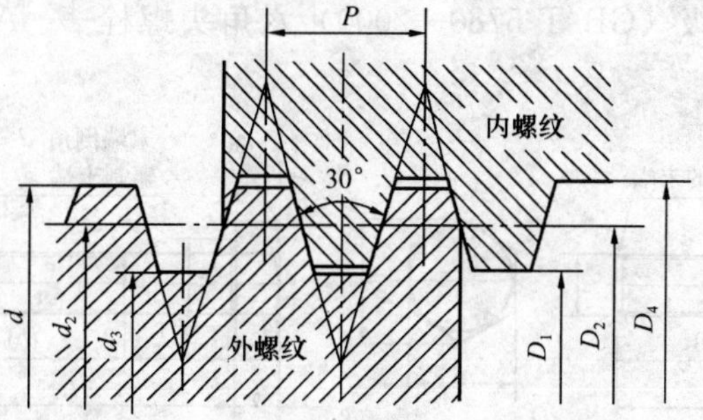

附表 3　直径与螺距系列、基本尺寸　　mm

公称直径 d 第一系列	公称直径 d 第二系列	螺距 P	中径 $d_2=D_2$	大径 D_4	小径 d_3	小径 D_1
8		1.5	7.25	8.30	6.20	6.50
	9	1.5	8.25	9.30	7.20	7.50
		2	8.00	9.50	6.50	7.00
10		1.5	9.25	10.30	8.20	8.50
		2	9.00	10.50	7.50	8.00
	11	2	10.00	11.50	8.50	9.00
		3	9.50	11.50	7.50	8.00
12		2	11.00	12.50	9.50	10.00
		3	10.50	12.50	8.50	9.00
	14	2	13.00	14.50	11.50	12.00
		3	12.50	14.50	10.50	11.00
16		2	15.00	16.50	13.50	14.00
		4	14.00	16.50	11.50	12.00
	18	2	17.00	18.50	15.50	16.00
		4	16.00	18.50	13.50	14.00
20		2	19.00	20.50	17.50	18.00
		4	18.00	20.50	15.50	16.00
	22	3	20.50	22.50	18.50	19.00
		5	19.50	22.50	16.50	17.00
		8	18.00	23.00	13.00	14.00
24		3	22.50	24.50	20.50	21.00
		5	21.50	24.50	18.50	19.00
		8	20.00	25.00	15.00	16.00

公称直径 d 第一系列	公称直径 d 第二系列	螺距 P	中径 $d_2=D_2$	大径 D_4	小径 d_3	小径 D_1
	26	3	24.50	26.50	22.50	23.00
		5	23.50	26.50	20.50	21.00
		8	22.00	27.00	17.00	18.00
28		3	26.50	28.50	24.50	25.00
		5	25.50	28.50	22.50	23.00
		8	24.00	29.00	19.00	20.00
	30	3	28.50	30.50	26.50	29.00
		6	27.00	31.00	23.00	24.00
		10	25.00	31.00	19.00	20.00
32		3	30.50	32.50	28.50	29.00
		6	29.00	33.00	25.00	26.00
		10	27.00	33.00	21.00	22.00
	34	3	32.50	34.50	30.50	31.00
		6	31.00	35.00	27.00	28.00
		10	29.00	35.00	23.00	24.00
36		3	34.50	36.50	32.50	33.00
		6	33.00	37.00	29.00	30.00
		10	31.00	37.00	25.00	26.00
	38	3	36.50	38.50	34.50	35.00
		7	34.50	39.00	30.00	31.00
		10	33.00	39.00	27.00	28.00
40		3	38.50	40.50	36.50	37.00
		7	36.50	41.00	32.00	33.00
		10	35.00	41.00	29.00	30.00

二、常用的标准件

（一）螺栓

六角头螺栓——C 级（GB/T 5780—2000）六角头螺栓——A 和 B 级（GB/T 5782—2000）

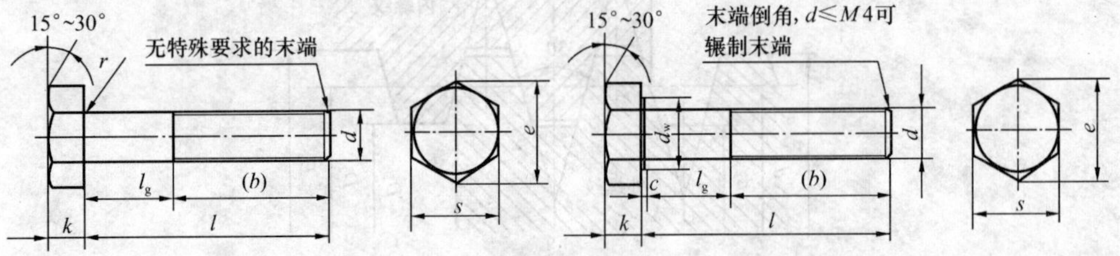

标记示例

螺纹规格 $d=M12$、公称长度 $l=80$、性能等级为 8.8 级、表面氧化、A 级的六角头螺栓的标记：

螺栓 GB/T 5782　$M12\times80$。

附表 4　六角头螺栓　　mm

螺纹规格 d			$M3$	$M4$	$M5$	$M6$	$M8$	$M10$	$M12$	$M16$	$M20$	$M24$	$M30$	$M36$	$M42$
b 参考	$l\leqslant125$		12	14	16	18	22	26	30	38	46	54	66	—	—
	$125<l\leqslant200$		18	20	22	24	28	32	36	44	52	60	72	84	96
	$l>200$		31	33	35	37	41	45	49	57	65	73	85	97	109
C			0.4	0.4	0.5	0.5	0.6	0.6	0.6	0.8	0.8	0.8	0.8	0.8	1
d_w	产品等级	A	4.57	5.88	6.88	8.88	11.63	14.63	16.63	22.49	28.19	33.61	—	—	—
		B	4.45	5.74	6.74	8.74	11.47	14.47	16.47	22	27.7	33.25	42.75	51.11	59.95
e	产品等级	A	6.01	7.66	8.79	11.05	14.38	17.77	20.03	26.75	33.53	39.98	—	—	—
		B，C	5.88	7.50	8.63	10.89	14.20	17.59	19.85	26.17	32.95	39.55	50.85	60.97	72.02
K 公称			2	2.8	3.5	4	5.3	6.4	7.5	10	12.5	15	18.7	22.7	26
r			0.1	0.2	0.2	0.25	0.4	0.4	0.6	0.6	0.8	0.8	1	1	1.2
s 公称			5.5	7	8	10	13	16	18	24	30	36	46	55	65
l（商品规格范围）			20～30	25～40	25～50	30～60	40～80	45～100	50～120	65～160	80～200	90～240	110～300	140～360	160～440
l 系列			12，16，20，25，30，35，40，45，50，55，60，65，70，80，90，100，110，120，130，140，150，160，180，200，220，240，260，280，300，320，340，360，380，400，420，440，460，480，500												

注：1. A 级用于 $d\leqslant24$ 和 $l\leqslant10d$ 或 $\leqslant150$mm 的螺栓；

B 级用于 $d>24$ 和 $l>10d$ 或 >150mm 的螺栓。

2. 螺纹规格 d 范围：GB/T 5780 为 $M5$～$M64$；GB/T 5782 为 $M1.6$～$M64$。

3. 公称长度 l 范围：GB/T 5780 为 25～500；GB/T 5782 为 12～500。

（二）双头螺柱

$b_m=d$（GB/T 897—1988）　　$b_m=1.25d$（GB/T 898—1988）

$b_m=1.5d$（GB/T 899—1988）　$b_m=2d$（GB/T 900—1998）

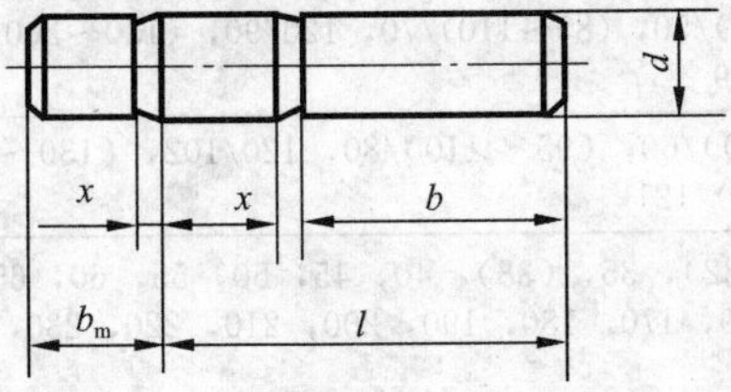

A型

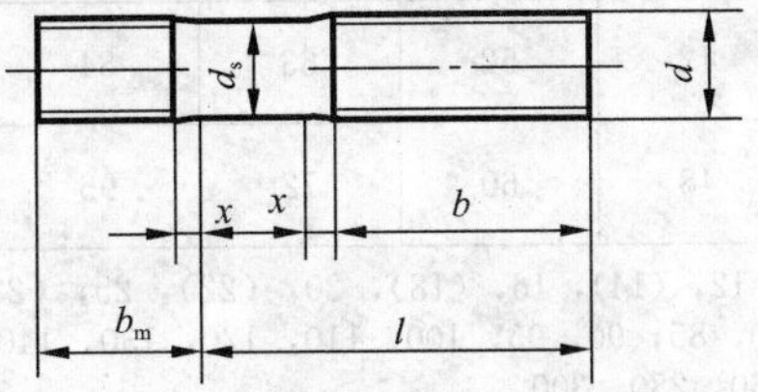

B型

标记示例

1. 两端均为粗牙普通螺纹，$d=10$mm，$l=50$mm，性能等级为 4.8 级，不经表面处理，B 型，$b_m=d$ 的双头螺柱：

螺柱　GB/T 897—1998　M10×50

2. 旋入机体一端为粗牙普通螺纹，旋螺母一端为螺距 $P=1$mm 的细牙普通螺纹。$D=10$mm，$l=50$mm，性能等级为 4.8 级，不经表面处理，A 型，$b_m=d$ 的双头螺柱：

螺柱　GB/T 897—1998　AM10—M10×1×50

3. 旋入机体一端为过渡配合螺纹的第一种配合，旋螺母一端粗牙普通螺纹。$D=10$mm，$l=50$mm，性能等级为 8.8 级，镀锌钝化，B 型，$b_m=d$ 的双头螺柱：

螺柱　GB/T 897—1998　GM10—M10×50—8.8—Zn・D

附表 5　双　头　螺　柱　　mm

螺纹	b_m				
规格 d	GB/T 897—1998	GB/T 898—1998	GB/T 899—1998	GB/T 900—1998	l/b
M2			3	4	(12～16)/6，(18～25)/10
M2.5			3.5	5	(14～18)/8，(20～30)/11
M3			4.5	6	(16～20)/6，(22～40)/12
M4			6	8	(16～22)/10，(25～40)/14
M5	5	6	8	10	(16～22)/10，(25～50)/16
M6	6	8	10	12	(18～22)/10，(25～30)/14，(35～75)/18
M8	8	10	12	16	(18～22)/12，(25～30)/16，(32～90)/22
M10	10	12	15	20	(25～28)/14，(30～38)/16，(40～120)/30，130/32
M12	12	15	18	24	(25～30)/16，(32～40)/20，(45～120)/30，(130～180)/36
(M14)	14	18	21	28	(30～35)/18，(38～45)/25，(50～120)/34，(130～180)/40
M16	16	20	24	32	(30～38)/20，(40～55)/30，(60～120)/38，(130～200)/44
(M18)	18	22	27	36	(30～40)/22，(45～60)/35，(65～120)/42，(130～200)/48
M20	20	25	30	40	(35～40)/25，(45～65)/38，(70～120)/46，(130～200)/52
(M22)	22	28	33	44	(40～45)/30，(50～70)/40，(75～120)/50，(130～200)/56
M24	24	30	36	49	(45～50)/30，(55～75)/45，(80～120)/54，(130～200)/60
(M27)	27	35	40	54	(50～60)/35，(65～85)/50，(90～120)/60，(130～200)/66
M30	30	38	45	60	(60～65)/40，(70～90)/50，(95～120)/66，(130～200)/72，(210～250)/85
M36	36	45	54	72	(65～75)/45，(80～110)/60，120/78，(130～200)/84，(210～300)/97

续表

螺纹规格 d	b_m				
	GB/T 897—1998	GB/T 898—1998	GB/T 899—1998	GB/T 900—1998	l/b
M42	42	52	63	84	(70～80)/50，(85～110)/70，120/90，(130～200)/96，(210～300)/109
M48	48	60	72	96	(80～90)/60，(95～110)/80，120/102，(130～200)/108，(210～300)/121
L（系列）	12，(14)，16，(18)，20，(22)，25，(28)，30，(32)，35，(38)，40，45，50，55，60，65，70，75，80，85，90，95，100，110，120，130，140，150，160，170，180，190，200，210，220，230，240，250，260，280，300				

注：1. d_s≈螺纹中径

2. $x_{max}=1.5P$（螺距）

（三）螺钉

开槽圆柱头螺钉（GB/T 65—2000）

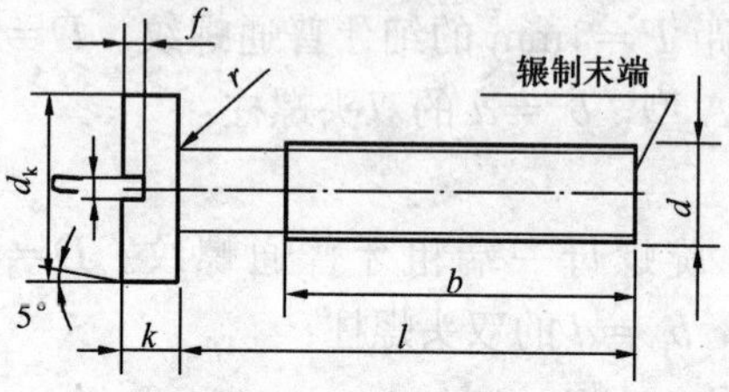

标记示例

螺纹规格 $d=M5$、公称长度 $l=20$mm、性能等级为4.8级、不经表面处理的A级开槽圆柱头螺钉；

螺钉 GB/T 65 $M5\times20$。

附表6 开槽圆柱头螺钉 mm

螺纹规格 d	$M4$	$M5$	$M6$	$M8$	$M10$
P（螺距）	0.7	0.8	1	1.25	1.5
b	38	38	38	38	38
d_k	7	8.5	10	13	16
k	2.6	3.3	3.9	5	6
n	1.2	1.2	1.6	2	2.5
r	0.2	0.2	0.25	0.4	0.4
t	1.1	1.3	1.6	2	2.4
公称长度 l	5～40	6～50	8～60	10～80	12～80
l（系列）	5，6，8，10，12，(14)，16，20，25，30，35，40，45，50，(55)，60，(65)，70，(75)，80				

注：1. 公称长度 $l\leqslant40$ 的螺钉，制出全螺纹。

2. 螺纹规格 $d=M1.6$～$M10$、公称长度 $l=2$～80。

3. 括号内的规格尽可能不采用。

开槽盘头螺钉（GB/T 67—2000）

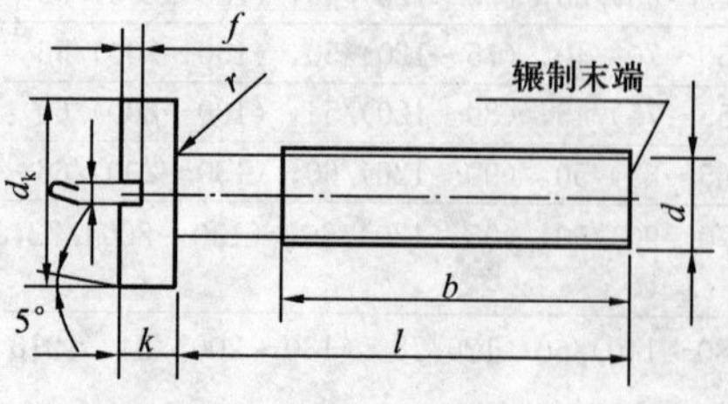

标记示例

螺纹规格 $d=M5$，公称长度 $l=20$mm，性能等级为4.8级，不经表面处理的开槽沉头螺钉；

螺钉 GB/T 67 $M5\times20$。

附表 7　开槽盘头螺钉　　　mm

螺纹规格 d	$M1.6$	$M2$	$M2.5$	$M3$	$M4$	$M5$	$M6$	$M8$	$M10$
P（螺距）	0.35	0.4	0.45	0.5	0.7	0.8	1	1.25	1.5
b	25	25	25	25	38	38	38	38	38
d_k	3.2	4	5	5.6	8	9.5	12	16	20
k	1	1.3	1.5	1.8	2.4	3	3.6	4.8	6
n	0.4	0.5	0.6	0.8	1.2	1.2	1.6	2	2.5
r	0.1	0.1	0.1	0.1	0.2	0.2	0.25	0.4	0.4
t	0.35	0.5	0.6	0.7	1	1.2	1.4	1.9	2.4
公称长度 l	2～16	2.5～20	3～25	4～30	5～40	6～50	8～60	10～80	12～80
l（系列）	2，2.5，3，4，5，6，8，10，12，(14)，16，20，25，30，35，40，45，50，(55)，60，(65)，70，(75)，80								

注：1. $M1.6$～$M3$ 的螺钉，公称长度 $l\leqslant 30$mm 的，制出全螺纹；

2. $M4$～$M10$ 的螺钉，公称长度 $l\leqslant 40$mm 的，制出全螺纹。

3. 尽可能不采用括号内的规格。

开槽锥端紧定螺钉（GB/T 71—1985）　开槽平端紧定螺钉（GB/T 73—1985）　开槽长圆柱端紧定螺钉（GB/T 75—1985）

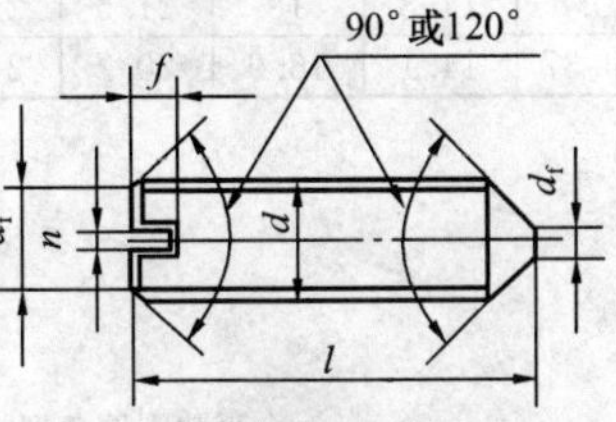

开槽锥端紧定螺钉
(GB/T71—1985)

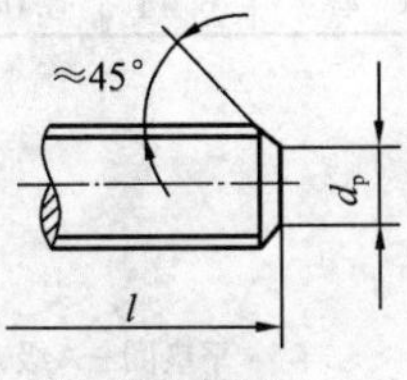

开槽平端紧定螺钉
(GB/T73—1985)

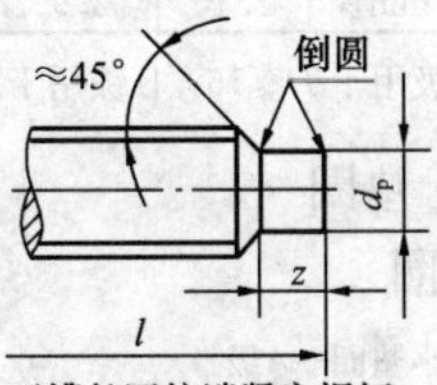

开槽长圆柱端紧定螺钉
(GB/T75—1985)

标 记 示 例

螺纹规格 $d=M5$、公称长度 $l=12$mm、性能等级为 14H 级，表面氧化的开槽长圆柱端紧定螺钉：

螺钉 GB/T 75　$M5\times 12$

附表 8　开槽锥端紧定螺钉　　　mm

螺纹规格 d		$M1.6$	$M2$	$M2.5$	$M3$	$M4$	$M5$	$M6$	$M8$	$M10$	$M12$
P（螺距）		0.35	0.4	0.45	0.5	0.7	0.8	1	1.25	1.5	1.75
n		0.25	0.25	0.4	0.4	0.6	0.8	1	1.2	1.6	2
t		0.74	0.84	0.95	1.05	1.42	1.63	2	2.5	3	3.6
d_t		0.16	0.2	0.25	0.3	0.4	0.5	1.5	2	2.5	3
d_p		0.8	1	1.5	2	2.5	3.5	4	5.5	7	8.5
z		1.05	1.25	1.5	1.75	2.25	2.75	3.25	4.3	5.3	6.3
l	GB/T 71—1985	2～8	3～10	3～12	4～16	6～20	8～25	8～30	10～40	12～50	14～60
	GB/T 73—1985	2～8	2～10	2.5～12	3～16	4～20	5～25	6～30	8～40	10～50	12～60
	GB/T 75—1985	2.5～8	3～10	4～12	5～16	6～20	8～25	10～30	10～40	12～50	14～60
l（系列）		2，2.5，3，4，5，6，8，10，12，(14)，16，20，25，30，35，40，45，50，(55)，60									

注：1. l 为公称长度。

2. 尽可能不采用括号内的规格。

（四）螺母

1 型六角螺母—A 级和 B 级（GB/T 6170—2002）

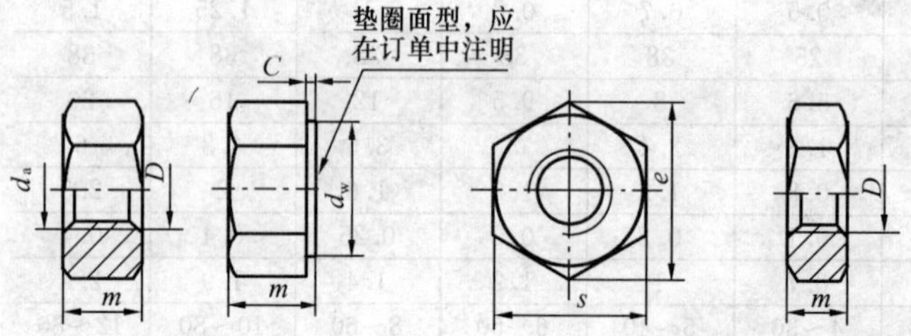

标 记 示 例

螺纹规格 $D=M12$，性能等级为 10 级，不经表面处理，产品等级为 A 级的 1 型六角螺母：

螺母 GB/T 6170—2002　M12

附表 9　1 型六角螺母　　mm

螺纹规格 D		$M3$	$M4$	$M5$	$M6$	$M8$	$M10$	$M12$	$M16$	$M20$	$M24$	$M30$	$M36$
e	min	6.01	7.66	8.63	10.89	14.20	17.59	19.85	26.17	32.95	39.55	50.85	60.79
s	max	5.5	7	8	10	13	16	18	24	30	36	46	55
	min	5.5	7	8	10	13	16	18	24	30	36	46	55
c	max	0.4	0.4	0.5	0.5	0.6	0.6	0.6	0.8	0.8	0.8	0.8	0.8
d_w	min	4.6	5.9	6.9	8.9	11.6	14.6	16.6	22.5	27.7	33.2	42.8	51.1
d_a	max	3.45	4.6	5.75	6.75	8.75	10.8	13	17.3	21.6	25.9	32.4	38.9
m	max	2.4	3.2	4.7	5.2	6.8	8.4	10.8	14.8	18	21.5	25.6	31
	min	2.15	2.9	4.4	4.9	6.44	8.04	10.37	14.1	16.9	20.2	24.3	29.4

注：A 级用于 $D\leqslant16$；B 级用于 $D>16$。

（五）垫圈

平垫圈

小垫圈—A级
(GB/T848—2002)

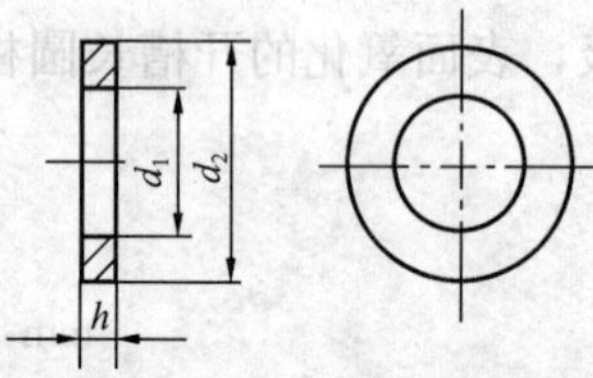

平垫圈—A级
(GB/T97.1—2002)

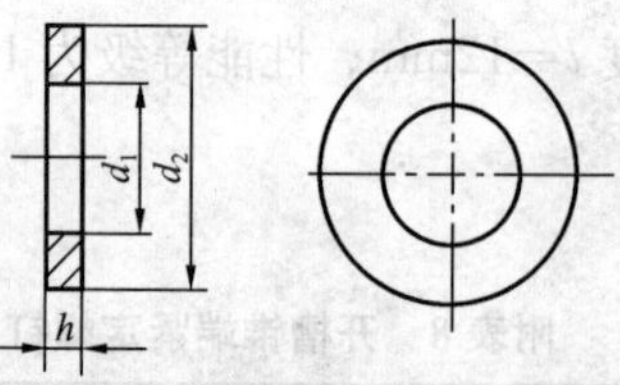

平垫圈倒角型—A级
(GB/T97.2—2002)

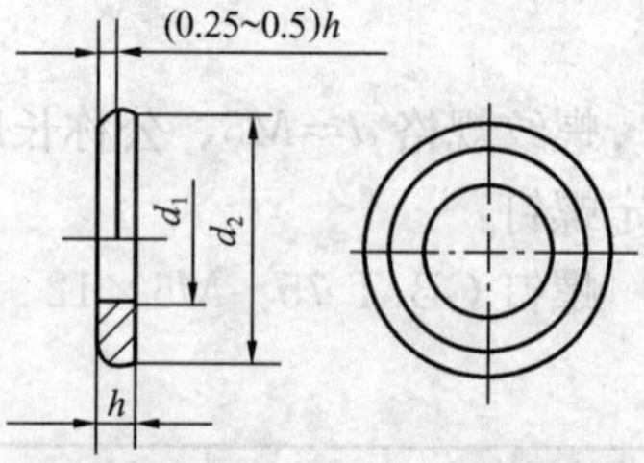

标 记 示 例

标准系列，公称规格 8，性能等级为 200HV 级，不经过表面处理、产品等级为 A 级的平垫圈：

垫圈 GB/T 97.1　8

附表 10　平垫圈　　mm

公称尺寸（螺纹规格）d		1.6	2	2.5	3	4	5	6	8	10	12	14	16	20	24	30	36
d_1	GB/T 848	1.7	2.2	2.7	3.2	4.3	5.3	6.4	8.4	10.5	13	15	17	21	25	31	37
	GB/T 97.1	1.7	2.2	2.7	3.2	4.3	5.3	6.4	8.4	10.5	13	15	17	21	25	31	37
	GB/T 97.2	—	—	—	—	—	5.3	6.4	8.4	10.5	13	15	17	21	25	31	37
d_2	GB/T 848	3.5	4.5	5	6	8	9	11	15	18	20	24	28	34	39	50	60
	GB/T 97.1	4	5	6	7	9	10	12	16	20	24	28	30	37	44	56	66
	GB/T 97.2	—	—	—	—	—	10	12	16	20	24	28	30	37	44	56	66

续表

公称尺寸（螺纹规格）d		1.6	2	2.5	3	4	5	6	8	10	12	14	16	20	24	30	36
h	GB/T 848	0.3	0.3	0.5	0.5	0.5	1	1.6	1.6	1.6	2	2.5	2.5	3	4	4	5
	GB/T 97.1	0.3	0.3	0.5	0.5	0.8	1	1.6	1.6	2	2.5	2.5	3	3	4	4	5
	GB/T 97.2	—	—	—	—	—	1	1.6	1.6	2	2.5	2.5	3	3	4	4	5

标准型弹簧垫圈（GB/T 93—2000）

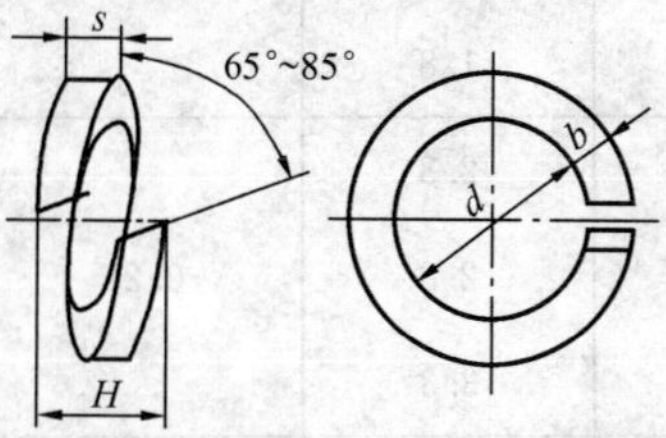

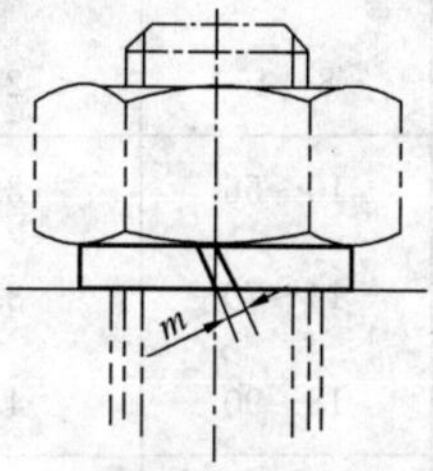

标 记 示 例

规格 16mm、材料为 65Mn、表面氧化的标准型弹簧垫圈：

垫圈 GB/T 93　16

附表 11　标准型弹簧垫圈

mm

规格(螺纹大径)		3	4	5	6	8	10	12	(14)	16	(18)	20	(22)	24	(27)	30
d		3.1	4.1	5.1	6.1	8.1	10.2	12.2	14.2	16.2	18.2	20.2	22.5	24.5	27.5	30.5
H	GB/T 93	1.6	2.2	2.6	3.2	4.2	5.2	6.2	7.2	8.2	9	10	11	12	13.5	15
	GB/T 859	1.2	1.6	2.2	2.6	3.2	4	5	6	6.4	7.2	8	9	10	11	12
s (b)	GB/T 93	0.8	1.1	1.3	1.6	2.1	2.6	3.1	3.6	4.1	4.5	5	5.5	6	6.8	7.5
S	GB/T 859	0.6	0.8	1.1	1.3	1.6	2	25	3	3.2	3.6	4	4.5	5	5.5	6
m≤	GB/T 93	0.4	0.55	0.65	0.8	1.05	1.3	1.55	1.8	2.05	2.25	2.5	2.75	3	3.4	3.75
	GB/T 859	0.3	0.4	0.55	0.65	0.8	1	1.25	1.5	1.6	1.8	2	2.25	2.5	2.75	3
b	GB/T859	1	1.2	1.5	2	2.5	3	3.5	4	4.5	5	5.5	6	7	8	9

注：1. 括号内的规格尽可能不用。

2. m 应大于零。

（六）键

普通平键及键槽（GB/T 1096—2003 及 GB/T 1095—2003）

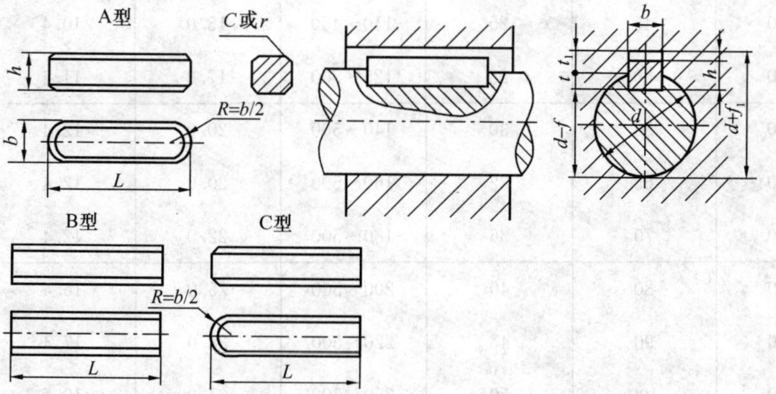

标 记 示 例

圆头普通平键（A 型），b=18mm，h=11mm，L=100mm GB/T 1096—2003：

键 18×11×100

圆头普通平键（B 型），b=18mm，h=11mm，L=100mm GB/T 1096—2003：

键 B18×11×100

附表 12 mm

轴径 d	键的公称尺寸			键槽深		r 小于
				轴	轮毂	
	b	h	L	t	t_1	
自 6～8	2	2	6～20	1.2	1.0	
>8～10	3	3	6～36	1.8	1.4	0.16
>10～12	4	4	8～45	2.5	1.8	
>12～17	5	5	10～56	3.0	2.3	
>17～22	6	6	14～70	3.5	2.8	0.25
>22～30	8	7	18～90	4.0	3.3	
>30～38	10	8	22～110	5.0	3.3	
>38～44	12	8	28～140	5.0	3.3	
>44～50	14	9	36～160	5.5	3.8	0.40
>50～58	16	10	45～180	6.0	4.3	
>58～65	18	11	50～200	7.0	4.4	
>65～75	20	12	56～220	7.5	4.9	
>75～85	22	14	63～250	9.0	5.4	
>85～95	25	14	70～280	9.0	5.4	0.60
>95～110	28	16	80～320	10.0	6.4	
>110～130	32	18	90～360	11.0	7.4	
>130～150	36	20	100～400	12.0	8.4	
>150～170	40	22	100～400	13.0	9.4	1.00
>170～200	45	25	110～450	15.0	10.4	
>200～230	50	28	125～500	17.0	11.4	
>230～260	56	30	140～500	20.0	12.4	
>260～290	63	32	160～500	20.0	12.4	1.60
>290～330	70	36	180～500	22.0	12.4	
>330～380	80	40	200～500	25.0	15.4	
>380～440	90	45	220～500	28.0	17.4	2.50
>440～500	100	50	250～500	31.0	19.5	
L 的系列	6，8，10，12，14，16，18，20，22，25，28，32，36，40，45，50，56，63，70，80，90，100，110，125，140，160…					

注：1. 在工作图中，轴槽深用（$d-t$）或 t 标注；轮毂槽深用（$d+t_1$）标注。

2. 对于空心、阶梯轴、传递较低扭矩及定位等特殊情况，允许大直径的轴选用较小断面尺寸的键。

普通平键的型式和尺寸（GB/T 1096—2003）

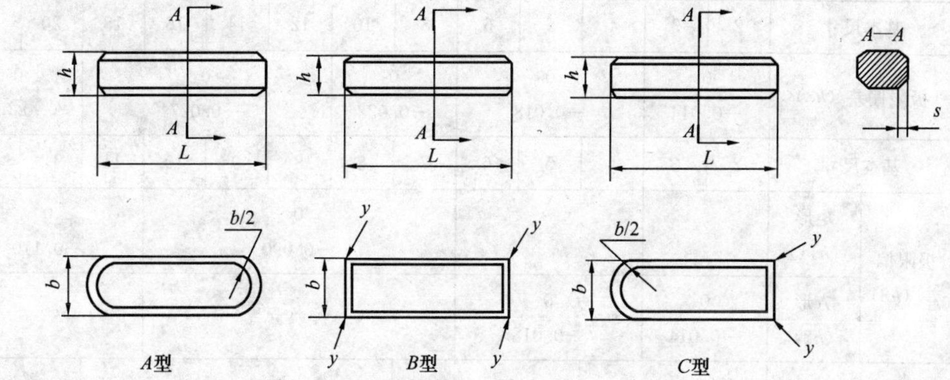

标记示例

宽度 b=6mm，高度 h=6mm，长度 L=16mm 放入平键：

GB/T 1096　键 6×6×16

附表 13　普通平键的型式和尺寸　　mm

宽度 b	基本尺寸		2	3	4	5	6	8	10	12	14	16	18	20	22
	极限偏差（h8）		0 −0.014		0 −0.018			0 −0.022		0 −0.027				0 −0.033	
高度 h	基本尺寸		2	3	4	5	6	7	8	8	9	10	11	12	14
	极限偏差（h8）	矩形（h11）	—		—			0 −0.090					0 −0.110		
		方形（h8）	0 −0.014		0 −0.018			—					—		
倒角或倒圆 s			0.16～0.25			0.25～0.40			0.40～0.60					0.60～0.80	
长度 L															
基本尺寸	极限偏差（h14）														
6	0 −0.36				—	—	—	—	—	—	—	—	—	—	—
8						—	—	—	—	—	—	—	—	—	—
10							—	—	—	—	—	—	—	—	—
12	0 −0.43						—	—	—	—	—	—	—	—	—
14								—	—	—	—	—	—	—	—
16								—	—	—	—	—	—	—	—
18									—	—	—	—	—	—	—
20	0 −0.52								—	—	—	—	—	—	—
22			—			标准					—	—	—	—	—
25			—							—	—	—	—	—	—
28			—								—	—	—	—	—

续表

宽度 *b*	基本尺寸		2	3	4	5	6	8	10	12	14	16	18	20	22
	极限偏差（*h*8）		0 −0.014		0 −0.018			0 −0.022		0 −0.027				0 −0.033	
高度 *h*	基本尺寸		2	3	4	5	6	7	8	8	9	10	11	12	14
	极限偏差（*h*8）	矩形（*h*11）	—		—			0 −0.090					0 −0.110		
		方形（*h*8）	0 −0.014		0 −0.018			—					—		
倒角或倒圆 *s*			0.16～0.25			0.25～0.40			0.40～0.60					0.60～0.80	
长度 *L*															
基本尺寸	极限偏差（*h*14）														
32	0 −0.62		—								—	—	—	—	—
36			—									—	—	—	—
40			—	—								—	—	—	—
45			—	—					长度				—	—	—
50			—	—	—									—	—
56	0 −0.74		—	—	—										—
63			—	—	—	—									
70			—	—	—	—									
80			—	—	—	—	—								
90	0 −0.87		—	—	—	—	—					范围			
100			—	—	—	—	—	—							
110			—	—	—	—	—	—							

（七）销

圆柱销（GB/T 119.1—2000）不淬硬钢和奥氏体不锈钢

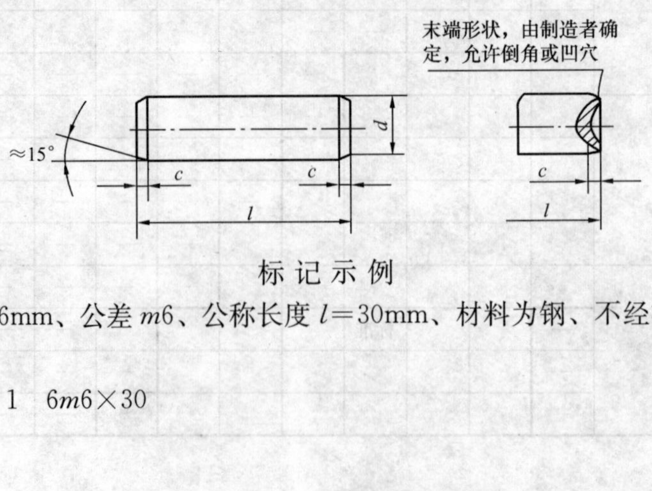

标 记 示 例

公称直径 d=6mm、公差 $m6$、公称长度 l=30mm、材料为钢、不经淬火、不经表面处理的圆柱销：

销 GB/T 119.1　6*m*6×30

附表 14　圆柱销 mm

公称直径 d	0.6	0.8	1	1.2	1.5	2	2.5	3	4	5
$c\approx$	0.12	0.16	0.20	0.25	0.30	0.35	0.40	0.50	0.63	0.80
l（商品规格范围公称长度）	2～6	2～8	4～10	4～12	4～16	6～20	6～24	8～30	8～40	10～50
公称直径 d	6	8	10	12	16	20	25	30	40	50
$c\approx$	1.2	1.6	2.0	2.5	3.0	3.5	4.0	5.0	6.3	8.0
l（商品规格范围公称长度）	12～60	14～80	18～95	22～140	26～180	35～200	50～200	60～200	80～200	95～200
l 系列	2，3，4，5，6，8，10，12，14，16，18，20，22，24，26，28，30，32，35，40，45，50，55，60，65，70，75，80，85，90，95，100，120，140，160，180，200									

注：1. 材料用钢时硬度要求为 125～245HV30，用奥氏体不锈钢 A1（GB/T 3098.6）时硬度要求 210～280HV30。
2. 公差 $m6$：$Ra\leqslant 0.8\mu m$
3. 公差 $h8$：$Ra\leqslant 1.6\mu m$。

圆锥销（GB/T 117—2000）

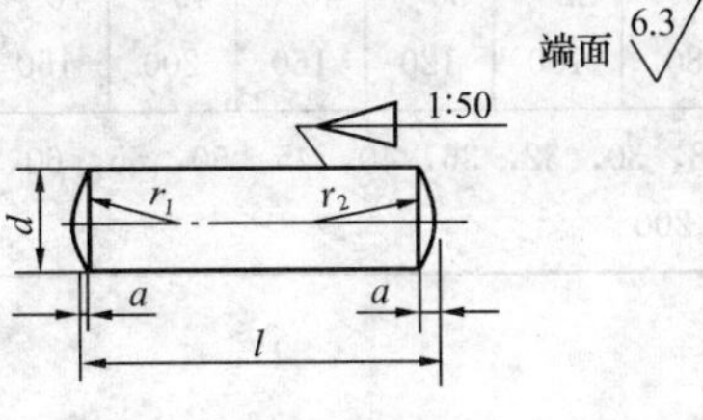

标记示例

公称直径 d=10、公称长度 l=60、材料为 35 钢、热处理硬度 28～38HRC、表面氧化处理的 A 型圆锥销：

销 GB/T 117　10×60

附表 15　圆锥销 mm

公称直径 d	0.6	0.8	1	1.2	1.5	2	2.5	3	4	5
$a\approx$	0.08	0.1	0.12	0.16	0.2	0.25	0.3	0.4	0.5	0.63
l（商品规格范围公称长度）	4～8	5～12	6～16	6～20	8～24	10～35	10～35	12～45	14～55	18～60
公称直径 d	6	8	10	12	16	20	25	30	40	50
$a\approx$	0.8	1	1.2	1.6	2	2.5	3	4	5	6.3
l（商品规格范围公称长度）	22～90	22～160	26～180	32～200	40～200	45～200	50～200	55～200	60～200	65～200
l 系列	2，3，4，5，6，8，10，12，14，16，18，20，22，24，26，28，30，32，35，40，45，50，55，60，65，70，75，80，85，90，95，100，120，140，160，180，200									

开口销（GB/T 91—2000）

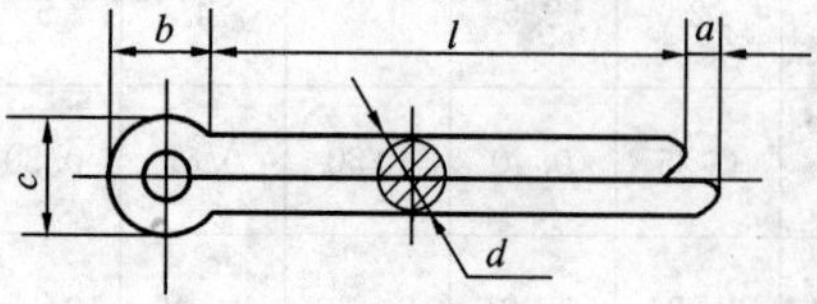

允许制造的型式

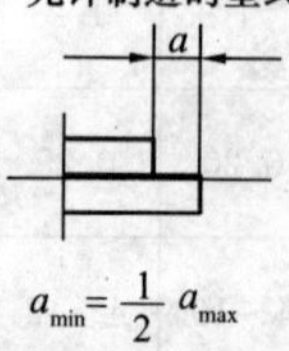

$a_{min}=\frac{1}{2}a_{max}$

标 记 示 例

公称直径 d=5、长度 l=50、材料为低碳钢、不经表面的开口销：

销 GB/T 91　5×50

附表 16　开口销

mm

公称规格		0.6	0.8	1	1.2	1.6	2	2.5	3.2	4	5	6.3	8	10	13
d	max	0.5	0.7	0.9	1.0	1.4	1.8	2.3	2.9	3.7	4.6	5.9	7.5	9.5	12.4
	min	0.4	0.6	0.8	0.9	1.3	1.7	2.1	2.7	3.5	4.4	5.7	7.3	9.3	12.1
c	max	1	1.4	1.8	2	2.8	3.6	4.6	5.8	7.4	9.2	11.8	15	19	24.8
	min	0.9	1.2	1.6	1.7	2.4	3.2	4	5.1	6.5	8	10.3	13.1	16.6	21.7
$b\approx$		2	2.4	3	3	3.2	4	5	6.4	8	10	12.6	16	20	26
a_{max}		1.6	1.6	1.6	2.5	2.5	2.5	2.5	3.2	4	4	4	4	6.3	6.3
l（商品规格范围公称长度）		4～12	5～16	6～20	8～26	8～32	10～40	10～50	14～65	18～80	22～100	30～120	40～160	45～200	70～160
l 系列		4，5，6，8，10，12，14，16，18，20，22，24，26，28，30，32，36，40，45，50，55，60，65，70，75，80，85，90，95，100，120，140，160，180，200													

注：1. 公称规格等于开口销孔直径。

2. 公称规格≤1.2：H13。

3. 公称规格≤1.6：H14。

（八）滚动轴承

深沟球轴承（GB/T 276—1994）

60000 型

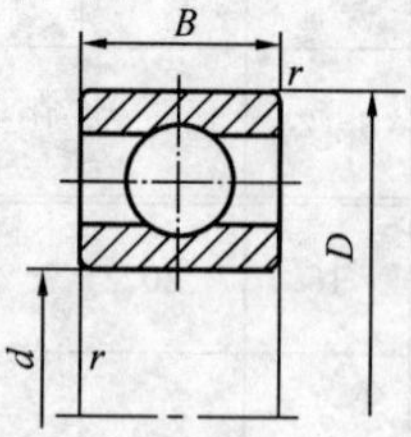

基本尺寸

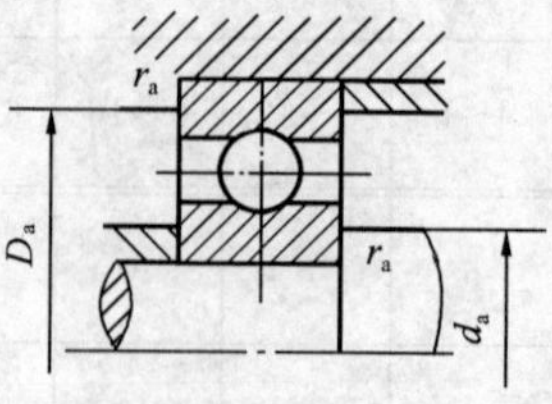

安装尺寸

标 记 示 例

内径 d=20 的 60000 型深沟球轴承，尺寸系列为（0）2，组合代号为 62：

滚动轴承 6204　GB/T 276—1994

附表 17　深沟球轴承

mm

轴承代号	基本尺寸（mm）				安装尺寸（mm）		
	d	D	B	r_a min	d_a min	D_a max	r_{as} max
(0) 1尺寸系列							
6000	10	26	8	0.3	12.4	23.6	0.3
6001	12	28	8	0.3	14.4	25.6	0.3
6002	15	32	9	0.3	17.4	29.6	0.3
6003	17	35	10	0.3	19.4	32.6	0.3
6004	20	42	12	0.6	25	37	0.6
6005	25	47	12	0.6	30	42	0.6
6006	30	55	13	1	36	49	1
6007	35	62	14	1	41	56	1
6008	40	68	15	1	46	62	1
6009	45	75	16	1	51	69	1
6010	50	80	16	1	56	74	1
6011	55	90	18	1.1	62	83	1
6012	60	95	18	1.1	67	88	1
6013	65	100	18	1.1	72	93	1
6014	70	110	20	1.1	77	103	1
6015	75	115	20	1.1	82	108	1
6016	80	125	22	1.1	87	118	1
6017	85	130	22	1.1	92	123	1
6018	90	140	24	1.5	99	131	1.5
6019	95	145	24	1.5	104	136	1.5
6020	100	150	24	1.5	109	141	1.5
(0) 2尺寸系列							
6200	10	30	9	0.6	15	25	0.6
6201	12	32	10	0.6	17	27	0.6
6202	15	35	11	0.6	20	30	0.6
6203	17	40	12	0.6	22	35	0.6
6204	20	47	14	1	26	41	1
6205	25	52	15	1	31	46	1
6206	30	62	16	1	36	56	1
6207	35	72	17	1.1	42	65	1
6208	40	80	18	1.1	47	73	1
6209	45	85	19	1.1	52	78	1
6210	50	90	20	1.1	57	83	1

续表

轴承代号	基本尺寸（mm）				安装尺寸（mm）		
	d	D	B	r_a min	d_a min	D_a max	r_{as} max
（0）2尺寸系列							
6211	55	100	21	1.5	64	91	1.5
6212	60	110	22	1.5	69	101	1.5
6213	65	120	23	1.5	74	11	1.5
6214	70	125	24	1.5	79	116	1.5
6215	75	130	25	1.5	84	121	1.5
6216	80	140	26	2	90	130	2
6217	85	150	28	2	95	140	2
6218	90	160	30	2	100	150	2
6219	95	170	32	2.1	107	158	2.1
6220	100	180	34	2.1	112	168	2.1
（0）3尺寸系列							
6300	10	35	11	0.6	15	30	0.6
6301	12	37	12	1	18	31	1
6302	15	42	13	1	21	36	1
6303	17	47	14	1	23	41	1
6304	20	52	15	1.1	27	45	1
6305	25	62	17	1.1	32	55	1
6306	30	72	19	1.1	37	65	1
6307	35	80	21	1.5	44	71	1.5
6308	40	90	23	1.5	49	81	1.5
6309	45	100	25	1.5	54	91	1.5
6310	50	110	27	2	60	100	2
6311	55	120	29	2	65	110	2
6312	60	130	31	2.1	72	118	2.1
6313	65	140	33	2.1	77	128	2.1
6314	70	150	35	2.1	82	138	2.1
6315	75	160	37	2.1	87	148	2.1
6316	80	170	39	2.1	92	158	2.1
6317	85	180	41	3	99	166	2.5
6318	90	190	43	3	104	176	2.5
6319	95	200	45	3	109	186	2.5
6320	100	215	47	3	114	201	2.5

续表

轴承代号	基本尺寸（mm）				安装尺寸（mm）		
	d	D	B	r_a min	d_a min	D_a max	r_{as} max
(0) 3 尺寸系列							
6403	17	62	17	1.1	24	55	1
6404	20	72	19	1.1	27	65	1
6405	25	80	21	1.5	34	71	1.5
6406	30	90	23	1.5	39	81	1.5
6407	35	100	25	1.5	44	91	1.5
6408	40	110	27	2	50	100	2
6409	45	120	29	2	55	110	2
6410	50	130	31	2.1	62	118	2.1
6411	55	140	33	2.1	67	128	2.1
6412	60	150	35	2.1	72	138	2.1
6413	65	160	37	2.1	77	148	2.1
6414	70	180	42	3	84	166	2.5
6415	75	190	45	3	89	176	2.5
6416	80	200	48	3	94	186	2.5
6417	85	210	52	4	103	192	3
6418	90	225	54	4	108	207	3
6420	100	250	58	4	118	232	3

圆锥滚子轴承（GB/T 297—1994）

30000 型

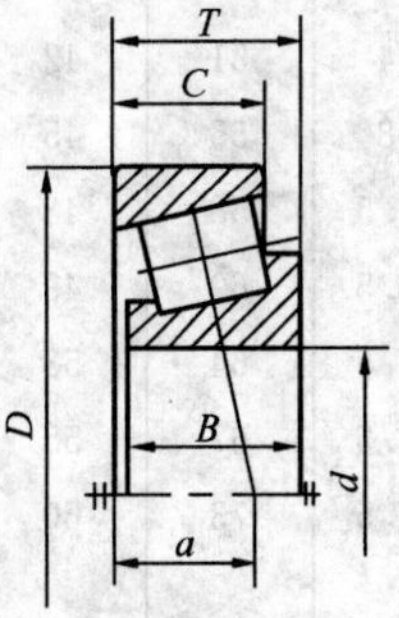

标 记 示 例

内径 d=20mm，尺寸系列代号为 02 的圆锥滚子轴承，其标记为：

滚动轴承 30204　GB/T 297—1994

附表 18　圆锥滚子轴承　　mm

轴承代号	尺寸（mm）				
	d	D	T	B	C
02 尺寸系列					
30203	17	40	13.25	12	11
30204	20	47	15.25	14	12
30205	25	52	16.25	15	13
30206	30	62	17.25	16	14
30207	35	72	18.25	17	15
30208	40	80	19.75	18	16
30209	45	85	20.75	19	16
30210	50	90	21.75	20	17
30211	55	100	22.75	21	18
30212	60	110	23.75	22	19
30213	65	120	24.75	23	20
30214	70	125	26.25	24	21
30215	75	130	27.25	25	22
30216	80	140	28.25	26	22
30217	85	150	30.5	28	24
30218	90	160	32.5	30	26
30219	95	170	34.5	32	27
30220	100	180	37	34	29
03 系列					
30302	15	42	14.25	13	11
30303	17	47	15.25	14	12
30304	20	52	16.25	15	13
30305	25	62	18.25	17	15
30306	30	72	20.75	19	16
30307	35	80	22.75	21	18
30308	40	90	25.25	23	20
30309	45	100	27.25	25	22
30310	50	110	29.25	27	23
30311	55	120	31.5	29	25
30312	60	130	33.5	31	26
30313	65	140	36	33	28
30314	70	150	38	35	30
30315	75	160	40	37	31
30316	80	170	42.5	39	33
30317	85	180	44.5	41	34
30318	90	190	46.5	43	36
30319	95	200	49.5	45	38
30320	100	215	51.5	47	39

轴承型号	尺寸（mm）				
	d	D	T	B	C
22 系列					
32206	30	62	21.25	20	17
32207	35	72	24.25	23	19
32208	40	80	24.75	23	19
32209	45	85	24.75	23	19
32210	50	90	24.75	23	19
32211	55	100	26.75	25	21
32212	60	110	29.75	28	24
32213	65	120	32.75	31	27
32214	70	125	33.25	31	27
32215	75	130	33.25	31	27
32216	80	140	35.25	33	28
32217	85	150	38.5	36	30
32218	90	160	42.5	40	34
32219	95	170	45.5	43	37
32220	100	180	49	46	39
23 系列					
32303	17	47	20.25	19	16
32304	20	52	22.25	21	18
32305	25	62	25.25	24	20
32306	30	72	28.75	27	23
32307	35	80	32.75	31	25
32308	40	90	35.25	33	27
32309	45	100	38.25	36	30
32310	50	110	42.25	40	33
32311	55	120	45.5	43	35
32312	60	130	48.5	46	37
32313	65	140	51	48	39
32314	70	150	54	51	42
32315	75	160	58	55	45
32316	80	170	61.5	58	48
32317	85	180	63.5	60	49
32318	90	190	67.5	64	53
32319	95	200	71.5	67	55
32320	100	215	77.5	73	60

推力球轴承（GB/T 301—1995）

51000 型

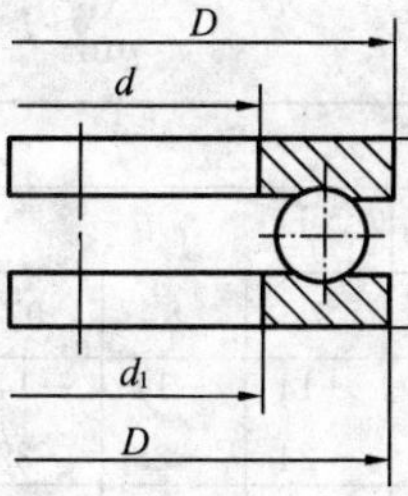

标 记 示 例

内径 d=20mm，5100 型推力球轴承，12 尺寸系列，其标记为：

滚动轴承 51204 GB/T 301—1995

附表 19 推力球轴承

mm

轴承代号	基本尺寸（mm）			
	d	d_1	D	T
	12 尺寸系列			
51200	10	12	26	11
51201	12	14	28	11
51202	15	17	32	12
51203	17	19	35	12
51204	20	22	40	14
51205	25	27	47	15
51206	30	32	52	16
51207	35	37	62	18
51208	40	42	68	19
51209	45	47	73	20
51210	50	52	78	22
51211	55	57	90	25
51212	60	62	95	26
51213	65	67	100	27
51214	70	72	105	27
51215	75	77	110	27
51216	80	82	115	28
51217	85	88	125	31
51218	90	93	135	35
51220	100	103	150	38
	13 系列			
51304	20	22	47	18
51305	25	27	52	18
51306	30	32	60	21
51307	35	37	68	24
51308	40	42	78	26

轴承型号	基本尺寸（mm）			
	d	d_1	D	T
51309	45	47	85	28
51310	50	52	95	31
51311	55	57	105	35
51312	60	62	110	35
51313	65	67	115	36
51314	70	72	125	40
51315	75	77	135	44
51316	80	82	140	44
51317	85	88	150	49
51318	90	93	155	50
51320	100	103	170	55
	14 系列			
51405	25	27	60	24
51406	30	32	70	28
51407	35	37	80	32
51408	40	42	90	36
51409	45	47	100	39
51410	50	52	110	43
51411	55	57	120	48
51412	60	62	130	51
51413	65	68	140	56
51414	70	73	150	60
51415	75	78	160	65
51416	80	83	170	68
51417	85	88	180	72
51418	90	93	190	77
51420	100	103	210	85

三、极限与配合

（一）轴的优先及常用轴公差带极限偏差数值表（GB/T 1800.4—1999）

附表 20　优先及常用轴公差带极限偏差数值表　　μm

基本尺寸(mm)		常用及优先公差带（带圈者为优先公差带）												
		a	*b*		*c*			*d*				*e*		
大于	至	11	11	12	9	10	⑪	8	⑨	10	11	7	8	9
—	3	−270 −330	−140 −200	−140 −240	−60 −85	−60 −100	−60 −120	−20 −34	−20 −45	−20 −60	−20 −80	−14 −24	−14 −28	−14 −39
3	6	−270 −345	−140 −215	−140 −260	−70 −100	−70 −118	−70 −145	−30 −48	−30 −60	−30 −78	−30 −105	−20 −32	−20 −38	−20 −50
6	10	−280 −370	−150 −240	−150 −300	−80 −116	−80 −138	−80 −170	−40 −62	−40 −79	−40 −98	−40 −130	−25 −40	−25 −47	−25 −61
10 14	14 18	−290 −400	−150 −260	−150 −330	−95 −138	−95 −165	−95 −205	−50 −77	−50 −93	−50 −120	−50 −160	−32 −50	−32 −59	−32 −75
18 24	24 30	−300 −430	−160 −290	−160 −370	−110 −162	−110 −194	−110 −240	−65 −98	−65 −117	−65 −149	−65 −195	−40 −61	−40 −73	−40 −92
30	40	−310 −470	−170 −330	−170 −420	−120 −182	−120 −220	−120 −280	−80 −119	−80 −142	−80 180	−80 −240	−50 −75	−50 −89	−50 −112
40	50	−320 −480	−180 −340	−180 −430	−130 −192	130 −230	−130 −290							
50	65	−340 −530	−190 −380	−190 −490	−140 −214	−140 −260	−140 −133	−100 −146	−100 −174	−100 −220	−100 −290	−60 −90	−60 −106	−60 −134
65	80	−360 −550	−200 −390	−200 −500	−150 −224	−150 −270	−150 −340							
80	100	−380 −600	−200 −440	−220 −570	−170 −257	−170 −310	−170 −390	−120 −174	−120 −207	−120 −260	−120 −340	−72 −109	−72 −126	−72 −159
100	120	−410 −630	−240 −460	−240 −590	−180 −267	−180 −320	−180 −400							
120	140	−460 −710	−260 −510	−260 −660	−200 −300	−200 −360	−200 −450	−145 −208	−145 −245	−145 −305	−145 −395	−85 −125	−85 −148	−85 −185
140	160	−520 −770	−280 −530	−280 −680	−210 −310	−210 −370	−210 −460							
160	180	−580 −830	−310 −560	−310 −710	−230 −330	−230 −390	−230 −480							
180	200	−660 −950	−340 −630	−340 −800	−240 −355	−240 −425	−240 −530	−170 −242	−170 −285	−170 −355	−170 −460	−100 −146	−100 −172	−100 −215
200	225	−740 −1030	−380 −670	−380 −840	−260 −375	−260 −445	−260 −550							
225	250	−820 −1110	−420 −710	−420 −880	−280 −395	−280 −465	−280 −570							

续表

基本尺寸(mm) 大于	至	常用及优先公差带（带圈者为优先公差带） a 11	b 11	b 12	c 9	c 10	c ⑪	d 8	d ⑨	d 10	d 11	e 7	e 8	e 9
250	280	-920 -1240	-480 -800	-480 -1000	-300 -430	-300 -510	-300 -620	-190 -271	-190 -320	-190 -400	-190 -510	-110 -162	-110 -191	-110 -240
280	315	-1050 -1370	-540 -860	-540 -1060	-330 -460	-330 -540	-330 -650							
315	355	-1200 -1560	-600 -960	-600 -1170	-360 -500	-360 -590	-360 -720	-210 -299	-210 -350	-210 -440	-210 -570	-125 -182	-125 -214	-125 -265
355	400	-1350 -1710	-680 -1040	-680 -1250	-400 -540	-400 -630	-400 -760							
400	450	-1500 -1900	-760 -1160	-760 -1390	-440 -595	-440 -690	-440 -840	-230 -327	-230 -385	-230 -480	-230 -630	-135 -198	-135 -232	-135 -290
450	500	-1650 -2050	-840 -1240	-840 -1470	-480 -635	-480 -730	-480 -880							

基本尺寸(mm) 大于	至	常用及优先公差带（带圈者为优先公差带） f 5	f 6	f ⑦	f 8	f 9	g 5	g ⑥	g 7	h 5	h ⑥	h ⑦	h 8	h ⑨	h 10	h ⑪	h 12
—	3	-6 -10	-6 -12	-6 -16	-6 -20	-6 -31	-2 -6	-2 -8	-2 -12	0 -4	0 -6	0 -10	0 -14	0 -25	0 -40	0 -60	0 -100
3	6	-10 -15	-10 -18	-10 -22	-10 -28	-10 -40	-4 -9	-4 -12	-4 -16	0 -5	0 -8	0 -12	0 -18	0 -30	0 -48	0 -75	0 -120
6	10	-13 -19	-13 -22	-13 -28	-13 -35	-13 -49	-5 -11	-5 -14	-5 -20	0 -6	0 -9	0 -15	0 -22	0 -36	0 -58	0 -90	0 -150
10	14	-16 -24	-16 -27	-16 -34	-16 -43	-16 -59	-6 -14	-6 -17	-6 -24	0 -8	0 -11	0 -18	0 -27	0 -43	0 -70	0 -110	0 -180
14	18																
18	24	-20 -29	-20 -33	-20 -41	-20 -53	-20 -72	-7 -16	-7 -20	-7 -28	0 -9	0 -13	0 -21	0 -33	0 -52	0 -84	0 -130	0 -210
24	30																
30	40	-25 -36	-25 -41	-25 -50	-25 -64	-25 -87	-9 -20	-9 -25	-9 -34	0 -11	0 -16	0 -25	0 -39	0 -62	0 -100	0 -160	0 -250
40	50																
50	65	-30 -43	-30 -49	-30 -60	-30 -76	-30 -104	-10 -23	-10 -29	-10 -40	0 -13	0 -19	0 -30	0 -46	0 -74	0 -120	0 -190	0 -300
65	80																
80	100	-36 -51	-36 -58	-36 -71	-36 -90	-36 -123	-12 -27	-12 -34	-12 -47	0 -15	0 -22	0 -35	0 -54	0 -87	0 -140	0 -220	0 -350
100	120																
120	140	-43 -61	-43 -68	-43 -83	-43 -106	-43 -143	-14 -32	-14 -39	-14 -54	0 -18	0 -25	0 -40	0 -63	0 -100	0 -160	0 -250	0 -400
140	160																
160	180																

续表

基本尺寸 (mm)		常用及优先公差带（带圈者为优先公差带）															
		f					*g*			*h*							
大于	至	5	6	⑦	8	9	5	⑥	7	5	⑥	⑦	8	⑨	10	⑪	12
180 200 225	200 225 250	−50 −70	−50 −79	−50 −96	−50 −122	−50 −165	−15 −35	−15 −44	−15 −61	0 −20	0 −29	0 −46	0 −72	0 −115	0 −185	0 −290	0 −460
250 280	280 315	56 −79	−56 −88	−56 −108	−56 −137	−56 −186	−17 −40	−17 −49	−17 −69	0 −23	0 −32	0 −52	0 −81	0 −130	0 −210	0 −320	0 −520
315 355	355 400	−62 −87	−62 −98	−62 −119	−62 −151	−62 −202	−18 −43	−18 −54	−18 −75	0 −25	0 −36	0 −57	0 −89	0 −140	0 −230	0 −360	0 −570
400 450	450 500	−68 −95	−68 −108	−68 −131	−68 −165	−68 −223	−20 −47	−20 −60	−20 −83	0 −27	0 −40	0 −63	0 −97	0 −155	0 −250	0 −400	0 −630

基本尺寸 (mm)		常用及优先公差带（带圈者为优先公差带）														
		j_s			*k*			*m*			*n*			*p*		
大于	至	5	⑥	7	5	⑥	7	5	6	7	5	⑥	7	5	⑥	7
—	3	±2	±3	±5	+4 0	+6 0	+10 0	+6 +2	+8 +2	+12 +2	+8 +4	+10 +4	+14 +4	+10 +6	+12 +6	+16 +6
3	6	±2.5	±4	±6	+6 +1	+9 +1	+13 +1	+9 +4	+12 +4	+16 +4	+16 +8	+16 +8	+16 +8	+9 +12	+9 +12	+9 +12
6	10	±3	±4.5	±7	+7 +1	+10 +1	+16 +1	+12 +6	+15 +6	+21 +6	+16 +10	+19 +10	+25 +10	+21 +15	+24 +15	+30 +15
10 14	14 18	±4	±5.5	±9	+9 +1	+12 +1	+19 +1	+15 +7	+18 +7	+25 +7	+20 +12	+23 +12	+30 +12	+26 +18	+29 +18	+36 +18
18 24	24 30	±4.5	±6.5	±10	+11 +2	+15 +2	+23 +2	+17 +8	+21 +8	+29 +8	+24 +15	+28 +15	+36 +15	+31 +22	+35 +22	+43 +22
30 40	40 50	±5.5	±8	±12	+13 +2	+18 +2	+27 +2	+20 +9	+25 +9	+34 +9	+28 +17	+33 +17	+42 +17	+37 +26	+42 +26	+51 +26
50 65	65 80	±6.5	±9.5	±15	+15 +2	+21 +2	+32 +2	+24 +11	+30 +11	+41 +11	+33 +20	+39 +20	+50 +20	+45 +32	+51 +32	+62 +32
80 100	100 120	±7.5	±11	±17	+18 +3	+25 +3	+38 +3	+28 +13	+35 +13	+48 +13	+38 +23	+45 +23	+58 +23	+52 +37	+59 +37	+72 +37
120 140 160	140 160 180	±9	±12.5	±20	+21 +3	+28 +3	+43 +3	+33 +15	+40 +15	+55 +15	+45 +27	+52 +27	+67 +27	+61 +43	+68 +43	+83 +43
180 200 225	200 225 250	±10	±14.5	±23	+24 +4	+33 +4	+50 +4	+37 +17	+46 +17	+63 +17	+51 +31	+60 +31	+77 +31	+70 +50	+79 +50	+56 +50

续表

基本尺寸 (mm)		常用及优先公差带（带圈者为优先公差带）														
		j_s			*k*			*m*			*n*			*p*		
大于	至	5	⑥	7	5	⑥	7	5	6	7	5	⑥	7	5	⑥	7
250 280	280 315	± 11.5	±16	±26	+27 +4	+36 +4	+56 +4	+43 +20	+52 +20	+72 +20	+57 +34	+66 +34	+86 +34	+79 +56	+88 +56	+108 +56
315 355	355 400	±12.5	±18	±28	+29 +4	+40 +4	+61 +4	+46 +21	+57 +21	+78 +21	+62 +37	+73 +37	+94 +37	+87 +62	+98 +62	+119 +62
400 450	450 500	±13.5	±20	±31	+32 +5	+45 +5	+68 +5	+50 +23	+63 +23	+86 +23	+67 +40	+80 +40	+103 +40	+95 +68	+108 +68	+131 +68

基本尺寸 (mm)		常用及优先公差带（带圈者为优先公差带）														
		r			*s*			*t*			*u*		*v*	*x*	*y*	*z*
大于	至	5	6	7	5	⑥	7	5	6	7	⑥	7	6	6	6	6
—	3	+14 +10	+16 +10	+20 +10	+18 +14	+20 +14	+24 +14	—	—	—	+24 +18	+28 +18	—	+26 +20	—	+32 +26
3	6	+20 +15	+23 +15	+27 +15	+24 +19	+27 +19	+31 +19	—	—	—	+31 +23	+35 +23	—	+36 +28	—	+43 +35
6	10	+25 +19	+28 +19	+34 +19	+29 +23	+32 +23	+38 +23	—	—	—	+37 +28	+43 +28	—	+43 +34	—	+51 +42
10	14	+31 +23	+34 +23	+41 +23	+36 +28	+39 +28	+46 +28	—	—	—	+44 +33	+51 +33	—		—	+61 +50
14	18												+50 +39	+56 +45	—	+71 +60
18	24	+37 +28	+41 +28	+49 +28	+44 +35	+48 +35	+56 +35	—	—	—	+54 +41	+62 +41	+60 +47	+67 +54	+76 +63	+86 +73
24	30							+50 +41	+54 +41	+62 +41	+61 +48	+69 +48	+68 +55	+77 +64	+88 +75	+101 +88
30	40	+45 +34	+50 +34	+59 +34	+54 +43	+59 +43	+68 +43	+59 +48	+64 +48	+73 +48	+76 +60	+85 +60	+84 +68	+96 +80	+110 +94	+128 +112
40	50							+65 +54	+70 +54	+79 +54	+86 +70	+95 +70	+97 +81	+113 +97	+130 +114	+152 +136
50	65	+54 +41	+60 +41	+71 +41	+66 +53	+72 +53	+83 +53	+79 +66	+85 +66	+96 +66	+106 +87	+117 +87	+121 +102	+141 +122	+163 +144	+191 +172
65	80	+56 +43	+62 +43	+73 +43	+72 +59	+78 +59	+89 +59	+88 +75	+94 +75	+105 +75	+121 +102	+132 +102	+139 +120	+165 +146	+193 +174	+229 +210
80	100	+66 +51	+73 +51	+86 +51	+86 +71	+93 +71	+106 +91	+106 +91	+113 +91	+126 +91	+146 +124	+159 +124	+168 +146	+200 +178	+236 +214	+280 +258
100	120	+69 +54	+76 +54	+89 +54	+94 +79	+101 +79	+114 +79	+136 +104	+166 +104	+179 +104	+166 +144	+179 +144	+194 +172	+232 +210	+276 +254	+332 +310

续表

基本尺寸（mm）		常用及优先公差带（带圈者为优先公差带）														
		r			*s*			*t*			*u*		*v*	*x*	*y*	*z*
大于	至	5	6	7	5	⑥	7	5	6	7	⑥	7	6	6	6	6
120	140	+81 +63	+88 +63	+103 +63	+110 +92	+117 +92	+132 +92	+140 +122	+147 +122	+162 +122	+195 +170	+210 +170	+227 +202	+273 +248	+325 +300	+390 +365
140	160	+81 +65	+140 +65	+105 +65	+125 +100	+125 +100	+125 +100	+152 +134	+159 +134	+174 +134	+215 +190	+230 +190	+253 +228	+305 +280	+365 +340	+440 +415
160	180	+86 +68	+93 +68	+108 +68	+126 +108	+133 +108	+148 +108	+164 +146	+171 +146	+186 +146	+235 +210	+250 +210	+277 +253	+335 +310	+405 +380	+490 +465
180	200	+97 +77	+106 +77	+123 +77	+142 +122	+151 +122	+168 +122	+186 +166	+195 +166	+212 +166	+265 +236	+282 +236	+313 +284	+379 +350	+454 +425	+549 +520
200	225	+100 +80	+109 +80	+126 +80	+150 +130	+159 +130	+176 +130	+200 +180	+209 +180	+226 +180	+287 +258	+304 +258	+339 +310	+414 +385	+499 +470	+604 +575
225	250	+100 +84	+113 +84	+130 +84	+160 +140	+169 +140	+186 +140	+216 +196	+225 +196	+242 +196	+313 +284	+330 +284	+369 +340	+454 +425	+549 +520	+669 +640
250	280	+117 +94	+126 +94	+146 +94	+181 +158	+190 +158	+210 +158	+241 +218	+250 +218	+270 +218	+347 +315	+367 +315	+417 +385	+507 +475	+612 +580	+742 +710
280	315	+121 +98	+130 +98	+150 +98	+193 +170	+202 +170	+222 +170	+263 +240	+272 +240	+292 +240	+382 +350	+402 +350	+457 +425	+557 +525	+682 +650	+822 +790
315	355	+133 +108	+144 +108	+165 +108	+215 +190	+226 +190	+247 +190	+293 +268	+304 +268	+325 +268	+426 +390	+447 +390	+511 +475	+626 +590	+766 +730	+936 +900
355	400	+139 +114	+150 +114	+171 +114	+233 +208	+244 +208	+265 +208	+319 +294	+330 +294	+351 +294	+471 +435	+492 +435	+566 +530	+696 +660	+856 +820	+1036 +1000
400	450	+153 +126	+166 +126	+189 +126	+259 +232	+272 +232	+295 +232	+357 +330	+370 +330	+393 +330	+530 +490	+553 +490	+635 +595	+780 +740	+960 +920	+1140 +1100
450	500	+159 +132	+172 +132	+195 +132	+279 +252	+292 +252	+315 +252	+387 +360	+400 +360	+423 +360	+580 +540	+603 +540	+700 +660	+860 +820	+1040 +1000	+1290 +1250

注：基本尺寸小于 1mm 时，各级的 a 和 b 均不采用。

（二）孔的极限偏差（GB/T1800.4—1999）

附表 21　优先及常用孔公差带极限偏差数值表　　μm

基本尺寸（mm）		常用及优先公差带（带圈者为优先公差带）													
		A	*B*		*C*	*D*				*E*		*F*			
大于	至	11	11	12	⑪	8	⑨	10	11	8	9	6	7	⑧	9
—	3	+330 +270	+200 +140	+240 +140	+120 +60	+34 +20	+45 +20	+60 +20	+80 +20	+28 +14	+39 +14	+12 +6	+16 +6	+20 +6	+31 +6
3	6	+345 +270	+215 +140	+260 +140	+145 +70	+48 +30	+60 +30	+78 +30	+105 +30	+38 +20	+50 +20	+18 +10	+22 +10	+28 +10	+40 +10

续表

基本尺寸（mm）		常用及优先公差带（带圈者为优先公差带）													
		A	*B*		*C*		*D*			*E*		*F*			
大于	至	11	11	12	⑪	8	⑨	10	11	8	9	6	7	⑧	9
6	10	+370 +280	+240 +150	+300 +150	+170 +80	+62 +40	+76 +40	+98 +40	+130 +40	+47 +25	+61 +25	+22 +13	+28 +13	+35 +13	+49 +13
10	14	+400 +290	+260 +150	+330 +150	+205 +95	+77 +50	+93 +50	+120 +50	+160 +50	+59 +32	+75 +32	+27 +16	+34 +16	+43 +16	+59 +16
14	18														
18	24	+400 +300	+290 +160	+370 +160	+240 +110	+98 +65	+117 +65	+149 +65	+195 +65	+73 +40	+92 +40	+33 +20	+41 +20	+53 +20	+72 +20
24	30														
30	40	+470 +310	+330 +170	+420 +170	+280 +120	+119 +80	+142 +80	+180 +80	+240 +80	+89 +50	+112 +50	+41 +25	+50 +25	+64 +25	+87 +25
40	50	+480 +320	+340 +180	+430 +180	+290 +130										
50	65	+530 +340	+380 +190	+490 +190	+330 +140	+146 +100	+170 +100	+220 +100	+190 +100	+106 +60	+134 +60	+49 +30	+60 +30	+76 +30	+104 +30
65	80	+550 +360	+390 +200	+500 +200	+340 +150										
80	100	+600 +380	+440 +220	+570 +220	+390 +170	+174 +120	+207 +120	+260 +120	+340 +120	+126 +72	+159 +72	+58 +36	+71 +36	+90 +36	+123 +36
100	120	+630 +410	+460 +240	+590 +240	+400 +180										
120	140	+710 +460	+510 +260	+660 +260	+450 +200	+208 +145	+245 +145	+305 +145	+395 +145	+148 +85	+185 +85	+68 +43	+83 +43	+106 +43	+143 +43
140	160	+770 +520	+530 +280	+680 +280	+460 +210										
160	180	+830 +580	+560 +310	+710 +310	+480 +230										
180	200	+950 +660	+630 +340	+800 +340	+530 +240	+242 +170	+285 +170	+355 +170	+460 +170	+172 +100	+215 +100	+79 +50	+96 +50	+122 +50	+165 +50
200	225	+1030 +740	+670 +380	+840 +380	+550 +260										
225	250	+1110 +820	+710 +420	+880 +420	+570 +280										
250	280	+1240 +920	+800 +480	+1000 +480	+620 +300	+271 +190	+320 +190	+400 +190	+510 +190	+191 +110	+240 +110	+88 +56	+108 +56	+137 +56	+186 +56
280	315	+1370 +1050	+860 +540	+1060 +540	+650 +330										

续表

基本尺寸（mm）		常用及优先公差带（带圈者为优先公差带）													
		A	B		C	D				E		F			
大于	至	11	11	12	⑪	8	⑨	10	11	⑧	9	6	7	⑧	9
315	355	+1560 +1200	+960 +600	+1170 +600	+720 +360	+299 +210	+350 +210	+440 +210	+570 +210	+214 +125	+265 +125	+98 +62	+119 +62	+151 +62	+202 +62
355	400	+1710 +1350	+1040 +680	+1250 +680	+760 +400										
400	450	+1900 +1500	+1160 +760	+1390 +760	+840 +440	+327 +230	+385 +230	+480 +230	+630 +230	+232 +135	+290 +135	+108 +68	+131 +68	+165 +68	+223 +68
450	500	+2050 +1650	+1240 +840	+1470 +840	+880 +480										

基本尺寸（mm）		常用及优先公差带（带圈者为优先公差带）																	
		G		H							J_s			K			M		
大于	至	6	⑦	6	⑦	⑧	⑨	10	⑪	12	6	7	8	6	⑦	8	6	7	8
—	3	+8 +2	+12 +2	+6 0	+10 0	+14 0	+25 0	+40 0	+60 0	+100 0	±3	±5	±7	0 6	0 −10	0 −14	−2 −8	−2 −12	−2 −16
3	6	+12 +4	+16 +4	+8 0	+12 0	+18 0	+30 0	+12 0	+75 0	+120 0	±4	±6	±9	+2 −6	+3 −9	+5 −13	−1 −9	0 −12	+2 −16
6	10	+14 +5	+20 +5	+9 0	+15 0	+22 0	+36 0	+58 0	+90 0	+120 0	±4.5	±7	±11	+2 −7	+5 −10	+6 −16	−3 −12	0 −15	+1 −21
10 14	14 18	+17 +6	+24 +6	+11 0	+18 0	+27 0	+43 0	+70 0	+110 0	+ 0	±5.5	±9	±13	+2 −9	+6 −12	+8 −19	−4 −15	0 −18	+2 −25
18 24	24 30	+20 +7	+28 +7	+13 0	+21 0	+33 0	+52 0	+84 0	+130 0	+210 0	±6.5	±10	±16	+2 −11	+6 −15	+10 −23	−4 −17	0 −21	+4 −29
30 40	40 50	+25 +9	+34 +9	+16 0	+25 0	+39 0	+62 0	+100 0	+160 0	+250 0	±8	±12	±19	+3 −13	+7 −18	+12 −27	−4 −20	0 −25	+5 −34
50 65	65 80	+29 +10	+40 +10	+19 0	+30 0	+46 0	+74 0	+120 0	+190 0	+300 0	±9.5	±15	±23	+4 −15	+9 −21	+14 −32	−5 −24	0 −30	+5 −41
80 100	100 120	+34 +12	+47 +12	+22 0	+35 0	+54 0	+87 0	+140 0	+220 0	+350 0	±11	±17	±27	+4 −18	+10 −25	+16 −38	−6 −28	0 −35	+6 −48
120 140 160	140 160 180	+39 +14	+54 +14	+25 0	+40 0	+63 0	+100 0	+160 0	+250 0	+400 0	±12.5	±20	±31	+4 −21	+12 −28	+20 −43	−8 −33	0 −40	+8 −55
180 200 225	200 225 250	+44 +15	+61 +15	+29 0	+46 0	+72 0	+115 0	+185 0	+290 0	+460 0	±14.5	±23	±36	+5 −24	+13 −33	+22 −50	−8 −37	0 −46	+9 −63
250 280	280 315	+49 +17	+69 +17	+32 0	+52 0	+81 0	+130 0	+210 0	+320 0	+520 0	±16	±26	±40	+5 −27	+16 −36	+25 −56	−9 −41	0 −52	+9 −72

续表

基本尺寸 (mm)		常用及优先公差带（带圈者为优先公差带）																	
		G		*H*							J_s			*K*			*M*		
大于	至	6	⑦	6	⑦	⑧	⑨	10	⑪	12	6	7	8	6	⑦	8	6	7	8
315	355	+54	+75	+36	+57	+89	+140	+230	+360	+570	±18	±28	±44	+7	+17	+28	−10	0	+11
355	400	+18	+18	0	0	0	0	0	0	0				−29	−40	−61	−41	−57	−78
400	450	+60	+83	+40	+63	+97	+155	+250	+400	+630	±20	±31	±48	+8	+18	+29	−10	0	+11
450	500	+20	+20	0	0	0	0	0	0	0				−32	−45	−68	−50	−63	−86

基本尺寸 (mm)		常用及优先公差带（带圈者为优先公差带）											
		N			*P*		*R*		*S*		*T*		*U*
大于	至	6	⑦	8	6	⑦	6	7	6	⑦	6	7	⑦
—	3	−4 −10	−4 −14	−4 −18	−6 −12	−6 −16	−10 −16	−10 −20	−14 −20	−14 −24	—	—	−18 −28
3	6	−5 −13	−4 −16	−2 −20	−9 −17	−8 −20	−12 −20	−11 −23	−16 −24	−15 −27	—	—	−19 −31
6	10	−7 −16	−4 −19	−3 −25	−12 −21	−9 −24	−16 −25	−13 −28	−20 −29	−17 −32	—	—	−22 −37
10	14	−9 −20	−5 −23	−3 −30	−15 −26	−11 −29	−20 −31	−16 −34	−25 −36	−21 −39	—	—	−26 −44
14	18												
18	24	−11 −24	−7 −28	−3 −36	−18 −31	−14 −35	−24 −37	−20 −41	−31 −44	−27 −48	—	—	−33 −54
24	30										−37 −50	−33 −54	−40 −61
30	40	−12 −28	−8 −33	−3 −42	−21 −37	−17 −42	−29 −45	−25 −50	−38 −54	−34 −59	−43 −59	−39 −64	−51 −76
40	50										−49 −65	−45 −70	−61 −86
50	65	−14 −33	−9 −39	−4 −50	−21 −37	−21 −51	−35 −54	−30 −60	−47 −66	−42 −72	−60 −79	−55 −85	−76 −106
65	80						−37 −56	−32 −62	−53 −72	−48 −78	−69 −88	−64 −94	−91 −121
80	100	−16 −38	−10 −45	−4 −58	−30 −52	−24 −59	−44 −66	−38 −73	−64 −86	−53 −93	−84 −106	−78 −113	−111 −146
100	120						−47 −69	−41 −76	−72 −94	−66 −101	−97 −119	−91 −126	−131 −166
120	140	−20 −45	−12 −52	−4 −67	−36 −61	−28 −68	−56 −81	−48 −88	−85 −110	−77 −117	−115 −140	−107 −147	−155 −195
140	160						−58 −83	−50 −90	−93 −118	−85 −125	−127 −152	−119 −159	−175 −215
160	180						−61 −86	−53 −93	−101 −126	−93 −133	−139 −164	−131 −171	−195 −235
180	200	−22 −51	−14 −60	−5 −77	−41 −70	−33 −79	−68 −97	−60 −106	−113 −142	−105 −115	−157 −186	−149 −195	−219 −265
200	225						−71 −100	−63 −109	−121 −150	−113 −159	−171 −200	−163 −209	−241 −281
225	250						−75 −104	−67 −113	−131 −160	−123 −169	−187 −216	−179 −225	−267 −313

续表

基本尺寸 (mm)		常用及优先公差带（带圈者为优先公差带）											
		N			*P*		*R*		*S*		*T*		*U*
大于	至	6	⑦	8	6	⑦	6	7	6	⑦	6	7	⑦
250	280	−25 −57	−14 −66	−5 −86	−47 −79	−36 −88	−85 −117	−74 −126	−149 −181	−138 −190	−209 −241	−198 −250	−295 −347
280	315						−89 −121	−78 −130	−161 −193	−150 −202	−231 −263	−220 −272	−330 −382
315	355	−26 −62	−16 −73	−5 −94	−51 −87	−41 −98	−97 −133	−87 −144	−179 −215	−169 −226	−257 −293	−247 −304	−369 −426
355	400						−103 −139	−93 −150	−197 −233	−187 −244	−283 −319	−273 −330	−414 −471
400	450	−27 −67	−17 −80	−6 −103	−55 −95	−45 −108	−113 −153	−103 −166	−219 −259	−209 −272	−317 −357	−307 −370	−467 −530
450	500						−119 −159	−109 −172	−239 −279	−229 −292	−347 −387	−337 −400	−517 −580

注：基本尺寸小于1mm时，各级的A和B均不采用。

四、常用材料以及常用的热处理、表面处理名词解释

（一）黑色金属材料

附表22　黑色金属材料

标　准	名称	牌　号		应　用　举　例	说　明
GB/T 700—1988	普通碳素结构钢	Q215	A级 B级	金属结构件、拉杆、套圈、铆钉、螺栓、短轴、心轴、凸轮（载荷不大的）、垫圈、渗碳零件及焊接件	“Q”为普碳素钢代号，后面的数字表示屈服点的数值。如Q235表示普通碳素结构钢的屈服点为235N/mm 新旧牌号对照： Q215—A2 Q235—A3 Q275—A5
		Q235	A级 B级 C级 D级	金属结构件，心部强度要求不高的渗碳或氰化零件；吊钩，拉杆，套圈，汽缸，齿轮，螺栓，螺母，连杆，轮轴，楔，盖及焊接件	
		Q275		轴、轴销、刹车杆、螺母、螺栓、垫圈、连杆、齿轮以及其他强度较高的零件	
GB/T 11352—1989	铸钢	ZG230-450		轧机机架、铁道车辆摇枕、侧梁、铁铮台、机座、箱体、锤轮、450℃以下的管路附件	“ZG”为铸钢代号，后面的数字表示屈服点和抗拉强度，如ZG230-450表示屈服点为230N/mm²，抗拉强度为450N/mm²
		ZG310-570		适用于各种形状的零件，如联轴器、齿轮、汽缸、轴、机架、齿圈	
GB/T 9439—1988	灰铸铁	HT150		用于小负荷和对耐磨性无特殊要求的零件，如端盖、外罩、手轮、一般机床底座、床身及其复杂零件、滑台、工作台和低压管件等	“HT”为灰铸铁的代号，后面的数字表示抗拉强度，如HT200表示抗拉强度为200N/mm²的灰铸铁
		HT200		用于中等负荷和对耐磨性有一定要求的零件，如机床床身、立柱、飞轮、汽缸、泵体、轴承座、活塞、齿轮箱、阀体等	
		HT250		用于中等负荷和对耐磨性有一定要求的零件，如阀壳、油缸、汽缸、联轴器、机体、齿轮、齿轮箱外壳、飞轮、衬套、凸轮、轴承座、活塞等	
		HT300		用于受力大的齿轮、床身导轨、车床卡盘、剪床、压力机的床身、凸轮、高压油缸、液压、泵和滑阀超额壳体、冲模模体	

（二）有色金属材料

附表 23　有色金属材料

标　准	名称	牌　号	应　用　举　例	说　明
GB/T 699—1999	优质碳素结构钢	10	用作拉杆、卡头、垫圈、铆钉及用作焊接零件	牌号的数字表示平均含碳量，45 号钢即表示含碳量为 0.45%； 含碳量≤0.25%的碳钢是低碳钢（渗碳钢）； 含碳量在 0.25%～0.6%之间的碳钢是中碳钢（调质钢）； 含碳量大于 0.6%的碳钢是高碳钢； 沸腾钢在牌号后加符号“F”； 含锰量较高的钢，须加注化学元素符号“Mn”
		15	用于受力不大和韧性较高的零件、渗碳零件及紧固件如螺栓、螺钉、法兰盘和化工贮器	
		35	用于制作曲轴、转轴、轴销、杠杆、连杆、螺栓、螺母、垫圈、飞轮（多在正火、调质下使用）	
		45	用作要求综合机械性能高的各种零件，通常经正火或调质处理后使用，用于制造轴、齿轮、齿条、链轮、螺栓、螺母、销钉、键、拉杆等	
		65	用于制作弹簧、弹簧垫圈、凸轮、轧辊等	
		15Mn	制作芯部机械性能要求较高且须渗碳的零件	
		65Mn	用作要求耐磨性高的圆盘、衬板、齿轴、花键轴、弹簧等	
GB/T 3077—1999	合金结构钢	20Mn2	用作渗碳小齿轮、小轴、活塞销、柴油机套筒、气门推杆、缸套等	钢中加入一定量的合金元素，提高了钢的力学性能和耐磨性；也提高了钢的淬透性，保证金属在较大截面上获得高的力学性能
		15Cr	用于要求芯部韧性较高的渗碳零件，如船舶主机用螺栓、活塞销、凸轮、凸轮轴、汽轮机套环、机车小零件等	
		40Cr	用于受变载、中速、中载、强烈磨损而无很大冲击的重要零件，如重要的齿轮、轴、曲轴、连杆、螺栓、螺母等	
		35SiMn	耐磨、耐疲劳性均佳，适用于小型轴类、齿轮及430℃以下的重要紧固件	
		20CrMnTi	工艺性特优，强度、韧性均高，可用于承受高速、中等或重负荷以及冲击、磨损等的重要零件，如渗碳齿轮、凸轮等	
GB/T 1176—1987	5—5—5 锡青铜	ZCuSn5 Pb5Zn5	耐磨性和耐蚀性均好，易加工，铸造性和气密性较好，用于较高负荷、中等滑动速度下工作的耐磨、耐腐蚀零件，如轴瓦、衬套、缸体、活塞、离合器、涡轮等	“Z”为铸造铜合金代号，各化学元素后面的数字表示该元素含量的百分数，如 ZCuAL10Fe3 表示含 AL8.1%～11%，Fe2%～4%，其余为 Cu 的铸造铝青铜
	10—3 铝青铜	ZCuAL10 Fe3	机械性能高，耐磨性、耐蚀性、抗氧化性好，可焊接、不易钎焊，大型铸件自 700℃空冷可防止变脆，制造强度高、耐磨、耐蚀的零件，如涡轮、轴承、衬套、管嘴、耐热管配件	
	25—6—3—3 铝黄铜	ZCuZn25A L6Fe3Mn3	有很高的力学性能，铸造性良好、耐蚀性较好，有应力腐蚀开裂倾向，可以焊接，适用高强耐磨零件，如桥梁支承板、螺母、螺杆、耐磨板、滑块和涡轮等	
	38—2—2 锰黄铜	ZCu58Mn 2Pb2	有较高的力学性能和耐蚀性，耐磨性较好，切削性良好，作一般用途的构件、船舶仪表等使用的外型简单的铸件，如套筒、衬套、轴瓦、滑块等	

（三）常用的热处理和表面处理名词解释

附表 24　常用热处理和表面处理名词解释

名　词	代号	说　明	应　用
退　火	5111	将钢件加热到临界温度以上（一般是 710～715℃，个别合金钢（800～900℃）31～50℃，保温一段时间，然后缓慢冷却（一般在炉中冷却）	用来消除铸、锻、焊零件的内应力，降低硬度，便于切削加工，细化金属晶粒，改善组织，增加韧性
正　火	5121	将钢件加热到临界温度以上，保温一段时间，然后在空气中冷却，冷却速度比退火快	用来处理低碳和中碳结构钢及渗碳零件，使其组织细化，增加强度与韧性
淬　火	5131	将钢件加热到临界温度以上，保温一段时间，然后在水、盐水或油中（个别材料在空气中）急速冷却，使其得到高硬度	用来提高钢的硬度和硬度极限。但淬火会引起内应力，使钢变脆，所以淬火后必须回火
回　火	5141	回火是将淬硬的钢件加热到临界点以下的温度，保温一段时间，然后在空气中或油中冷却下来	用来消除淬火后的脆性和内应力，提高钢的塑性和冲击韧性
调　质	5151	淬火后在 450～650℃进行高温回火，称为调质	用来使钢获得高的韧性和足够的强度。重要的齿轮、轴及丝杆等零件是调质处理的
表面淬火　火焰淬火	5213	用火焰或高频电流将零件表面迅速加热至临界温度以上，迅速冷却	使零件表面获得高的硬度，而芯部保持一定的韧性，使零件既耐磨又能承受冲击。表面淬火常用来处理齿轮等
表面淬火　高频淬火	5212		
渗碳淬火	5311	在渗碳剂中将钢件加热到 900～950℃，停留一段时间，将碳渗入钢表面，深度约为 0.5～2mm，再淬火后回火	增加钢件的耐磨性能、表面强度、抗拉强度及疲劳极限 适用于低碳、中碳（C＜0.40%）结构钢的中小型零件
氮碳共渗	5340	氮化是在 500～600℃通入氨的炉子内加热，向钢的表面渗入氮原子的过程。氮化层为 0.025～0.8mm，氮化时间需 40～50h	增加钢件的耐磨性能、表面硬度、疲劳极限和抗蚀能力 适用于合金钢、碳钢、铸铁件，如机床主轴、丝杆以及在潮湿碱水和燃烧气体介质的环境中工作的零件
碳氮共渗	5320	在 820～860℃炉内通入碳和氮，保温 1～2h，使钢件的表面同时渗入碳、氮原子，可得 0.2～0.5mm 的氰化层	增加表面硬度、耐磨性、疲劳强度和耐蚀性用于要求硬度高、耐磨的中、小型及零件和刀具等
固溶处理和时效	5181	低温回火后，精加工之前，加热到 100～160℃，保持 10～40h。对铸件也可用天然时效（放在露天中一年以上）	使工件消除内应力和稳定形状用于量具、精密丝杆、床身导轨、床身等
发　黑	发黑	将金属零件放在很浓的碱和氧化剂溶液中加热氧化，使金属表面形成一层氧化铁所组成的保护性薄膜	防腐蚀、美观。用于一般连接的标准和其他电子类零件
硬　度	HB（布氏硬度）	材料抵抗硬的物体压入其表面的能力称“硬度”。根据测定的方法不同，可分布氏硬度、洛氏硬度和维氏硬度 硬度的测定是检验材料经热处理后的机械性能——硬度	用于退火、正火、调质的零件及铸件的硬度检验
	HRC（洛氏硬度）		用于经淬火、回火及表面渗碳、渗氮等处理的零件硬度检验
	HV（维氏硬度）		用于薄层硬化零件的硬度检验

参 考 文 献

[1] 刘小年，杨月英. 机械制图 [M]. 北京：高等教育出版社，2007.

[2] 何铭新，钱可强. 机械制图，第五版 [M]. 北京：高等教育出版社，2006.

[3] 唐克中，朱同钧. 画法几何及工程制图，第三版 [M]. 北京：高等教育出版社，2002.

[4] 赵景伟，宋琦. 土木工程制图 [M]. 北京：中国建材工业出版社，2006.

[5] 丁宇明，黄水生. 土建工程制图 [M]. 北京：高等教育出版社，2004.

[6] 朱育万等. 画法几何及土木工程制图，第三版 [M]. 北京：高等教育出版社，2005.

[7] 何斌等. 建筑制图，第五版 [M]. 北京：高等教育出版社，2005.